제어시스템공학

정용욱 · 정구섭 지음

GS인터비전

머리말

자동제어시스템의 역사는 인류의 탄생과 더불어 시작되었다 해도 과언이 아니다. 모든 생명체는 태어나면서부터 자동제어의 기본이 되는 피드백 요소를 지녔기 때문이다.

제어기법들이 산업공정에서 다양하게 활용되고 그 효용과 필요성이 깊이 인식되고 있으며 제어공학은 발전과정에 따라 이론적 체계를 고전제어 이론과 현대제어 이론으로 구분하여 생각할 수 있다. 고전제어는 1950년대 중반쯤에 이론적 체계가 완성되었고, 현대제어 이론은 1960년대를 전후하여 일기 시작하여 현재까지 활발히 진행되어 발전을 거듭하고 있다. 현대제어 이론의 큰 흐름을 살펴보면 1960-70년대에는 최적제어, 1970-80년대에는 적응제어, 그리고 1980-90년대에는 견실제어 기법들이 주류를 이루면서 이어져 내려오고 있다. 현재에는 지금까지 제시된 다양한 제어이론과 기법들이 공존하고 있는데, 이 가운데 어떤 기법이 최고라고 단정할 수는 없으며, 대상 플랜트와 상황에 따라 적절한 기법들을 선정하여 사용하는 것이 최선이라고 할 수 있다.

위에서 간략히 살펴본 것과 같이, 제어공학은 18세기말에 산업혁명의 원동력이 된 증기기관의 속력조절에 제어기법이 쓰이면서 주목받기 시작하였으며, 현대의 산업과 문명이 빠른 속도로 발전하면서 각종 공정과 시스템들이 대형화되고 고도화됨에 따라 제어공학의 필요성은 더욱 높아지고 있다. 특히, 고도의 정밀성과 안전이 요구되는 우주、통신、환경、생명 등의 미래 산업분야에서 제어공학은 기반기술로서 더 큰 역할을 맡게 될 것이다.

이 책의 주요 구성내용은 1장 제어공학 개론, 2장 수학적 배경, 3장 시스템 모델링, 4장 제어시스템 해석, 5장 시간영역 안정도, 6장 주파수영역 안정도, 7장 상태공간해석, 8장 시스템 설계방법을 다루고 있으며, 본 교재를 토대로 기계.전기.전자공학을 전공하는 학부생들이 자동제어 분야에 대한 좀 더 많은 관심을 갖기를 바란다.

끝으로, 본 교재를 개발함에 있어 수차례 내용을 검증하였음에도 불구하고 미비한 점이나 오류가 다수 있으리라 생각되므로 독자 여러분의 계속적인 지도 편달을 바라며, 계속적인 보충、보완을 할 것을 약속하는 바이다. 또한 교재의 출판되기까지 많은 보탬을 준 본 대학교 기계자동차공학과 학생 여러분과 정성을 들여서 만들어 주신 출판사 여러분께 진심으로 감사를 드린다.

2014년 8월 저자 씀

http://www.yochung.com

차 례

1

CHAPTER

제어공학 개론

"제어공학(control engineering)이란 무엇인가?"라고 누군가가 질문을 던졌을 경우에 무엇이라고 답변을 할 수 있을까?
제어공학이라는 학문을 처음 접하거나 혹은 많은 관심은 가지고 있는 사람들을 위해 제어공학에 관련된 기초지식에서 부터 시작하여 제어공학 전반에 걸친 주요내용들을 공부하고자 한다.

1.1 제어공학의 개요

먼저 제어의 정의에 대하여 알아보자. 제어(control)란 임의의 물리시스템(physical system) 이 주어진 경우, 이 물리시스템이 원하는 대로 동작을 하도록 물리시스템에 조작을 가하는 것을 말한다. 여기서 물리시스템이란 기계, 전기, 전자분야를 포함하는 모든 처리장치를 말한다.

제어하는 방법에는 인간의 간섭 유무에 따라, 수동제어와 자동제어로 구분할 수 있다.

- **수동제어(manual control)**는 인간의 계속적인 간섭을 필요로 한다.
- **자동제어(automatic control)**는 인간의 간섭 없이 제어장치에 의하여 자동적으로 움직인다.

제어하고자 하는 대상을 제어대상(plant, process), 제어동작을 수행하는 장치를 제어기(controller)라고 부른다.

제어기의 역할을 사람이 수행하는 경우에는 유인제어, 물리적 장치가 수행하는 경우에는 무인제어라 부른다. 자동제어(automatic control)란 사람의 간섭없이 제어장치에 의하여 자동적으로 제어동작이 수행되는 무인제어를 가리키는 말이다. 무인제어, 즉 자동제어의 대표적인 예로는 자동차 혹은 가정집에서 사용하고 있는 냉방장치이다. 냉방장치는 실내온도를 일정하게 유지시켜주는 역할을 하는데, 냉방장치에 부착된 온도감지 센서를 통하여 실내온도가 사용자에 의해 미리 설정된 온도보다 높을 때에는 압축기를 가동시켜 온도를 낮춰주고, 실내온도가 설정온도와 같아지면 압축기의 동작을 멈춤으로써 실내온도를 일정하게 유지시키는 제어동작을 수행한다.

그리고 **자동제어의 반대 개념인 수동제어, 즉 유인제어의 대표적인 예로는 자동차 운전을 들 수 있다.** 자동차를 운전하는 경우에 운전자는 자신이 원하는 목표지점에 안전하고 빠르게 도착할 수 있도록 가속기와 브레이크와 등 각종 관련장치를 조작하여 자동차를 운전하는 것이다.

그림 1-3은 기본적인 제어시스템의 구성 예를 나타낸다.

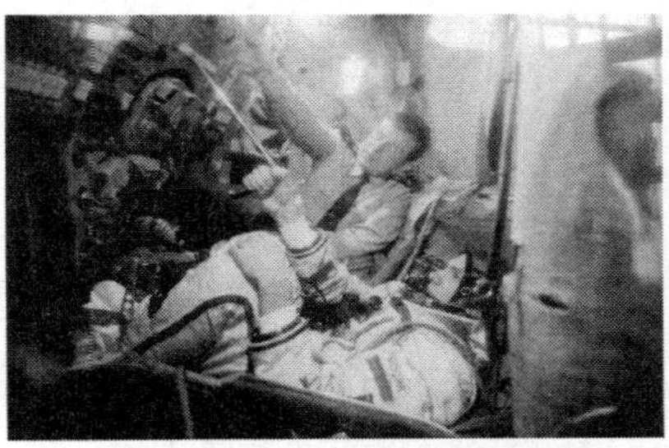

그림 1-1 우주선 수동제어

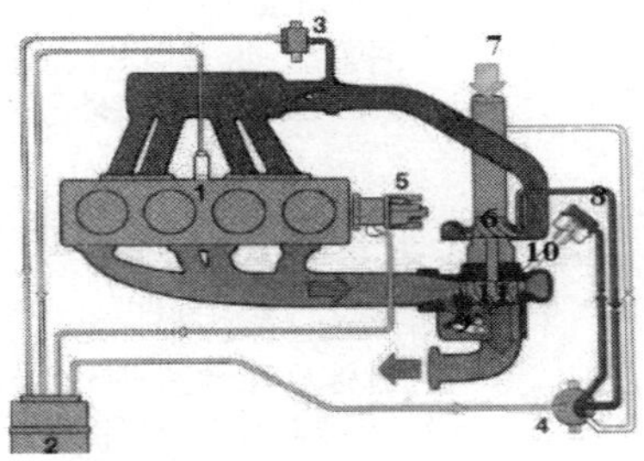

그림 1-2 보일러장치의 자동제어

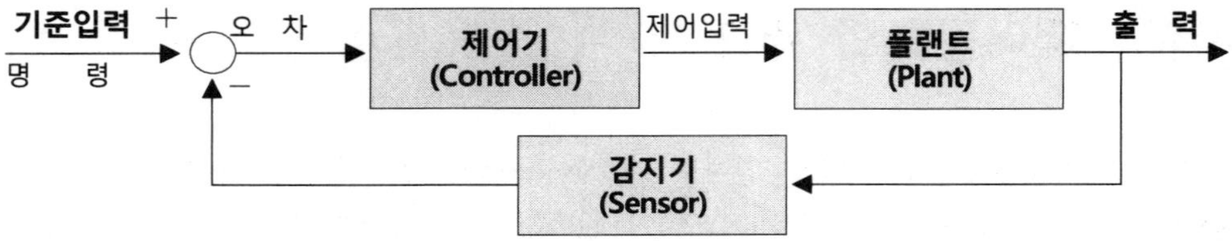

그림 1-3 제어시스템의 구성

무인제어

무인자동차(Self-driving car)

- 전철이나 버스에서처럼 자가용에서도 책을 읽고 잠을 자면서 운전할 수 있는 날이 곧 다가올지도 모른다.
- 현재 시험운행중인 이 기술은 구글에 의해 도요타 렉서스와 프리우스에 탑재되어 운용중이며 관련 법안도 연이어 통과되고 있는 상황이다.

구글 CEO와 무인자동차

- 얼마 전 기자회견에서 구글의 창업차는 무인자동차의 상용화가 언제인지를 묻는 질문에 '5년 내에 가능할 것' 이라고 답한바 있다. 무인자동차의 기술은 차량에 설치된 레이저 인식장치가 주변의 건물을 인식하여 자동차를 제어하는 원리이다.
- 구글은 바로 이 제어에 필요한 소프트웨어의 개발에 참여하는 것으로 알려졌다. 조금 위험할 것 같다는 생각도 들지만, 지난 2년간의 시험운행기간동안 구글은 30만 km 무사고 운행에 성공했다.

한국의 로봇 가사 도우미

- 불과 50년전만해도 한국은 아프리카에 있는 대부분의 국가들보다도 가난했다. 하지만 현재의 한국은 IT시스템과 전자산업부문에 있어서 선도적인 위치로 나아가고 있다. 세계최대의 전자업체인 삼성은 최근에 로봇을 제어할 AI에 관련한 강연에서 2020년까지 로봇 가사도우미의 상용화를 목표로 하고 있다고 말했다

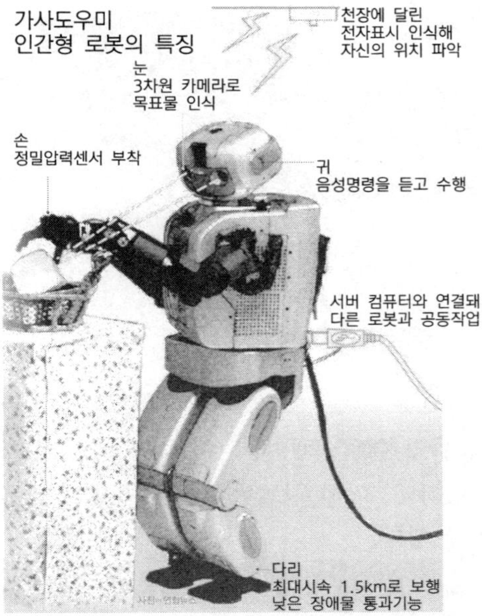

네트워크 기반 휴머노이드 로봇 '마루'

- 사실 가정 로봇에게 가장 필요한 것은 로봇의 AI와 인간이 하는 일을 자유롭게 제어할 수 있는 기술력보다도 가정내 인간과의 상호작용이다. 그런면에서 인터넷 인프라와 각종 스마트 시스템이 각 가정 내에서 자유롭게 적용되고 있는 한국이 일본보다는 로봇의 운용이 더 용이한 환경이다.
- 카이스트에서 개발한 네트워크 기반 휴머노이드(Humanoid) '마루' 는 사람의 행동을 모방하여 따라하는 기능이 있어 사람을 도울 수도 있으며, 네트워크를 통해 다른 로봇과 정보를 주고받으며 협동으로 작업을 해결할 수도 있다. 모자란 로봇의 지능도 네트워크를 통해 해결해 내는 것이다.

자동제어

자동제어(Automatic Control)의 어원

- "자동화"란 그리스어의 스스로 움직인다 라는 "Automatos"에 그 근원을 둔다.

자동제어의 장점

- 인간을 단순노동으로부터 해방시킴
- 열악한 작업환경으로부터 인간을 보호
- 인간보다 더 정확하고, 신속하게 작업을 수행한다.
- 생산성 증대/생산원가 인하/생산 품질 향상/안정성 증대

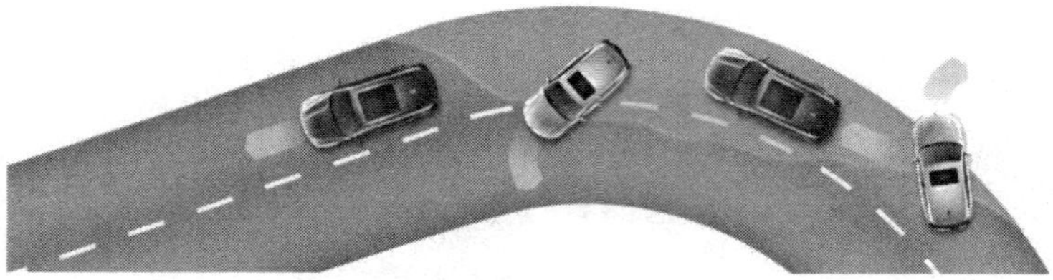
Automatic Stability Control (ASC).

제어시스템은 제어기와 플랜트의 연결방식에 따라 개루프 시스템과 폐루프 시스템으로 분류할 수 있다.

- **개루프(open-loop) 시스템** : 제어는 대상시스템의 특성을 잘 알고 있는 경우에 정확한 제어가 가능하다. 이에 산업현장에서는 개루프 시스템보다는 폐루프 시스템을 많이 사용하고 있다.
- **폐루프(closed-loop) 시스템** : 제어는 플랜트의 출력을 입력단에 궤환하여 제어에 활용하기 때문에 궤환제어(feedback control)라고도 한다. 이 기법은 플랜트의 특성을 정확히 모르는 경우에 비교적 정확한 제어를 수행할 수 있다.

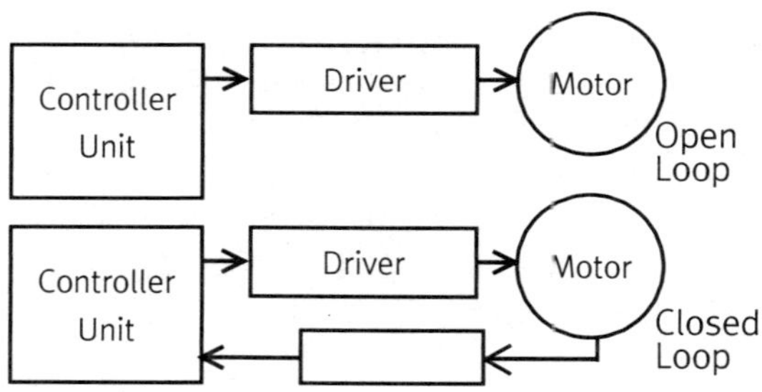

그림 1-4 개 · 폐루프(closed-loop) 시스템

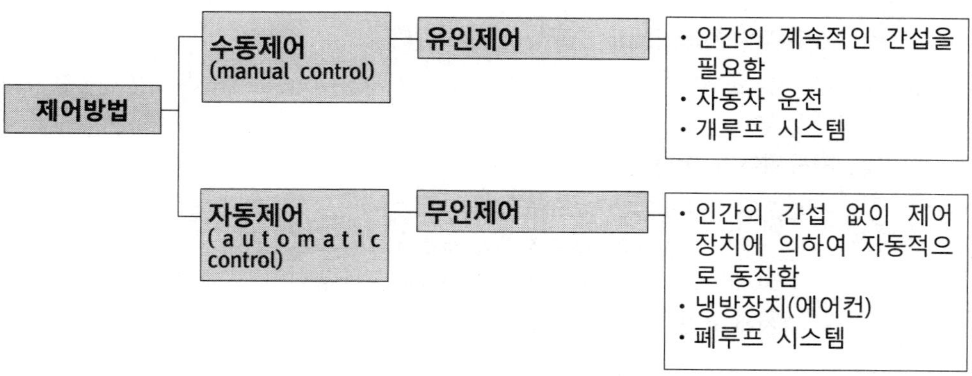

그림 1-5 제어방법 구분

제어기를 사용하여 얻고자 하는 대상플랜트의 출력특성을 제어목표라고 한다. 제어목표에는

- **안정도**(stability)
- **명령추종**(command following)
- **외란제거**(disturbance rejection)
- **잡음축소**(noise reduction)

이 가운데 가장 중요한 목표는 안정도이다. 제어기를 설계한다는 것은 앞에서 거론한 여러 가지 제어목표 중에서 제어시스템의 안정도에 가장 높은 비중을 두면서 나머지 제어목표들을 달성하는 제어입력신호를 만들어내는 장치를 구성하는 것을 뜻한다. 그런데 이 제어목표들은 서로 상충관계에 있기 때문에 이 관계를 잘 절충시킬 수 있도록 제어기를 설계할 수 있어야 한다.

우리는 종종 "인류는 도구를 사용하는 동물이다"라고 일컫는다. 이미 유사 이전부터 수렵이나 농경을 위하여 여러 가지 도구가 사용되고 있었고 그 후 시대가 흐름에 따라 계속적으로 새로운 도구가 발명되었으나 그들의 에너지원은 모두 사람이나 혹은 동물이었다. 나중에 풍력이나 수력이 에너지원으로 사용되기도 하였으나 이용규모에 한계가 있어 공장은 수공업적이었고 교통기관도 불편했었다. 그렇지만 J. Watt가 증기기관을 발명한 이래 인류의 능력이 비약적으로 발전함으로써 이른바 산업혁명을 일으키고, 이에 뒤따른 기계화는 새로운 사회생활을 갖게 하였다. 인간의 일상생활이 복잡해지면서 인간의 능력을 돕는 데 목적이 있었던 기계로 인하여 오히려 인간이 괴로움을 당하게 되었다. 즉, 많은 시간을 기계 관리에 매달린다든가 또는 정신적 긴장을 계속하지 않는 한 안전한 작

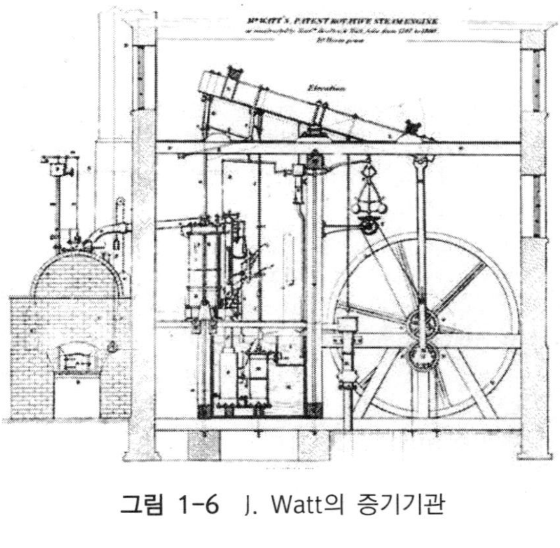

그림 1-6 J. Watt의 증기기관

그림 1-7 control room

업을 할 수 없게 된 것 등이다. 이와 같은 상황에서 단조로운 일, 인간의 감각에 의지하지 않아도 되는 일들을 우선 자동화해서, 정밀도와 안전성을 높여 기기와 장치의 능력을 보다 증대시키려는 노력이 계속되었다.

제어의 주된 목적은 시스템의 출력이 우리가 원하는 기간에 원하는 값으로 되는 것이다. 또는 제어의 목적이 주어진 성능규격을 만족하기 위한 것이라고 말할 수 있다. 여기서 성능규격(Performance Specification)이라 함은 시스템에 부과되는 성능에 대한 사양을 말하며, 시간영역 또는 주파수영역에서 기술된다.

자동차를 운전하는 경우를 생각해 보자. 지금 자동차가 고속도로를 80[km]의 속도로 가고 있을 때, 2초 이내에 100[km]의 속도로 가속하고자 한다면, 제어의 목적은 자동차의 속도 즉, 시스템의 출력을 현재 출력 80[km]에서 원하는 2초 내어 원하는 출력 100[km]가 되도록 하는 것이다. 이 때 이러한 목적을 달성하기 위하여 가속기 페달을 밟는 행위 또는 조작을 제어라 할 수 있다. 이 조작 즉, 제어는 가속기 페달에 가해지는 힘 또는 페달의 변위로 나타내어지며, 이를 입력이라 부른다. 또한 제어대상인 플랜트는 자동차의 속도조정에 필요한 여러 장치들로 구성되며, 제어기는 운전자라 할 수 있고, 운전자와 자동차는 하나의 자동차속도 제어시스템을 구성한다. 이 시스템에 주어진 성능규격은 자동차의 속도가 80[km]에서 2초 이내에 100[km]로 가속되어야 하는 것이다.

이러한 자동화가 진행되어 인간의 감각에 의지할 필요성은 점차적으로 줄어들었으나, 이와 동시에 고속화 문제가 중요시되었으며, 이러한 고속화는 작업능률을 향상시켜 품질향상과 균일성을 꾀할 수 있게 되었다. 이러한 것이 자동제어의 직접적인 목적이라 할 수 있다.

제어의 정의

제어(control)란 :

- 어떤 물리계가 주어진 경우, 이 물리계가 원하는 대로 동작을 하도록 물리계에 조작을 가하는 것을 말한다. 여기서 물리계란 전기, 기계, 공학프로세스 등과 같은 모든 분야를 들 수 있다. 즉, 제어란 어떤 대상시스팀이 원하는 상태나 출력특성을 갖도록 입력신호를 적절히 조절하는 방법을 말한다.

수동제어(manual control) :

- 인간의 계속적인 간섭에 의하여 움직여지는 즉, 인간이 제어장치의 일부가 되어 있는 제어방법.
- 유인제어 : 대표적인 예로는 자동차 운전
- 원시적인 방법, 생산성이 낮음, 제어 성능이 현저히 저조

※ **자동제어(automatic control) :**

- 제어장치에 의해서 인간의 간섭없이 자동적으로 움직이는 제어방법
- 무인제어 : 대표적인 예로 들 수 있는 것은 냉방장치
- 전기, 전자, 기계를 동원하여 생산성을 높임. 제어성능을 현저히 높임.
- 현대 과학문명의 발달의 정도를 반영함.

유인우주선 발사대

※ **제어하고자 하는 대상을 플랜트(plant)**, 제어동작을 수행하는 장치를 제어기(controller)라고 부른다.

※ **제어기의 역할을 사람이 수행하는 경우**에는 유인제어, 물리적 장치로써 제어기를 실현시킨 경우에는 무인제어라 부른다.

- 유인제어 = 수동제어
- 무인제어 = 자동제어

※ **제어성능과 제어목표 :**

- 제어기를 써서 얻고자 하는 대상플랜트의 출력 특성.
- 안정성(stability) : 가장 중요한 목표
- 명령추종(command following)
- 외란제거(disturbance rejection)
- 잡음축소(noise reduction)

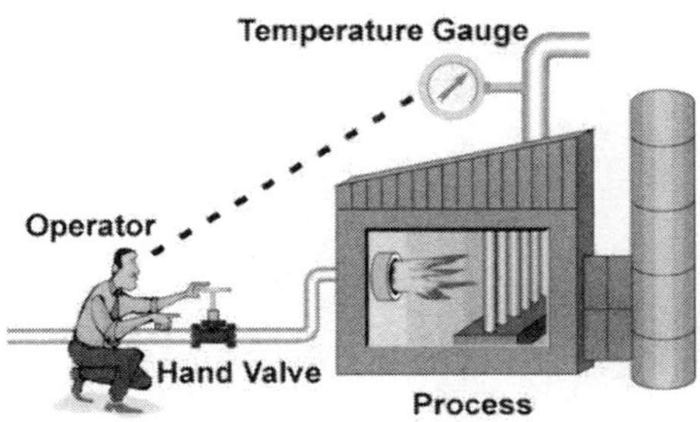

보일러장치의 수동제어

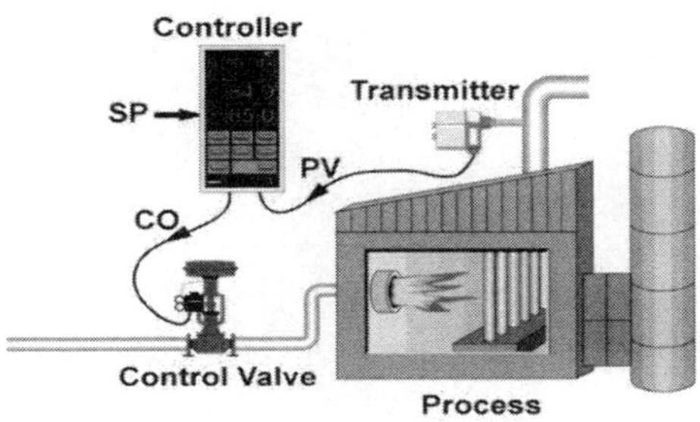

보일러장치의 자동제어

1.2 역사적 배경

모든 생명체는 태어나면서부터 자동제어의 기본이 되는 피드백(feedback) 요소를 지녔기 때문에 자동제어의 역사는 인류의 탄생과 더불어 시작되었다 말할 수 있다.

제어공학의 기원은 고대 그리스와 이집트 문명에서 부터 찾아볼 수 있다. BC 1400년 무렵에 만들어진 이집트 물시계가 현존하는데, 이것은 물동이 모양의 용기 밑바닥에 작은 물구멍이 있고 용기 안쪽에 눈금이 새겨져 있어, 안쪽에 손가락을 대어보고 수면의 위치와 눈금으로 시각을 측정하였다.

고대 색슨인은 밑바닥에 작은 구멍이 뚫린 금속제 주발을 물에 띄워 주발이 가라앉을 때까지 시간이 일정한 것을 시계로 사용하였다. 정확한 연대나 발명자는 알 수 없으나, 알렉산드리아 사람 크테시비오스(Ktesibios)와 프토레미(Ptolemy) Ⅱ세(BC 283~247) 무렵에 이미 물시계가 등장하여 사용하였다고 한다.

이 물시계에는 플로트 밸브 조절기(float valve regulator)가 이용되었으며 이것이 최초의 피드백장치라고 알려지고 있다. 또한 술 만드는 공장에서 커다란 술통에 술을 채울 때에 수위를 일정하게 유지하는 수위제어기법이 사용되었다는 기록이 있다. 술통의 수위제어 기법은 오늘날까지 이어져서 우리 일상생활에서 사용하는 수세식 화장실의 물탱크 수위제어에 쓰이고 있다. 이제, 문헌에 기록으로 남아있는 자료들을 근거로 하여 제어공학의 역사를 간략히 살펴보기로 한다.

1434년(조선세종 16년) 장영실은 김조 등과 함께 임금의 명을 받아 물시계인 자격루를 발명하고 제작하였다. 해시계보다 3개월 빨리 내 놓은 시계로, 흐린 날이나 밤에는 제 역할을 하지 못하는 해시계와는 달리 하루 종일 소리로 시간을 알려주는 시계장치였다. 이 물시계에서는 시간의 흐름을 유량변화로써 나타내기 위해 유량변화율이 일정하도록 궤환제어 방식을 사용하고 있다. 따라서 현존하는 문헌의 기록상으로는 장영실에 의하여 제작된 자격루(물시계)가 세계최초의 궤환 제어시스템으로 여겨진다.

(a) 고대에 사용된 물시계의 도면 (b) 현재의 플로트 밸브 조절기

그림 1-8

물시계

- 용기 밑바닥에 구멍을 뚫어 그곳에서 유출되거나 유입되는 물의 양으로 시간을 측정하는 시계. 해시계 다음에 나타난 것으로, 기계시계가 보급되기까지 밤이나 흐린 날, 비 오는 날에 사용되었다.
- 물시계를 가장 잘 이용한 것은 고대 그리스인으로, 본래는 물을 긷는 도구인 클렙시드라(물을 훔친다는 뜻)를 사용해 연설·재판의 변론시간을 일정량의 물의 유출량에 의해서 제한했다. 알렉산드리아에서 활약한 크테시비오스가 만든 물시계는 원통에 물이 조금씩 흘러들어 부표를 밀어 올려 부표에 닿은 인형이 시각눈금을 가리키는 것으로, 흘러드는 수량을 자동적으로 조절해 일정하게 유지하는 구조와, 매달 변하는 시각눈금을 차례차례 원통에 기입해 두고 이것을 자동적으로 회전시키는 장치를 갖춘 정교한 것이었다. 그 뒤 물시계는 로마·아라비아·중세유럽에서 거듭 개량되어, 대형인 것과 문자반·시침을 갖춘 것도 만들어졌으며, 기계시계가 만들어진 뒤에도 오랫동안 이용되었다. 중국의 누각도 물시계의 일종이다.

고대 이집트의 물시계

자격루

1620년에 네덜란드의 드레벨(C. Drebbel:1572~1633)에 의하여 온도의 피드백에 의한 병아리 부화기를 발명하였으며, 이 피드백장치를 화학기기에도 사용하였다. 서양의 문헌 기록 상으로는 이 장치가 최초의 궤환 제어시스템으로 기술되고 있다.

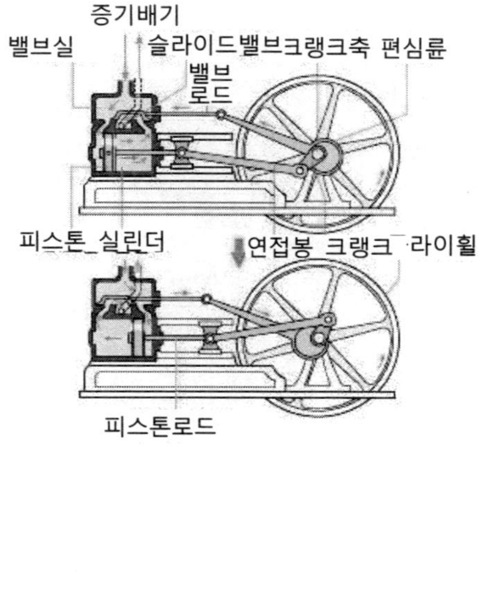

그림 1-9
증기기관차

증기기관차 [steam locomotive]

- 증기기관을 차량에 응용한 것은 18세기 후반부터 영국 등에서 시도되었으나 1804년 R.트레비식이 철제궤도 위를 달리는 증기기관차를 시작하였다. 또 1814년 G.스티븐슨이 증기기관차의 시작에 성공하여 1825년에 만든 로커모션호는 이해에 개업한 세계 최초의 철도 스톡턴~달링턴 철도에서 실용화에 성공하였다.
- 한국의 증기기관차는 1889년 주미대리공사 이하영이 철도모형을 궁중에서 관람시켰으며, 1899년 서울~인천(경인선) 개통 때 미국 브룩스에서 제작한 모걸(Mogull)형 탱크기관차가 등장한 것이 최초이다.
- 국내에서는 1927년 경성공장(현 서울공작창)에서 처음으로 터우형 2량을 제작하였고, 그 후 8·15광복 전까지 파시형·미카형 기관차를 소량 만들어 왔다. 광복 후에는 증기기관차를 제작하지 않았으며 디젤기관차로 대체되었다.

1788년에 **영국의 와트(J. Watts)**는 원심력을 이용한 **속도조절기(speed governor)를 증기기관에 도입하였다.** 이 조속기는 궤환방식을 쓰고 있는데, 증기기관에 부하가 걸려서 속도가 떨어질 때에는 이 조속기가 속도저하를 감지하여 증기밸브를 더 넓게 열어서 증기 유입량을 늘임으로써 속도를 높여주고, 증기기관의 속도가 높아질 때에는 증기밸브를 더 좁혀서 증기 유입량을 줄임으로써 속도를 낮춰주는 궤환 방식에 의해 기관의 속도를 일정하게 유지한다. 이 조속기에 의해 증기기관의 큰 동력을 안정하게 쓰는 것이 가능해졌으며, 결국 이 제어장치에 의해 증기기관은 산업혁명의 원동력이 될 수 있었던 것이다. 따라서 증기기관에 사용한 조속기의 발명으로 학계의 관심이 높아져 이론적인 수준의 연구가 시작되었고, 제어시스템의 역사는 새로운 전환점을 맞이하여 학문의 대상으로 제어시스템이 다루어지게 되었다.

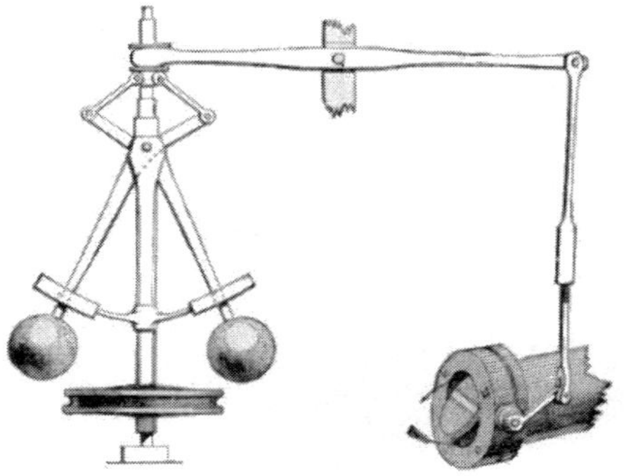

그림 1-10 속도조절기(speed governor)

원심조속기(centrifugal governor)

- 1784년 영국의 기계기술자 J.와트가 발명하였다. 와트는 증기기관의 왕복운동을 회전운동으로 바꾸어, 증기기관을 공장의 기계를 움직이는 동력으로 사용하였다. 이 회전운동을 항상 일정하게 제어하기 위해 이 장치를 고안하여, 증기기관 발전에 크게 공헌하였다. 원심조속기는 회전운동의 제어에 쉽게 사용할 수 있기 때문에 일정한 회전운동을 유지하는 데 널리 사용하게 되었다.
- 오늘날은 전기적으로 작동하는 전기조속기도 나왔으나, 이같은 조속기를 많이 이용한다. 발전기를 수차(水車)와 직결해서 운전할 때, 발전기의 부하에 변동이 있을 경우, 이 변동에 따르도록 즉시 수차에 흘러 들어가는 유량을 조정하여, 수차의 회전수를 일정하게 유지할 필요가 있다. 이와 같은 경우에 자동적으로 조정하는 것으로서 원심조속기가 사용된다. 펠턴수차를 예로 들면 니들밸브와 조속기를 연동시켜서 수차의 속도를 조종한다.

1868년에 영국의 **맥스웰(J.C. Maxwell)**은 선형미분 방정식을 사용하여 **3차 시스템의 안정도를 유도**하였고 이것을 조속기에 적용하여 분석하였다. 와트가 조속기를 증기기관에 사용하여 성공을 거둔 이후에 산업혁명 시대를 거치면서 각종 산업공정에 자동제어장치를 사용하였으나 이론적인 근거가 없이 경험과 직관에 의존하여 제어시스템을 구성하였기 때문에 실패와 시행착오가 적지 않았다. 이러한 시점에서 맥스웰은 조속기의 운동특성을 나타내는 미분방정식을 개발하고 이 방정식을 평형상태에서 선형화하여 분석하면서 조속기 시스템의 안정도를 규명하는 초기이론을 제시함으로써 제어공학의 이론적 출발점을 마련하였다.

1877년에 영국의 **루쓰(E.J. Routh)는 5차 시스템의 안정도를 판별하는 방법을 제시하였다.** 맥스웰이 제시하였던 조속기의 안정도에 관한 이론은 안정도에 대한 초기이론으로서 제한된 범위에서만 결과를 제시하고 있었으나, 루쓰가 제시한 판별법은 선형시불변 시스템에는 모두 적용할 수 있는 일반적인 것이었다. 이 업적에 의해 루쓰는 아담스상(Adams prize)을 수상하였으며, 그의 안정도 판별법은 제어공학의 이론적 기초가 되었다.

그림 1-11
A.M. Lyapunov

그림 1-12
H. Nyquist

그림 1-13
W.R. Evans

1893년에 러시아의 **리아푸노프(A.M. Lyapunov)가 미분방정식의 안정도에 관한 일반적 이론을 제시**함으로써 현대 제어이론의 토대를 마련하였다. 이전에 루쓰가 제시한 안정도이론은 선형시불변 시스템에 국한되는 것으로서 시변시스템이나 비선형시스템에는 적용할 수 없다는 제약성을 지니고 있었다. 리아푸노프는 이러한 제약을 극복하고 선형시불변 시스템은 물론 비선형이나 시변시스템에까지 적용할 수 있는 가장 일반적인 안정도 해석법을 제시하였다. 그의 안정도이론은 처음에는 러시아어로 출간되었으며 1958년에 영어로 소개되었고, 그 뒤에는 상태방정식으로 표현되는 시스템의 안정도해석에 본격적으로 활용되었다.

1895년에 **허위쯔(A. Hurwitz)**는 시스템의 안정도 이론을 3차 시스템에서 **7차 시스템의 안정도**로 확장시켰다. 특이할 만한 일은 루쓰와 허위츠는 서로가 상대방의 연구내용을 몰랐다는 점이다. 이러한 루쓰와 허위츠의 안정기준의 등가성을 1911년 봄피아니(Bompiani)가 확립하였다.

1932년 **벨연구소(Bell Telephone Lab.)**에서 일생동안 연구에 전념한 미국의 나이키스트(H. Nyquist)는 증폭기의 안정도 문제를 해결하기 위한 **주파수영역에서의 안정도 판별법**을 제시하였다. 이것이 지금의 시스템 안정도 판별법에 관한 Nyquist 안정도 기준이다. 되먹임 증폭기를 발명한 블랙과 같은 벨연구소의 연구원이었던 그는 되먹임 증폭기의 차수가 수십차 이상으로 높아지면 루쓰 안정도 판별법을 적용하기가 곤란하다는 문제점을 발견하고 이 문제를 해결하기 위해 주파수응답으로부터 안정도를 해석하는 방법을 제시하였던 것이다.

1938년에 미국의 **보데(H.W. Bode)**는 부피드백 증폭기의 안정도문제를 해결하기 위한 **주파수응답 해석법**을 제시하였다. 이 Bode선도 기법은 현재 되먹임제어 시스템 설계에 활용되고 있다.

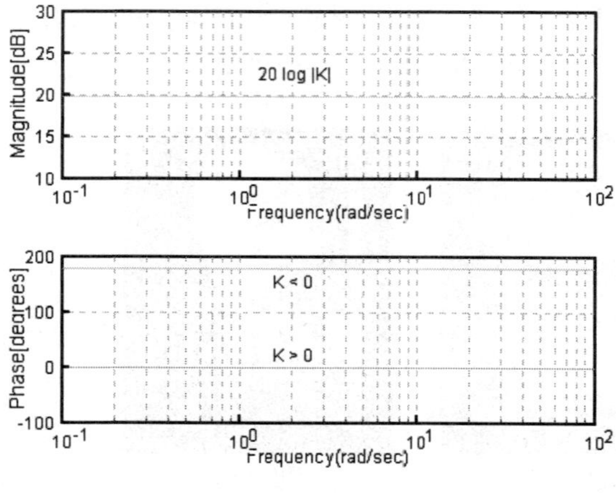

그림 1-14 Bode선도

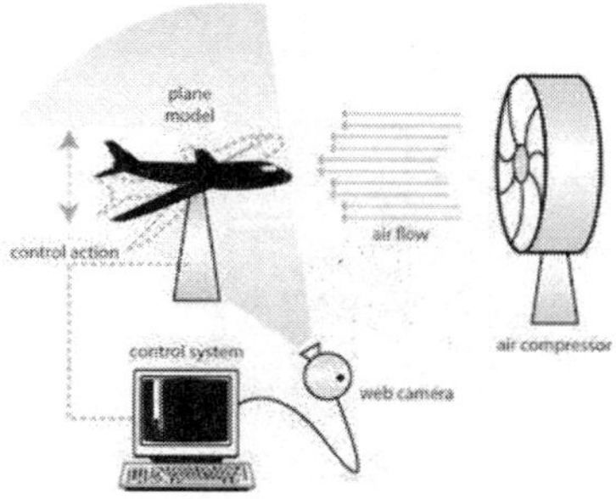

그림 1-16 적응제어

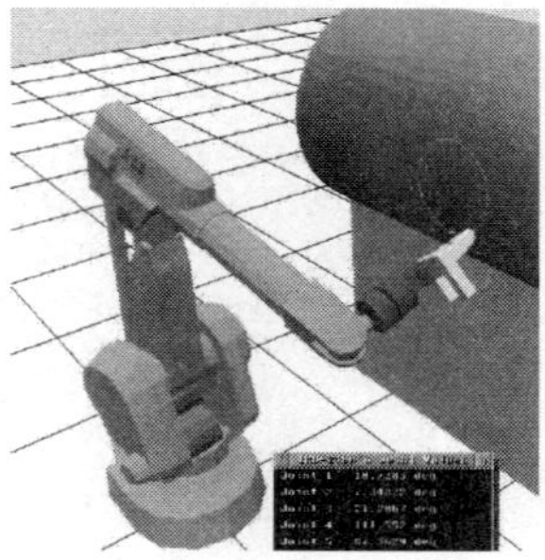

그림 1-15 최적제어

1948년에 미국의 **에반스**(W.R. Evans)는 복소값에 바탕을 둔 선형피드백 시스템에 대한 안정도 이론인 **근궤적법**(Root locus method)을 개발하였다. 그가 제시한 방법은 되먹임제어 시스템에서 한 개의 미지계수의 변화에 따라 폐로시스템 특성방정식의 근들이 변화해 가는 궤적을 그림으로 나타내는 규칙으로서, 이 방법에 의하면 시스템의 안정도해석 뿐만 아니라 제어기 설계에도 적합하여 현재에도 주요 설계법으로서 활용되고 있다.

1960년에는 제어공학분야의 국제기구인 국제자동제어협의회(IFAC)가 창립되었다. 모스크바에서 개최된 이 협의회의 제1회 세계학술대회에서는 미국의 **벨만**(R. Bellman), **칼만**(R.E. Kalman), **러시아의 폰트리아긴**(L.S. Pontryagin) 등이 제어시스템을 **상태방정식**으로 나타내고 이 상태공간 표현법을 이용하여 시스템을 해석하고 설계하는 방법을 제시하였다. 이 기법은 항공우주 산업분야를 비롯한 여러 분야에서 아주 유용한 방법으로 제시된다.

시대별로 다양한 현대제어기법들이 수많은 연구자들에 의해 개발되었는데, 큰 흐름을 살펴보면 1960-70년대에는 **최적제어**(optimal control), 1970-80년대에는 **적응제어**(adaptive control), 그리고 1980-90년대에는 **견실제어**(robust control) 기법들이 주류를 이루면서 이어져 내려오고 있다.

한편, **퍼지이론**(Fuzzy Theory)은 미국 버클리 대학의 Zadeh교수에 의해 제안되었는데 그는 이와 관련된 여러 논문을 잇달아 발표하면서 퍼지 이론의 기초를 구축하였다. 이후 영국의 맘다니(Mamdani) 교수는 증기기관차의 시험공장(pilot plant)에 최초로 퍼지 이론을 적용하여 제어를 행하였고 시멘트 킬른 공정의 퍼지 제어를 적용하여 첫 상업화에 성공하였다.

퍼지 이론은 기존의 논리 시스템 보다 인간의 의사결정능력을 효과적으로 모사할 수 있으므로 공학분야(시스템제어, 정수장 제어, 소각로 제어, 가전제품 응용등) 뿐만 아니라, 사회과학(경영의사결정, 정책결정 등), 의학 등에 널리 이용될 수 있다. 또한 학습이 가능한 신경회로망과 결합되면 더욱 효과적인 인공지능시스템 구현이 가능하므로 이러한 연구가 진행되어 왔다.

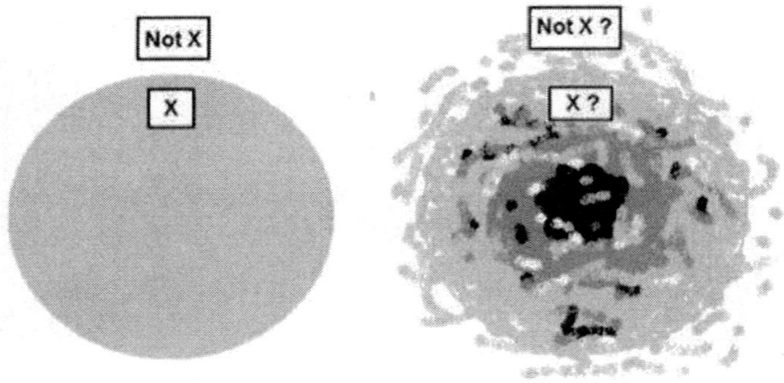

(a)정의된 논리 (b)퍼지논리

그림 1-17 퍼지이론(Fuzzy Theory)

퍼지 이론은 인간의 언어 및 사고에 관련된 애매함(fuzziness)을 수리적으로 취급이 가능하도록 한다. 이것은 전통적인 논리 시스템보다 실제 세계의 근사적이고 부정확한 성질을 표현하는데 더 효과적이다.

퍼지제어

퍼지집합(fuzzy set)의 개념

- "사과 두어 개 사오너라"
- "두어"란 말이 "2 또는 3이지만 2를 강조하는 말" 이다.
- "두어"라는 집합에 숫자2는 1.0, 3은 0.5의 가능성을 가지고 포함된다고 말할 수 있고, 이것을 퍼지 집합이라고 한다.
- 퍼지 이론에서는 불확실한 상황을 표현할 때 숫자보다는 자연어의 구문식 표현을 사용하는 경우가 많다.
- 예를 들어 '철수는 젊다'고 했다 하자. 이 때 모호한 상태를 나타내는 표현은 '젊다' 이며, 과연 몇 살 정도를 의미할까 하는 의문이 생길 것이며 이를 위해 미리 '젊다' 라는 의미를 정의해 놓을 필요가 있다.

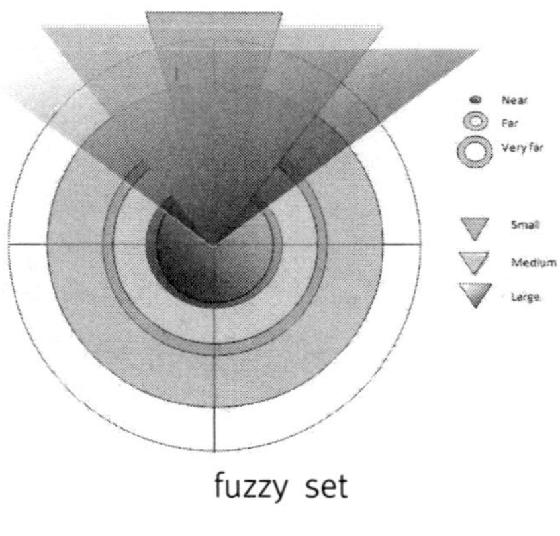

fuzzy set

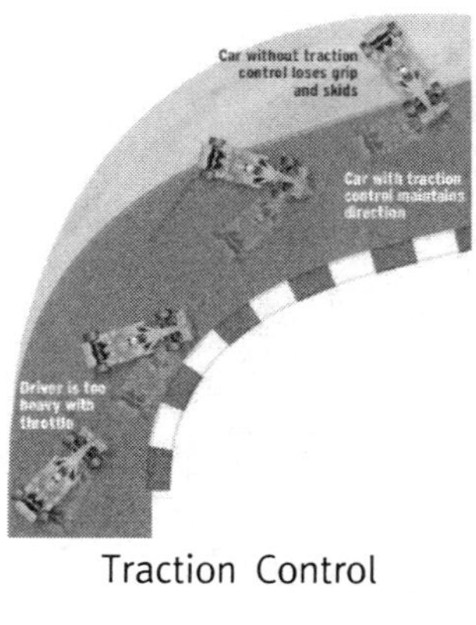

Traction Control

- 우리가 '젊다'라고 할 때는 이 범위에 드는 나이가 있을 것이고, 따라서 이 범위에 속하는 '젊은 나이'들을 집합으로 표현할 수 있으며 이 경우의 집합을 퍼지집합이라고 한다.

퍼지(Fuzzy) / 뉴로퍼지(Neuro Fuzzy)제어 변속기란?

- 주행 중 다양한 도로상황과 다양한 특성의 운전자의 의도에 맞게 스스로 알아서 변속기를 제어하는 퍼지제어(인공지능 제어), 뉴로퍼지 제어(신경망 제어)를 적용한 변속 시스템이다.
- 퍼지제어 컴퓨터에는 수많은 운전자가 다양한 도로조건 아래에서 행하는 최적의 수동변속 패턴이 입력되어 있으며 이에 따라 컴퓨터는 주행 중의 상황을 판단해 최적의 변속이 이루어 질 수 있도록 제어해 주게 된다.
- 신경망 제어(Neuro Fuzzy)이론이란 인간의 두뇌와 같이 복잡한 입력정보를 상호연관시켜 빠른 시간에 적절한 판단을 내리도록해 기존 퍼지제어보다 판단정도를 크게 높인 고도의 시스템을 말한다. 즉 다양한 운행조건에 다수 운전자가 수동으로 어떻게 변속하는지의 데이타를 평균화해 각각의 운행조건의 평균적인 변속조작정보를 컴퓨터에 미리 입력한 뒤 개인별로 운행조건을 인지, 입력정보와 비교를 통해 가장 빠른 시간에 적절한 변속단을 선택하게 된다.
- 개발 동향(자동변속기) :

업체	특 징
닛산, 혼다, 도요타	· 차속과 스로틀개도에 따른 각 상황으로부터 판단하여 시프트 위치를 선택하는 프로그램
미쓰비시 (INVECS)	· 도로의 구배저항, 굴곡의 정도, 브레이크 등 3가지의 상황을 정보 파라미터로 사용하여 운전상황을 판단 변속시점을 결정해 주는 시스템.
현대 HIVEC(Hyundai Intelligent Vehicle Electronic Control)	· 스로틀개도, 차속, 브레이크 등 3가지 정보를 바탕으로 전 운전영역 최적제어를 이루며 또한 다양한 특성의 운전자들을 모두 만족시키기 위한 운전자의 학습제어를 도입.

신경망(Neural Network) 모델에 관한 연구는 1943년 **워렌 맥컬럭**(Warren Mcculloch) **월터 피트**(Walter Pitss)로부터 시작되었다. 맥컬럭과 피츠의 모델은 네트워크 내의 단순한 요소들의 연결을 통하여 무한한 컴퓨팅 능력을 가진다는 점에서 매우 고무적이었다. 이들의 모델은 인간 두뇌에 관한 최초의 논리적 모델링이라는 점에서 그 중요성이 매우 크며, 따라서 이 맥컬럭과 피츠의 모델이 신경망 이론의 효시로 여겨지고 있다.

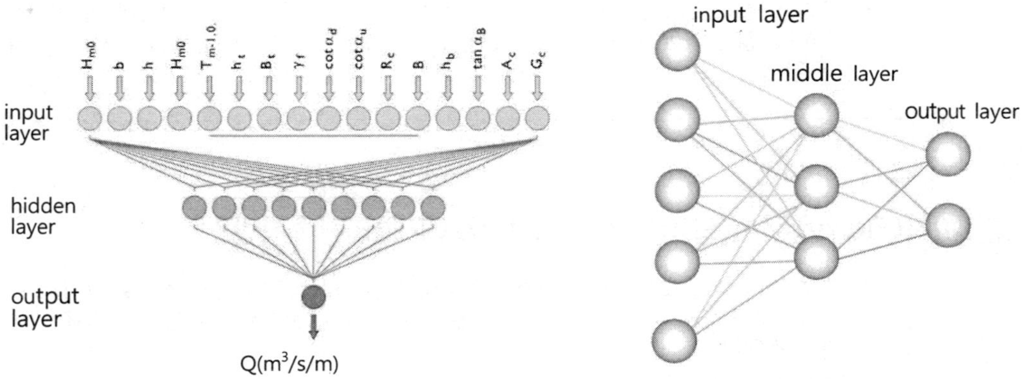

그림 1-18 신경망 다이아그램(Neural Network diagram)

그 이후 1949년에는 캐나다의 심리학자 도널드 헵(Donald Hebb)이 두 뉴런 사이의 연결강도를 조정할 수 있는 학습규칙을 발표하였으며, 프랭크 로젠블럿(Frank Rosenblatt)은 1957년에 '퍼셉트론'이라는 최초의 신경망 모델을 발표하였다. 이 모델은 처음 소개되었을 때 상당한 센세이션을 불러일으켰으며 여러 분야에 걸쳐 큰 영향을 끼쳤다.

이 퍼셉트론 모델은 당시에 매우 가능성이 큰 연구로 여겨졌으나 그후 여러가지 문제점들이 제시되었다. 민스키와 파퍼트가 '퍼셉트론즈'라는 저서를 통해 퍼셉트론 모델을 수학적으로 철저히 분석하여 그 모델을 단점들을 밝혀내고 난 후에는 신경망에 관련된 연구는 약 20년간 침체의 길을 걷게 된다.

그 이후 인공지능에 관한 연구가 진행되다가 퍼셉트론의 문제점을 극복하여 네트워크 구성 시 한 개의 계층을 더 추가해 구성한 다층 퍼셉트론의 개념이 등장하면서 신경망 연구에 관한 새로운 계기를 마련하였다. 즉, 은닉층(Hidden Layer)과 백 전파(Back Propagation) 학습 알고리즘을 이용함으로써 선형분리 문제뿐만 아니라 여러가지 문제점들을 해결할 수 있게 된 것이다.

오늘날의 컴퓨터관련 학문과 산업은 인간의 지능이 필요한 모든 분야에 사용하기 위해 인간두뇌의 영역으로 그 범위를 확장해가고 있으며 더 나아가 인간과 유사한 지능을 가진 첨단 컴퓨터 이론과 그 응용에 대해 많은 관심을 가지고 있다.

이런 관심으로부터 출발한 학문이 '인공지능'이다. 기계가 인간의 지적활동을 대신하도록 하는데 관심을 갖고 있는 인공지능은 1956년 미국의 Dartmouth 대학에서 열명의 과학자가 모여 인공지능에 대한 모임을 가진 것이 그 시초라고 할 수 있다. 이 모임에서 **인공지능(Artificial Intelligence)**이라는 용어가 처음으로 사용되었다.

인공지능에 관한 연구는 1950년대부터 미국의 대학들을 중심으로 시작되었는데, 초기에는 주로 게임이나 서로 다른 언어들간의 번역, 수학적 정리의 증명 등의 작업을 기계를 통해 수행하는 실험적인 성격이 강했다. 1960년대에는 인공지능 기법을 이용하여 실세계문제에 적용하는 전문가시스템에 관한 연구가 활발히 진행되었다. 또한 이 시대는 인공지능과 경쟁관계에 있던 신경망에 대한 연구가 한창 훌륭한 결과를 내는 전성기였으며 반면에 인공지능에 관련된 연구는 크게 위축된 시기이다.

그러나 1960년에 민스키의 "퍼셉트론즈"가 발표된 이후로 인공지능과 라이벌 관계에 있던 신경망에 관한 연구는 급격하게 시들해졌고 다시 인공지능에 관한 연구가 활기를 띠게 되었다.

1970년대에 접어들면서 인공지능에 대한 연구는 비약적으로 발전하여 여러가지 테크닉과 알고리즘들이 개발되었다. 1980년대에는 여러가지 실용적인 전문가시스템이 개발되었으며, 그 이후로는 인공지능의 이론보다는 응용에 관한 연구가 진행되고 있다. 오늘날 인공지능 분야에서의 관심분야는 매우 광범위하며, 거의 전 분야에서 지능적인 처리가 요구되고 있다. 즉, 자연어 처리에서 서로 다른 언어들간의 기계적인 번역, 기계추론과 계획 및 자동컴퓨터 프로그램 시스템, 인공지능 시스템의 개발을 편리하게 해주는 하드웨어의 소프트웨어에 관한 연구, 컴퓨터를 통한 의학진단 시스템 등이 연구되고 있다. 여러 응용분야의 전문가시스템도 계속적으로 개발, 발전되고 있다.

현재에는 지금까지 제시된 다양한 제어이론과 기법들이 공존하고 있는데, 이 가운데 어떤 기법이 최고라고 단정할 수는 없으며, 대상 플랜트와 상황에 따라 적절한 기법들을 선정하여 사용하는 것이 최선이라고 할 수 있다.

위에서 시대별 제어공학의 역사를 간략히 살펴본 바와 같이, 제어공학은 18세기말에 산업혁명의 원동력이 된 증기기관의 속력조절에 제어기법이 쓰이면서 새로운 전환점을 맞이하였고, 현대의 산업과 문명이 빠른 속도로 발전하면서 각종 공정과 시스템들이 대형화되고 고도화됨에 따라 제어공학의 필요성은 더욱 높아지고 있다. 특히, 인간의 편의, 안전, 건강 등과 밀접한 관계를 가지고 있는 여러 미래 산업분야에서 제어공학은 바탕이 되는 기반기술로서 더 큰 역할을 담당하게 될 것이다.

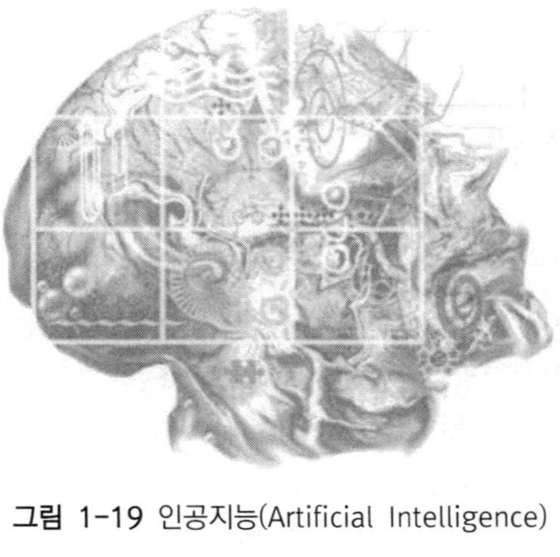

그림 1-19 인공지능(Artificial Intelligence)

제어의 역사

BC 1400: 물시계: 플로트 밸브 조절기(float valve regulator)

- 1434 : 장영실: 물시계 자격루, 현존 문헌기록 상 세계최초의 궤환 제어시스템
- 1788 : 와트(J. Watts): 증기기관: 조속기(speed governor)
- 1868 : 맥스웰(J. C. Maxwell): 선형 3차 시스템 안정도
- 1874 : 루쓰(E.J. Routh): 5차 시스템 안정기준
- 1877 : 루쓰(E.J. Routh): 선형시불변 시스템 안정도 판별
- 1895 : 허위쯔(A. Hurwitz): 7차 시스템 안정도
- 1893 : 리아프노브(A.M.Lyapunov): 미분방정식 안정이론 선형시변, 비선형시스템 안정도 이론(현대 제어이론의 토대)
- 1932 : 나이키스트(H. Nyquist): 주파수영역 안정도 판별법
- 1940 : 보드(Bode): Bode선도(Bode diagram)
- 1942 : 해리스(Harris): 전달함수와 블록선도(block diagram)
- 1948 : 에반스(W.R. Evans): 근궤적법
- 1960-70 : 최적제어(Optimal control)
- 1970-80 : 적응제어(Adaptive control)
- 1980-90 : 견실제어(Robust control)
- 퍼지이론(Fuzzy Theory)
- 신경망(Neural Network)
- 인공지능(Artificial Intelligence)
- 지금까지 제시된 다양한 제어이론과 기법들 중에서 어떤 것이 최고라고 단정할 수는 없으며, 대상 플랜트와 상황에 따라 적절한 기법들을 선정하여 사용하는 것이 최선이다.

1.3 제어시스템

우리가 흔히 쓰고 있는 시스템이란 말의 의미를 생각해 보자.

일반적으로 시스템은 "장치"와 유사용어로 사용되며, 정의를 내린다면 "관련요소들의 집합체"라고 사전적 의미를 말할 수 있다. **제어시스템은 "원하는 시스템 응답을 얻을 수 있도록 외형적으로 상호 연결된 성분의 조합이다"**라고 정의 내릴 수 있다.

교통경찰에 의하여 수동으로 조작되는 교통신호등을 생각해 볼 때, 조작의 대상(Control Object)이 되는 교통신호등은 플랜트(Plant), 이를 제어하는 경찰은 제어장치(Controller)라 불릴 수 있다. 신호등이 전등, 조작함, 그 속의 계전기 등의 많은 부속품들로 이루어져 있

듯이 플랜트란 제어 대상을 구성하는 여러 요소들의 집합체를 일컬으며, 물론 하나의 요소만을 가질 수도 있다.

원래 플랜트란 그 자체만으로서 소기의 목적을 달성할 수 있도록 구성되어지나 실제로는 그 목적이 달성되기 어렵기 때문에 이를 보완 또는 보상할 수 있는 부플랜트(Sub-lant)인 보상(Compensator) 또한 요구되는 것이다.

플랜트

플랜트(Plant) : 조작의 대상(Control Object) :프로세스(Process)

- 제어장치(Controller) : 플랜트(제어대상)의 동작제어를 행함.
- 보상기(Compensator) : 원래 플랜트란 그 자체만으로서 소기의 목적을 달성할 수 있도록 구성되어지나 실제로는 그 목적이 달성되기 어렵기 때문에 이를 보완 또는 보상할 수 있는 부플랜트(Sub-plant)가 필요하다.
- 시스템(System) : 관심을 갖는 분야에서 상호작용 되는 요소들의 집합체. 시스템에는 입력과 출력이 있으며 입력에 신호를 가하면 이것이 처리 과정을 거쳐 변환된 신호가 출력에 나타남.

예를 들어 농촌에서 천수답에 설치된 양수기는 모터와 펌프 및 전원스위치로 구성되어 있는 하나의 플랜트이다. 이 플랜트는 특별히 속도를 제어한다든가 또는 양수량을 제어할 필요가 없이 농수로에 물만 퍼올리면 소기의 목적을 달성하는 것이다. 이와 같은 경우는 특별히 제어기가 필요하지 않으나, 제약회사에서 약품원액을 희석하기 위하여 사용되는 양수기의 경우는 사정이 달라지게 된다. 왜냐하면, 모터가 정격용량, 정격속도로 운전된다는 보장도 없고 펌프에 녹이 슬 수도 있으며 물탱크의 수위가 변동될 수도 있는 등이 이유로 인하여 약품을 정확한 비율로 희석하기는 어렵게 되므로 이를 보상할 수 있는 부플랜트인 제어기가 필요하게 된다. 플랜트는 가끔 프로세스(Process)라고도 불린다. 그러나 일반적으로 프로세스는 정유, 제철, 화공 등의 장치산업에서 제어의 대상인 공업량을 일컫는다. 이에 대해서 플랜트는 공장, 기계 등에서 속도, 위치, 자세, 토크, 순서 등의 기계 역학적인 양을 제어대상으로 한다.

교육시스템, 관리시스템, 경영시스템, 회계시스템, 교통시스템, 선거시스템 등에서 제어시스템에 이르기까지 우리의 대화중에 흔히 쓰이고 있는 시스템(System)이라는 말은 관심을 갖는 분야에서 상호작용 되는 요소들의 집합체를 말한다. 따라서 시스템에는 입력과 출력이 있으며 입력에 신호를 가하면 이것이 처리 과정을 거쳐 변환된 신호가 출력에 나타난다. 위의 예에서 교통신호 제어시스템이라 하면 신호등인 플랜트와 제어기인 교통경찰까지를 포함하는 것으로, 플랜트와 제어기의 조합으로 구성된다.

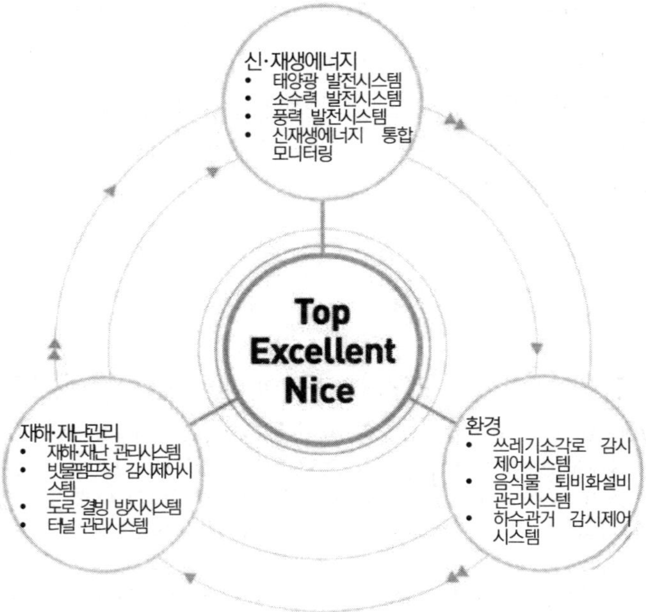

그림 1-20 물 관리시스템

시스템 이란

시스템이란

- 어떤 주어진 목적을 달성하기 위하여 상호작용을 하는 여러 개의 요소가 모여 하나의 복합체를 이루고 있는 실체를 말한다.

제어시스템 구성도

- 제어시스템은 기준입력과 궤환신호의 차이인 제어신호(오차)를 이용하여 Forward 요소를 원하는 출력으로 구현시키는 시스템이다. 다시 말하자면 이상적인 기준입력을 생성시킨다고 할 수도 있다.
- 기계시스템 이든, 전기시스템 이든, 공정시스템 이든지 일단 수학적으로 모델링이 되면 물리적 특성과는 상관이 없이 해석 및 시뮬레이션을 할 수 있다.

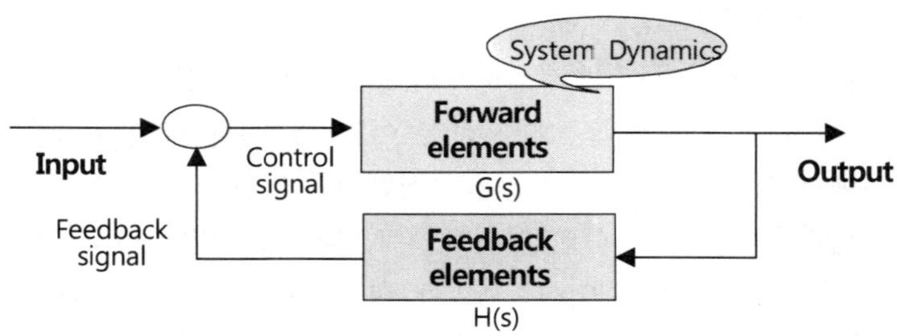

그림 1-21 제어시스템 구성도

※ Forward 요소 구성도

- 제어시스템의 구성도에서 Forward 요소들에 대해 세분하면 아래와 같다.

그림 1-22 Forward 요소 구성도

- 제어설계의 궁극적인 목적은 맨 앞단의 제어기(Controller)의 설계를 의미하며 이를 효과적으로 수행하기 위해 구동기(Actuator), 및 제어대상(Plant, Process)의 모델링이 선행되어야 한다.

1.3.1 시스템의 구성요소

제어시스템을 구성하는 기본요소는 입력, 출력 및 시스템 요소로 구성된다.

일반적으로 제어시스템의 대상은 제어시스템의 요소를 통하여 입력에 의하여 어떤 지시된 방법으로 출력을 제어하는 것이다. 제어시스템은 제어대상과 제어장치 두 개 부분으로 구성되어 있다. 제어대상(Control Object 또는 process)은 문자대로 제어의 대상으로서 주어지는 것이다. 제어대상에 제어장치(control device 또는 controller)를 붙여서 제어동작을 행하게 된다. 즉, 제어시스템 중에서 제어대상 이외의 것이 제어장치 구성요소이다. 제어장치는 검출부, 조절부 그리고 조작부로 구성되어 있다.

그림 1-23 제어시스템의 기본구성

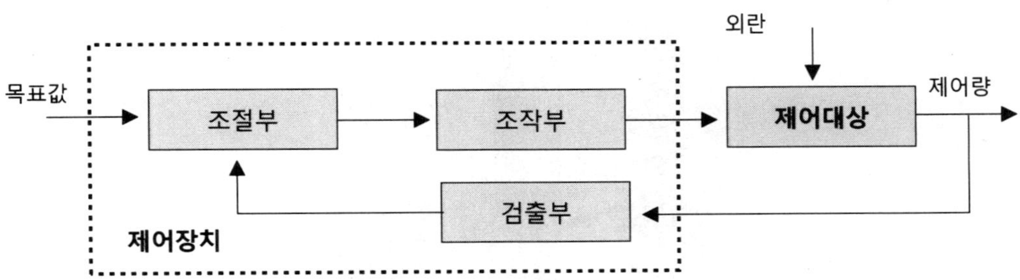

그림 1-24 제어시스템의 구성

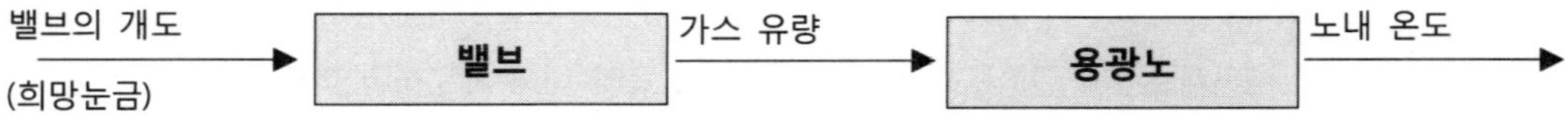

(a) 개루프 시스템

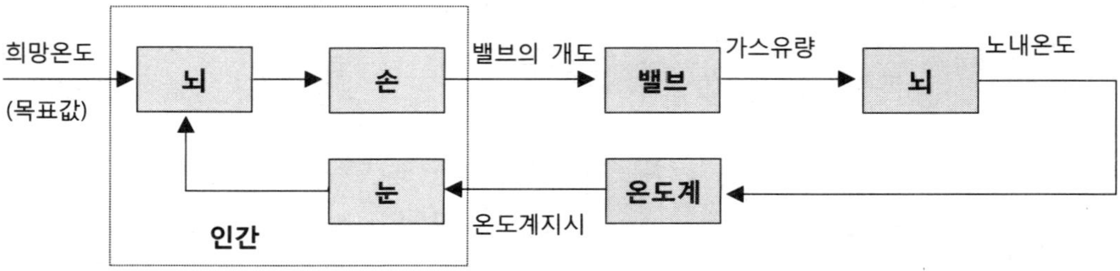

(b) 폐루프 시스템(인간의 신경자극)

그림 1-25 제어시스템의 신호 전달방법

그림 1-23은 제어시스템의 신호전달방법을 보여주고 있다. 그림 1-25(b)는 에너지나 물질의 흐름을 표시하는 것이 아니라 각 물리량 변화의 연쇄와 신경자극의 전달방법만을 나타내고 있다. 특히 그림 1-25(b)에서는 닫힌 신호전달의 루프가 있고 신호가 그 속을 순환하고 있으나 그림 1-25(a)에서는 신호가 일방적으로 전해지고 있을 뿐이다. 이점에 주목하여 제어시스템을 개루프(open-loop) 제어시스템과 폐루프(closed-loop) 제어시스템으로 분류된다.

일반적으로 개루프 제어시스템은 구조가 간단하여 설계하기 용이하고 폐루프 제어시스템에 비하여 경제적이다. 입력과 전체시스템 모델을 정확히 알거나 예측된 출력이 정해진 범위 내에서 변동 폭이 작은 제어시스템 설계에 유용하다. 동작 중에 파라메타들이 변화하거나 예기치 않은 외란 등의 개입에 의하여 설계당시의 제어성능을 유지 못하는 경우가 있다.

가정용 세탁기, 헤어 드라이어, 전기오븐, 진공청소기 등은 개루프 제어시스템의 전형적인 예이다.

그림 1-26
가솔린동력을 이용한 세탁기

예를 들어 세탁기를 생각해보자. 일반적으로 세탁기는 전동기의 회전방향 전환 기능과 급수, 세탁 및 탈수과정을 미리 설정하여 이 순서대로 동작하는 일종의 시퀀스 제어시스템(sequence control system)이다. 이 시스템은 급수상태, 회전감시 등의 기능은 있으나 세탁물의 청결정도를 감지하지 못한다. 따라서 세탁물의 종류나 중량 또는 청결도에 상관없이 주어진 동작을 수행한다. 이러한 제어시스템은 주어진 조건하에서는 원활한 기능을 발휘하고 경제적인 반면에 정밀제어나 운전 중 파라메터가 변동하는 경우에는 대처하지 못하는 단점이 있다.

순차 제어시스템(sequence control system)

- 시퀀스제어라고도 한다. 되먹임제어(feedback control)와는 달리 보상동작적인 작용을 가지지 않는 열린 루프계이다. 제어신호는 아날로그가 아니라 디지털신호이다.
- 전기세탁기 ·전기밥솥 ·자동판매기 ·자동엘리베이터 등 일상생활에 응용될 뿐만 아니라 컨베이어, 트랜스퍼 머신, 발전소의 기동정지원격조작, 자동운전, 자동공작기 등 공장의 자동화 시스템에 폭넓게 이용되며, 조업관리, 즉 공장 스케줄 제어의 일환으로서도 매우 중요한 일면을 차지한다.
- 이 제어를 이용할 경우에는 인원의 삭감, 재현성의 확보, 생산속도의 증대와 설비효율의 향상뿐 아니라, 품질향상과 균일성의 확보, 위험 방지 등 큰 효과를 거둘 수 있다.

제어시스템을 구성하는 가장 전형적인 방법이 궤환제어이며 궤환요소를 사용하면 출력을 검출, 감시할 수 있다. 폐루프 제어시스템은 피드백을 수반하므로 궤환제어(feedback control)시스템이라고도 한다. 이 제어시스템에서는 제어결과가 끊임없이 피드백 되어 희망하는 값과 비교되어 차가 있으면 그것을 감소시키려고 하는 정정 동작이 행해지기 때문에 개루프 제어시스템과는 달리 외적조건이 변화해도 좋은 제어결과를 기대할 수 있다. 이 구조는 개루프 제어시스템에 비하여 융통성이 있는 제어기 설계가 가능하고 출력의 감시 기능이 있으므로 정밀제어 구조에 사용되며 안정도, 감도 및 잡음에 대하여 견실한 제어가 가능하다. 반면 해석 및 설계가 복잡해지며 제어기 가격이 높아진다.

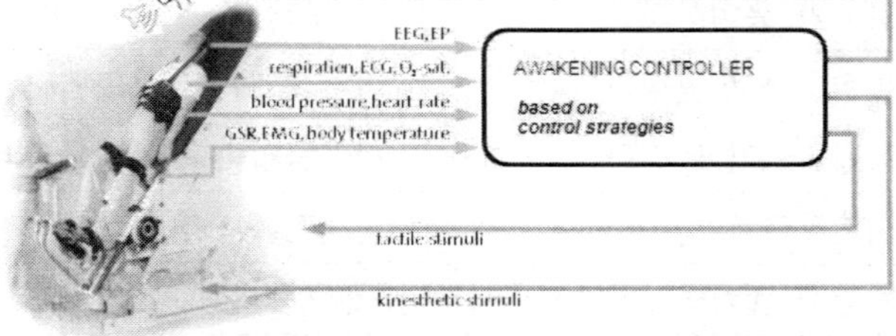

그림 1-27 다입력 다출력 시스템

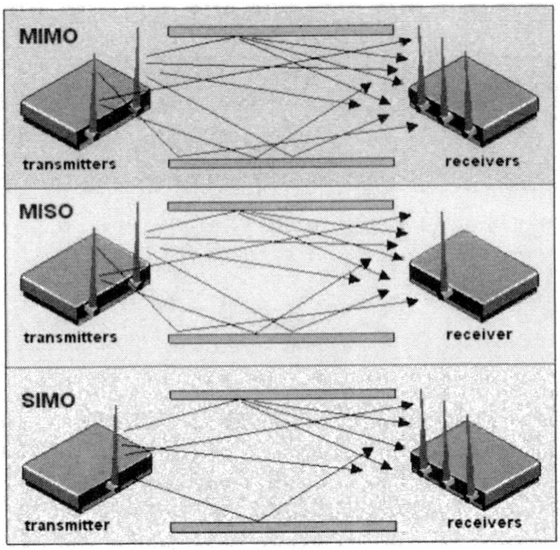

그림 1-28 다양한 입출력 시스템

시스템 내에서도 구성들 간에 서로 주거나 받는 신호들이 존재하게 된다. 시스템 변수(System Variable)라고 불리는 이러한 신호들은 측정 가능하기도 하고 또는 불가능하기도 하며, 또한 제어의 목적을 달성하기에 유용하기도 하고 또는 그렇지 않기도 하다. 이러한 신호들 중에서 환경으로부터 시스템으로 들어오는 신호는 입력(Input)이라 불리우며, 입력신호 중에서 유용하지 못한 것은 외란(Disturbance)이라 불린다. 출력신호 또는 출력(Output)은 시스템에서 환경으로 나가는 신호를 말하며 측정 가능한 신호이어야 된다. 여러 신호들 중에서 입력신호와 출력신호를 선정하는 것은 시스템의 설계와 해석에 중요한 영향을 끼치는 문제이므로 신중을 기해야 된다. 시스템의 입력과 출력신호는 각각 한 개일 수도 또는 여러 개일 수도 있다.

[폐루프 및 개루프 제어시스템의 특징]

구 분	개루프 제어 시스템	폐루프 제어시스템
구 조	구조가 간단하다	궤환요소 구성에 의하여 복잡하다
경 제 성	가격이 저렴하다	고가이다
보수유지	보수가 용이하다	고장시 보수가 어렵다
안 정 도	본질적으로 안정하다	설계가 잘못되면 불안정하다
응답속도	응답속도가 느리다	응답속도가 빠르다
정 확 도	정확도가 낮다	정확도가 높다
외 란	환경적 변화와 외란에 민감하다	환경적 변화에 비교적 강인하다
적용분야	간단한 용도의 제어시스템	고정밀, 고속 적응력 제어시스템

입력과 출력신호가 각각 한 개이면 단입력 단출력시스템(SISO ; Single-Input Single-Output System)이라고 부르고, 그렇지 않으면 다변수 시스템(Multi-variable System) 또는 다입력 다출력 시스템(MIMO ; Multi-input Multi-output System)이라고 부르며, 만일 입력과 출력이 각각 두 개와 한 개이면 2입력 단출력 시스템이라 부른다.

제어시스템 구분

개루프 제어시스템 :

- 구조가 간단하여 설계하기 용이하고 폐루프 제어시스템에 비하여 경제적이다.
- 입력과 전체시스템 모델을 정확히 알거나 예측된 출력이 정해진 범위 내에서 변동폭이 작은 제어시스템 설계에 유용하다.
- 동작중에 파라메타들이 변화하거나 예기치 않은 외란 등의 개입에 의하여 설계당시의 제어성능을 유지 못하는 경우가 있다.
- 가정용 세탁기, 헤어 드라이어, 전기오븐, 진공청소기 등은 개루프 제어시스템의 전형적인 예이다.

폐루프 제어시스템 :

- 피드백을 수반하므로 궤환제어(feedback control)시스템이라고도 한다.

1.3.2 시스템 표현

제어시스템의 해석 및 설계에서 기본적이면서도 가장 중요한 점은 시스템을 표현하는 모델링 기법일 것이다. 제어시스템 모델은 제어시스템을 수학적으로 기술하는 것인 만큼, 제어시스템을 해석하거나 설계시에 가장 먼저 이루어지고 또한 가장 중요하게 다루어져야 되는 작업이 바로 모델링이다. 제어시스템 모델의 종류에 대하여 간단히 기술하면 다음과 같다.

- **수학적 모델** : 미분방정식 모델, 전달함수 모델, 상태방정식 모델, 상승적분 모델
- **도식적 모델** : 블록선도 모델, 신호흐름선도 모델
- **언어적 모델** : 논리 모델

모델링 기법은 수학적 도구의 하나인 라플라스 변환에 의하여 이루어지며 시스템의 표현을 위하여 사용되어지는 여러 방법에 대하여 간단히 소개하면 다음과 같다.

(1) 라플라스 변환

라플라스 변환은 선형시스템의 해석과 설계에 유용한 도구이다. 라플라스 변환에 의하여 상수계수의 상미분방정식이 대수방정식으로 변환되고, 방정식의 해는 라플라스영역에서 대수적인 계산만으로 구해질 수 있다. 이 해를 시간영역으로 변환하고자 할 때는 라플라스 변환표 또는 라플라스 변환과정을 거쳐 이루어지며, 그 결과 얻어진 해는 재차해(과도해), 특수해(정상상태해) 뿐만 아니라 초기치도 하나의 완전해이다. 또한 라플라스영역에서 주파수영역으로의 변환도 간단하다는 장점을 갖는다.

(2) 전달함수

전달함수는 주어진 제어시스템의 수학적 모델링이다. 전달함수는 어떤 시스템의 출력신호 라플라스 변환함수를 입력신호 라플라스 변환함수로 나눈 함수로 정의되는데 이는 제어시스템의 해석과 설계를 위하여 가장 중요한 단계이다. 이 함수는 대상 시스템의 입출력 신호들 사이의 관계를 표현해주는 미분방정식이나 중합적분식의 양변에 라플라스 변환을 적용하여 구해지게 되는데, 일반적으로 분수함수 형태로 되기 때문에 미분방정식이나 중합적분식 표현에 비해 간결한 표현이 되며, 특히 미분방정식을 풀지 않고서도 이 함수의 분모부와 분자부 인수들로부터 시스템의 특성을 웬만큼 알아낼 수 있기 때문에 제어시스템의 해석과 설계에 많이 쓰이고 있다.

(3) 블록선도

블록선도는 시스템요소의 전달함수를 하나의 박스로 나타내고, 신호흐름에 따라 시스템요소 사이를 화살표로 연결시킨 것이다. 블록선도는 시스템의 구조와 시스템요소 간의 상호 인과관계를 도시적으로 보여줄 뿐만 아니라, 블록선도 대수를 이용하여 시스템을 간략화할 수 있으므로, 시스템의 해석 설계시에 필수적으로 이용된다.

그림 1-29는 기본적인 블록선도를 보여준다. 여기서, G(s), H(s)는 각각 전향(Forward) 전달함수, 피드백(Feedback) 전달함수라 한다. 이 전달함수는 뒤에 언급되는 바와 같이 정상상태편차를 결정하는 중요한 함수이다.

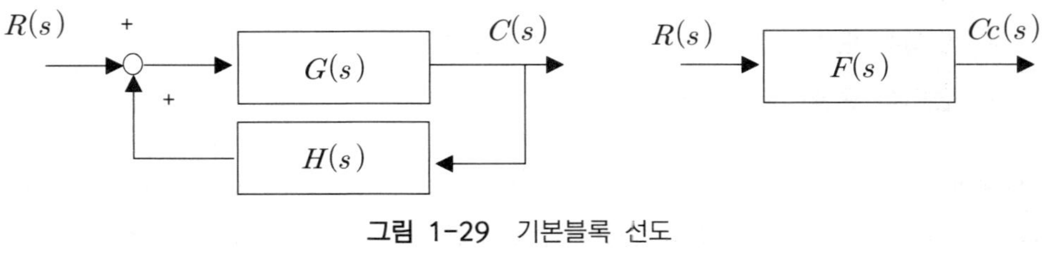

그림 1-29 기본블록 선도

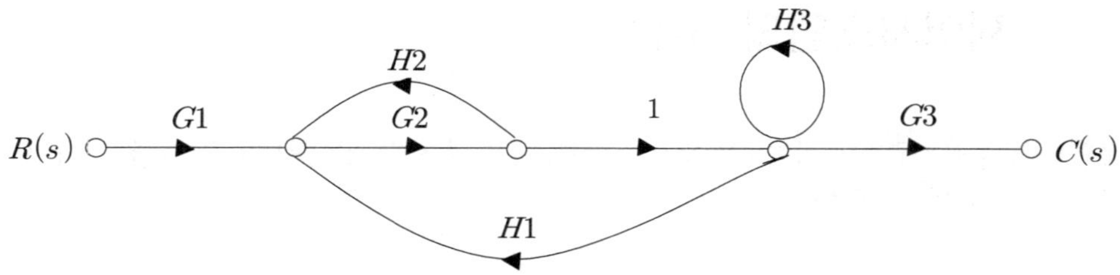

그림 1-30 신호흐름선도

(4) 신호흐름선도

신호흐름선도(Signal Flow Graph)는 시스템을 도식적으로 모델링하는 방법의 하나이다. 신호흐름선도는 그림 1-30과 같이 시스템의 변수를 마디(Node)로 잡고, 변수와 변수간의 관계를 가지(Branch)라 불리는 단방향성 선분으로 표시한 것이다. 마디는 원으로 표기되며, 가지는 선분위에 신호흐름의 방향을 화살표로 나타내고 화살표 옆에 가지이득을 기입한 것이다. 여기서 블록선도가 시스템 요소간의 연결관계를 잘 표현하고 있는 반면에 신호흐름선도는 시스템 변수관계를 분명히 밝히고 있는 점을 알 수 있다. 블록선도로 표현된 시스템에서 전체 전달함수는 블록선도의 간략화 과정을 거침으로서 구해질 수 있는데 비하여, 신호흐름선도로 표현되는 경우는 소위 메이슨의 이득공식(Mason's Gain Formula)이라 불리는 공식으로부터 직접 구할 수 있다는 점에서 다변수 시스템의 도식적 표현에 편리함을 준다.

시퀀스(순차)/연속제어

시퀀스 제어(Sequence Control) :

- 전자동 세탁기(혹은 엘리베이터)와 같이 미리 정해진 순서에 따라 각 단계별 제어를 행하는 제어. 주로 논리연산(AND, OR, NOT)과 시간지연(Time Delay)에 의하여 제어가 이루어진다.
- Motor On-Off 제어, 엘리베이터 제어, 세탁기, 전기 히터 등

연속 제어(Continuous Control) :

- 흔히 피드백제어(혹은 아날로그 제어)라고 하며, 일정한 제어량을 목표 (설정치)로 하여 목표량과 실제량을 비교하여 이것이 상호 일치되도록 연속적으로 제어하는 방식. 주로 수학적인 연산(수치연산)에 의해 제어가 이루어짐. 제어 루프 구성방법에 따라 다음과 같이 분류함.
  - 개루-프(open-loop) 제어시스템 : 부귀환(Non-Feedback) 제어
  - 폐루-프(closed-loop) 제어시스템 : 귀환(Feedback) 제어

1.4 제어시스템의 분류

제어 시스템은 제어의 목적, 제어량의 종류, 신호의 종류 및 제어동작 등에 따라서 다음과 같이 분류될 수 있다.

1.4.1 제어의 목적에 따른 분류

(1) 추종제어(Follow-up Control) :

시간적으로 변하는 목표치를 제어량이 추종하도록 구성되는 제어법, 서보 기구 등이 이에 속함.

(2) 정치제어(Constant Set-point Control) :

제어량을 어떤 일정한 목표값으로 유지시키는 제어법, 대부분의 프로세스 제어 및 자동조정이 이에 속함.

(3) 프로그램 제어(Programmed Control) :

미리 정해진 각본(순서)에 따라 제어량을 변화시켜주는 제어법. 시퀀스 제어 등이 있음.

(4) 비율제어(Ratio Control) :

어떤 비율관계를 가지고 변하는 목표치에 따라 제어량을 결정해주는 제어법. 성분프로세스 제어 등에 자주 이용됨.

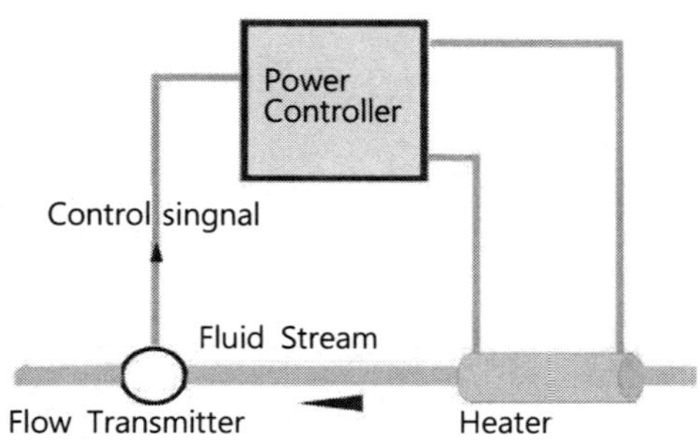

그림 1-31 비율제어(Ratio Control)

그림 1-32 서보 기구

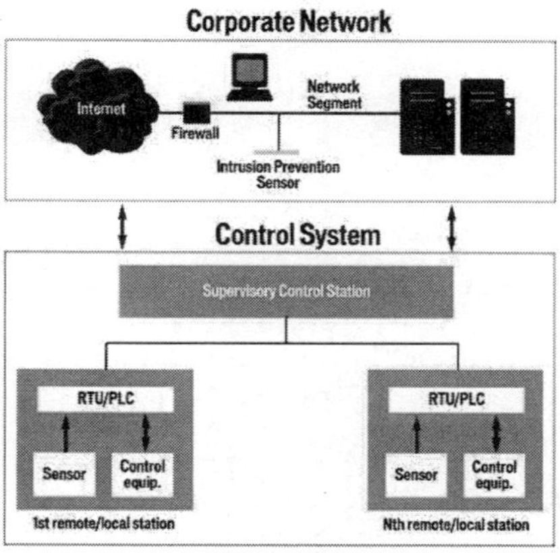

그림 1-33 프로세스 제어

1.4.2 제어량의 종류에 따른 분류

(1) 서보 기구(Servomechanism) :

기계적 변위(물체의 위치, 자세, 방위 등)를 제어량으로 함. 보통 목표치의 임의의 변화를 추종하도록 시스템이 구성됨.

(2) 프로세스 제어(Process Control) :

공업량(공정 상태량)인 유량, 레벨, 압력, 온도, 성분 등을 제어량으로 함. 보통은 가해지는 외란의 억제를 목적으로 시스템이 구성됨.

(3) 자동조정(Automatic Regulation) :

전기량(전압, 주파수 등) 및 기계 역학적인 양(인장력, 속도 등)을 제어량으로 함. 보통은 제어량을 일정하게 유지하는 것을 목적으로 시스템이 구성됨.

1.4.3 신호의 종류

(1) 아나로그 신호(Analog Signal) :

시간에 대하여 연속적인 값으로 표현되는 신호. 아나로그 신호를 취급하는 제어시스템을 연속시간 제어시스템 또는 아나로그 시스템이라고도 함.

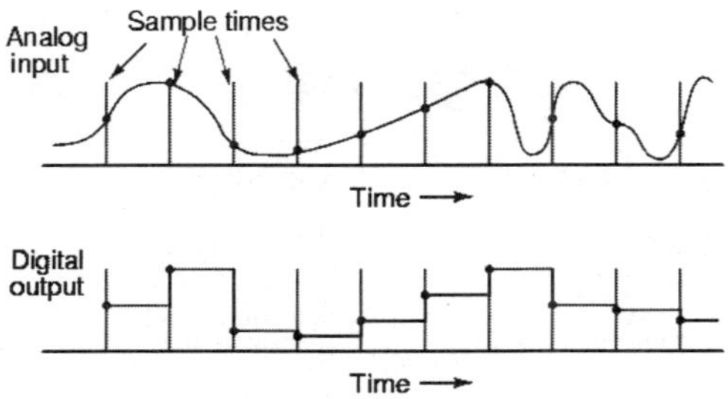

그림 1-34

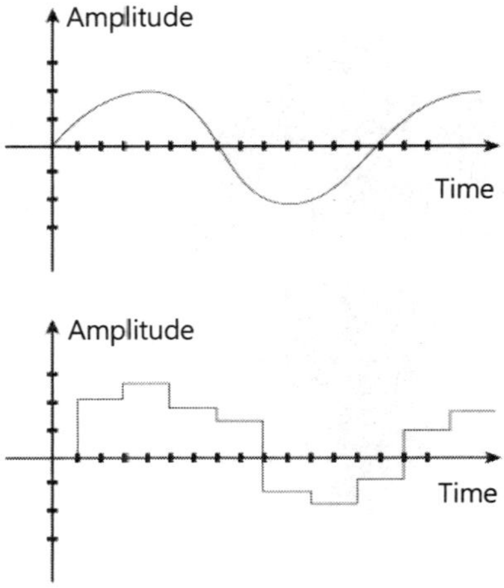

그림 1-35 아나로그 및 디지털 신호

(2) 디지털 신호(Digital Signal) :

코드화된 수치 즉, 디지털 값으로 표현되는 신호. 디지털 신호를 취급하는 제어시스템을 디지털 제어시스템 또는 이산시간 제어시스템, 샘플치 제어시스템이라 함.

1.4.4 외란의 분포 상태에 따른 분류

(1) 확률 제어(Stochastic Control) :

확률(통계)적으로 표현되는 외란 또는 프로세스인 확률프로세스 또는 랜덤 프로세서(random process)를 대상으로 하는 제어.

(2) 확정 제어(Deterministic Control) :

확정적으로 표현되는 외란 또는 프로세스를 대상으로 하는 제어.

1.4.5 외란 제거방법에 따른 분류

(1) 피드포워드 제어(Feedforward Control) :

제어량 또는 프로세스 자체에 들어가는 외란을 미리 검출하고, 그 영향이 제어량에 나타나지 않도록 미리 조작량을 결정해주는 제어.

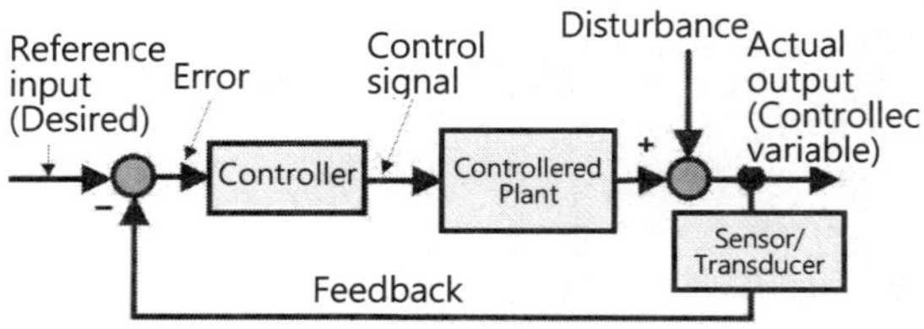

그림 1-36 피드백 제어

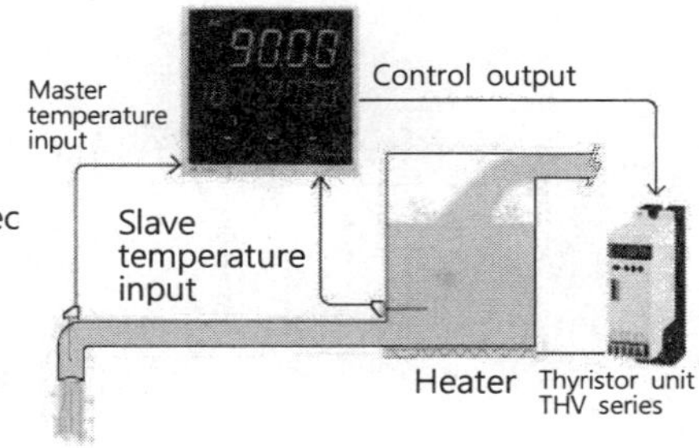

그림 1-37 종속제어

(2) 종속제어(Cascade Control) :

조작량에 들어가는 외란을 검출하여, 이 외란이 제어량에 영향을 끼치기 전에 미리 조작량을 제어. 이 제어기(2차 제어기)는 조작량을 결정해 주는 1차 제어기와 프로세스 사이에 직렬로 접속됨.

(3) 피드백 제어(Feedback Control) :

제어량에 나타난 외란을 검출하여 조작량을 결정해주는 제어. 따라서, 앞의 두 제어와는 달리 외란이 제어량에 나타난 후에 비로서 조절신호가 발생됨.

1.4.6 조절부의 동작에 따른 분류

(1) 비례 제어(Proportional Control) :

편차의 크기에 비례하는 제어동작. 특히, 정상상태 편차의 존재가 문제. 이것은 조절부의 전달특성이 비례적인 특성을 가진 제어시스템으로서 조절부의 입력 $e(t)$가 주어지고 그 결과로 조절부의 출력 $c(t)$가 얻어지면

$$u(t) = K_p e(t)$$

의 관계로 표시된다. 여기서, K_p는 정수로서 비례감도라 하고, 그 역수 $1/K_p$를 비례대라 하며, 비례동작의 정도를 나타낸다.

PID제어기에서 반드시 사용하는 가장 기본적인 제어이며 구현하기가 쉽다. 상승시간을 감소시키며, 기준신호와 귀환신호 사이의 차인 오차신호에 적당한 비례상수 이득을 곱해서 제어신호를 만들어내는 제어기법이다. 비례제어기는 아주 단순한

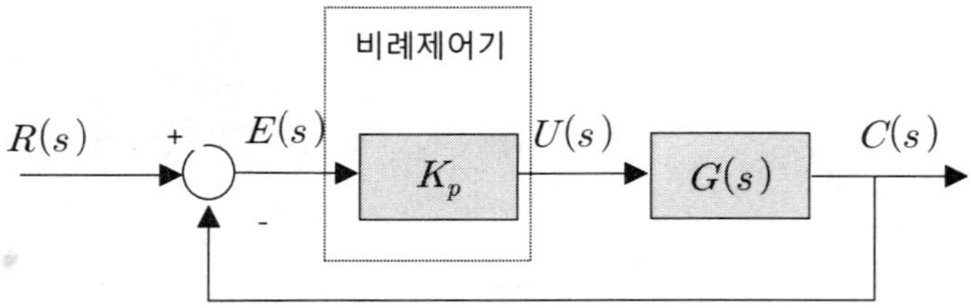

그림 1-38 비례제어 시스템

시스템의 경우를 제외하고는 단독으로 쓰이는 경우가 거의 없으며 적분제어나 미분제어와 함께 쓰인다.

(2) 미분 제어(Derivative Control) :

편차의 도함수에 비례하는 제어동작. 속응성 향상을 목적으로 함. 특히, 잡음에 취약한 점이 문제. 이것은 제어오차가 검출될 때 오차가 변화하는 속도에 비례하여 조작량을 가감하도록 하는 동작으로 오차가 커지는 것을 미연에 방지한다. 조절부동작을 수식으로 표시하면

$$u(t) = K_d \frac{d}{dt} e(t)$$

(3) 적분 제어(Integral Control) :

편차의 적분치에 비례하는 제어동작. 잔류편차(정상상태 편차)를 제거하는 것을 목적으로 함. 특히, 응답이 진동하거나 지연되는 점이 문제. 즉 적분값의 크기에 비례하여 조작부를 제어하는 것으로 잔류오차가 없도록 제어할 수 있다. 조절부동작을 나타내면 다음과 같다.

$$u(t) = K_i \int e(t)dt$$

(4) 비례적분제어(PI 제어; Proportional and integral control) :

비례동작에 의해 발생되는 잔류오차를 소멸시키기 위해 적분동작을 부가시킨 제어동작으로, 제어결과 진동적으로 되기 쉬우나 잔류오차가 적다. 조절부동작을 나타내면 다음과 같다.

$$u(t) = K_p e(t) + K_i \int_0^t e(t)dt$$

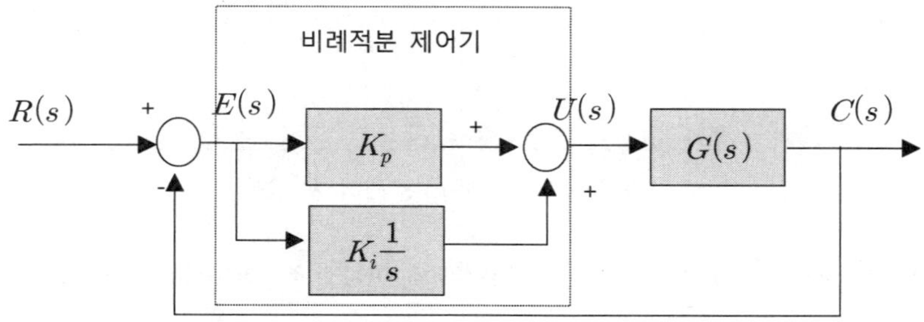

그림 1-39 비례적분제어 시스템

정상상태 오차를 없애는데 사용되며, 시스템의 형(type)이 1차 증가하여 정상상태 오차가 개선된다.

(5) 비례미분제어(PD 제어; Proportional derivative control) :

원하는 제어결과에 빨리 도달할 수 있도록 비례제어기에 미분동작을 부가한 동작이다. 잘 활용하면 안정도에 기여하며, 예측기능이 있어 응답속도를 빠르게 한다.

제어결과에 빨리 도달하도록 미분동작을 부가한 동작이다. 응답속응성의 개선을 위해 사용되며, 미분제어는 오차신호의 변화를 억제하는 역할을 하기 때문에 감쇠비를 증가시키고 초과를 억제하는 데에 효과적이므로 과도응답특성을 개선시킬 수 있다. 응답속응성의 개선에 사용된다. 조절부동작을 나타내면 다음과 같다.

$$u(t) = K_p e(t) + K_d \frac{d}{dt} e(t)$$

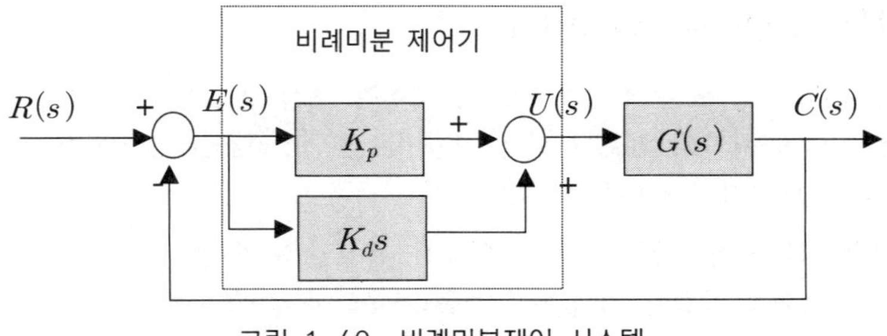

그림 1-40 비례미분제어 시스템

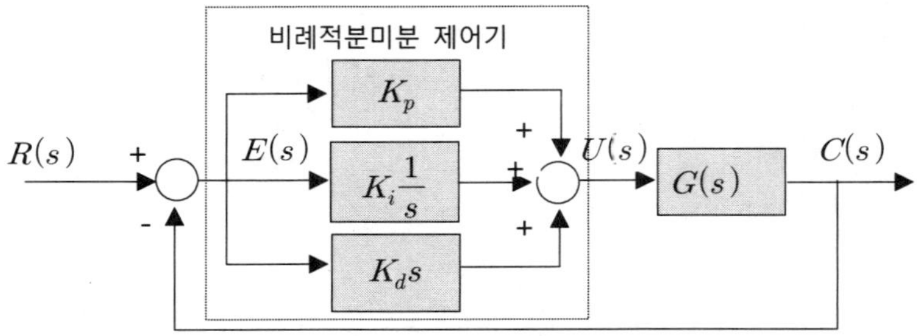

그림 1-41 비례미적분제어 시스템

(6) 비례적분미분제어(PID 제어; Proportional integral and derivative control) :

비례적분동작에 미분동작을 추가시킨 것으로 조절부동작을 나타내면

$$u(t) = K_p e(t) + K_d \frac{d}{dt} e(t) + K_i \int_0^t e(t) dt$$

여기서, 미분동작의 역할은 큰 시정수가 있는 프로세서 제어 등에서 나타나는 오버슈트(overshoot)를 감소시키는 역할을 하고, 적분동작에 의해 잔류오차를 없애는 작용을 가지고 있어 연속동작 중 가장 좋은 제어동작이다.

[제어기 비교]

제어기	상승시간	오버슈트	정착시간	정상상태오차	특징
P-제어기	**감소***	증가		감소	상승시간 감소
D-제어기		**감소***	감소		안정도 증가
I-제어기	감소	증가	증가	**제거***	정상상태오차 제거

1.4.7 제어기법에 따른 분류

(1) 최적제어(Optimal Control) :

평가함수가 최소 또는 최대가 되도록 제어측 구성. 시스템 파라미터 값을 미리 알고 있어야 되며 평가의 기준이 되는 평가지표(performance index)를 무엇으로 두느냐에 따라 제어방법이 다양하게 변화한다.

즉 일반적인 제어계가 피드백에 의해서 목표값을 제어량에 근접하게 하기 위해, 어떤 평가 기준에 적절한 입력(목표값)을 가공하여 출력(제어량)을 목적에 가장 근사한 모양으로 얻으려고 하는 제어 이론. 이 이론은 비용 최소, 효과 최대, 손실 최소 등 일반적으로 최적을 목적으로 하는 문제에 이용된다.

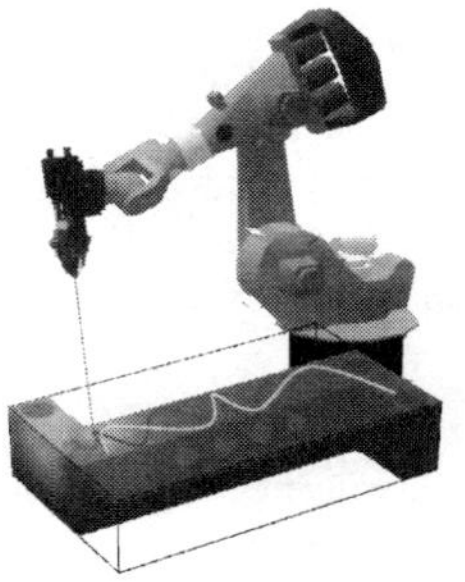

그림 1-42 최적제어

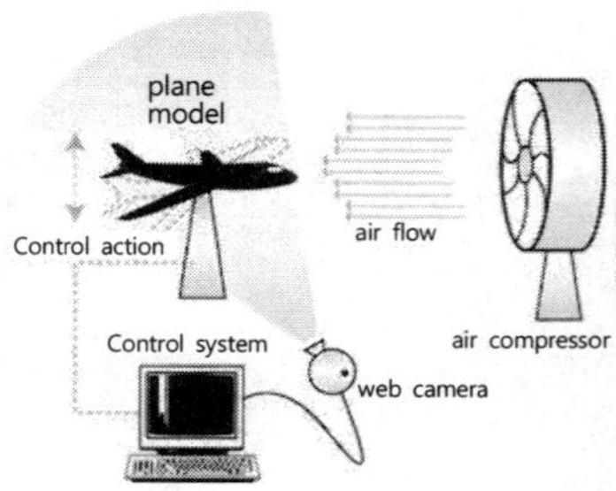

그림 1-43 적응제어

그림 1-44 퍼지제어

(2) 적응제어(Adaptive Control) :

주위 환경에 따라 시스템 파라미터 값이 미지이거나 또는 변할 때에도 이에 적응하여 주어진 기준모델과 같은 응답을 보이도록 제어측을 구성. 기준모델을 추종하는 제어를 말한다.

환경변화에 따라서 제어계의 특성이나 구조를 적극적으로 변경해 나가는 방식으로 생물의 환경변화에 대한 적응성을 표준으로 한 것이다. 외부환경의 변화가 큰 경우에는 제어 대상이나 특성이 변화하여 종래의 되먹임 제어만으로 불충분하기 때문에 적응제어가 필요하다. 적응제어는 인지기능, 조정기능이 있다.

(3) 퍼지 이론(fuzzy theory)

빨래를 세탁하는 경우를 생각해 보자, 사람이 빨래 할 때 세탁물의 양, 세탁물의 오염정도, 세탁물의 종류 등의 질적인 정보를 고려하여 물의 양과 세제량을 결정하게 된다. 그러나 일반세탁기는 여러 요인들을 고려하지 않고 설정된 시간과 절차에 따라 기계적으로 세탁하므로 물과 세제가 낭비될 수 있다. 퍼지 이론을 이용하면 이 문제를 해결할 수 있다. 퍼지 이론은 사람이 사용하는 언어적으로 애매한 표현을 효과적으로 처리할 수 있는 방법을 제공하기 때문이다.

퍼지 이론은 아직도 이론적으로 정립될 부분이 많고 응용 대상도 다양하므로 많은 연구가 이루어져야 하고 장래도 밝다고 할 수 있다.

컴퓨터가 인공 지능을 가지고 인간이 원하는 바를 제대로 수행하기 위해서는 인간이 사용하는 숫자는 물론이고 애매한 표현도 처리할 수 있어야 한다. 이러한 인간의 애매한 표현을 처리할 수 있는 이론적인 바탕을 제공하는 것이 바로 퍼지 이론(fuzzy theory)이다.

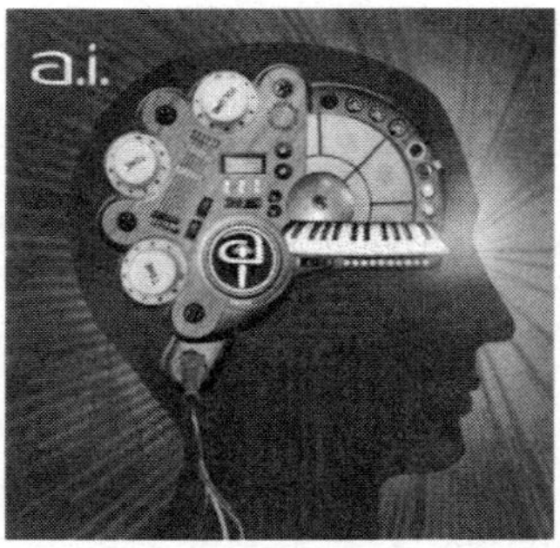

그림 1-45 인공지능(AI)

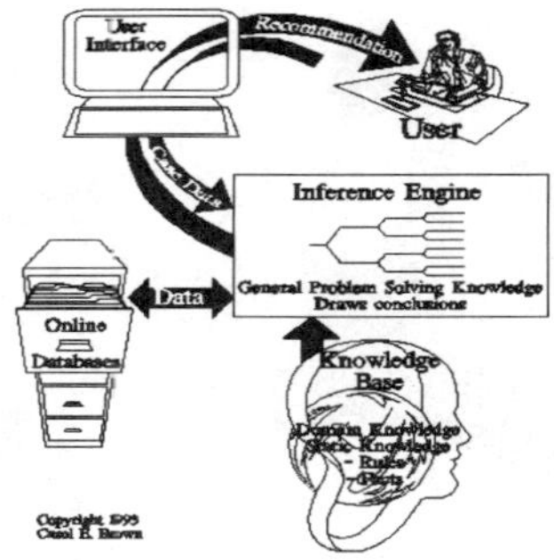

그림 1-46 전문가 시스템

(4) 인공지능(Artificial Intelligence)

인간의 지능으로 할 수 있는 사고, 학습, 자기계발 등을 컴퓨터가 할 수 있도록 하는 방법을 연구하는 컴퓨터 공학 및 정보기술의 한 분야로서, 컴퓨터가 인간의 지능적인 행동을 모방할 수 있도록 하는 것을 인공지능이라고 말하고 있다.

또한 인공지능은 그 자체로 존재하는 것이 아니라, 컴퓨터 과학의 다른 분야와 직간접으로 많은 관련을 맺고 있다. 특히 현대에는 정보기술의 여러 분야에서 인공지능적 요소를 도입하여 그 분야의 문제 풀이에 활용하려는 시도가 매우 활발하게 이루어지고 있다.

오늘날의 컴퓨터관련 학문과 산업은 인간의 지능이 필요한 모든 분야에 사용하기 위해 인간두뇌의 영역으로 그 범위를 확장해가고 있으며 더 나아가 인간과 유사한 지능을 가진 첨단 컴퓨터 이론과 그 응용에 대해 깊은 관심을 가지고 있다.

오늘날 인공지능 분야에서의 관심분야는 매우 광범위하며, 거의 전 분야에서 지능적인 처리가 요구되고 있다. 즉, 자연어 처리에서 서로 다른 언어들 간의 기계적인 번역, 기계추론과 계획 및 자동컴퓨터 프로그램 시스템, 인공지능 시스템의 개발을 편리하게 해주는 하드웨어의 소프트웨어에 관한 연구, 컴퓨터를 통한 의학진단 시스템 등이 연구되고 있다. 여러 응용분야의 전문가시스템도 계속적으로 개발, 발전되고 있다.

(5) 전문가 시스템(Expert System)

전문적이고 경험적인 지식을 데이터베이스화하여 제어측 계산에 적용하는 제어기법으로서, 의료 진단 등과 같은 특정 분야의 전문가가 수행하는 고도의 업무를 지원하기 위한 컴퓨터 응용 프로그램이다.

인간의 지적 활동과 경험을 통해서 축적된 전문가의 지식과 전문가에 의해 정의된 추론 규칙을 활용하여 결정을 내리거나 문제 해결을 한다. 전문가가 사실에 근거한 지식과 추론 능력을 활용하여 문제를 해결하는 것과 같이, 전문가 시스템에는 이 2가지 필수 요소가 지식 베이스(knowledge base)라는 데이터베이스와 지식 베이스에 기초하여 추론을 실행하는 추론 기구(inference engine)에 포함되어 있다.

지식 베이스는 제목에 관한 구체적 사실과 규칙을 제공하며 추론 기구는 전문가 시스템이 결론을 도출할 수 있도록 하는 추론 능력을 제공한다. 전문가 시스템은 또 사용자 인터페이스와 설명 기능(explanation facility)이라는 형태의 툴을 제공한다. 사용자 인터페이스는 다른 응용 프로그램에서와 마찬가지로 사용자가 질의와 정보를 입력하는 등 시스템과 상호 작용할 수 있게 한다.

전문가 시스템의 특징 중 하나인 설명 기능은 시스템으로 하여금 시스템 자신이 도출한 결론에 대해 설명하거나 정당화할 수 있게 하며, 개발자로 하여금 시스템의 작동을 검사할 수 있게 한다.

전문가 시스템은 화학, 지질 조사, 의료 진단, 금융 투자, 보험 등 특정 분야에 사용되며, 모든 문제에 대응하는 범용 전문가 시스템은 아직 존재하지 않는다.

(6) 신경회로망(Neural Network)

1960년대 인간처럼 판단하는 컴퓨터를 만들기 위해서 인간의 두뇌 구조를 모방하여 만들어 진 신경회로망(Neural Network)은 대표적인 블랙박스모델로 여러 분야에 널리 사용되고 있다.

특히 패턴인식과 분류에 강한 성능을 보이는 모델로 손으로 쓴 글씨의 인식이나 사물의 형태 인식, 제품 분류 등에서 많이 쓰이고 있다.

그럼 인간의 두뇌 구조는 어떻게 되었을까 ?

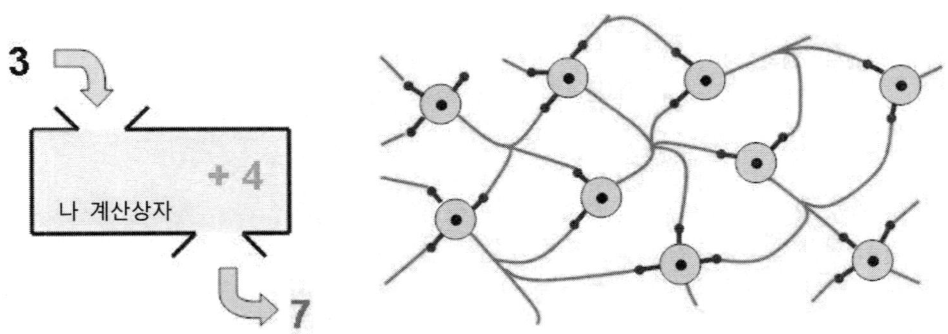

그림 1-47 신경회로망

인간의 두뇌는 뉴런(Neuron: 신경세포)이라는 신경조직이 거의 무한대로 연결된 그물망 구조를 가지고 있으며 뉴런은 전기적인 신호를 받아서 연결된 다른 뉴런으로 새로운 신호를 재 출력해준다. 실제로 인간은 뉴런을 약 1,000억 개 정도를 가지고 있으며 하나의 뉴런은 1,000~10,000개의 다른 뉴런과 연결 되어있다. 이는 인간이 만들어 내기란 거의 불가능하다.

각 뉴런의 계산속도는 현재 PC의 CPU보다 아주 느리지만 뉴런이 모여 있는 인간의 두뇌는 컴퓨터가 따라 올 수 없는 능력을 발휘한다.

이밖에도 수많은 제어기법이 있으며, 또한 새로운 제어기법들이 많은 학자들에 의해 연구 · 검증 중이다.

2 CHAPTER

수학적 배경

제어시스템의 정확한 해석이나 설계를 위하여 기본적으로 필요로 하고 또한 많이 사용하게 되는 기초수학에 대하여 다룬다. 취급하게 되는 기초수학은 행렬(Matrix)과 라플라스 변환(Laplace Transformation) 두 가지로 구분 한다.

2.1 개요

행렬은 복잡한 수학적 표현을 단순화하거나 연립방정식의 해를 보다 쉽게 구하기 위하여 사용한다.

어떤 시스템의 표현을 위하여 행렬로 나타내는 것이 그 시스템을 해석할 때에 필요한 계산량을 줄여주는 것은 아니지만, 컴퓨터를 이용하여 해석을 할 경우에 행렬표현은 시스템의 해석을 훨씬 쉽게 해준다. 특히 제어시스템의 입력신호와 출력신호 사이의 관계는 대부분 고차 미분방정식으로 표현되는데, 이 관계를 상태변수라는 적절한 매개변수들을 정의하고 행렬을 써서 나타내면 1차 미분방정식 꼴로 바뀌게 되어 해석이 훨씬 더 쉬워지는 것이다.

Pierre-Simon Laplace

라플라스 변환(Laplace Transformation)은 선형시스템의 해석과 설계에 유용한 수학적 도구이다. 라플라스 변환에 의하여 상수계수의 상미분방정식은 대수방정식으로 변환되고, 라플라스 영역에서 대수적인 계산만으로 미분방정식의 해가 구해질 수 있다. 이 해는 라플라스 영역에서의 해이지만 시간영역에서의 해와 특정한 관계를 갖고 있기 때문에, 라플라스 변환에 숙달된 사람은 해를 시간영역으로 변화하지 않고도 시간영역에서의 시스템의 특성을 짐작할 수 있다. 이 해를 시간영역으로 변환하고자 할 때는 라플라스 변환표 또는 라플라스 역변환과정을 거쳐 이루어지며, 그 결과 얻어진 해는 과도해, 정상상태뿐만 아니라 초기치도 포함되는 하나의 완전해이다. 또한 라플라스 영역에서 주파수영역으로의 변환도 간단하다는 장점을 갖는다.

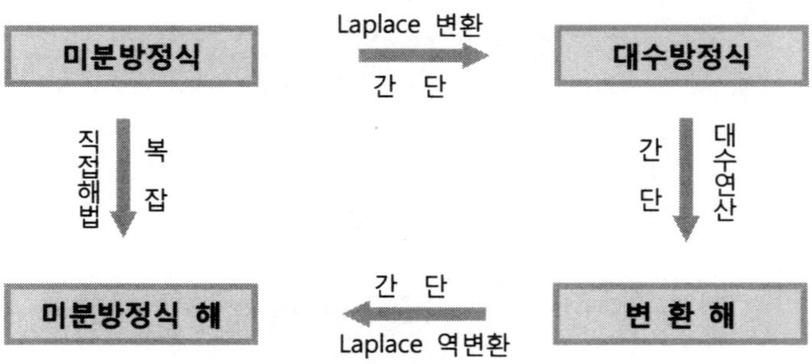

그림 2-1　미분 방정식의 해법 구하기

수학적 모델링

라플라스 변환 :

- 미분방정식의 양변에 라플라스 변환을 적용하면 대수방정식으로 바뀌게 되어 덧셈, 뺄셈, 곱셈, 나눗셈의 대수 사칙연산에 의해 미분방정식의 해를 쉽게 구할 수 있다.
- 라플라스 변환을 쓰면 미분방정식의 전체 해를 한번에 구할 수 있다.
- 라플라스 변환은 적분 및 중합적분(Convolution integral) 연산도 간단한 대수곱 연산으로 바꿔주기 때문에 입출력 신호들 사이의 관계가 중합적분으로 표시되는 선형시스템의 해석을 쉽게 처리할 수 있게 해준다.

전달함수 :

- 어떤 시스템의 출력신호 라플라스 변환함수를 입력신호 라플라스 변환함수로 나눈 함수.
- 미분방정식이나 중합적분식 표현에 비해 시스템을 간결히 표현할 수 있으며, 이 함수의 분모부와 분자부 인수들로부터 시스템의 특성을 웬만큼 알아낼 수 있기 때문에 제어시스템의 해석과 설계에 많이 쓰이고 있다.

행렬 :

- 시스템의 표현 및 해석을 훨씬 쉽게 해주고 여러가지의 연립방정식을 손쉽게 풀이할 수 있다.

  예) 고차 미분방정식 ⟶ 상태방정식(1차 미분방정식)

모델링의 의미

물리적 시스템 ▶ 수학적 표현

- 제어설계를 위한 위험 환경제공
- 제어시스템 개발시간 및 비용절감
- 모델링이란 실세계의 물리적 시스템을 수학적으로 이상화 시키는 것을 말한다.
- 제어기 설계에 적절한 모델링은 상기의 예와 같은 완벽한 모델을 요하지는 않으나 최종적인 확인 단계에 접어들 때는 상기에 상응하는 모델링이 필요할 것이다.
- 이처럼 모델링은 시스템의 상대적 관점과 마찬가지로 주어진 조건에 따라 모델의 복잡성이 달라진다.

2.2 행렬

행렬의 사용 목적은 여러 가지가 있겠지만 우선 복잡한 수학적 표현을 단순화하기 위하여 사용하거나 공학적으로 연립방정식의 풀이를 간편하게 하기 위하여 사용되어진다. 복잡한 행렬은 행렬의 축소법을 통하여 간단한 행렬로 변환되어지고 이 행렬을 이용하여 여러가지의 연립방정식을 손쉽게 풀이할 수 있다.

행렬(matrix)

- 행렬이란 말은 수학자 실베스터(Sylvester)가 1850년에 쓴 그의 논문에 처음 나오게 된다. 이로부터 5년이 흐른 뒤 케일리(Cayley)에 의해 행렬의 개념과 이론이 체계화되었으며, 행렬의 응용으로는 계산, 선형계획법, 게임이론 등이 있다.

Jamcs Joseph Sylvester,1814-1897)

Arthur Cayley(1821-1895)

- 제임스 조지프 실베스터는 1814년 런던에서 여러 형제 중 막내로 태어났다. 가족의 성은 원래 조지프였으나 장손이 미국으로 이주하여 새로운 성 실베스터를 사칭하여 나머지 가족도 그것을 받아 들였다. 미국에 살던 그의 형은 보험계리사였는데, 미국의 복권청부업회 이사에게 그들이 골치를 석이는 복급조절에 관한 어려운 문제를 겨우 16세인 동생 제임스에게 의뢰하기를 제안하였다. 실베스터의 완벽하고 만족스러운 문제 해법에 감탄한 이사는 젊은 수학자에게 상금으로 500달러를 주었다.
- 실베스터는 1883년에 케임브리지의 성 존스 칼리지에 입학하고, 6년 후 수학 학위시험에서 2등으로 졸업했다. 1838년에서 1840년 까지 런던 대학의 자연철학 교수로 재직하고 나서 1841년에 미국의 버지니아 대학교 수학교수가 되었으나 학생 두 명과의 불화로 인해 단 몇 개월 만에 그만두었다. 영국으로 돌아온 그는 보험계리사로 일하였으며 1850년에 변호사가 되었다. 캐일리와 사귀게 된 때는 1846년이었다.
- 실베스터는 1855년에서 1870년까지 울위치의 영국 육군사관학교의 수학교수로 있었다. 1876년에 볼티모어의 존스 홉킨스 대학교의 수학교수로 미국에 돌아와서 1878년 미국수학회지의 초대 편집인이 되어 매우 행복하고 성과가 많은 7년을 보냈다. 그는 존스 홉킨스 대학교 재직시에 알벨함수에 관한 일련의 강의에 캐일리를 초청했는데, 실베스터 자신도 그 강의에 참석하였다. 1884년 실베스터는 올스퍼드 대학교의 기하학 새빌리아 교수직을 얻었다. 그는 1897년 83세의 나이로 런던에서 죽었다.

- 실베스터의 초기 수학논문은 프레즈넬의 광학이론과 스털의 정리에 관한 것이었다. 그 후 캐일리의 영향을 받아 현대 대수학에 커다란 기여를 하기 시작하였다.
- 그는 '수학의 아담'(The Adam of Mathematics)으로 알려질 정도로 굉장히 많은 새로운 이름을 만들어 내면서 수학용어에 광범위한 기여를 하였다.

다음의 n차 연립대수방정식에 대하여 고찰하여보자.

$$\begin{array}{c} a_{11}x_1 + a_{12}x_2 + \cdots + a_{1n}x_n = y_1 \\ a_{21}x_1 + a_{22}x_2 + \cdots + a_{2n}x_n = y_2 \\ \vdots \qquad \vdots \qquad \vdots \qquad \vdots \\ a_{n1}x_1 + a_{n2}x_2 + \cdots + a_{1n}x_n = y_n \end{array} \tag{2-2-1}$$

위의 연립대수방정식을 행렬로 표시하면 다음과 같다.

$$\begin{bmatrix} a_{11} & a_{12} & \cdots & a_{1n} \\ a_{21} & a_{22} & \cdots & a_{2n} \\ \vdots & \vdots & & \vdots \\ a_{n1} & a_{n2} & \cdots & a_{nn} \end{bmatrix} \begin{bmatrix} x_1 \\ x_2 \\ \vdots \\ x_n \end{bmatrix} = \begin{bmatrix} y_1 \\ y_2 \\ \vdots \\ y_n \end{bmatrix} \tag{2-2-2}$$

식(2-2-2)를 간단히 나타내면

$$AX = B \tag{2-2-3}$$

으로 된다. 기호 A, X 및 B는 원래의 식의 계수 및 변수들을 원소로 하는 행렬로서 다음과 같이 정의된다.

$$A = \begin{bmatrix} a_{11} & a_{12} & \cdots & a_{1n} \\ a_{21} & a_{22} & \cdots & a_{2n} \\ \vdots & \vdots & & \vdots \\ a_{n1} & a_{n2} & \cdots & a_{nn} \end{bmatrix} \tag{2-2-4}$$

$$X = \begin{bmatrix} x_1 \\ x_2 \\ \vdots \\ x_n \end{bmatrix} \qquad B = \begin{bmatrix} y_1 \\ y_2 \\ \vdots \\ y_n \end{bmatrix} \tag{2-2-5}$$

이것들은 단지 계수와 변수들의 배열을 괄호로 묶어 표현한 것이다.

2.2.1 행렬의 정의

행렬은 수를 행과 열로 배열한 것으로, 여러 요소 사이의 복잡한 관계를 간단히 취급하기 위해 $n \times m$개의 수를 정사각형 또는 직사각형의 형태로 원소들을 배열하여 놓은 것이다. 행렬을 나타내는 방법은 여러 가지가 있으나 일반적으로 네모 형태의 괄호를 사용 한다.

행렬에 대한 상세내용을 공부하기에 앞서, 행렬과 행렬식을 구별하는 것은 중요하다. 행렬(Matrix)은 n행 m열의 수 혹은 원소들의 배열이며 값을 갖지 않는다. 반면에 행렬식(determinant)은 n행 n렬의 수 혹은 원소들의 배열이며 값을 갖는다는 특징을 가지고 있다. 단, 행렬식(det)은 정방행렬에 한하여 존재한다.

행렬식 구하기

행렬의 원소행렬이 다음과 같이 주어질 때 몇 가지 중요한 행렬의 정의를 기술하고자 한다.

$$A = \begin{matrix} a_{11} & a_{12} & a_{13} \\ a_{21} & a_{22} & a_{23} \\ a_{31} & a_{32} & a_{33} \end{matrix} \qquad (2\text{-}2\text{-}6)$$

행렬의 역사

- 행렬식(Determinant)이라는 용어를 최초 소개 : Gauss
- 현대적 의미로 사용 : Cauchy (1812)
- 보편적인 행렬(Matrix) 용어 및 표기법 사용 : J.J. Sylvester (1851)

(1) 행렬의 차수

행렬의 차수는 가로의 줄인 행(row)의 수와 세로의 줄인 열(column)의 수를 나타낸다. 차수(order)가 n인 정방행렬을 n차 정방행렬이라고도 한다. 식(2-2-6)에서 행렬은 3개의 행과 3개의 열을 가지므로 3×3행렬이라고 한다. 일반적으로 n개의 행과 m개의 열을 갖는 행렬을 $n \times m$행렬이라 한다.

(2) 정방행렬

정방행렬(square matrix)은 같은 수의 행과 열을 갖는 행렬, 즉 n=m인 행렬이다.

$$\begin{bmatrix} 2 & 3 \\ 1 & 0 \end{bmatrix}, \begin{bmatrix} 0 & 1 & 2 \\ 3 & 5 & 1 \\ 7 & 3 & 0 \end{bmatrix} \tag{2-2-7}$$

정방행렬인 주요행렬은 대칭행렬, 대각행렬, 단위행렬, 삼각행렬 등이 있다.

(3) 행 행렬

행 행렬(row matrix)은 하나의 행과 하나 이상의 열을 갖는 행렬, 즉 $1 \times n$행렬로서 $n > 1$이며, 행 행렬도 역시 행벡터라고도 한다.

$$1 \times 3\text{행렬} : [x_1\ x_2\ x_3],\ 1 \times n\text{행렬} : [x_1\ x_2 \cdots\ x_n] \tag{2-2-8}$$

(4) 열 행렬

열 행렬(column matrix)은 하나의 열과 하나 이상의 행을 갖는 행렬, 즉 $m \times 1$ 행렬로서 $m > 1$이며, 때로 열 행렬은 열벡터 또는 m개의 행과 하나의 열이 있을 때 단순히 m벡터(m-vector)라 한다.

$$3 \times 1\text{행렬} : \begin{bmatrix} x_1 \\ x_2 \\ x_3 \end{bmatrix},\ n \times 1\text{행렬} : \begin{bmatrix} x_1 \\ x_2 \\ \vdots \\ x_n \end{bmatrix},\ m \times 1\text{행렬} : \begin{bmatrix} y_1 \\ y_2 \\ \vdots \\ y_m \end{bmatrix} \tag{2-2-9}$$

(5) 대각행렬

대각행렬은 정방행렬 중에서 대각요소 이외의 모든 요소가 0인 행렬이다. 즉 모든 $i \neq j$에 대하여 $a_{ij} = 0$인 정방행렬을 대각행렬(diagonal matrix)이라 한다.

$$\begin{bmatrix} 3\,0 \\ 0\,5 \end{bmatrix}, \begin{bmatrix} a_{11} & 0 & 0 \\ 0 & a_{22} & 0 \\ 0 & 0 & a_{33} \end{bmatrix} \tag{2-2-10}$$

대각행렬의 성질

- 행렬 D가 정칙행렬이 될 필요충분조건
  - 주대각선의 모든 성분에서 0 이면 안됨

- 대각행렬의 역행렬

$$\mathbf{D}^{-1} = \begin{bmatrix} 1/d_1 & \cdots & \cdots & 0 \\ \cdots & 1/d_2 & \cdots & \vdots \\ \vdots & \vdots & \ddots & \vdots \\ 0 & \cdots & \cdots & 1/d_n \end{bmatrix}$$

- 대각행렬의 거듭제곱

$$\mathbf{D}^{k} = \begin{bmatrix} d_1^k & \cdots & \cdots & 0 \\ \cdots & d_2^k & \cdots & \vdots \\ \vdots & \vdots & \ddots & \vdots \\ 0 & \cdots & \cdots & d_n^k \end{bmatrix}$$

- 대각행렬의 행렬곱셈

$$DA = \begin{bmatrix} d_1 & 0 & 0 \\ 0 & d_2 & 0 \\ 0 & 0 & d_3 \end{bmatrix} \begin{bmatrix} a_{11} & a_{12} & a_{13} & a_{14} \\ a_{21} & a_{22} & a_{23} & a_{24} \\ a_{31} & a_{32} & a_{33} & a_{34} \end{bmatrix} = \begin{bmatrix} d_1a_{11} & d_1a_{12} & d_1a_{13} & d_1a_{14} \\ d_2a_{21} & d_2a_{22} & d_2a_{23} & d_2a_{24} \\ d_3a_{31} & d_3a_{32} & d_3a_{33} & d_3a_{34} \end{bmatrix}$$

$$AD = \begin{bmatrix} a_{11} & a_{12} & a_{13} \\ a_{21} & a_{22} & a_{23} \\ a_{31} & a_{32} & a_{33} \\ a_{42} & a_{42} & a_{43} \end{bmatrix} \begin{bmatrix} d_1 & 0 & 0 \\ 0 & d_2 & 0 \\ 0 & 0 & d_3 \end{bmatrix} = \begin{bmatrix} d_1a_{11} & d_2a_{12} & d_3a_{13} \\ d_1a_{21} & d_2a_{22} & d_3a_{23} \\ d_1a_{31} & d_2a_{32} & d_3a_{33} \\ d_1a_{42} & d_2a_{42} & d_3a_{43} \end{bmatrix}$$

(6) 단위행렬

단위행렬은 대각행렬 중에서 대각요소가 모두 1인 행렬이다. 주로 단위행렬(unit or identity matrix)은 I로 나타낸다.

$$I = \begin{bmatrix} 1\,0 \\ 0\,1 \end{bmatrix},\ I = \begin{bmatrix} 1\,0\,0 \\ 0\,1\,0 \\ 0\,0\,1 \end{bmatrix} \tag{2-2-11}$$

(7) 영행렬

영행렬(zero matrix)은 모든 원소의 값이 0인 행렬이다. 영행렬은 숫자 0과 같은 역할을 하고, 영문자 0으로 나타낸다.

$$A = \begin{bmatrix} 0 & 0 \\ 0 & 0 \end{bmatrix}$$

(8) 대칭행렬

대칭행렬(symmetric matrix)은 대각선을 중심으로 서로 반대편의 성분들이 같은 행렬이다. 즉 모든 i와 j에 대하여

$$a_{ij} = a_{ji} \qquad (2\text{-}2\text{-}12)$$

를 만족하는 정방행렬이다. 대칭행렬은 행과 열을 맞바꾸어도 같은 행렬이 얻어지는 성질이 있다.

$$A = \begin{bmatrix} 1 & -2 \\ -2 & 2 \end{bmatrix},\ I = \begin{bmatrix} 6 & 3 & 1 \\ 3 & 0 & 11 \\ 1 & 11 & -1 \end{bmatrix} \qquad (2\text{-}2\text{-}13)$$

반대칭행렬

- 대각선을 중심으로 서로 반대편의 성분들의 sign이 반대인 행렬
  - A^T= -A인 n×n 정방행렬
  - 즉, $a_{ij} = -a_{ji}$
- 대칭행렬

$$\begin{bmatrix} 1 & 2 & 3 \\ 2 & 3 & 5 \\ 3 & 5 & 6 \end{bmatrix} \begin{bmatrix} 1 & 0 & 0 \\ 0 & 1 & 0 \\ 0 & 0 & 1 \end{bmatrix}$$

- 반대칭행렬

$$\begin{bmatrix} 0 & 2 & -3 \\ -2 & 0 & 5 \\ 3 & -5 & 0 \end{bmatrix}$$

2.2.2 행렬의 전치

행렬 A의 전치(transpose)는 행렬 A의 행과 열을 서로 바꾸어서 얻어지는 행렬로서 정의된다. 행렬 A가 $n \times m$행렬로서

$$A = \left[a_{ij}\right]_{n,m} \tag{2-2-14}$$

으로 표현된다면, 행렬 A의 전치행렬은 A^T로 나타내고

$$A^T = A\text{의 전치행렬} = \left[a_{ij}\right]_{m,n} \tag{2-2-15}$$

으로 주어진다. 여기서, 행렬A의 차수는 $n \times m$이고 행렬 의 차수는 $m \times n$이다.

지금 $A = \left[a_{ij}\right]_{3,3}$인 3차 행렬이

$$A = \begin{bmatrix} a_{11} & a_{12} & a_{13} \\ a_{21} & a_{22} & a_{23} \\ a_{31} & a_{32} & a_{33} \end{bmatrix} \tag{2-2-16}$$

일 때A의 전치행렬A^T는 다음과 같다.

$$A^T = \begin{bmatrix} a_{11} & a_{12} & a_{13} \\ a_{21} & a_{22} & a_{23} \\ a_{31} & a_{32} & a_{33} \end{bmatrix}^T = \begin{bmatrix} a_{11} & a_{21} & a_{31} \\ a_{12} & a_{22} & a_{32} \\ a_{13} & a_{23} & a_{33} \end{bmatrix} \tag{2-2-17}$$

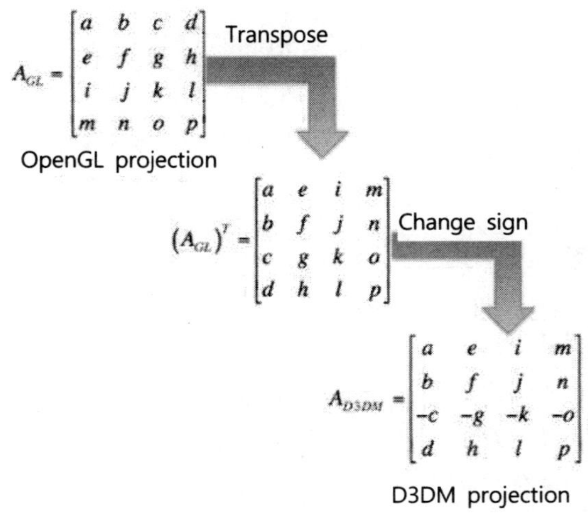

그림 2-3 전치행렬 및 특정행의 부호 바꾸기

전치행렬의 성질을 기술하면 다음과 같다.

(i) $(A^T)^T = A$ (2-2-18)

(ii) $(kA)^T = kA^T$ (2-2-19)

(iii) $(A+B)^T = A^T + B^T$ (2-2-20)

(iv) $(AB)^T = A^T B^T$ (2-2-21)

여기서, k는 스칼라이다.

예제 2-1

행렬이

$$A = \begin{bmatrix} 3 & 2 & 1 \\ 0 & -1 & 5 \end{bmatrix} \quad (2\text{-}2\text{-}22)$$

일 때 전치행렬 A^T를 구하시오.

풀이

전치행렬은 주어진 행렬의 행과 열을 맞바꾸어 구성한다.

$$A^T = \begin{bmatrix} 3 & 2 & 1 \\ 0 & -1 & 5 \end{bmatrix}^T = \begin{vmatrix} 3 & 0 \\ 2 & -1 \\ 1 & 5 \end{vmatrix} \quad (2\text{-}2\text{-}23)$$

전치행렬의 성질

(i) $(A^T)^T = A$

(ii) $(kA)^T = kA^T$

(iii) $(A+B)^T = A^T + B^T$

(iv) $(AB)^T = A^T B^T$

2.2.3 행렬의 연산

(1) 행렬의 등식관계

두 행렬 A와 B는 다음의 조건들을 만족할 때 서로 같다고 한다.

(i) 두 행렬은 같은 차수이다.

(ii) 대응되는 원소가 서로 같다. 즉 모든 i, j에 대하여

$$a_{ij} = b_{ij} \tag{2-2-24}$$

행렬 A와 B가

$$A = \begin{bmatrix} a_{11} & a_{12} \\ a_{21} & a_{22} \end{bmatrix} \quad B = \begin{bmatrix} b_{11} & b_{12} \\ b_{21} & b_{22} \end{bmatrix} \tag{2-2-25}$$

일 때 $A = B$이면 다음과 같다.

$$a_{11} = b_{11},\ a_{12} = b_{12},\ a_{21} = b_{21},\ a_{22} = b_{22}$$

(2) 행렬의 합과 차

두 행렬A와 B는 그들이 같은 차수일 때 $A \pm B$의 형태로 합과 차가 구해진다.

$$A \pm B = [a_{ij}]_{n,m} \pm [b_{ij}]_{n,m} = C = [c_{ij}]_{n,m} \tag{2-2-26}$$

여기서, 모든 i와 j에 대하여

$$c_{ij} = a_{ij} \pm b_{ij} \tag{2-2-27}$$

두 행렬 A와 B가 식(2-2-25)로 주어질 때 식(2-2-26)은

$$C=\begin{bmatrix}c_{11} & c_{12}\\ c_{21} & c_{22}\end{bmatrix}=\begin{bmatrix}a_{11} & a_{12}\\ a_{21} & a_{22}\end{bmatrix}\pm\begin{bmatrix}a_{11}\pm b_{11} & a_{12}\pm b_{12}\\ a_{21}\pm b_{21} & a_{22}\pm b_{22}\end{bmatrix} \tag{2-2-28}$$

여기서,

$$c_{11}=a_{11}\pm b_{11},\ \ c_{12}=a_{12}\pm b_{12},\ \ c_{21}=a_{21}\pm b_{21},\ \ c_{22}=a_{22}\pm b_{22}$$

예제 2-2

행렬 A와 B가

$$A=\begin{bmatrix}2 & -1 & 1\\ 3 & 0 & 2\\ 1 & 1 & 0\end{bmatrix},\ \ B=\begin{bmatrix}1 & -1 & 0\\ 2 & 1 & 1\\ -1 & 0 & 1\end{bmatrix} \tag{2-2-29}$$

로 주어질 때 행렬 $C=A+B$를 구하시오.

풀이

행렬 C는 다음과 같다.

$$\begin{aligned}C=A+B&=\begin{bmatrix}2 & -1 & 1\\ 3 & 0 & 2\\ 1 & 1 & 0\end{bmatrix}+\begin{bmatrix}1 & -1 & 0\\ 2 & 1 & 1\\ -1 & 0 & 1\end{bmatrix}\\ &=\begin{bmatrix}2+1 & -1+(-1) & 1+0\\ 3+2 & 0+1 & 2+1\\ 1+(-1) & 1+0 & 0+1\end{bmatrix}=\begin{bmatrix}3 & -2 & 1\\ 5 & 1 & 3\\ 0 & 1 & 1\end{bmatrix}\end{aligned} \tag{2-2-30}$$

---

(3) 행렬의 결합법칙

스칼라 대수에서의 결합법칙은 행렬의 합과 차에도 적용된다. 즉,

$$(A+B)+C=A+(B+C) \tag{2-2-31}$$

(4) 행렬의 교환법칙

행렬의 합과 차에서의 교환법칙은 다음의 행렬관계가 성립한다.

$$A+B+C=B+C+A=A+C+B \tag{2-2-32}$$

(5) 행렬의 곱

행렬 $A(n\times p)$의 열의 수가 행렬$B(q\times m)$의 행의 수와 같은 2개의 행렬이

$$A=[a_{ij}]_{n,p},\ \ B=[b_{ij}]_{q,m} \tag{2-2-33}$$

일 때 행렬 A와 B의 곱인 행렬 C는

$$C=A+B=[a_{ij}]_{n,p}[b_{ij}]_{q,m}=[c_{ij}]_{n,m} \tag{2-2-34}$$

이다. 여기서, 식(2-2-34)를 얻기 위한 필요충분조건은 $p=q$이다. 행렬 C는 행렬A의 행의 수와 행렬 B의 열의 수와 같은 차원의 행렬로서 $C(n\times m)$이다. 또한 행렬 C의 ij번째 원소 c_{ij}는

$$c_{ij}=\sum_{k=1}^{p}a_{ik}b_{kj},\qquad i=1,2,\cdots,n,\qquad j=1,2,\cdots,m \tag{2-2-35}$$

로 표시된다. 중요한 것은 행렬 A와 행렬 B가 식(2-2-34)에서 n와 m이 같지 않으면 행렬의 곱 BA는 성립하지 않는다. 이것은 행렬의 곱셈에 교환법칙이 일반적으로 성립하지 않는다는 뜻이다. 즉, 다음과 같다.

$$AB\neq BA \tag{2-2-36}$$

예제 2-3

다음의 행렬이 주어질 때 행렬의 곱 AB를 구하시오.

$$A=[a_{ij}]_{2,3}=\begin{bmatrix}a_{11} & a_{12} & a_{13}\\ a_{21} & a_{22} & a_{23}\end{bmatrix},\qquad B=[b_{ij}]_{3,1}=\begin{bmatrix}b_{11}\\ b_{21}\\ b_{31}\end{bmatrix} \tag{2-2-37}$$

풀이

$$AB = \begin{bmatrix} a_{11} & a_{12} & a_{13} \\ a_{21} & a_{22} & a_{23} \end{bmatrix} \begin{bmatrix} b_{11} \\ b_{21} \\ b_{31} \end{bmatrix} = \begin{bmatrix} a_{11}b_{11} + a_{12}b_{21} + a_{13}b_{31} \\ a_{21}b_{11} + a_{22}b_{21} + a_{23}b_{31} \end{bmatrix} \tag{2-2-38}$$

예제 2-4

다음의 행렬의 곱 AB와BA를 구하시오. 또한 구해진 행렬의 곱으로부터 교환법칙이 성립하지 않음을 증명하시오.

$$A = \begin{bmatrix} 3 & -1 \\ 0 & 1 \\ 2 & 0 \end{bmatrix}, \quad B = \begin{bmatrix} 1 & 0 & -1 \\ 2 & 1 & 0 \end{bmatrix} \tag{2-2-39}$$

풀이

먼저 행렬의 곱AB는

$$AB = \begin{bmatrix} 3 & -1 \\ 0 & 1 \\ 2 & 0 \end{bmatrix} \begin{bmatrix} 1 & 0 & -1 \\ 2 & 1 & 0 \end{bmatrix} = \begin{bmatrix} 1 & -1 & -3 \\ 2 & 1 & 0 \\ 2 & 0 & -2 \end{bmatrix} \tag{2-2-40}$$

다음의 행렬의BA를 구한다.

$$BA = \begin{bmatrix} 1 & 0 & -1 \\ 2 & 1 & 0 \end{bmatrix} \begin{bmatrix} 3 & -1 \\ 0 & 1 \\ 2 & 0 \end{bmatrix} = \begin{bmatrix} 1 & -1 \\ 6 & -1 \end{bmatrix} \tag{2-2-41}$$

따라서 식(2-2-40)과 식(2-2-41)로 부터 행렬은 교환법칙이 성립하지 않는다는 것을 알 수 있다.

예제 2-5

다음의 행렬 A와 B의 곱 AB를 구하시오. 또한 BA를 구하고 교환법칙이 성립하지 않음을 증명하시오.

$$A=\begin{bmatrix} 1 & 0 & 1 \\ 2 & 1 & 1 \\ -1 & 0 & -2 \end{bmatrix},\quad B=\begin{bmatrix} 0 & 1 & 2 \\ -1 & 1 & 0 \\ 1 & -2 & 0 \end{bmatrix} \tag{2-2-42}$$

풀이

먼저 행렬의 곱AB는

$$AB=\begin{bmatrix} 1 & 0 & 1 \\ 2 & 1 & 1 \\ -1 & 0 & -2 \end{bmatrix}\begin{bmatrix} 0 & 1 & 2 \\ -1 & 1 & 0 \\ 1 & -2 & 0 \end{bmatrix}=\begin{bmatrix} 1 & -1 & -2 \\ 0 & 1 & 4 \\ 4 & 3 & -2 \end{bmatrix} \tag{2-2-43}$$

$$BA=\begin{bmatrix} 0 & 1 & 2 \\ -1 & 1 & 0 \\ 1 & -2 & 0 \end{bmatrix}\begin{bmatrix} 1 & 0 & 1 \\ 2 & 1 & 1 \\ -1 & 0 & -2 \end{bmatrix}=\begin{bmatrix} 1 & 1 & 3 \\ 1 & 1 & 0 \\ -2 & -2 & -1 \end{bmatrix} \tag{2-2-44}$$

따라서 식(2-2-43)과 식(2-2-44)을 비교함으로써 행렬의 곱은 교환법칙이 성립되지 않음을 할 수 있다.

행렬의 곱 AB는 일반적으로 행렬의 곱셈에서 교환법칙이 성립하지 않지만, 결합 및 분배법칙은 성립한다. 즉,

$$A(B+C)=AB+AC \tag{2-2-45}$$

또한

$$(AB)C=A(BC) \tag{2-2-46}$$

(6) 스칼라 k의 곱셈

행렬 A에 어떤 실수 k를 곱하는 것은 행렬 A의 모든 원소에 k를 곱하는 것과 같다. 즉, $A=\left[ka_{ij}\right]_{n,m}$이면 다음가 같다.

$$kA=\left[ka_{ij}\right]_{n,m} \tag{2-2-47}$$

예제 2-6

다음의 행렬 A, B에서 행렬의 AB를 구하고 식(2-2-47)을 고찰하시오.

$$A=\begin{bmatrix} 2 & 4 \\ -2 & 6 \end{bmatrix},\quad B=\begin{bmatrix} 0 & 1 \\ -1 & 2 \end{bmatrix} \tag{2-2-48}$$

풀이

먼저 행렬 A에서 2로 각 원소를 인수분해하고 행렬의 곱 AB를 구하면

$$\begin{aligned} AB &= \begin{bmatrix} 2 & 4 \\ -2 & 6 \end{bmatrix}\begin{bmatrix} 0 & 1 \\ -1 & 2 \end{bmatrix} = 2\begin{bmatrix} 1 & 2 \\ -1 & 3 \end{bmatrix}\begin{bmatrix} 0 & 1 \\ -1 & 2 \end{bmatrix} \\ &= 2\begin{bmatrix} (1)(0)+(2)(-1) & (1)(1)+(2)(2) \\ (-1)(0)+(3)(-1) & (-1)(1)+(3)(2) \end{bmatrix} \\ &= 2\begin{bmatrix} -2 & 5 \\ -3 & 5 \end{bmatrix} = \begin{bmatrix} -4 & 10 \\ -6 & 10 \end{bmatrix} \end{aligned} \tag{2-2-49}$$

다음의 행렬 A에서 인수분해를 하지 않고 행렬의 곱 AB를 구하면

$$\begin{aligned} AB &= \begin{bmatrix} 2 & 4 \\ -2 & 6 \end{bmatrix}\begin{bmatrix} 0 & 1 \\ -1 & 2 \end{bmatrix} = \begin{bmatrix} (2)(0)+(4)(-1) & (2)(1)+(4)(2) \\ (-2)(0)+(6)(-1) & (-2)(1)+(6)(2) \end{bmatrix} \\ &= \begin{bmatrix} -4 & 10 \\ -6 & 10 \end{bmatrix} \end{aligned} \tag{2-2-50}$$

따라서 식(2-2-47)이 성립한다.

2.2.4 행렬의 행렬식

정방행렬에 대하여 그 행렬의 원소를 원소로 하는 행렬식(determinant)으로 정의될 수 있다. 정방행렬 A의 행렬식은 다음과 같이 나타낸다.

$$\det\ A = \Delta_A = |A| \tag{2-2-51}$$

일반적으로 행렬식의 정의에 의한 행렬식의 계산은 주어진 행렬의 크기가 큰 경우는 그 계산과정이 상당한 시간을 필요로 한다. 행렬식을 구하는 방법은 Sarrus 공식에 의한 방법과 여인수 전개를 이용하여 구하는 라플라스(Laplace) 전개법으로 구분한다.

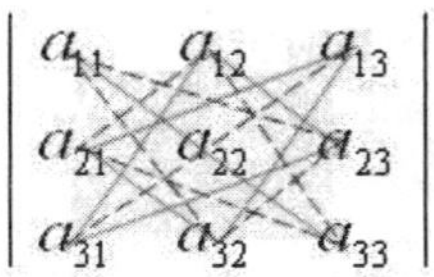

Sarrus 공식

Pierre Frédéric Sarrus

(1) 행렬식

행렬이 2×2인 경우 행렬식은 다음과 같이 구한다.

$$|A| = \begin{vmatrix} a_{11} & a_{12} \\ a_{21} & a_{22} \end{vmatrix} = a_{11}a_{22} - a_{21}a_{12}$$

식(2-2-6)의 행렬 A의 행렬식은

$$\det\ A = |A| = \begin{vmatrix} a_{11} & a_{12} & a_{13} \\ a_{21} & a_{22} & a_{23} \\ a_{31} & a_{32} & a_{33} \end{vmatrix} \tag{2-2-52}$$

보통 우리가 사용하는 계산법은 다음 그림에서 보이는 바와 같은 Sarrus공식에 의한 전개법을 이용한다.

행렬이 3×3인 경우 행렬식은 Sarrus 공식에 의하여 다음과 같이 구한다.

$$■\ \det\ A = |A| = \begin{vmatrix} a_{11} & a_{12} & a_{13} \\ a_{21} & a_{22} & a_{23} \\ a_{31} & a_{32} & a_{33} \end{vmatrix} \tag{2-2-53}$$

$$= a_{11}a_{22}a_{33} + a_{32}a_{21}a_{13} + a_{31}a_{12}a_{23} - (a_{13}a_{22}a_{31} + a_{11}a_{23}a_{32} + a_{21}a_{12}a_{33})$$

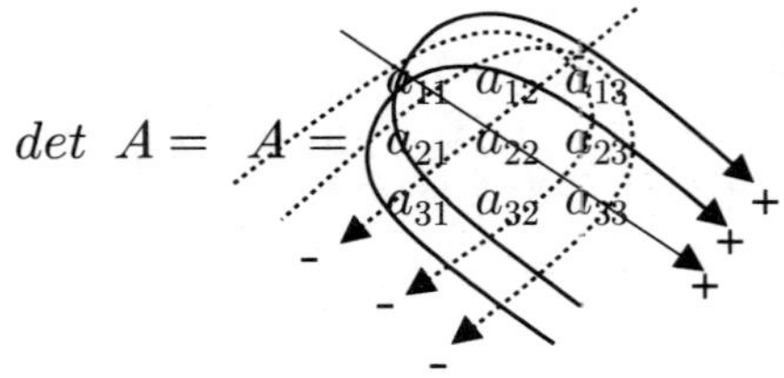

그림 2-4 Sarrus의 전개

그러나 이 Sarrus의 전개법이 적용될 수 있는 것은 3차의 행렬까지이고 그 이상의 경우에는 여인수를 이용하는 방법을 채택한다.

식(2-2-52)의 행렬식표시는 여인수를 이용하여 다음과 같이 구한다. 여기서 여인수를 구하는 방법은 식(2-2-54)에서 설명한다.

$$\det A = |A| = a_{11}A_{11} + a_{12}A_{12} + a_{13}A_{13}$$

여기서,

$$A_{11} = (-1)^{1+1}\begin{vmatrix} a_{22} & a_{23} \\ a_{32} & a_{33} \end{vmatrix},\ A_{12} = (-1)^{1+2}\begin{vmatrix} a_{21} & a_{23} \\ a_{31} & a_{33} \end{vmatrix},\ A_{13} = (-1)^{1+3}\begin{vmatrix} a_{21} & a_{22} \\ a_{31} & a_{32} \end{vmatrix}$$

행렬식(Determinant)

G.W.라이프니츠가 연립방정식의 해법의 연구에서 '행렬식'을 생각해 냈다는 사실이 1693년 로피탈에게 보내는 라이프니츠의 서신 내용에서 밝혀졌다. 이것이 행렬식의 시초라 하겠다.

Matrix **Determinant**

$$\begin{bmatrix} 3 & 1 & 8 \\ 6 & 3 & 0 \\ 6 & 8 & 8 \end{bmatrix} \Rightarrow \begin{vmatrix} 3 & 1 & 8 \\ 6 & 3 & 0 \\ 6 & 8 & 8 \end{vmatrix}$$

$$\begin{vmatrix} 3 & 1 & 8 \\ 6 & 3 & 0 \\ 6 & 8 & 8 \end{vmatrix} \Rightarrow -3\begin{bmatrix} 3 & 0 \\ 8 & 8 \end{bmatrix} -1\begin{bmatrix} 6 & 0 \\ 6 & 8 \end{bmatrix} +8\begin{bmatrix} 6 & 3 \\ 6 & 8 \end{bmatrix}$$

$$-3(3 \cdot 8 - 0 \cdot 8) - 1(6 \cdot 8 - 0 \cdot 6) + 8(6 \cdot 8 - 3 \cdot 6) = 264$$

일반적으로 행렬식의 값은 여인수의 항으로 나타낼 수 있다.

행렬 A를 $n \times n$행렬이라 하면, 행렬 A의 행렬식은 각 행의 여인수 또는 각 열의 여인수로 나타낼 수 있다.

행렬의 행열식을 구할 경우, 2×2, 3×3행렬까지는 Sarrus의 전개법이 적용될 수 있으나, 3×3행렬이상일 경우에는 라플라스(Laplace) 전개법으로 구해야만 정확한 값을 구할 수 있다.

라플라스(Laplace) 전개법 공식은 다음과 같다.

■ $$\det A = \sum_{j=1}^{n} a_{ij}A_{ij}, \quad i = 1, 2, \cdots, \quad n \tag{2-2-54}$$

또는

$$\det A = \sum_{i=1}^{n} a_{ij}A_{ij}, \quad j = 1, 2, \cdots, \quad n \tag{2-2-55}$$

3×3 행렬인 다음행렬의 행렬식을 구하는 방법은 다음과 같다.

$$\det A = |A| = \begin{vmatrix} a_{11} & a_{12} & a_{13} \\ a_{21} & a_{22} & a_{23} \\ a_{31} & a_{32} & a_{33} \end{vmatrix}$$

공식에서 1행을 사용하는 행렬식표시는 다음과 같다.

$$\det A = |A| = a_{11}A_{11} + a_{12}A_{12} + a_{13}A_{13} \tag{2-2-56}$$

여기서,

$$\det\left(\begin{bmatrix} -1 & 2 & 0 \\ 3 & -2 & 1 \\ -2 & 9 & -2 \end{bmatrix}\right) \begin{bmatrix} + & - & + \\ - & + & - \\ + & - & + \end{bmatrix}$$

$$= (+1)(-1)\begin{vmatrix} -2 & 1 \\ 9 & -2 \end{vmatrix} + (-1)(2)\begin{vmatrix} 3 & 1 \\ -2 & -2 \end{vmatrix} + (+1)(0)\begin{vmatrix} 3 & -2 \\ -2 & 9 \end{vmatrix}$$

$$A_{11} = (-1)^{1+1}\begin{vmatrix} a_{22} & a_{23} \\ a_{32} & a_{33} \end{vmatrix}, \quad A_{12} = (-1)^{1+2}\begin{vmatrix} a_{21} & a_{23} \\ a_{31} & a_{33} \end{vmatrix}, \quad A_{13} = (-1)^{1+1}\begin{vmatrix} a_{21} & a_{22} \\ a_{31} & a_{32} \end{vmatrix} \tag{2-2-57}$$

행렬식

- 연립 방정식의 해답이 딱 하나인지 아니면 없거나 무한히 있는지를 쉽게 판단할 수 있는 공식이 행렬식(determinant)이다. 이름만 보면 행렬식은 행렬과 더 밀접하게 관계되어 있을 것 같지만, 행렬식의 역사를 보면 행렬보다 연립 방정식이 더 관련이 깊다. 예를 들면 행렬식의 영어인 "determinant"를 직역하면 결정식이나 판별식이 된다. 연립 방정식의 해답을 결정하는 식이므로 "determinant"라는 표현을 쓰는 것이다.
- 행렬식(determinant)이란 용어는 1801년에 가우스(Carl Friedrich Gauss)가 제안했다. 하지만 행렬식의 역사는 더 길어서 라이프니츠, 크라메르, 라플라스, 라그랑쥐와 같은 수학자들이 큰 기여를 했다.

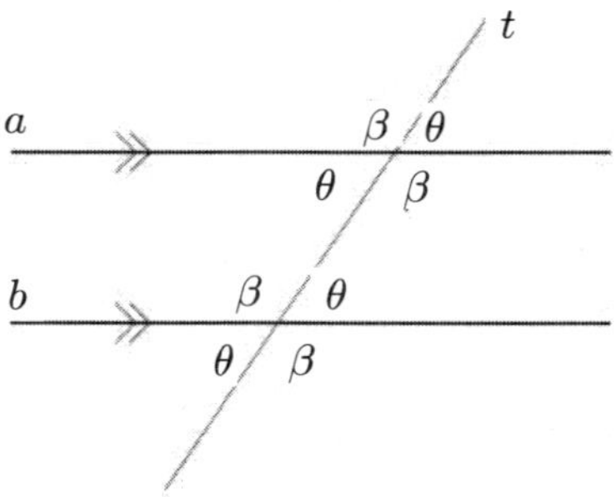

그림 1 평행의 의미

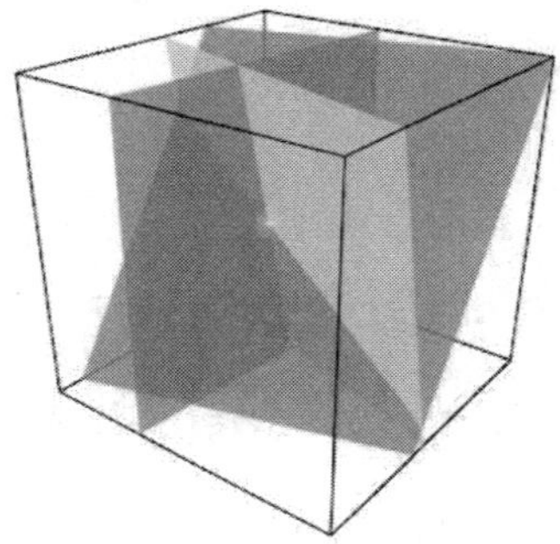

그림 2 유일해의 의미

- 쉽게 생각하면, 행렬식은 연립 방정식이 내포한 다양한 의미를 단 하나의 숫자로 표현해 주는 기상천외한 공식이다. 행렬식 공식은 다소 복잡하지만 그 의미를 기하학적으로 해석하면 충분히 이해할 수 있다. 즉, 행렬식의 기하학적인 의미는 n차원 공간의 방향성 있는 부피이다. n차원에서 부피가 있다는 것은 부피를 구성하는 벡터들이 그림 1과 같은 평행이 아니라는 의미이므로 이 벡터들로 구성된 연립 방정식은 그림 2와 같이 반드시 유일한 해를 가진다.

예제 2-7

행렬이

$$A = \begin{bmatrix} -1 & 2 & 3 \\ 1 & 0 & 1 \\ 4 & -1 & 1 \end{bmatrix} \tag{2-2-58}$$

로 주어질 때 행렬 A의 행렬식의 값을 여인수에 의하여(Laplace 전개법) 구하시오.

풀이

행렬 A의 1행의 원소 -1, 2, 3의 여인수로 구하면 다음과 같다.

원소 -1인 여인수 : $A_{11} = (-1)^{1+1}\begin{vmatrix} 0 & 1 \\ -1 & 1 \end{vmatrix} = 1$

원소 2인 여인수 : $A_{12} = (-1)^{1+2}\begin{vmatrix} 1 & 1 \\ 4 & 1 \end{vmatrix} = 3$

원소 3인 여인수 : $A_{13} = (-1)^{1+3}\begin{vmatrix} 1 & 0 \\ 4 & -1 \end{vmatrix} = -1$

따라서 구하고자 하는 행렬식의 값은 식(2-2-54)를 적용하면

$$\det A = a_{11}A_{11} + a_{12}A_{12} + a_{13}A_{13}$$

$$\det A = |A| = \begin{vmatrix} -1 & 2 & 3 \\ 1 & 0 & 1 \\ 4 & -1 & 1 \end{vmatrix} = -1 \times 1 + 2 \times 3 + 3(-1) = 2$$

---

(2) 소행렬식

n차 정방행렬식 A에 대하여 임의의 원소 a_{ij}의 i번째 행과 j번째 열을 제거해서 얻어지는 $(n-1)$차 행렬의 행렬식을 원소 a_{ij}의 소행렬식(minor determinant)이라 하고 D_{ij}로 표시한다.

예를 들어 3차 행렬 A가

$$A = \begin{vmatrix} a_{11} & a_{12} & a_{13} \\ a_{21} & a_{22} & a_{23} \\ a_{31} & a_{32} & a_{33} \end{vmatrix} \tag{2-2-59}$$

일 때 a_{11}의 소행렬식 D_{11}은 행렬 A의 1행 1렬을 제외한 나머지 구성원소의 행렬식으로부터 구한다.

$$\blacksquare\ D_{11} = \begin{vmatrix} a_{22} & a_{23} \\ a_{32} & a_{33} \end{vmatrix} = a_{22}a_{33} - a_{23}a_{32} \tag{2-2-60}$$

이다.

예제 2-8

3차 행렬 A가

$$A = \begin{vmatrix} 1 & 4 & 2 \\ 3 & 2 & 1 \\ 1 & 2 & 3 \end{vmatrix}$$

일 때 소행렬식 D_{22}, D_{31}의 값을 구하시오.

풀이

소행렬식 D_{22}, D_{31}의 값은 각각 다음과 같이 구해진다.

$$D_{22} = \begin{vmatrix} 1 & 2 \\ 1 & 3 \end{vmatrix} = 3 - 2 = 1$$

$$D_{31} = \begin{vmatrix} 4 & 2 \\ 2 & 1 \end{vmatrix} = 4 - 4 = 0$$

---

(3) 여인수

소행렬식에 부호를 붙여 새로 구한 값을 여인수(cofactor)라 한다.

n차 행렬식 A에 대하여 임의의 원소 a_{ij}의 여인수 A_{ij}는 i번째 행과 j번째 열을 제거하고, 얻어진 소행렬식 D_{ij}에 $(-1)^{i+j}$를 곱한 것이다.

$$\blacksquare \ A_{ij} = (-1)^{i+j} D_{ij} \tag{2-2-61}$$

식(2-2-52)의 $|A|$의 원소 a_{11}의 여인수 A_{11}는

$$A_{11} = (-1)^{1+1} D_{11} = (-1)^{1+1} \begin{vmatrix} a_{22} & a_{23} \\ a_{32} & a_{33} \end{vmatrix} = a_{22}a_{33} - a_{23}a_{32}$$

여인수 전개

- 여인수 전개(Cofactor expansion)의 의미는 단지 큰 크기의 행렬에 대한 행렬식을 작은 크기 행렬의 행렬식(determinants)들의 합으로 표현하는 방법일 뿐만이 아니다. 비록 잘 알려지지 않았지만, 이상한나라의 앨리스〈Alice's Adventures in Wonderland〉와 Through the Looking Glass의 저자인 영국의 수학자 Charles Dodgson (1832-1898, 필명은 Lewis Carroll, 사진)가 발명한 condensation이라는 위와 같은 방법은 최근에 다시 컴퓨터의 병렬 처리에 대한 적합성 때문에 새롭게 부활되었다.

Lewis Carroll

예제 2-9

3차 행렬 A가

$$A = \begin{vmatrix} 7 & 4 & 2 \\ 3 & 2 & 5 \\ 1 & 2 & 3 \end{vmatrix}$$

일 때 여인수 A_{12}, A_{31}의 값을 구하시오

풀이

여인수 A_{12}, A_{31}의 값은 소행렬식 D_{12}, d_{31}로부터 각각 다음과 같이 구해진다.

$$A_{12} = (-1)^{1+2} \begin{vmatrix} 3 & 5 \\ 1 & 3 \end{vmatrix} = (-1)(9-5) = -4$$

$$A_{31} = (-1)^{3+1} \begin{vmatrix} 4 & 2 \\ 2 & 5 \end{vmatrix} = 20 - 4 = 16$$

---

(4) 비정칙행렬(Singular Matrix)

비정칙행렬은 역 행렬이 존재하지 않는 행렬이며, 정방행렬 A의 행렬식 $|A|$가 0일 때 행렬 A를 비정칙행렬(Singular Matrix)이라 한다. 즉,

$$\det A = |A| = 0 \tag{2-2-62}$$

행렬이 비정칙일 때 모든 행들 또는 모든 열들이 서로 독립이 아닌 것을 의미한다. 비정칙행렬(Singular Matrix)은 비가역 행렬, 특이 행렬이라고도 부른다. 정방행렬에서 다음과 같을 때 비가역행렬이 된다.

- 한 행/열의 원소 모두가 영
- 두 행/열의 원소가 모두 같음
- 두 행/열의 원소가 비례적임

Example of Singular Matrix	**Example of Non Singular Matrix**
$A = \begin{bmatrix} 1 & 2 \\ 1 & 2 \end{bmatrix}$	$A = \begin{bmatrix} 1 & 2 \\ 3 & 2 \end{bmatrix}$
is singular matrix because its deteminant $= (1 \times 2 - 1 \times 2) = 0$	is singular matrix because its deteminant= $(3 \times 2 - 1 \times 2) = 4$ which is not zero

소행렬식을 이용하여 행렬식 구하기

예제 2-10

연립방정식이

$$\begin{aligned} 2x_1 - 3x_2 + x_3 &= 0 \\ -x_1 + x_2 + x_3 &= 0 \\ x_1 - 2x_2 + 2x_3 &= 0 \end{aligned} \tag{2-2-63}$$

일 때 비정칙행렬에 대해서 고찰하시오.

풀이

대수연립방정식이 행렬에 의해 표시될 때 비정칙성은 서로 독립이 아닌 것을 의미한다. 식(2-2-63)에서 3번째 식은 앞의 두식을 합하면 얻어진다. 따라서 이들 3개의 식은 서로 독립이 아니다. 식(2-2-63)의 행렬표시는

$$Ax = \begin{bmatrix} 2 & -3 & 1 \\ -1 & 1 & 1 \\ 1 & -2 & 2 \end{bmatrix} \begin{bmatrix} x_1 \\ x_2 \\ x_3 \end{bmatrix} = \begin{bmatrix} 0 \\ 0 \\ 0 \end{bmatrix} \tag{2-2-64}$$

여기서,

$$A = \begin{bmatrix} 2 & -3 & 1 \\ -1 & 1 & 1 \\ 1 & -2 & 2 \end{bmatrix} \tag{2-2-65}$$

식(2-2-64)가 0이 되는 이유는 식(2-2-65)로 표시되는 행렬이 비정칙행렬이기 때문이다. 즉, 식(2-2-62)를 적용하면

$$\det A = |A| = \begin{bmatrix} 2 & -3 & 1 \\ -1 & 1 & 1 \\ 1 & -2 & 2 \end{bmatrix} = 4 - 3 + 2 - 1 - 6 + 4 = 0$$

◇---◇

(5) 정칙행렬(Nonsingular Matrix)

정칙행렬은 역행렬(Inverse Matrix)이 존재하는 행렬이며, 정방행렬이 0이 아닌 행렬식을 가질 때, 정칙행렬(Nonsingular Matrix)이라 한다. 즉,

$$\det A = |A| \neq 0 \tag{2-2-66}$$

예제 2-11

다음의 연립방정식으로부터 정칙행렬에 대해서 고찰하시오.

$$\begin{aligned} x_1 + x_2 + 2x_3 &= 0 \\ -x_1 - x_2 + x_3 &= 1 \\ 2x_1 + 3x_2 + x_3 &= 2 \end{aligned} \tag{2-2-67}$$

⚜ 풀이

식(2-2-67)의 행렬표시는

$$Ax = \begin{bmatrix} 1 & 1 & 2 \\ -1 & -1 & 1 \\ 2 & 3 & 1 \end{bmatrix} \begin{bmatrix} x_1 \\ x_2 \\ x_3 \end{bmatrix} = \begin{bmatrix} 0 \\ 1 \\ 2 \end{bmatrix} \tag{2-2-68}$$

식(2-2-68)에서 행렬 A가 정칙행렬인지, 비정칙 행렬인지를 판별하면 다음과 같다.

$$\det A = |A| = \begin{bmatrix} 1 & 1 & 2 \\ -1 & -1 & 1 \\ 2 & 3 & 1 \end{bmatrix} = -1+2-6+4-3+1 = -3 \neq 0$$

이므로, 연립방정식(2-2-67)의 식들은 서로 독립이다. 그리고 행렬 A는 정칙행렬이다.

가역행렬 조건

- 존재성 및 유일성
  - A가 가역행렬이면, A의 역행렬은 존재함
  - A가 가역행렬이면, A의 역행렬은 유일함
- 즉, 각 b에 대해 Ax = b는 유일한 해 $x = A^{-1}b$를 갖음

행렬식/소행렬식/여인수

행렬식(determinant) : sarrus 공식

- 행렬이 2×2인 경우

$$|\boldsymbol{A}| = \begin{vmatrix} a_{11} & a_{12} \\ a_{21} & a_{22} \end{vmatrix} = a_{11}a_{22} - a_{21}a_{12}$$

- 행렬이 3×3인 경우

$$\det \quad A = |A| = \begin{vmatrix} a_{11} & a_{12} & a_{13} \\ a_{21} & a_{22} & a_{23} \\ a_{31} & a_{32} & a_{33} \end{vmatrix}$$

$$= a_{11}a_{22}a_{33} + a_{32}a_{21}a_{13} + a_{31}a_{12}a_{23} - (a_{13}a_{22}a_{31} + a_{11}a_{23}a_{32} + a_{21}a_{12}a_{33})$$

(주) 행렬 3×3이상인 경우 행렬식은 여인수 이용(laplace 전개법)

※ 소행렬식(minor determinant) :

- a_{ij}의 i번째 행과 j번째 열을 제거해서 얻어지는 행렬의 행렬식: D_{ij}

$$A = \begin{vmatrix} a_{11} \, a_{12} \, a_{13} \\ a_{21} \, a_{22} \, a_{23} \\ a_{31} \, a_{32} \, a_{33} \end{vmatrix}$$

$$D_{11} = \begin{vmatrix} a_{22} \, a_{23} \\ a_{32} \, a_{33} \end{vmatrix} = a_{22}a_{33} - a_{23}a_{32}$$

※ 여인수(cofactor) :

- 소행렬식 D_{ij}에 $(-1)^{i+j}$ 를 곱한 것

$$A_{11} = (-1)^{1+1} D_{11} = (-1)^{1+1} \begin{vmatrix} a_{22} \, a_{23} \\ a_{32} \, a_{33} \end{vmatrix} = a_{22}a_{33} - a_{23}a_{32}$$

2.2.5 수반행렬

수반행렬은 어떤 정방행렬의 각 요소를 그들의 여인수로 바꾼 후, 다시 전치 행렬을 구한 행렬을 정방행렬 A의 수반행렬(adjoint matrix)이라하며,

$$adj \ A = [A_{ij} \ of \ \det \ A]^T{}_{n,n}$$

$$= \begin{bmatrix} A_{11} \, A_{12} \cdots A_{1n} \\ A_{21} \, A_{22} \cdots A_{2n} \\ .. \quad .. \quad ..... \\ A_{n1} \, A_{n2} \cdots A_{nn} \end{bmatrix}^T = [\text{여인수행렬}]^T \qquad (2\text{-}2\text{-}69)$$

으로 정의되며, 이는 여인수 행렬의 전치행렬로 구해진다. 여기서 A_{ij}는 a_{ij}의 여인수이다.

예제 2-12

행렬

$$A = \begin{bmatrix} a_{11} & a_{12} \\ a_{21} & a_{22} \end{bmatrix} \tag{2-2-70}$$

의 수반행렬 $adj\ A$를 구하시오.

풀이

먼저 행렬 A의 각 원소의 여인수를 구하면

$$A_{11} = (-1)^{1+1} a_{22} = a_{22}, \qquad A_{12} = (-1)^{1+2} a_{21} = -a_{21}$$
$$A_{21} = (-1)^{2+1} a_{12} = -a_{12}, \qquad A_{22} = (-1)^{2+2} a_{11} = a_{11}$$

이므로 A의 수반행렬 $adj\ A$는 식(2-2-69)를 적용하면

$$adj\ A = \begin{bmatrix} A_{11} & A_{12} \\ A_{21} & A_{22} \end{bmatrix}^T = \begin{bmatrix} a_{22} & -a_{21} \\ -a_{12} & a_{11} \end{bmatrix}^T = \begin{bmatrix} a_{22} & -a_{12} \\ -a_{21} & a_{11} \end{bmatrix}$$

$$\begin{bmatrix} A_{11} & A_{12} \\ A_{21} & A_{22} \end{bmatrix}^T = \begin{bmatrix} A_{11} & A_{21} \\ A_{12} & A_{22} \end{bmatrix} = \begin{bmatrix} a_{22} & -a_{12} \\ -a_{21} & a_{11} \end{bmatrix} \tag{2-2-71}$$

예제 2-13

정방행렬이

$$A = \begin{bmatrix} 1 & 2 & 1 \\ 1 & -1 & 1 \\ 0 & 2 & 1 \end{bmatrix} \tag{2-2-72}$$

일 때 행렬 A의 수반행렬을 구하시오.

풀이

먼저 행렬 A의 각 원소의 여인수를 구하시오.

$$a_{11}=1:\ A_{11}=(-1)^{1+1}\begin{vmatrix}-1 & 1\\ 2 & 1\end{vmatrix}=3,$$

$$a_{12}=2:\ A_{12}=(-1)^{1+2}\begin{vmatrix}1 & 1\\ 0 & 1\end{vmatrix}=-1,$$

$$a_{13}=1:\ A_{13}=(-1)^{1+3}\begin{vmatrix}1 & -1\\ 0 & 2\end{vmatrix}=2,$$

$$a_{21}=1:\ A_{21}=(-1)^{2+1}\begin{vmatrix}2 & 1\\ 2 & 1\end{vmatrix}=0,$$

$$a_{22}=-1:\ A_{22}=(-1)^{2+2}\begin{vmatrix}1 & 1\\ 0 & 1\end{vmatrix}=1,$$

$$a_{23}=1:\ A_{23}=(-1)^{2+3}\begin{vmatrix}1 & 2\\ 0 & 2\end{vmatrix}=-2,$$

$$a_{31}=0:\ A_{31}=(-1)^{3+1}\begin{vmatrix}2 & 1\\ -1 & 1\end{vmatrix}=1,$$

$$a_{32}=2:\ A_{32}=(-1)^{3+2}\begin{vmatrix}1 & 1\\ 1 & 1\end{vmatrix}=0,$$

$$a_{33}=1:\ A_{33}=(-1)^{3+3}\begin{vmatrix}1 & 2\\ 1 & -1\end{vmatrix}=-3$$

따라서 구하고자 하는 수반행렬 $adj\ A$는 식(2-2-71)를 적용하면

$$adj\ A=\begin{bmatrix}A_{11} & A_{21} & A_{31}\\ A_{12} & A_{22} & A_{32}\\ A_{13} & A_{23} & A_{33}\end{bmatrix}=\begin{bmatrix}-3 & 0 & 1\\ -1 & 1 & 0\\ 2 & -2 & -3\end{bmatrix} \qquad (2\text{-}2\text{-}73)$$

A의 수반행렬(adjoint matrix) :

- $adj\ A=[A_{ij}\ of\ \det\ A]^T$
- 여인수 행렬의 전치행렬

2.2.6 역행렬

행렬의 관계에서 $AB = BA = I$일때 B는 A의 역행렬이라고 한다. 단, A, B는 $n \times n$의 정방행렬, I는 $n \times n$ 단위행렬이다.

행렬 A의 역행렬은 A^{-1}로 표시하고, 행렬과 역행렬사이의 관계는 다음과 같다.

$$Ax = y \tag{2-2-74}$$

일 때를 구하려면

$$x = A^{-1}y \tag{2-2-75}$$

와 같이 행렬A의 역수인 A^{-1}를 구해야 한다.

여기서 A^{-1}을 A의 역행렬(inverse matrix)이라 한다. 또한 식(2-2-75)에서 x, y는 변수이다.

(1) 역행렬 A^{-1}가 존재하기 위한 조건

(i) A가 정방행렬(square matrix)

(ii) A가 정칙행렬(nonsingular matrix)

(2) 역행렬의 성질

(i) $AA^{-1} = A^{-1}A = I$

(ii) $(A^{-1})^{-1} = A$

(iii) 행렬 A, B가 정방행렬이고, 정칙이면

$$(AB)^{-1} = B^{-1}A^{-1} \tag{2-2-76}$$

행렬A가 정방행렬이고 정칙행렬일 때 역행렬 A^{-1}를 구하는 방법은 다음과 같다.

$$A^{-1} = \frac{adj\ A}{\det\ A} = \frac{adj\ A}{|A|} = \frac{\text{행렬}A\text{의수반행렬(Adjoint)}}{\text{행렬}A\text{의행렬식(Determinant)}} \tag{2-2-77}$$

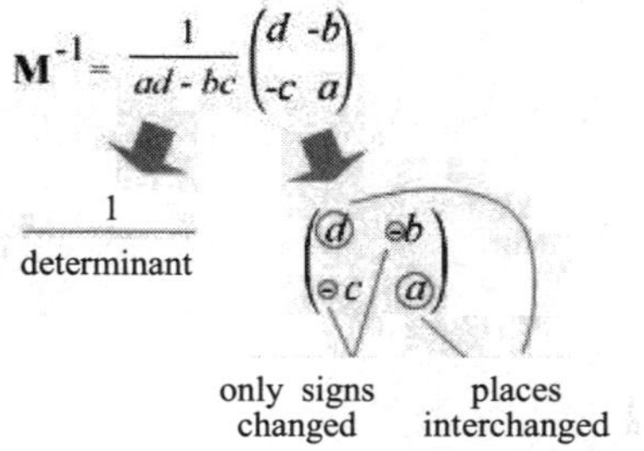

$$M = \begin{bmatrix} a & b \\ c & d \end{bmatrix}$$

예제 2-14

다음의 행렬A의 역행렬 A^{-1}을 구하시오.

$$A = \begin{bmatrix} a_{11} & a_{12} \\ a_{21} & a_{22} \end{bmatrix} \tag{2-2-78}$$

풀이

먼저 행렬A의 수반행렬 $adjA$는 예제 2-5로부터

$$adj\ A = \begin{bmatrix} a_{22} & -a_{12} \\ -a_{21} & a_{11} \end{bmatrix}$$

이므로,

$$A^{-1} = \frac{adjA}{|A|} = \frac{1}{a_{11}a_{22} - a_{12}a_{21}} \begin{bmatrix} a_{22} & -a_{12} \\ -a_{21} & a_{11} \end{bmatrix} \tag{2-2-79}$$

예제 2-15

다음 행렬의 역행렬을 구하시오.

$$A = \begin{bmatrix} 1 & 2 & 1 \\ 1 & -1 & 1 \\ 0 & 2 & 1 \end{bmatrix} \tag{2-2-80}$$

풀이

먼저 수반행렬 $adj\ A$는 예제 2-6으로부터

$$adj\ A = \begin{bmatrix} -3 & 0 & 1 \\ -1 & 1 & 0 \\ 2 & -2 & -3 \end{bmatrix}$$

다음은 A의 역행렬 $|A|$는

$$|A| = \begin{bmatrix} 1 & 2 & 1 \\ 1 & -1 & 1 \\ 0 & 2 & 1 \end{bmatrix} = -3$$

이므로 A의 역행렬A^{-1}는 다음과 같다.

$$A^{-1} = \frac{adjA}{|A|} = \frac{1}{-3}\begin{bmatrix} -3 & 0 & 1 \\ -1 & 1 & 0 \\ 2 & -2 & -3 \end{bmatrix} = \begin{bmatrix} 1 & 0 & -\frac{1}{3} \\ \frac{1}{3} & -\frac{1}{3} & 0 \\ -\frac{2}{3} & \frac{2}{3} & 1 \end{bmatrix} \quad (2\text{-}2\text{-}81)$$

예제 2-15-1

다음 행렬의 역행렬을 구하시오.

$$A = \begin{bmatrix} 2 & 3 & -1 \\ 4 & 4 & -3 \\ -2 & 3 & -1 \end{bmatrix}$$

풀이

$$A^{-1} = \frac{1}{20}\begin{bmatrix} 5 & 0 & -5 \\ 10 & -4 & -12 \\ -5 & 2 & -4 \end{bmatrix}$$

예제 2-16

다음의 연립방정식의 해를 역행렬을 이용하여 구하시오.

$$\begin{aligned} x_1 + 2x_2 + x_3 &= 8 \\ x_1 - x_2 + x_3 &= 2 \\ 2x_2 + x_3 &= 7 \end{aligned} \qquad (2\text{-}2\text{-}82)$$

풀이

위의 연립방정식을 행렬로 표현하면 다음과 같다.

$$\begin{bmatrix} 1 & 2 & 1 \\ 1 & -1 & 1 \\ 0 & 2 & 1 \end{bmatrix} \begin{bmatrix} x_1 \\ x_2 \\ x_3 \end{bmatrix} = \begin{bmatrix} 8 \\ 2 \\ 7 \end{bmatrix}$$

즉,

$$Ax = y$$

이다. 여기서 구하고자하는 연립방정식의 해 x는 다음과 같다.

$$x = A^{-1}y$$

행렬 A의 역행렬 A^{-1}은 예제 2-10으로부터 다음과 같다.

$$A^{-1} - \frac{adjA}{|A|} = \frac{1}{-3} \begin{bmatrix} -3 & 0 & 1 \\ -1 & 1 & 0 \\ 2 & -2 & -3 \end{bmatrix} = \begin{bmatrix} 1 & 0 & -\frac{1}{3} \\ \frac{1}{3} & -\frac{1}{3} & 0 \\ -\frac{2}{3} & \frac{2}{3} & 1 \end{bmatrix} \qquad (2\text{-}2\text{-}83)$$

구한 역행렬을 $x = A^{-1}y$에 대입하면 다음과 같다.

$$\begin{bmatrix} x_1 \\ x_2 \\ x_3 \end{bmatrix} = \begin{bmatrix} 1 & 0 & -\frac{1}{3} \\ \frac{1}{3} & -\frac{1}{3} & 0 \\ -\frac{2}{3} & \frac{2}{3} & 1 \end{bmatrix} \begin{bmatrix} 8 \\ 2 \\ 7 \end{bmatrix} = \begin{bmatrix} 1 \\ 2 \\ 3 \end{bmatrix} \qquad (2\text{-}2\text{-}84)$$

역행렬

- 행렬 A가 정방행렬이고 정칙행렬일 때 역행렬 A^{-1}를 구하는 방법은 다음과 같다.

$$A^{-1} = \frac{adj\ A}{\det\ A} = \frac{adj\ A}{|A|}$$

2.3 행렬과 연립방정식

연립방정식의 해를 구하는 방법은 다양하나 다음의 방법에 대하여 알아본다.

1. cramer 공식
2. 역행렬 이용
3. Gauss 소거법
4. Gauss-Jordan 소거법
5. Jacobi 반복법
6. Gauss-Seidel 반복법을 이용하여 연립방정식의 해를 구하는 방법에 대하여 알아본다.

2.3.1 Cramer공식

연립일차방정식의 해에 대한 공식을 만들면 실제의 계산은 복잡하더라도 해의 성질을 조사할 때는 매우 유용하다. 다음에 n개의 미지수를 가지는 n개의 일차방정식으로 이루어진 연립방정식의 해를 구하는 공식을 아래 정리로 소개한다. 이 공식을 Cramer 공식(Cramer's rule)이라 부른다.

크래머 Gabriel Cramer (1704-1752)

- Cramer 의 공식은 1752년에 스위스 수학자인 Gabriel Cramer의 'Introduction a l'analyse des lignes courbes algebriques'에서 논의 되었다. 이 방법은 선형연립방정식의 뛰어난 해법이며 표시법이었다. 그래서 이 공식에 그의 이름이 붙여졌다.

Cramer

Cramer 저서

Cramer공식은 행렬식을 이용하여 연립방정식 $AX=B$를 푸는 직접적인 방법이다. Cramer 공식을 이용한 해는

$$x_i = \frac{|A(i:B)|}{\det A} \tag{2-3-1}$$

여기서 $A(i:B)$는 A행렬의 i렬을 B로 대치하는 것을 의미한다. 즉 x_1의 값을 구하는 경우, A행렬의 1렬 대신에 B행렬을 대치하여 행렬식을 구한다.

Cramer 공식을 유도하기 위하여 미지수가 3개인 연립방정식을 이용한다.

$$\begin{aligned} a_{11}x_1 + a_{12}x_2 + a_{13}x_3 &= b_1 \\ a_{21}x_1 + a_{22}x_2 + a_{23}x_3 &= b_2 \\ a_{31}x_1 + a_{32}x_2 + a_{33}x_3 &= b_3 \end{aligned} \tag{2-3-2}$$

$$AX = B$$

$$A = \begin{bmatrix} a_{11} & a_{12} & a_{13} \\ a_{21} & a_{22} & a_{23} \\ a_{31} & a_{32} & a_{33} \end{bmatrix} \quad X = \begin{bmatrix} x_1 \\ x_2 \\ x_3 \end{bmatrix} \quad B = \begin{bmatrix} b_1 \\ b_2 \\ b_3 \end{bmatrix} \tag{2-3-3}$$

여기에서 $\det A$는 다음과 같이 표시한다.

$$\det A = |A| = \begin{vmatrix} a_{11} & a_{12} & a_{13} \\ a_{21} & a_{22} & a_{23} \\ a_{31} & a_{32} & a_{33} \end{vmatrix} \tag{2-3-4}$$

행렬 A의 1렬 $\times x_1$은 $|A| \times x_1$과 동일하다

$$|A|\, x_1 = \begin{vmatrix} a_{11}x_1 & a_{12} & a_{13} \\ a_{21}x_1 & a_{22} & a_{23} \\ a_{31}x_1 & a_{32} & a_{33} \end{vmatrix} \tag{2-3-5}$$

행렬 A의 2렬 $\times x_2$, 3렬 $\times x_3$ 한 결과를 1렬의 각 원소에 더하여 1렬의 위치에 두더라도 좌변의 값은 변동이 없다. 즉 다음과 같다.

$$|A|\, x_1 = \begin{vmatrix} a_{11}x_1 + a_{12}x_2 + a_{13}x_3 & a_{12} & a_{13} \\ a_{21}x_1 + a_{22}x_2 + a_{23}x_3 & a_{22} & a_{23} \\ a_{31}x_1 + a_{32}x_2 + a_{33}x_3 & a_{32} & a_{33} \end{vmatrix} \tag{2-3-6}$$

우변 행렬의 1렬의 구성원은 행렬 B와 동일하다. 이에 행렬 B의 구성원으로 대치하는 것이 가능하다.

$$|A|\, x_1 = \begin{vmatrix} b_1 & a_{12} & a_{13} \\ b_2 & a_{22} & a_{23} \\ b_3 & a_{32} & a_{33} \end{vmatrix} \tag{2-3-7}$$

$$x_1 = \frac{\begin{vmatrix} b_1 & a_{12} & a_{13} \\ b_2 & a_{22} & a_{23} \\ b_3 & a_{32} & a_{33} \end{vmatrix}}{|A|} \tag{2-3-8}$$

위와 같은 방법에 의하여 Cramer 공식이 유도된다.

즉,

$$x_1 = \frac{\begin{vmatrix} b_1 & a_{12} & a_{13} \\ b_2 & a_{22} & a_{23} \\ b_3 & a_{32} & a_{33} \end{vmatrix}}{|A|} \qquad x_2 = \frac{\begin{vmatrix} a_{11} & b_1 & a_{13} \\ a_{21} & b_2 & a_{23} \\ a_{31} & b_3 & a_{33} \end{vmatrix}}{|A|} \qquad x_3 = \frac{\begin{vmatrix} a_{11} & a_{12} & b_1 \\ a_{21} & a_{22} & b_2 \\ a_{31} & a_{32} & b_3 \end{vmatrix}}{|A|} \tag{2-3-9}$$

$$x = \frac{\begin{vmatrix} e & c \\ f & d \end{vmatrix}}{\begin{vmatrix} a & c \\ b & d \end{vmatrix}} \cdots y = \frac{\begin{vmatrix} a & e \\ b & f \end{vmatrix}}{\begin{vmatrix} a & c \\ b & d \end{vmatrix}}$$

Cramer's Rule

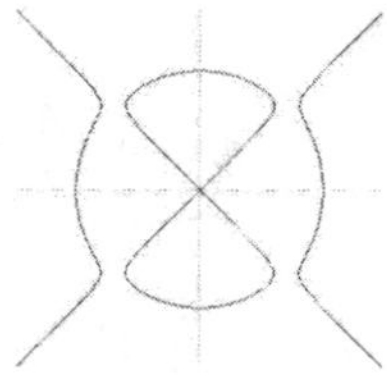

Devil's Curve

예제 2-17

다음의 연립방정식을 Cramer 공식에 의하여 구하시오.

$$x_1 + 2x_2 + x_3 = 8$$

$$x_1 - x_2 + x_3 = 2$$

$$2x_2 + x_3 = 7$$

2.3.2 역행렬 이용

연립방정식 $AX = B$의 해를 구하는 것은 X를 구하는 문제이다. X를 구하기 위해서 다음과 같이 역행렬을 정의하자.

역행렬은 어떤 행렬 A와 곱하여 단위행렬이 되는 행렬을 말하며 A^{-1}로 표시한다. 여기에서 A의 역행렬이 존재해야 역행렬을 이용하는 방법이 가능하다. 즉, 정방행렬 A가 $\det A \neq 0$을 만족하는 행렬을 정칙행렬이라고 하며, 정칙행렬일 경우에는 역행렬을 이용하는 방법이 가능하다.

연립방장식이 주어진 경우 행렬로 표현하면 다음과 같다.

$$AX = B$$

$$A^{-1}AX = A^{-1}B$$

$$IX = A^{-1}B \qquad (2\text{-}3\text{-}10)$$

$$X = A^{-1}B$$

여기서 행렬A의 역행렬은

$$A^{-1} = \frac{Adj \quad A}{Det \quad A} = \frac{[A_{ij} \ of \quad Det \quad A]^T}{Det \quad A}$$

$$= \frac{\begin{bmatrix} A_{11} \ A_{12} \cdots A_{1n} \\ A_{21} \ A_{22} \cdots A_{2n} \\ .. \quad .. \quad ..... \\ A_{n1} \ A_{n2} \cdots A_{nn} \end{bmatrix}^T}{Det \quad A} = \frac{[\text{여인수행렬}]^T}{Det \quad A} \tag{2-3-11}$$

예제 2-18

다음 연립방정식의 해를 역행렬을 이용하여 구하시오.

$$x_1 + 2x_2 + x_3 = 8$$
$$x_1 - x_2 + x_3 = 2$$
$$2x_2 + x_3 = 7$$

풀이

위의 연립방정식을 행렬로 표현하면 다음과 같다.

$$\begin{bmatrix} 1 & 2 & 1 \\ 1 & -1 & 1 \\ 0 & 2 & 1 \end{bmatrix} \begin{bmatrix} x_1 \\ x_2 \\ x_3 \end{bmatrix} = \begin{bmatrix} 8 \\ 2 \\ 7 \end{bmatrix}$$

즉,

$$Ax = y$$

이다. 여기서 구하고자하는 연립방정식의 해 x는 다음과 같다.

$$x = A^{-1}y$$

행렬 A의 역행렬 A^{-1}은 예제 2-16으로부터 다음과 같다.

$$A^{-1} = \frac{adjA}{|A|} = \frac{1}{-3}\begin{bmatrix} -3 & 0 & 1 \\ -1 & 1 & 0 \\ 2 & -2 & -3 \end{bmatrix} = \begin{bmatrix} 1 & 0 & -\frac{1}{3} \\ \frac{1}{3} & -\frac{1}{3} & 0 \\ -\frac{2}{3} & \frac{2}{3} & 1 \end{bmatrix}$$

구한 역행렬을 $x = A^{-1}y$에 대입하면 다음과 같다.

$$\begin{bmatrix} x_1 \\ x_2 \\ x_3 \end{bmatrix} = \begin{bmatrix} 1 & 0 & -\frac{1}{3} \\ \frac{1}{3} & -\frac{1}{3} & 0 \\ -\frac{2}{3} & \frac{2}{3} & 1 \end{bmatrix} \begin{bmatrix} 8 \\ 2 \\ 7 \end{bmatrix} = \begin{bmatrix} 1 \\ 2 \\ 3 \end{bmatrix}$$

예제 2-19

다음의 연립방정식의 해를 역행렬을 이용하여 구하시오.

$$x_1 + 2x_2 + x_3 = 3$$
$$2x_1 - x_2 + x_3 = 2$$
$$-x_1 + 2x_2 - 3x_3 = 1$$

2.3.3 Gauss소거법

다음의 연립방정식

$$\begin{aligned} x_1 + 2x_2 + x_3 &= 5 \\ 3x_1 - x_2 + x_3 &= 4 \\ 2x_2 + x_3 &= 4 \end{aligned} \tag{2-3-12}$$

위의 연립방정식을 행렬로 표현하면 다음과 같다.

$$\begin{bmatrix} 1 & 2 & 1 \\ 1 & -1 & 1 \\ 0 & 2 & 1 \end{bmatrix} \begin{bmatrix} x_1 \\ x_2 \\ x_3 \end{bmatrix} = \begin{bmatrix} 5 \\ 4 \\ 4 \end{bmatrix} \qquad (2\text{-}3\text{-}13)$$

즉,

$$Ax = B \qquad (2\text{-}3\text{-}14)$$

여기서 행렬 A와 B를 사용하여 하나의 확대 행렬을 구성한다.

이 방정식에 대한 확대행렬(augmented matrix)이란 A행렬의 마지막 열에 B행렬의 열을 첨가한 행렬을 말한다.

즉, 위 방정식의 확대행렬은

$$\begin{bmatrix} 1 & 2 & 1 & 5 \\ 3 & -1 & 1 & 4 \\ 0 & 2 & 1 & 4 \end{bmatrix} \qquad (2\text{-}3\text{-}15)$$

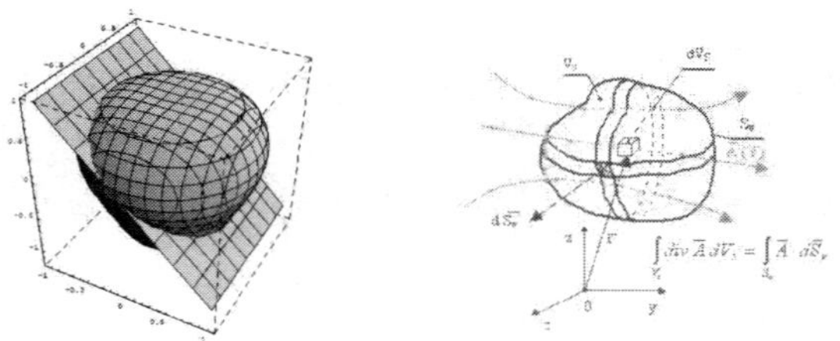

가우스 이론

여기에서 Gauss소거법이란 아래의 성질을 이용하여 원래 A행렬의 대각선을 기준으로 위 혹은 아래의 삼각형모양의 구성원을 “0”으로 변환시켜서 해를 구하는 방법이다.

$$\left[\begin{array}{ccc:c} a_{11} & a_{12} & a_{13} & b_1 \\ a_{21} & a_{22} & a_{23} & b_2 \\ a_{31} & a_{32} & a_{33} & b_3 \end{array}\right] \qquad \left[\begin{array}{cccc} a_{11} & 0 & 0 & b_1 \\ a_{21} & a_{22} & 0 & b_2 \\ a_{31} & a_{32} & a_{33} & b_3 \end{array}\right] \qquad (2\text{-}3\text{-}16)$$

동차연립방정식을 풀 때 연립방정식의 다음과 같은 변화를 가하여도 구하고자하는 미지수의 값은 변화가 없다는 성질을 이용한다.

- 0이 아닌 수를 한 방정식에 곱한다.
- 한 방정식에 0이 아닌 수를 곱하여 다른 방정식에 더 한다.
- 두 방정식을 교환한다.

위의 예를 사용하여 확대행렬에 대하여 다음과 같이 행렬을 변화 시킬 수 있다.

확대행렬의 변환 시 주의 해야 할 점은 "0"을 만드는 순서이다. 기존에 만들어둔 "0"을 그대로 보존하면서 새로운 구성원을 "0"으로 만드는 것이 중요하다.

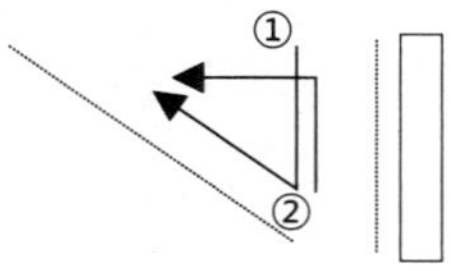

화살표 ① 혹은 ②와 같은 순서로 위 삼각형 구성원에 대한 "0"변경을 시행하는 것이 가장 빠른 방법이다.

위의 확대행렬에 대하여 ①의 순서대로 0을 만들어본다.

$$\begin{bmatrix} 1 & 2 & 1 & 5 \\ 3 & -1 & 1 & 4 \\ 0 & 2 & 1 & 4 \end{bmatrix} \tag{2-3-17}$$

2행에 -1을 곱하여 1행과 더하여 1행에 둔다.(2행×(-1) + 1행→1행) 즉, 2, 3행은 변화가 없다.

$$\begin{bmatrix} -2 & 3 & 0 & 1 \\ 3 & -1 & 1 & 4 \\ 0 & 2 & 1 & 4 \end{bmatrix} \tag{2-3-18}$$

3행에 -1를 곱하여 2행과 더하여 2행에 둔다.(3행×(-1) + 2행→2행)

$$\begin{bmatrix} -2 & 3 & 0 & 1 \\ 3 & -3 & 0 & 0 \\ 0 & 2 & 1 & 4 \end{bmatrix} \tag{2-3-19}$$

2행에 1를 곱하여 1행과 더하여 1행에 둔다.(2행×1 + 1행→1행)

$$\begin{bmatrix} 1 & 0 & 0 & 1 \\ 3 & -3 & 0 & 0 \\ 0 & 2 & 1 & 4 \end{bmatrix} \tag{2-3-20}$$

원래 A행렬의 대각선을 기준으로 위의 삼각 구성원소가 모두 "0"으로 변환되었으므로 확대행렬로부터 연립방정식 형태로 다시 변환하면 다음과 같다.

$$x_1 = 1$$

$$3x_1 - 3x_2 = 0 \qquad (2\text{-}3\text{-}21)$$

$$0x_1 + 2x_2 + x_3 = 4$$

위와 같은 연립방정식의 형태로부터 x_1, x_2, x_3,를 차례대로 구할 수 있다.

Given a system of linerar algebraic equations	Step 1 : Each row times a_{11}/a_{k1}, then use row one to subtract other rows
$\begin{bmatrix} a_{11} & a_{12} & \cdots & a_{1n} \\ a_{21} & a_{22} & \cdots & a_{2n} \\ \vdots & \vdots & \ddots & \vdots \\ a_{m1} & a_{m2} & \cdots & a_{mn} \end{bmatrix} \begin{bmatrix} x_1 \\ x_2 \\ \vdots \\ x_m \end{bmatrix} = \begin{bmatrix} b_1 \\ b_2 \\ \vdots \\ b_m \end{bmatrix}$	$\Rightarrow \begin{bmatrix} a_{11} & a_{12} & \cdots & a_{1n} \\ 0 & \tilde{a}_{22} & \cdots & \tilde{a}_{2n} \\ \vdots & \vdots & \ddots & \vdots \\ 0 & \tilde{a}_{n2} & \cdots & \tilde{a}_{nn} \end{bmatrix} \begin{bmatrix} x_1 \\ x_2 \\ \vdots \\ x_n \end{bmatrix} = \begin{bmatrix} b_1 \\ \tilde{b}_2 \\ \vdots \\ \tilde{b}_n \end{bmatrix}$
Step 2 : The second row and down multiply by $\tilde{a}_{22}/\tilde{a}_{k2}$, then use row two to subtract every row below	Step 3 : Similar to the previous two steps, repeat until all elements ini the lower triangle of the matrix A become zeros.
$\Rightarrow \begin{bmatrix} a_{11} & a_{12} & a_{13} & \cdots & a_{1n} \\ 0 & \tilde{a}_{22} & \tilde{a}_{23} & \cdots & \tilde{a}_{2n} \\ 0 & 0 & \tilde{a}_{33} & \cdots & \tilde{a}_{3n} \\ \vdots & \vdots & \cdots & \ddots & \vdots \\ 0 & 0 & \tilde{a}_{n3} & \cdots & \tilde{a}_{nn} \end{bmatrix} \begin{bmatrix} x_1 \\ x_2 \\ x_3 \\ \vdots \\ x_n \end{bmatrix} = \begin{bmatrix} b_1 \\ \tilde{b}_2 \\ \tilde{b}_3 \\ \vdots \\ \tilde{b}_n \end{bmatrix}$	$\Rightarrow \begin{bmatrix} a_{11} & a_{12} & \cdots & a_{1n} \\ 0 & \tilde{a}_{22} & \cdots & \tilde{a}_{2n} \\ \vdots & \vdots & \ddots & \vdots \\ 0 & 0 & \cdots & \tilde{a}_{n} \end{bmatrix} \begin{bmatrix} x_1 \\ x_2 \\ \vdots \\ x_n \end{bmatrix} = \begin{bmatrix} b_1 \\ \tilde{b}_2 \\ \vdots \\ \tilde{b}_n \end{bmatrix}$

Gauss

- 독일의 수학자. 대수학·해석학·기하학 등 여러 방면에 걸쳐서 뛰어난 업적을 남겨, 19세기 최대의 수학자라고 일컬어진다. 수학에 이른바 수학적 엄밀성과 완전성을 도입하여, 수리물리학으로부터 독립된 순수수학의 길을 개척하여 근대수학을 확립하였다. 1777년 독일의 부른스비크에서 태어난 가우스는 18세기와 19세기에 걸친 수학사상 로도스 섬의 아폴로 거상과 같은 존재이다. 또 그는 19세기의 가장 위대한 수학자로 세계적으로 아르키메데스, 뉴턴과 함께 지금까지 위대한 3대 수학자의 한 사람으로 누구나 생각하고 있다.
- 초등학교를 다니던 10세 때 있었던 재미있는 이야기가 있다. 선생님이 피곤하여 쉬고 싶었는지 학생들에게 조용히 책상에 앉아 1부터 차례로 100까지를 더하라고 말했었다. 이 정도면 꽤 많은 시간이 필요했을 것이다. 그러나 교사가 말을 마친 지 얼마 안 되어, 그리고 학생들이 '1+2+3+4+5=15' 이렇게 겨우 하고 있는 동안 가우스는 걸어 나와서 그 답을 선생님 책상 위에다 써 놓았다. 이 예상하지 않았던 결과 때문에 교사의 표정은 의심과 당황으로 어떠했을까 짐작하고도 남음이 있다.
- 문제를 푸는 데 가장 중요한 것은 부분을 보지 않고 전체를 보는 일이다. 어떤 학생은 문제를 받자마자 1 더하기 2는 3, 거기가 3을 더하면 6, 거기다 4를 더하면 10, 거기다 5를 더하면 15 … 이렇게 덤벼드는 사람이 있는가 하면, 1+2+3+4+…를 써

놓고 어떻게 더하면 빨리 더할 수 있을까를 생각해 보는 사람이 있다. 1+4=5, 2+3=5, 이렇게 순서를 바꾸어 더하면 5가 세 번 있는 것을 알 게 된다. 그래서 거기까지의 답은 15이다.

Johann Carl Friedrich Gauss

- 오일러는 부분이 아니고 1부터 100까지 머릿속의 전부를 써놓고 어떻게 빨리 더할 수 없을까를 생각했던 것 같다. 그의 방법은 마술도 아니었으며, 번개처럼 빨리 더할 수 있는 능력도 아니었다. 그것보다는 일생 동안 그와 함께 하였던 사물을 꿰뚫어 보는 통찰력을 벌써 가졌던 것이다. 이야기는 이렇다. 그는 먼저 1부터 100까지를 머릿속에 써놓고 생각하였다. 어떻게 하면 빨리 더할 수가 있는가? 1+100=101, 2+99=101, 3+98=101, … 이렇게 101이 50개가 있다. 따라서 그 합은 101*50=5050으로 알아냈던 것이다. 이 모든 생각들이 번개처럼 한 순간 그의 머리를 스친 것이다. [수학사랑]

예제 2-20

다음의 연립방정식의 해를 Gauss소거법을 이용하여 구하시오.

$$x_1 + 2x_2 + x_3 = 3$$

$$2x_1 - x_2 + x_3 = 2$$

$$-x_1 + 2x_2 - 3x_3 = 1$$

2.3.4 Gauss-Jordan 소거법

위의 Gauss 소거법의 방법을 확대 적용시키는 방법이 Gauss-Jordan 소거법 이다.

Gauss소거법은 확대행렬에서 A행렬 구성원의 대각선을 기준으로 위 혹은 아래의 구성원만 0으로 만든 반면에, Gauss-Jordan 소거법은 위, 아래 구성원 모두를 "0"으로 만드는 방법이다.

$$\left[\begin{array}{ccc|c} a_{11} & 0 & 0 & b_1 \\ 0 & a_{22} & 0 & b_2 \\ 0 & 0 & a_{33} & b_3 \end{array}\right] \tag{2-3-22}$$

또한 Gauss-Jordan 소거법은 대각원소를 임의 값으로 갖는 일반화된 방법과 대각원소를 모두 "1"로 변환하는 정규화된 방법으로 구분한다.

$$\left[\begin{array}{ccc|c} 1 & 0 & 0 & b_1 \\ 0 & 1 & 0 & b_2 \\ 0 & 0 & 1 & b_3 \end{array}\right] \tag{2-3-23}$$

예제 2-21

다음의 연립방정식의 해를 Gauss-Jordan 소거법을 이용하여 구하시오.

$$\begin{aligned} x_1 + 2x_2 + x_3 &= 3 \\ 2x_1 - x_2 + x_3 &= 2 \\ -x_1 + 2x_2 - 3x_3 &= 1 \end{aligned} \tag{2-3-24}$$

2.3.5 Jacobi 반복법

다음의 연립방정식의 해를 Jacobi 반복법을 사용하여 구해보자

$$\begin{aligned} x_1 + 2x_2 + x_3 &= 5 \\ 3x_1 - x_2 + x_3 &= 4 \\ 2x_2 + x_3 &= 4 \end{aligned} \tag{2-3-25}$$

이 방법은 $x_i = G(x)$의 형태로 고쳐서 반복적인 방법으로 연립방정식의 해를 구하는 방법이다. 즉,

Jacobi

$$x_1 = -2x_2 - x_3 + 5$$
$$x_2 = 3x_1 + x_3 - 4 \qquad (2\text{-}3\text{-}26)$$
$$x_3 = -2x_2 + 4$$

의 꼴로 고쳐서 우변에 대입하는 x_1, x_2, x_3의 값을 전항에서 구한 값을 동시에 대입하여 새로운 x_1, x_2, x_3의 값을 구한다.

즉, 첫 번째 반복 항에서는 우변의 x_1, x_2, x_3는 모두 "0"의 값을 대입한다.

$$s_1 = \begin{bmatrix} x_1 \\ x_2 \\ x_3 \end{bmatrix} = \begin{bmatrix} 0 \\ 0 \\ 0 \end{bmatrix} \qquad (2\text{-}3\text{-}27)$$

두 번째 항의 값은

$$x_1 = -2 \times 0 - 0 + 5$$
$$x_2 = 3 \times 0 + 0 - 4$$
$$x_3 = -2 \times 0 + 4$$

$$s_2 = \begin{bmatrix} x_1 \\ x_2 \\ x_3 \end{bmatrix} = \begin{bmatrix} 5 \\ -4 \\ 4 \end{bmatrix} \qquad (2\text{-}3\text{-}28)$$

세 번째 항의 값은

$$x_1 = -2 \times (-4) - 4 + 5$$
$$x_2 = 3 \times 5 + 4 - 4$$
$$x_3 = -2 \times (-4) + 4$$

$$s_3 = \begin{bmatrix} x_1 \\ x_2 \\ x_3 \end{bmatrix} = \begin{bmatrix} 9 \\ 15 \\ 12 \end{bmatrix} \qquad (2\text{-}3\text{-}29)$$

이 구해진다. 이러한 방법을 계속반복하면 참값에 근접하게 된다.

예제 2-22

다음의 연립방정식의 해를 Jacobi 반복법을 이용하여 구하시오.

$$x_1 + 2x_2 + x_3 = 3$$

$$2x_1 - x_2 + x_3 = 2$$

$$-x_1 + 2x_2 - 3x_3 = 1$$

2.3.6 Gauss-Seidel 반복법

다음의 연립방정식의 해를 Gauss-Seidel 반복법을 사용하여 구해보자.

$$\begin{aligned} x_1 + 2x_2 + x_3 &= 5 \\ 3x_1 - x_2 + x_3 &= 4 \\ 2x_2 + x_3 &= 4 \end{aligned} \tag{2-3-30}$$

이 방법은 $x_i = G(x)$의 형태로 고쳐서 반복적인 방법으로 연립방정식의 해를 구하는 방법이다. 즉,

$$\begin{aligned} x_1 &= -2x_2 - x_3 + 5 \\ x_2 &= 3x_1 + x_3 - 4 \\ x_3 &= -2x_2 + 4 \end{aligned} \tag{2-3-31}$$

의 꼴로 고쳐서 우변에 대입하는 x_1, x_2, x_3의 값을 전항에서 구한 최근의 값을 순서대로 대입하여 새로운 x_1, x_2, x_3의 값을 구한다.

즉, 첫 번째 반복 항에서는 우변의 x_1, x_2, x_3는 모두 "0"의 값을 대입한다.

$$s_1 = \begin{bmatrix} x_1 \\ x_2 \\ x_3 \end{bmatrix} = \begin{bmatrix} 0 \\ 0 \\ 0 \end{bmatrix}$$

$$x_1 = -2x_2 - x_3 + 5 = -2 \times 0 - 0 + 5 = 5 \tag{2-3-32}$$

다음의 x_2부터는 가장 최근에 구한 x_1, x_2, x_3의 값을 우변에 대입한다.

즉, $x_1 = 5$, $x_3 = 0$ 을 대입한다.

$$x_2 = 3x_1 + x_3 - 4 = 3 \times 5 + 0 = 15$$

$$x_3 = -2x_2 + 4 = -2 \times 15 = -30$$

$$s_2 = \begin{bmatrix} x_1 \\ x_2 \\ x_3 \end{bmatrix} = \begin{bmatrix} 0 \\ 15 \\ -30 \end{bmatrix} \tag{2-3-33}$$

Jacobi 반복법은 x_1, x_2, x_3의 값을 구한 뒤 그 값이 두 번째 해에서 우변의 모든 항에 대입이 되지만 Gauss-Seidel 반복법은 가장 최근에 구한 값들이 새롭게 하나하나 재입력되면서 새로운 해를 구한다.

즉, Jacobi 반복법보다는 Gauss-Seidel 반복법이 참값에 수렴하는 속도가 빠르다.

예제 2-23

다음의 연립방정식의 해를 Gauss-Seidel 반복법을 이용하여 구하시오.

$$x_1 + 2x_2 + x_3 = 3$$

$$2x_1 - x_2 + x_3 = 2$$

$$-x_1 + 2x_2 - 3x_3 = 1$$

마방진 [魔方陣, magic square]

1 에서 n2까지의 정수를 n행 n열의 정사각형 모양으로 나열하여 가로·세로·대각선의 합이 전부 같아지도록 한 것

- 방진(方陣)·마법진이라고도 하는데, 이것은 영어의 'magic square'를 번역한 말이다. 정사각형의 1변에 나열된 수의 개수 n에 따라서 n방진, 즉 3방진, 4방진, … 등이라 한다. 합은 3방진에서 15, 4방진에서는 34, 5방진에서는 65가 되며, n방진에

서는 $n(n2+1)/2$가 된다. 방(方)은 정사각형, 진(陣)은 나열한다는 뜻으로 중국에서는 3,000년 전부터 알려져 있었다.

- 전설에 의하면, 우(禹)가 낙수(洛水)의 치수공사를 할 때 나타난 거북의 등껍데기에 그림이 새겨져 있었다고 하는데, 이 그림을 낙도(洛圖)·하도(河圖)·낙서(洛書) 등이라 하였고, 이것과 오행설(五行說)을 결부시켜 일백수성(一白水星)이라거나 사록목성(四綠木星)이라 하여 운세 판단에 응용하기도 했다.
- 중국에서 마방진을 설명한 책은 송(宋)나라의 《양휘산법(揚輝算法)》(1275)이 최초인데, 여기에는 3방진부터 8방진까지 취급되고 있다. 또, 명(明)나라의 정대위(程大位)가 지은 《산법통종(算法統宗)》(1593)에는 3방진부터 10방진까지 실려 있다.

4	9	2
3	5	7
8	1	6

- 한국에서는 조선 숙종 때 영의정을 지낸 수학자 최석정(崔錫鼎:1646~1715)이 절묘한 방진을 창안하여 그의 저서 《구수략(九數略)》에 실었다. 이 책에 있는 방진은 l~81까지의 정수를 중복없이 배열한 것으로, 큰 사각형 전체로도 마방진(가로, 세로로만 합이 같다)이 될 뿐만 아니라 그 안에 있는 9개의 정사각형도 역시 마방진(가로, 세로로만 합이 같다)을 이루고 있다. 또, 1~30까지의 정수를 중복없이 배열하여 육각형을 이루도록 했는데, 육각형에 있는 수를 합하면 각각 93이 된다.
- 서양의 마방진은 중국 것에 비해 시대적으로 뒤떨어지지 않은 것으로 알려져 있다. 유럽에서도 한때 점성술의 대상이 되었으며, 마방진을 새긴 부적 등이 만들어지기도 했다. 독일의 기하학자이며 화가로 유명한 A.뒤러의 동판화 《멜랑콜리아》(1514)에 그려진 마방진이 유명한데, 이것은 유럽의 마방진으로서는 가장 오래 된 부류에 속하는 4방진이다. 이후 P.페르마 등이 방진을 연구한 것이 있으며, L.오일러가 연구한 것도 있다. 현재도 동서양에 걸쳐 마방진을 연구하는 사람이 많다.
- 마방진을 만드는 방법은 여러 가지로 고안되어 있으며, 단 한 가지 방법으로 모든 마방진을 만들 수는 없다. 그 중 이론적으로 가장 생각하기 쉬운 것은 n방진인데, 이것은 n진법의 기수법(記數法)을 쓰는 것이다.

magic square

80	15	10	65
25	50	55	40
45	30	35	60
20	75	70	5

magic square2

- 일정한 규칙에 따라 네모진 틀에서 마방진을 만들 때는 규칙대로 수를 써넣으면 되지만, 홀수방진과 짝수방진은 만드는 규칙이 다르다. 각 마방진을 얼마만큼 만들 수 있는지는 확실하지 않으나 주어진 마방진을 회전시키거나 뒤집어보아 숫자의 배열이 같은 것을 같은 마방진으로 세면 3방진은 하나밖에 없으나, 4방진의 종류는 무려 880가지나 있다.
- 1693년 B.프레니클이 880개의 마방진을 전부 만들어 발표한 이래 많은 사람들이 여러 가지 방법으로 그것들을 확인하였다. 마방진 중에는 완전방진 또는 나시크방진이라는 것도 있다. 이것은 H.쇼츠크의 작품으로 8방진을 가로 또는 세로 방향으로 둥글게 원통형으로 하면 8개씩 16개의 대각선이 되는데 그 수의 합은 모두 일정하다.

- 이를테면, $62+34+24+12+5+25+47+51=260$, $2+15+19+37+57+56+44+30=260$ 이다. 또, 16개 대각선의 수의 제곱의 합도 11180으로 일정하다. 이 밖에도 소수(素数)만으로 이루어진 소수방진을 비롯, 입체방진·뺄셈방진·곱방진·오일러방진 등이 있다.
- 수학에는 방정식(方程式)이 많이 있다. 단순한 경우로 일차 방정식, 이차 방정식, … 등의 다항 방정식이 있고, 고등학교에서 유리 방정식, 무리 방정식, 지수 방정식, 삼각 방정식을 배운다. 대학에서 미분 방정식에 이르러 절정에 달한다. 방정식은 여러 가지 문제 상황을 모델링해서 얻게 되고, 이를 풀어 문제를 해결한다. 그런데 '방정식'이라 용어는 어디서 왔을까?

방정식은 어디서 나온 말일까?

- '방정'은 동아시아의 전통 수학인 산학에 등장한다. 산학의 고전 '구장산술(九章算術)'은 아홉 권으로 이루어져 있는데, 제8권의 제목이 바로 '방정(方程)'이다. 중국의 수학자 이선란(李善蘭, 1811~1882)은 서양의 수학·과학책을 다수 중국어로 번역했는데, 'equation'을 번역하기 위해 '방정'을 이용해서 '방정식'이란 말을 만들었다. 그렇지만 아래에서 설명할 '방정'의 원래 뜻을 알아보면, 이 용어 선택이 적절해 보이지는 않을 것이다.

'구장산술'의 방정은 '수들의 네모모양으로 늘어놓고 계산하는 것'

- 구장산술' 의 방정에서는, 요즘은 아래의 왼쪽과 같은 연립 일차 방정식으로 해결하는 문제를 다루고 있다. 이런 문제의 해법인 '방정술(方程術)'에서는 먼저 아래의 오른쪽과 같이 산대를 이용해서 각 방정식의 계수와 상수항을 한 열(산학에서는 이를 행이라 부른다)에 나타낸다. 산대가 나타내는 수를 인도·아라비아 숫자로 나타내면 가운데와 같다. 한문에서는 위에서 아래로 오른쪽부터 왼쪽으로 쓰기 때문에 자연스럽게 이런 배열을 얻는다.

$$\begin{cases} 4x+5y+6z=1219 \\ 5x+6y+4z=1268 \\ 6x+4y+5z=1263 \end{cases} \qquad \begin{pmatrix} 6 & 5 & 4 \\ 4 & 6 & 5 \\ 5 & 4 & 6 \\ 1236 & 1268 & 1219 \end{pmatrix}$$

- 실제로, '방정(方程)'은 '수들을 네모 모양으로 늘어놓고 계산하는 것'을 뜻한다. 이렇게 수들을 배열한 다음에 한 열에 있는 모든 수에 같은 수를 곱하거나 한 열에서 다른 열을 대응하는 수끼리 빼는 과정을 반복해서 답을 얻었다. 물론, 이 경우에 답은 x = 98, y = 85, z = 67이다. 그 과정은 다음 단락에 나온다. 현대 수학의 용어를 사용하면, 이는 연립 일차 방정식에 대응하는 '확대 계수 행렬'을 만든 다음에 '기본 열 연산'을 통해 답을 구하는 과정과 같다. 이런 계산 과정에서 음수의 출현을 피하기 어렵다. '구장산술'에서 양수와 음수의 덧셈과 뺄셈 법칙인 '정부술(正負術)'이 등장하는 것 역시 제8권 방정이다. 실제로 '구장산술'에서는 방정(方程)을 '이것으로 양수와 음수가 뒤섞인 것을 다룬다(以御錯糅正負)'고 말하고 있다.

※ 700년 전의 1차 방정식 풀이

- 위에 예시한 연립 방정식과 행렬은 중국에서 1299년에 발간된 책 '산학계몽' 하권 방정정부문(方程正負門)의 제1문인 다음 문제의 풀이에 나타난다.

지금 라(얇은 비단) 4자, 능(무늬 비단) 5자, 견(명주 비단) 6자의 값은 1219문이고, 라 5자, 능 6자, 견 4자의 값은 1268문이며, 라 6자, 능 4자, 견 5자의 값은 1263문이다. 라, 능, 견 한 자의 값은 각각 얼마인가?

- 해법에서 제시한 답을 얻을 때까지의 계산 과정은 다음과 같다. 1열이 가장 오른쪽의 열이다.
- 이것은 연립 일차 방정식의 각 방정식에 상수를 곱하거나 방정식끼리 빼거나 더해서 미지수의 개수를 줄여나가면서 해를 구하는 가우스 소거법 또는 가우스·요르단 소거법이라 부르는 과정과 일치한다. 이 용어에 등장하는 가우스(Carl Friedrich Gauss, 1777~1855)와 요르단(Wilhelm Jordan, 1842~1899)의 생몰년을 보면, 산학이 얼마나 앞섰었는지를 알 수 있다.

※ 수들을 사각형으로 배열하게 된 이유는 중국의 전설'낙서'에서 부터

- 연립 일차 방정식을 풀 때, 산학에서와 같이 계수만을 나열하면 미지수에 혼동되지 않고 간편하고 정확하게 계산할 수 있다. 서양에서도 연립 일차 방정식을 다루었지만, 계수만으로 해를 구한 것은 상당한 시간이 지난 뒤였다. 실제로 수들을 사각형으로 나열한 행렬을 그 자체로 다루기 시작한 것은 매우 뒤의 일로, 1848년에야 실베스터(J. J. Sylvester)의 제의로 용어 'matrix'가 등장했다고 한다. 현대 수학에서 행렬의 엄청난 중요성을 생각해보면, 수들을 사각형으로 나열한 것은 수학의 발전을 위해서는 획기적인 발상이었다. 그렇다면 산학에서는 어떻게 해서 수들을 사각형으로 나열하게 되었는가? 그 기원을 통상 '낙서(洛書)'에서 찾는다. 낙서는 오른쪽 그림과 같이 한 개부터 아홉 개까지의 점의 무리로 이루어진 것이다. 이런 그림은 중국 하 왕조의 시조인 우제(禹帝)가 임금이 되기 전에 항하의 상류인 낙수(洛水)에서 치수 사업을 하고 있을 때 나타난 신묘한 거북의 등에 새겨져 있었다고 한다.

$$\begin{pmatrix} 2 & 1 & 4 \\ -1 & 1 & 5 \\ -1 & -2 & 6 \\ 44 & 49 & 1219 \end{pmatrix} \xrightarrow[\substack{2\text{열} - 1\text{열} \\ 3\text{열} - 1\text{열}}]{} \begin{pmatrix} 6 & 5 & 4 \\ 4 & 6 & 5 \\ 5 & 4 & 6 \\ 1236 & 1268 & 1219 \end{pmatrix}$$

$$\xrightarrow[\substack{2\text{열} \times 4\text{열} \\ 3\text{열} \times 4\text{열}}]{} \begin{pmatrix} 8 & 4 & 4 \\ -4 & 4 & 5 \\ -4 & -8 & 6 \\ 176 & 196 & 1219 \end{pmatrix} \xrightarrow[\substack{2\text{열} - 1\text{열} \\ 3\text{열} - 1\text{열} \times 2}]{} \begin{pmatrix} 0 & 0 & 4 \\ -14 & -1 & 5 \\ -16 & -14 & 6 \\ -2262 & -1023 & 1219 \end{pmatrix}$$

$$\begin{pmatrix} 0 & 0 & 4 \\ 0 & -1 & 5 \\ 180 & -14 & 6 \\ 12060 & -1023 & 1219 \end{pmatrix} \xrightarrow[\substack{2\text{열} \times (-1) \\ 3\text{열} \div 180}]{} \xrightarrow[3\text{열} - 2\text{열} \times 14]{} \begin{pmatrix} 0 & 0 & 4 \\ 0 & 1 & 5 \\ 1 & 14 & 6 \\ 67 & 1023 & 1219 \end{pmatrix}$$

$$\begin{pmatrix} 0 & 0 & 4 \\ 0 & 1 & 5 \\ 1 & 0 & 6 \\ 67 & 85 & 1219 \end{pmatrix} \text{2열} \overset{\to}{-} \text{3열} \times 14 \text{1열} \overset{\to}{-} \text{2열} \times 5 \begin{pmatrix} 0 & 0 & 4 \\ 0 & 1 & 0 \\ 1 & 0 & 6 \\ 67 & 85 & 794 \end{pmatrix}$$

$$\begin{pmatrix} 0 & 0 & 4 \\ 0 & 1 & 0 \\ 1 & 0 & 0 \\ 67 & 85 & 392 \end{pmatrix} \begin{pmatrix} 0 & 0 & 1 \\ 0 & 1 & 0 \\ 1 & 0 & 0 \\ 67 & 85 & 98 \end{pmatrix} \text{1열} \overset{\to}{\div} 4 \text{1열} \overset{\to}{-} \text{3열} \times 6$$

낙서의 거북(상상도)

※ 신묘한 거북의 등에 새겨진 "낙서"는 마방진(magic square)의 효시

4	9	2
3	5	7
8	1	6

- 이를 숫자로 나타내면, 아홉 개의 수를 정사각형으로 배열한 방진(方陣, square)을 얻는다. 낙서의 모든 행과 열 및 두 대각선 위에 있는 세 수의 합은 15인데, 이런 성질을 만족시키는 방진을 마방진(魔方陣, magic square)이라 한다. 이렇게 해서 낙서는 오락 수학의 큰 주제를 이루고 있는 마방진의 효시였다. 마방진에 대해서는 다음에 좀 더 자세히 알아볼 기회가 있을 것이다.
- 수학에서는 아주 단순한 상황과 우연한 기회를 통해 발전의 계기를 얻는 경우가 종종 있다. 신화 또는 전설과 같은 낙서는 수학적으로 흥미로운 오락거리뿐만 아니라 훌륭한 연구 주제를 낳았다.

2.4 라플라스 변환

제어시스템을 해석하고, 설계하는 데 가장 중요한 문제 중의 하나가 그 시스템의 수학적 모델링이다. 즉, 시스템 변수 사이의 관계를 고려하여 수학적 모델을 구할 필요가 있다. 라플라스 변환(Laplace Transformation)은 선형시스템의 해석과 설계에 유용한 수학적 도구이다.

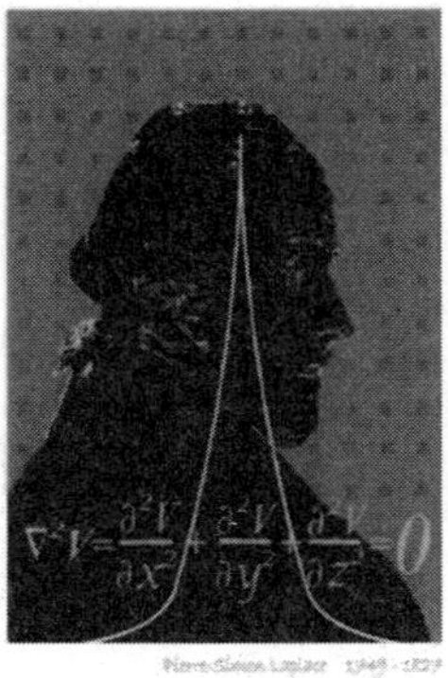

$$X_q(s) = \int_{0^-}^{\infty} x_q(t)e^{-st}dt$$

$$= \int_{0^-}^{\infty} \sum_{n=0}^{\infty} x[n]\delta(t-nT)e^{-st}dt$$

$$= \sum_{n-0}^{\infty} x[n] \int_{0^-}^{\infty} \delta(t-nT)e^{-st}dt$$

$$= \sum_{\infty}^{n=0} x[n]e^{-nsT}$$

라플라스 변환(Laplace Transformation)

라플라스 변환에 의하여 상수계수의 상미분방정식은 대수방정식으로 변환되고, 라플라스 영역에서 대수적인 계산만으로 미분방정식의 해가 구해질 수 있다. 이 해는 라플라스 영역에서의 해이지만 시간영역에서의 해와 특정한 관계를 갖고 있기 때문에, 라플라스 변환에 숙달된 사람은 해를 시간영역으로 변화하지 않고도 시간영역에서의 시스템의 특성을 짐작할 수 있다. 이 해를 시간영역으로 변환하고자 할 때는 라플라스 변환표 또는 라플라스 역변환과정을 거쳐 이루어지며, 그 결과 얻어진 해는 재차해(과도해), 특수해(정상상태)뿐만 아니라 초기치도 포함되는 하나의 완전해이다. 또한 라플라스 영역에서 주파수 영역으로의 변환도 간단하다는 장점을 갖는다.

$f(t)$을 t함수라 하고 s의 함수를 다시 시간함수 (t함수)로 변환시키는 과정을 라플라스 역변환(inverse laplace transformation)이라 하며 $f(t) = \mathcal{L}^{-1}[F(s)]$로 나타낸다.

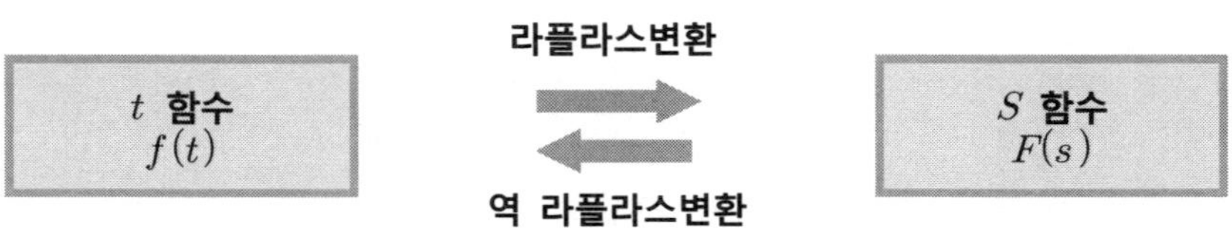

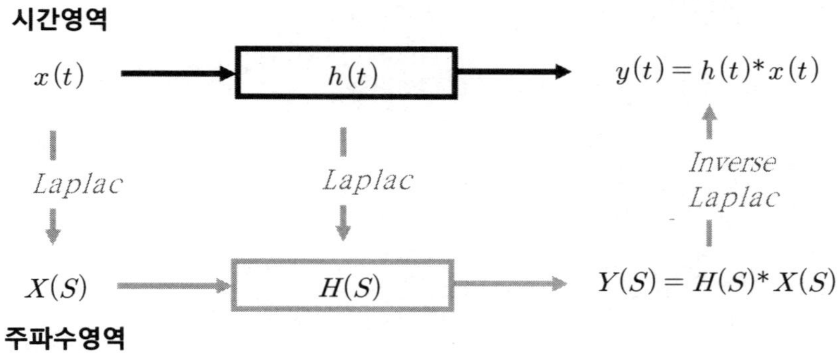

그림 2-5 Laplace와 inverse laplace 변환관계

변환이란?

- 변환(Transform) 종류들은 대개 한 영역에서 해석하기 어려울 때 다른 영역에서 쉽게 풀어 원래의 영역으로 되돌아오기 위한 수단으로 많이 쓰인다.
- 미분방정식을 라플라스 변환을 하면 대수방정식으로 바뀌고 이를 푼 다음, 역라플라스 변환을 하여 원미분방정식을 풀 수 있는 것이다.

2.4.1 라플라스 변환의 정의

주어진 함수 $f(t)$가 $0 \leqq t \leqq \infty$에서 정의된 함수라 할 때 $f(t)$에 e^{-st}를 곱하고 t에 대해서 0에서 ∞까지 적분 가능하다면 이 s의 함수는

$$F(s) = \int_0^\infty f(t) e^{-st} dt \tag{2-4-1}$$

가 된다. 이 함수 $F(s)$를 $f(t)$의 Laplace 변환이라 정의하고, 다음과 같이 나타낸다.

$$F(s) = \mathcal{L}[f(t)] = \int_0^\infty f(t) e^{-st} dt \tag{2-4-2}$$

또한 식(2-4-2)의 역변환

$$f(t) = \mathcal{L}^{-1}[F(s)] \tag{2-4-3}$$

를 Laplace 역변환이라 한다.

라플라스 변환(laplace transformation) :

- 시간함수 $f(t)$를 s함수 $F(s)$로 변환
- $F(s) = \int_0^\infty f(t)e^{-st}dt$
- $F(s) = \mathcal{L}[f(t)] = \int_0^\infty f(t)e^{-st}dt$

라플라스(Laplace)

- 라플라스는 칼바도스의 보몽타노주에서 태어났다. 1765년 육군학교 위탁학생으로 있을 때부터 수학의 재능을 나타냈다. 1767년 파리에서 달랑베르의 인정을 받고 고등사범학교와 에콜폴리테크니크 교수로 취임하여 행렬론·확률론·해석학 등을 연구하였다.
- 1773년 수리론을 태양계의 천체운동에 적용하여 태양계의 안정성을 발표하였다. 또한 오일러와 라그랑주 이래 미해결문제로 남아 있던 목성과 토성의 상호섭동에 의한 궤도의 이심률과 경사각은 오랫동안 변화하지 않고 장주기변동을 한다는 사실을 증명하였다.
- 그 후 이 변동 한계에 관해 라그랑주와 서로 반론이 거듭되었으나, 1784~1786년 라플라스가 [파리과학아카데미기요(紀要)]라는 잡지에 3편의 논문을 발표함으로써 해결되었다. 1787년 달의 공전가속도는 지구 궤도의 이심률 변동에 기인하는 것으로 결론지었다.

Laplace

- 이와 같은 획기적 성과를 체계화하여 1799~1825년 [천체역학](전 5권)을 출판하였다. 이것은 뉴턴의 [프린키피아]와 맞먹는 명저로 간주된다. 1796년 간행된 일반인을 위한 저서 [세계 계도설]은 태양계의 기원에 관한 성운설의 구상을 내용으로 담고 있으며, 이것은 칸트의 설을 보충·개정하는 구실을 하기도 하였다.

2.4.2 함수의 라플라스 변환과 정리

물리적 시스템의 동작상태에 관한 정보를 나타내는 함수를 일반적으로 신호라 한다. 신호는 통신, 제어, 음성, 화상 등을 비롯한 거의 모든 과학시술분야에서 매우 중요한 역할을 한다.

전기신호는 일반적으로 시간에 따라 변화하는 전압이 전류로 나타낸다. 그리고 압력, 속도, 온도, 명도 등의 시간적 또는 위치적 변환으로서 비전기적인 양일 경우에도 대부분 이들을 모두 전기신호로 바꿔서 처리한다. 그러므로 신호처리(signal processing)기술은 전기전자 분야 이외의 모든 과학기술 분야에도 공통적으로 활용된다. 신호는 연속시간신호(continuous-time signal)와 이산시간신호(discrete-time signal)의 두 종류로 나누어진다. 연속시간신호는 연속적으로 변화하는 시간 t 의 모든 값에 대하여 함수의 값이 정의되어 있는 신호를 말한다. 앞으로는 이러한 신호를 함수라 부르기로 한다.

연속함수의 종류는 대단히 많지만 이들 중에서 매우 기본적인 것으로서 계단함수, 지수함수, 사인함수, 램프함수 및 임펄스함수 등을 들 수 있다.

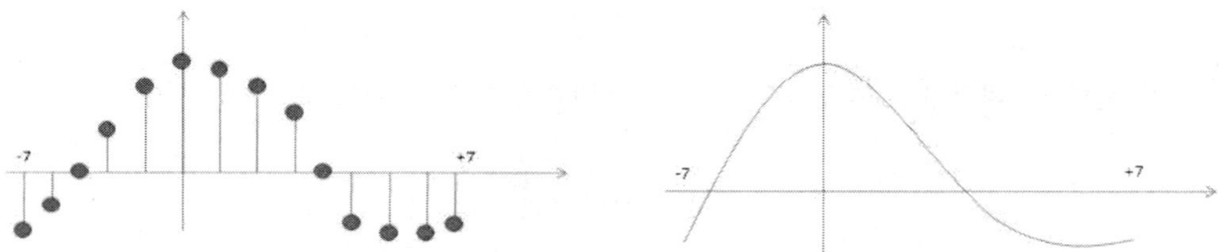

Discrete Signal
(takes values *at the integers* {-7, -6...0...6, 7})

Continuous Signal
(takes values *in the set* [-7, 7])

(1) 계단함수

그림 2-1은 단위계단함수(unit step function)를 나타낸 것으로 다음과 같이 정의한다.

$$f(t) = u(t) = \begin{cases} 1 & t > 0 \\ 0 & t < 0 \end{cases} \qquad (2\text{-}4\text{-}4)$$

이 단위계단함수의 Laplace변환은 식(2-4-1)을 적용하면

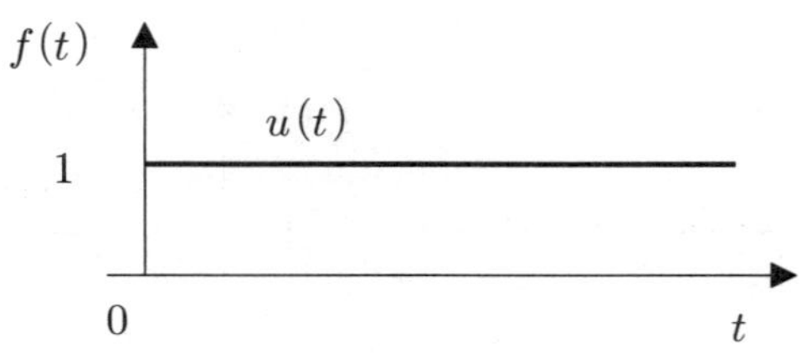

그림 2-1 단위계단함수

$$F(s) = \mathcal{L}\,[u(t)] = \int_0^{\infty} 1e^{-st}dt$$

$$= -\frac{1}{s}\left[e^{-st}\right]_0^{\infty} = -\frac{1}{s}(0-1) = \frac{1}{s} \qquad (2\text{-}4\text{-}5)$$

여기서 지수함수의 미분값과 적분값은 각각 다음과 같다.

$$\frac{d\,e^{-st}}{dt} = -\,s\,e^{-st}$$

$$\int e^{-st}dt = -\frac{1}{s}e^{-st}$$

가 된다. 따라서 단위계단함수의 Laplace변환은 다음과 같다.

$$\mathcal{L}\,[u(t)] = \frac{1}{s} \qquad (2\text{-}4\text{-}6)$$

Laplace 변환에서의 단위계단함수는 다음과 같은 대단히 중요한 성질을 가지고 있다. 그림 2-7(a)의 파형 $f_1(t)$은 $-\infty \leqq t \leqq \infty$에서 정의되는 함수로서

$$f_1(t) = A,\ -\infty \leqq t \leqq \infty \qquad (2\text{-}4\text{-}7)$$

Laplace변환은 $0 \leqq t \leqq \infty$에서 정의되는 함수에서 행해야 한다. 따라서 그림 2-7(a)를 표시하는 식(2-4-7)의 함수에 식(2-4-4)로 표시되는 단위계단함수 $u(t)$를 곱하면 그림 2-7(b)와 같이 $0 \leqq t \leqq \infty$에서 정의되는 함수

$$f(t) = f_1(t)u(t) = Au(t) = \begin{cases} A & t > 0 \\ 0 & t < 0 \end{cases} \qquad (2\text{-}4\text{-}8)$$

가 된다.

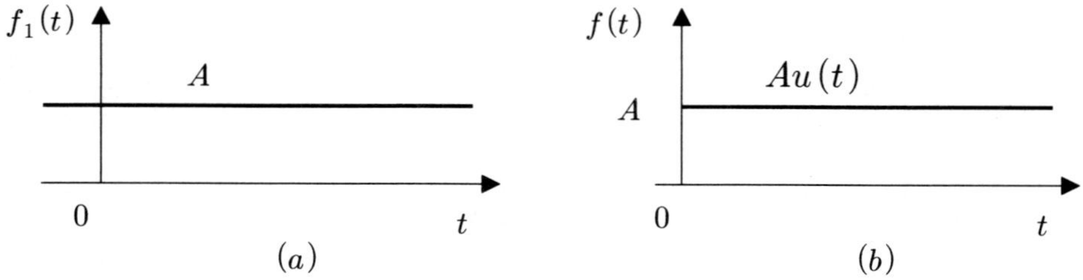

그림 2-7 단위계단함수

그림 2-7(b)는 크기가 A인 계단함수를 나타낸 것으로 Laplace은 다음 설명하는 선형성 정리를 적용하면 쉽게 얻을 수 있다.

(2) 선형성 정리

상수 a와 함수 $f(t)$의 곱의 Laplace변환은 $f(t)$ Laplace변환에 상수 a를 곱한 것과 같다. 또한 두 함수의 합 또는 차의 Laplace변환은 각 함수의 Laplace변환의 합 또는 차와 같다.

$$\mathcal{L}\left[a_1 f_1(t) + a_2 f_2(t)\right] = a_1 F_1(s) + a_2 F_2(s) \tag{2-4-9}$$

식(2-4-9)의 함수는 단위계단함수 $u(t)$에 상수 A가 곱해진 것이므로 Laplace변환은 $u(t)$의 Laplace변환을 구하고, 상수 A를 곱하면 된다.

$$F(s) = \mathcal{L}\left[Au(t)\right] = A\mathcal{L}\left[u(t)\right] = \frac{A}{s} \tag{2-4-10}$$

(3) 지수함수

$t \geqq 0$에서 e^{-at}이고 $t < 0$에서 0인 지수파형의 $f(t)$는

$$f(t) = e^{-at}u(t) = \begin{cases} e^{-at} & t > 0 \\ 0 & t < 0 \end{cases} \tag{2-4-11}$$

이 함수의 Laplace변환은 다음과 같이 구해진다.

$$F(s) = \mathcal{L}\left[e^{-at}u(t)\right] = \int_0^\infty e^{-at}e^{-st}dt$$

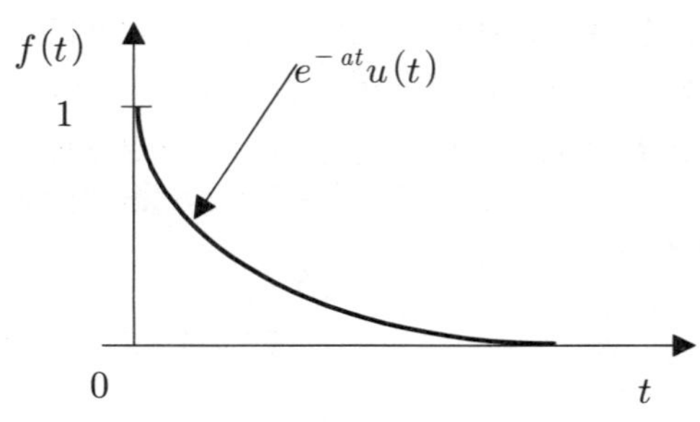

그림 2-8 지수함수의 파형

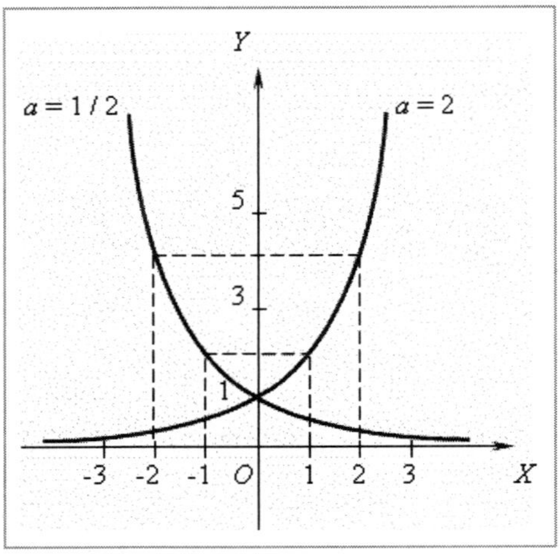

$$F(s) = \mathcal{L}\left[e^{-at}u(t)\right] = \int_0^{\infty} e^{-at}e^{-st}dt$$

$$= \int_0^{\infty} e^{-(s+a)t}dt = \frac{1}{-(s+a)}\left[e^{-(s+a)t}\right]_0^{\infty} = \frac{1}{s+a} \qquad (2\text{-}4\text{-}12)$$

가 된다. 따라서 지수함수 식(2-4-12)의 Laplace 변환은 다음과 같다.

$$\mathcal{L}\left[e^{-at}u(t)\right] = \frac{1}{s+a} \qquad (2\text{-}4\text{-}13)$$

지수함수[exponential function]

- a를 양의 상수, x를 모든 실수값을 취하는 변수라 할 때의 함수 $y = a^x$을 말한다. 이때 이 함수를 a를 밑(base)으로 하는 지수함수라 한다. 예를 들면, 처음의 세균의 수를 10이라 할 때, 1시간마다 이것이 2배로 늘어난다고 하면, 2시간에는 2^2으로서 4, 3시간에는 2^3으로 8, 4시간에는 2^4으로 16,…으로 불어난다.
- 따라서 시각 t에서의 세균의 수 y는 $y = 2^t$으로 표시된다. 이와 같은 함수를 2를 밑으로 하는 지수함수라 한다. 지수함수 중에는 자연로그의 밑 e를 밑으로 한 $y = e^x$이 흔히 쓰인다.

예제 2-24

시간함수 $f(t)$가 다음과 같을 때 Laplace변환 $F(s)$를 구하여라

(1) $f(t)=12$

(2) $f(t)=e^{3t}$

(3) $f(t)=t^5$

(4) $f(t)=5-4e^{2t}+100t^4$

풀이

(1) $f(t)=12$일 때 식(2-4-5)를 적용하면

$$F(s)=\mathcal{L}\,[12u(t)]=\int_0^\infty 12e^{-st}dt=-\frac{12}{s}\int_0^\infty(-s)e^{-st}dt$$
$$=-\frac{12}{s}\left[e^{-st}\right]_0^\infty=-\frac{12}{s}(0-1)=\frac{12}{s}$$

(2) $f(t)=e^{3t}$일 때 식(2-4-12)를 적용하면

$$F(s)=\mathcal{L}\,[e^{3t}u(t)]=\int_0^\infty e^{3t}e^{-st}dt$$
$$=\int_0^\infty e^{-(s-3)t}dt=\frac{1}{-(s-3)}\left[e^{-(s-3)t}\right]_0^\infty=\frac{1}{s-3}$$

(3) $f(t)=t^5$일 때 미분정리를 사용하여 부분적분을 연속적으로 사용하면

$$F(s)=\mathcal{L}\,[t^5]=\int_0^\infty t^5e^{-st}dt$$
$$=-\left[\frac{e^{-st}\,5!}{s^{5+1}}\right]_0^\infty=\frac{5!}{s^6}=\frac{120}{s^6}$$

(4) $f(t)=5-4e^{2t}+100t^4$

$$F(s)=\mathcal{L}\,[5-4e^{2t}+100t^4]=\int_0^\infty(5-4e^{2t}+100t^4)e^{-st}dt$$

$$= \int_0^\infty 5e^{-st}dt + \int_0^\infty -4e^{2t}e^{-st}dt + \int_0^\infty 100t^4e^{-st}dt$$

$$= \frac{5}{s} + \frac{-4}{s-2} + \frac{2400}{s^5}$$

---

(4) 사인(정현) 및 코사인(여현)함수

그림 2-10(a)와 같이 $t < 0$에서 0이고 $t \geq 0$에서 연속적인 사인함수 $f(t)$는

$$f(t) = \sin\,\omega\, u(t) = \begin{cases} \sin\,\omega & t \geqq 0 \\ 0 & t < 0 \end{cases} \qquad (2\text{-}4\text{-}14)$$

로 표시되며, 이 사인함수 $f(t)$의 Laplace변환은

$$F(s) = \mathcal{L}\,[\sin\omega t \;\; u(t)] = \int_0^\infty \sin\omega t e^{-st}dt$$

$$= \int_0^\infty \frac{1}{2j}(e^{jwt} - e^{-jwt})e^{-st}dt$$

$$= \frac{1}{2j}\left[\int_0^\infty e^{-(s-jw)t}dt - \int_0^\infty e^{-(s+jw)t}dt\right]$$

$$= \frac{1}{2j}\left[\int_0^\infty e^{-(s-jw)t}\right] \Big| + \frac{1}{s+jw}e^{-(s-jw)t}\Big|_0^\infty$$

$$= \frac{1}{2j}\left[\frac{1}{s-jw} - \frac{1}{s+jw}\right] = \frac{w}{s^2+w^2} \qquad (2\text{-}4\text{-}15)$$

가 된다.

따라서 사인함수의 Laplace변환은 다음과 같다.

$$\mathcal{L}\,[\sin wt\, u(t)] = \frac{w}{s^2+w^2} \qquad (2\text{-}4\text{-}16)$$

그림 2-10 (b)는 코사인함수로서

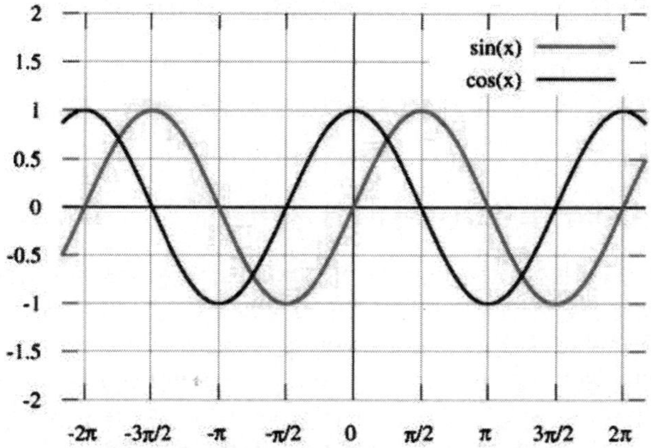

그림 2-9 사인(정현) 및 코사인(여현)함수

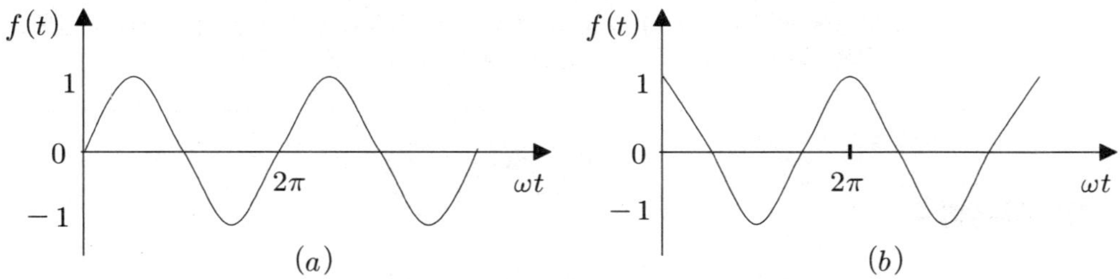

그림 2-10 사인 및 코사인함수

$$f(t) = \cos\omega t\, u(t) = \begin{cases} \cos\omega t & t > 0 \\ 0 & t < 0 \end{cases} \tag{2-4-17}$$

로 표시되며 이 함수의 Laplace변환은

$$F(s) = \mathcal{L}\,[\cos\omega t\ \ u(t)] = \int_0^\infty \frac{1}{2}(e^{jwt} + e^{-jwt})e^{-st}dt$$

$$= \frac{1}{2}\left[\int_0^\infty e^{-(s-jw)t}dt\right] + \int_0^\infty e^{-(s+jw)t}dt$$

$$= \frac{1}{2}\left[\frac{-1}{s-jw}e^{-(s-jw)t}\right]_0^\infty - \left[\frac{1}{s+jw}e^{-(s+jw)t}\right]_0^\infty$$

$$= \frac{1}{2}\left[\frac{1}{s-jw} + \frac{-1}{s+jw}\right] = \frac{s}{s^2+w^2} \tag{2-4-18}$$

가 된다. 따라서 코사인함수의 Laplace변환은 다음과 같다.

$$\mathcal{L}\left[\cos wt\, u(t)\right] = \frac{s}{s^2 + w^2} \tag{2-4-19}$$

사인(정현)파와 코사인(여현)파의 차이

- 정현(사인)파와 여현(코사인)파의 구분은 "위상"에 의해 결정된다. 즉, t=0일 때 해당 파형의 진폭의 크기가 어떻게 되느냐에 따라서 사인파냐, 코사인파냐, 아니면 위상이 몇도 천이된 파형이냐 등으로 구분될 수 있다.
- 실제로 정현파를 발생시키는 도구는 전자업계쪽에서 사용하는 함수발생기나 신호발생기들인데, 전원을 켜거나 스위치를 온 시킨 순간 특정한 전압값을 가지는 코사인파 보다는 t=0일 때 0V의 진폭값을 가지는 사인파가 만들기가 쉽다.
- 또 정현파의 차이는 단지 진폭이 0V가 되는 다형의 위치가 어디냐에 따라서 틀려지니 사인파를 가지고 코사인파를 만들고 싶다면 특정한 시간을 기준으로 시간을 지연시켜 파형을 출력하거나 기준시간에 비해 먼저 파형을 출력하면 되니, 사인파만으로 같은 진폭, 같은 주파수의 모든 정현파를 다 만들어 낼 수 있다.

(5) 미분함수

함수 $f(t)$의 미분 $\dfrac{df(t)}{dt}$의 Laplace변환은 다음과 나타낸다.

$$\mathcal{L}\left[\frac{df(t)}{dt}\right] = \int_0^\infty \frac{df(t)}{dt} e^{-st} dt = \int_0^\infty f(t)' e^{-st} dt \tag{2-4-20}$$

이 경우 부분적분법을 적용하여 Laplace변환을 한다. 즉,

$$\int uv' = uv - \int u'v$$

여기서,

$$u = e^{-st},\ u' = -se^{-st}dt,\ v' = f(t)',\ v = f(t)$$

이므로, 식(2-4-20)에 적용하면

$$\int_0^\infty \frac{df(t)}{dt} e^{-st} dt = \int_0^\infty f(t)' e^{-st} dt$$

$$= [f(t)e^{-st}]_0^\infty - (-s)\int_0^\infty f(t)e^{-st}dt$$

$$= s\mathcal{L}[f(t)] - f(0)$$

$$= sF(s) - f(0) \qquad (2\text{-}4\text{-}21)$$

도함수에 대한 Laplace변환은 다음과 같다.

$$\mathcal{L}\left[\frac{df(t)}{dt}\right] = \mathcal{L}[f'(t)] = sF(s) - f(0) \qquad (2\text{-}4\text{-}22)$$

$$\mathcal{L}\left[\frac{d^2f(t)}{dt^2}\right] = \mathcal{L}[f''(t)] = s^2F(s) - sf(0) - f'(0) \qquad (2\text{-}4\text{-}23)$$

$$\vdots \qquad \vdots \qquad \vdots$$

$$\mathcal{L}\left[\frac{d^nf(t)}{dt^n}\right] = s^nF(s) - s^{n-1}f(0) - s^{n-2}f'(0) - \ldots - f^{(n-1)} \qquad (2\text{-}4\text{-}24)$$

여기서,

$$f'(0) = \frac{d}{dt}f(0),\ f''(0) = \frac{d^2}{dt^2}f(0),\ \ldots,\ f^{(n-1)}(0) = \frac{d^{n-1}}{dt^{n-1}}f(0)$$

는 도함수의 초기값이다.

예제 2-25

입력을 $r(t)$, 출력을 $c(t)$로 하는 제어 시스템의 미분방정식이

$$\frac{d^2c(t)}{dt^2} + 3\frac{dc(t)}{dt} + 5c(t) = \frac{dr(t)}{dt} + r(t) \qquad (2\text{-}4\text{-}25)$$

일 때 시스템의 전달함수 $C(s)/R(s)$를 구하시오.

풀이

식(2-4-25)을 Laplace변환하면

$$s^2 C(s) - sc(0) - \frac{dc}{dt}(0) + 3[sC(s) - c(0)] + 5C(s) = sR(s) - r(0) + R(s)$$

전달함수는 초기값을 0으로 할 때이므로

$$(s^2 + 3s + 5)C(s) = (s+1)R(s)$$

이고, 전달함수는 다음과 같이 구해진다.

$$\frac{C(s)}{R(s)} = \frac{s+1}{s^2 + 3s + 5} \tag{2-4-26}$$

---

(6) 적분함수

적분함수 $\int f(t)dt$의 Laplace변환은 도함수의 Laplace변환과 같은 방법으로 한다.

$$\mathcal{L}\left[\int f(t)\,dt\right] = \int_0^\infty \left[\int f(t)\,dt\right] \; e^{-st}dt \tag{2-4-27}$$

여기에 부분적분법을 적용한다. 즉,

$$\int uv' = uv - \int u'v$$

여기서,

$$u = \int f(t)\,dt,\ u' = f(t),\ v' = e^{-st},\ v = -\frac{1}{s}e^{-st}$$

식(2-4-27)에 적용하면

$$\int_0^{\infty}[\int f(t)\,dt]e^{-st}dt = \left[-\frac{1}{s}\int f(t)dte^{-st}dt\right]^{\infty}_{0} + \frac{1}{s}\int f(t)dte^{-st}dt$$

$$= \frac{1}{s}\int f(0)dt + \frac{1}{s}F(s)$$

$$= \frac{1}{s}F(s) + \frac{1}{s}f^{(-1)}(0) \qquad (2\text{-}4\text{-}28)$$

이므로 적분함수에 대한 Laplace변환은 다음과 같다.

$$\mathcal{L}\left[\int f(t)dt\right] = \frac{1}{s}F(s) + \frac{1}{s}f^{(-1)}(0)$$

$$\mathcal{L}\left[\int\int f(t)(dt)^2\right] = \frac{1}{s^2}F(s) + \frac{1}{s^2}f^{(-1)}(0) + \frac{1}{s}f^{(-2)}(0)$$

$$\vdots \qquad\qquad \vdots \qquad\qquad \vdots$$

$$\mathcal{L}\left[\int\int\ldots\int f(t)(dt)^n\right]$$

$$= \frac{1}{s^n}F(s) + \frac{1}{s^n}f^{(-1)}(0) + \ldots + \frac{1}{s^2}f^{(-n+)}(0) + \frac{1}{s}f^{(-n)}(0) \quad (2\text{-}4\text{-}29)$$

여기서,

$$f^{(-1)}(0) = \int f(0)dt,\ f^{(-2)}(0) = \int\int f(0)(dt)^2,\ \ldots,\ f^{(-n)}(0) = \int\int\ldots\int f(0)(dt)^n$$

은 초기값이다.

예제 2-26

RLC 회로망이 있다. 모든 초기값을 0으로 할 때 직렬회로에 흐르는 전류 $I(s)$를 구하시오.

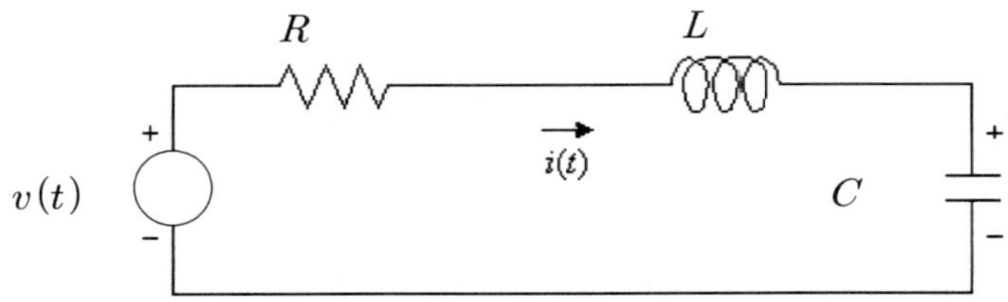

풀이

그림으로부터 회로방정식은 다음과 같이 구해진다.

$$v(t) = Ri(t) + L\frac{di(t)}{dt} + \frac{1}{C}\int i(t)dt$$

좌우양변에 Laplace변환은 취하면 다음과 같다.

$$\mathcal{L}\, v(t) = \mathcal{L}\,[Ri(t) + L\frac{di(t)}{dt} + \frac{1}{C}\int i(t)dt]$$

$$V(s) = RI(s) + sLI(s) - Li(0) + \frac{1}{sC}I(s) - \frac{1}{sC}i(0)$$

각각의 초기값을 0으로 취하면

$$V(s) = I(s)(R + sL + \frac{1}{sC})$$

$$I(s) = \frac{V(s)}{(R + sL + \frac{1}{sC})}$$

핵심내용

✧ 단위계단함수(unit step function)

$$\mathcal{L}\,[u(t)] = \frac{1}{s}$$

✧ 크기가 A인 계단함수

$$F(s)=\mathcal{L}\,[Au(t)]=A\mathcal{L}\,[u(t)]=\frac{A}{s}$$

✧ 지수함수

$$\mathcal{L}\,[e^{-at}u(t)]=\frac{1}{s+a}$$

✧ 사인함수

$$\mathcal{L}\,[\sin]\,wt\,u(t)=\frac{w}{s^2+w^2}$$

✧ 코사인함수

$$\mathcal{L}\,[\cos]\,wt\,u(t)=\frac{s}{s^2+w^2}$$

✧ 도함수

$$\mathcal{L}\left[\frac{df(t)}{dt}\right]=\mathcal{L}\,[f'(t)]=sF(s)-f(0)$$

✧ 적분함수

$$\mathcal{L}\left[\int f(t)dt\right]=\frac{1}{s}F(s)+\frac{1}{s}f^{(-1)}(0)$$

(7) 복소미분함수

복소주파수 s의 함수 $F(s)$를 s로 미분하면 다음과 같다.

$$\frac{dF(s)}{ds}=\int_0^\infty f(t)(-te^{-st})dt$$

$$=\int_0^\infty(-t)F(t)-te^{-st}dt=-\mathcal{L}\,[tf(t)] \qquad (2\text{-}4\text{-}30)$$

다음과 같은 일반식을 얻는다.

$$\mathcal{L}\,[tf(t)]=(-1)\frac{d}{ds}F(s) \qquad (2\text{-}4\text{-}31)$$

$$\mathcal{L}\left[t^2 f(t)\right] = (-1)^2 \frac{d^2}{ds^2} F(s) \tag{2-4-32}$$

$$\vdots \qquad\qquad \vdots$$

$$\mathcal{L}\left[t^n f(t)\right] = (-1)^n \frac{d^n}{ds^n} F(s) \tag{2-4-33}$$

예제 2-27

다음의 함수를 Laplace 변환하라.

① $f(t) = t^2 e^{-st} u(t)$ ② $f(t) = t \quad \sin 100 \ t u(t)$

③ $f(t) = t \quad \cos \ 200t \, u(t)$

풀이

① $\mathcal{L}\left[e^{-2t}\right] = \dfrac{1}{s+2}$ 이므로 식(2-4-33)을 적용하면

$$F(s) = \mathcal{L}\left[t^2 e^{-st)}\right] = (-1)^2 \frac{d^2}{ds^2}\left[\frac{1}{s+2}\right] = \frac{2}{(s+2)^3} \tag{2-4-34}$$

② $\mathcal{L}\left[\sin 100t\right] = \dfrac{100}{s^2+100^2}$ 이므로 식(2-4-33)을 적용하면

$$F(s) = \mathcal{L}\left[t\right] \sin 100t \, u(t)$$

$$= (-1)\frac{d}{ds}\left[\frac{100}{s^2+100^2}\right] = \frac{200s}{(s^2+100^2)^2} \tag{2-4-35}$$

③ $\mathcal{L}\left[\cos 200t\right] = \dfrac{s}{s^2+200^2}$ 이므로 식(2-4-33)을 적용하면

$$F(s) = \mathcal{L}\left[t\right] \cos 200t \, u(t)$$

$$= (-1)\frac{d}{ds}\left[\frac{2}{s^2+200^2}\right] = \frac{s^2-200^2}{(s^2+200^2)^2} \tag{2-4-36}$$

(8) 복소적분함수

복소주파수 s의 함수 $F(s)$를 적분하면 다음과 같다.

$$\int_0^{\infty} F(s)ds = \int_s^{\infty}\left[\int_0^{\infty} f(t)e^{-st}dt\right]ds$$

$$= \int_0^{\infty} f(t)\left[\int_s^{\infty} e^{-st}ds\right]dt \tag{2-4-37}$$

여기서

$$\int_0^{\infty} e^{-st}ds = -\frac{1}{t}e_s^{\infty-st} = \frac{1}{t}e^{-st} \tag{2-4-38}$$

이므로 다음과 같은 식을 얻는다.

$$\mathcal{L}\left[\frac{f(t)}{t}\right] = \int_s^{\infty} F(s)\,ds \tag{2-4-39}$$

(9) 초기값 정리

함수 $f(t)$에서 $t=0$일 때의 함수값 즉 함수 $f(0)$를 초기값이라 한다. 함수 $f(t)$의 Laplace 변환이 $F(s)$이고, $\lim_{s\to 0} sF(s)$가 존재하면 함수 $f(t)$의 초기값은 미분정리에 의하여 다음과 같이 구해진다.

$$\mathcal{L}\left[\frac{df(t)}{dt}\right] = sF(s) - f(0) \tag{2-4-40}$$

에 의하여

$$\lim_{s\to\infty}\left[\int_0^{\infty}\frac{df(t)}{dt}e^{-st}dt\right] = \lim_{s\to\infty}[sF(s) - f(0)] \tag{2-4-41}$$

이 되고, $\lim_{s\to\infty} e^{-st} = 0$이므로 좌변은 0이 된다. 즉,

$$0 = \lim_{s\to\infty}[sF(s) - f(0)] \tag{2-4-42}$$

초기값 정리는 다음과 같다.

$$f(0)=\lim_{t\to 0} f(t)=\lim_{s\to\infty} sF(s) \tag{2-4-43}$$

예제 2-28

다음의 함수에서 초기값을 구하시오.

$$F(s)=\frac{s^2+3s+1}{s(5s+1)(s+1)} \tag{2-4-44}$$

풀이

초기값정리를 적용하면 다음과 같이 구해진다.

$$f(0)=\lim_{s\to\infty} sF(s)=\lim_{s\to\infty}\frac{s^2+3s+1}{s(5s+1)(s+1)}$$

$$=\lim_{s\to\infty}\frac{s^2+3s+1}{5s^2+6s+1}=\lim_{s\to\infty}\frac{1+\dfrac{3}{s}+\dfrac{1}{s^2}}{5+\dfrac{6}{s}+\dfrac{1}{s^2}}=\frac{1}{5}=0.2$$

다른 방법으로 $f(0)=0.2$가 됨으로 확인하기로 한다.

식(2-4-44)을 Laplace 역변환하기 위하여 부분분수로 전개하면

$$F(s)=\frac{K_1}{s}+\frac{K_2}{s+\dfrac{1}{5}}+\frac{K_3}{s+1}=\frac{1}{s}-\frac{11}{4}\frac{1}{5s+1}-\frac{1}{4}\frac{1}{s+1} \tag{2-4-45}$$

여기서, 계수 $K_{1,}K_2$ 및 K_3를 구하는 방법은 뒤에서 기술한다. 식(2-4-45)을 Laplace 역변환하면

$$f(t)=\mathcal{L}^{-1}\left[\frac{1}{s}-\frac{11}{20}\frac{1}{s+\dfrac{1}{5}}-\frac{1}{4}\frac{1}{s+1}\right] \tag{2-4-46}$$

이고, 여기서 첫째항은 1을 Laplace 변환한 것이고, 둘째항과 셋째항은 다음과 같이 지수함수를 Laplace 변환한 것이므로,

$$\mathcal{L}^{-1}\left[\frac{1}{s+\frac{1}{5}}\right]=e^{-1/5t},\qquad \mathcal{L}^{-1}\left[\frac{1}{s+1}\right]=e^{-t}$$

$$f(t)=1-\frac{11}{20}e^{-1/5t}-\frac{1}{4}e^{-t} \tag{2-4-47}$$

가 된다. 따라서 초기값은 다음과 같다.

$$f(0)=\lim_{t\to 0}f(t)=\lim_{t\to 0}(1-\frac{11}{20}e^{-1/5t}-\frac{1}{4}e^{-t})=1-\frac{11}{20}-\frac{1}{4}=0.2$$

---

(10) 최종값 정리

함수 $f(t)$에서 $t=\infty$일 때의 함수값 즉 함수 $f(\infty)$를 최종값 이라한다. $f(t)$의 Laplace 변환이 $F(s)$이고, $sF(s)$가 s평면의 허수축을 포함한 우반면에서 해석적이며 $f(t)$의 최종값은 미분정리에 다음과 같이 구해진다.

$$\mathcal{L}\left[\frac{df(t)}{dt}\right]=sF(s)-f(0) \tag{2-4-48}$$

에 s가 0에 근사하는 극한을 취하면

$$\lim_{s\to 0}\left[\int_0^{\infty}\frac{df(t)}{dt}e^{-st}dt\right]=\lim_{s\to 0}[sF(s)-f(0)] \tag{2-4-49}$$

이고, $\lim\limits_{s\to 0}e^{-st}=1$이 되므로 좌변은

$$\lim_{s\to 0}\left[\int_0^{\infty}\frac{df(t)}{dt}e^{-st}dt\right]=\int_0^{\infty}\frac{df(t)}{dt}=\lim_{t\to\infty}\int_0^{t}\frac{df(t)}{dt}$$

$$=\lim_{t\to\infty}\int_0^{t}df(t)=\lim_{t\to\infty}[f(t)-f(0)] \tag{2-4-50}$$

가 된다. 식(2-4-49)과 식(2-4-50)을 같다고 놓으면

$$\lim_{t\to\infty}[f(t)-f(0)]=\lim_{s\to 0}[sF(s)-f(0)]$$

이므로 최종값 정리는 다음과 같다.

$$f(\infty)=\lim_{t\to\infty}f(t)=\lim_{s\to 0}sF(s) \tag{2-4-51}$$

예제 2-29

다음 함수의 최종값을 구하시오.

$$F(s)=\frac{s^2+5s+1}{s^3+3s^2+2s} \tag{2-4-52}$$

식(2-4-51)을 적용하면 최종값은 다음과 같다.

$$f(\infty)=\lim_{s\to 0}s\frac{s^2+5s+1}{s(s+1)(s+2)}=\frac{1}{2}=0.5$$

다른 방법으로 최종값을 구하면 다음과 같다.
식(2-4-52)를 Laplace 역변환하기 위하여 부분분수 전개하면

$$F(s)=\frac{K_1}{s}+\frac{K_2}{s+1}+\frac{K_3}{s+2}=\frac{1}{2}\frac{1}{s}+\frac{3}{s+1}-\frac{5}{2}\frac{1}{s+2} \tag{2-4-53}$$

이고, 식(2-4-53)에서 첫째항은 계단함수의 Laplace 이고, 둘째항과 셋째항은 지수함수를 Laplace 변환한 것이므로 Laplace 역변환은

$$f(t)=\frac{1}{2}+3e^{-t}-\frac{5}{2}e^{-2t} \tag{2-4-54}$$

이 되고, 최종값은 다음과 같이 구해진다.

$$f(\infty)=\lim_{t\to\infty}\left(\frac{1}{2}+3e^{-t}-\frac{5}{2}e^{-2t}\right)=\frac{1}{2}+3\times 0=0.5$$

(11) 시간이동 정리

임의의 파형을 $-\infty \leqq t \leqq \infty$에서 정의하면 그림 2-11(a)이다. 그러나 Laplace 변환은 $0 \leqq t \leqq \infty$에서 정의되는 파형에서 이루어지므로 이 부분만 나타내면 그림 2-11(b)와 같다. 그림 2-11(b)의 파형은

$$f_1(t) = f(t)u(t) = \begin{cases} f(t) & t > 0 \\ 0 & t < 0 \end{cases} \qquad (2\text{-}4\text{-}55)$$

로 나타낸다.

그림 2-11(b)의 파형을 시간에 대하여 t_0만큼 이동시키면 그림 2-11(c)와 같은 파형이 얻어지는데, 이것을 시간이동 혹은 추이(shift)정리라 한다. 또한 이 파형을 이동함수(shift function)라 하며, 다음과 같이 나타낸다.

$$f_2(t) = f(t-t_0)u(t-t_0) = \begin{cases} f(t-t_0) & t > t_0 \\ 0 & t < t_0 \end{cases} \qquad (2\text{-}4\text{-}56)$$

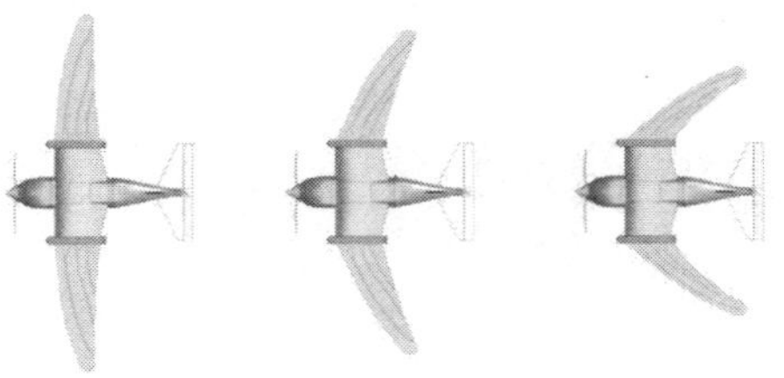

shape shifting robots

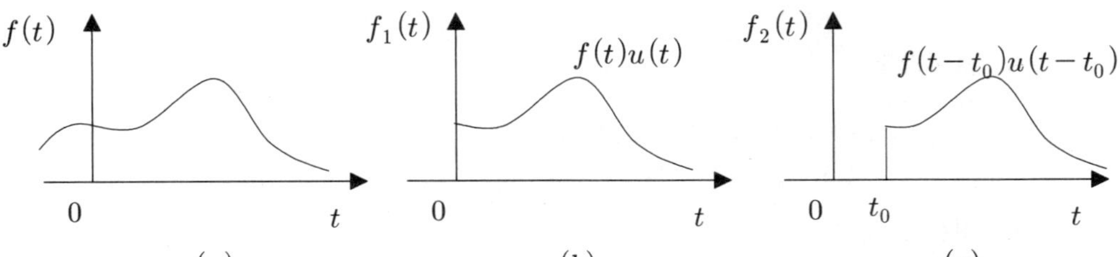

그림 2-11 이동함수

이 이동함수의 Laplace 변환은

$$\mathcal{L}\left[f(t-t_0)u(t-t_0)\right]=\int_0^\infty f(t-t_0)u(t-t_0)e^{-st}dt$$
$$=\int_0^\infty f(t-t_0)e^{-st}dt \tag{2-4-56}$$

여기서, $\mathcal{L}\left[f(t)\right]=F(s)$이고, $t-t_0=\tau$라 두면 $t=t_0+\tau$, $dt=d\tau$이고, $t\to\infty$일 때 $\tau\to\infty$이고, $t\to t_0$일 때 $\tau\to 0$이므로

$$\mathcal{L}\left[f(t-t_0)u(t-t_0)\right]=\int_0^\infty f(\tau)e^{-st_0}e^{-s\tau}d\tau$$
$$=e^{-st_0}\int_0^\infty f(\tau)e^{-st}d\tau=e^{-st_0}F(s) \tag{2-4-57}$$

가 된다. 따라서 식(2-4-56)으로 표시되는 이동함수 Laplace 변환은 다음과 같다.

$$\mathcal{L}\left[f(t-t_0)u(t-t_0)\right]=e^{-st_0}F(s) \tag{2-4-58}$$

핵심내용

✧ 복소미분함수

$$\mathcal{L}\left[tf(t)\right]=(-1)\frac{d}{ds}F(s)$$

✧ 복소적분함수

$$\mathcal{L}\left[\frac{f(t)}{t}\right]=\int_s^\infty F(s)\,ds$$

✧ 초기값정리

$$f(0)=\lim_{t\to 0}f(t)=\lim_{s\to\infty}sF(s)$$

✧ 최종값 정리

$$f(\infty)=\lim_{t\to\infty}f(t)=\lim_{s\to 0}sF(s)$$

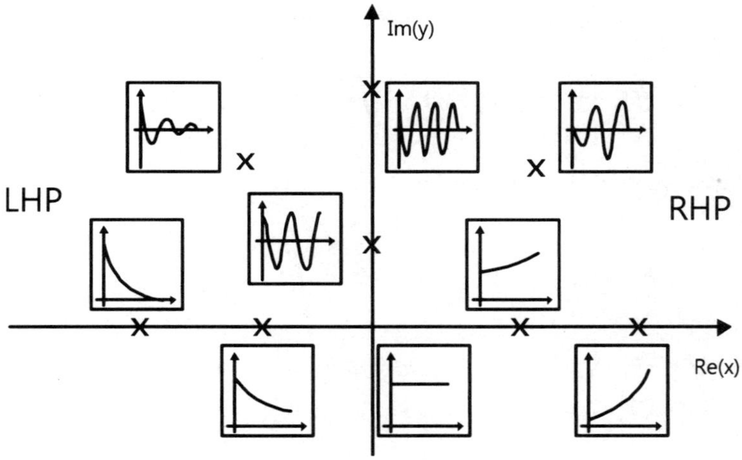

그림 2-12 복소수 평면상의 특성근의 위치에 따른 시간함수

✧ 이동함수

$$\mathcal{L}\left[f(t-t_0)u(t-t_0)\right]=e^{-st_0}F(s)$$

---

(12) 이동 계단함수

이동정리를 적용하면 이동단위계단함수는 다음과 같이 얻어진다. 그림 2-13(a)의 단위계단파형에서 시간적으로 a만큼 이동시키면 그림 2-13(b)와 같은 이동단위계단함수가 얻어지고, 다음과 같이 나타낸다.

$$f(t)=u(t-a)=\begin{cases}1 & t>a\\0 & t<a\end{cases} \tag{2-4-59}$$

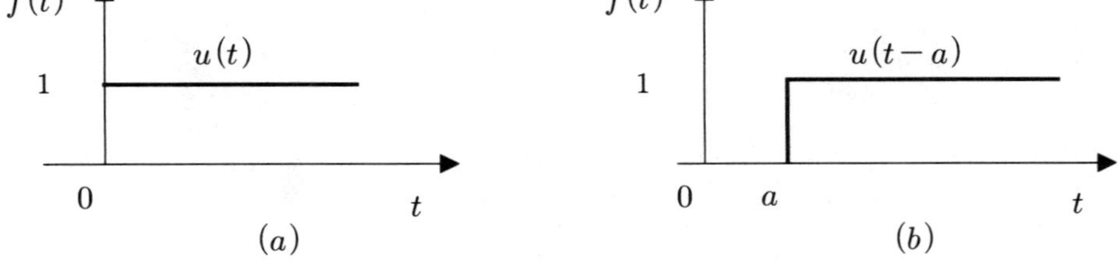

그림 2-13 이동 단위 계단함수

이동단위계단함수의 Laplace 변환은 다음과 같다.

$$F(s) = \mathcal{L}\,[u(t-a)] = \int_0^{\infty} u(t-a)e^{-st}dt \qquad (2\text{-}4\text{-}60)$$

에서 적분한계는 하한이 a로 치환되므로

$$F(s) = \int_0^{\infty} u(t-a)e^{-st}dt = \int_a^{\infty} 1e^{-st}dt \qquad (2\text{-}4\text{-}61)$$

여기서, $t-a=\tau$라 두면 $t=a+\tau$, $dt=d\tau$이고 $t\to\infty$일 때 $\tau\to\infty$, $t\to a$ 일 때 $\tau\to 0$이므로 다음과 같다.

$$F(s) = \mathcal{L}\,[u(t-a)] = \int_0^{\infty} e^{-st}e^{-s\tau}d\tau$$

$$= e^{-as}\int_0^{\infty} e^{-s\tau}d\tau = \frac{1}{s}e^{-as} \qquad (2\text{-}4\text{-}62)$$

따라서 이동단위계단함수의 Laplace 변환은 다음과 같다.

$$\mathcal{L}\,[u(t-a)] = \frac{1}{s}e^{-as} \qquad (2\text{-}4\text{-}63)$$

남유럽이 세계시장의 발목 잡는 진짜 이유

- 썩은 사과를 골라내지 않고 정부로부터 받는 보조금으로 이익 내고 주가 올린들 본질은 변한 게 없다. 호박에 줄긋는다고 수박 되는 것 아니다. 제조업이 살아나지 않으면 헛일이다. 정부가 기업의 부채를 인수해준 위기 극복은 완전한 해결책이 아니다 경기가 부진하면 다시 금융기관의 대출이 부실해지고 그러면 금융기관이 부실해지는 악순환이 지속된다.

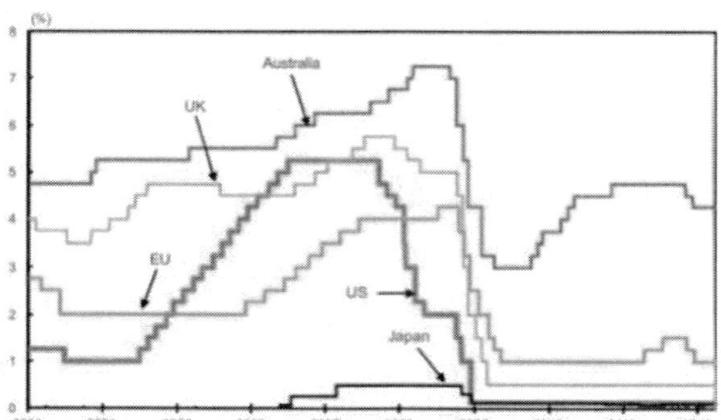

주요국의 기준금리 추이

- 금융위기 이후 주요 국가들이 정부가 돈 찍어 퍼 넣은 돈은 GDP의 30% 가까이 된다. 미국이 시범을 보여준 대로 유럽과 영국 일본이 그대로 따라 했지만 환부가 낫기는커녕 상처는 더 커지고 있다. 곪은 상처가 유럽이 먼저 터졌고 인근국가에서도 유사한 현상이 발생하고 있다.

(13) 이동 지수함수

그림 2-14(b)는 그림 2-14(a)의 지수함수를 우축으로 b만큼 이동한 함수로서 다음과 같이 나타낸다.

$$f(t)=e^{-a(t-b)}u(t-b) \tag{2-4-64}$$

이동지수함수의 Laplace 변환은

$$F(s)=\mathcal{L}\,[e^{-a(t-b)}u(t-b)]=\int_b^\infty e^{-a(t-b)}e^{-st}dt=e^{ab}\int_b^\infty e^{-(s+a)t}dtc$$

$$=\frac{-1}{s+a}e^{ab}e_b^{\infty-(s+a)t}=\frac{1}{s+a}e^{-bs} \tag{2-4-65}$$

가 된다. 따라서 이동지수함수의 Laplace 변환은 다음과 같다.

$$\mathcal{L}\,[e^{-a(t-b)}u(t-b)]=\frac{1}{s+a}e^{-bs} \tag{2-4-66}$$

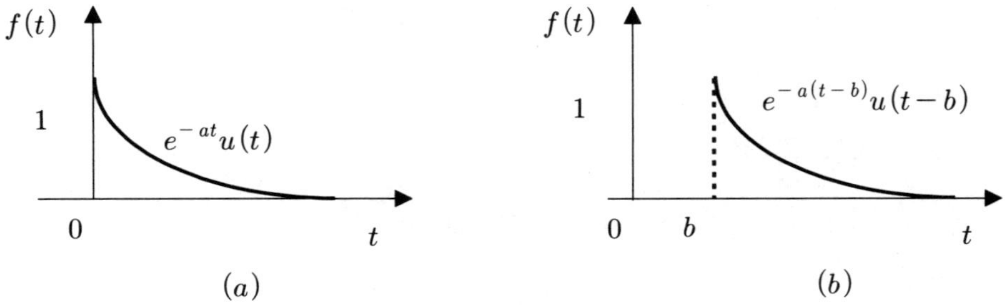

그림 2-14 이동지수함수의 파형

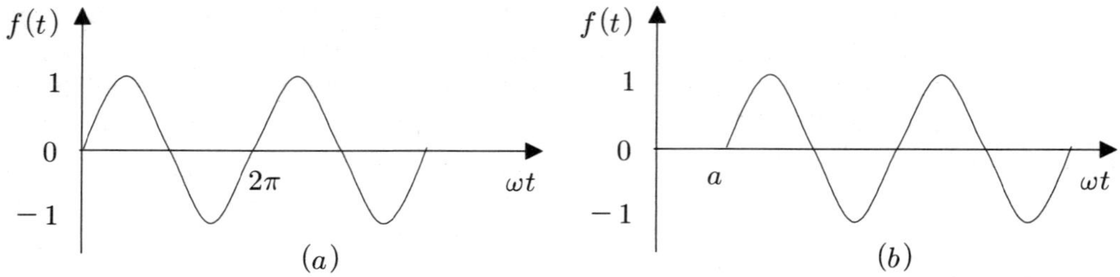

그림 2-15 이동코사인 함수

(14) 이동 사인 및 코사인함수

그림 2-8 (a)의 파형을 우측으로 a만큼 이동한 이동 사인함수로

$$f(t) = \sin\omega(t-a)u(t-a) = \begin{cases} \sin\omega t & t > a \\ 0 & t < a \end{cases} \qquad (2\text{-}4\text{-}67)$$

로 표시되고, 그림 2-15(b)와 같이 나타낸다.

Laplace 변환은

$$F(s) = \mathcal{L}\,[\sin\omega(t-a)u(t-a)] = \frac{\omega}{s^2+\omega^2}e^{-as} \qquad (2\text{-}4\text{-}68)$$

가 된다. 이동코사인함수

$$f(t) = \cos\omega(t-a)u(t-a) = \begin{cases} \cos\omega t & t > a \\ 0 & t < a \end{cases} \qquad (2\text{-}4\text{-}69)$$

의 Laplace 변환은 다음과 같다.

$$\mathcal{L}\,[\cos\omega(t-a)u(t-a)] = \frac{s}{s^2+\omega^2}e^{-as} \qquad (2\text{-}4\text{-}70)$$

(15) 복소 이동정리

복소주파수가 $s > a$일 때 함수 $f(t)$의 Laplace 변환이 $F(s)$이면, 함수 $e^{-at}f(t)$의 Laplace 변환은

$$\mathcal{L}\,[e^{-at}f(t)] = \int_0^\infty f(t)e^{-at}e^{-st}dt = \int_0^\infty f(t)\epsilon^{-(s+a)t}dt = F(s+a) \qquad (2\text{-}4\text{-}71)$$

(16) 이동 램프함수

여기서 계단함수로부터 얻어지는 램프함수에 대해서 고찰하기로 한다.

$L=1[H]$의 인덕터에 그림 2-16(a)와 같은 단위계단함수의 전압 $v(t)$를 가할 때 인덕터에 흐르는 전류를 $i(t)$라면 $t>0$에 대하여 $v(t)=u(t), i(0)=0$이므로

$$i(t)=\frac{1}{L}\int_{-\infty}^{t} v(t)dt=\int_{0}^{t} u(t)dt=\int_{0}^{t} dt=tu(t) \qquad (2\text{-}4\text{-}72)$$

가 얻어지며, 전류는 일정전압이 인가될 때 시간이 경과함에 따라 증가할 것이다.

식(2-4-72)로 표시되는 응답신호를 램프함수(ramp function)라 하며, 이 램프함수는 $r(t)$로 표시하며 다음과 같다.

$$r(t)=tu(t) \qquad (2\text{-}4\text{-}73)$$

그림 2-16(b)는 램프함수를 나타낸 것으로서 단위계단함수를 적분하면 단위램프함수가 됨을 알 수 있다. 식(2-4-73)으로 표시되는 단위램프함수의 Laplace 변환은 적분정리를 적용하면 다음과 같이 얻어진다.

$$\mathcal{L}[r(t)]=\mathcal{L}\left[\int_{0}^{t} u(t)\right]=\frac{1}{s}\mathcal{L}[u(t)]=\frac{1}{s^2} \qquad (2\text{-}4\text{-}74)$$

그림 2-16(c)는 그림 2-16(b)의 램프함수를 우측으로 a 만큼 이동시킨 함수로서 이동 램프함수라 하며, 다음과 같이 나타낸다.

$$f(t)=r(t-a)=(t-a)u(t-a)=\begin{cases} t & t\geq a \\ 0 & t< a \end{cases} \qquad (2\text{-}4\text{-}75)$$

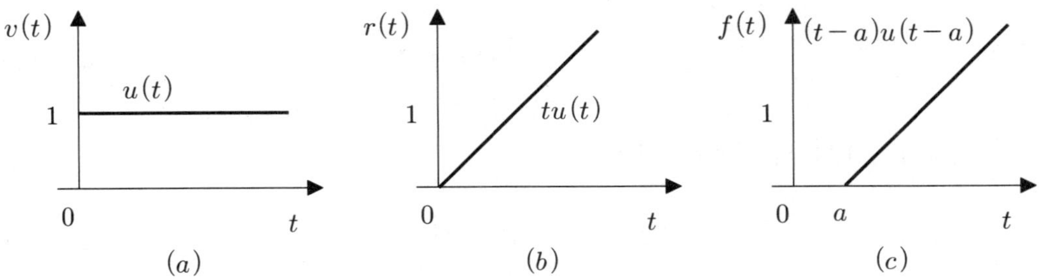

그림 2-16 이동램프 함수

이 이동램프함수의 Laplace 변환은 다음과 같이 구해진다.

$$F(s) = \mathcal{L}[(t-a)u(t-a)] = \int_a^\infty (t-a)e^{-st}dt \qquad (2\text{-}4\text{-}76)$$

여기서, $t-a=\tau$라 구면 $t=a+\tau$, $dt=d\tau$이고 $t\to a$,일 때 $r\to 0$, $0\to\infty$일 때 $\tau\to\infty$이므로 식(2-4-76)는

$$F(s) = \mathcal{L}[(t-a)u(t-a)] = \int_0^\infty \tau e^{-(a+\tau)s}d\tau$$

$$= e^{-as}\left[\frac{-1}{s}\tau e^{-s\tau}\Big|_0^\infty + \int_0^\infty \frac{1}{s}e^{s\tau}d\tau\right] = \frac{1}{s^2}e^{-as} \qquad (2\text{-}4\text{-}77)$$

가 된다. 따라서 이동램프함수의 Laplace 변환은 다음과 같다.

$$\mathcal{L}[(t-a)(t-a)] = \frac{1}{s^2}e^{-as} \qquad (2\text{-}4\text{-}78)$$

(17) 이동 단위펄스 함수

그림 2-17(a)의 단위계단함수와 그림 2-17(b)의 이동 단위계단함수를 합성하면 그림 2-17(c)와 같은 단위펄스함수가 얻어지고, 다음과 같이 나타낸다.

$$f(t) = u(t) - u(t-a) \qquad (2\text{-}4\text{-}79)$$

식(2-4-79)로 표시되는 단위펄스함수의 Laplace 변환은 다음과 같이 구해진다.

$$F(s) = \mathcal{L}[(t-a)u(t-a)] = \mathcal{L}[u(t)] - \mathcal{L}[u(t-a)]$$

$$= \frac{1}{s} - \frac{1}{s}e^{-as} = \frac{1}{s}(1-e^{-as}) \qquad (2\text{-}4\text{-}80)$$

그림 2-17(b)의 이동단위펄스함수는

$$f(t) = u(t-b) - u(t-c) \qquad (2\text{-}4\text{-}81)$$

로 표시되고, Laplace 변환은 다음과 같이 구해진다.

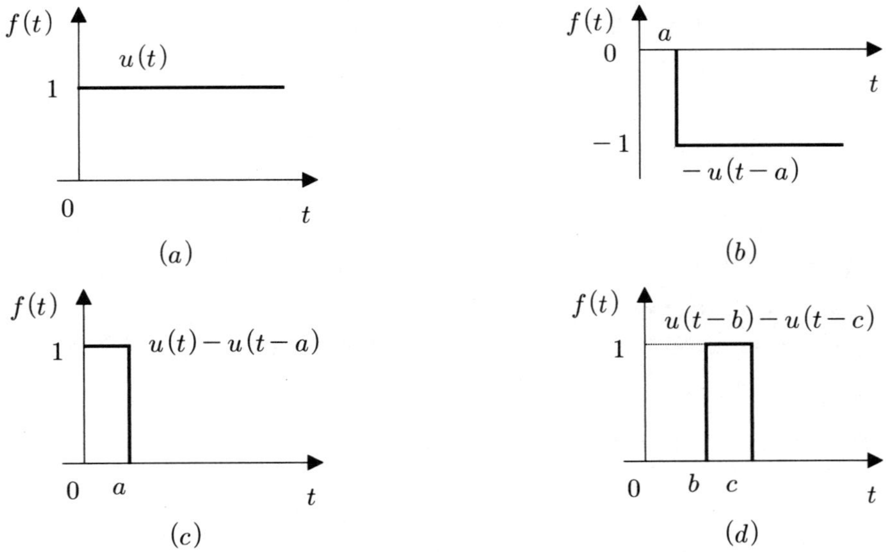

그림 2-17 펄스 함수

$$F(s) = \mathcal{L}\left[u(t-b) - u(t-c)\right] = \mathcal{L}\left[u(t-b)\right] - \mathcal{L}\left[u(t-c)\right]$$

$$= \frac{1}{s}e^{-bs} - \frac{1}{s}e^{-cs} = \frac{1}{s}(e^{-bs} - e^{-cs}) \tag{2-4-82}$$

(18) 이동 임펄스 함수

선형 시스템 이론에서 가장 중요한 개념은 임펄스 함수이다. 이 함수는 $\delta(t)$로 표시하고, 그림 2-18과 같이 나타내면, $t=0$을 제외한 구간에서 모두 0이 되며, 이러한 함수를 임펄스 함수(impulse function)라 하고, 정의식은

$$f(t) = \delta(t) = \begin{cases} 1 & t = 0 \\ 0 & t \neq 0 \end{cases} \tag{2-4-83}$$

이고, Dirac 델타함수(Dirac delta function)라고도 한다.

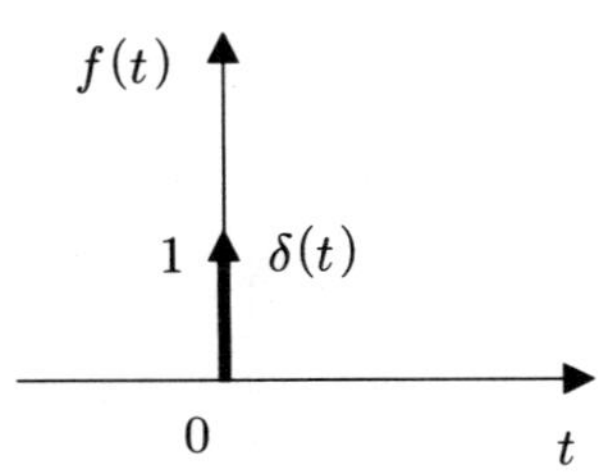

그림 2-18 임펄스 함수

원점에서 연속인 임의의 함수 $\varphi(t)$와의 곱 $\varphi(t)\delta(t)$의 면적은 다음과 같다.

$$\int_{-\infty}^{\infty} \varphi(t)\delta(t)dt = \varphi(0) \tag{2-4-84}$$

그림 2-18의 임펄스함수는 연속함수가 아니라는 생각을 할지 모른다. 그러나 임펄스함수는 엄연한 연속함수이다. 왜냐하면 $t=0$이외의 시간에서 $\delta(t)=0$이라는 값을 갖기 때문이다. 이산함수의 경우는 이산시간 이외의 시간에서는 함수값이 존재하지 않는다. 0은 엄연한 수치이기 때문에 함수값이 0이라는 것과 함수값이 존재하지 않는다는 것과는 큰 차이가 있다.

한편 임펄스 함수는 단위계단함수의 도함수를 이용하여 정의한다. 즉,

$$\delta(t) = \frac{du(t)}{dt} \tag{2-4-85}$$

식(2-4-85)의 관계를 그림 2-19에 나타내었다. 임펄스 함수는 단위계단함수의 도함수이므로 $\delta(t)$를 $t=0$을 포함하는 범위에서 적분하면 $u(t)$로 된다. 즉,

$$\int_{-\infty}^{\infty} \delta(t)dt = \int_{0^-}^{0^+} \delta(t)dt = u(t) = 1 \tag{2-4-86}$$

따라서 임펄스 함수를 식(2-4-85)과 식(2-4-86)를 동시에 만족하는 함수로 정의하기도 한다.

임펄스 함수 $\delta(t)$의 Laplace 변환은 식(2-4-85)로 부터

$$\mathcal{L}\,[\delta(t)] = \int_0^{\infty} \delta(t)e^{-st}dt = \int_0^{\infty} \frac{du(t)}{dt}e^{-st}dt = \int_0^{\infty} e^{-st}du(t) \tag{2-4-87}$$

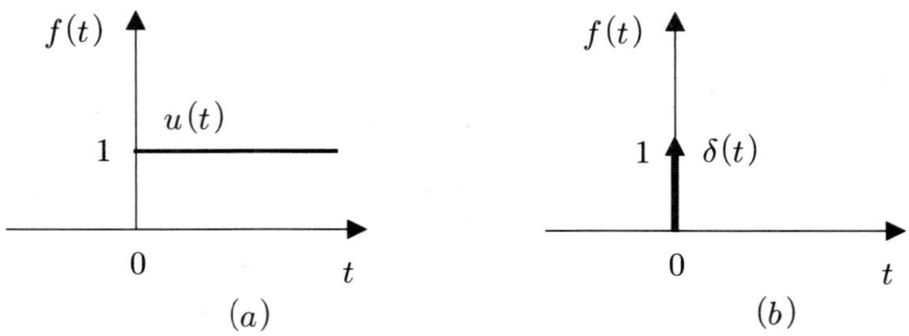

그림 2-19

식(2-4-87)에 다음의 부분적분하면

$$\int uv' = uv - \int u'v \tag{2-4-88}$$

을 적용하기 위하여 $u = e^{-st}$, $v' = du(t)$라 두면, $u' = -se^{-st}$, $v = u(t)$이므로 식(2-4-87)은

$$\int_0^\infty e^{-st} dt(u) = e^{-st}u(t)_0^\infty - \int_0^\infty (-s)e^{-st}u(t)dt$$

$$= 0 - [e^{-st}]_0^\infty = -(0-1) = 1 \tag{2-4-89}$$

따라서 임펄스 함수 $\delta(t)$의Laplace 변환은 다음과 같다.

$$\mathcal{L}[\delta(t)] = 1 \tag{2-4-90}$$

이동 임펄스 함수는 이동계단함수의 도함수로 정의한다. 즉, 그림 2-20 (a) 와 같은 이동단위계단함수의 도함수는 그림 2-20 (b)와 같은 이동단위 임펄스 함수가 되고 다음과 같이 나타낸다.

$$\delta(t-a) = \frac{du(t-a)}{dt} \tag{2-4-91}$$

또는

$$\delta(t-a) = \begin{cases} 1 & t = a \\ 0 & t \neq a \end{cases} \tag{2-4-92}$$

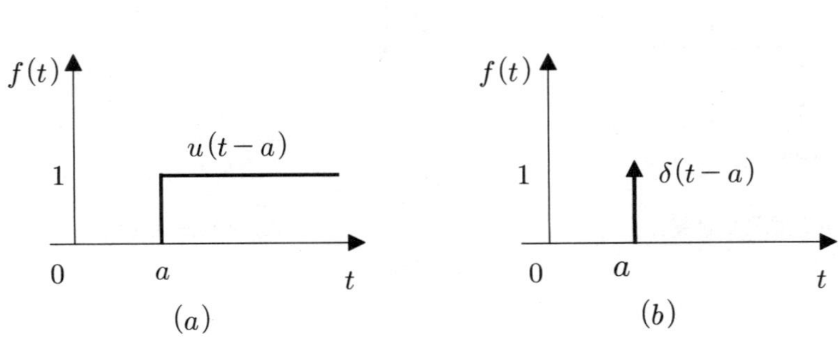

그림 2-20

이동 임펄스 함수의 Laplace 변환은

$$\mathcal{L}\left[\delta(t-a)\right] = \int_0^\infty \frac{du(t-a)}{dt} e^{-st} dt = \int_a^\infty e^{-st} du(t-a) \qquad (2\text{-}4\text{-}93)$$

부분적분법을 적용하면

$$u = e^{-st}, \quad v' = du(t-a), \; u' = -se^{-st}dt, \; v = u(t-a)$$

이므로

$$\begin{aligned}\int_a^\infty e^{-st} du(t-a) &= e^{-st}u(t-a)_a^\infty - \int_a^\infty (-s)e^{-st}u(t-a)dt \\ &= 0 - \left[e^{-st}\right]_a^\infty = -(0 - e^{-as}) = e^{-as} \qquad (2\text{-}4\text{-}94)\end{aligned}$$

따라서 이동 임펄스 함수의 Laplace 변환식은 다음과 같다.

$$\mathcal{L}\left[\delta(t-a)\right] = e^{-as} \qquad (2\text{-}4\text{-}95)$$

예제 2-30

그림 2-21 (b)의 인덕터 회로에 그림 2-21 (a)와 같은 전류원 $i(t)$를 가할 때 인덕터 양단에 걸리는 전압 $u_L(t)$를 구하시오.

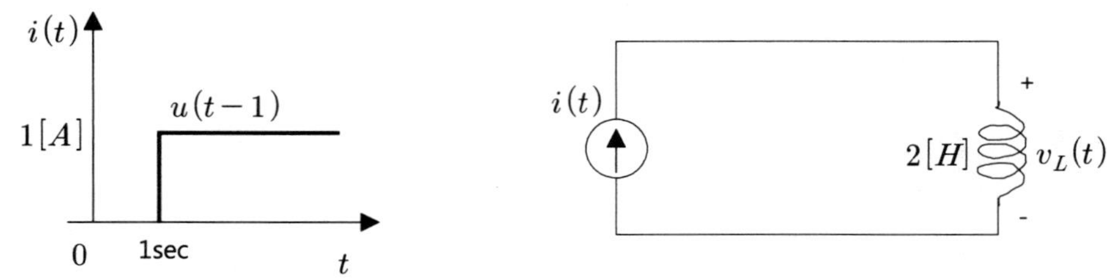

(a) 단위계단전류 (b) 인덕터 회로

그림 2-21

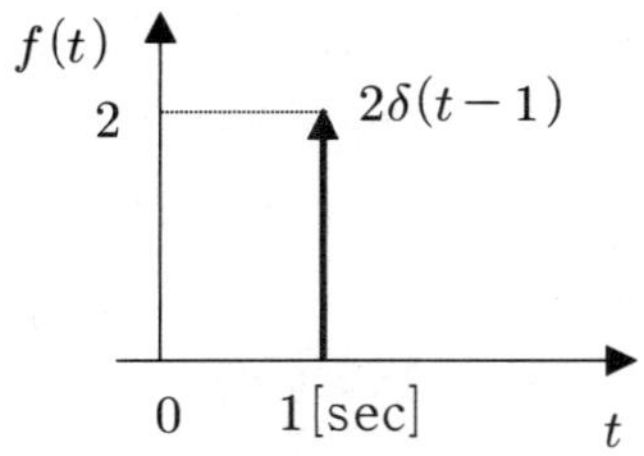

그림 2-22

풀이

인덕터 양단의 전압은 $u_L(t) = L\frac{di(t)}{dt}$ 이므로

$$u_L(t) = L\frac{di(t)}{dt} = 2\frac{du(t-1)}{dt} = 2\delta(t-1) \qquad (2\text{-}4\text{-}96)$$

이 되고, 전압의 파형은 그림 2-22와 같이 된다.

---

(19) 임펄스열

여기서는 3각파형으로부터 얻어지는 임펄스열에 대해서 고찰하기로 한다.

$C = 1[F]$의 커패시티에 그림 2-23 (a)와 같은 전압을 가 할 때 커패시터에 흐르는 전류 $i(t)$는

$$i(t) = C\frac{dv}{dt} \qquad (2\text{-}4\text{-}97)$$

이고, 시간 $t = 0 \sim 2$동안의 전류를 $i_1(t)$라 할 때 전류의 크기는

$$C\frac{dv(t)}{dt} = 1\left(\frac{0-2}{0-2}\right) = 1[A]$$

이므로 전류 $i_1(t)$는 다음과 같이 나타낸다.

$$i_1(t) = u(t) - u(t-2) \qquad (2\text{-}4\text{-}98)$$

시간 $t = 2 \sim 3$동안의 전류를 $i_2(t)$라 할 때 전류의 크기는

$$C\frac{du(t)}{dt} = 1\left(\frac{2-0}{2-3}\right) = -2[A]$$

이므로 전류 $i_2(t)$는 다음과 같이 나타낸다.

$$i_2(t) = -2u(t-2) + 2u(t-3) \tag{2-4-99}$$

따라서 시간 $t = 0 \sim 3$ 동안의 전류 $i(t)$는 다음과 같이 나타낸다.

$$i(t) = C\frac{dv}{dt} = i_1(t) + i_2(t)$$

$$= u(t) - 3u(t-2) + 2u(t-3) \tag{2-4-100}$$

그리고 시간 $t = 0 \sim 3$ 동안의 임펄스열 $\delta_T(t)$는

$$\delta_T(t) = \frac{di(t)}{dt} = \frac{du(t)}{dt} - 3\frac{du(t-2)}{dt} + 2\frac{du(t-3)}{dt}$$

$$= \delta(t) - 3\delta(t-2) + 2\delta(t-3) \tag{2-4-101}$$

를 얻는다. 따라서 식(2-4-101)로 표시되는 임펄스열은 그림 2-23(c)와 같이 나타낸다.

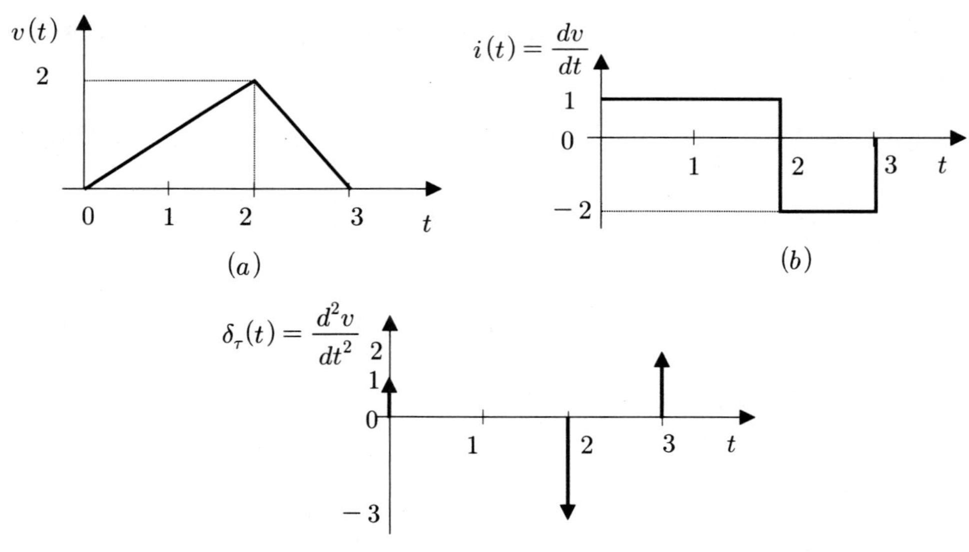

그림 2-23 임펄스열

임펄스열은 강도의 크기와 부호에 따라 위로 또는 아래로 향하는 화살표로 표시된다. 화살표에 기록된 숫자는 임펄스의 면적(강도)을 나타낸다. 그림 2-23 (c)와 같이 여러개의 임펄스로 구성된 임펄스군을 임펄스열(impulse train)이라 한다.

예제 2-31

그림 2-24(b)의 인덕터 회로에 그림 2-24(a)와 같은 파형의 전류원을 가할 때 인덕터의 양단전압 $v_L(t)$의 파형을 구하고 도시하라. 단 전류파형의 표시식은 식 (2-4-102)와 같다.

$$i(t) = u(t) + u(t-1) - 3u(t-2) + u(t-3) \tag{2-4-102}$$

풀이

그림 2-24(a)의 전류원의 그림 2-24(b)의 인덕터 회로에 가해 질 때 인덕터 양단의 전압 $v_L(t)$은

$$v_L(t) = L\frac{di(t)}{dt} = \frac{d}{dt}[u(t) + u(t-1) - 3u(t-2) + u(t-3)]$$

$$= \frac{du(t)}{dt} + \frac{du(t-1)}{dt} - 3\frac{du(t-2)}{dt} + \frac{du(t-3)}{dt}$$

$$= \delta(t) + \delta(t-1) - 3\delta(t-2) + \delta(t-3) \tag{2-4-103}$$

이므로 전압파형은 그림 2-25과 같은 임펄스열이 된다.

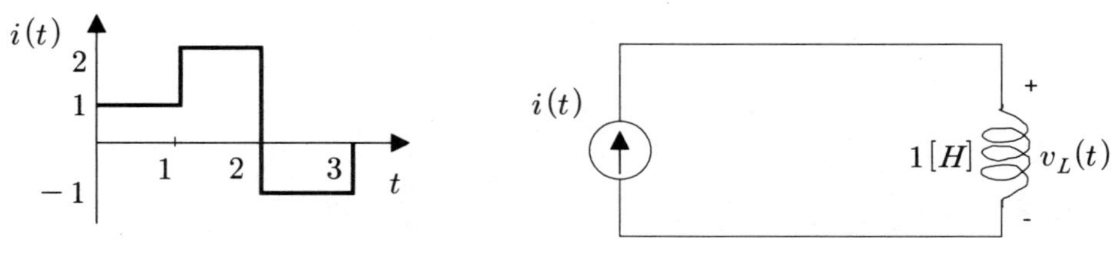

(a) 전류파형 (b) 인덕터 회로

그림 2-24

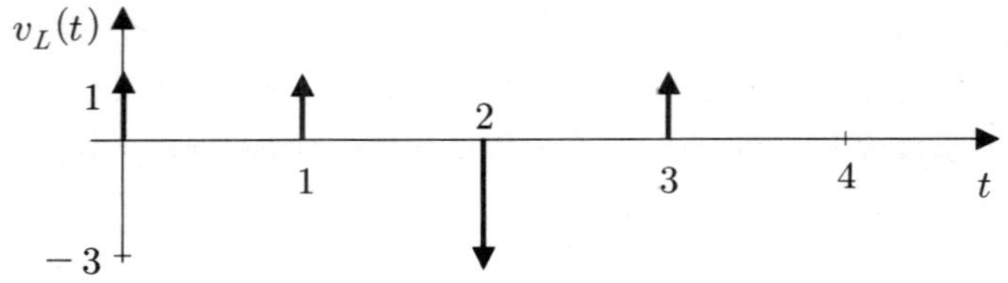

그림 2-25

예제 2-32

그림 2-26와 같은 임펄스열의 표시식을 구하고, Laplace 변환식을 구하시오.

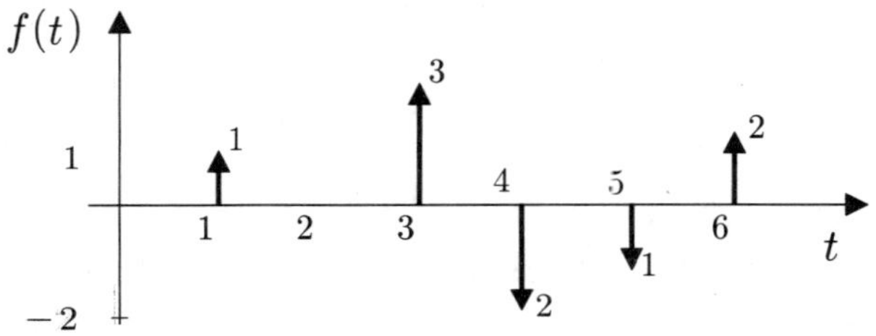

그림 2-26

풀이

그림 2-26의 임펄스열의 표시식은

$$f(t) = \delta(t-1) + 3\delta(t-3) - 2\delta(t-4) + \delta(t-5) + 2\delta(t-6) \qquad (2\text{-}4\text{-}104)$$

이므로 이동 임펄스 함수의 Laplace 변환식을 적용하면

$$F(s) = e^{-s} + 3e^{-3s} - 2e^{-4s} - e^{-5s} + 2e^{-6s} \qquad (2\text{-}4\text{-}105)$$

예제 2-33

다음 함수의 Laplace 변환식을 구하시오.

① $f(t) = t^2 e^{-as} u(t)$

② $f(t)=e^{-a(t-b)}(t-b)u(t-b)$

③ $f(t)=te^{-t}\text{sin}tu(t)$

④ $f(t)=e^{(t-b)}\sin(t-b)u(t-b)$

풀이

① 복소미분정리를 적용한다.

$f_1(t)=e^{-at}$라면 $F_1(s)=\mathcal{L}[e^{-at}]=\dfrac{1}{s+a}$이므로

$$F(s)=\mathcal{L}[t^2 f_1(t)]=(-1)^2\frac{d^2}{ds^2}F_1(s)=\frac{d^2}{ds^2}\left(\frac{1}{s+a}\right)$$

$$=\frac{d}{ds}\left[\frac{-1}{(s+a)^2}\right]=\frac{2(s+a)}{(s+a)^4}=\frac{2}{(s+a)^3} \qquad (2\text{-}4\text{-}106)$$

② $\text{sin}t=\dfrac{1}{2j}(e^{jt}-e^{-jt})$이므로

$$f(t)=te^{-t}\text{sin}u(t)=te^{-t}\frac{1}{2j}(e^{jt}-e^{-jt})=\frac{1}{2j}t[e^{-(1-j)t}-e^{-(1+j)t}] \qquad (2\text{-}4\text{-}107)$$

여기서, $f_1(t)=e^{-(1-j)t}-e^{-(1+j)t}$라 두면

$$F_1(s)=\frac{1}{s+a-j}-\frac{1}{s+a+j}=\frac{2j}{(s+1)^2+1} \qquad (2\text{-}4\text{-}108)$$

이므로 복소미분정리를 적용하면

$$F(s)=\frac{1}{2j}(-1)\frac{d}{ds}\left[\frac{2j}{(s+1)^2+1}\right]$$

$$=(-1)\frac{-2(s+1)}{[(s+1)^2+1]^2}=\frac{2j}{[(s+1)^2+1]^2} \qquad (2\text{-}4\text{-}109)$$

③ $F(s)=\mathcal{L}[e^{-a(t-b)}(t-b)u(t-b)]=\int_0^\infty e^{-a(t-b)}(t-b)e^{-st}dt$

$$=\int_0^\infty (t-b)e^{-a(t-b)}e^{-st}dt \qquad (2\text{-}4\text{-}110)$$

여기서, $t-b=\tau$라 두면 $t=b+\tau$, $dt=d\tau$이고, $t\to b$ 일 때 $\tau\to 0$, $t\to\infty$일 때 $\tau\to\infty$이므로

$$F(s)=\int_0^\infty \tau e^{-a\tau}e^{-s(b+\tau)}d\tau=\int_0^\infty \tau e^{-a\tau}e^{-bs}e^{-s\tau}d\tau=\int_0^\infty \tau e^{-(s+a)\tau}d\tau$$

이고 , 이 식에서 부분적분식을 적용하면

$$u=\tau,\quad v'=e^{=-(s+a)\tau}d\tau,\quad u'=d\tau,\quad v=-\frac{1}{s+a}e^{-(s+a)\tau}$$

이므로

$$F(s)=e^{-bs}\left[\frac{-1}{s+a}\tau e^{-(s+a)\tau}\Big|_0^\infty+\frac{1}{s+a}\int_0^\infty e^{-(s+a)\tau}d\tau\right]$$

$$=e^{-bs}\left[0-\frac{1}{(s+a)^2}e^{-(s+a)\tau}\Big|_0^\infty\right]=\frac{1}{(s+a)^2}e^{-bs} \qquad (2\text{-}4\text{-}111)$$

④ $F(s)=\int_0^\infty e^{-(t-b)}\sin(t-b)e^{-st}dt$에서 $t-bc=\tau$라 두면 $t=b+\tau$, $dt=d\tau$ 이고, $t\to b$ 일 때 $\tau\to 0$, $t\to\infty$일 때 $\tau\to\infty$이므로 다음과 같다.

$$F(s)=\int_0^\infty e^{-\tau}\sin\tau e^{-s(b+\tau)}d\tau=e^{-bs}\int_0^\infty e^{-(s+1)\tau}\sin\tau d\tau$$

$$=\frac{1}{2j}e^{-bs}\int_0^\infty e^{-(s+a)\tau}[e^{j\tau}-e^{j\tau}]d\tau$$

$$=\frac{1}{2j}e^{-bs}\left[\int_0^\infty e^{-(s+1-j)\tau}d\tau-\int_0^\infty e^{-(s+1+j)\tau}d\tau\right]$$

$$=\frac{1}{2j}e^{-bs}\left[\frac{-1}{s+1-j}e^{-(s+1-j)\tau}\Big|_0^\infty+\frac{-1}{s+1+j}e^{-(s+1+j)\tau}\right]_0^\infty$$

$$= \frac{1}{2j} e^{-bs} \left[\frac{-1}{s+1-j} - \frac{1}{s+1+j} \right] = \frac{1}{(s+1)^2+1} e^{-bs} \qquad (2\text{-}4\text{-}112)$$

시간이동함수의 Laplace 변환 :

✧ 시간이동함수의 Laplace 변환 :

$$\mathcal{L}\,[f(t-t_0)u(t-t_0)] = \int_0^\infty f(t-t_0)u(t-t_0)e^{-st}dt$$

$$= \int_0^\infty f(t-t_0)e^{-st}dt$$

여기서, $\mathcal{L}\,[f(t)] = F(s)$이고, $t-t_0 = \tau$라 두면 $t = t_0 + \tau$, $dt = d\tau$

$$\mathcal{L}\,[f(t-t_0)u(t-t_0)] = \int_0^\infty f(\tau)e^{-st_0}e^{-s\tau}d\tau$$

$$= e^{-st_0}\int_0^\infty f(\tau)e^{-st}d\tau = e^{-st_0}F(s)$$

✧ 이동함수

$$\mathcal{L}\,[f(t-t_0)u(t-t_0)] = e^{-st_0}F(s)$$

✧ 이동 단위계단함수

$$\mathcal{L}\,[u(t-a)] = \frac{1}{s}e^{-as}$$

✧ 이동 지수함수

$$\mathcal{L}\,[e^{-a(t-b)}u(t-b)] = \frac{1}{s+a}e^{-bs}$$

✧ 이동 사인함수

$$F(s) = \mathcal{L}\,[\sin\omega(t-a)u(t-a)] = \frac{\omega}{s^2+\omega^2}e^{-as}$$

✧ 이동 코사인함수

$$\mathcal{L}\left[\cos\omega(t-a)u(t-a)\right] = \frac{s}{s^2+\omega^2}e^{-as}$$

✧ 복소이동정리

$$\mathcal{L}\left[e^{-at}f(t)\right] = \int_0^\infty f(t)e^{-at}e^{-st}dt = \int_0^\infty f(t)e^{-(s+a)t}dt = F(s+a)$$

✧ 이동 램프함수

$$\mathcal{L}\left[(t-a)(t-a)\right] = \frac{1}{s^2}e^{-as}$$

✧ 이동 단위펄스함수

$$F(s) = \mathcal{L}\left[u(t-b)-u(t-c)\right] = \mathcal{L}\left[u(t-b)\right] - \mathcal{L}\left[u(t-c)\right]$$
$$= \frac{1}{s}e^{-bs} - \frac{1}{s}e^{-cs} = \frac{1}{s}(e^{-bs}-e^{-cs})$$

✧ 이동 임펄스 함수

$$\mathcal{L}\left[\delta(t-a)\right] = e^{-as}$$

함수이름	시간함수 $f(t)$, $t \geq 0$	변환함수 $F(s)$
단위계단함수	$u(t)$	$\frac{1}{s}$
계단함수	K(상수)	$\frac{1}{s}K$
단위계단 지연함수	$u(t-t_0)$	$\frac{1}{s}e^{-t_o s}$
단위램프(경사)함수	t	$\frac{1}{s^2}$
램프함수	t^n	$\frac{n!}{s^{n+1}}$
지수함수	e^{at}	$\frac{1}{s-a}$
램프가중 지수함수	te^{-at}	$\frac{1}{(s+a)^2}$
	$t^n e^{-at}$	$\frac{n!}{(s+a)^{n+1}}$

삼각함수	$\sin\omega t$	$\frac{\omega}{s^2+\omega^2}$
	$\cos\omega t$	$\frac{s}{s^2+\omega^2}$
지수가중 삼각함수	$e^{-at}\sin\omega t$	$\frac{\omega}{(s+a)^2+\omega^2}$
	$e^{-at}\cos\omega t$	$\frac{s+a}{(s+a)^2+\omega^2}$
램프가중 삼각함수	$t\sin\omega t$	$\frac{2\omega s}{(s^2+\omega^2)^2}$
	$t\cos\omega t$	$\frac{s^2-\omega^2}{(s^2+\omega^2)^2}$
단위임펄스(델타)함수	$\delta(t)$	1
단위임펄스 지연함수	$\delta(t-t_0)$	$e^{-t_o s}$

성 질	관 련 식
선형성	$\mathcal{L}\{af(t)+bg(t)\}=aF(s)+bG(s)$
미분	$\mathcal{L}\left\{\frac{d}{dt}f(t)\right\}=sF(s)-f(0)$
	$\mathcal{L}\left\{\frac{d^n}{dt^n}f(t)\right\}=s^nF(s)-\sum_{k=1}^{n}s^{n-k}f^{(k-1)}(0)$
적분	$\mathcal{L}\left\{\int_0^t f(\tau)d\tau\right\}=\frac{1}{s}F(s)$
중합적분	$\mathcal{L}\left\{\int_0^t f(t-\tau)g(\tau)d\tau\right\}=F(s)G(s)$
지수가중	$\mathcal{L}\{e^{at}f(t)\}=F(s-a)$
시간지연	$\mathcal{L}\{f(t-d)\}=e^{-ds}F(s)$
복소미분	$\mathcal{L}\{tf(t)\}=-\frac{d}{ds}F(s)$
	$\mathcal{L}\{t^nf(t)\}=(-1)^n\frac{d^n}{ds^n}F(s)$
초기값 정리	$f(0^+)=\lim_{s\to\infty}sF(s)$
최종값 정리	$\lim_{t\to\infty}f(t)=\lim_{s\to 0}sF(s)$

세계의 인구증가 추이

- 오스트랄로피테쿠스의 역사는 약 300만 년이지만, 현생인류의 직접적인 조상인 호모사피엔스가 지구상에 나타난 것은 약 3만~4만 년 전이다. 인류는 산과 들에서 야생동물을 잡고 숲에서 나무 열매를 채집하여 먹고 살았는데, 약 1만 년 전 농경이 시작되었을 때 지구상의 인구는 약 500만 명 정도였다.
- 예수가 탄생하던 서기 1년 세계의 인구는 약 2억~3억 명이었는데, 이는 오늘날 미국의 인구와 비슷하다. 세계 인구는 점차적으로 증가하여 영국에서 산업혁명이 시작될 무렵에 약 8억 명이었으며, 19세기 초반 처음으로 10억 명을 넘어섰다.
- 폭발적인 인구 증가로 1960년에는 30억 명에 도달하였으며, 10여 년마다 인구가 10억 명씩 증가하여 2014년 현재 세계 인구는 70억 명을 초과하였다. 하지만 오늘날 세계의 연평균 인구 증가율이 점차 낮아지고 있음을 감안하면 세계 인구는 2025년 이후 80억 명을 훌쩍 넘어 증가하다가 2050년 90억 명을 정점으로 점차 줄어들 가능성이 높은 것으로 전문가들은 예상하고 있다.

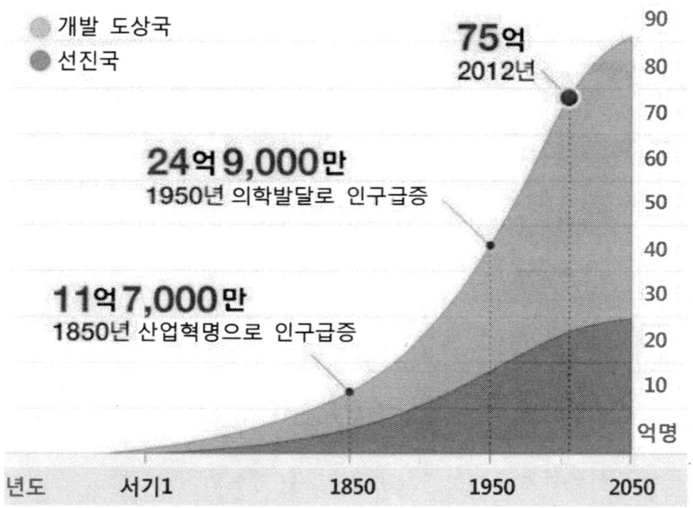

세계의 인구증가 추이

2.5 파형의 구성

2.5.1 구형파의 구성

제어시스템에 입력되는 신호파형은 다양하다. 다양한 신호파형 중에서 제일 간단한 파형의 표현방법에 대하여 알아보자.

시간에 대하여 이동된 단위 계단함수에 살펴보면, 그림 2-27과 같은 구형파의 표현방법은 다음과 같다. $f(t)=u(t)$의 단위 계단함수를 a초 만큼 지연한 지연함수의 표현방법에 의하여 다음과 같이 표현 가능하다.

$$f_1(t)=u(t-a)$$

상기와 같이 표현되는 파형에서 그림 2-28 (a)의 파형에서 사선 친 부분을 제거하면 얻어지므로

$$f_2(t)=-u(t-b) \tag{2-5-1}$$

로 표시되는 그림 2-28 (b)의 파형을 합성하면 그림 2-27의 구형파가 얻어지며, 표현식은 다음과 같다.

$$f(t)=u(t-a)-u(t-b) \tag{2-5-2}$$

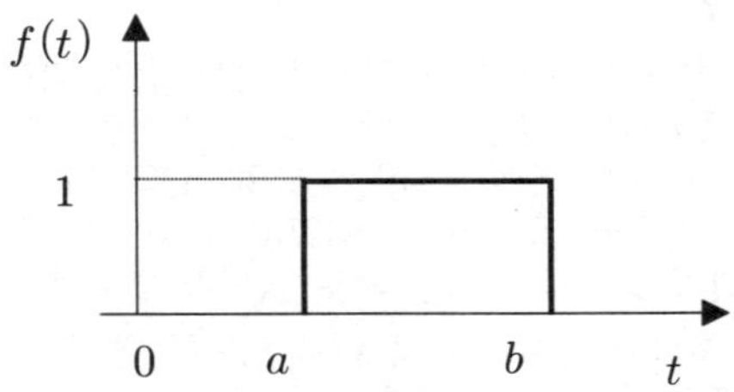

그림 2-27 구형파

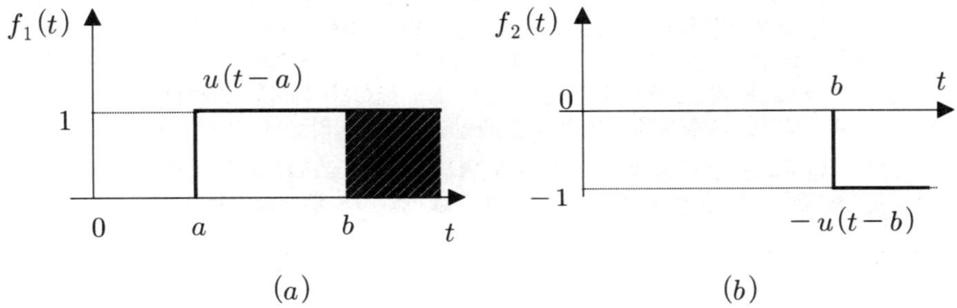

그림 2-28

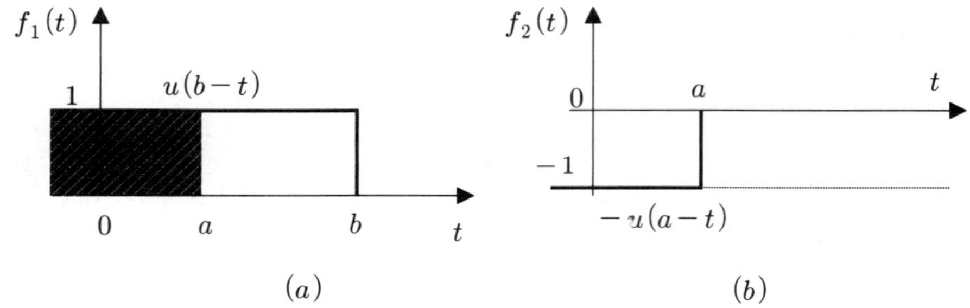

그림 2-29

Pierre-Simon Laplace(1749 - 1827)

Laplace

- "확률의 해석적 이론"이라는 책으로 자신의 연구 성과를 발표하였던 라플라스는 당대 최고의 수학자 중의 하나였으나 다른 수학자들에 비하여 직접적으로 지속적인 영향을 끼치지 못하였고 정치적인 면에서 지조가 없고 학자답지 못한 기회주의자였기에 실제보다 낮게 평가되고 있다.
- 라플라스의 유년기, 소년기에 대해서는 거의 알려져 있지 않다. 양친은 프랑스, 칼바도스 현 보몽탕 오주에 사는 농부였고, 피에르 시몽은 1749년 3월 23일, 그곳에서 태어났다. 라플라스의 청소년기의 일이 확실하지 않는 것은 그의 속물 근성 탓이다. 그는 가난한 양친을 마음속 깊이 부끄러워하였고, 자기가 농민 출신임을 필사적으로 감추려 했던 것이다.
- 그러다가 18세 때 당시 프랑스의 대수학자인 달랑베르(Jean Le Rond d'Alembert, 1717-1783)의 소개로 라플라스는 파리 육군사관학교의 수학 교수가 되어 연구에 몰두할 수 있었다.
- 라플라스의 천체 천문학 이론 체계로 정리한 "천체 역학"은 26년 이상에 걸쳐 몇 차례 나뉘어 출판되었다. 행성의 운동, 그 형상(회전체로서) 및 조수간만의 현상을 취급한 제2권이 1799년에 출판되었고, 1802년과 1805년의 두 권에서도 그 연구를 계속하였으며, 마지막으로 1823-1825년의 제5권으로 완성되었다. 그 안의 수학적 설명은 지극히 간결해서 때로는 서툰 솜씨가 엿보인다.
- "천체역학"의 주요한 결론을 더욱 읽기 쉽도록 한 것이 1796년 "우주 체계 해설"이라는 표제로 출판된 것인데 이것은 전혀 숫자가 들어가지 않은 라플라스의 걸작이라고 일컬어지고 있다. 이 책과 "확률론"(1820년, 제3판)의 길다란 비수학적인 서론으로, 라플라스는 수학자인 동시에 대문장가임을 증명했다. 수학자만 알 수 있는 전문적인 점에 얽매이지 않고 확률론의 범위와 매력을 알아보고 싶은 사람은 라플라스의 이 서론을 읽는 것이 좋다. 라플라스가 쓴 이후부터 특히 최근 확률론의 기초이론에서 새로운 많은 연구가 행해졌지만 그의 해설은 아직도 고전으로서의 가치가 있으며, 적어도 확률론의 전 영역에 관한 하나의 원리로서 완전한 표현이기도 하다.
- 라플라스는 만년을 파리에서 그리 멀지 않은 아르크유의 영지에서 안락한 은퇴 생활을 했다. 짧은 병고 후에 1827년 3월 5일 78세로 사망했다.

또 다른 표현방법도 상기 방법과 유사하게 다음과 같이 구할 수 있다.

$$f_1(t) = u(b-t) \qquad (2\text{-}5\text{-}3)$$

$$f_2(t) = -u(a-t) \qquad (2\text{-}5\text{-}4)$$

$$f(t) = u(b-t) - u(a-t) \qquad (2\text{-}5\text{-}5)$$

예제 2-34

그림 2-30과 같이 주어진 파형의 표현식을 구하고, Laplace 변환식을 구하라.

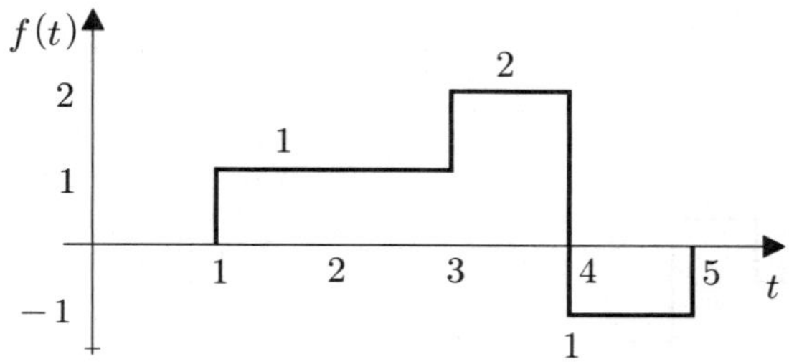

그림 2-30

풀이

시간 $t=1$에서의 파형은 그림 2-31 (a)와 같고

$$f_1(t) = u(t-1) \qquad (2\text{-}5\text{-}6)$$

로 나타낸다. 시간 $t=3$에서의 파형은 $f_1(t)$의 파형에

$$f_2(t) = u(t-3) \qquad (2\text{-}5\text{-}7)$$

로 표시되는 그림 2-31 (b)와 같은 파형을 합성한 것으로서 그림 2-31 (c)와 같은 파형이 되고, 표현방법은 다음과 같다.

$$f_3(t) = f_1(t) + f_2(t) = u(t-1) + u(t-3) \qquad (2\text{-}5\text{-}8)$$

그림 2-31 (c)에서 사선 친 부분을 제거하면

$$f_4(t) = -2u(t-4) \qquad (2\text{-}5\text{-}9)$$

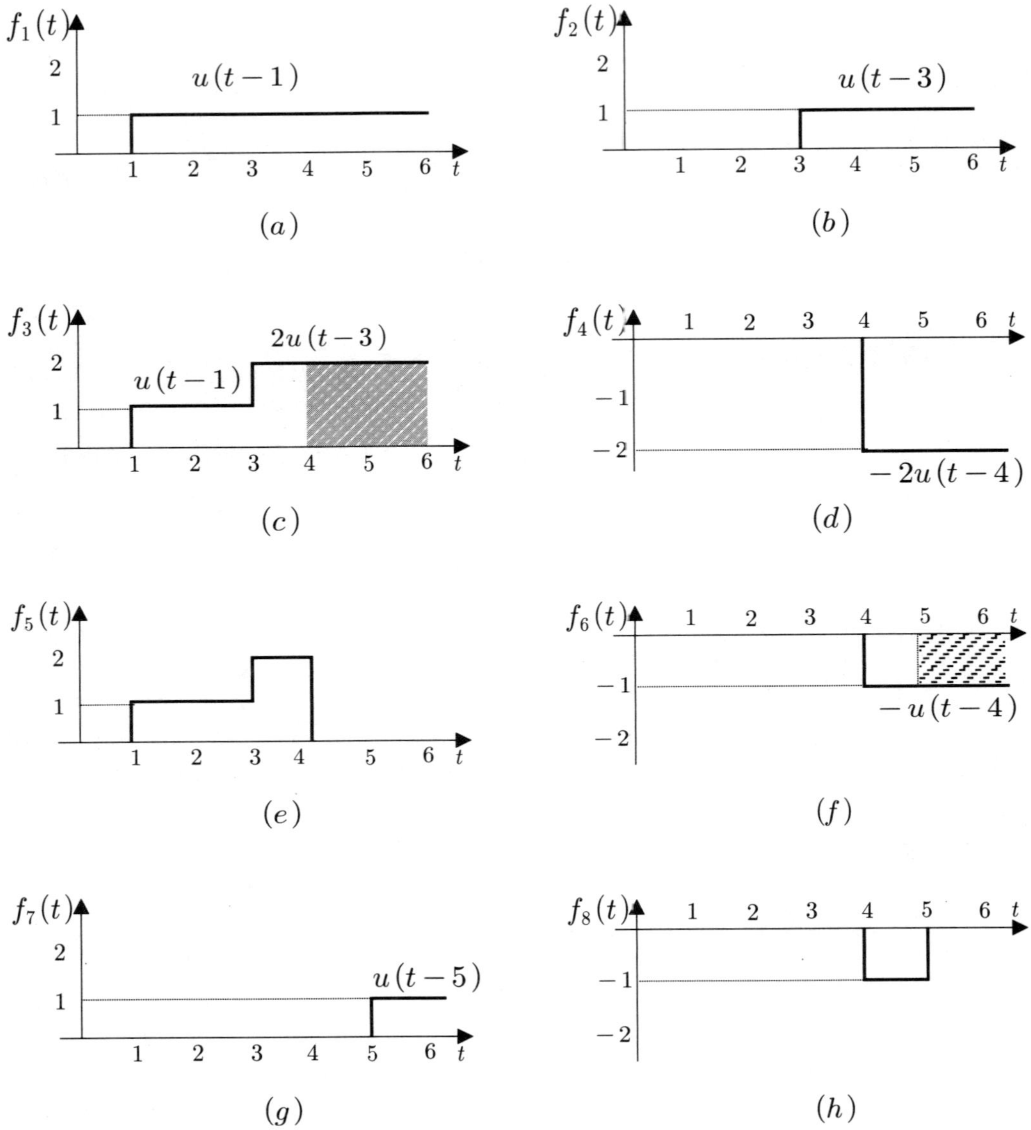

그림 2-31

로 표시되는 그림 2-31 (d)를 그림 2-31 (c)에 합성함으로써 그림 2-31 (e)와 같은 파형의 되고, 표현방법은 다음과 같다.

$$f_5(t) = f_3(t) + f_4(t) = u(t-1) + u(t-3) - 2u(t-4) \tag{2-5-10}$$

$t = 4$에서의 파형은 그림 2-31 (f)이고,

$$f_6(t) = -u(t-4) \tag{2-5-11}$$

로 표시되며, 사선 친 부분을 제거하려면 그림 2-31 (g)로 나타낸다.

$$f_7(t) = u(t-5) \tag{2-5-12}$$

를 합성하면 된다. 이 때의 파형은 그림 2-31 (h)와 같고 표현방법은 다음과 같다.

$$f_8(t) = f_6(t) + f_7(t) = -u(t-4) + u(t-5) \tag{2-5-13}$$

따라서, 구하고자 하는 그림 2-31의 파형의 표현식은 식(2-5-10)과 식(2-5-13)으로부터 다음과 같다.

$$f(t) = u(t-1) + u(t-3) - 3u(t-4) + u(t-5) \tag{2-5-14}$$

상기식의 Laplace 변환에 의한 표현방법은 다음과 같다.

$$F(s) = \frac{1}{s}e^{-s} + \frac{1}{s}e^{-3s} - \frac{3}{s}e^{-4s} + \frac{1}{s}e^{-5s}$$

$$= \frac{1}{s}(e^{-s} + e^{-3s} - 3e^{-4s} + e^{-5s}) \tag{2-5-15}$$

각성 뇌파 & 뇌파의 종류와 특성

✧ 각성 뇌파(배경 뇌파)

- 어떤 외부자극도 주어지지 않는 상태에서 대뇌피질 신경세포의 자발적인 전기활동을 배경뇌파 (Background Brain Wave, Background EEG, Background Brain Activity)라고 부르며, 안정 시 대뇌피질의 각 부위에서 배경뇌파가 정상적인 리듬형태로 출현하는지 진단하는 것을 배경뇌파검사 또는 BEAM(Brain Electrical Activity Mapping)검사라고 한다.

✧ 뇌파의 종류와 특성

- 주파수에 따라 기본이 되는 뇌파는 Delta, Theta, Alpha, Beta 파로 분류된다. Alpha 파를 기준으로 해서 Alpha 파 보다 주파수가 낮은 Delta, Theta를 서파(slow wave), Alpha 보다 주파수가 높은 Beta 파를 속파 (fast wave)라고 일반적으로 말한다. 속파를 중간속파 (intermediate fast: 14- 17Hz), Beta (18-30 Hz), Gamma (30Hz)로 세분하기도 한다. 또한 Alpha 파 중에서 8Hz에 가까운 파를 slow Alpha wave, 13Hz에 가까운 파를 fast Alpha wave라고 부르고, 일반적으로 서파는 진폭이 높고, 속파는 진폭이 낮은 것이 많다.

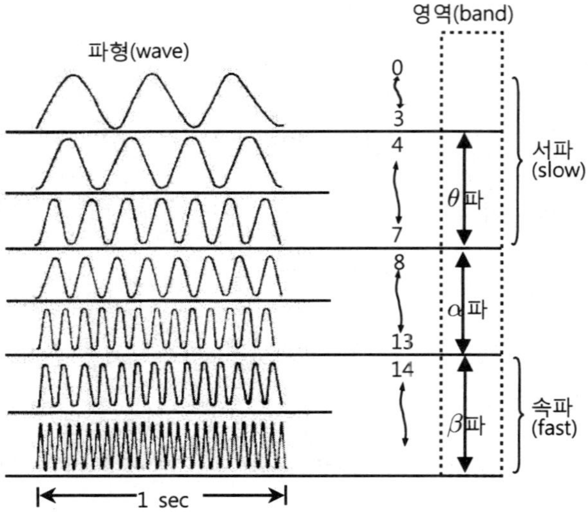

뇌파 주파수 대역과 파형의 범위

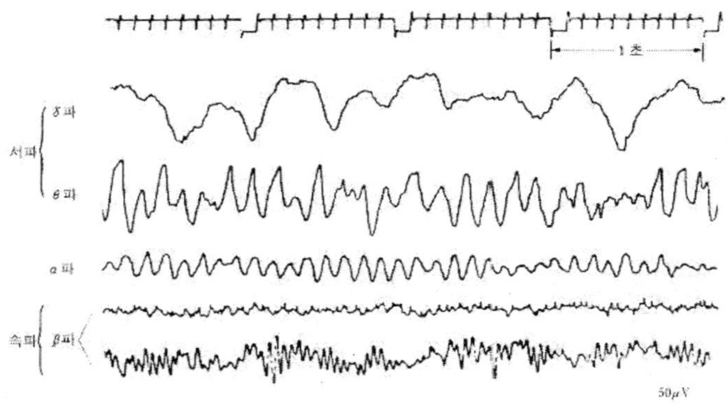

뇌파 종류

2.5.2 3각파의 구성

시스템에 입력되는 다양한 입력파형 중의 한 형태인 그림 2-32와 같은 3각파형의 구성 및 표현방법에 대하여 알아보자.

램프함수인 그림 2-33 (a)의 표현은 다음과 같다.

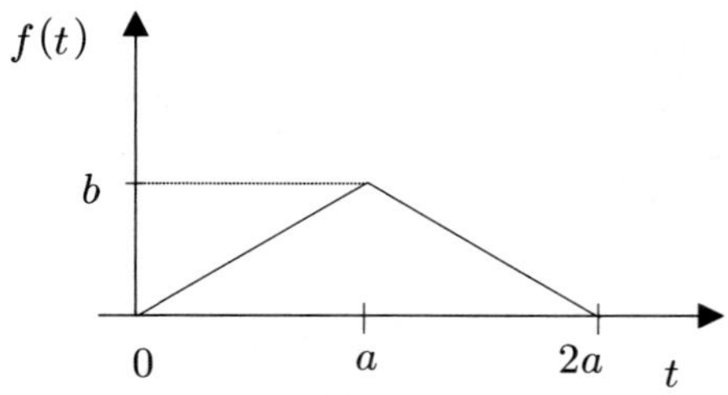

그림 2-32

$$f_1(t) = \frac{b}{a}r(t) = \frac{b}{a}tu(t) \tag{2-5-16}$$

위식에서 사선 친 부분을 제거하면 원하는 파형이 구해진다.

$$f_2(t) = -\frac{2b}{a}r(t-a) = -\frac{2b}{a}(t-a)u(t-a) \tag{2-5-17}$$

그림 2-33 (a)의 파형에 그림 2-33 (b)의 파형을 합성하면 그림 2-33 (c)의 파형을 구해진다. 이 파형에서 사선 친 부분을 제거하기 위하여

$$f_4(t) = \frac{b}{a}r(t-2a) = \frac{b}{a}(t-2a)u(t-2a) \tag{2-5-18}$$

로 표시되는 그림 2-33 (d)의 파형을 그림 2-33 (c)의 파형에 합성하면 구성하고자 하는 그림 2-32의 3각 파형이 구해진다. 이 3각 파형을 최종적으로 하나의 식으로 표현하면 다음과 같다.

$$\begin{aligned} f(t) &= f_1(t) + f_2(t) + f_4(t) = \frac{b}{a}r(t) - \frac{2b}{a}r(t-a) + \frac{b}{a}r(t-2a) \\ &= \frac{b}{a}tu(t) - \frac{2b}{a}(t-a)u(t-a) + \frac{b}{a}(t-2a)u(t-2a) \end{aligned} \tag{2-5-19}$$

식(2-5-19)의 Laplace 변환에 의한 표현방법은 다음과 같다.

$$F(s) = \frac{b}{a}\left\{\frac{1}{s^2} - 2\frac{1}{s^2}e^{-as} + \frac{1}{s^2}e^{-2as}\right\} = \frac{b}{a}\frac{1}{s^2}(1-e^{-as})^2 \tag{2-5-20}$$

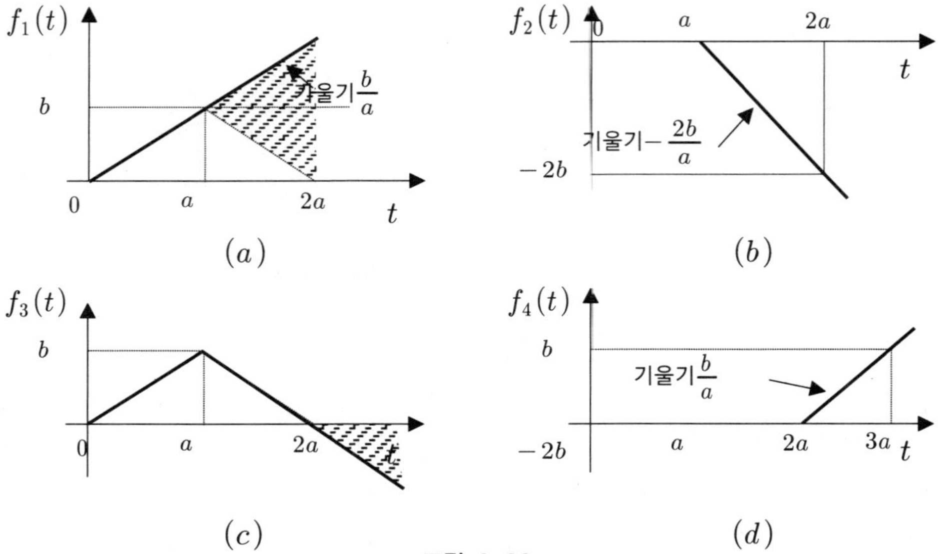

그림 2-33

삼각파(triangular wave, chopping wave)

- triangular wave : 삼각형 모양의 파형, 또는 삼각형 모양이 주기적으로 반복되는 파형. 일반적으로 삼각형의 두 변에 해당하는 상향 빗변과 하향 빗변의 기울기가 다른 경우도 포함된다. 비사인파 교류 성분인 비사인파의 고조파 중에서 삼각파는 대표적인 예이다.
- chopping wave : 파랑 중에서 파향(波向)이나 파형이 교란받아 극단적으로 파의 봉우리가 뾰족해 져서 험도가 높은 대파의 속칭. 보통 볼 수 있는 파랑은 파의 봉우리가 어느 정도의 길이를 가진다. 그러나 두 방향에서 오는 파가 중합되면 해면이 복잡한 상태가 되고 삼각파가 나타나기 쉽다. 삼각파는 태풍의 진행방향에서 우측 후방 반원이나 발달한 저기압에 수반한 한랭전선이 통과한 뒤 풍향이 급격히 변화하여 생기는 것으로 알려져 있다. 삼각파가 일어나는 곳에서는 선박의 조종성이 나빠져 해난의 원인이 되기도 한다. 이 밖에 하구에서 파가 흐름을 거슬러 진행할 때도 소규모의 삼각파가 만들어진다.

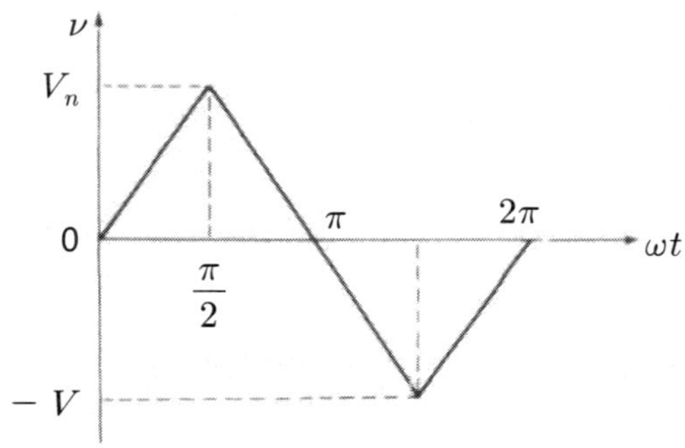

삼각파

예제 2-35

그림 2-34과 같은 3 각파형의 표현식을 구하고, Laplace 변환에 의한 표현방법을 구하여라.

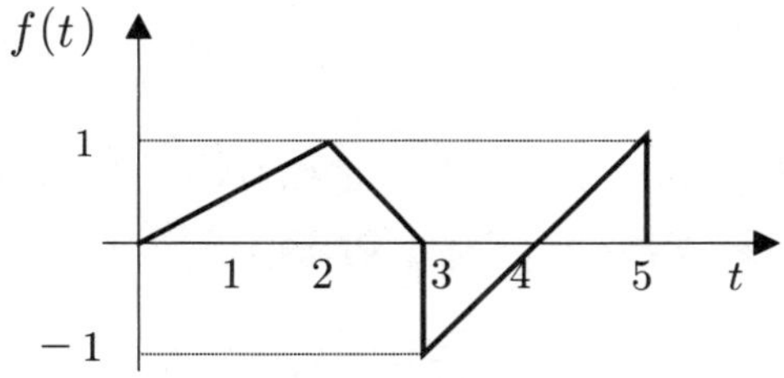

그림 2-34

풀이

3각 함수를 먼저 구성하면 다음과 같다.$(t=0)$

$t=0$에서 파형은 그림 2-35 (a)와 같다.

$$f_1(t)=\frac{1}{2}tu(t) \tag{2-5-21}$$

그림 2-35 (a)로 표시되는 파형에서 사선 친 부분을 제거하기 위하여 그림 2-35 (b)와 그림 2-35 (c)를 그림 2-35 (a)에 합성하면 그림 2-35 (d)의 파형을 얻는다. 그림 2-35 (b)와 그림 2-35 (c)의 표현수식은 각각 다음과 같다.

$$f_2(t)=-\frac{1}{2}(t-2)u(t-2) \tag{2-5-22}$$

$$f_3(t)=-(t-2)u(t-2) \tag{2-5-23}$$

그림 2-35 (d)에서 사선 친 부분을 제거하기 위하여

$$f_5(t)=(t-3)u(t-3) \tag{2-5-24}$$

으로 표시되는 그림 2-35 (e)의 파형을 그림 2-28 (d)에 합성함으로써 그림 2-35 (f)와 같은 파형이 구성되며 표현방법은 다음과 같다.

$$\begin{aligned} f_6(t) &= f_1(t)+f_2(t)+f_3(t)+f_5(t) \\ &= \frac{1}{2}tu(t)-\frac{3}{2}(t-2)u(t-2)+(t-3)u(t-3) \end{aligned} \tag{2-5-25}$$

다음은 시간 $t=3\sim5$에서 파형은 다음과 같이 구해진다. 즉,

$$f_7(t) = -u(t-3) \qquad (2\text{-}5\text{-}26)$$

으로 표시되는 그림 2-35 (g)에서 사선 친 부분을 제거하기 위하여

$$f_8(t) = (t-3)u(t-3) \qquad (2\text{-}5\text{-}27)$$

로 표시되는 그림 2-35 (h)의 파형을 합성하면 그림 2-35 (i)의 파형을 얻으며, 이 파형에서 사선 친 부분을 제거하기 위하여

$$f_{10}(t) = -(t-5)u(t-5) \qquad (2\text{-}5\text{-}28)$$

로 표시되는 그림 2-35 (j)의 파형과

$$f_{11}(t) = -u(t-5) \qquad (2\text{-}5\text{-}29)$$

로 표시되는 그림 2-35 (k)의 파형을 그림 2-28 (i)에 합성하면 그림 2-35 (l)의 파형을 얻으며 표현방법은 다음과 같다.

$$\begin{aligned} f_{12}(t) &= f_7(t) + f_8(t) + f_{10}(t) + f_{11}(t) \\ &= -u(t-3) + (t-3)u(t-3) - (t-5)u(t-5) - u(t-5) \qquad (2\text{-}5\text{-}30) \end{aligned}$$

따라서, 그림 2-34의 파형은 식(2-5-25)와 식(2-5-30)로부터 표현방법은 다음과 같다.

$$\begin{aligned} f(t) = &\frac{1}{2}tu(t) - \frac{3}{2}(t-2)u(t-2) + 2(t-3)u(t-3) \\ &- u(t-3) - (t-5)u(t-5) - u(t-5) \qquad (2\text{-}5\text{-}31) \end{aligned}$$

이 식의 Laplace 변환에 의한 표현방법은 다음과 같다.

$$\begin{aligned} F(s) &= \frac{1}{2s^2} - \frac{3}{2}\frac{1}{s^2}e^{-2s} + \frac{2}{s^2}e^{-3s} - \frac{1}{s}e^{-3s} - \frac{1}{s^2}e^{-5s} - \frac{1}{s}e^{-5s} \\ &= \frac{1}{2s^2}(1 - 3e^{-2s} + 4e^{-3s} - 2se^{-3s} - 2e^{-5s} - 2se^{-5s}) \\ &= \frac{1}{2s^2}[1 - 3e^{-2s} - 2(s-2)e^{-3s} + 2(s-1)e^{-5s}] \qquad (2\text{-}5\text{-}32) \end{aligned}$$

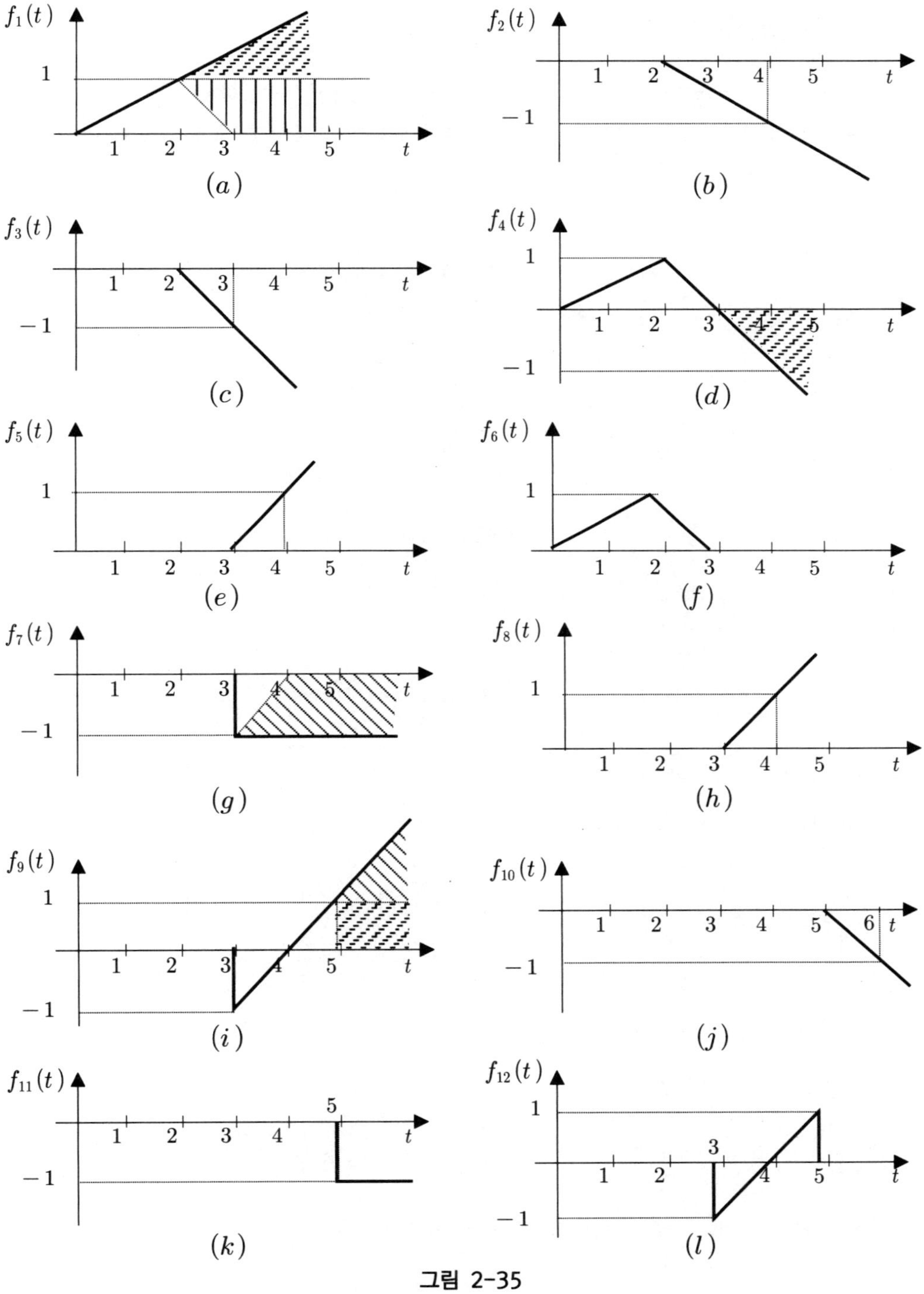
$f_1(t)$
$f_2(t)$
$f_3(t)$
$f_4(t)$
$f_5(t)$
$f_6(t)$
$f_7(t)$
$f_8(t)$
$f_9(t)$
$f_{10}(t)$
$f_{11}(t)$
$f_{12}(t)$
(a)
(b)
(c)
(d)
(e)
(f)
(g)
(h)
(i)
(j)
(k)
(l)

그림 2-35

2.5.3 사인파의 반파구성

가장 일반적인 파형으로는 사인파(sine), 방형파(square), 삼각파(triangular), 톱니파(sawtooth) 등이 있다. 보통 주기적 신호를 만들어 내는데 사용한다. 교류의 종류로는 사인파, 삼각파, 사각파 등이 있으며 그 중에서도 사인파가 가장 전형적인 교류라 할 수 있다.

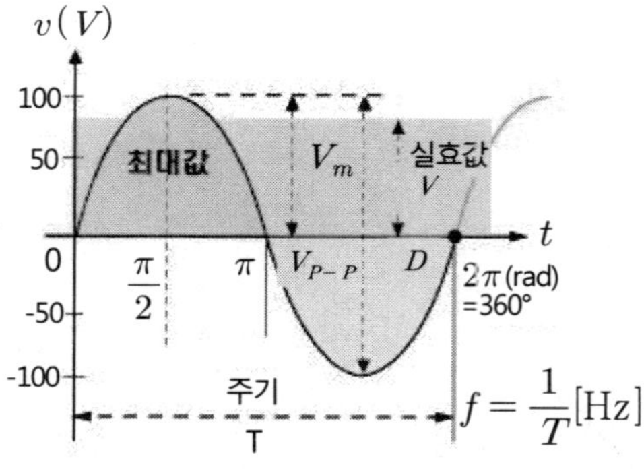

대표적인 사인파

그림 2-36 (c)에 나타낸 사인파의 반주기만의 파형을 구성하는 방법은 다음과 같다. 먼저 그림 2-36 (a)의 파형은

$$f_1(t) = A \sin wt \; u(t) \tag{2-5-33a}$$

이고 그림 2-36 (b)의 파형은 그림 2-36 (a)이 파형을 우측으로 $t=\frac{T}{2}$만큼 이동한 것이므로 추이정의를 적용하면 표현방법은 다음과 같다.

$$f_2(t) = A \sin w\left(t-\frac{T}{2}\right) u\left(t-\frac{T}{2}\right) \tag{2-5-33b}$$

식(2-5-33a)과 식(2-5-33b)의 사인파함수를 합성하면 그림 2-36 (c)와 같은 파형의 구성되며 표현방법은 다음과 같다.

$$\begin{aligned} f(t) &= f_1(t) + f_2(t) \\ &= A \sin wt \, u(t) + A \sin w\left(t-\frac{T}{2}\right) u\left(t-\frac{T}{2}\right) \end{aligned} \tag{2-5-34}$$

식(2-5-34)를 Laplace 변환하면 표현방법은 다음과 같다.

$$F(s) = \frac{Aw}{s^2+w^2} + \frac{Aw}{s^2+w^2} e^{-\frac{T}{2}} = \frac{Aw}{s^2+w^2}\left(1+e^{-\frac{T}{2}}\right) \tag{2-5-35}$$

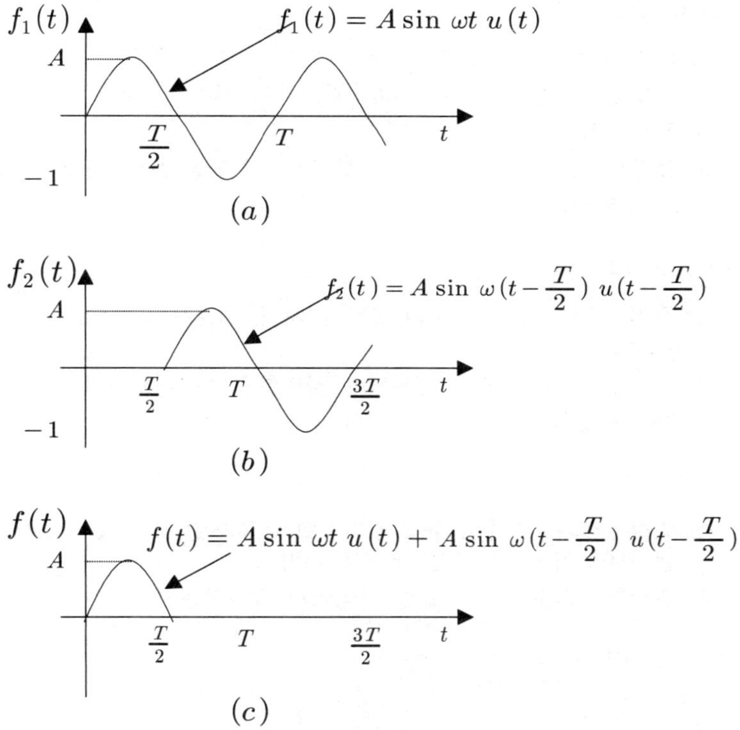

그림 2-36 사인파의 반파구성

사인파[sine wave]

- 파형이 사인 곡선이 되는 파. 발진기로부터 얻게 되는 교류 전압, 전류는 사인파에 가깝다. 또 교류 회로를 계산하는 경우의 교류 전원은 모두 사인파로 가정하고 있다.
- 파형과 사인파 교류

  ① 파형 : 전압, 전류 등이 시간의 흐름에 따라 변화하는 모양.

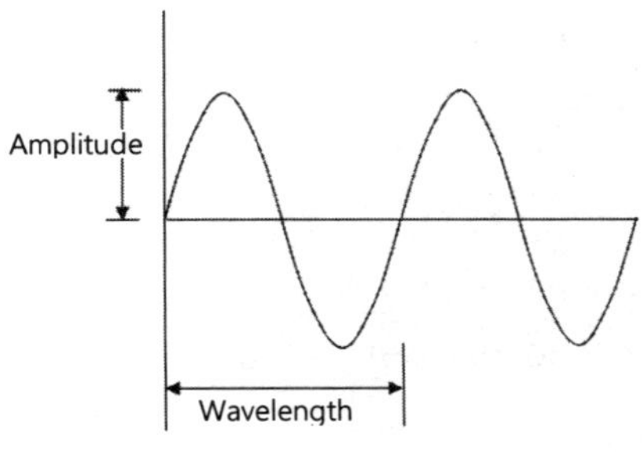

사인파

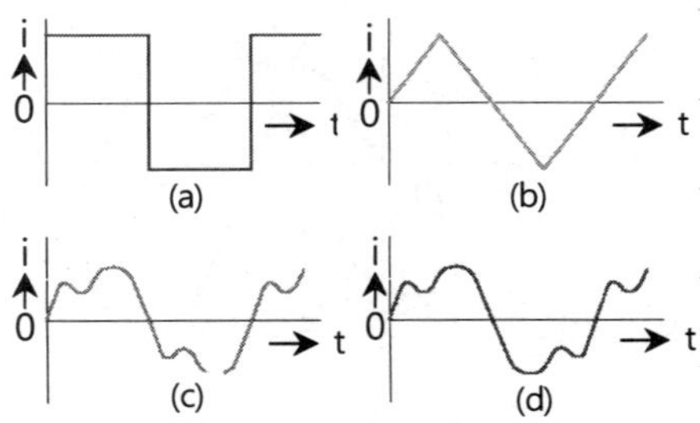

여러 가지 교류파형

- 사인파 교류의 발생

① 코일에 발생하는 전압 : $v=2Blu \sin \theta=V_m \sin\theta$[V]

② 호도법 : 각도를 라디안[rad]으로 나타냄. $\theta=l/r$ [rad]

③ 각도 : $180°=\pi$ [rad]

④ 회전각 : $\theta=\omega t$ [rad](각속도 : 회전체가 1초 동안에 회전한 각도, 기호는 ω, 단위는[rad/s])

- 주기와 주파수

① 주기 : 1사이클의 변화에 요하는 시간, 기호는 T, 단위는 [s], $T=2\pi/\omega =1/f$[s]

② 주파수 : 1초 동안에 반복되는 사이클의 수. 기호는 f, 단위는 헤르츠 [Hz], $f=1/T$[Hz], $\omega=2\pi/T=2\pi f$[Hz]

- 위상과 위상차

① 위상 : 주파수가 동일한 2개 이상의 교류가 존재할 때 상호간의 시간적인 차이. 각속도로 표현, $\theta=\omega t$ [rad]

② 위상차 : 2개 이상의 교류 사이에서 발생하는 위상의 차.

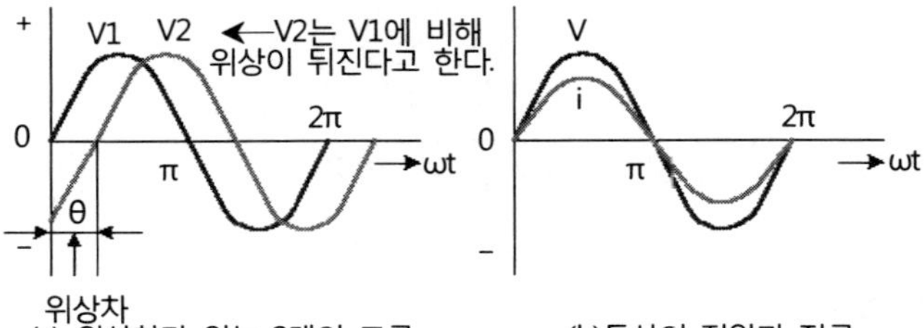

(a) 위상차가 있는 2개의 교류 (b)동상의 전압과 전류

교류의 위상과 위상차

③ 동상 : 동일한 주파수에서 위상차가 없는 경우.

④ 위상차와 교류 표시 → 뒤진교류 : $v=V_m \sin(\omega t -\theta)$[V], 앞선교류 : $v=V_m \sin(\omega t +\theta)$[V]

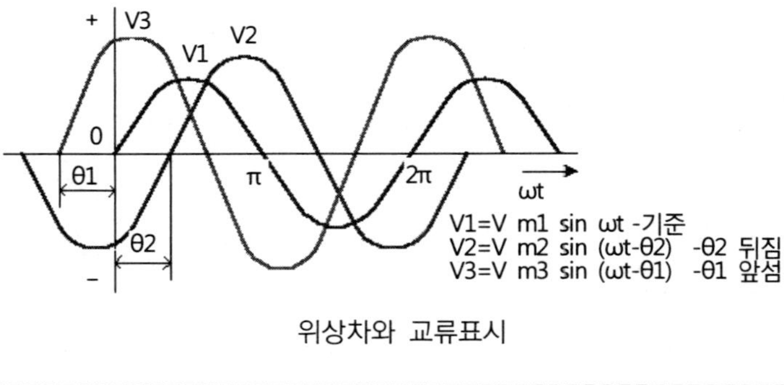

위상차와 교류표시

예제 2-36

다음 파형들의 표현식을 구하고, Laplace 변환 표현방법을 구하시오.

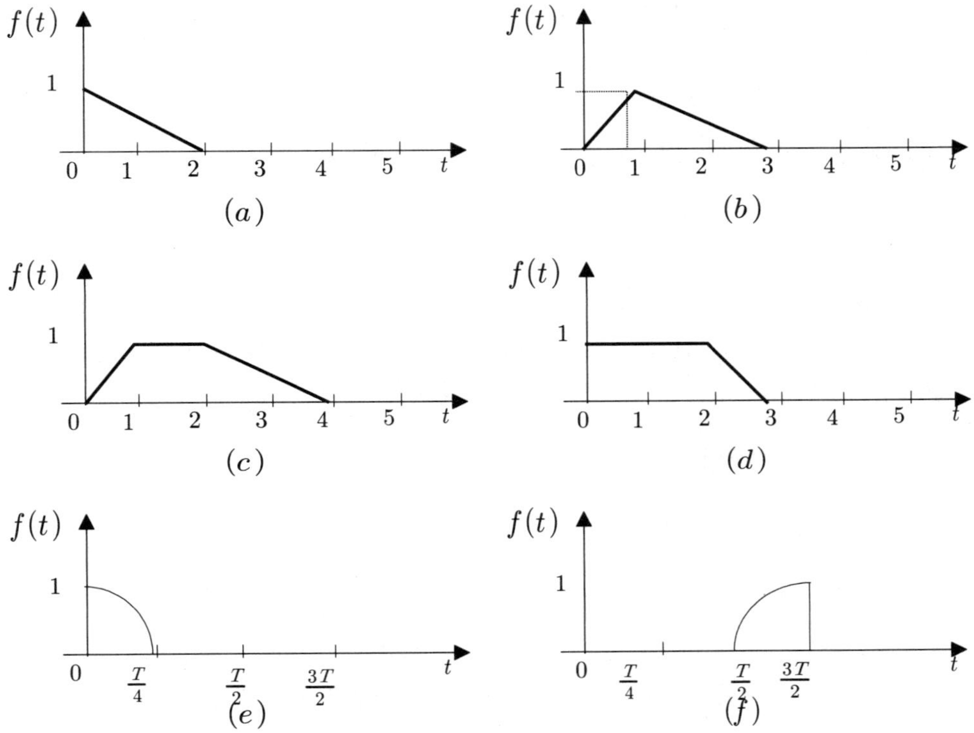

그림 2-37

풀이

① 그림 2-38 (a)의 단위 계단파형 $f_1(t)=u(t)$에서 사선 친 부분을 제거하기 위하여 다음식과 같이 표현되는 그림 2-38 (b)를 합성하면 그림 2-38 (c)의 파형이 구성된다.

$$f_2(t)=-\frac{1}{2}tu(t) \tag{2-5-36}$$

그림 2-38 (c) 파형에서 사선 친 부분을 제거하기 위하여

$$f_2(t)=-\frac{1}{2}(t-2)u(t-2) \tag{2-5-37}$$

로 표시되는 그림 2-38 (d)의 파형을 그림 2-38 (c)에 합성하면 그림 2-37

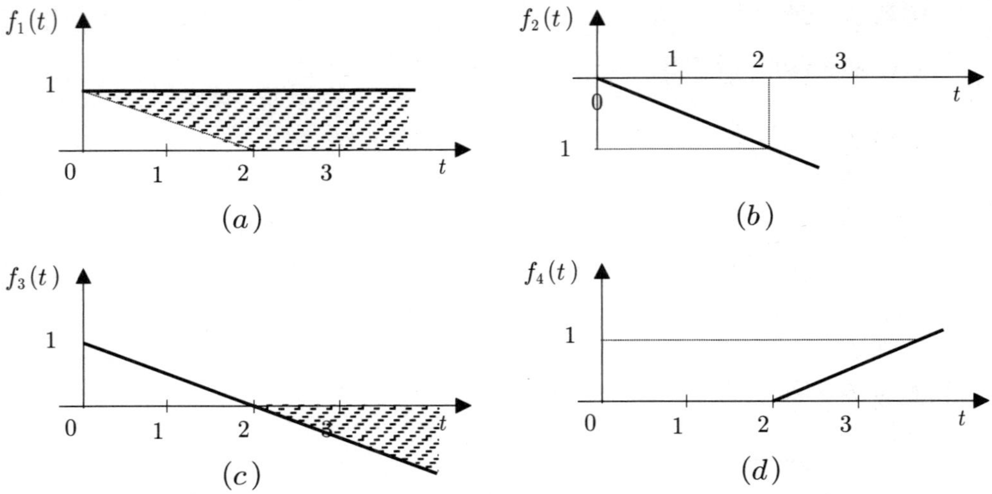

그림 2-38

(a)의 파형이 구성되며 표현식은 다음과 같다.

$$f(t) = f_1(t) + f_2(t) + f_4(t)$$

$$= u(t) - \frac{1}{2}tu(t) + \frac{1}{2}(t-2)u(t-2) \qquad (2\text{-}5\text{-}38)$$

상기식의 Laplace 변환에 의한 표현방법은 다음과 같다.

$$F(s) = \frac{1}{s} - \frac{1}{2s^2} + \frac{1}{2s^2}e^{-2s} = \frac{1}{2s^2}(2s - 1 + e^{-2s}) \qquad (2\text{-}5\text{-}39)$$

② $f_1(t) = tu(t)$로 표시되는 그림 2-39 (a)에서 사선 친 부분을 제거하기 위하여

$$f_2(t) = -(t-1)u(t-1) \qquad (2\text{-}5\text{-}40)$$

로 표시되는 그림 2-39 (b)와

$$f_3(t) = -\frac{1}{2}(t-1)u(t-1) \qquad (2\text{-}5\text{-}41)$$

로 표시되는 그림 2-39 (c)를 그림 2-39 (a)에 합성하면 그림 2-39 (d)와 같이 구성되고, 이 파형에서 사선 친 부분을 제거하기 위하여

$$f_5(t) = -\frac{1}{2}(t-3)u(t-3) \qquad (2\text{-}5\text{-}42)$$

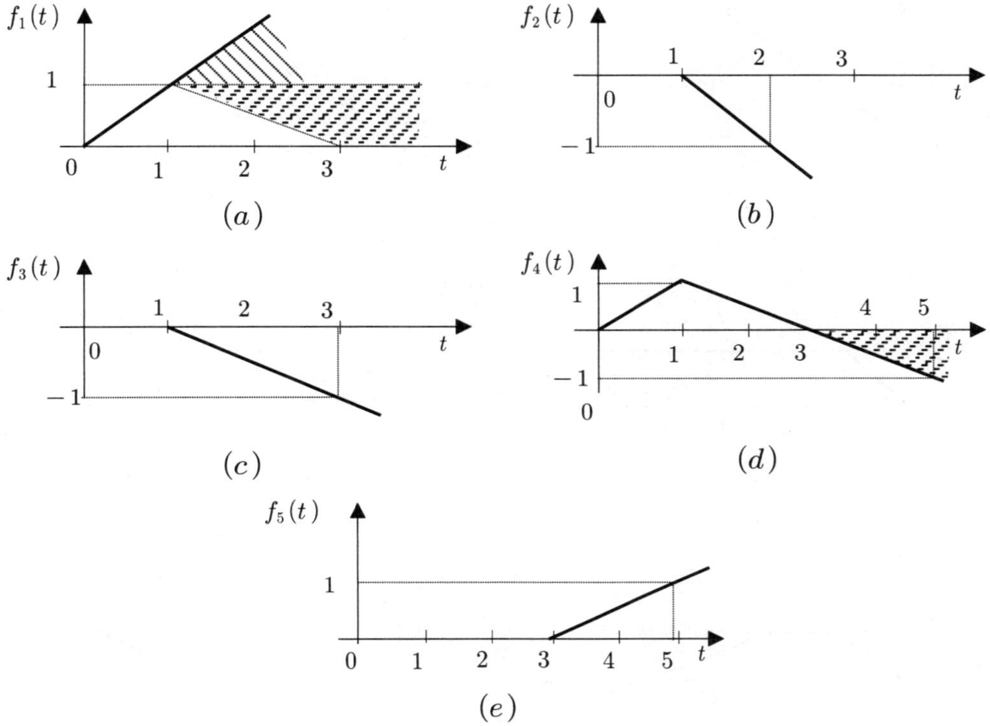

그림 2-39

으로 표시되는 그림 2-39 (e)를 그림 2-39 (d)에 합성하면 구하고자 하는 그림 2-37(b)의 파형을 얻으며 이 파형의 표현식은 다음과 같다.

$$f(t) = f_1(t) + f_2(t) + f_3(t) + f_5(t)$$

$$= tu(t) - \frac{3}{2}(t-1)u(t-1) + \frac{1}{2}(t-3)u(t-3) \qquad (2\text{-}5\text{-}43)$$

이며 Laplace 변환 표현방법은 다음과 같다.

$$F(s) = \frac{1}{s^2} - \frac{3}{2s^2}e^{-s} + \frac{1}{2s^2}e^{-3s} = \frac{1}{2s^2}(2 - 3e^{-s} + e^{-3s}) \qquad (2\text{-}5\text{-}44)$$

③ $f_1(t) = tu(t)$로 표시되는 그림 2-40 (a)에서 사선 친 부분을 제거하기 위하여

$$f_2(t) = -(t-1)u(t-1) \qquad (2\text{-}5\text{-}45)$$

로 표시되는 그림 2-40 (b)를 합성하면 그림 2-40 (c)가 구성된다. 그림 2-40 (c)의 파형에서 사선 친 부분을 제거하기 위하여

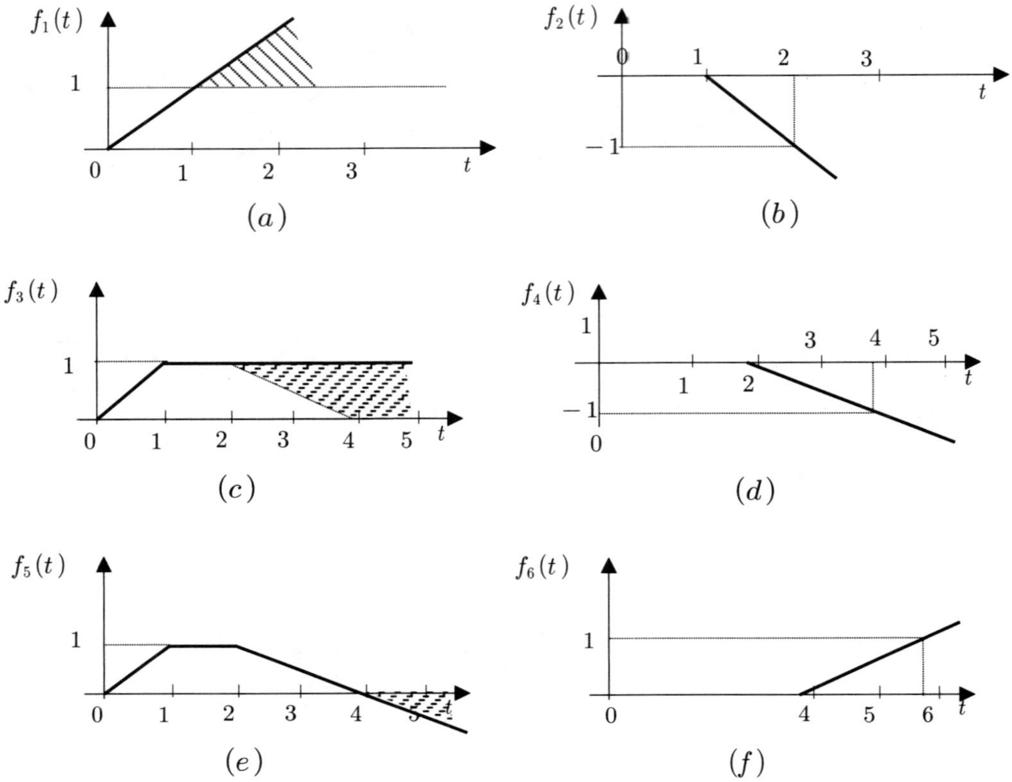

그림 2-40

$$f_4(t) = -\frac{1}{2}(t-2)u(t-2) \tag{2-5-46}$$

로 표시되는 그림 2-40 (d)의 파형을 그림 2-40 (c)에 합성하면 그림 2-40 (e)의 파형이 구성되고, 이 파형에서 사선 친 부분을 제거하기 위하여

$$f_6(t) = \frac{1}{2}(t-4)u(t-4) \tag{2-5-47}$$

로 표시되는 그림 2-40 (f)의 파형을 그림 2-40 (e)에 합성하면 구하고자 하는 그림 2-37 (c)의 파형이 구성되고, 표현식은 다음과 같다.

$$\begin{aligned} f(t) &= f_1(t) + f_2(t) + f_4(t) + f_6(t) \\ &= tu(t) - (t-1)u(t-1) - \frac{1}{2}(t-2)u(t-2) + \frac{1}{2}(t-4)u(t-4) \end{aligned} \tag{2-5-48}$$

이 식의 Laplace 변환 표현방법은 다음과 같다.

$$F(s)=\frac{1}{s^2}-\frac{1}{s^2}e^{-s}-\frac{1}{2s^2}e^{-2s}+\frac{1}{2s^2}e^{-4s}$$

$$=\frac{1}{2s^2}(2-2e^{-s}-e^{-2s}+e^{-4s}) \qquad (2\text{-}5\text{-}49)$$

④ $f_1(t)=tu(t)$로 표시되는 그림 2-41 (a)에서 사선 친 부분을 제거하기 위하여

$$f_2(t)=-(t-2)u(t-2) \qquad (2\text{-}5\text{-}50)$$

로 표시되는 그림 2-41 (b)의 파형을 합성하면 그림 2-41 (c)가 된다. 이 파형에서 사선부분을 제거하기 위하여

$$f_4(t)=(t-3)u(t-3) \qquad (2\text{-}5\text{-}51)$$

로 표시되는 그림 2-41 (d)의 파형을 그림 2-41 (c)에 합성하면 구하고자 하는 그림 2-37 (d)의 파형이 구성되며, 표현식은

$$f(t)=f_1(t)+f_2(t)+f_4(t)$$

$$=tu(t)-(t-2)u(t-2)+(t-3)u(t-3) \qquad (2\text{-}5\text{-}52)$$

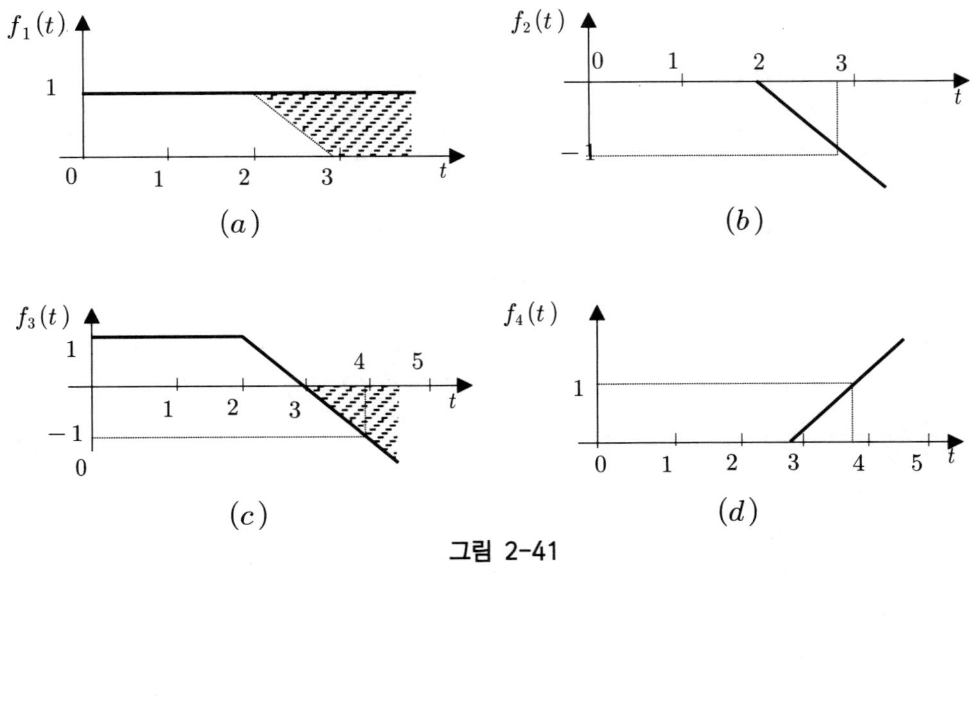

그림 2-41

이고, Laplace 변환에 의한 표현식은 다음과 같다.

$$F(s) = \frac{1}{s^2} - \frac{1}{s^2}e^{-2s} + \frac{1}{s^2}e^{-3s} = \frac{1}{s^2}(1 - e^{-2s} + e^{-3s}) \tag{2-5-53}$$

⑤ 그림 2-37 (e)의 파형을 구성하려면 다음과 같다.

$$f_1(t) = \cos wt\, u(t) \tag{2-5-54}$$

로 표시되는 그림 2-42 (a)에

$$f_2(t) = \sin w\left(t - \frac{T}{4}\right) u\left(t - \frac{T}{4}\right) \tag{2-5-55}$$

로 표시되는 그림 2-42 (b)를 합성하면 구하고자 하는 파형이 구성되고, 다음과 같이 나타낸다.

$$f(t) = \cos wt u(t) + \sin w\left(T - \frac{T}{4}\right) u\left(\frac{T}{4}\right) \tag{2-5-56}$$

이 식의 Laplace 변환에 의한 표현식은 다음과 같다.

$$F(s) = \frac{s}{s^2 + w^2} + \frac{w}{s^2 + w^2}e^{-\frac{T}{4}s} = \frac{1}{s^2 + w^2}\left(s + we^{-\frac{T}{4}s}\right) \tag{2-5-57}$$

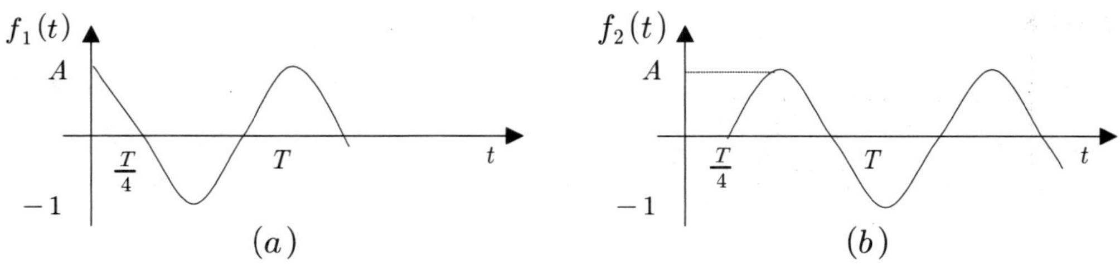

그림 2-42

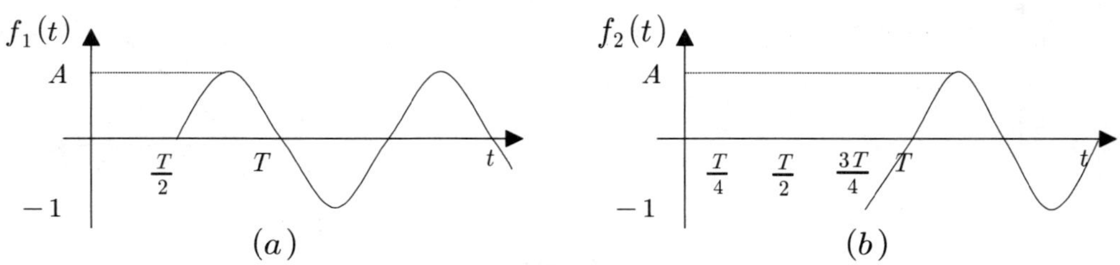

그림 2-43

⑥ 사인함수 $\sin wtu(t)$를 $\dfrac{T}{2}$만큼 추이하면

$$f_1(t) = \sin w\left(t - \frac{T}{2}\right)u\left(t - \frac{T}{2}\right) \tag{2-5-58}$$

로 표시되는 그림 2-43 (a)에 코사인함수 $-coswt\ u(t)$를 $\dfrac{3}{2}T$만큼 추이한

$$f_2(t) = -\cos w\left(t - \frac{3}{2}T\right)u\left(t - \frac{3}{2}T\right) \tag{2-5-59}$$

로 표시되는 그림 2-43 (b)를 합성하면 구하고자 하는 그림 2-37 (f)의 파형이 구성되고, 표현식은

$$f(t) = f_1(t) + f_2(t)$$

$$= \sin w\left(t - \frac{T}{2}\right)u\left(t - \frac{T}{2}\right) - \cos w\left(t - \frac{3}{2}T\right)u\left(t - \frac{3}{2}T\right) \tag{2-5-60}$$

로 표시되는, Laplace 변환에 의한 표현식은 다음과 같다.

$$F(s) = \frac{w}{s^2 + w^2}e^{-\frac{T}{2}s} - \frac{s}{s^2 + w^2}e^{-\frac{3}{2}Ts}$$

$$= \frac{1}{s^2 + w^2}\left(we^{-\frac{T}{2}s} - se^{-\frac{3}{2}Ts}\right) \tag{2-5-61}$$

Spectrum과 Full Spectrum

- 100여년 전에 Jean Baptiste Fourier 남작은 반복성이 있는 파형이라면 그 어떤 것이라도 사인파를 합성하여 만들어낼 수 있다는 점을 증명하였는데 이것을 바꾸어 말하면, 어떤 신호든지 이러한 사인파들로 분리해낼 수 있다는 말이다.
- 그림은 두 개의 사인파를 합성하여 만들어진 간단한 파형을 보여준다.

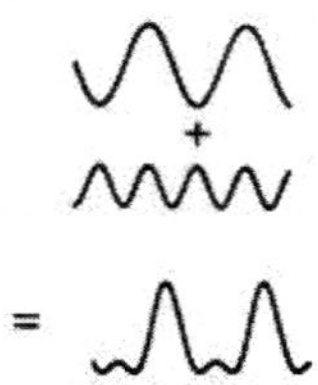

- 전통적으로 사람들은 시간영역에서 신호를 관찰해 왔다. 시간영역 자료는 어떤 변수가 시간에 따라 어떻게 변했는가에 대한 기록이다. 그림A는 이러한 사인파들을 삼차원 그래프로 나타낸 것이다. 서로 직각을 이루는 세 개의 축은 진폭, 시간, 주파수 축이다. 이 그래프를 시간과 진폭의 관점에서 보면 시간영역에서 자료를 관찰하는 것이 되고, 이는 사인파들의 합을 보게되는 것이다 (그림 B).
- 만일 이 그래프를 주파수와 진폭의 관점에서 보면 자료를 주파수 영역에서 관찰하는 것이 되고, 시간영역에서 보는 것과는 완전히 다른 그림을 보게되는데 흔히 이러한 Plot을 Spectrum Plot이라고 부른다 (그림 C). 주파수 영역에 나타나는 모든 사인파는 마치 이 사인파를 그 진행방향의 끝에서 바라본 것처럼 하나의 수직선으로 나타나는데, 이 수직선의 크기는 진폭을 나타내고, 그 위치는 주파수를 나타낸다.

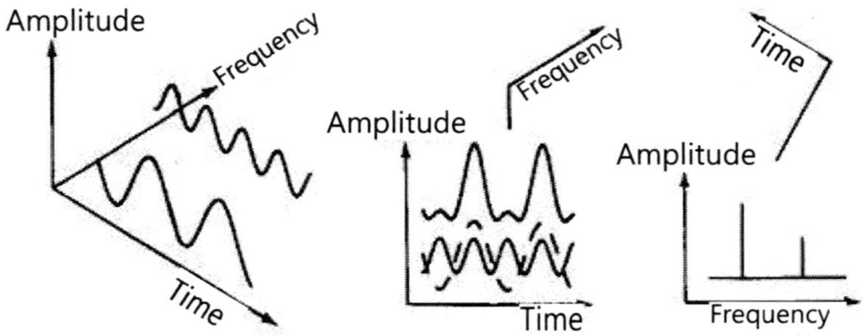

A) 시간, 주파수 및 진폭 B) 시간영역 C) 주파수영역
시간 영역과 주파수 영역간의 관계

- 최근 들어 세계적으로 Full(Plus And Minus) Spectrum Plot에 대한 관심이 증대되고 있다. Full Spectrum에 대한 연구는 벤틀리 네바다사(Bently Rotor Dynamics Research Corporation, Bently Nevada Corporation)에서 하고 있는 연구 외에 한국에서 연구중인 "Directional Power Spectrum"과 중국에서 연구중인 "Holo Spectrum" 등이 있다.
- Fast Fourier Transform (FFT)은 하나의 신호를 그 신호를 구성하고 있는 각 주파수 성분으로 분해하는 방법중의 하나로서, 자료를 시간영역에서 주파수 영역으로 바꾸는 수학적인 연산방식이다. 오늘날의 Microprocessor는 소형이지만 FFT를 수행하는데 충분한 성능을 가지고 있다. FFT를 수행하기 위해 입력, 계산과정, 계산결과를 나타내는데 복소수가 이용된다. 복소수는 Direct(Real) 부분과 Quadrature (Imaginary) 부분으로 구성되어 있다.

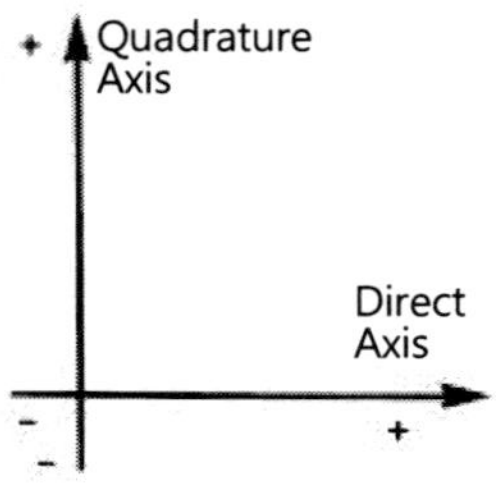

복소수 축

- 보통 무시되지만, 한가지 흥미 있는 것은 FFT의 특징이 주파수 영역의 출력이 실제로 양(Positive)의 주파수 성분과 음(Negative)의 주파수 성분을 모두 포함하고 있다는 것이다. 하나의 진동 변환기에서 수집된 시간영역 신호가 FFT 분석장비로 입력될 때, 그 신호는 일반적으로 Direct 부분의 입력으로 되고, Quadrature 부분의 입력은 "0"으로 설정된다. 이렇게 되면, FFT 분석장비는 음 주파수 부분의 스펙트럼이 양 주파수 부분의 스펙트럼과 동일한 스펙트럼을 만들게될 것이다. 이런 상황은 일반적인 경우인데, 이런 이유로 음의 주파수는 양의 주파수와 중복되는 정보를 가지게 되고 그래서 쓸모없는 정보로 간주되어 무시되게 된다.
- Full Spectrum을 이용하여 기계상태를 진단할 때도 반대방향만 제외하고는 동일한 개념을 적용할 수 있다. 실제 기계는 Orbit에 나타나는 것과 동일하게 움직인다. 축의 회전방향과 같은 방향으로 회전하는 진동성분인 벡터 A와 반대방향으로 회전하는 진동성분인 벡터 B는 각각 동일한 Orbit을 만들어내는 FFT 계산의 결과이다.

2.5.4 주기함수

그림 2-44은 $f(t)$가 주기 T를 갖는 주기함수로서 $f_1(T)$, $f_2(T)$, $\cdots$, $f_n(t)$를 첫 번째 주기, 두 번째 주기, $\cdots$, n번째 주기를 표시하는 파형이라 하면 다음과 같이 나타낸다.

$$
\begin{aligned}
f(t) &= f_1(t)+f_2(t)+\cdots f_n(t)+ \\
&= f_1(t)u(t)+f_1(t-T)u(t-T)+f_1(t-2T)u(t-2T)+ \\
&\quad \cdots+f_1[t-(n-1)T]u[t-(n-1)T] \qquad (2\text{-}5\text{-}62)
\end{aligned}
$$

즉 두 번째 주기의 파형 $f_2(t)$는 첫 번째 파형 $f_1(t)$를 주기 T만큼 오른쪽으로 이동한 것과 같으며, $f_3(t)$의 파형은 $f_1(t)$를 $2T$만큼 오른쪽으로 이동한 것과 같다.

따라서, 첫 번째 주기의 파형 $f_1(t)$의 Laplace 변환이 $F_1(s)$라면 $f_2(t)$, $f_3(t)$, $\cdots$, $f_n(t)$의 Laplace 변환은

$$
\begin{aligned}
F_1(s) &= \mathcal{L}[f_1(t)] \\
F_2(s) &= \mathcal{L}[f_2(t)] = \mathcal{L}[f_1(t-T)] = F_1(s)e^{-Ts} \\
F_3(s) &= \mathcal{L}[f_3(t)] = \mathcal{L}[f_1(t-2T)] = F_1(s)e^{-2Ts} \\
&\vdots \qquad\quad \vdots \qquad\qquad\quad \vdots \\
F_n(s) &= \mathcal{L}[f_n(t)] = \mathcal{L}[f_1\{t-(n-1)T\}] = F_1(s)e^{-(n-1)Ts} \qquad (2\text{-}5\text{-}63)
\end{aligned}
$$

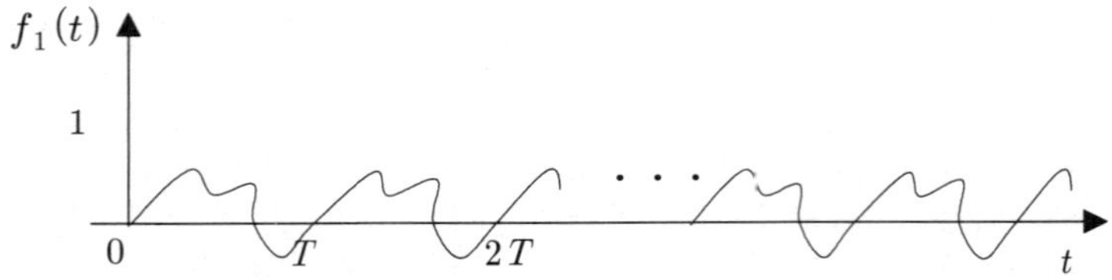

그림 2-44

이므로 식 (2-5-63)의 Laplace 변환은

$$F(s)=\int_{0}^{\infty} f(t)e^{-st}dt=\int_{0}^{T} f_1(t)e^{-st}dt+\int_{0}^{2T} f_2(t)e^{-st}dt+\cdots$$

$$=(1+e^{-Ts}+e^{-sTs}+\cdots)\int_{0}^{T} f_1(t)e^{-st}dt$$

$$=(1+e^{-Ts}+e^{-2Ts}+\cdots)F_1(s)=\frac{1}{1-e^{-Ts}}F_1(s) \qquad (2\text{-}5\text{-}64)$$

즉, 주기함수의 Laplace 변환을 첫 번째 주기 함수의 변환 $F_1(s)$에 $1/(1-e^{-Ts})$배한 것과 같다.

희토류 금속의 종류와 자원전쟁

- 희토류 원소(rare earth elements)는 주기율표의 17개 화학 원소의 통칭으로, 스칸듐(Sc)과 이트륨(Y),그리고 란타넘(La)부터 루테튬(Lu)까지의 란타넘족 15개 원소를 포함해 총 17개의 원소로 이루어진 원소의 총칭. 종종 악티늄족 원소를 포함시키는 경우도 있다.

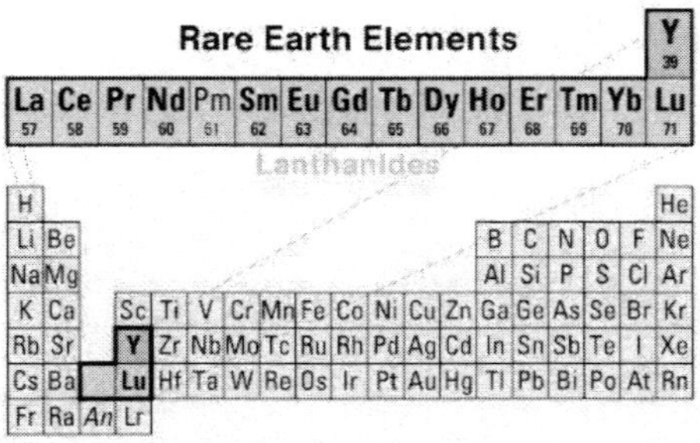

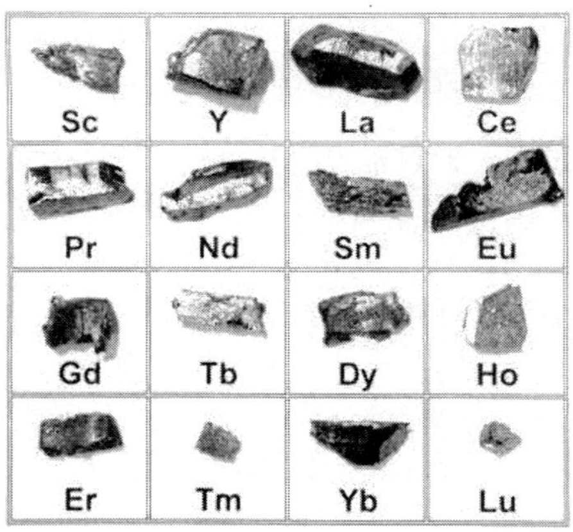

희토류 금속은 어디에 있나

- 희토류라는 이름이 붙기는 했으나, (불안정 원소인 프로메튬을 제외하면) 지구의 지각에 상대적으로 풍부하게 분포한다. 세륨은 68 ppm으로, 지각을 구성하는 원소 중 25번째로 풍부한 원소로 구리와 비슷한 양이고 납보다 3배 정도 더 풍부하다. 인공적으로 만들어진 프로메튬을 제외하고는 그 양이 가장 적은 툴륨도 은·금·백금보다 더 풍부하다.
- 여러 희토류 금속은 운석이나 달 표면, 태양 내부에서 발견된다. 수많은 다른 별들의 스펙트럼을 관찰하면 그 별들에는 태양계보다 실제로 더 많은 양의 희토류 금속이 있다고 여겨진다. 그러나 지구화학적 성질로 인해, 희토류 원소는 경제성 있는 농축된 형태로는 거의 산출되지 않는다. 광물 형태로는 희귀한 원소이므로 "희토류"라는 이름이 붙게 되었다. 모든 이들 광물들은 다양한 희토류 원소와 비금속의 혼합물로 이루어져 있다. 희토류 금속의 주된 원천이 되는 광물은 모나자이트와 배스트뇌사이트이다.
- 희토류 원소를 포함한 광물 중 처음 발견된 건 스웨덴의 위테르뷔에서 발견된 가돌리나이트이다. 많은 희토류 원소가 위테르비의 지명에서 기원한 이름을 가지고 있다.

희토류 금속의 물리적 성질

- 물리적 성질을 기준으로 보면 각 희토류 원소들이 처음에 생각된 것만큼 서로 유사하지는 않다. 예를 들어 루테튬의 녹는점(1,663℃)은 란탄의 녹는점(920℃)과 매우 다르며 1,000℃에서 이테르븀과 유로퓸의 증기압은 란탄과 세륨의 증기압의 100만 배나 크다. 그렇지만 희토류 금속들, 특히 원자번호가 58~71인 원소들은(이들을 총칭하여 란탄족 계열이라고 함) 몇 가지 공통된 특징을 가지고 있다. 세륨·프라세오디뮴·네오디뮴·유로퓸은 모두 공기 중에서 쉽게 부식된다. 또한 특징적으로 소량의 비금속 물질이 첨가되면 이러한 성질들이 더 강해진다. 예를 들어 가벼운 란탄족 계열의 금속들은 칼슘이나 마그네슘이 있을 경우 훨씬 더 빨리 부식된다. 희토류 원소는 원자구조가 일반적으로 유사하기 때문에 이들은 화학적으로도 매우 유사하다. 이들 모두가 최외각에 3개의 전자를 가지고 있기 때문에 화합물에서 이들 원소의 산화수는 3이다. 이들은 비금속 원소와 직접 결합해 매우 안정한 붕소화물·탄화물·산화물과 다른 여러 이성분 화합물을 만든다.

세계의 희토류 산출량 (1950~2000)

- 1948년까지는 인도와 브라질의 모래 광산이 희토류의 주요 생산지였다. 1950년대 들어 남아프리카 공화국이 새로운 희토류의 주요 산지로 떠올랐다. 1960년대에서 1980년대까지는 미국 캘리포니아 주 남부의 마운틴패스 광산이 주 산지였다. 현재 인도와 남아프리카 공화국에서도 희토류 원소가 산출되기는 하지만, 대부분은 중국에서 생산된다. 중국은 세계 희토류 원소 공급의 97%를 차지하며, 대부분 내몽골 지역에서 산출된다.

희토류는 어디에 쓰일까?

- 전 세계 희토류 소비의 30%는 일단 영구자석을 만드는 데 쓰인다. 80년대 일본 기술진이 희토류의 하나인 네오디뮴을 이용해 영구자석을 만들기 시작했다. 기존에 철로 만든 영구자석보다 2배 이상 강해 자기장을 만들기에 엄청 좋았고 결국 현재는 자석시장의 80%를 차지하기에 이르렀다.
- 모터에 자석이 들어간다. 전기모터를 사용하는 모든 기계에 희토류로 만든 자석이

쓰이니.. 그 사용량이 어마어마할 것이다. 특히 요즘의 핫 이슈인 전기자동차와 수소 자동차는 희토류가 없으면 만들 수가 없다.

- 또한 희토류는 디스플레이에도 많이 쓰인다. LCD를 비롯한 디스플레이들은 내부 산화물에 발광물질 입자를 넣어 빛을 내는 것이 가장 기본적인 원리 중 하나이다.
- 희토류가 아닌 다른 발광물질들은 산화물에 들어가면 화학적 변형이 일어나 시간이 지나면서 빛의 선명함이 퇴색한다.
- 하지만, 희토류 원소들은 전자궤도가 독특해 결정 속에 들어가거나 물질에 녹을 때에도 희토류 원소의 고유한 성질을 유지한다. 즉 산화물 속에서도 원래의 스펙트럼대로 빛을 내게 되므로, 이러한 강점으로 희토류는 디스플레이 업계에서 독보적인 위치를 차지하고 있다.

희토류 금속 전쟁

- 세계적으로 암묵적인 자원전쟁을 펼치고 있는 시점에 가장 선두에 올라와 있는 자원이 희토류이다. 이 희토류 생산의 90%이상을 중국이 공급하고 있다.
- 얼마 전 중국이 일본과 어선 분쟁이 있을 때 희토류 공급을 중단하는 강경책을 내자, 일본이 꼬리를 내린 사건으로 자원 무기화 논란이 일면서 주목을 끌게 되었다.
- 이런 상황에서 세계 각국은 희토류 확보에 열을 올리고 있고, 우리나라에서도 대책을 내놓아서 주목이 되고 있다. 희토류를 채굴하는 것이 아닌 바닷물에서 얻겠다는 것이다.
- 바닷물에는 마그네슘·나트륨 등 77종의 광물질이 녹아 있고 이 중에는 리튬과 같은 희토류도 들어 있는데, 리튬 함유량은 바닷물 1t에 0.17g 정도 포함하고 있다. 이 리튬을 선택적으로 추출해 가공하는 것이 리튬 해수광산의 원리라는 것이다.

바닷물에서 리튬을 추출하는 방식

❶ 바닷물 1 t에 리튬 0.17 g 존재

❷ 흡착제로 바닷물에서 리튬만 흡착

❸ 흡착제에서 리튬을 분리

❹ 정제해 고순도 리튬 생산

- 그림은 바닷물에서 리튬을 추출하는 방법이다. 지질자원연구원은 해수에 미량 녹아 있는 리튬을 선택적으로 추출하는 고성능 흡착제 제조기술을 개발했고 이 흡착제를 열흘 정도 바닷물에 담가두었다가 꺼내 화학처리를 하면 고순도의 리튬을 얻을 수 있다는 것이다. 이 기술을 개발한 것은 일본에 이어 세계 두 번째이지만 일본 기술보다 효율이 30% 높다는 점이 강점이라고 한다. 이 기술을 이용해 실험실 비커에서 리튬을 추출하는 단계에서 본격적인 상업 생산으로 가는 첫 단추를 끼우는 것이 강릉 앞바다 해양플랜트 건설이다.

예제 2-37

그림 2-45과 같은 주기파형들의 함수식을 구하고, Laplace 변환을 하라.

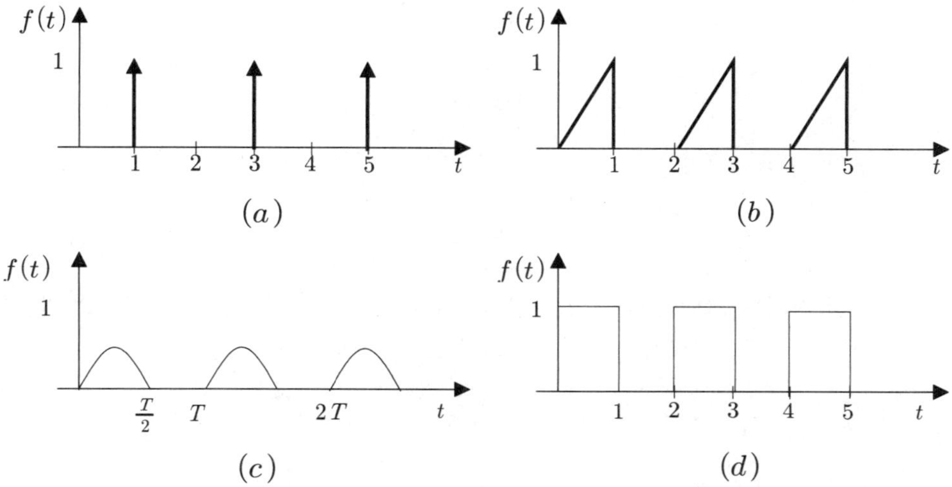

그림 2-45

풀이

① 그림 2-45 (a)의 주기는 $T=2$이며, 한 주기의 파형의 표현식은

$$f_a(t)=\delta(t-1),\quad F_a(t)=\mathcal{L}\,[\delta(t-1)]=e^{-s}$$

이므로 식(2-5-64)를 적용하면

$$F(s)=\frac{1}{1-e^{-Ts}}F_a(s)=\frac{e^{-s}}{1-e^{-2s}} \tag{2-5-65}$$

② 그림 2-45 (b)의 주기는 $T=2$이고, 한 주기의 파형의 표현식은 다음과 같이 구해진다.

$$f_1(t)=tu(t) \tag{2-5-66}$$

로 표시되는 그림 2-46 (a)에서 사선 친 부분을 제거하기 위하여

$$f_2(t)=-(t-1)u(t-1) \tag{2-5-67}$$

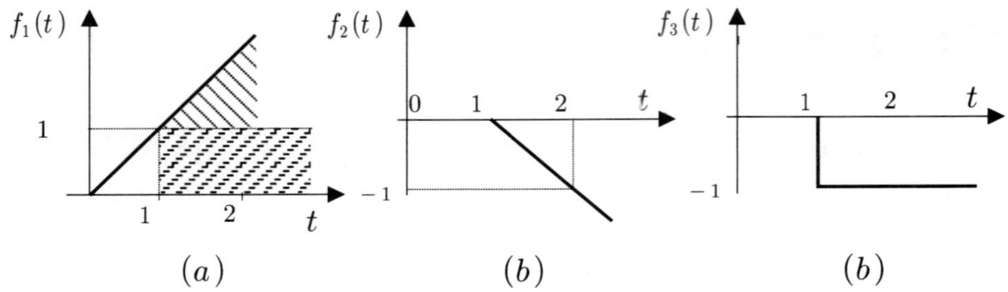

그림 2-46

로 표시되는 그림 2-46 (b)와

$$f_3(t) = -u(t-1) \tag{2-5-68}$$

로 표시되는 그림 2-46 (c)를 그림 2-46 (a)에 합성하면 그림 2-45 (b)의 첫째 주기의 파형 $f_a(t)$가 구성되며 표현식은

$$f_a(t) = f_1(t) + f_2(t) + f_3(t) = tu(t) - (t-1)u(t-1) - u(t-1) \tag{2-5-69}$$

이며, 이 식의 Laplace 변환은

$$f_a(s) = \frac{1}{s^2} - \frac{1}{s^2}e^{-s} - \frac{1}{s}e^{-s} = \frac{1}{s^2}\{1-(s+1)e^{-s}\} \tag{2-5-70}$$

이므로 그림 2-45 (b)이 Laplace 변환식은 식(2-5-64)를 적용하면 다음과 같다.

$$F(s) = \frac{1}{1-e^{-Ts}}F_{a(s)} = \frac{1}{(1-e^{-2s})s^2}\{1-(s+1)e^{-s}\} \tag{2-5-71}$$

③ 그림 2-45 (c)의 주기는 2π이고, $t = 0 \sim 2\pi$ 사이의 한 주기의 파형의 표현식은 다음과 같이 구해진다.

$$f_1(t) = \sin wtu(t) \tag{2-5-72}$$

로 표시되는 그림 2-47 (a)를 우측으로, $t = \frac{T}{2}$만큼 이동하면

$$f_2(t) = \sin w\left(t - \frac{T}{2}\right)u\left(t - \frac{T}{2}\right) \tag{2-5-73}$$

로 표시되며, 그림 2-47 (b)와 같고, 이 파형과 그림 2-47 (a)를 합성하면, 그림 2-45 (c)의 첫째 파형 $f_a(t)$가 구성되고

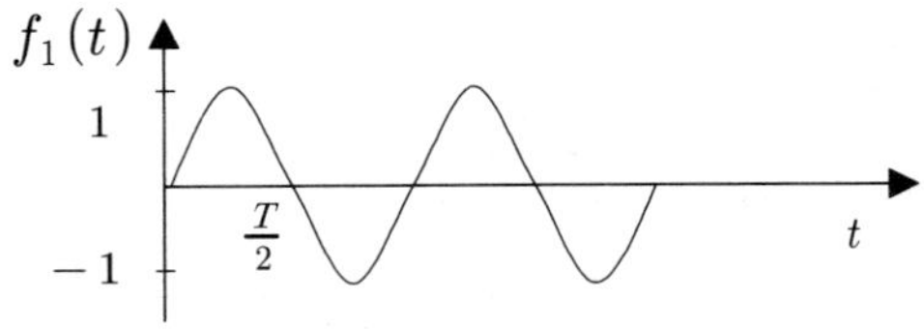

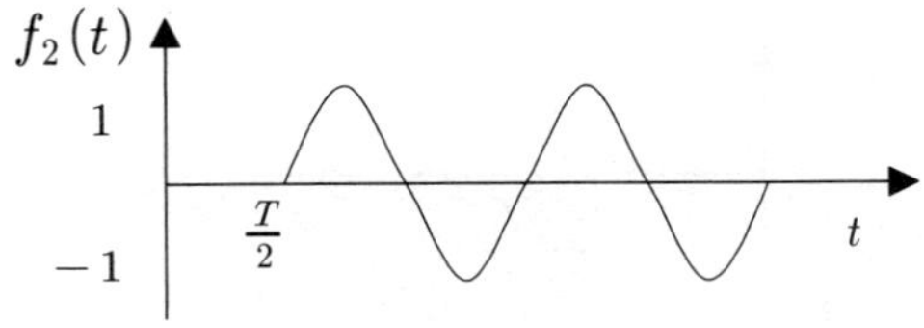

그림 2-47

$$f_a(t) = f_1(t) + f_2(t) = \sin wtu(t) + \sin w\left(t - \frac{T}{2}\right) u\left(t - \frac{T}{2}\right) \tag{2-5-74}$$

로 표시된다. 이 식을 Laplace 변환하면

$$F_a(s) = \frac{w}{s^2 + w^2} + \frac{w}{s^2 + w^2} e^{-\frac{T}{2}s} = (1 + e^{-\frac{T}{2}s}) \frac{w}{s^2 + w^2} \tag{2-5-75}$$

이미로 그림 2-45 (c)의 파형의 Laplace 변환식은 식(2-5-64)를 적용하면 다음과 같다.

$$F(s) = \frac{1}{1 - e^{-Ts}} F_a(s) = \frac{1 + e^{-\frac{T}{2}s}}{1 - e^{-Ts}} \frac{w}{s^2 + w^2}$$

④ 그림 2-45 (d)이 주기는 $T = 2$이고, 첫 번째 주기의 펄스파형의 표현식은 다음과 같이 구해진다.

$$f_1(t) = u(t) \tag{2-5-76}$$

로 표시되는 그림 2-48 (a)의 파형에서 사선친 부분을 제거하기 위하여

$$f_2(t) = -u(t-1) \tag{2-5-77}$$

로 표시되는 그림 2-48 (b)를 합성하면 그림 2-45 (d)의 첫 번째 주기의 파형 $f_a(t)$가 얻어지고, 다음과 같이 나타낸다.

$$f_a(t) = f_1(t) + f_2(t) = u(t) - u(t-1) \tag{2-5-78}$$

이 식의 Laplace 변환은

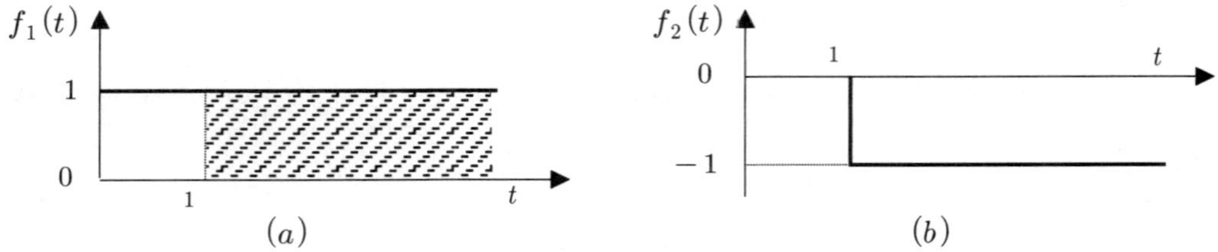

그림 2-48

$$F_a(s) = \frac{1}{s} - \frac{1}{s}e^{-s} = \frac{1}{s}(1 - e^{-s}) \tag{2-5-79}$$

이고, 그림 2-45 (d)의 파형의 Laplace 변환식은 식(2-5-64)을 적용하면 다음과 같다.

$$F(s) = \frac{1}{1 - e^{-Ts}} F_a(s) = \frac{1 - e^{-s}}{(1 - e^{-2s})s} \tag{2-5-80}$$

라플라스 변환

성 질	관 련 식
선형성	$\mathcal{L}\{af(t) + bg(t)\} = aF(s) + bG(s)$
미분	$\mathcal{L}\left\{\frac{d}{dt}f(t)\right\} = sF(s) - f(0)$
	$\mathcal{L}\left\{\frac{d^n}{dt^n}f(t)\right\} = s^n F(s) - \sum_{k=1}^{n} s^{n-k} f^{(k-1)}(0)$
적분	$\mathcal{L}\left\{\int_0^t f(\tau)d\tau\right\} = \frac{1}{s}F(s)$
중합적분	$\mathcal{L}\left\{\int_0^t f(t-\tau)g(\tau)d\tau\right\} = F(s)G(s)$
지수가중	$\mathcal{L}\{e^{at}f(t)\} = F(s-a)$
시간지연	$\mathcal{L}\{f(t-d)\} = e^{-ds}F(s)$
복소미분	$\mathcal{L}\{tf(t)\} = -\frac{d}{ds}F(s)$
	$\mathcal{L}\{t^n f(t)\} = (-1)^n \frac{d^n}{ds^n}F(s)$
초기값 정리	$f(0^+) = \lim_{s \to \infty} sF(s)$
최종값 정리	$\lim_{t \to \infty} f(t) = \lim_{s \to 0} sF(s)$

푸리에 변환과 라플라스 변환

푸리에 변환/라플라스 변환의 같은 점과 다른 점

- 푸리에 변환(Fourier Transform)과 라플라스 변환(Laplace Transform)은 가장 널리 사용되는 두 개의 적분 변환(Integral Transform)이다. 사실 푸리에 변환을 일반화한 것이 라플라스 변환이므로, 둘 간의 차이는 크지 않다. 그러나 그 작은 차이로 인해 푸리에 변환은 신호(함수) 자체를 다루는데 적합하고 라플라스 변환은 시스템(입력 신호와 출력 신호의 관계)을 다루는데 적합하다.
- 푸리에 변환은 라플라스 변환에 포함된다고 볼 수 있다. 라플라스 변환을 위해 사용하는 커널 함수에서 복소수 s는 실수부와 허수부로 이뤄지는데 이 실수부가 0인 경우가 라플라스 변환인 것이다.
- Laplace변환에 지수함수를 곱하는 이유는 Fourier변환과 밀접한 관계가 있다. Fourier변환의 공식을 보면 Laplace변환과 비슷하기는 하지만, 적분의 값이 수렴되지않는 함수가 너무나 많다(즉 Fourier변환이 존재하지 않는 함수). 특히 제어공학에서 많이 쓰이는 step함수나 정현파(sin, cos 등)함수 등은 Fourier변환이 존재하지 않는다. 이때 적분의 값을 수렴시키기 위해 지수함수 e^(-st)를 곱한다고 보면된다. 이렇게 두면 대부분의 함수에 대하여 적분은 수렴하게 되어 Fourier변환의 형식을 이용할 수 있게 된다.

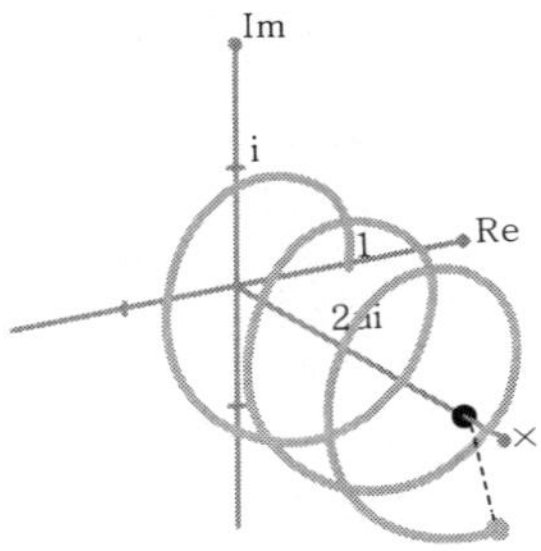

Graph of e^{ix}

Joseph Fourier, 1768-1830

푸리에 변환(Fourier transformation)

- 변환(transformation)이란 무엇인가? 하나의 상태(state) 혹은 측정 기준에서 다른 상태 혹은 측정 기준에서의 값으로 바꾸는 작업을 총칭한다. 예를 들어 물이 얼음으로 바뀌거나 물이 기체로 바뀌는 것은 상태 변환(phase change)에 해당되고, 섭씨 온도계로 측정한 실내온도를 화씨 온도계에서의 값으로 바꾸는 것은 다른 측정 기준에서의 값으로 변환시키는 것에 해당된다.

$$\hat{f}(\omega) = \int_{-\infty}^{+\infty} f(t)e^{2\pi iat}dt$$

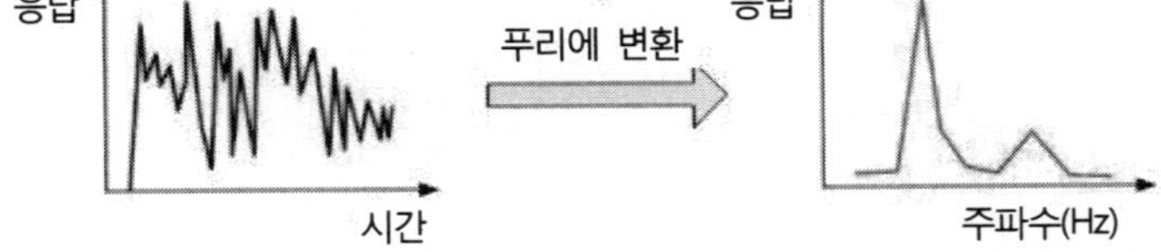

- 측정 기준에 따른 변환에는 무수히 많은 변환 기법들이 존재한다. 예를 들어, 좌표변환(geometry transformation), 변수변환(variable transformation) 등이 대표적인 경우이다. 여기서 물체 거동을 표현하는 기준이 되는 변수를 바꿈으로 표현식이 바뀌는 변수변환에는 푸리에 변환, 라프라스(Laplace) 변환 등이 있다.
- 푸리에변환은 시간에 따라 변화하는 전압의 파형을, 그 파형이 포함하고 있는 주파수 성분에 따른 진폭의 크기로 바꾸는 과정으로 두 종류의 물리적 표현의 도메인 가역관계를 수학적으로 변환하는 것이다. 즉, **푸리에 변환(Fourier Transform)은 시간영역(Time Domain)을 주파수 영역(Frequency Domain)으로 변환 하는 것을 말한다.** 매우 중요한 점은 이 푸리에 변환을 하면 데이터양이 대폭 줄어든다는 점이다. 그것은 시간도메인에서 주기적으로 반복되는 전압파형이 있다고 할때, 우리는 이것을 지속적으로 짧은 시간마다 표본화하고 양자화를 하여 디지털화 한 수많은 데이터를 전송해야 하는 반면, 주파수 도메인에서는 주기적으로 반복되는 비정현파 함수는 여러 개의 정현파 함수 성분들의 합으로 구성(회로이론이나 신호 및 시스템에 나와요) 구성되어 있으므로, 직류분과 몇 개의 그 성분 주파수들과 각각의 진폭 값만을 보내면 되므로 데이터량이 줄어들게 된다.
- 푸리에 변환은 공간 좌표 혹은 시간으로 표현된 물체의 거동을 주파수 함수로 전환시키는 변환기법으로, 물체의 진동이나 파동 등을 주파수에 따라 그 특성을 분석하기 위해 사용된다. 푸리에 변환의 기본 개념은 임의 물체의 거동을 무한 개의 서로 다른 주기를 가진 주기함수들과의 직교성을 이용하여 물체의 거동 중에서 해당 주기에 상응하는 기여분을 뽑아내는 변환기법이다.

2.6 라플라스 역변환

Laplace 변환에 의한 시스템 함수는 모두가 복소주파수 s 영역인

$$F(s)=\frac{B(s)}{A(s)}=\frac{b_m s^m+b_{m-1}s^{m-1}+\cdots+b_1 s+b_0}{a_n s^n+b_{n-1}s^{n-1}+\cdots+a_{1s}+a_0} \qquad (2\text{-}6\text{-}1)$$

으로 표시되므로 실제 해석에 필요한 시간함수는 Laplace 역변환하여 구한다.

(1) 식(2-6-1)에서 $m<n$일 때 $A(s)=0$이 되는 근이 모두 실근일 경우 $A(s)$를 인수분해하면

$$A(s)=(s+s_1)(s+s_2)\cdots(s+s_n)=(s+s_i) \qquad (2\text{-}6\text{-}2)$$

이므로 식(2-6-1)는

$$F(s)=\frac{B(s)}{A(s)}=\frac{B(s)}{(s+s_1)(s+s_2)\cdots(s+s_i)\cdots(s+s_n)} \tag{2-6-3}$$

이 되며, 이 식을 부분분수로 전개하면 다음과 같이 나타낸다.

$$F(s)=\frac{B(s)}{A(s)}=\frac{K_{11}}{s+s_1}+\frac{K_{12}}{s+s_2}+\cdots+\frac{K_{1i}}{s+s_i}+\cdots\frac{K_{1n}}{s+s_n} \tag{2-6-4}$$

여기서, 계수 $K_{11,}$, K_{12}, $\cdots$, K_{1n}을 결정하는 방법은 다음과 같다.

$$K_{1i}=(s+s_i)F(s)_{s=-si} \tag{2-6-5}$$

(2) 식(2-6-1)에서 $m<n$일 때 $A(s)=0$이 되는 근 중 r개가 같은 실근을 가질 때, 즉 $s=-s_i$의 근이 r차의 중근일 경우 $A(s)$

$$A(s)=(s+s_1)(s+s_2)\cdots(s+s_i)^r\cdots(s+s_n) \tag{2-6-6}$$

와 같이 표시되므로 식(2-6-1)는

$$F(s)=\frac{B(s)}{A(s)}=\frac{B(s)}{(s+s_1)(s+s_2)\cdots(s+s_i)^r\cdots(s+s_n)} \tag{2-6-7}$$

이 되며, 이 식을 부분분수로 전개하면 다음과 같이 나타낸다.

$$\begin{aligned}F(s)&=\frac{B(s)}{A(s)}\\&=\frac{K_{11}}{s+s_1}+\frac{K_{12}}{s+s_2}+\cdots+\frac{K_{1r}}{(s+s_i)^r}+\cdots+\frac{K_{r-1}}{(s+s_i)^{r-1}}+\\&\quad\cdots+\frac{K_2}{(s+s_i)^2}+\frac{K_1}{s+s_i}+\frac{K_{1n}}{(s+s_n)}\end{aligned} \tag{2-6-8}$$

여기서, 단일 근에 대응되는 계수 $K_{11,}$, K_{12}, $\cdots$, K_{1n}은 식(2-6-5)을 적용하여 구하고, 중근에 대응되는 계수 K_r, K_{r-1}, $\cdots$, K_2, K_1은 다음과 같이 구한다.

$$K_r = (s+s_i)^r F(s)_{s=-si}$$

$$K_{r-1} = \frac{d}{ds}[(s+s_i)^r F(s)]_{s=-si}$$

$$K_{r-2} = \frac{1}{2\,!}\frac{d^2}{ds^2}[(s+s_i)^r F(s)]_{s=-si}$$

$$\vdots \qquad\qquad \vdots \tag{2-6-9}$$

$$K_2 = \frac{1}{(r-2)\,!}\frac{d^{r-2}}{ds^{r-2}}[(s+s_i)^r F(s)]_{s=-si}$$

$$K_1 = \frac{1}{(r-1)\,!}\frac{d^{r-1}}{ds^{r-1}}[(s+s_i)^r F(s)]_{s=-si}$$

식(2-6-1)에서 $A(s)=0$의 근이 공액복소근을 포함한 경우 식(2-6-1)는

$$F(s) = \frac{B(s)}{A(s)} = \frac{B(s)}{(s+s_1)(s+s_2)\cdots(s+s_{n-2})\{(s+\alpha)^2+w^2\}} \tag{2-6-10}$$

로 표시되고, 이 식을 부분분수로 전개하면 다음과 같이 나타낸다.

$$F(s) = \frac{B(s)}{A(s)} = \frac{K_{11}}{s+s_1} + \frac{K_{12}}{s+s_2} + \cdots + \frac{K_{1(n-2)}}{s+s_{n-2}} + \frac{C_s + D}{(s+\alpha)^2+w^2} \tag{2-6-11}$$

여기서, 계수 $K_{11,}$, K_{12}, $\cdots$, $K_{1(n-2)}$는 식(2-6-5)에 의하여 구하고, 계수 C, D는 다음과 같이 구한다.

$$\{(s+\alpha)^2+w^2\}F(s)_{s=-\alpha+jw} = [C_s + D]_{s=-\alpha+jw} \tag{2-6-12}$$

표 2-1은 많이 응용되는 함수들의 Laplace변환을 표시한 것이고, 표 2-2는 신호들의 Laplace 변환을 나타낸 것이다.

[표 2-1] Laplace 변환표

$f(t),\ t \geq 0$	$F(s)$	$f(t),\ t \geq 0$	$F(s)$
K(상수)	$\frac{1}{s}K$	$\cos\omega t$	$\frac{s}{s^2+\omega^2}$
$\delta(t)$	1	$t\cos\omega t$	$\frac{s^2-\omega^2}{(s^2+\omega^2)^2}$
$\delta(t-t_0)$	$e^{-t_0 s}$	$\frac{\sin\omega t}{t}$	$\tan^{-1}\frac{\omega}{s}$
$u(t)$	$\frac{1}{s}$	$e^{-at}\sin(\omega t+\varphi)$	$\frac{(s+a)\sin\varphi+\omega\cos\varphi}{(s^2+a^2)+\omega^2}$
$u(t-t_0)$	$\frac{1}{s}e^{-t_0 s}$	$\sinh at$	$\frac{a}{s^2-a^2}$
t	$\frac{1}{s^2}$	$\cosh at$	$\frac{s}{s^2-a^2}$
t^n	$\frac{n!}{s^{n+1}}$	$t^n e^{-at}$	$\frac{n!}{(s+a)^{n+1}}$
e^{-at}	$\frac{1}{s+a}$	te^{-at}	$\frac{1}{(s+a)^2}$
$s\omega t$	$\frac{\omega}{s^2+\omega^2}$	$e^{-at}\sin\omega t$	$\frac{\omega}{(s+a)^2+\omega^2}$
$\sin(\omega t+\varphi)$	$\frac{\sin\varphi+\omega\cos\varphi}{s^2+\omega^2}$	$e^{-at}\cos\omega t$	$\frac{(s+a)}{(s+a)^2+\omega^2}$
$t\sin\omega t$	$\frac{2\omega s}{(s^2+\omega^2)^2}$		

[표 2-2] 신호들의 Laplace변환

$f(t)$	$F(S)$	$f(t)$	$F(S)$
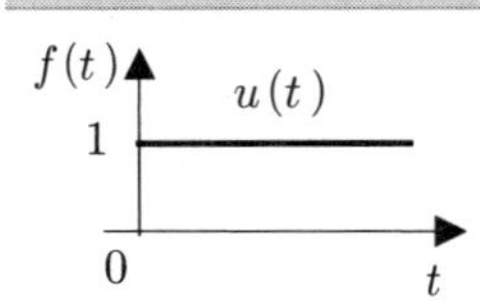	$\frac{1}{S}$	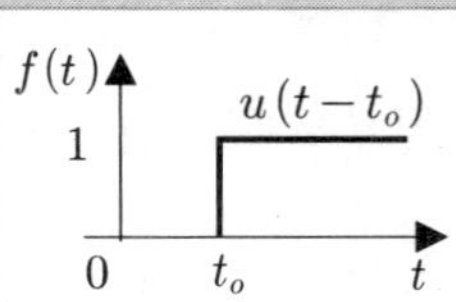	$\frac{1}{s}e^{-t_0 s}$
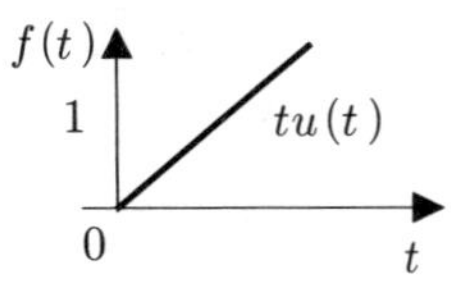	$\frac{1}{S^2}$	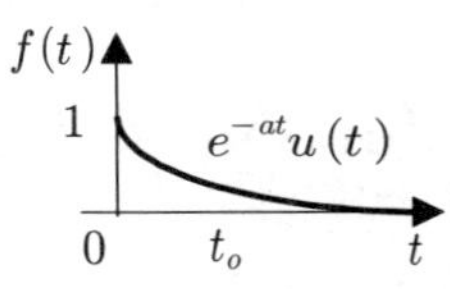	$\frac{1}{s+a}$

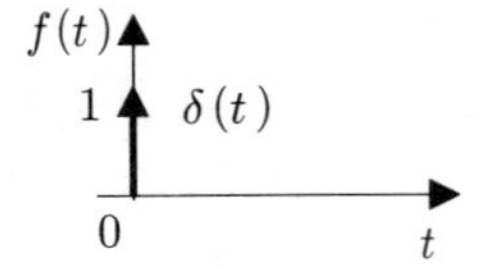	1	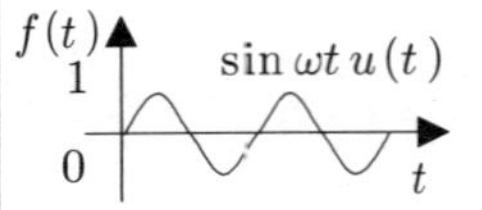	$\dfrac{\omega}{s^2+\omega^2}$
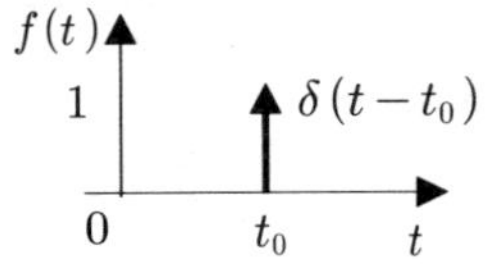	$e^{-t_0 s}$	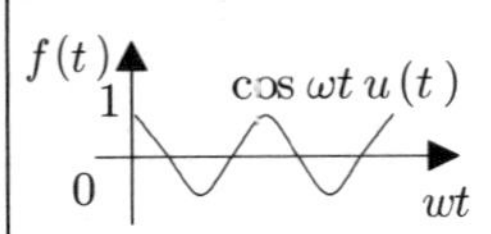	$\dfrac{s}{s^2+\omega^2}$
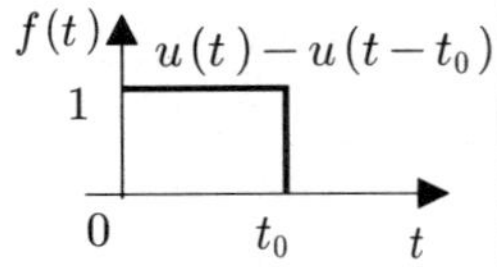	$\dfrac{1-e^{-t_0 s}}{s}$	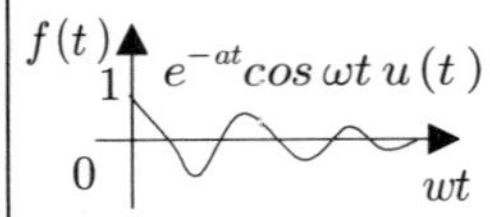	$\dfrac{s+a}{(s+a)^2+\omega^2}$
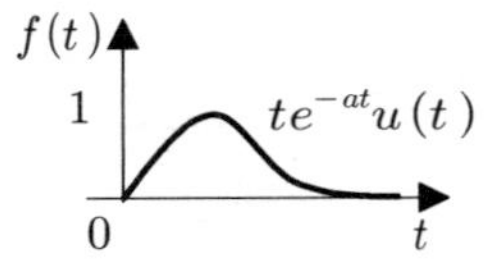	$\dfrac{1}{(s+a)^2}$	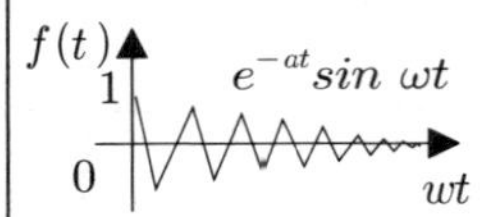	$\dfrac{\omega}{(s+a)^2+\omega^2}$

예제 2-38

다음 함수들의 Laplace 역변환을 구하라.

① $F(s)=\dfrac{s+6}{s^3+5s^2+6s}$ ② $F(s)=\dfrac{3s^2+15s+14}{s^2+3s+2}$

③ $F(s)=\dfrac{s^2+1}{(s+1)(s+2)^3}$ ④ $F(s)=\dfrac{s^2+s}{(s+2)\{(s+1)^2+4\}}$

풀이

① 주어진 식을 부분분수로 전개하면

$$F(s)=\frac{s+6}{s(s+2)(s+3)}=\frac{K_{11}}{s}+\frac{K_{12}}{s+2}+\frac{K_{13}}{s+3}$$

여기서, 계수 K_{11}, K_{12} 및 K_{13}는 식(2-6-5)을 적용하면 구한다.

$$K_{11}=sF(s)_{s=0}=\frac{s+6}{(s+2)(s+3)}\,_{s=0}=\frac{6}{2\times 3}=1$$

$$K_{12}=(s+2)F(s)_{s=-2}=\frac{s+6}{s(s+3)}_{s=-2}=\frac{-2+6}{(-2)(-2+3)}=-2$$

$$K_{13}=(s+3)F(s)_{s=-3}=\frac{s+6}{s(s+2)}_{s=-3}=\frac{-3+6}{(-3)(-3+2)}=1$$

따라서, 부분분수 전개식은

$$F(s)=\frac{1}{s}-\frac{2}{s+2}+\frac{1}{s+3} \tag{2-6-13}$$

가 된다. 식(2-6-13)의 첫째항은 단위계단함수를 Laplace 변환한 것이고, 둘째항과 셋째항은 지수함수를 Laplace 변환한 것이므로 식(2-6-13)를 Laplace 역변환 하면 다음과 같다.

$$f(t)=\mathcal{L}^{-1}\left[\frac{1}{s}-\frac{2}{s+2}+\frac{1}{s+3}\right]=(1-2e^{-2t}+e^{-3t})u(t) \tag{2-6-14}$$

② 주어진 식을 부분분수로 전개하면

$$F(s)=3+\frac{6s+8}{(s+1)(s+2)}=3+\frac{K_{11}}{s+1}+\frac{K_{12}}{s+2} \tag{2-6-15}$$

$$K_{11}=(s+1)\frac{6s+8}{(s+1)(s+2)}_{s=-1}=\frac{6s+8}{s+2}_{s=-1}=\frac{6(-1)+8}{-1+2}=2$$

$$K_{12}=(s+2)\frac{6s+8}{(s+1)(s+2)}_{s=-2}=\frac{6s+8}{s+1}_{s=-2}=\frac{6(-2)+8}{-2+1}=4$$

따라서, 식(2-6-15)

$$F(s)=3+\frac{2}{s+1}+\frac{4}{s+2} \tag{2-6-16}$$

식(2-6-15)에서 첫째항은 크기가 3인 임펄스 함수를 Laplace 변환한 것이므로 Laplace 역변환하면 다음과 같다.

$$f(t)=\mathcal{L}^{-1}\left[3+\frac{2}{s+1}+\frac{4}{s+2}\right]=3\delta(t)+(2e^{-t}+4e^{-2t})u(t) \tag{2-6-17}$$

③ 주어진 식을 부분분수로 전개하면

$$F(s)=\frac{K_{11}}{s+1}+\frac{K_3}{(s+2)^3}+\frac{K_2}{(s+2)^2}+\frac{K_1}{s+2} \tag{2-6-18}$$

여기서, 계수 K_{11}은 식(2-6-5)에 의하여 구하고, 계수 K_1, K_2 및 K_3은 식(2-6-9)에 의해서 구한다.

$$K_{11}=(s+1)F(s)_{s=-1}=\frac{s^2+1}{(s+2)^3}{}_{s=-1}=\frac{(-1)^2+1}{(-1+2)^3}=2$$

$$K_3=[(s+2)^3F(s)]_{s=-2}=\frac{s^2+1}{s+1}{}_{s=-2}=\frac{(-2)^2+1}{(-2+1)}=5$$

$$K_2=\frac{d}{ds}[(s+2)^3F(s)]_{s=-2}=\frac{d}{ds}\left[\frac{s^2+1}{s+1}\right]_{s=-2}$$

$$=\frac{s^2+2s-1}{(s+1)^2}{}_{s=-2}=\frac{(-2)^2+2(-2)-1}{(-2+1)^2}=-1$$

$$K_1=\frac{1}{2}\frac{d^2}{ds^2}[(s+2)^3F(s)]_{s=-2}=\frac{1}{2}\frac{d^2}{ds^2}\left[\frac{s^2+1}{s+1}\right]_{s=-2}$$

$$=\frac{1}{2}\frac{d}{ds}\left[\frac{s^2+2S-1}{(s+1)^2}\right]_{s=-2}=\frac{2s+2}{(2+1)^4}{}_{s=-2}=\frac{2(-2)^2+2}{(-2+1)^4}-2$$

따라서, 부분분수로 전개 식(2-6-18)은 다음과 같다.

$$F(s)=\frac{2}{s+1}-\frac{2}{s+2}-\frac{1}{(s+2)^2}-\frac{5}{(s+2)^3} \tag{2-6-19}$$

식(6-19)에서 첫째항과 둘째항은 지수함수를 Laplace 변환한 것이고, 셋째항과 넷째항은 램프함수와 지수함수가 곱해진 함수를 Laplace 변환한 것이므로, 복소미분정리를 적용하여 Laplace 역변환한다.

$$f(t)=\mathcal{L}^{-1}\left[\frac{2}{s+1}-\frac{2}{s+2}-\frac{1}{(s+2)^2}-\frac{5}{(s+2)^3}\right]$$

$$=\left(2e^{-t}-2e^{-2t}-te^{-2t}-\frac{5}{2}t^2e^{-2t}\right)u(t) \qquad (2\text{-}6\text{-}20)$$

④ 주어진 식을 부분분수로 전개하면

$$F(s)=\frac{K_{11}}{s+2}+\frac{As+B}{(s+1)^2+4} \qquad (2\text{-}6\text{-}21)$$

여기서, 계수 A 및 B는 식(2-6-12)을 적용하여 구한다.

$$K_{11}=(s+2)F(s)_{s=-2}=\frac{s^2+s}{(s+1)^2+4}{}_{s=-2}=\frac{(-2)^2-2}{(-2+1)^2+4}=\frac{2}{5}$$

$$\{(s+1)^2+4\}F(s)]_{=-1+j2}=[As+B]_{=-1+j2}$$

$$\frac{s^2+s}{s+2}{}_{=-1+j2}=\frac{(-1+j2)^2-1+j2}{-1+j2+2}=\frac{-4-j2}{1+j2}=A(-1+j2)+B$$

$$-4-j2=-A(1-j2)(1+j2)+B+j2B=-5A+B+j2B$$

$$A=\frac{3}{5},\quad B=-1$$

따라서, 부분분수 전개식은 다음과 같다.

$$F(s)=\frac{2}{5}\frac{1}{s+2}+\frac{5}{3}\frac{s-\frac{3}{5}}{(s+1)^2+4}$$

$$=\frac{2}{5}\frac{1}{s+2}+\frac{5}{3}\frac{s+1}{(s+1)^2+2^2}-\frac{4}{3}\frac{2}{(s+1)^2+2^2} \qquad (2\text{-}6\text{-}22)$$

식(2-6-22)에서 첫째항은 지수함수를 Laplace 변환한 것이고, 둘째항은 지수함수와 코사인함수가 곱해진 함수를 Laplace 역변환하면 다음과 같다.

$$F(t)=\mathcal{L}^{-1}\left[\frac{2}{5}\frac{1}{s+2}+\frac{5}{3}\frac{s+1}{(s+1)^2+2^2}-\frac{4}{3}\frac{2}{(s+1)^2+2^2}\right]$$

$$=\left(\frac{2}{5}e^{-2t}+\frac{5}{3}e^{-t}\cos 2t-\frac{4}{3}e^{-t}\sin 2t\right)u(t) \qquad (2\text{-}6\text{-}23)$$

예제 2-39

다음의 함수들을 입력 $x(t)$, 출력을 $y(t)$로 하는 제어 시스템을 표시하는 미분 방정식이다. Laplace 변환을 적용하여 출력 $y(t)$를 구하라.

① $\dfrac{d^2y(t)}{dt^2}+4\dfrac{dy(t)}{dt}+3y(t)=x(t),\ y(0)=1,\ \dfrac{dy(0)}{dt}=0,\ x(t)=u(t)$

② $\dfrac{d^2y(t)}{dt^2}+5\dfrac{dy(t)}{dt}+6y(t)=x(t),\ y(0)=0,\ \dfrac{dy(0)}{dt}=1,\ x(t)=tu(t)$

③ $\dfrac{d^2y(t)}{dt^2}+2\dfrac{dy(t)}{dt}+2y(t)=x(t),\ y(0)=1,\ \dfrac{dy(0)}{dt}=0,\ x(t)=e^{-2t}u(t)$

풀이

여기서는 주어진 미분방정식에 미분정리를 적용하여 출력함수 $Y(s)$를 구하고, 구해진 출력방정식 $Y(s)$를 부분분수로 전개한 후 Laplace 역변환하면 시스템의 출력 $y(t)$를 구할 수 있다.

① $$\mathcal{L}\left[\frac{d^2y(t)}{dt^2}+4\frac{dy(t)}{dt}+3y(t)\right]=\mathcal{L}\left[u(t)\right] \tag{2-6-24}$$

$$s^2Y(s)-sy(0)-\frac{dy}{dt}(0)+4sY(s)-4y(0)+3Y(s)=\frac{1}{s}$$

$$s^2Y(s)-s\times1=0+4sY(s)-4\times1+3Y(s)=\frac{1}{s}$$

$$Y(s)(s^2+4s+3)=s+4+\frac{1}{s}=\frac{s^2+4s+1}{s}$$

$$Y(s)=\frac{s^2+4s+1}{s(s+1)(s+3)}=\frac{K_{11}}{s}+\frac{K_{12}}{s+1}+\frac{K_{13}}{s+3} \tag{2-6-25}$$

여기서, 계수 K_{11}, K_{12}및 K_{13}은 식(2-6-5)을 적용하면

$$K_{11}=sY(s)_{s=0}=\frac{s^2+4s+1}{(s+1)(s+3)}_{s=0}=\frac{1}{3}$$

$$K_{12}=(s+1)Y(s)_{s=-1}=\frac{s^2+4s+1}{(s+3)}_{s=-1}=\frac{(-1)^2+4(-1)+1}{(-1)(-1+3)}=1$$

$$K_{13} = (s+3)Y(s)_{s=-3} = \frac{s^2+4s+1}{s(s+1)}_{s=-3} = \frac{(-3)^2+4(-3)+1}{(-3)(-3+1)} = -\frac{1}{3}$$

구해진 계수 K_{11}, K_{12}및 K_{13}의 값을 식(2-6-25)에 대입하면

$$Y(s) = \frac{1}{3}\frac{1}{s} + \frac{1}{s+1} - \frac{1}{3}\frac{1}{s+3} \tag{2-6-26}$$

$$y(t) = \mathcal{L}^{-1}\left[\frac{1}{3}\frac{1}{s} + \frac{1}{s+1} - \frac{1}{3}\frac{1}{s+3}\right] = \left(\frac{1}{3} + e^{-3t} - \frac{1}{3}e^{-3t}\right)u(t) \tag{2-6-27}$$

② $$\mathcal{L}\left[\frac{d^2y(t)}{dt^2} + 5\frac{dy(t)}{dt} + 6y(t)\right] = \mathcal{L}\left[tu(t)\right] \tag{2-6-28}$$

$$s^2Y(s) - sy(0) - \frac{dy}{dt}(0) + 5sY(s) - 5y(0) + 6Y(s) = \frac{1}{s^2}$$

$$s^2Y(s) - 1 = 5sY(s) + 6Y(s) = \frac{1}{s^2}$$

$$Y(s)(s^2+5s+6) = 1 + \frac{1}{s^2} = \frac{s^2+1}{s^2}$$

$$Y(s) = \frac{s^2+1}{s^2(s+2)(s+3)} = \frac{K_1}{s^2} + \frac{K_2}{s} + \frac{K_{11}}{s+2} + \frac{K_{12}}{s+3} \tag{2-6-29}$$

여기서, 계수 K_1, K_2, K_3은

$$K_1 = s^2Y(s)_{s=0} = \frac{s^2+1}{(s+2)(s+3)}_{s=0} = \frac{1}{6}$$

$$K_2 = \frac{d}{ds}[s^2Y(s)]_{s=0} = \frac{d}{ds}\left[\frac{s^2+1}{s^2+5s+6}\right]_{s=0} = \frac{5^2+10s-5}{(s^2+5s+6)^2}_{s=0} = -\frac{5}{36}$$

$$K_{11} = (s+2)Y(s)_{s=-2} = \frac{s^2+1}{s^2(s+1)}_{s=-2} = \frac{(-2)^2+1}{(-2)^2(-2+3)} = \frac{5}{4}$$

$$K_{12} = (s+3)Y(s)_{s=-3} = \frac{s^2+1}{s^2(s+1)}_{s=-3} = \frac{(-3)^2+1}{(-3)^2(-3+2)} = -\frac{10}{9}$$

구해진 계수 K_1, K_2, K_{11} 및 K_{12}의 값을 식(2-6-29)에 대입하면

$$Y(s)=\frac{1}{6}\frac{1}{s^2}-\frac{5}{36}\frac{1}{s}+\frac{5}{4}\frac{1}{s+2}-\frac{10}{9}\frac{1}{s+3} \tag{2-6-30}$$

$$y(t)=\mathcal{L}^{-1}\left[\frac{1}{6}\frac{1}{s^2}-\frac{5}{36}\frac{1}{s}+\frac{5}{4}\frac{1}{s+2}-\frac{10}{9}\frac{1}{s+3}\right]$$

$$=\left(\frac{1}{6}t-\frac{5}{36}+\frac{5}{4}e^{-2t}-\frac{10}{9}e^{-3t}\right)u(t) \tag{2-6-31}$$

③ $$\mathcal{L}\left[\frac{d^2y(t)}{dt^2}+2\frac{dy(t)}{dt}+2y(t)\right]=\mathcal{L}\left[e^{-2t}u(t)\right] \tag{2-6-32}$$

$$s^2Y(s)-sy(0)-\frac{dy}{dt}(0)+2sY(s)-2y(0)+2Y(s)=\frac{1}{s+2}$$

$$s^2Y(s)-s\times 1=0+2sY(s)-2\times 1+2Y(s)=\frac{1}{s+2}$$

$$Y(s)(s^2+2s+2)=s+2+\frac{1}{s+2}=\frac{s^2+4s+5}{s+2}$$

$$Y(s)=\frac{s^2+4s+5}{(s+2)\{(s+1)^2+1\}}=\frac{K_{11}}{s+2}+\frac{As+B}{(s+1)^2+1} \tag{2-6-33}$$

$$K_{11}=(s+2)Y(s)_{s=-2}=\frac{s^2+4s+5}{(s+1)^2+1}_{s=-2}=\frac{(-2)^2+4(-2)+5}{(-2+1)^2+1)}=\frac{1}{2}$$

$$\{(s+1)^2+1\}Y(s)_{s=-1+j}=[As+B]_{s=-1+j}$$

$$\frac{s^2+4s+5}{s+2}_{s=-1+j}=\frac{1+j2}{1+j}=A(-1+j)+B$$

$$1+j2=-A(1-j)(1+j)+B+jB=-2A+B+jB$$

$$A=\frac{1}{2},\quad B=2$$

구해진 계수 K_{11}, A및 B의 값을 식(2-6-33)에 대입하면

$$Y(s)=\frac{1}{2}\frac{1}{s+2}+\frac{\frac{1}{2}s+2}{(s+1)^2+1}$$

$$= \frac{1}{2}\frac{1}{s+2} + \frac{1}{2}\frac{s+1}{(s+1)^2+1^2} + \frac{3}{2}\frac{1}{(s+1)^2+1^2} \tag{2-6-34}$$

이고, 식(2-6-34)을 Laplace 역변환하면 다음과 같다.

$$y(t) = \mathcal{L}^{-1}\left[\frac{1}{2}\frac{1}{s+2} + \frac{1}{2}\frac{s+1}{(s+1)^2+1^2} + \frac{3}{2}\frac{1}{(s+1)^2+1^2}\right]$$

$$= \left(\frac{1}{2}e^{-2t} + \frac{1}{2}e^{-t}\cos t + \frac{3}{2}e^{-t}\sin t\right)u(t) \tag{2-6-35}$$

예제 2-40

그림 2-49는 $R-L$ 직렬회로로서 $t=0$일 때 직류전압 V를 인가한 회로이다. 회로에 흐르는 전류 $i(t)$와 인덕터 양단의 전압 $v_L(t)$를 구하라. 단, 인덕터의 초기전류 $i(0)$는 0으로 한다.

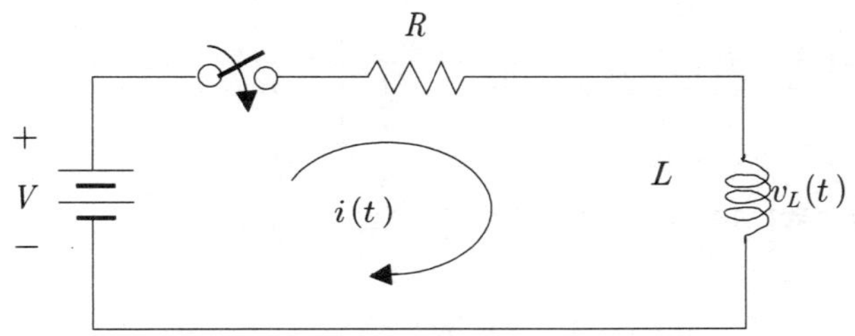

그림 2-49

풀이

그림 2-49의 회로방정식은

$$L\frac{di(t)}{dt} + Ri(t) = V \tag{2-6-36}$$

이고, Laplace 변환하면 전류함수 $I(s)$는 다음과 같다.

$$L[sI(s) - i(0)] + RI(s) = \frac{V}{s}$$

$$I(s) = \frac{V}{s(sL+R)} = \frac{K_{11}}{s} + \frac{K_{12}}{sL+R} \tag{2-6-37}$$

여기서, 계수 K_{11}, K_{12}는

$$K_{11} = sI(s)_{s=0} = \frac{V}{sL+R}_{s=0} = \frac{V}{R}$$

$$K_{12} = (sL+R)I(s)_{s=-\frac{R}{L}} = \frac{V}{s}_{s=-\frac{R}{L}} = -\frac{LV}{R}$$

이므로 식(2-6-37)의 전류함수 $I(s)$는 다음과 같다.

$$I(s) = \frac{V}{R}\frac{1}{s} - \frac{LV}{R}\frac{1}{sL+R} = \frac{V}{R}\frac{1}{s} - \frac{V}{R}\frac{1}{s+\frac{R}{L}} \tag{2-6-38}$$

따라서, 회로전류 $i(t)$는 식(2-6-38)을 Laplace 역변환하면 다음과 같이 구해진다.

$$i(t) = \mathcal{L}^{-1}\left[\frac{V}{R}\frac{1}{s} - \frac{V}{R}\frac{1}{s+\frac{V}{L}}\right] = \frac{V}{R}\left(1-e^{-\frac{R}{L}t}\right)u(t) \tag{2-6-39}$$

또한 인덕터 양단전압 $v_L(t)$는 다음과 같이 구해진다.

$$v_L(t) = L\frac{di(t)}{dt} = L\frac{d}{dt}\frac{V}{R}\left(1-e^{-\frac{R}{L}t}\right) = Ve^{-\frac{R}{L}t} \tag{2-6-40}$$

전류 $i(t)$와 인덕터 전압 $v_L(t)$의 파형은 그림 2-50과 같다.

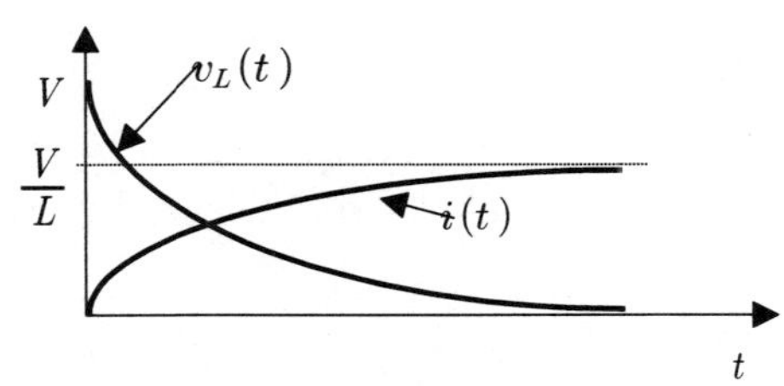

그림 2-50

예제 2-41

그림 2-51 $R-C$ 직렬회로로서 $t=0$일 때 직류전압 V를 인가한 회로이다. 회로의 전류 $i(t)$와 커패시터에 축적되는 전하 $q(t)$및 커패시터의 충전전압 $v_c(t)$를 구하라. 단, 커패시터에 초기전하와 초기전압은 모두 0이다.

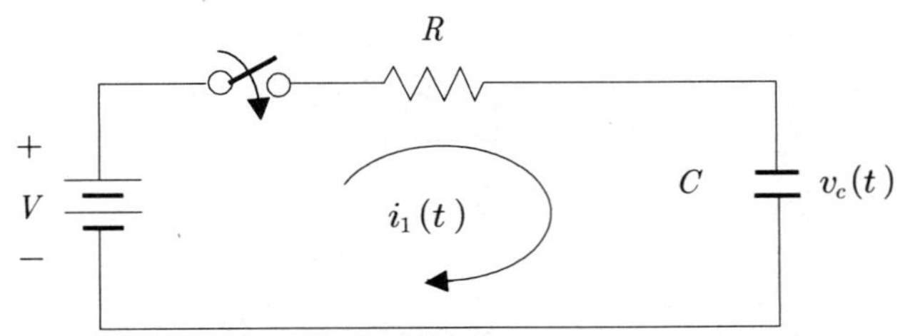

그림 2-51

풀이

$t=0$에서 스위치 K를 닫을 때 회로방정식은

$$Ri(t)+\frac{1}{C}\int i(t)dt=V \tag{2-6-41}$$

이다. 식 (2-6-41)을 Laplace 변환하면

$$RI(s)+\frac{1}{sC}I(s)+\frac{1}{s}\frac{1}{C}i^{(-1)}(0)=\frac{V}{s}$$

여기서,

$$\frac{1}{C}i^{(-1)}(0)=\frac{1}{C}\int i(0)dt=v_c(0)$$

는 커패시터의 초기전압이므로 0이다. 따라서 전류함수 $I(s)$는 다음과 같다.

$$I(s)=\frac{V}{s\left(R+\frac{1}{sC}\right)}=\frac{V}{R}\frac{1}{s+\frac{1}{RC}}$$

회로전류 $i(t)$는 전류함수 $I(s)$를 Laplace 역변환하면 다음과 같이 구해진다.

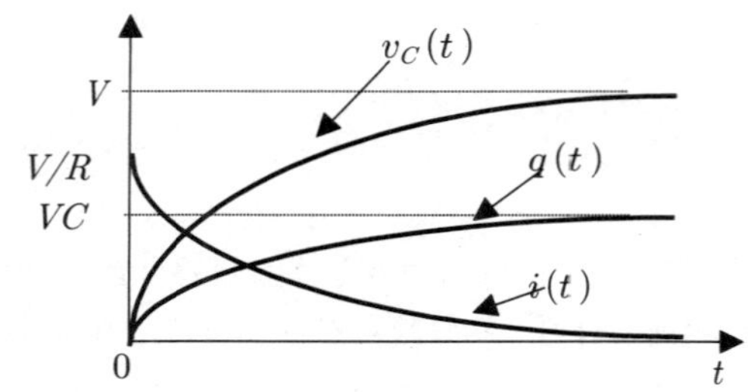

그림 2-52

$$i(t) = \mathcal{L}^{-1}\left[\frac{V}{R}\frac{1}{s+\frac{1}{RC}}\right] = \frac{V}{R}e^{-\frac{1}{RC}t}u(t) \tag{2-6-42}$$

시간 $0\sim t$동안 커패시티에 축적되는 전하 $q(t) = \int_0^t i(t)dt$와 식(2-6-42)로부터

$$q(t) = \int_0^t i(t)dt = \int_0^t \frac{V}{R}e^{-\frac{1}{RC}t}dt = -VC\int_0^t\left(\frac{-1}{RC}\right)e^{-\frac{1}{RC}t}dt$$

$$= \left[-VCe^{-\frac{1}{RC}t}\right]_0^t = VC(1-e^{-\frac{1}{RC}t})u(t) \tag{2-6-43}$$

가 된다. 커패시터의 충전전압 $v_c(t) = \frac{1}{C}q(t)$와 식(2-6-43)로부터

$$v_c(t) = \frac{1}{C}q(t) = V(1-e^{-\frac{1}{RC}t})u(t) \tag{2-6-44}$$

를 얻는다. 전류, 전압, 전하의 파형은 그림 2-52와 같다.

예제 2-42

그림 2-53의 회로는 $t=-\infty\sim 0$동안 스위치 K가 ⓐ에 있었다. $t=0$에서 스위치 K를 ⓑ로 할 때 커패시터 양단전압 $v_c(t)$를 구하라.

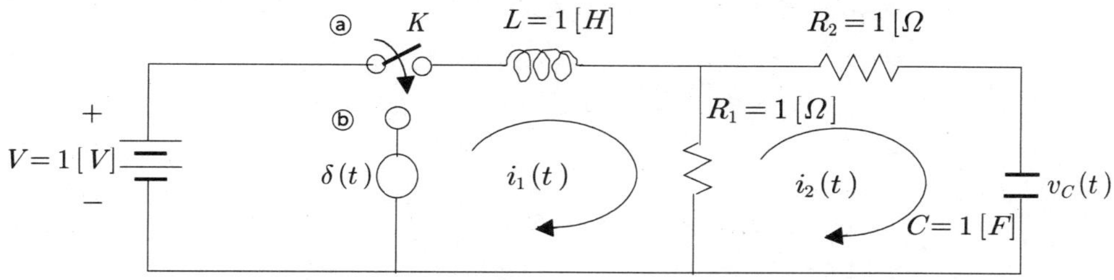

그림 2-53

풀이

그림 2-53의 회로를 해석하려면 인덕터 L의 초기전류 $i_1(0)$와 커패시터 C의 초기전압 $v_c(0)$을 알아야 하므로 먼저 초기값을 구한다. 스위치 K가 ⓐ에 있을 때 그림 2-54과 같이 인덕터는 단락상태가 되고, 커패시터는 개방상태가 된다.

초기값은 스위치 K를 ⓑ로 변환하는 순간인 $t=0$일 때의 값이므로 초기전류 $i_1(0)$는 저항 R_1에 흐르는 전류로서 전압 V에 의해서 $i_1(0) = V/R_1 = 1[A]$이다. 또한 전항 R_2에는 전류가 흐르지 않기 때문에 저항 R_2에 관계없이 커패시터의 초기전압

$$v_c(0) = \frac{1}{C}\int i_2(0)dt = \frac{1}{C}i_2^{(-1)}(0)$$

는 저항 R_1에 걸리는 전압 V와 같으므로 $v_c(0) = v = 1[V]$이다.

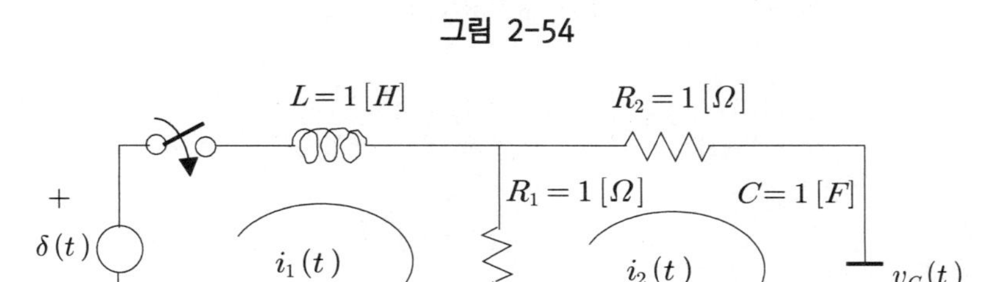

그림 2-54

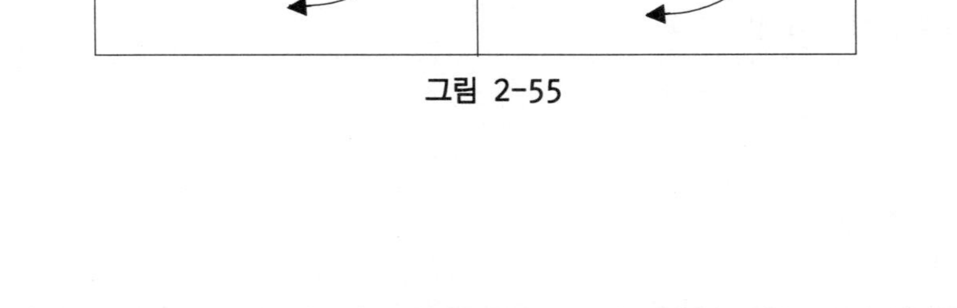

그림 2-55

$t=0$에서 스위치 K를 ⓑ로 변환할 때의 회로는 그림 2-55과 같고, 회로방정식은

$$L\frac{di_1(t)}{dt}+R_1i_1(t)-R_1i_2(t)=\delta(t)$$

$$-R_1i_1(t)+(R_1+R_2)+\frac{1}{C}\int i_2(t)dt=0 \qquad (2\text{-}6\text{-}45)$$

$$v_c(t)=\frac{1}{C}\int i_2(t)dt$$

이므로 소자값을 대입하면

$$\frac{di_1(t)}{dt}+i_1(t)-i_2(t)=\delta(t)$$

$$-1i_1(t)+2i_2+\int i_2(t)dt=0 \qquad (2\text{-}6\text{-}46)$$

$$v_c(t)=\int i_2(t)dt$$

이며, Laplace 변환하면

$$sI_1(s)-i_1(0)+I_1(s)-I_2(s)=1$$

$$-I_1(2)+2I_2(s)+\frac{1}{s}I_2(s)+\frac{1}{s}i_2^{(-1)}(0)=0 \qquad (2\text{-}6\text{-}47)$$

$$V_c(s)=\frac{1}{s}I_2(s)+\frac{1}{s}i_2^{(-1)}(0)$$

이고, 여기서 초기값을 적용하면

$$(s+1)I_1(s)-I_2(s)=2$$

$$I_1(s)-\left(2+\frac{1}{s}\right)I_2(s)=\frac{1}{s} \qquad (2\text{-}6\text{-}48)$$

$$V_c(s)=\frac{1}{s}\{1+I_2(s)\}$$

가 된다. 식(2-6-48)에서

$$I_2(s) = \frac{1}{\Delta(s)}\begin{vmatrix} s+1 & 2 \\ 1 & \frac{1}{s} \end{vmatrix} = \frac{1}{\Delta(s)}\left(\frac{1}{s} - 1\right) = \frac{s-1}{2s^2+2s+1} \tag{2-6-49}$$

여기서,

$$\Delta(s) = \begin{vmatrix} (s+1) & -1 \\ 1 & -\left(2+\frac{1}{s}\right. \end{vmatrix} = -2s-2-\frac{1}{s} \tag{2-6-50}$$

이고, 식(2-6-48)의 전압함수 $V_c(s)$에 식(2-6-49)을 적용하면

$$V_c(s) = \frac{1}{sC}I_2(s)\frac{1}{s}\left[1 + \frac{2s+3}{2s^2+2s+1}\right] = \frac{2s+3}{2s^2+2s+1}$$

$$= \frac{2s+3}{\left(s+\frac{1}{2}\right)^2 + \left(\frac{1}{2}\right)^2} = \frac{s+\frac{1}{2}}{\left(s+\frac{1}{2}\right)^2 + \left(\frac{1}{2}\right)^2} + 2\frac{\frac{1}{2}}{\left(s+\frac{1}{2}\right)^2 + \left(\frac{1}{2}\right)^2} \tag{2-6-51}$$

따라서, 커패시터의 전압 $v_c(t)$는 식(2-6-51)을 Laplace 역변환함으로써 구해진다.

$$v_c(t) = \mathcal{L}^{-1}\left[\frac{s+\frac{1}{2}}{\left(s+\frac{1}{2}\right)^2 + \left(\frac{1}{2}\right)^2} + 2\frac{\frac{1}{2}}{\left(s+\frac{1}{2}\right)^2 + \left(\frac{1}{2}\right)^2}\right]$$

$$= \left[e^{-\frac{1}{2}t}\cos\frac{1}{2}t + 2e^{-\frac{1}{2}t}\frac{1}{2}t\right]u(t) \tag{2-6-52}$$

2.7 선형 상미분 방정식의 해법

앞에서 언급했듯이 라플라스 변환의 강력함은 미분 방정식을 다룰 때 나타난다. 미분 방정식에서 라플라스 변환을 취하기 위해서는 도함수의 라플라스 변환을 구할 줄 알아야 한다. 정의된 라플라스 변환의 정의를 이용하여 선형 상미분방정식의 해를 구하는 방법을 살펴보기로 한다. 선형상미분 방정식은 다음과 같이 어떤 시간함수와 그 시간함수의 도함수들로 이루어진 상수계수를 갖는 방정식을 말한다.

그림 2-56 미분 방정식의 해법 구하기

선형 상미분방정식의 해는 앞에서 언급한바와 같이 미분 $\dfrac{df(t)}{dt}$의 Laplace변환을 이용하여 나타낸다.

$$\mathcal{L}\left[\frac{df(t)}{dt}\right]=\int_0^\infty \frac{df(t)}{dt}e^{-st}dt=\int_0^\infty f(t)'e^{-st}dt \qquad (2\text{-}7\text{-}1)$$

이 경우 부분적분법을 적용하여 Laplace변환을 한다. 즉,

$$\int uv' = uv - \int u'v$$

여기서,

$$u=e^{-st},\ u'=-se^{-st}dt,\ v'=df(t),\ v=f(t)$$

이므로, 식(2-7-1)에 적용하면

$$\int_0^\infty \frac{df(t)}{dt}e^{-st}dt=\int_0^\infty f(t)'e^{-st}dt$$

$$=[f(t)e^{-st}]_0^\infty-(-s)\int_0^\infty f(t)e^{-st}dt$$

$$=s\mathcal{L}[f(t)]-f(0)$$

$$=sF(s)-f(0) \qquad (2\text{-}7\text{-}2)$$

도함수에 대한 Laplace변환은 다음과 같다.

$$\mathcal{L}\left[\frac{df(t)}{dt}\right]=\mathcal{L}\,[f'(t)]=sF(s)-f(0) \quad (2\text{-}7\text{-}3)$$

$$\mathcal{L}\left[\frac{d^2f(t)}{dt^2}\right]=\mathcal{L}\,[f''(t)]=s^2F(s)-sf(0)-f'(0) \quad (2\text{-}7\text{-}4)$$

$$\vdots \qquad \vdots \qquad \vdots$$

$$\mathcal{L}\left[\frac{d^nf(t)}{dt^n}\right]=s^nF(s)-s^{n-1}f(0)-s^{n-2}f'(0)-\ldots-f^{(n-1)} \quad (2\text{-}7\text{-}5)$$

여기서,

$$f'(0)=\frac{d}{dt}f(0),\ f''(0)=\frac{d^2}{dt^2}f(0),\ \ldots,\ f^{(n-1)}(0)=\frac{d^{n-1}}{dt^{n-1}}f(0)$$

예제 2-43

입력을 $r(t)$, 출력을 $c(t)$로 하는 제어 시스템의 미분방정식이

$$\frac{d^2c(t)}{dt^2}+3\frac{dc(t)}{dt}+5c(t)=\frac{dr(t)}{dt}+r(t) \quad (2\text{-}7\text{-}6)$$

일 때 시스템의 전달함수 $C(s)/R(s)$를 구하라.

풀이

식(2-7-6)을 Laplace변환하면

$$s^2C(s)-sc(0)-\frac{dc}{dt}(0)+3[sC(s)-c(0)]+5C(s)=sR(s)-r(0)+R(s)$$

전달함수는 초기값을 0으로 할 때이므로

$$(s^2+3s+5)C(s)=(s+1)R(s)$$

이고, 전달함수는 다음과 같이 구해진다.

$$\frac{C(s)}{R(s)}=\frac{s+1}{s^2+3s+5} \quad (2\text{-}7\text{-}7)$$

예제 2-44

미분방정식이 다음과 같이 주어진 경우 초기치를 이용하여 $f(t)$를 구하여라.

$$\frac{d^2f(t)}{dt^2}-2\frac{df(t)}{dt}-3f(t)=0 \qquad f'(0)=3, f(0)=1$$

풀이

위식을 Laplace변환하면

$$s^2F(s)-sf(0)-\frac{df}{dt}(0)-2[sF(s)-f(0)]-3F(s)=0$$

초기값을 대입하여 재정리하면 다음과 같다.

$$F(s)(s^2-2s-3)=s+1$$

$$F(s)=\frac{(s-1)}{(s^2-2s-3)}=\frac{(s+1)}{(s-3)(s+1)}=\frac{1}{(s-3)}$$

이므로 미분방정식의 해 $f(t)$는 역라플라스 변혼에 의하여

$$f(t)=e^{3t}$$

예제 2-45

$y'(t) + 3y(t)=0$ 초기치 $y(0)=2$일때 라플라스 변환식을 이용하여 $y(t)$를 구하여라.

풀이

양변에 Laplace 변환을 하자

$$\mathcal{L}[y'(t)+3y(t)] = \mathcal{L}(0)$$

$$sY(s) - y(0) + 3Y(s) = 0$$

$$(S+3)Y(s) = y(0) = 2$$

그러므로

$$Y(s) = \frac{2}{s+3}$$

이 식을 역 라플라스변환하면

$$y(t) = 2e^{-3t}$$

예제 2-46

$y'(t)+3y(t)=6$, 초기조건 $y(t)=0$ 일 때 $y(t)$를 구하라.

풀이

양변을 Laplace 변환하면

$$\mathcal{L}[y'(t)+3y(t)] = \mathcal{L}[6]$$

$$sY(s)-y(0)+3Y(s) = \frac{6}{s}$$

$$Y(s)(s+3) = \frac{6}{s}$$

$$Y(s) = \frac{6}{s(s+3)}$$

로부터 부분분수전개를 한다.

$$Y(s) = \frac{2}{s} - \frac{2}{s+3}$$

따라서 역 Laplace 변환하면

$$y(t) = 2-2e^{-3t}$$

선형연립 미분방정식

- 일반형 : n계 선형 연립 미분방정식

$$
\begin{aligned}
&P_{11}(D)x_1 + P_{12}(D)x_2 + \cdots + P_{1x}(D)x_x = b_1(t) \\
&P_{11}(D)x_1 + P_{12}(D)x_2 + \cdots + P_{1x}(D)x_x = b_1(t) \\
&\vdots \qquad\qquad \vdots \qquad\qquad\qquad \vdots \\
&P_{x1}(D)x_1 + P_{x2}(D)x_2 + \cdots + P_{xx}(D)x_x = b_x(t)
\end{aligned}
$$

- 표준형 : n개의 1계 연립 미분방정식

$$
\begin{aligned}
&\frac{dx_1}{dt} = g_1(t, x_1, x_2, \cdots x_x) \\
&\frac{dx_2}{dt} = g_2(t, x_1, x_2, \cdots x_x) \\
&\vdots \qquad\qquad \vdots \\
&\frac{dx_x}{dt} = g_x(t, x_1, x_2, \cdots x_x)
\end{aligned}
$$

$$
\begin{aligned}
&\frac{dx_1}{dt} = a_{11}(t)x_1 + a_{12}(t)x_2 + \cdots + a_{1x}(t)x_x + f_1(t) \\
&\frac{dx_2}{dt} = a_{21}(t)x_1 + a_{22}(t)x_2 + \cdots + a_{2x}(t)x_x + f_2(t) \\
&\vdots \qquad\qquad \vdots \qquad\qquad\qquad \vdots \\
&\frac{dx_x}{dt} = a_{x1}(t)x_1 + a_{x2}(t)x_2 + \cdots + a_{xx}(t)x_x + f_2(t)
\end{aligned}
$$

- 행렬형

$$x' = Ax + F$$

$$
\frac{d}{dt}\begin{bmatrix} x_1 \\ x_2 \\ \vdots \\ x_n \end{bmatrix} = \begin{bmatrix} a_{11}(t) & a_{12}(t) & \cdots & a_{1n}(t) \\ a_{21}(t) & a_{22}(t) & \cdots & \vdots \\ \vdots & \vdots & \ddots & \vdots \\ a_{n1}(t) & \cdots & \cdots & a_{nn}(t) \end{bmatrix} \begin{bmatrix} x_1 \\ x_2 \\ \vdots \\ x_n \end{bmatrix} + \begin{bmatrix} f_1(t) \\ f_2(t) \\ \vdots \\ f_n(t) \end{bmatrix}
$$

$$
x = \begin{bmatrix} x_1(t) \\ x_2(t) \\ \vdots \\ x_n(t) \end{bmatrix}, \quad A(t)\begin{bmatrix} a_{11}(t) & a_{12}(t) & \cdots & a_{1n}(t) \\ a_{21}(t) & a_{22}(t) & \cdots & \vdots \\ \vdots & \vdots & \ddots & \vdots \\ a_{n1}(t) & \cdots & \cdots & a_{nn}(t) \end{bmatrix}, \quad F(t) = \begin{bmatrix} f_1(t) \\ f_2(t) \\ \vdots \\ f_n(t) \end{bmatrix}
$$

재차 : $x' = Ax$

비제자 : $x' = Ax + F \ (F \neq 0)$

- 위와 같은 형태 변환으로 행렬을 이용하여 해를 구하거나 그 성질을 규명할 수 있다.

3

CHAPTER

시스템 모델링

전달함수는 어떤 시스템을 수학적으로 모델링 한 것을 말하며, 이는 **출력신호 라플라스 변환함수를 입력신호 라플라스 변환함수로 나눈 함수로 정의된다.** 또한 이는 제어시스템의 해석과 설계를 위하여 가장 중요한 단계이다. 이 함수는 대상 시스템의 입출력 신호들 사이의 관계를 표현해주는 미분방정식이나 중합적분식의 양변에 라플라스 변환을 적용하여 구해지게 되는데, 일반적으로 분수함수 형태로 되기 때문에 미분방정식이나 중합적분식 표현에 비해 간결한 표현이 되며, 특히 미분방정식을 풀지 않고서도 이 함수의 분모부와 분자부 인수들로부터 시스템의 특성을 웬만큼 알아낼 수 있기 때문에 제어시스템의 해석과 설계에 많이 쓰이고 있다.

즉, 이 미분방정식의 계수가 상수일 경우에 미분방정식은 라플라스 변환으로 쉽게 풀리므로, 이 식의 입력과 출력신호를 라플라스 변환함수로 바꾸고 이 변환함수들 사이의 비를 입출력 전달특성으로 삼을 수 있다. 이와 같이 시스템의 전달특성을 입력과 출력의 라플라스 변환의 비로 표시할 때에 나타나는 분수함수를 시스템의 전달함수(Transfer Function)라고 부른다.

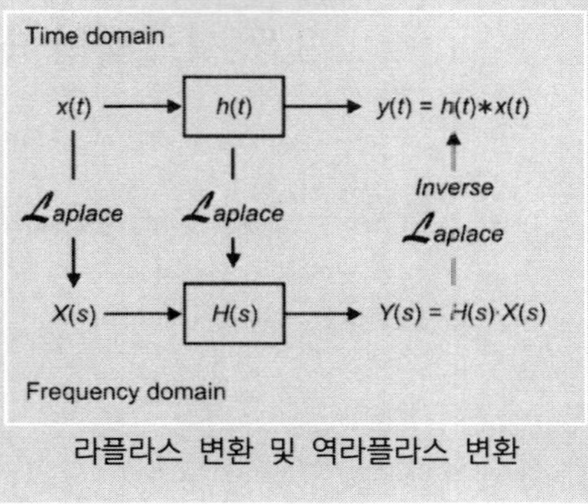

라플라스 변환 및 역라플라스 변환

3.1 시스템 전달함수

제어시스템에 대한 해석과 설계는 일반적으로 선형 미분방정식으로 표시되며, 이러한 경우 전달함수(transfer function) 개념을 도입하여 문제를 해결한다.

전달함수는 오직 선형 시불변(Linear Time Invariant) 시스템의 경우에만 정의되며, 시간에 따라 특성이 변화하는 시변 시스템에는 적용될 수 없다. 또한 전달함수는 시스템 동작에 있어서 입출력에 관한 표시이므로 시스템의 내부구조와 그 동작에 관하여는 아무것도 포함하지 않는다.

제어시스템 모델을 반드시 수학적으로만 표현될 수 있는 것은 아니며, 경우에 따라서는 언어적으로 기술되거나 또는 블록선도나 신호흐름선도와 같이 도식적으로 나타내기도 한다. 여기서 흔히 볼 수 있는 시스템 모델링 기법만을 간단히 기술하면 다음과 같다.

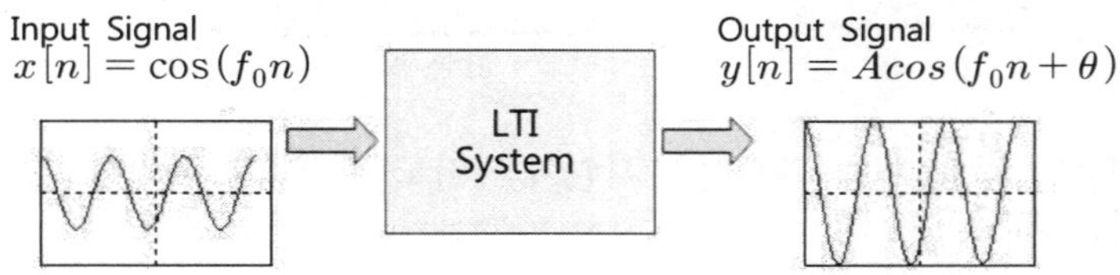

선형 시불변(Linear Time Invariant) 시스템

- **수학적 모델** : 미분방정식 모델, 전달함수 모델, 상태방정식, 상승적분 모델
- **도식적 모델** : 블록선도 모델, 신호흐름선도 모델
- **언어적 모델** : 논리 모델

이 장에서는 위의 기법 중에서 전달함수, 블록선도 및 신호흐름선도에 의한 모델링 방법에 주안점을 두고 기술된다. 전달함수는 주파수영역에서 시스템 또는 시스템요소의 입력을 출력으로 사상하는 함수이다. 블록선도는 시스템요소간의 관계를 도식적으로 나타내는 것이며, 이보다 좀 더 자세하고 수학적인 냄새를 풍기는 것이 신호흐름선도이다. 블록선도는 시스템을 스케치하는 정도에 불과하지만, 신호흐름선도는 복잡하기는 하나 시스템요소의 입출력관계를 간단히 계산하게 한다.

선형시불변(Linear time invariant)

선형시불변(Linear time invariant) 시스템 = LTI 시스템

선형성 : 입력에 비례한 출력을 내는 시스템.

- 예) $f(x) = ax$와 같은 함수가 대표적인 선형 함수

- 선형함수는 다음과 같은 특징들을 가지고 있다.

  1) $f(kx) = kf(x)$
  2) $f(ax+by) = af(x)+bf(y)$

- 첫번째 식은 입력값에 k를 곱해서 집어넣은 출력이나 같은 입력을 집어넣어 k배 한 것이 동일하다는 것
- 두번째 식은 두개의 입력을 정수배하여 집어넣더 나오는 출력은 각각의 입력을 시스템에 집어넣어 나온 출력에 정수배하여 더한 것과 같다.
- 노래방에 가서 하나의 마이크에 데고 두명이 같이 노래를 부르나, 마이크 두개로 각각 부르나 같은 소리가 나는 것과 마찬가지 이다. 마이크로 들어가는 소리를 입력이라 하고 앰프를 시스템이라고 가정하면 스피커를 통해서 나오는 소리가 출력이 된다.
- 비록 마이크와 앰프가 완전한 선형시스템은 아니지만 선형에 매우 가깝게 느낄 수 있는 예제가 될 수 있다.

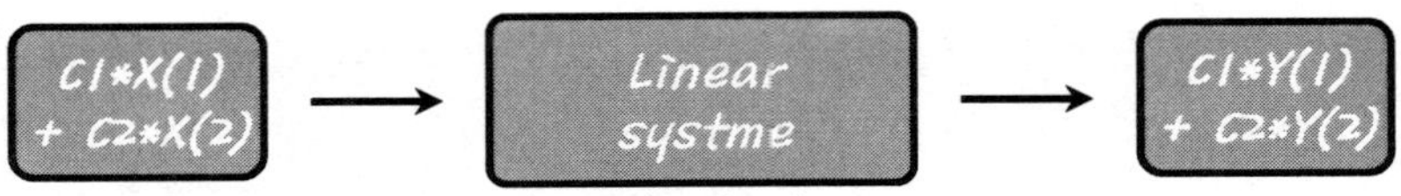

선형 시스템

시불변 : 시불변이라는 것은 시간이 지나도 시스템의 출력이 변하지 않아야 한다는 특성이다.

- 노래방에 갔는데 스피커에서 나오는 소리가 시간이 지날수록 작아져서 들리지 않는다면 이는 시불변 시스템이 아니다.
- 즉 $f(x) = xt$ 와 같이 시간에 관련된 변수가 들어있는 함수는 시불변 함수가 아닌 것이다.
- 시불변시스템을 중요하게 다루는 이유는 수학적으로 계산하기가 가장 용이하고 실제로 많이 사용되고 있기 때문이다. 비록 비선형적인 시스템일지라도 선형적으로 근사화해서 사용하는 예제가 대단히 많이 있다.

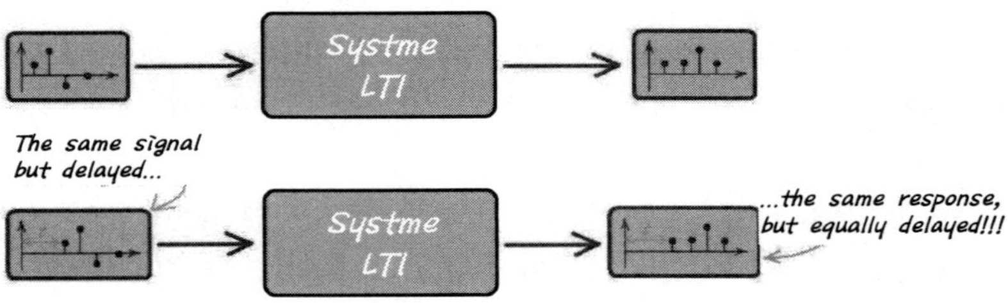

시불변 시스템

컨벌루션(convolution) : 요즘 인터넷에서 많이 쓰는 말 중에 하나가 포토샵(Photoshop) 작업이다.

- 이러한 포토샵작업이 바로 컨벌루션을 이용한 것들이 많이 있다.
- 예를 들자면 대표적인 컨벌루션의 하나가 가우샨 필터이다.

- 가우샨 필터는 이미지에 존재하는 잡티 등을 제거하는데 효과적으로 사용되며 이미지를 뿌옇게 만드는 효과가 있다. 사진과 같은 영상에는 2차원 컨벌루션이 적용되어 필터링을 하게 된다. 개념은 물론 1차원 컨벌루션과 똑같다.

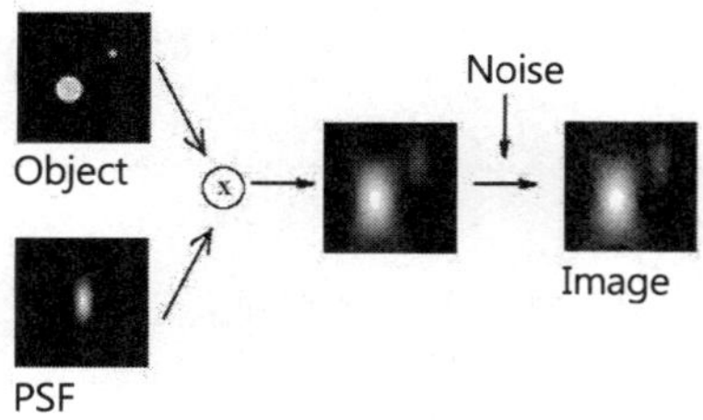

convolution

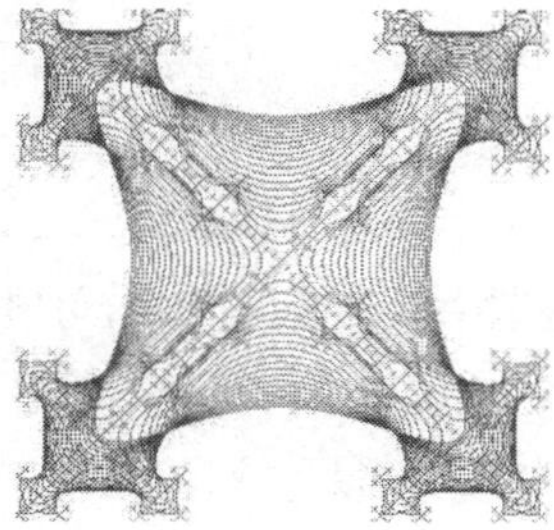
Gaussian convolution

3.1.1 전달함수의 정의

전달함수는 자동 제어시스템에서 취급하는 모든 물리적 시스템 중 선형 시불변 시스템(linear time invariant system)에 적용된다. 전달함수는 제어시스템에 가해지는 입력신호에 대하여 출력신호가 어떤 모양으로 나오는가 신호전달 특성을 제어요소에 따라 개별적으로 취급한 것으로 선형 미분방정식의 초기값을 0으로 할 때 입력신호의 Laplace 변환에 대한 출력신호의 Laplace 변환의 비로 정의된다. 즉, 그림 3-1과 같이 입력신호 $r(t)$에 대한 출력신호 $c(t)$를 발생하는 시스템의 전달함수 $G(s)$는 다음과 같이 나타낸다.

$$G(s) = \frac{C(s)}{R(s)} \tag{3-1-1}$$

그림 3-1에서 제어시스템의 미분방정식이

$$a_n \frac{d^N c(t)}{dt^n} + a_{n-1} \frac{d^{n-1} c(t)}{dt^{n-1}} + \cdots + a_1 \frac{dc(t)}{dt} + a_0 c(t)$$
$$= b_m \frac{d^m r(t)}{dt^m} + b_{m-1} \frac{d^{m-1} r(t)}{dt^{m-1}} + \cdots + b_1 \frac{dr(t)}{dt} + b_0 r(t) \tag{3-1-2}$$

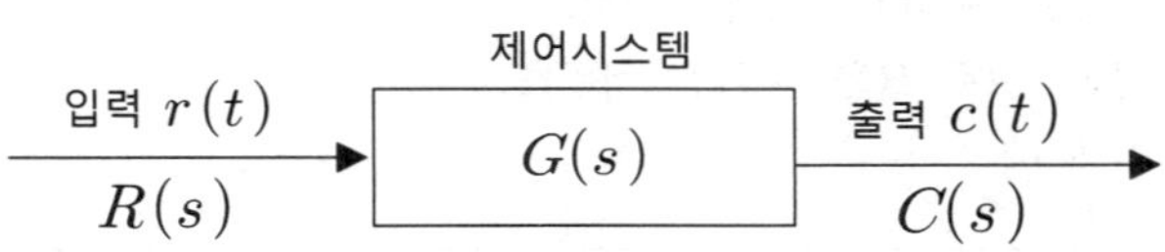

그림 3-1 전달함수

로 표시될 때는 모든 초기값을 0으로 하고 Laplace 변환하여 정리하면 다음과 같은 전달함수를 얻는다.

$$G(s)=\frac{C(s)}{R(s)}=\frac{b_m s^{m+}b_{m-1}s^{m-1}+\cdots+b_1 s+b_0}{a_n s^n+a_{n-1}s^{n-1}+\cdots+a_1 s+a_0} \tag{3-1-3}$$

전달함수의 성질을 요약하면 다음과 같다.

① 전달함수는 오직 선형 시불변 시스템에서만 정의되고, 비선형 시스템에서는 정의되지 않는다.

② 시스템의 입력변수와 출력변수 사이의 전달함수는 임펄스 응답의 Laplace 변환으로 정의된다. 한편 입출력변수 사이의 전달함수는 출력의 Laplace 변환과 입력의 Laplace 변환과의 비이기도 한다.

③ 시스템의 모든 초기조건은 0으로 한다.

④ 전달함수는 시스템의 입력과는 무관하다.

⑤ 아날로그 시스템의 복소변수 s만의 함수로 표시된다. 그것은 실변수 시간 또는 독립변수로 쓰이는 어떠한 변수의 함수도 아니다.

시스템 모델링의 방법

시스템모델링-전달함수

- 전달함수(미분방정식→라플라스변환: $G(s)$)
- 기본적으로 동적시스템이 위와 같이 미분방정식으로만 이루어졌다고 가정할 때, 전달함수법은 단순한 SISO시스템이고 미분방정식이 완벽하게 준비된 경우, 시각적으로나 수학적으로 간단히 표현됨을 알 수 있고 나아가 고전제어의 해석에 적합함을 알 수 있다.

정적시스템(Static System)

- 저장요소를 포함하지 않은 시스템
- 대수식으로 표현: 수계산 쉬움
- 정상상태 해

동적시스템(Dynamic System)

- 저장요소를 포함한 시스템 ; 적분기
- 미분방정식으로 표현: 수계산 어려움
- 과도상태 해

시간 VS 상태에 따른 시스템 분류

- 시스템은 시간, 상태에 따라 다음과 같이 분류할 수 있다.

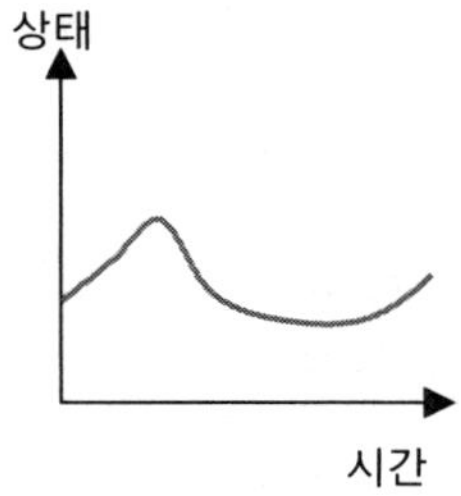

Continuous System

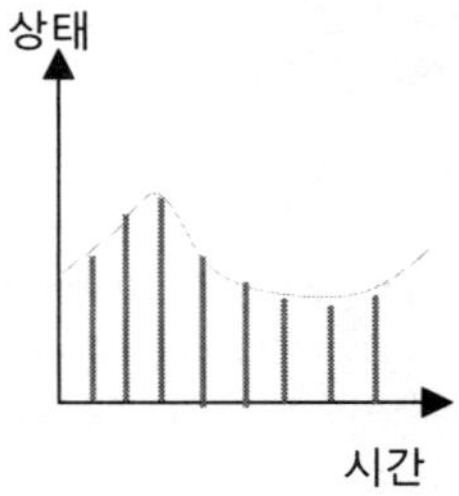

Sampled Data System

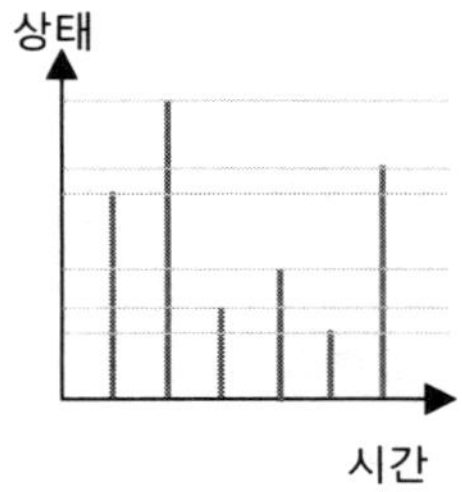

Digital System

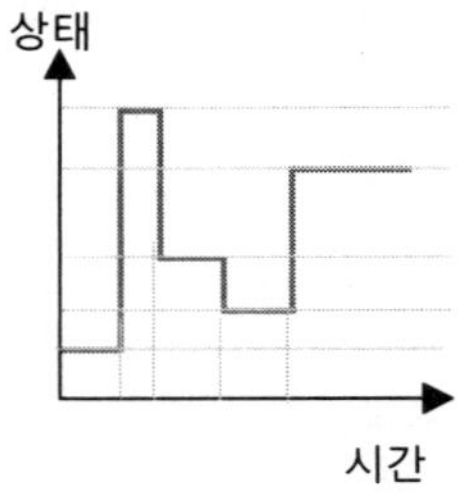

Discrete Event System

3.1.2 다양한 제어시스템의 표현방법

자동 제어시스템에서 취급하는 선형 시불변 시스템의 표현방법은 아주 다양하다. 여기서는 다양한 모든 물리적 시스템의 전달함수를 구하여 시스템을 다음과 같이 표현하는 방법에 대하여 알아본다.

① 미분방정식으로 표현하는 방법

② 다양한 전기전자소자를 사용하는 회로도로 표현하는 방법

③ 신호의 전달을 실선과 블록으로 표현하는 블록선도 표현방법

④ 신호의 흐름을 선과 마디로 표현하는 신호흐름선도 표현방법

전달함수(transfer function)

- 시스템의 전달특성을 입력과 출력의 라플라스 변환의 비로 표시할 때에 나타나는 분수함수. 보통 영문 대문자로 나타내며, 라플라스 변환변수 s 의 함수이므로 $G(s)$, $C(s)$ 따위로 표시한다.
- 전달함수는 오직 선형 시불변 시스템에서만 정의되고, 비선형 시스템에서는 정의되지 않는다.
- 시스템의 입력변수와 출력변수 사이의 전달함수는 임펄스 응답의 Laplace 변환으로 정의된다. 한편 입출력변수 사이의 전달함수는 출력의 Laplace 변환과 입력의 Laplace 변환과의 비이기도 한다.
- 시스템의 모든 초기조건은 0으로 한다.
- 전달함수는 시스템의 입력과는 무관하다.
- 아날로그 시스템의 복소변수 s 만의 함수로 표시된다. 그것은 실변수 시간 또는 독립변수로 쓰이는 어떠한 변수의 함수도 아니다.

시스템의 분류

- 다루는 시스템영역은 진하게 표시된 **동적-선형-시불변-확정-인과적-연속시스템**이라고 할 수 있다.
- 이를 간단히 선형시불변(Linear Time Invariant) 시스템을 다룬다고 말하기도 한다.

□ 정적시스템(Static System)

□ 동적시스템

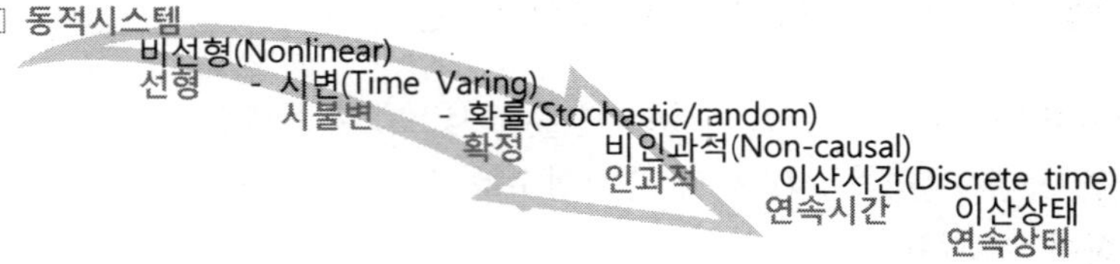

3.2 시스템의 미분방정식

입력을 $r(t)$, 출력을 $c(t)$로 하는 제어 시스템의 미분방정식이

$$\frac{d^2c(t)}{dt^2}+3\frac{dc(t)}{dt}+5c(t)=\frac{dr(t)}{dt}+r(t) \qquad (3\text{-}2\text{-}1)$$

일 때 시스템의 전달함수 $C(s)/R(s)$를 구하는 방법은 앞에서 취급한 도함수에 대한 Laplace변환 방법에 의하여 구한다.

도함수의 Laplace변환은 부분적분법을 적용한다.

$$\int uv'=uv-\int u'v$$

여기서, $u=e^{-st}, u'=-se^{-st}dt, v'=df(t), v=f(t)$

$$\begin{aligned}\int_0^\infty \frac{df(t)}{dt}e^{-st}dt &= \int_0^\infty f(t)'e^{-st}dt \\ &= [f(t)e^{-st}]_0^\infty-(-s)\int_0^\infty f(t)e^{-st}dt \\ &= s\mathcal{L}[f(t)]-f(0) \\ &= sF(s)-f(0)\end{aligned}$$

먼저 식(3-2-1)을 Laplace변환하면

$$s^2C(s)-sc(0)-\frac{dc}{dt}(0)+3[sC(s)-c(0)]+5C(s)=sR(s)-r(0)+R(s)$$

전달함수는 초기값을 0으로 할 때이므로

$$(s^2+3s+5)C(s)=(s+1)R(s)$$

이고, 전달함수는 다음과 같이 구해진다.

$$\frac{C(s)}{R(s)}=\frac{s+1}{s^2+3s+5} \qquad (3\text{-}2\text{-}2)$$

핵심내용

도함수의 라플라스 변환 : 전달함수는 초기값을 0으로 설정한다.

- $\mathcal{L}\left\{\frac{d}{dt}f(t)\right\} = sF(s) - f(0)$

부분적분공식

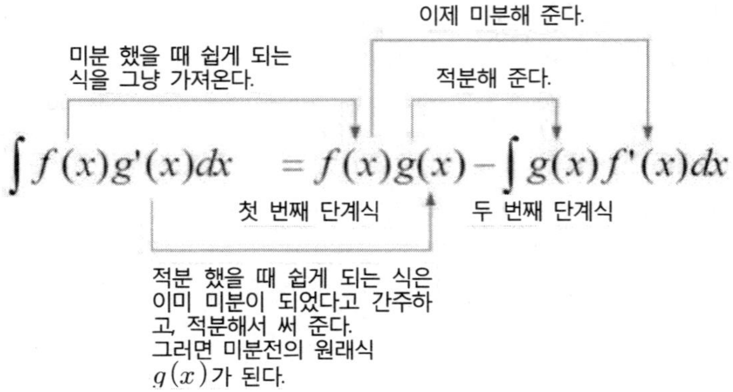

예제 3-1

입력을 $r(t)$, 출력을 $c(t)$로 하는 제어시스템의 미분방정식이 다음식과 같을 때 전달함수 $G(s)$를 구하라.

$$3\frac{d^2c(t)}{dt^2} + 4\frac{dc(t)}{dt} + 5c(t) = \frac{dr(t)}{dt} + 2r(t)$$

풀이

주어진 미분방정식에서 초기값을 0으로 하고, Laplace 변화하면

$$3s^2C(s) + 4sC(s) + 5C(s) = sR(s) + 2R(s)$$

이므로 전달함수는 다음과 같다.

$$G(s) = \frac{C(s)}{R(s)} = \frac{s+2}{3s^2+4s+5}$$

예제 3-2

다음은 방정식은 선형 시불변 시스템을 표시하는 수학적 모델이다. 시스템의 전달함수 $C(s)/R(s)$를 구하라. 여기서 $r(t)$는 입력, $c(t)$는 출력을 표시한다.

① $\dfrac{d^3c(t)}{dt^3} + 5\dfrac{d^2c(t)}{dt^2} + 6\dfrac{dc(t)}{dt} + 10c(t) = r(t)$

② $\dfrac{d^4c(t)}{dt^4} + 10\dfrac{d^2c(t)}{dt^2} + \dfrac{dc(t)}{dt} + 5c(t) = 5r(t)$

③ $\dfrac{d^3c(t)}{dt^3} + 2\dfrac{d^2c(t)}{dt^2} + 5\dfrac{dc(t)}{dt} + 6c(t) = 3\dfrac{dr(t)}{dt} + r(t)$

④ $\dfrac{d^4c(t)}{dt^4} + 5\dfrac{d^3c(t)}{dt^3} + 3\dfrac{d^2c(t)}{dt^2} + 10\dfrac{dc(t)}{dt} + c(t) = 2r(t)$

⑤ $\dfrac{d^3c(t)}{dt^3} + 5\dfrac{d^2c(t)}{dt^2} + 4\dfrac{dc(t)}{dt} + c(t) = 2\dfrac{dr(t)}{dt} + 3r(t)$

⑥ $\dfrac{d^2c(t)}{dt^2} + 10\dfrac{dc(t)}{dt} + 2c(t) = r(t-2)$

⑦ $\dfrac{d^2c(t)}{dt^2} + 2\dfrac{dc(t)}{dt} + c(t) + \displaystyle\int_0^t c(\tau)d\tau = r(t)$

⑧ $\dfrac{d^3c(t)}{dt^3} + 10\dfrac{d^2c(t)}{dt^2} + 2\dfrac{dc(t)}{dt} + c(t) + 2\displaystyle\int_0^t c(\tau)d\tau = \dfrac{dr(t)}{dt} + 2r(t)$

3.2.1 시스템의 출력 응답

시스템의 출력신호 $c(t)$는 식(3-1-3)을 역 Laplace 변환함으로써 구할 수 있다.

$$c(t) = \mathcal{L}^{-1}[G(s)R(s)] \tag{3-2-3}$$

식 (3-2-3)에서 입력신호가 단위 임펄스 함수인 $r(t)=\delta(t)$일 때

$$R(s)=\mathcal{L}\,[\delta(t)]=1 \tag{3-2-4}$$

이고, 출력응답 $c(t)$는 식 (3-2-3)을 적용하면

$$c(t)=\mathcal{L}^{-1}[G(s)R(s)]=\mathcal{L}^{-1}[G(s)]=h(t) \tag{3-2-5}$$

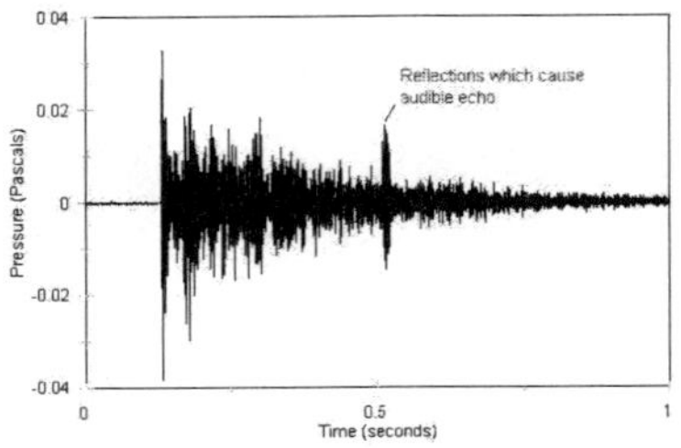

메아리에 대한 임펄스 응답

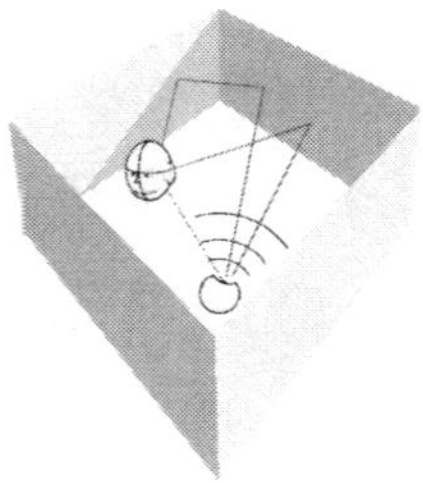

IMPULSE RESPONSE FROM A ROOM

로 표시되며 이것을 임펄스 응답(impulse response)이라 한다.

또한 입력신호가 단위계단함수인 $r(t)=u(t)$일 때

$$R(s)=\mathcal{L}\,[u(t)]=\frac{1}{s} \tag{3-2-6}$$

이고, 출력응답 $c(t)$는 식 (3-2-3)에 식 (3-2-6)를 적용하면

$$c(t)=\mathcal{L}^{-1}[G(s)R(s)]=\mathcal{L}^{-1}\left[\frac{1}{s}G(s)\right] \tag{3-2-7}$$

으로 표시되며, 인디셜 응답(initial response) 또는 단위계단응답(unit step response)이라 한다.

예제 3-3

제어시스템의 전달함수가 다음과 같다.

$$G(s)=\frac{1}{(s+1)(s+2)} \tag{3-2-8}$$

이 시스템의 임펄스 응답과 단위계단응답을 구하라.

⚜ 풀이

임펄스 응답은 임펄스 함수 $r(t)=\delta(t)$일 때이므로 $R(s)=\mathcal{L}[\delta(t)]=1$ 을 식 (3-2-3)에 적용한다.

$$c(t)=\mathcal{L}^{-1}[G(s)R(s)]=\mathcal{L}^{-1}\left[\frac{1}{(s+1)(s+2)}\right]=\mathcal{L}^{-1}\left[\frac{K_{11}}{s+1}+\frac{K_{12}}{s+2}\right] \quad (3\text{-}2\text{-}9)$$

여기서,

$$K_{11}=(s+1)G(s)_{s=-1}=(s+1)\frac{1}{(s+1)(s+2)}{}_{s=-1}=\frac{1}{s+2}{}_{s=-1}=1$$

$$K_{12}=(s+2)G(s)_{s=-2}=(s+2)\frac{1}{(s+1)(s+2)}{}_{s=-2}=\frac{1}{s+1}{}_{s=-2}=-1$$

따라서, 구하고자 하는 임펄스 응답 $h(t)$는

$$c(t)=h(t)=\mathcal{L}^{-1}\left[\frac{1}{s+1}-\frac{1}{s+2}\right]=(e^{-t}-e^{-2t})u(t) \quad (3\text{-}2\text{-}9)$$

단위계단응답은 입력이 단위계단함수인 $r(t)=u(t)$일 때이므로

$R(s)=\mathcal{L}[u(t)]=1/s$ 를 식 (3-2-3)에 적용하면

$$c(t)=\mathcal{L}^{-1}[G(s)R(s)]=\mathcal{L}^{-1}\left[\frac{1}{(s+1)(s+2)}\frac{1}{s}\right]$$

$$=\mathcal{L}^{-1}\left[\frac{K_{11}}{s}+\frac{K_{12}}{s+1}+\frac{K_{13}}{s+2}\right] \quad (3\text{-}2\text{-}10)$$

여기서, $K_{11}=sG(s)R(s)_{s=0}=\frac{1}{2}$, $\quad K_{12}=(s+1)G(s)R(s)_{s=-1}=-1$

$$K_{13}=(s+2)G(s)R(s)_{s=-2}=\frac{1}{2}$$

이므로 구하고자 하는 단위계단응답은 다음과 같다.

$$c(t)=\mathcal{L}^{-1}\left[\frac{1}{2}\frac{1}{s}-\frac{1}{s+1}+\frac{1}{2}\frac{1}{s+2}\right]=\left(\frac{1}{2}-e^{-t}+\frac{1}{2}e^{-2t}\right)u(t) \quad (3\text{-}2\text{-}11)$$

예제 3-4

제어시스템의 임펄스 응답이

$$c(t) = [1 + 3e^{-2t} - e^{-3t}]u(t) \tag{3-2-12}$$

이다. 이 시스템의 전달함수와 미분방정식을 구하라.

풀이

임펄스 응답은 입력이 임펄스 $r(t) = \delta(t)$일 때이므로

$$R(s) = \mathcal{L}[\delta(t)] = 1$$

$$C(s) = \mathcal{L}[1 + 3e^{-2t} - e^{-3t}] = \frac{1}{s} + \frac{3}{s+2} - \frac{1}{s+3} = \frac{3s^2 + 12s + 6}{s^3 + 5s^2 + 6s} \tag{3-2-13}$$

따라서, 전달함수는

$$\frac{C(s)}{R(s)} = \frac{3s^2 + 12s + 6}{s^3 + 5s^2 + 6s} \tag{3-2-14}$$

미분방정식은 구해진 전달함수로부터

$$s^3 C(s) + 5s^2 C(s) + 6s\,C(s) = 3s^2 R(s) + 12s R(s) + 6R(s)$$

식 (3-2-13)에서 각 항을 고찰하면

$$\mathcal{L}^{-1}[s^3 C(s)] = \frac{d^3 c(t)}{dt^3},\ \mathcal{L}^{-1}[5s^2 C(s)] = 5\frac{d^2 c(t)}{dt^2},\ \mathcal{L}^{-1}[6s\,C(s)] = 6\frac{dc(t)}{dt}$$

$$\mathcal{L}^{-1}[3s^2 R(s)] = 3\frac{d^2 r(t)}{dt^2},\ \mathcal{L}^{-1}[12s R(s)] = 12\frac{dr(t)}{dt},\ \mathcal{L}^{-1}[6R(s)] = 6r(t)$$

따라서, 제어시스템의 미분방정식은 다음과 같다.

$$\frac{d^3 c(t)}{dt^3} + \frac{d^2 c(t)}{dt^2} + \frac{dc(t)}{dt} = 3\frac{d^2 r(t)}{dt^2} + 12\frac{dr(t)}{dt} + 6r(t) \tag{3-2-15}$$

예제 3-5

입력을 $r(t)$, 출력을 $c(t)$로 하는 제어 시스템의 미분방정식이

$$\frac{dc(t)}{dt}+5c(t)=4r(t)$$

일때 제어시스템의 전달함수를 구하고 입력이 지연함수 $r(t)=u(t)-u(t-1)$에 대한 출력 $c(t)$를 구하시오.

풀이

주어진 미분방정식에서 초기값을 0으로 하고, Laplace 변화하면

$$sC(s)+5C(s)=4R(s)$$

이므로 전달함수는 다음과 같다.

$$G(s)=\frac{C(s)}{R(s)}=\frac{4}{s+5}$$

입력 $r(t)=u(t)-u(t-1)$에 대한 $R(S)=\frac{1}{S}-e^{-s}\frac{1}{S}$이다.

$R(S)G(S)=C(S)$로부터

$$C(S)=(\frac{4}{s+5})(\frac{1}{S}-e^{-s}\frac{1}{S})$$

$$C(S)=\frac{4(1-e^{-s})}{s(s+5)}$$

역라플라스 변환에 의하여 $c(t)$는 구해진다.

응답(response)

임펄스 응답(impulse response) :

- 입력신호가 단위임펄스 함수인 $r(t) = \delta(t)$일 때 나타나는 출력
- $R(s) = \mathcal{L}\,[\delta(t)] = 1$

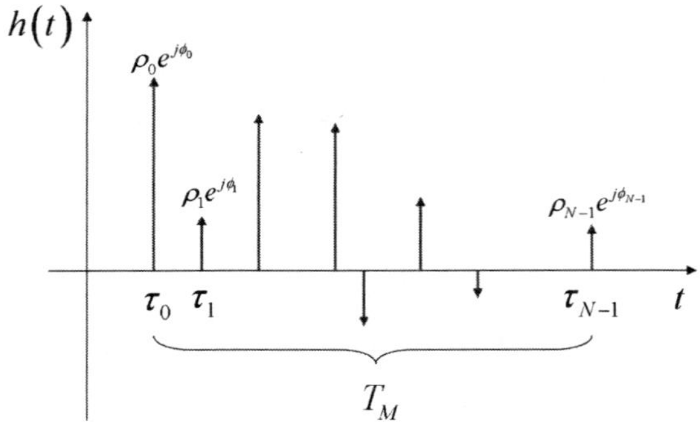

임펄스 응답의 예

단위계단 응답(unit step response) :

- 입력이 단위계단함수인 $r(t) = u(t)$일 때 나타나는 출력
- $R(s) = \mathcal{L}\,[u(t)] = 1/s$

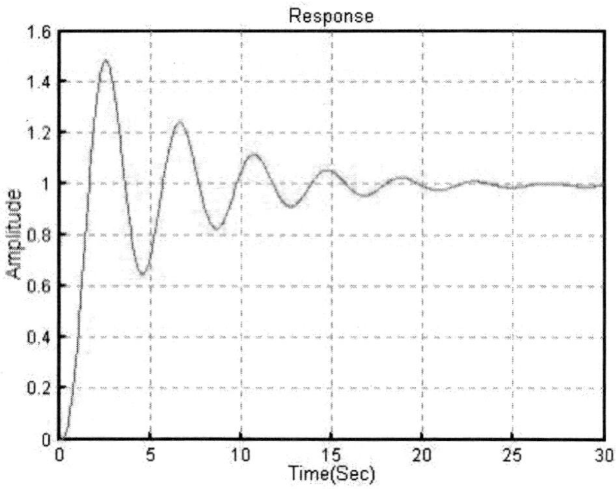

단위계단 응답의 예

예제 3-5-1

입력을 $r(t)$, 출력을 $c(t)$로 하는 제어시스템의 미분방정식이

$$\frac{d^2c(t)}{dt^2} - 4\frac{dc(t)}{dt} - 5c(t) = \frac{dr(t)}{dt} + 2r(t)$$

일 때 다음을 구하여라.

① 전달함수 $G(s)$
② 임펄스응답
③ 단위계단응답

3.2.2 제어요소의 전달함수

(1) 비례요소

시스템의 입력 $r(t)$와 출력 $c(t)$의 관계가

$$c(t) = Kr(t) \tag{3-2-16}$$

로 표시되는 요소를 비례요소라 하고, 이 시스템을 그림 3-2 (b)와 같이 나타낸다. 이 시스템의 전달함수는 식 (3-2-16)을 Laplace 변환하여 정리하면

$$G(s) = \frac{C(s)}{R(s)} = K \tag{3-2-17}$$

를 얻는다. 그림 3-2 (b)와 같은 비례요소의 시스템에 그림 3-2 (b)와 같은 단위계단입력을 가할 때 그림 3-2 (c)와 같이 입력을 K배한 파형이 출력으로 나타난다.

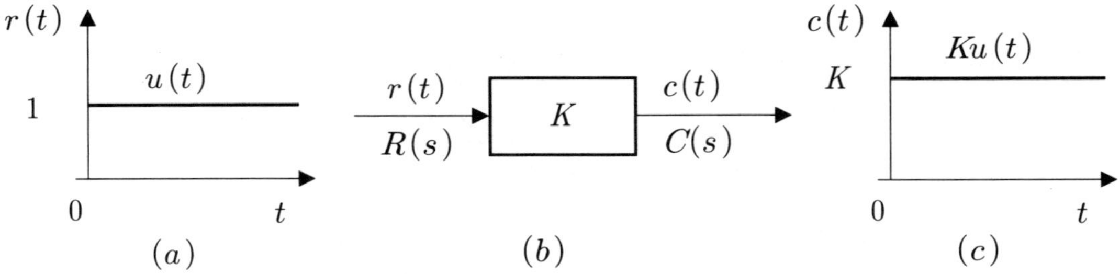

그림 3-2 비례요소

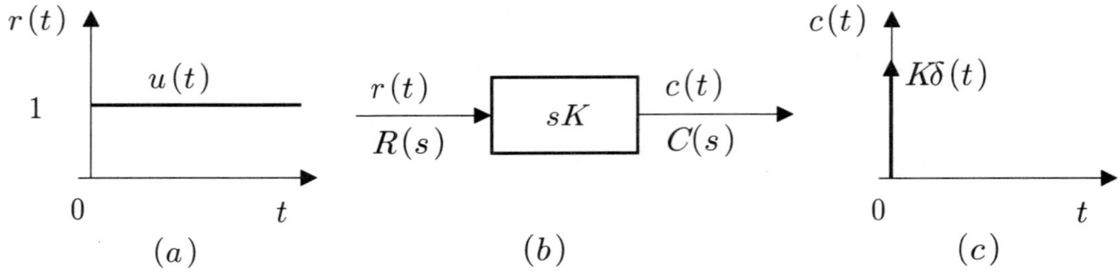

그림 3-3 미분요소

(2) 미분요소

시스템의 입력 $r(t)$와 출력 $c(t)$의 관계가

$$c(t) = K\frac{dr(t)}{dt} \tag{3-2-18}$$

로 표시되는 시스템을 미분요소라 하고, 이 시스템을 그림 3-3 (b)와 같이 나타낸다. 미분요소의 전달함수는 식 (3-2-18)을 Laplace 변환하면

$$G(s) = \frac{C(s)}{R(s)} = sK \tag{3-2-19}$$

로 표시된다. 그림 3-3 (b)와 같은 미분요소의 시스템에 그림 3-3 (a)와 같은 단위 계단입력을 가할 때 그림 3-3 (c)와 같은 임펄스가 출력으로 나타난다.

(3) 적분요소

시스템의 입력 $r(t)$와 출력 $c(t)$와의 관계가

$$c(t) = K\int r(t)dt \tag{3-2-20}$$

로 표시되는 시스템을 적분요소라 하고, 이 시스템을 그림 3-4 (b)와 같이 나타낸다. 적분요소의 전달함수는 식 (3-2-20)으로부터

$$G(s) = \frac{C(s)}{R(s)} = \frac{K}{s} \tag{3-2-21}$$

로 표시된다. 그림 3-4 (b)와 같은 적분요소의 시스템에 그림 3-4 (b)와 같이 단위 계단입력을 가할 때 그림 3-4 (c)와 같이 기울기가 K인 램프함수가 출력으로 나타난다.

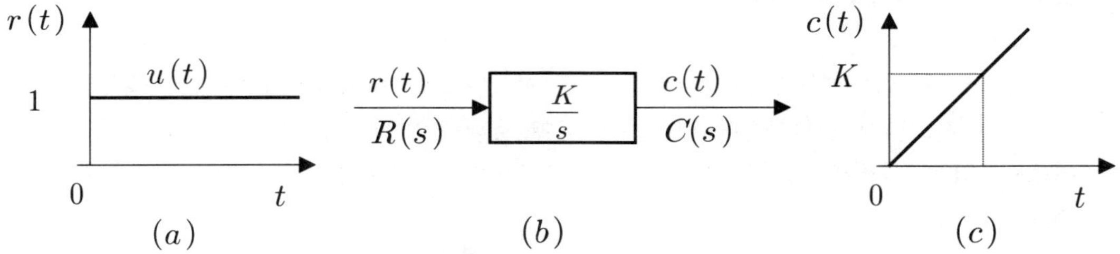

그림 3-4 적분요소

(4) 이동요소

시스템의 입력 $r(t)$와 출력 $c(t)$와의 관계가

$$c(t) = Kr(t-T) \tag{3-2-22}$$

로 표시되는 요소를 이동요소라 하고, 이 시스템을 그림 3-5 (b)와 같이 나타낸다.

이 시스템의 전달함수는 식 (3-2-22)에 이동정리를 적용하면

$$C(s) = \mathcal{L}\,[Kr(t-T)] = KR(s)e^{-sT}$$

$$G(s) = \frac{C(s)}{R(s)} = Ke^{-sT} \tag{3-2-23}$$

로 표시된다. 그림 3-5 (b)와 같이 이동요소 시스템에 그림 3-5(a)와 같은 단위계단 입력을 가할 때 그림 3-5 (c)와 같이 T만큼 이동되고, K 배한 입력파형이 출력으로 나타난다.

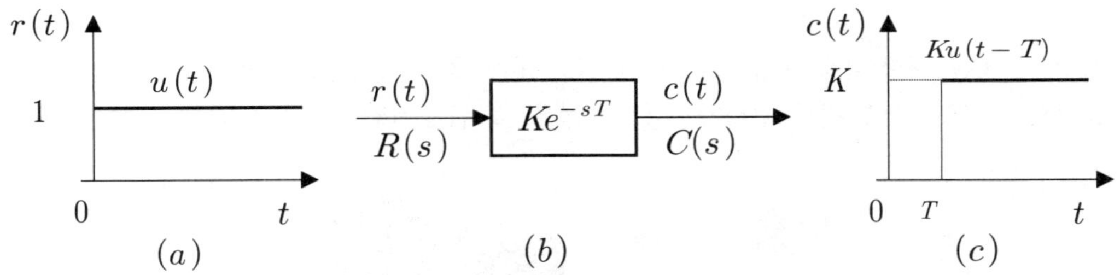

그림 3-5 이동요소

3.3 시스템의 회로도

물리적 시스템이 회로도로 주어지는 경우 이 시스템의 특정부위에 대한 입·출력을 설정하고 이 시스템의 전달함수를 구하는 방법에 대하여 알아보자. 먼저 시스템을 구성하는 회로는 직렬, 직병렬 그리고 저항, 코일, 콘덴서로 각각 구성하는 회로로 구분하여 정리하여 보자.

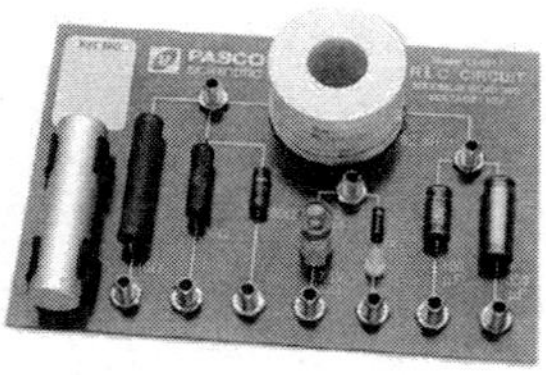

RLC 회로

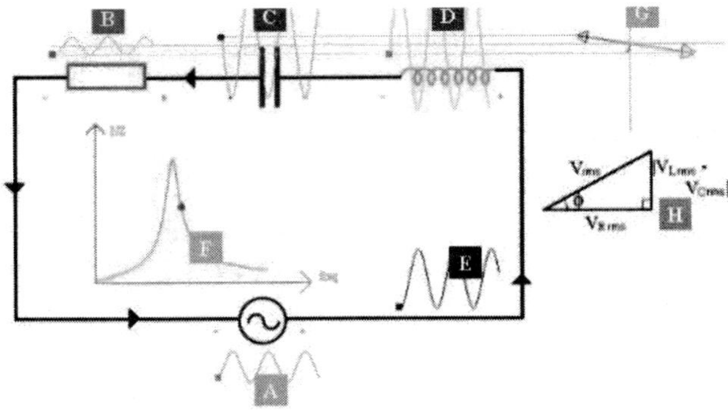

RLC 회로

3.3.1 저항 직렬구성 회로

저항, 코일, 콘덴서에 임의 전류 $i(t)$가 흐르는 경우 여기에 걸리는 전압은 각각 다음과 같이 표현된다.

$$v_R(t) = Ri(t) \tag{3-3-1}$$

$$v_L(t) = L\frac{di(t)}{dt} \tag{3-3-2}$$

$$v_C(t) = \frac{1}{C}\int i(t)dt \tag{3-3-3}$$

즉, 일정한 저항 R에 전류 $i(t)$가 흐르는 경우 걸리는 전압은 저항과 전류의 곱으로 표현되고, 코일 L에 전류 $i(t)$가 흐르는 경우 걸리는 전압은 코일 L과 흐르는 전류의

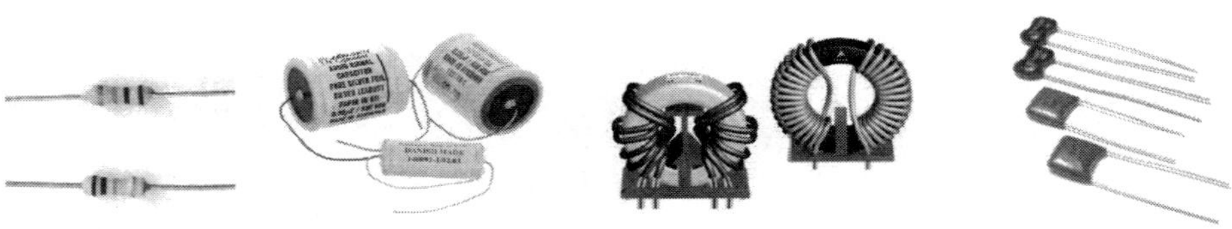

색띠저항　오일 콘덴서　초코코일　마이카 콘덴서

그림 3-6 각종 회로 소자

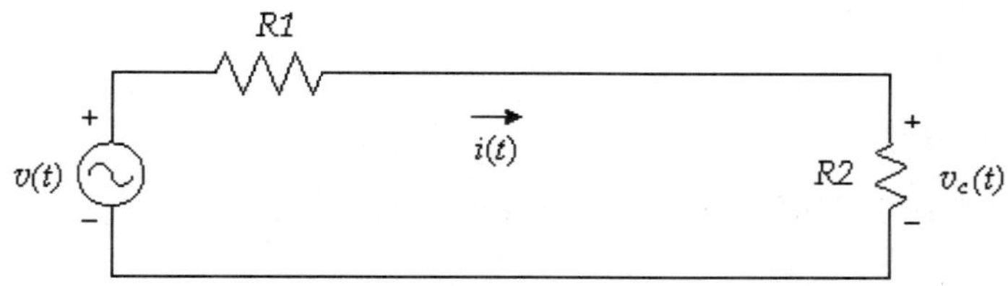

그림 3-6-a 저항 직렬구성 회로

시간에 대한 미분함수의 곱으로 표현된다. 그리고 콘덴서 C에 전류 $i(t)$가 흐르는 경우 걸리는 전압은 코일의 용량에 반비례하는 값과 흐르는 전류의 시간에 대한 적분함수의 곱으로 표현된다.

여기서 먼저 저항이 직렬로 구성되는 경우 임의의 출력단자를 갖는 시스템에 대한 전달함수를 구해보자.

그림 3-6-a로부터 구할 수 있는 회로방정식은

$$v(t) = R_1 i(t) + R_2 i(t), \qquad v_c(t) = R_2\, i(t) \tag{3-3-4}$$

이며, 식(3-3-4)에서 초기값을 0으로 하여 Laplace 변환하면

$$V(s) = (R_1 + R_2) I(s), \qquad I(s) = \frac{V_c(s)}{R_2} \tag{3-3-5}$$

이므로 전달함수 $V_c(s)/V(s)$는 다음과 같이 구해진다.

$$\frac{V_c(s)}{V(s)} = \frac{R_2}{(R_1 + R_2)} \tag{3-3-6}$$

예제 3-6

입력을 $r(t)$, 출력을 $c(t)$로 하는 회로에서 다음을 각각 구하시오.

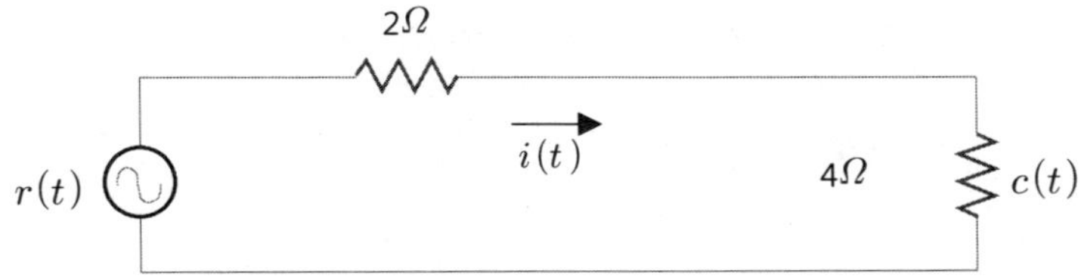

① 전달함수 $G(s)$

② 임펄스응답

③ 단위계단응답

④ $r(t)=5u(t)-4u(t-1)+3u(t-2)$에 대한 응답

각 소자의 전압

저항에 임의 전류 $i(t)$가 흐르는 경우 걸리는 전압

$$v_R(t)=Ri(t)$$

코일에 임의 전류 $i(t)$가 흐르는 경우 걸리는 전압

$$v_L(t)=L\frac{di(t)}{dt}$$

콘덴서에 임의 전류 $i(t)$가 흐르는 경우 걸리는 전압

$$v_C(t)=\frac{1}{C}\int i(t)dt$$

3.3.2 저항 직병렬구성 회로

여러 개의 저항이 직병렬로 구성되는 경우 임의의 출력단자를 갖는 시스템에 대한 전달함수를 구해보자. 그림 3-6-b로부터 구할 수 있는 회로방정식은

$$v(t)=R_1 i(t)+R_2 i_1(t)+R_3 i_1(t) \tag{3-3-7}$$

$$R_2 i_1(t)+R_3 i_1(t)=R_4(i(t)-i_1(t)) \tag{3-3-8}$$

$$v_c(t)=R_2\, i(t) \tag{3-3-9}$$

이며, 위 식에서 초기값을 0으로 하여 Laplace 변환하면

$$V(s)=R_1 I(s)+(R_2+R_3)I_1(s) \tag{3-3-10}$$

$$(R_2+R_3+R_4)I_1(s)=R_4 I(s) \tag{3-3-11}$$

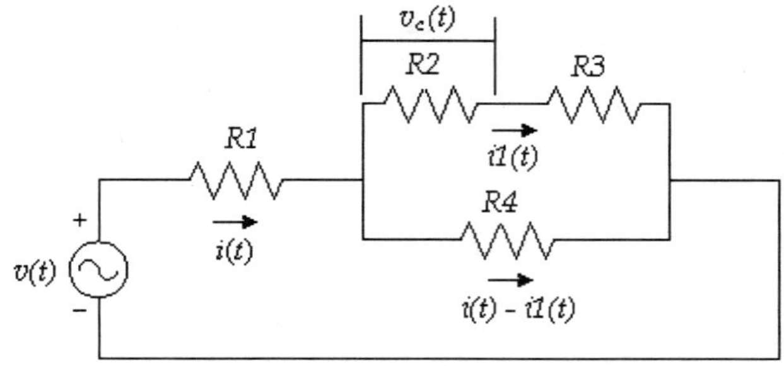

그림 3-6-b 저항 직·병렬 구성회로

$$V_c(s) = R_2\, I(s) \tag{3-3-12}$$

Laplace 변환으로부터 구해진 $I(s) = \dfrac{V_c(s)}{R_2}$를 식(3-3-10) 및 (3-3-11)에 대입하고 같은 방법으로 $I_1(s)$를 소거하면 전달함수 $V_c(s)/V(s)$는 다음과 같이 구해진다.

$$\frac{V_c(s)}{V(s)} = \frac{R_2R_2 + R_2R_3 + R_2R_4}{R_1R_2 + R_1R_3 + R_1R_4 + R_2R_3} \tag{3-3-13}$$

3.3.3 저항, 코일, 콘덴서 직병렬구성 회로

그림과 같이 회로를 구성하는 소자가 저항, 코일 그리고 콘덴서로 구성되는 경우 콘덴서에 걸리는 전압을 출력전압으로 설정하였을 경우 전달함수 $V_c(s)/V(s)$를 구하는 방법에 대하여 알아보자. 그림 3-6-c의 회로망의 회로방정식은 식(3-3-1), (3-3-2), (3-3-3)으로부터 다음과 같이 표현된다.

$$L\frac{di(t)}{dt} + Ri(t) + \frac{1}{C}\int i(t)dt = v(t), \qquad v_c(t) = \frac{1}{C}\int i(t)dt \tag{3-3-14}$$

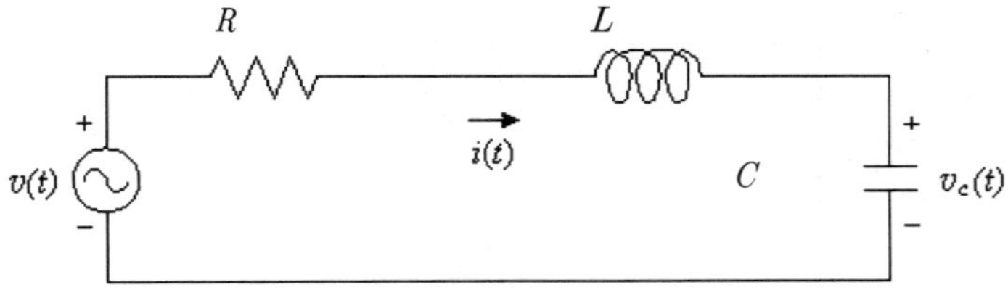

그림 3-6-c RLC 구성회로

이며, 식(3-3-14)에서 초기값을 0으로 하여 Laplace 변환하면

$$\left(sL+R+\frac{1}{sC}\right)I(s)=V(s), \qquad I(s)=sCV_c(s)$$

이므로 전달함수 $V_c(s)/V(s)$는 다음과 같이 구해진다.

$$\frac{V_c(s)}{V(s)}=\frac{1}{\left(sL+R+\frac{1}{sC}\right)sC}=\frac{1}{s^2LC+sRC+1} \tag{3-3-15}$$

예제 3-7

그림 3-6-d의 회로에서 입력을 $v(t)$, 출력을 $v_c(t)$로 하는 전달함수 $V_c(s)/V(s)$를 구하라.

풀이

그림 3-6-d로부터 구할 수 있는 회로방정식은

$$v(t)=i(t)+2i(t), \qquad v_c(t)=2\,i(t) \tag{3-3-16}$$

이며, 식(3-3-16)에서 초기값을 0으로 하여 Laplace 변환하면

$$V(s)=3I(s), \qquad I(s)=\frac{V_c(s)}{2} \tag{3-3-17}$$

이므로 전달함수 $V_c(s)/V(s)$는 다음과 같이 구해진다.

$$\frac{V_c(s)}{V(s)}=\frac{2}{3} \tag{3-3-18}$$

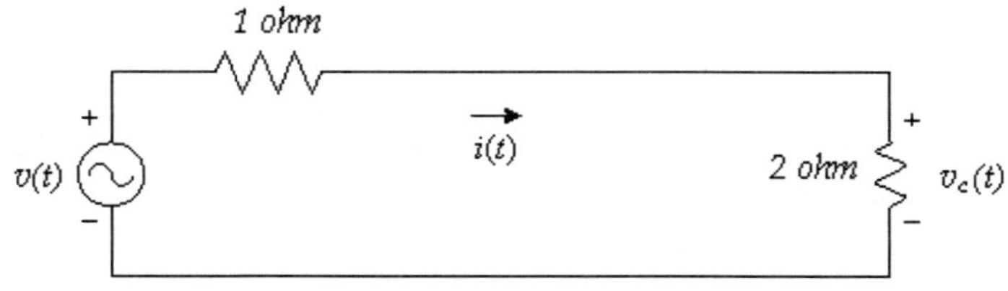

그림 3-6-d

예제 3-8

그림 3-6-e의 회로에서 입력을 $v_1(t)$, 출력을 $v_c(t)$로 하는 전달함수 $V_c(s)/V(s)$를 구하라.

풀이

그림 3-6-e로부터 구할 수 있는 회로방정식은

$$v(t)=i(t)+2i_1(t)+3i_1(t) \tag{3-3-19}$$

$$2i_1(t)+3i_1(t)=4(i(t)-i_1(t)) \tag{3-3-20}$$

$$v_c(t)=2\,i(t) \tag{3-3-21}$$

이며, 위 식에서 초기값을 0으로 하여 Laplace 변환하면

$$V(s)=I(s)+(2+3)I_1(s), \tag{3-3-22}$$

$$(2+3+4)I_1(s)=4I(s)$$

$$V_c(s)=2\,I(s) \tag{3-3-23}$$

Laplace 변환으로부터 구해진 $I(s)=\dfrac{V_c(s)}{2}$를 식(3-3-22)에 대입하고 같은 방법으로 $I_1(s)$를 소거하면 전달함수 $V_c(s)/V(s)$는 다음과 같이 구해진다.

$$c\frac{V_c(s)}{V(s)}=\frac{18}{29} \tag{3-3-24}$$

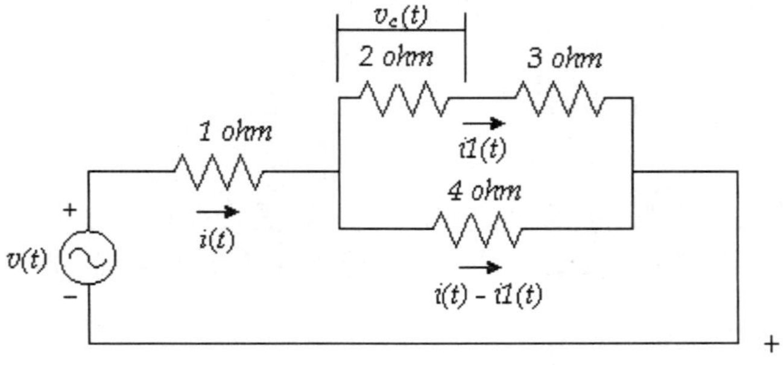

그림 3-6-e

예제 3-9

그림 3-6-f의 회로에서 입력을 $v(t)$, 출력을 $v_c(t)$로 하는 전달함수 $V_c(s)/V(s)$를 구하라.

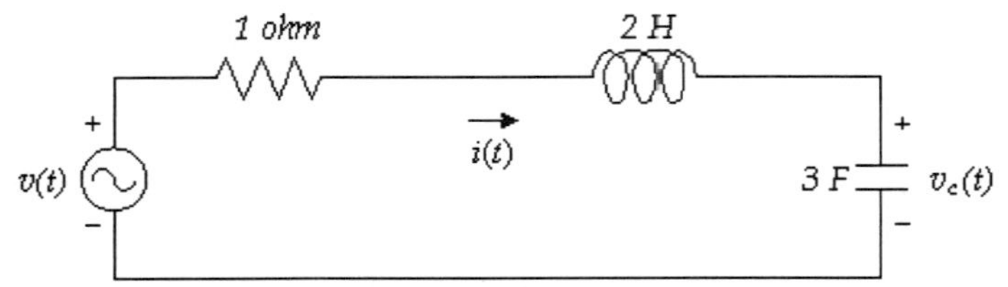

그림 3-6-f

풀이

그림 3-6-f의 회로망의 회로방정식은 다음과 같이 표현된다.

$$i(t)+2\frac{di(t)}{dt}+\frac{1}{3}\int i(t)dt=v(t),\qquad v_c(t)=\frac{1}{3}\int i(t)dt \tag{3-3-25}$$

이며, 식(3-3-25)에서 초기값을 0으로 하여 Laplace 변환하면

$$\left(2s+1+\frac{1}{3s}\right)I(s)=V(s),\qquad I(s)=3s\,V_c(s) \tag{3-3-26}$$

$$\left(2s+1+\frac{1}{3s}\right)3s\,V_c(s)=V(s) \tag{3-3-27}$$

이므로 전달함수 $V_c(s)/V(s)$는 다음과 같이 구해진다.

$$\frac{V_c(s)}{V(s)}=\frac{1}{\left(2s+1+\frac{1}{3s}\right)3s}=\frac{1}{6s^2+3s+1} \tag{3-3-28}$$

그림 3-7의 회로에서와 같이 저항, 코일 및 콘덴서가 직·병렬로 구성되는 회로망에서 입력을 $v_1(t)$, 출력을 $v_c(t)$로 하는 전달함수 $V_c(s)/V(s)$를 구하는 방법에 대하여 알아보자.

그림 3-7의 회로망의 회로방정식은

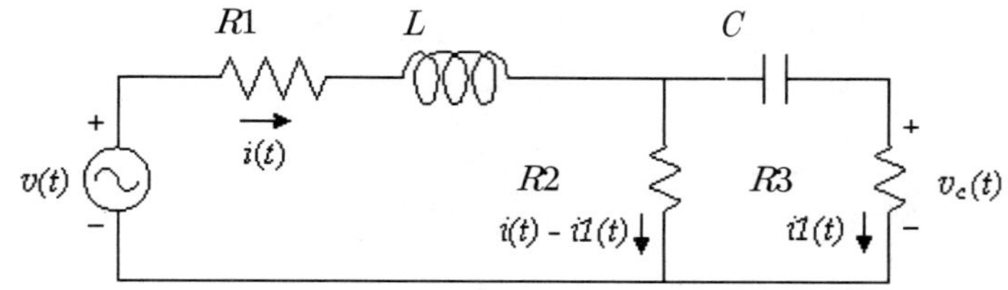

그림 3-7 RLC 직병렬회로

$$L\frac{di_1(t)}{dt}+(R_1+R_2)i_1(t)-R_2i_2(t)=v_1(t)$$

$$-R_2i_1(t)+(R_2+R_3)i_2(t)+\frac{1}{C}\int i_2(t)dt=0 \qquad (3\text{-}3\text{-}29)$$

$$v_2(t)=R_3i_2(t)$$

이며, 식(3-3-29)에서 초기값을 0으로 하여 Laplace 변환하고 정리하면

$$(sL+R_1+R_2)I_1(s)-R_2I_2(s)=V_1(s)$$

$$-R_{2I_1}(s)+\left(R_2+R_3+\frac{1}{sC}\right)I_2(s)=0 \qquad (3\text{-}3\text{-}30)$$

$$V_2(s)=R_3I_2(s) \qquad (3\text{-}3\text{-}31)$$

식(3-3-30)으로부터 $I_2(s)$를 구하면 다음과 같다.

$$I_2(s)=\frac{1}{\Delta(s)}\begin{vmatrix} sL+R_1+R_2 & V_1(s) \\ -R_2 & 0 \end{vmatrix}$$

$$=\frac{R_2V_1(s)}{(sL+R_1+R_2)\left(R_2+R_{3+}\frac{1}{sC}\right)-R_2^2} \qquad (3\text{-}3\text{-}32)$$

여기서,

$$\Delta(s)=\begin{vmatrix} sL+R_1+R_2 & -R_2 \\ -R_2 & R_2+R_{3+}\frac{1}{sC} \end{vmatrix}$$

$$=(sL+R_1+R_2)\left(R_2+R_{3+}\frac{1}{sC}\right)-R_2^2$$

식(3-3-32)을 식(3-3-31)에 적용하여 정리하면 전달함수는 다음과 같다.

$$\frac{V_2(s)}{V_1(s)} = \frac{s\,CR_2R_3}{s^2(R_2R_3)L + s[(R_1R_2 + R_2R_3 + R_1R_3)C + L] + R_1 + R_2} \qquad (3\text{-}3\text{-}33)$$

예제 3-10

그림 3-7의 회로에서 입력을 $v_1(t)$, 출력을 $v_c(t)$로 하는 전달함수 $V_c(s)/V(s)$ 를 구하라.

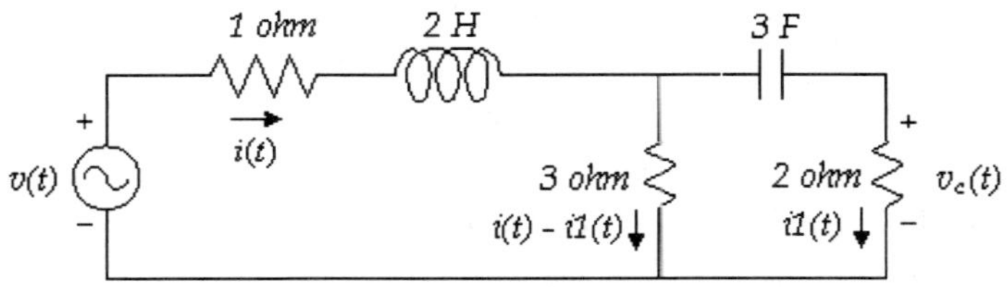

그림 3-7-a

풀이

그림 3-7의 회로망의 회로방정식은

$$v(t) = i(t) + 2\frac{di(t)}{dt} + 3(i(t) - i_1(t))$$

$$\frac{1}{3}\int i_1(t)dt + 2i_1(t) = 3(i(t) - i_1(t)) \qquad (3\text{-}3\text{-}34)$$

$$v_c(t) = 2i_1(t)$$

이며, 식(3-3-34)에서 초기값을 0으로 하여 Laplace 변환하고 정리하면

$$v(s) = I(s) + 2sI(s) + 3(I(s) - I_1(s))$$

$$\frac{1}{3s}I_1(s) + 2I_1(s) = 3(I(s) - I_1(s)) \qquad (3\text{-}3\text{-}35)$$

$$v_c(s) = 2I_1(s)$$

식(3-3-35)로 부터 $I_1(s)$를 구하면 다음과 같다.

$$I_1(s) = \frac{v_c(s)}{2}$$

이식을 식(3-3-35)의 $I_1(s)$에 각각 대입하면

$$v(s) = (2s+4)I(s) - \frac{3v_c(s)}{2}$$

$$\frac{v_c(s)}{2}(\frac{1}{3s}+5) = 3I(s) \tag{3-3-36}$$

가 남게 된다. 여기서 $I(s)$를 구하여 나머지 하나의 식에 대입하게 되면

$$v(s) = \frac{(30s^2+35s+4)v_c(s)}{18s}$$

위 식을 정리하면 전달함수는 다음과 같다.

$$\frac{v_c(s)}{v(s)} = \frac{18s}{(30s^2+35s+4)} \tag{3-3-37}$$

예제 3-11

그림 3-8은 어떤 제어시스템의 전달함수 $H(s)$의 극점과 영점을 s평면상에 나타낸 것이다. 전달함수 $H(s)$를 구하라.

풀이

그림 3-8의 s평면상에서 영점과 극점은

영점 : $s=-2$, 극점 : $s=-1, -3, -2-j, -2+j$

이므로 전달함수 $H(s)$는 다음과 같다.

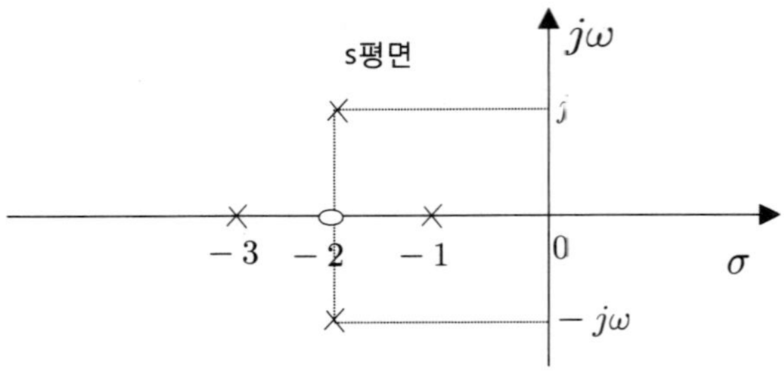

그림 3-8 s 평면상의 영점과 극점

$$H(s)=\frac{s+2}{(s+1)(s+3)(s+2+j)(s+2-j)}$$

$$=\frac{s+2}{(s+1)(s+3)\{(s+2)^2+1\}} \tag{3-3-38}$$

예제 3-12

그림 3-9(a)는 진상보상기의 $R-C$회로망이고, 그림 3-9(b)는 지상보상기의 $R-C$회로망이다. 입력을 $v_1(t)$, 출력을 $v_2(t)$로 할 때 각각의 전달함수 $V_c(s)/V(s)$를 구하라.

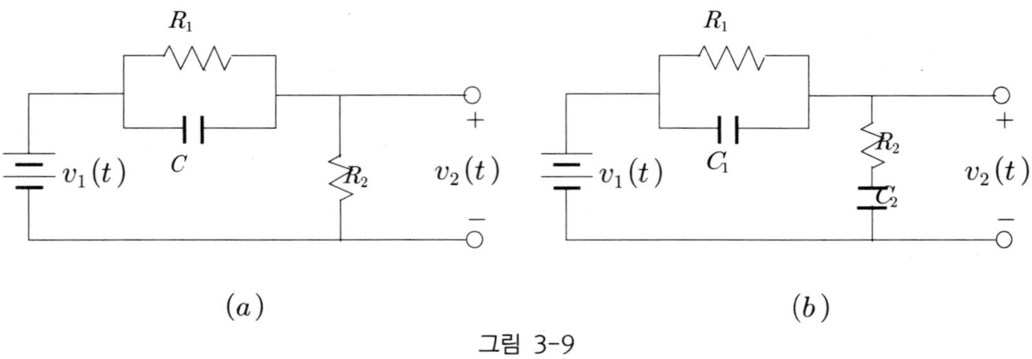

그림 3-9

풀이

그림 3-9의 Laplace 변환회로는 그림 3-10과 같다.

그림 3-10(a)의 진상보상기의 전달함수는 전압분배법칙을 적용하면

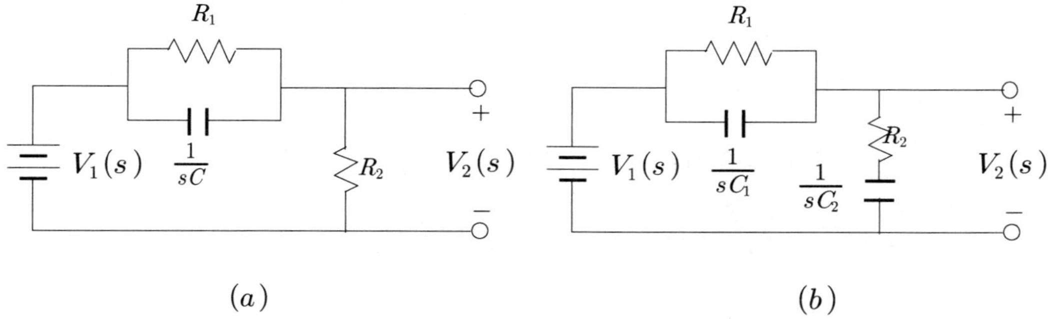

그림 3-10

$$V_2(s) = \frac{R_2}{\frac{\frac{1}{sC}R_1}{R_1 + \frac{1}{sC}} + R_2} V_1(s) = \frac{R_2}{\frac{R_1}{1 + sR_1C} + R_2} V_1(s)$$

$$\frac{V_2(s)}{V_1(s)} = \frac{sR_1R_2C + R_2}{sR_1R_2C + R_1 + R_2} \tag{3-3-39}$$

그림 3-10(b)의 지상보상기의 전달함수는 다음과 같다.

$$V_2(s) = \frac{R_2}{\frac{\frac{1}{sC}R_1}{R_1 + \frac{1}{sC}} + R_2} V_1(s) = \frac{R_2}{\frac{R_1}{1 + sR_1C} + R_2} V_1(s)$$

$$\frac{V_2(s)}{V_1(s)} = \frac{(sR_1C_1 + 1)(sR_2C_2 + 1)}{s^2R_1R_2C_1C_2 + s(R_1C_1 + R_1C_2 + R_2C_2) + 1} \tag{3-3-40}$$

소자에 걸리는 전압

※ 저항에 임의 전류 $i(t)$가 흐르는 경우 걸리는 전압

$v_R(t) = Ri(t)$, $V_R(s) = RI(s)$

※ 코일에 임의 전류 $i(t)$가 흐르는 경우 걸리는 전압

$$v_L(t) = L\frac{di(t)}{dt}, \qquad V_L(s) = sLI(s)$$

※ 콘덴서에 임의 전류 $i(t)$가 흐르는 경우 걸리는 전압

$$v_C(t) = \frac{1}{C}\int i(t)dt, \qquad V_C(s) = \frac{1}{sC}I(s)$$

3.4 시스템의 블록선도

3.4.1 블록선도의 정의

블록선도(block diagram)는 제어시스템에 포함되어 있는 각 요소의 신호가 어떠한 모양으로 전달되고 있는가를 나타내는 선도로서 입력과 출력간의 원인과 결과의 상호관계를 그림으로 간단하게 나타내는 것을 말한다. 그러나 전달요소가 어떠한 물리적인 구성을 하고 있는지, 에너지가 어떠한 작용으로 전달되고 있는지 등은 전혀 나타내고 있지 않다.

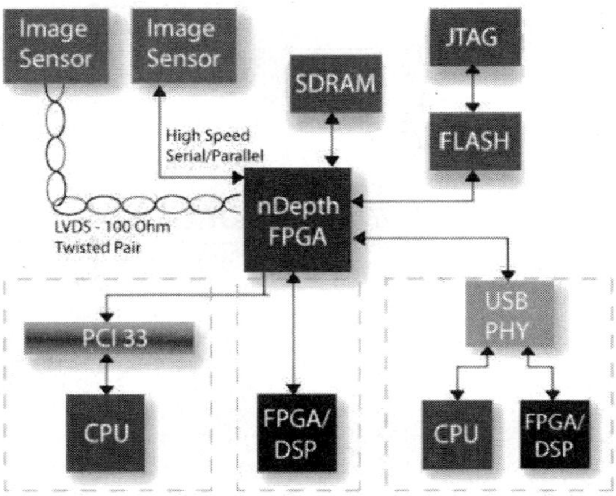

블록선도(block diagram)

결국 블록선도는 제어에 관계되는 신호가 어떠한 모양으로 변하여 어떻게 전달되는가를 표시하는 계통도인 것이다. 즉, 물리적 시스템의 수식을 대표하는 도형인 것이다. 어떤 물리적 시스템을 수식만으로 표시하면 실제 시스템의 구성과 동작 사이의 대응관계를

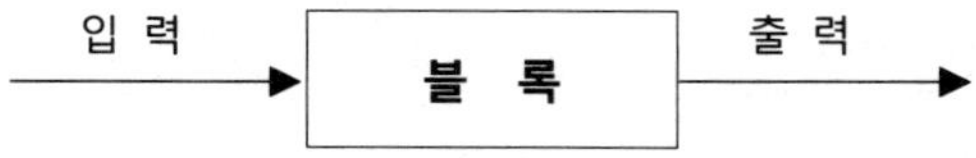

그림 3-11 기본적인 블록선도

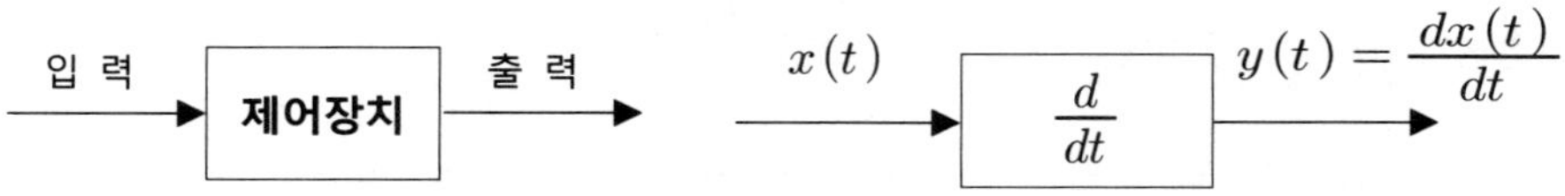

그림 3-12

쉽게 알 수 없으므로 보통 등가회로 또는 블록선도를 사용하여 시스템을 표시하는 경우가 많다.

시스템의 구성요소는 단지 요소라고도 한다. 가장 간단한 것은 그림 3-11과 같이 각각 1개의 입력과 1개의 출력 및 블록으로 구성된다.

그림 3-12와 같이 블록으로 나타낸 네모꼴의 속에는 보통 요소의 구성이나 이름 또는 입력이 출력을 위하여 해야 할 수학적 동작의 기호가 표시된다.

3.6.2 블록선도의 표시법

블록선도의 일반적으로 다음과 같은 네 가지 요소로 구성된다.

1) 그림 3-13 (a)와 같이 입력신호를 받아서 적당히 변환된 출력신호를 만드는 신호 전달요소는 블록 속에 표시하며, 입력과 출력 사이의 관계를 표시하는 전달함수이다.

2) 그림 3-13(b)와 같이 신호의 흐르는 방향을 표시하는 화살표(→)는 전달요소에서의 정보나 신호흐름의 방향을 표시한다. 그림 3-13(b)에서 $R(s)$는 입력, $C(s)$는 출력이고, 식으로 나타내면 다음과 같다. 여기서, $G(s)$를 제어시스템의 전달함수라 한다.

$$C(s) = G(s)R(s) \tag{3-4-1}$$

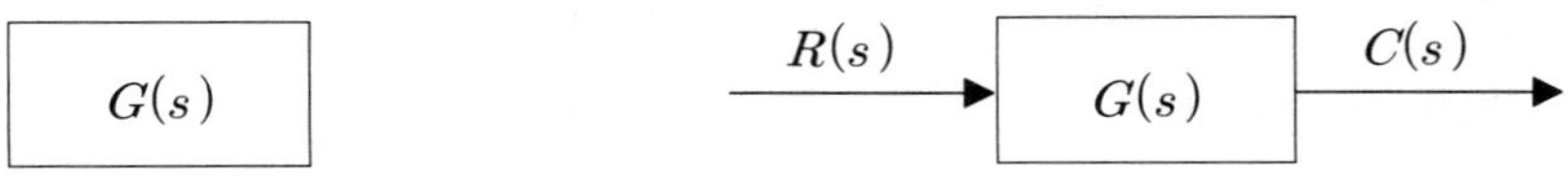

(a) 전달함수 (b) 신호의 방향

그림 3-13

그림 3-14 가합점

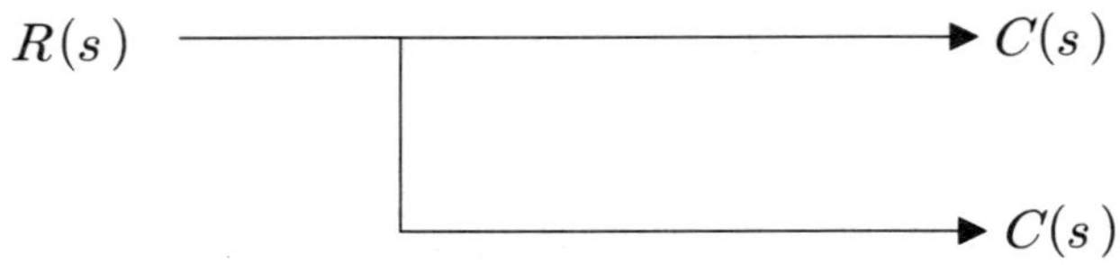

그림 3-15 인출점

3) 두 가지 이상의 신호가 있을 때 이들 신호의 합과 차를 만드는 가합점(summing point)은 그림 3-14와 같이 도시하며, 화살표 옆에, (+), (-)의 기호를 붙여서 합 또는 차를 나타내고, 다음과 같이 식으로 표시한다.

$$C(s) = R(s) - B(s), \qquad C(s) = R(s) + B(s) \tag{3-4-2}$$

4) 하나의 신호를 여러 개로 분기하기 위한 인출점(take off point)은 그림 3-15와 같이 나타낸다.

3.4.3 블록선도의 등가변환

복잡한 블록선도는 시스템의 상태를 한눈에 알아볼 수 없으므로 이들을 간단하게 등가변환하여 전체 시스템의 전달함수를 구함으로써 그 시스템을 간단히 이해할 수 있다.

블록선도는 수식을 도형화한 것이므로 수식을 연산정리 하는 것처럼 블록선도도 마찬가지로 등가변환해도 전체적인 뜻을 잃지 않는다.

(1) 직렬접속의 등가변환

전달함수 $G_1(s)$, $G_2(s)$를 갖는 2개의 시스템 요소가 그림 3-16(a)와 같이 접속되어 있을 때 시스템의 표시식은

$$E(s) = G_1(s)R(s), \qquad C(s) = G_2(s)E(s) \tag{3-4-3}$$

이 두 식으로부터 시스템의 출력함수 $C(s)$는

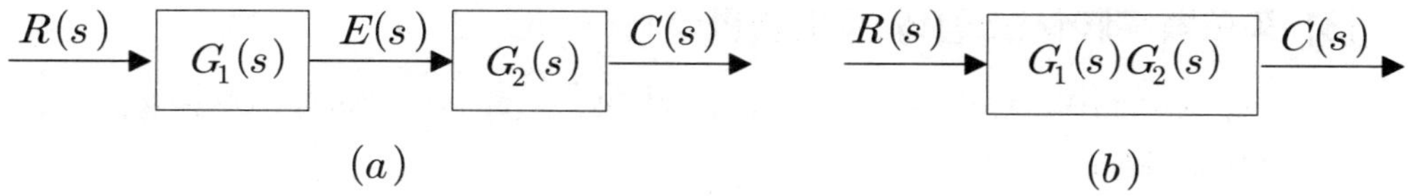

그림 3-16 직렬접속

$$C(s) = G_1(s)G_2(s)R(s) \tag{3-4-4}$$

이며, 전체 전달함수 $G(s)$는

$$G(s) = \frac{C(s)}{R(s)} = G_1(s)G_2(s) \tag{3-4-5}$$

로 표시되고, 등가변환은 그림 3-16 (b)와 같다.

(2) 병렬접속의 등가변환

그림 3-17(a)와 같이 2개 이상의 전달요소가 병렬로 접속되어 있을 때 시스템의 표시식은

$$C_1 s) = G_1(s)R(s), \qquad C_2(s) = G_2(s)R(s) \tag{3-4-6}$$

그림 3-17(a)와 식(3-4-6)으로부터 시스템 출력 $C(s)$는

$$C(s) = C_1(s) + C_2(s) = G_1(s)R(s) + G_2(s)R(s)$$

$$= [G_1(s)G_2(s)]R(s) \tag{3-4-7}$$

로 표시되고, 전체 전달함수 $G(s)$는

$$G(s) = \frac{C(s)}{R(s)} = G_1(s) + G_2(s) \tag{3-4-8}$$

로 표시되고, 등가변화는 그림 3-17(b)와 같다.

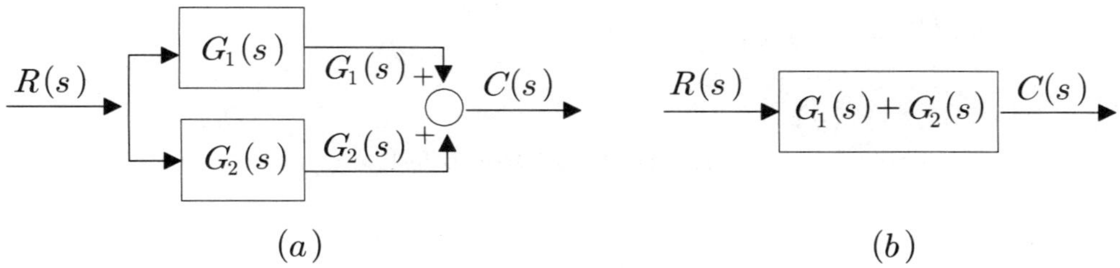

그림 3-17 병렬접속

(3) 피드백 제어시스템의 등가변환

그림 3-18(a)는 제어시스템에서 주로 사용되는 피드백 제어시스템의 표준형이며 표시식은 다음과 같다.

$$E(s) = R(s) - B(s),\ B(s) = H(s)C(s),\ C(s) = G(s)E(s) \tag{3-4-9}$$

이 식들로부터 시스템의 출력 $C(s)$는

$$C(s) = G(s)E(s) = G(s)[R(s) - B(s)]$$

$$= G(s)[R(s) - H(s)C(s)] = G(s)R(s) - G(s)H(s)C(s)$$

$$C(s) + G(s)H(s)C(s) = [1 + G(s)H(s)]\,C(s) = G(s)R(s)$$

$$C(s) = \frac{G(s)}{1 + G(s)H(s)}R(s) \tag{3-4-10}$$

이고, 전달함수는 다음과 같다.

$$\frac{C(s)}{R(s)} = \frac{G(s)}{1 + G(s)H(s)} \tag{3-4-11}$$

식(3-4-11)의 전달함수에서

$$1 + G(s)H(s) = 0 \tag{3-4-12}$$

을 시스템의 특성방정식이라 하며, $G(s)H(s)$를 시스템의 루프전달함수라 한다.

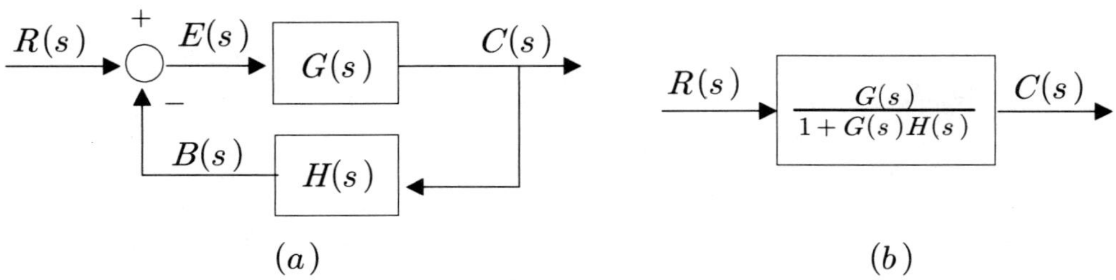

그림 3-18 궤환제어 시스템

(4) 인출점의 이동

① 인출점을 요소 앞으로의 이동

시스템에서 인출점을 그림 3-19(a)의에서 그림 3-19(b)와 같이 요소 앞으로 이동하는 경우, 전체 시스템에는 영향을 주지 않으나 등가변환이 되기 위해서는 다음과 같은 과정을 통한 전달함수의 추가가 필요하다.

그림 3-19(a)에서

$$Y(s) = G(s)X(s), \qquad Y'(s) = G(s)X(s) \tag{3-4-13}$$

이므로 $Y(s) = Y'(s)$이고, 그림 3-19 (b)에서

$$Y(s) = G(s)X(s), \qquad Y'(s) = G(s)X(s) \tag{3-4-14}$$

이므로 $Y(s) = Y'(s)$이다.

따라서, 그림 3-19 (a)와 (b)는 등가변환이 성립된다.

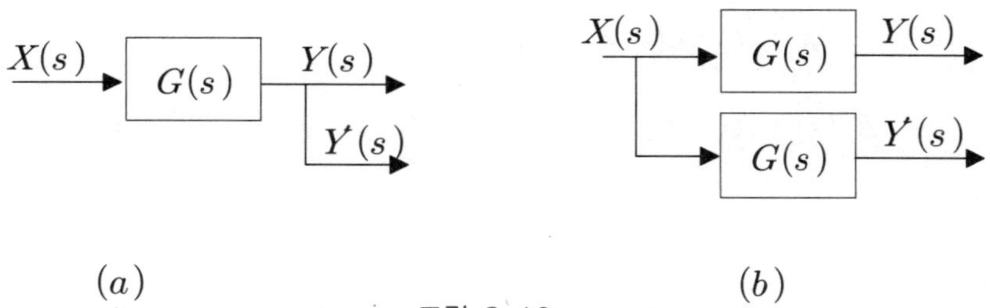

그림 3-19

② 인출점을 요소 뒤로의 이동

시스템에서 인출점을 그림 3-20(a)에서 그림 3-20(b)와 같이 요소 뒤로 이동해도 전체 시스템에는 영향을 주지 않는다. 그림 3-20(a)에서 $X(s) = X'(s)$를 증명하면 된다. 즉, 그림 3-20(b)에서

$$Y(s) = G(s)X(s), \qquad X'(s) = \frac{1}{G(s)}Y(s) \tag{3-4-15}$$

이므로

$$Y(s) = G(s)X'(s), \quad G(s)X(s) = G(s)X'(s), \quad X(s) = X'(s) \tag{3-4-16}$$

가 되어 그림 3-20 (a)와 (b)는 등가변환이 성립된다.

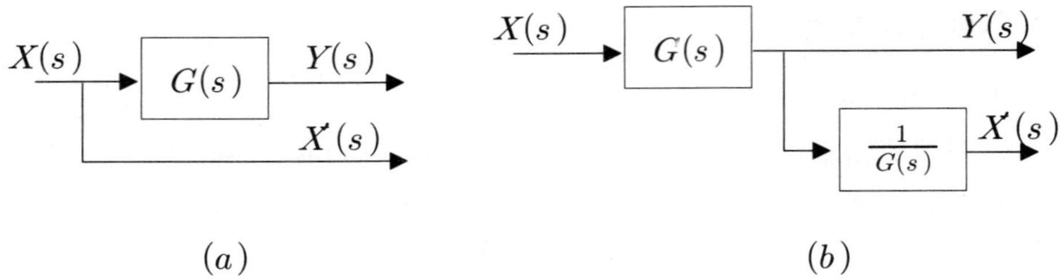

그림 3-20

(5) 가합점의 이동

① 가합점의 교환

그림 3-21(a)의 가합점을 그림 3-21(b)와 같이 순서를 교환할 수 있다.

그림 3-21(a)에서

$$E(s) = X(s) \pm A(s)$$

$$Y(s) = E(s) \pm B(s) = X(s) \pm A(s) \pm B(s) \quad (3\text{-}4\text{-}17)$$

이고, 그림 3-21 (b)에서

$$E'(s) = X(s) \pm B(s)$$

$$Y(s) = E'(s) \pm A(s) = X(s) \pm B(s) \pm A(s) = X(s) \pm A(s) \pm B(s) \quad (3\text{-}4\text{-}18)$$

이다.

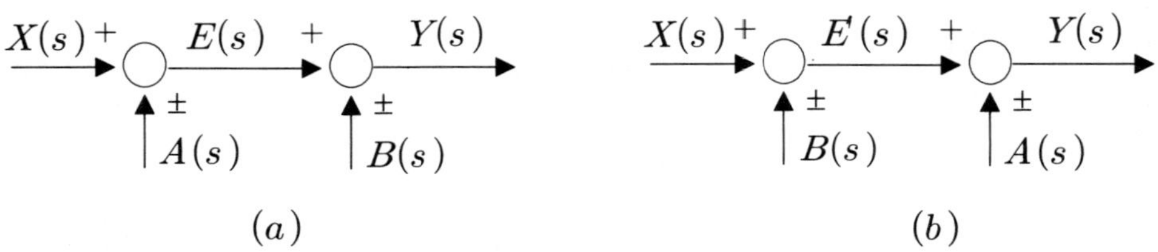

그림 3-21

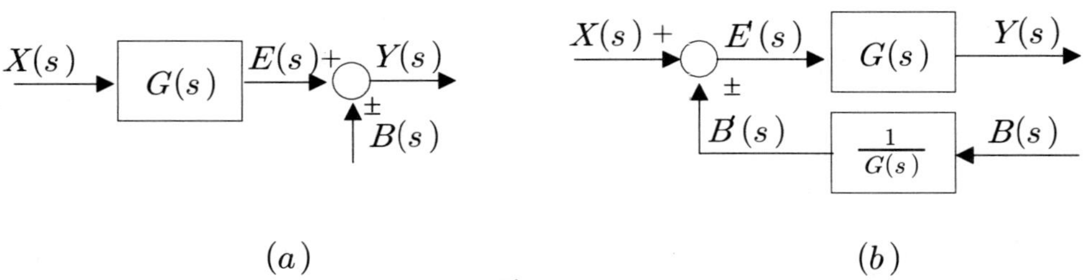

그림 3-22

② 가합점을 요소 앞으로의 이동

그림 3-22 (a)의 시스템에서 그림 3-22(b)와 같이 가합점을 요소 앞으로 이동해도 시스템의 출력은 변하지 않는다.

그림 3-22 (a)에서

$$E(s) = G(s)X(s), \qquad Y(s) = E(s) \pm B(s) \tag{3-4-19}$$

이며 식 (3-4-19)로부터 출력함수는

$$Y(s) = G(s)X(s) \pm B(s) \tag{3-4-20}$$

그림 3-22(b)에서

$$E'(s) = X(s) \pm B'(s),\ B'(s) = \frac{1}{G(s)}B(s) \tag{3-4-21}$$

이며, 식(3-4-21)로부터 출력함수는

$$Y(s) = G(s)E'(s) = G(s)[X(s) \pm B'(s)]$$

$$= G(s)\left[X(s) \pm \frac{1}{G(s)}B(s)\right] = G(s)X(s) \pm B(s) \tag{3-4-22}$$

가 되어 식(3-4-20)과 식(3-4-22)는 같으므로 그림 3-22(a)와 (b)는 등가변환이 성립된다.

③ 가합점을 요소 뒤로 이동

그림 3-23(a)의 시스템에서 그림 3-23(b)와 같이 가합점을 요소 뒤로 이동해도 시스템의 출력은 변하지 않는다.

$$E(s) = X(s) \pm B(s)$$

$$Y(s) = G(s)X(s) = G(s)[X(s) \pm B(s)]$$

$$= G(s)X(s) \pm G(s)B(s) \tag{3-4-23}$$

이고, 그림 3-23(b)에서의 출력함수는

$$X'(s) = G(s)X(s), \qquad B'(s) = G(s)B(s) \tag{3-4-24}$$

이고, 그림 3-23(b)와 식(3-4-24)로부터

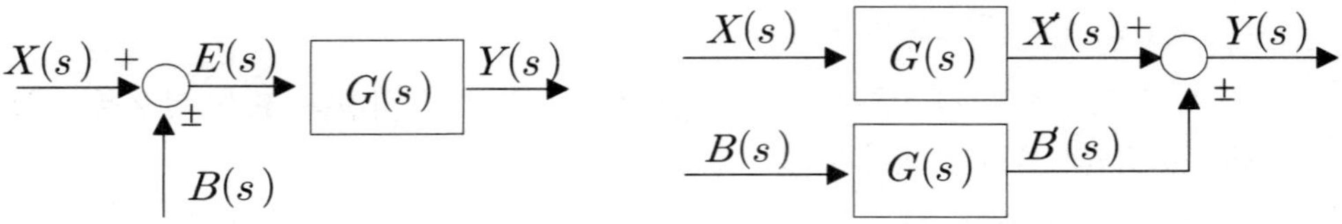

(a) (b)

그림 3-23

$$Y(s) = X'(s) \pm B'(s) = G(s)X(s) \pm G(s)B(s) \qquad (3\text{-}4\text{-}25)$$

가 되어 식(3-4-23)과 식(3-4-25)는 같으므로 그림 3-23(a)와 (b)는 등가변환이 성립한다.

④ 인출점을 가합점 앞으로 이동

그림 3-24 a)에서 인출점을 가합점 앞으로 이동해야 할 경우 그림 3-24(b)와 같이 한다. 그림 3-24(a)에서

$$Y(s) = X(s) \pm B(s), \qquad Y'(s) = X(s) \pm B(s) \qquad (3\text{-}4\text{-}26)$$

이므로 $Y(s) = Y'(s)$이다.

따라서, 그림 3-24(b)에서 $Y(s) = Y'(s)$임을 증명하면 된다. 즉,

$$Y(s) = X(s) \pm B(s), \qquad Y'(s) = X(s) \pm B(s) \qquad (3\text{-}4\text{-}27)$$

이고, 식(3-4-27)로부터 $Y(s) = Y'(s)$이다. 따라서, 그림 3-24(a)와 (b)는 등가변환이 성립된다.

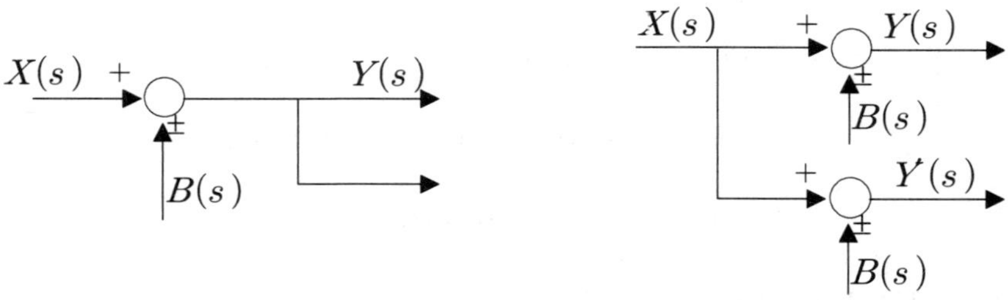

(a) (b)

그림 3-24

⑤ 인출점을 가합점 뒤로 이동

그림 2-25(a)에서 인출점을 가합점 뒤로 이동해야 할 경우 그림 3-25(b)와 같이 한다.

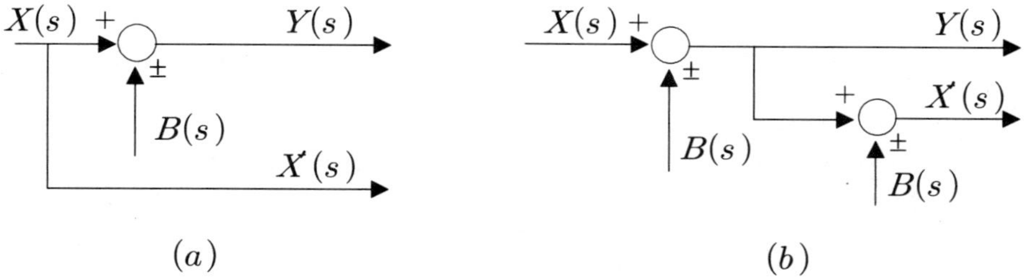

그림 3-25

그림 3-25 (a)에서 $X(s) = X'(s)$이므로 그림 3-25 (b)에서 $X(s) = X'(s)$가 됨을 증명하면 된다. 즉, 그림 3-25 (b)에서

$$Y(s) = X(s) \pm B(s), \qquad X'(s) = Y(s) \mp B(s) \tag{3-4-28}$$

이고, 이 두 식으로부터

$$X(s) = X(s) \pm B(s) \mp B(s) = X(s) \tag{3-4-29}$$

가 되어 그림 3-25(a)와 (b)는 등가변환이 성립된다.

예제 3-13

그림 3-26과 같은 시스템의 블록선도에서 전달함수 $C(s)/R(s)$를 구하라.

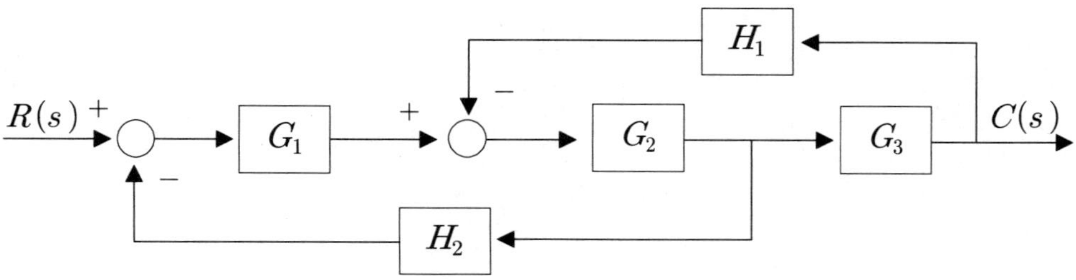

그림 3-26

풀이

그림 3-26에서 루프 G_2-G_3-H_1를 간략하게 하기 위하여 요소 G_3 앞의 인출점을 G_3의 뒤로 이동시키면 그림 3-27과 같이 된다.

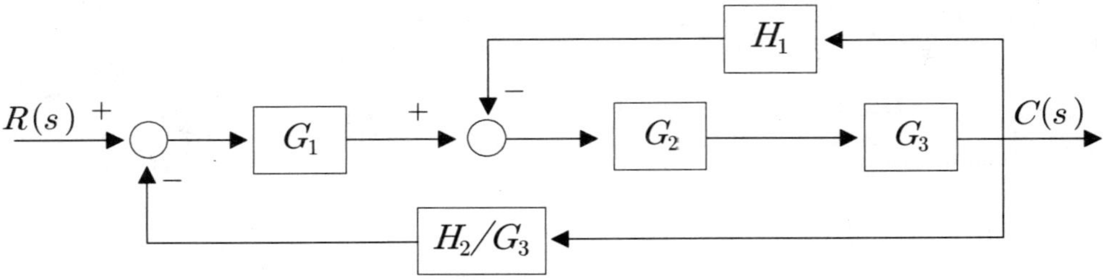

그림 3-27

그림 3-27에서 루프 G_2-G_3-H_1의 전달함수는 $G_2G_3/(1+G_2G_3H_1)$가 되므로 그림 3-28(a)와 같이 된다.

그림 3-28(a)는 그림 3-28(b)와 같이 단일 피드백 시스템이 되고, 전달함수는 다음과 같다.

$$\frac{C(s)}{R(s)}=\frac{\dfrac{G_1G_2G_3}{1+G_2G_3H_1}}{1+\dfrac{G_1G_2G_3}{1+G_2G_3H_1}\dfrac{H_2}{G_3}}=\frac{G_1G_2G_3}{1+G_2G_3H_1+G_1G_2H_2} \tag{3-4-30}$$

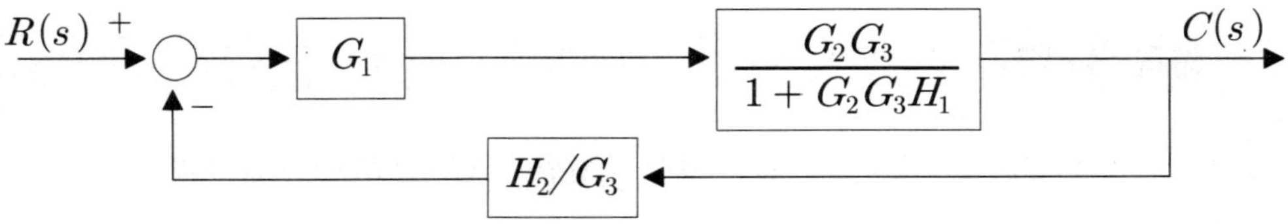

(a)

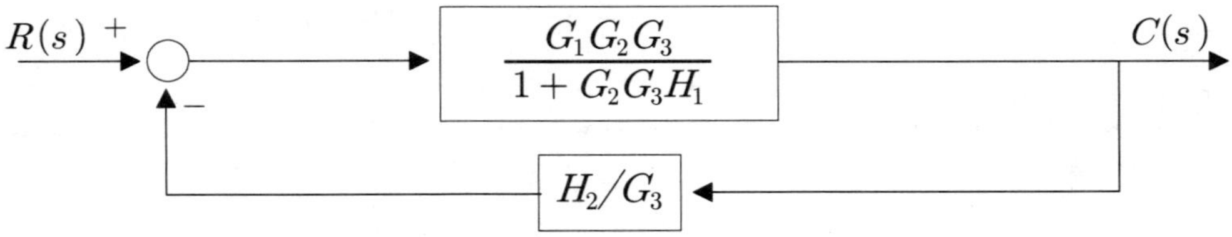

(b)

그림 3-28

예제 3-13-1

그림과 같은 시스템의 블록선도에서 전달함수 $C(s)/R(s)$를 구하라.

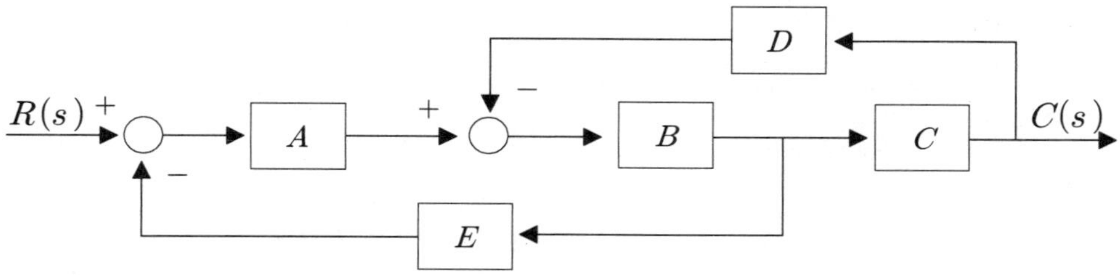

풀이

위의 블록선도에 대한 해를 구하는 방법은 다음과 같이 4가지의 방법이 있으며 각각에 대한 전달함수는 모두 동일하게 구해진다. 단 가합점 끼리 이동 또는 인출점 끼리 이동은 변환없이 가능하나, 가합점과 인출점의 교차이동은 변환이 필요하다.

[방법1]

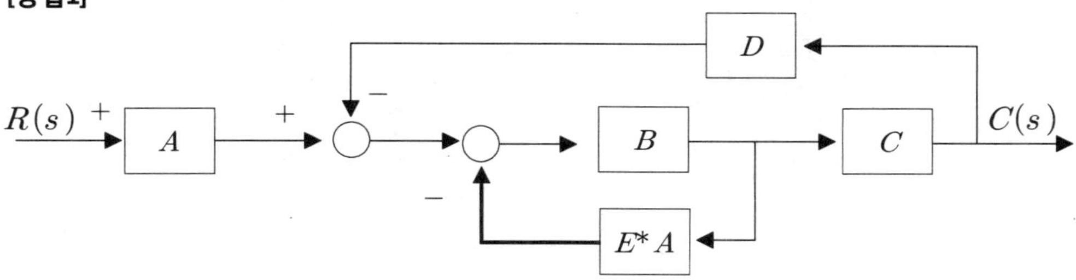

[방법2]

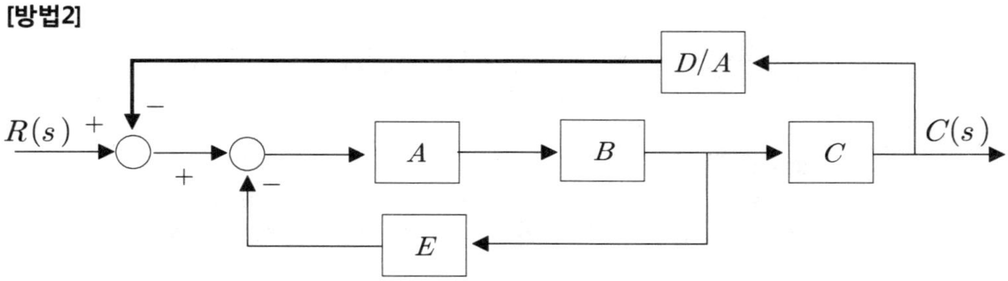

[방법3]

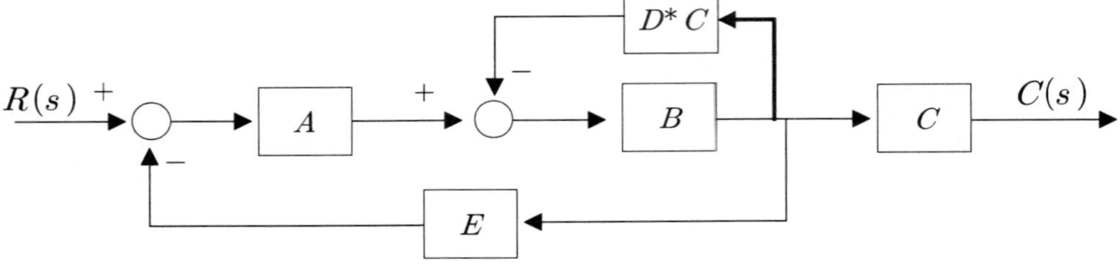

[방법4]

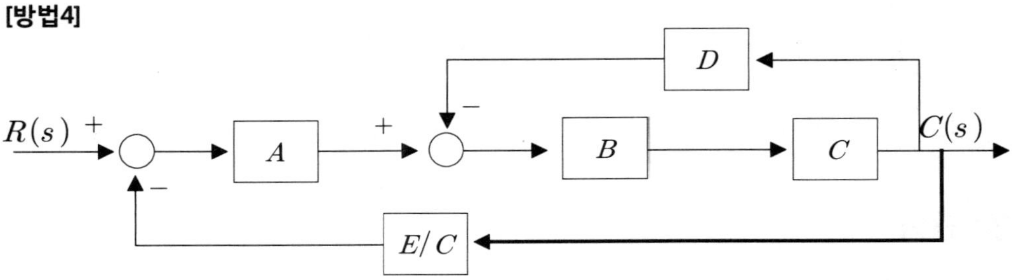

인출점 및 가합점 이동시 유의 사항

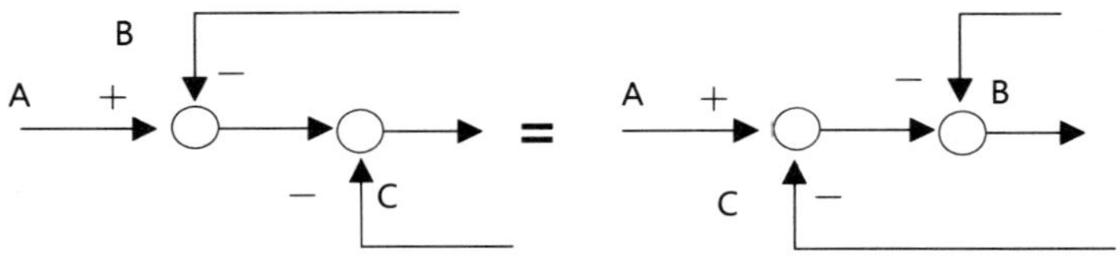

[가합점 이동시]

[인출점 이동시]

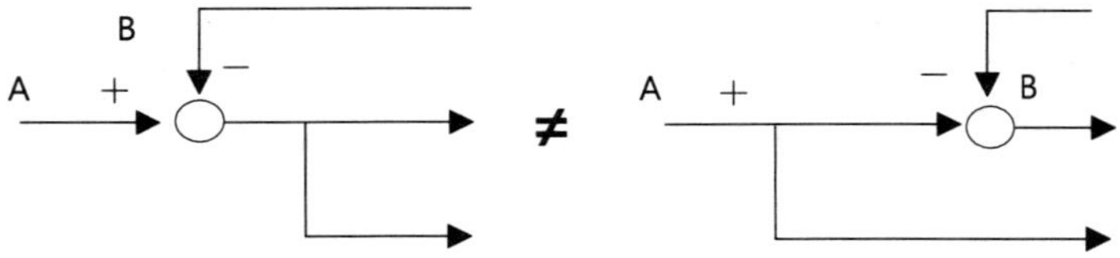

[인출점 및 가합점 교차 이동시]

예제 3-14

그림 3-29에서 전달함수 $Y(s)/X(s)$를 구하라.

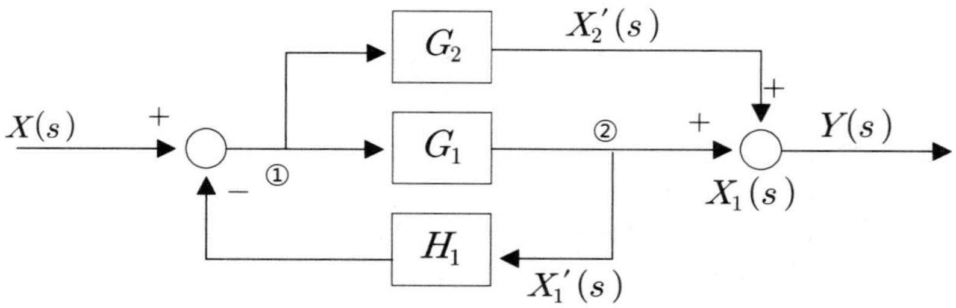

그림 3-29

풀이

그림 3-29에서 인출점 ②를 인출점 ①앞으로 이동하여 루프를 간략하게 표현하거나 혹은 인출점 ①을 인출점 ②뒤로 이동하여 루프를 간략하게 표현하는 방법이 가장 간단한 방법이다. **만약에 인출점과 가합점을 교차하여 이동할 경우에는 전달함수의 변환이 복잡하기 때문에 사용하지 않는 것이 좋다.**

그림 3-31에서는 그림 3-29에서 인출점 ②를 인출점 ①앞으로 이동하여 루프를 간략하게 표현하는 방법에 대하여 알아본다.

그림 3-30은 그림 3-31과 같이 등가변환되므로 그림 3-29는 그림 3-31과 같이 등가변화된다.

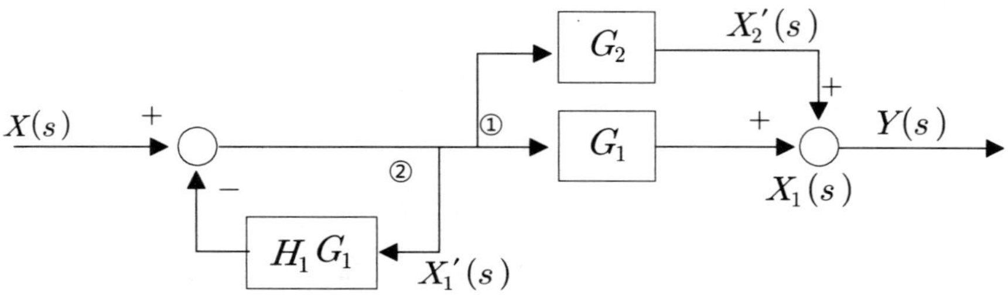

그림 3-30

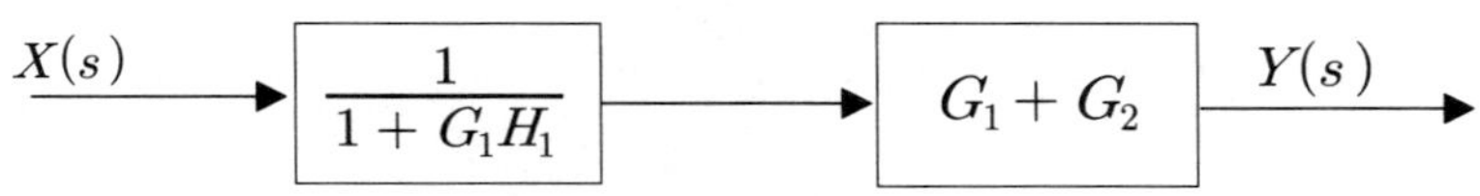

그림 3-31

따라서, 그림 3-31로부터 전달함수 $Y(s)/X(s)$는 다음과 같다.

$$\frac{Y(s)}{X(s)} = \frac{G_1 + G_2}{1 + G_1 H_1} \tag{3-4-31}$$

블럭선도

- 블럭선도 : 전체 시스템을 여러 가지 하부 시스템들로 나누어 표현하는 선도.
- 기본 구성요소 :
    - 블럭(block) : 입력 및 출력신호가 연결된 시스템을 나타냄. 전달함수로 표시함.
    - 합산점(summing point) : 신호들이 더해지는 지점. 더하는 신호는 + , 빼는 신호는 - 부호를 신호선 옆에 표시
    - 분기점(branch point) : 신호가 나뉘어지는 지점.

- 연결방법
    - 직렬연결 : $G_s(s) = G_1(s)G_2(s)$
    - 병렬연결 : $G_p(s) = G_1(s) + G_2(s)$
    - 피드백 연결 : $G_c(s) = \dfrac{G_1(s)}{1 + G_1(s)G_2(s)}$

(a) $G_s(s) = G_1(s)G_2(s)$

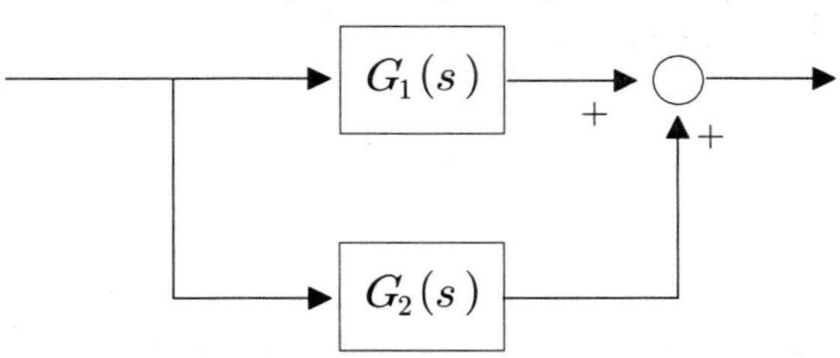

(b) $G_p(s) = G_1(s) + G_2(s)$

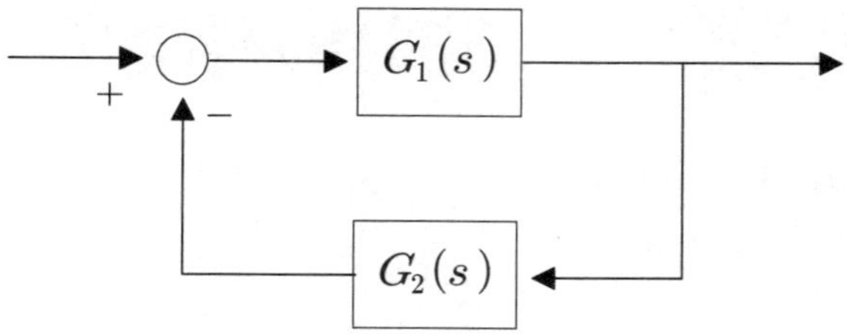

(c) $G_C(s) = \dfrac{G_1(s)}{1 + G_1(s)G_2(s)}$

블록선도 변형법

변형 전	변형 후
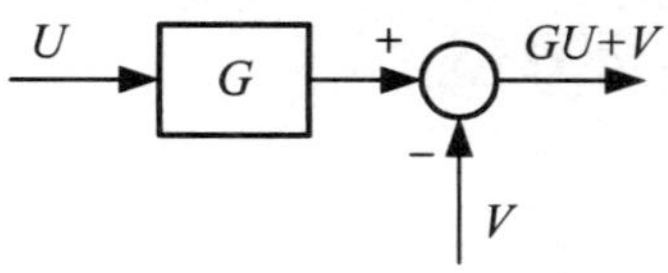	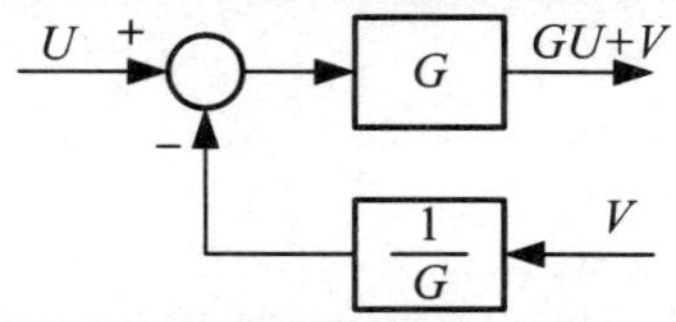
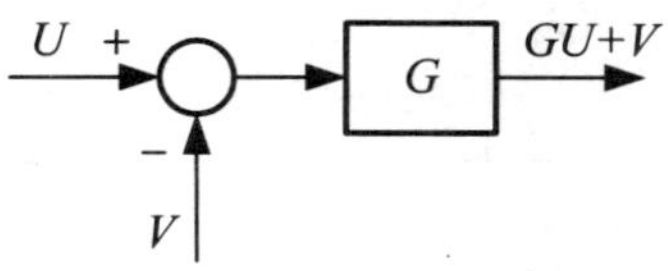	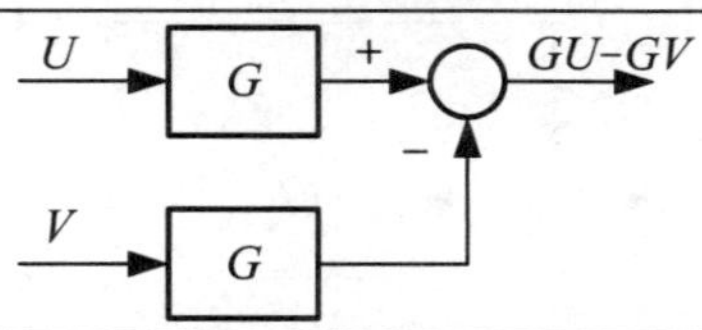
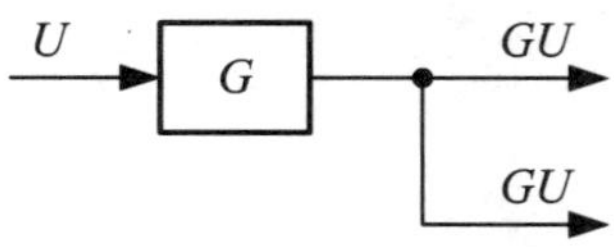	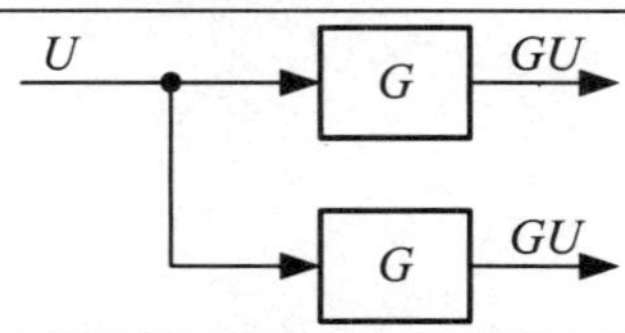
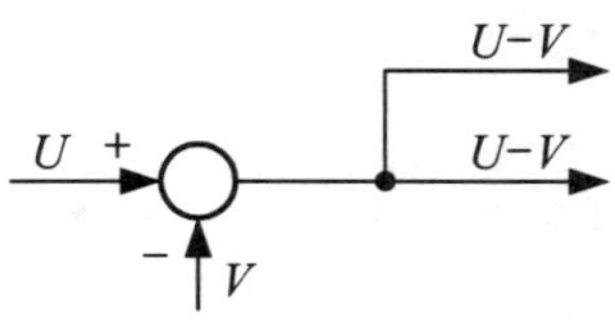	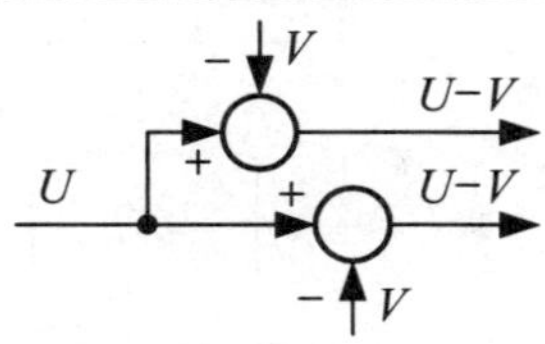

예제 3-15

블럭선도 변형법으로 전달함수를 구하시오.

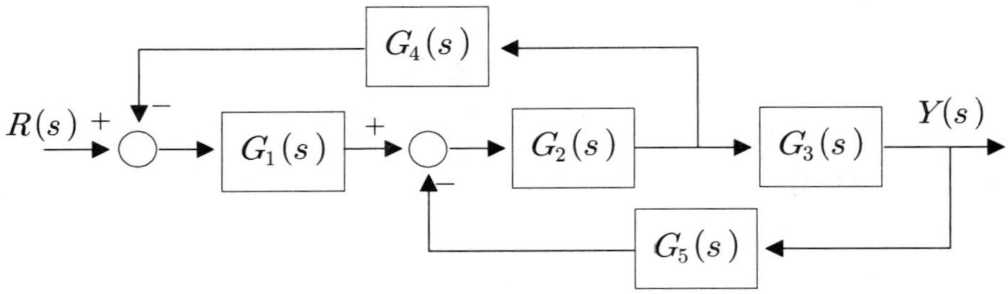

풀이

$$G(s) = \frac{G_1 G_2 G_3}{1 + G_1 G_2 G_4 + G_2 G_3 G_5}$$

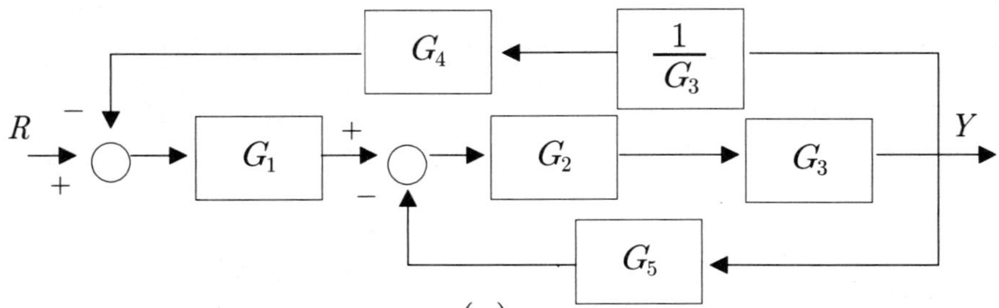

(a)

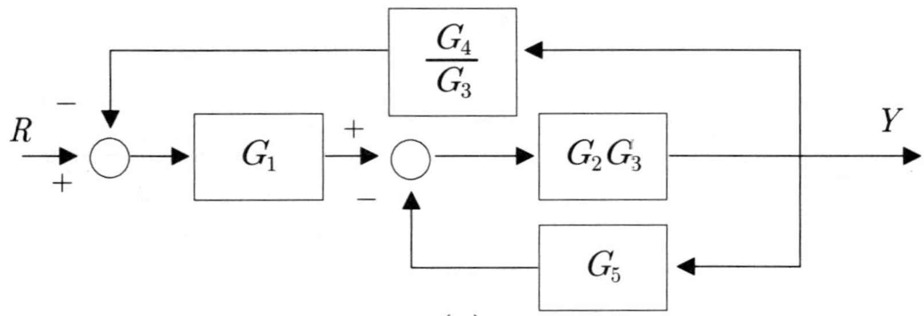

(b)

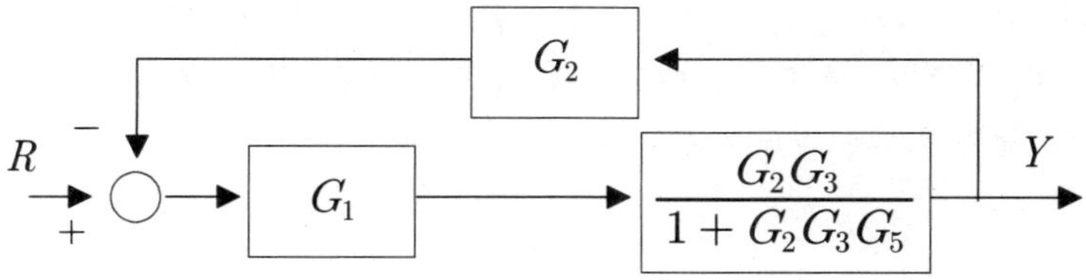

(c)

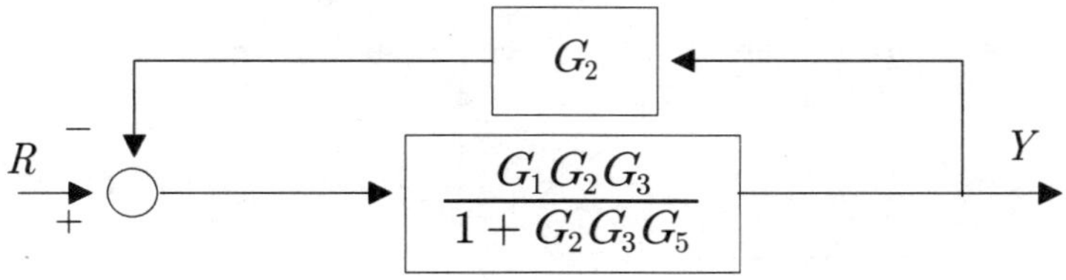

(d)

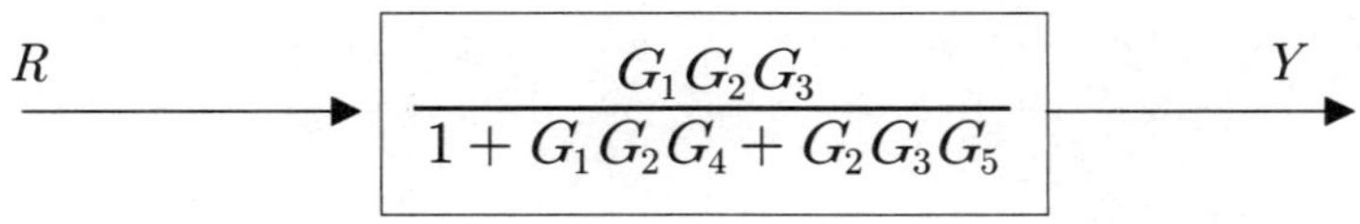

(e)

예제 3-16

블러선도 변형법으로 전달함수를 구하시오.

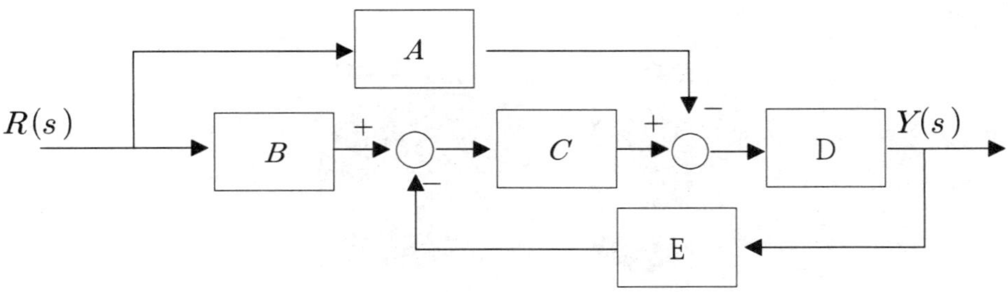

풀이

블럭선도 변형법을 사용하여 전달함수를 구할 수 있는 방법은 4가지가 있다 그러나 아래 그림이외의 방법은 인출점과 가합점을 교차하여 이동해야하는 방법이기에 전달함수의 변환이 복잡하기 때문에 사용하지 않는 것이 좋다. 아래의 방법은 가합점간의 교차이기에 비교적 간단하다.

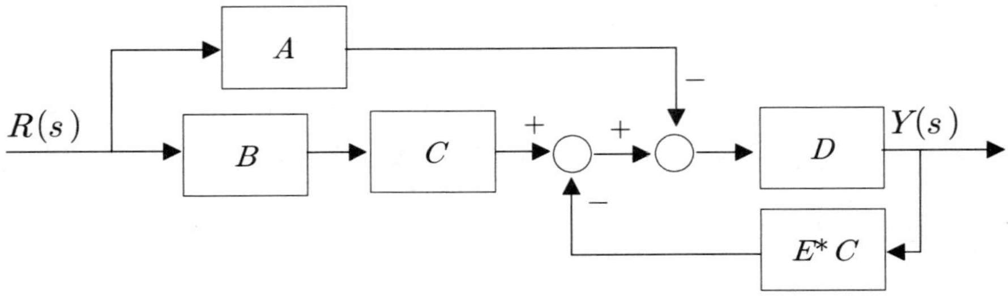

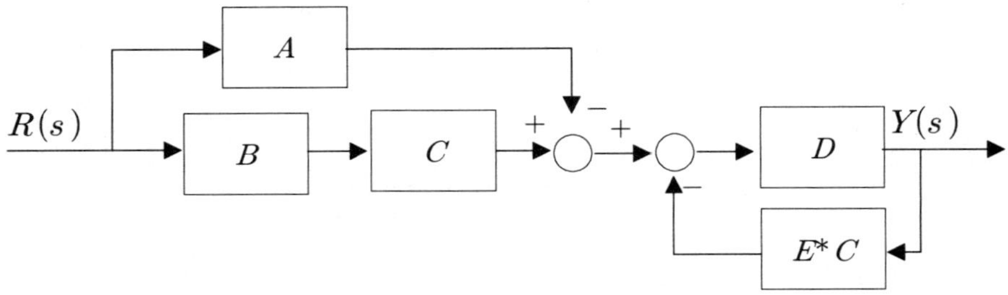

3.4.4 다중입력의 제어시스템

여러 개의 입력이 제어시스템에 동시에 가해지는 경우를 다중입력, 혹은 다중 입력시스템이라 한다. 어떤 선형시스템이 다중입력일 때 각 입력은 다른 입력과 독립적으로 취급되어진다.

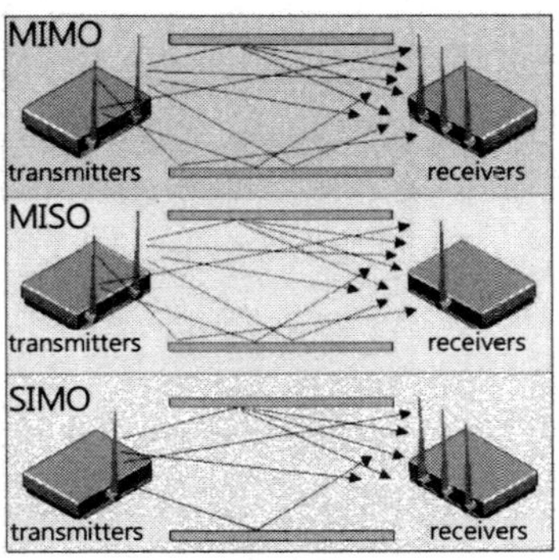

다중입력 제어시스템

모든 입력이 동시에 시스템에 작용하였을 때의 출력은 다음의 순서에 따라 구해진다.

1 단계 : 1개의 입력을 제외하고, 나머지 입력을 전부 0으로 구해진다.

2 단계 : 등가변환에 의하여 블록선도를 표준형으로 등가변환한다.

3 단계 : 선택한 1개의 입력만에 의한 응답을 계산한다.

4 단계 : 1단계에서 3단계까지를 나머지 입력에 대해서도 되풀이한다.

5 단계 : 모든 응답을 대수적으로 합한다. 이 합의 모든 입력이 동시에 가해졌을 때가 전체응답이 된다.

다중 입력 다중 출력 안테나

- 다중 입력 다중 출력 [MIMO: Multi Input Multi Output]은 여러 개의 송수신 안테나를 이용하여 다이버시티 이득과 시공간 처리의 부호화 이득을 함께 얻을 수 있는 무선 시스템.
- 수신 여건이 어려운 무선 채널 환경에서 각 송신 안테나마다 별개의 정보를 실어 보내면 동일 시간, 동일 주파수, 동일 코드상에서도 신호를 분리할 수 있어 안테나 수에 상응하는 채널 용량 증가 효과를 얻을 수 있다.
- 이러한 특성 때문에 차세대 이동 통신의 핵심 기술 중 하나로 손꼽히며, IEEE 802.11n이나 IMT-Advanced 등에서 채택하고 있다.

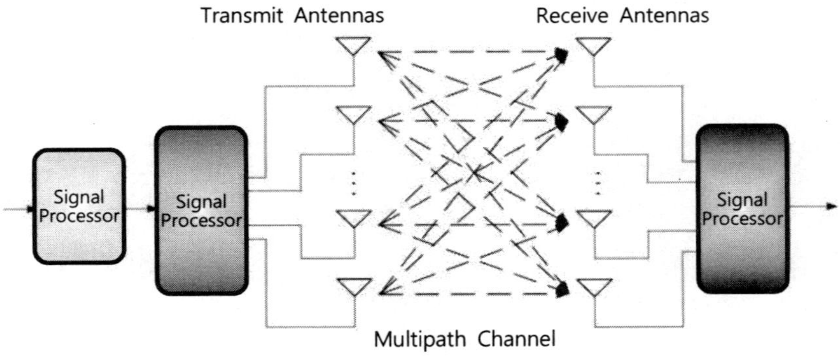

다중 입력 다중 출력 안테나

예제 3-17

그림 3-36과 같은 다중입력 제어시스템의 출력 $C(s)$를 구하라.

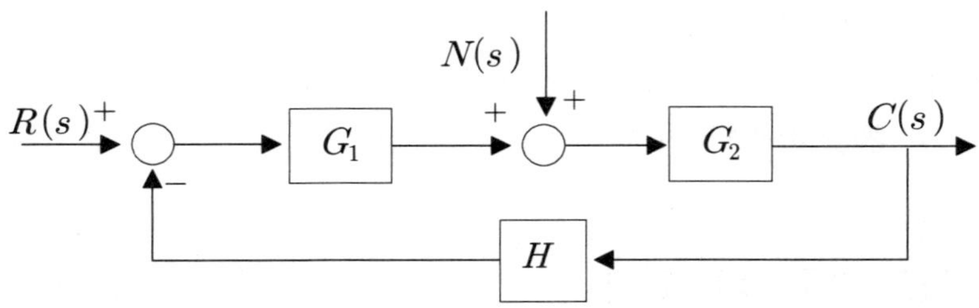

그림 3-36

풀이

$N(s)=0$으로 할 때의 출력을 $C_1(s)$으로 하면 그림 3-37(a)와 같고, 그림 3-37(b)와 같이 등가변환 된다.

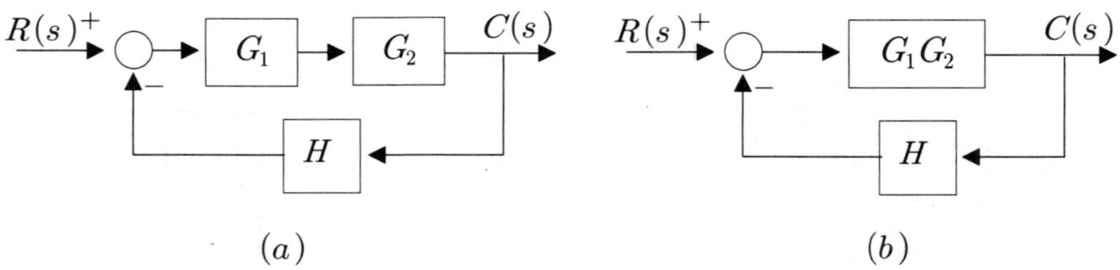

그림 3-37

따라서, $R(s)$에 의한 출력 $C_1(s)$는

$$C_1(s)=\frac{G_1G_2}{1+G_1G_2H}R(s) \tag{3-4-32}$$

이다. 다음은 그림 3-36(a)에서 $R(s)=0$으로 할 때 출력을 $C_2(s)$라면 그림 3-38 (a)와 같이 된다.

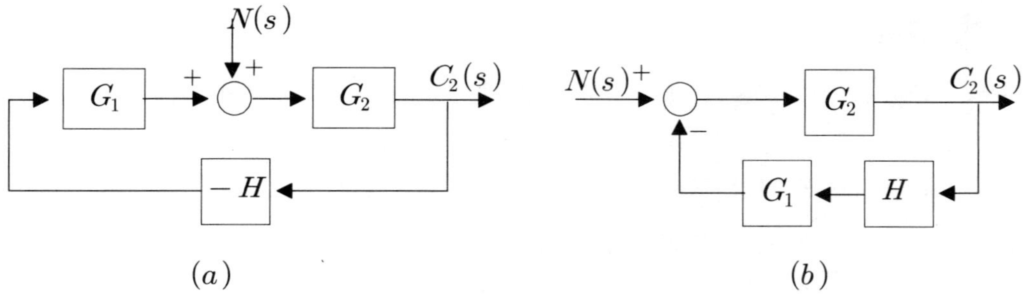

그림 3-38

그림 3-38(b)에서 $N(s)$에 의한 출력 $C_2(s)$는

$$C_2(s) = \frac{G_2}{1+G_1G_2H}N(s) \tag{3-4-33}$$

따라서, 그림 3-36에서 $R(s)$와 $N(s)$가 동시에 가해질 때의 출력 $C(s)$는 식(3-4-32)와 식(3-4-33)으로부터 다음과 같다.

$$C(s) = C_1(s) + C_2(s) = \frac{G_2}{1+G_1G_2H}[G_1R(s) + N(s)] \tag{3-4-34}$$

예제 3-18

그림 3-39의 제어시스템의 블록선도에서 출력 $C_1(s)$와 $C_2(s)$를 구하라.

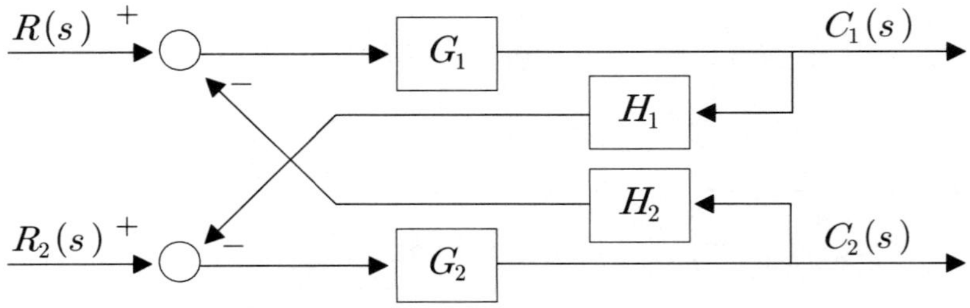

그림 3-39

풀이

$C_1(s)$와 $C_2(s)$를 각각 분리하여 구한다. 단, $C_1(s)$의 경우에도 $R(s)=0$인 경우인 $C_1'(s)$와 $R_2(s)=0$인 경우인 $C_1''(s)$를 각각구하여 $C_1(s)=C_1'(s)+C_1''(s)$로 표시하는 것이 간단하다.

$C_2(s)$를 구하는 경우에도 $C_1(s)$를 구하는 경우와 동일하다.

$R_2(s)=0$으로 할 때 입력 $R_1(s)$에 의한 출력을 각각 $C_1'(s)$, $C_2'(s)$라 하며 블록선도는 그림 3-40(a)와 같이 되므로 그림 3-40(b)와 같이 간략하게 된다.

그림 3-40(b)에서 인출점 ①을 요소$(-G_2H_1)$ 앞으로 이동하면 그림 3-41과 같이 단일 피드백 시스템이 된다.

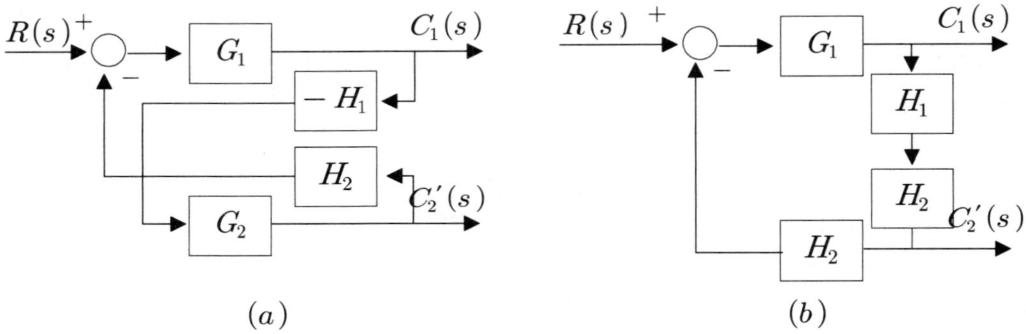

그림 3-40

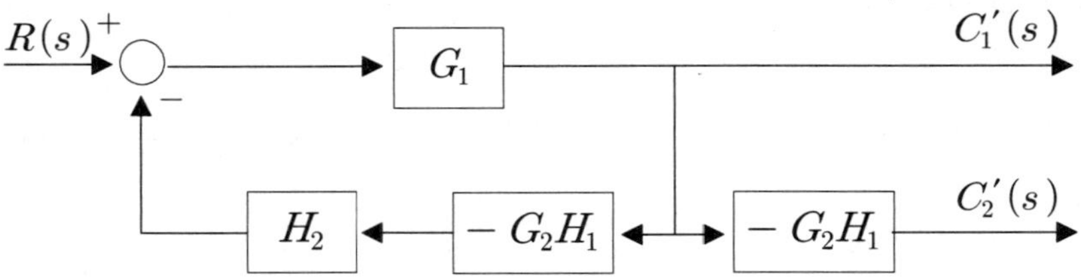

그림 3-41

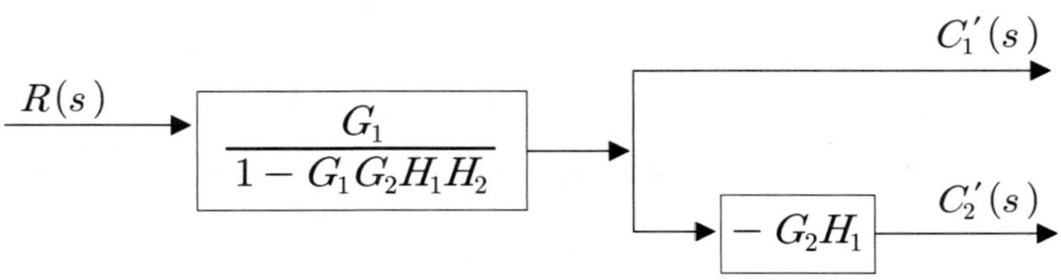

그림 3-42

그림 3-41에서 단일 루프 G_1-G_2-H_1-H_2를 간략하게 하면 그림 3-42와 같이 되고, $R_1(s)$에 의한 출력은 다음과 같다.

$$C_1'(s) = \frac{G_1}{1 - G_1 G_2 H_1 H_2} R_1(s), \quad C_2'(s) = \frac{-G_1 G_2 H_1}{1 - G_1 G_2 H_1 H_2} R_1(s) \qquad (3\text{-}4\text{-}35)$$

$R_1(s) = 0$으로 할 때 입력 $R_2(s)$에 의한 출력을 $C_1''(s)$, $C_2''(s)$라면 블록선도는 그림 3-43 (a)와 같고, 간략하게 하면 그림 3-34(b)와 같다.

그림 3-43 (b)에서 인출점 ②을 요소($-G_1H_2$) 앞으로 이동하면 그림 3-44과 같이 단일 피드백 시스템이 된다.

그림 3-44에서 루프 G_1-G_2-H_1-H_2를 간략하게 하면 그림 3-45와 같고, $R_2(s)$에 의한 출력은

$$C_1''(s) = \frac{-G_1 G_2 H_2}{1 - G_1 G_2 H_1 H_2} R_2(s), \qquad C_2''(s) = \frac{G_2}{1 - G_1 G_2 H_1 H_2} R_2(s) \qquad (3\text{-}4\text{-}36)$$

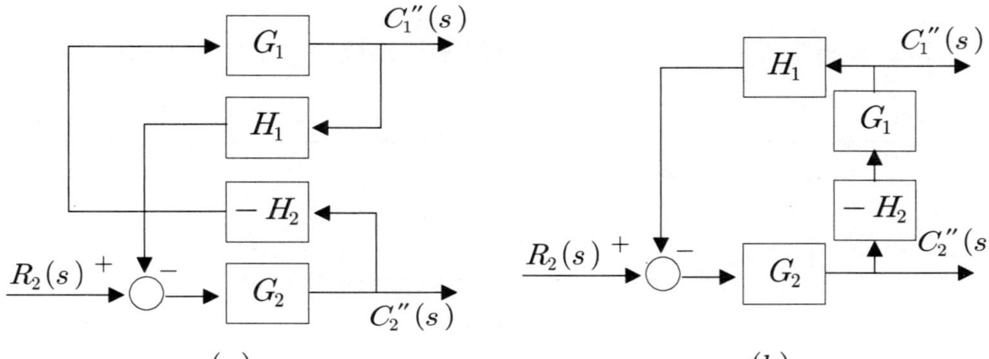

그림 3-43

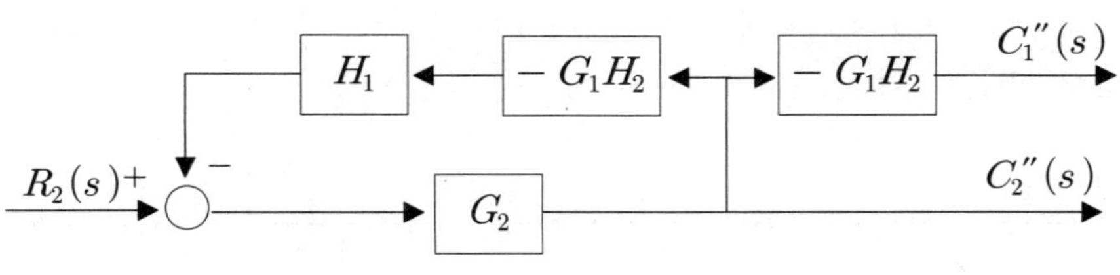

그림 3-44

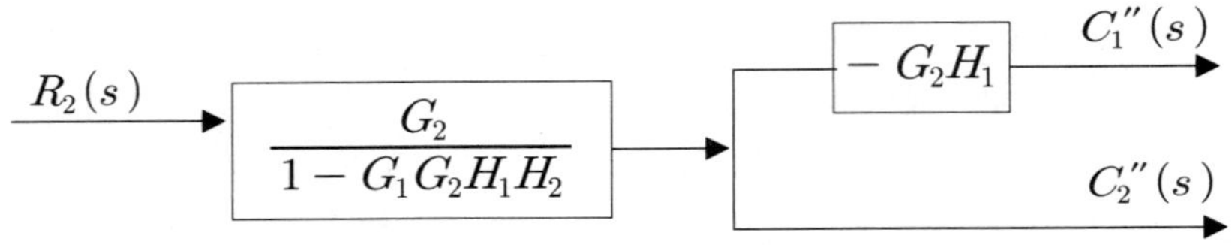

그림 3-45

따라서, $R_1(s)$, $R_2(s)$에 의한 출력 $C_1(s)$와 $C_2(s)$식(3-4-45)와 식(3-4-36)으로부터

$$C_1(s) = C_1'(s) + C_1''(s) = \frac{G_1}{1-G_1G_2H_1H_2}[R_1(s) - G_2H_2R_2(s)] \quad (3\text{-}4\text{-}37)$$

$$C_2(s) = C_2'(s) + C_2''(s) = \frac{G_2}{1-G_1G_2H_1H_2}[R_2(s) - G_2H_2R_2(s)] \quad (3\text{-}4\text{-}38)$$

예제 3-19

그림 3-46과 같은 제어시스템의 블록선도에서 전달함수 $C(s)/R(s)$를 구하라.

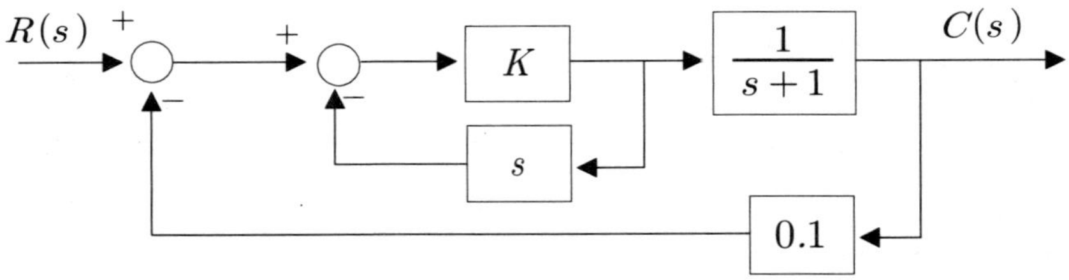

그림 3-46

풀이

먼저 K_s루프를 간략하게 하면 전달함수는 $K/(1+K_s)$가 되므로 그림 3-47과 같이 된다.

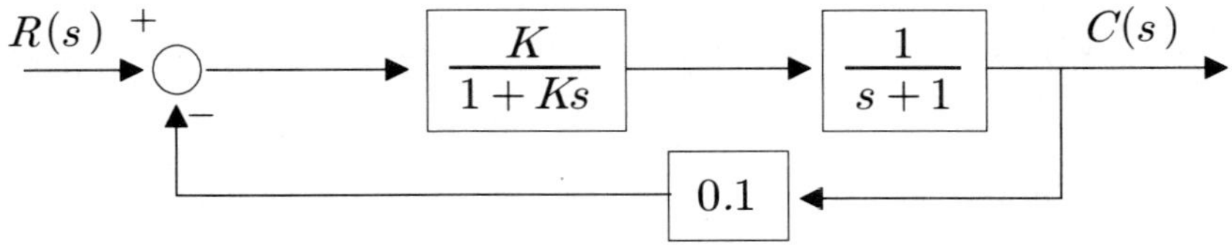

그림 3-47

따라서 전달함수는

$$\frac{C(s)}{R(s)}=\frac{\dfrac{K}{1+Ks}\dfrac{1}{s+1}}{1+\dfrac{0.1K}{1+Ks}\dfrac{1}{s+1}}=\frac{K}{(1+Ks)(s+1)+0.1K}$$

$$=\frac{K}{s^2K+(1+K)s+1+0.1K} \qquad (3\text{-}4\text{-}39)$$

예제 3-20

그림 3-48과 같은 회로망에서 입력을 $v_i(t)$로 하고, 출력을 $i(t)$로 하는 블록선도를 구성하라.

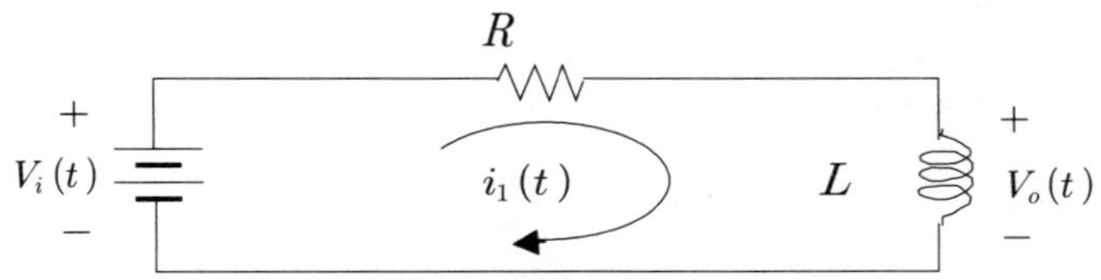

그림 3-48

풀이

그림 3-48의 회로망에서 회로방정식은

$$v_0(t)=v_i(t)-Ri(t), \qquad v_o(t)=L\frac{di}{dt} \qquad (3\text{-}4\text{-}40)$$

이고, 식(3-4-40)을 Laplace 변환하면

$$V_0(s)=V_i(s)-RI(s), \qquad V_0(s)=sLI(s) \qquad (3\text{-}4\text{-}41)$$

식(3-4-41)의 블록선도는 각각 다음과 같다.

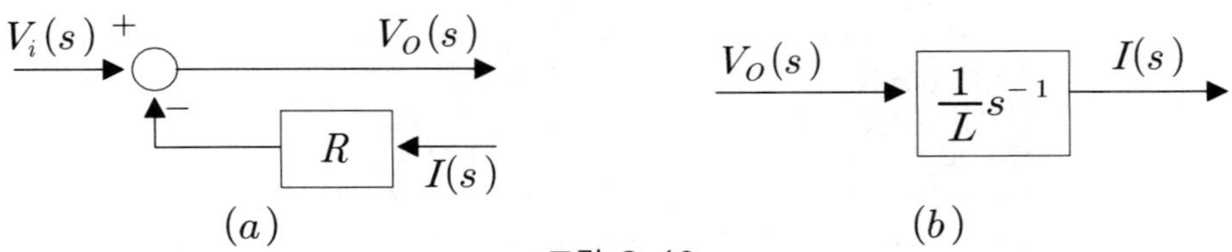

그림 3-49

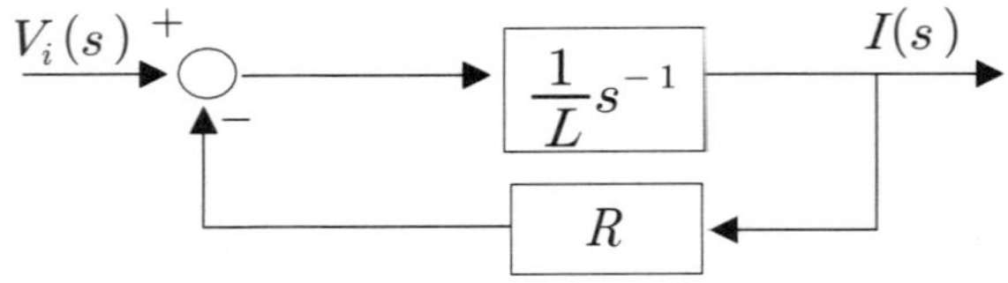

그림 3-50

따라서, 그림 3-48의 회로망의 블록선도는 그림 3-49로부터 그림 3-50과 같이 구성된다.

고부가 산업의 핵심, 시스템 반도체

공정 및 설계 기술 발전으로 다양한 기능 집적해 첨단 기술 선도

- 시스템 반도체(System-on-Chip, SoC)는 메모리와 프로세서, 소프트웨어 등의 여러 가지 반도체를 칩 하나에 집적한 전자시스템 부품이다. 여러 기능의 칩을 한곳에 모아 보드 공간을 줄임은 물론, 시스템 전체 크기도 줄일 수 있다. 또한 제작비용과 조립과정을 단순화해 비용을 크게 절감할 수 있어 다양한 산업군에서 활용하고 있다.

- 기존의 SoB(System-on-Board)에 기반을 둔 시스템은 인쇄회로기판(Printed Circuit Board, PCB) 위에 다수 칩을 사용해 설계됐다. 이 칩들은 Standard product나 특정 애플리케이션을 위해 설계된 ASIC(Application Specific Integrated Circuit)으로 구성됐다. 하지만 오늘날 반도체 공정 기술과 집적도, 설계 기술의 발전으로 인쇄회로기판 전체를 하나의 칩으로 통합하는 기술이 가능하게 됐다. 시스템 반도체는 SoB 시스템보다 전력 소모나 안정성 측면에서 장점을 가진다. 시스템 반도체는 하나의 칩에 전체 시스템을 구성하기 위한 다양한 기능 블록이 포함된다. 하지만 각각의 기능 블록을 모두 설계하기는 어려우며 시간적인 제약이 따른다. 따라서 기존에 활용하던 검증된 기능 블록 IP(Intellectual Property)를 통해 설계가 이뤄지고 있다. IP 설계의 목적은 설계 정보를 표준화해 재사용이 가능하도록 함으로써, IP의 단순한 통합 및 검층 절차에 의해 설계를 가능하도록 한다. 현재는 미리 검증된 IP의 재사용을 위한 시스템의 구성을 설계하고 IP뿐만 아니라, 시스

템 기본 구성도 재사용해 시스템을 개발하는 플랫폼 기반 시스템 반도체 설계 방법으로 발전했다.

주요 기술 및 설계 방식

- 시스템 반도체를 설계하기 위해서는 다양한 기술을 하나의 칩에 내장할 수 있는 공정기술과 고성능 마이크로프로세서 및 DSP 내장 기술, IP 블록을 활용한 통합 기술, 내장 메모리 기술, 하드웨어/소프트웨어 co-design 적용 기술, 내장 프로세서를 위한 드라이버 및 펌웨어 설계 기술 등이 필요하다.
- 시스템 반도체가 기존의 ASIC 설계와 가장 큰 차이점은 하드웨어 설계뿐만 아니라 소프트웨어 기술을 통합한다는 것이다. 특히 HDL(Hardware description Language) 기반의 하드웨어 설계는 C/C++ 언어로 시스템 검증 후, HDL로 변환하는 방식이었다. 하지만 시스템 반도체 설계는 C/C++ 언어를 이용해 시스템 검증 후, 하드웨어 설계에 직접 사용되고 있다. 또한 최근 IC는 많은 양의 데이터를 처리하는 복잡한 시스템이 대부분 오디오나 비디오 같은 멀티미디어 데이터를 처리하는 시스템이나 알고리즘을 구현하고 있다. 물론 고성능 프로세서로 복잡한 알고리즘을 실시간으로 동작하도록 구현할 수 있다. 하지만 시스템의 전력이나 가격 측면에서 고성능 프로세서를 사용할 수 없는 경우, 하드웨어 기반의 시스템을 구성하면 설계보다 검증하는데 더욱 많이 비용과 시간이 발생할 수 있다. 따라서 복잡한 시스템을 다루기 위해 하드웨어 구조를 고려하지 않고 알고리즘 수준에서 시스템을 설계해 하위 수준으로 내려가는 방법을 사용한다. 이를 시스템 수준 설계라고 한다. 즉 설계자는 보다 상위 레벨에서 설계하고 하위 레벨 작업은 EDA(Electronic Design Automation) 툴에 의존하는 것이 시스템 반도체 설계의 또 다른 특징이다.

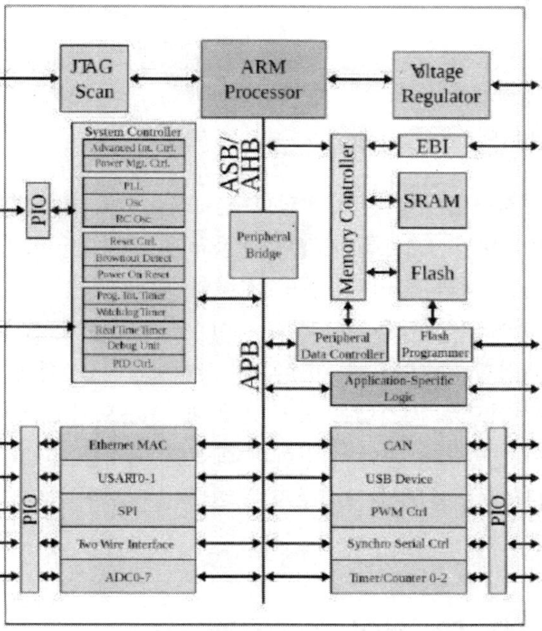

MCU기반의 시스템 반도체

3.5 시스템의 신호흐름선도

입출력변수간의 상호관계를 표현하는 데에는 시스템을 블록선도로 표현하는 것은 적합하지만 복잡한 시스템 전체의 전달함수를 구하고자 할 때에는 번거롭고 또한 어렵다.

신호흐름선도(Signal Flow Graph)는 시스템을 도식적으로 모델링하는 방법 중의 하나이다. 신호흐름선도는 시스템의 변수를 마디(Node)로 잡고, 변수와 변수간의 관계를 가지(Branch)라 불리는 단 방향성 선분으로 표시한 것이다. 마디는 원으로 표기되며, 가지는 선분 위에 신호흐름의 방향을 화살표로 나타내고 화살표 옆에 가지이득을 기입한 것이다. 여기서 블록선도가 시스템 요소간의 연결관계를 신호흐름 방향을 화살표로 나타내고 화살표 시스템 변수관계를 분명히 밝히고 있는 점을 알 수 있다.

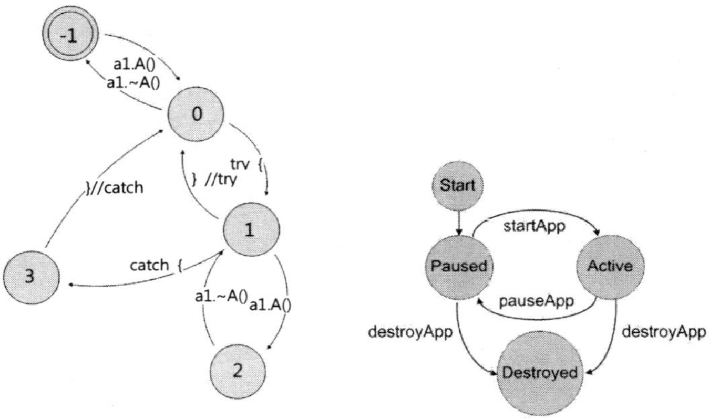

상태선도(State Diagram)

블록선도로 표현된 시스템에서 전체 전달함수는 블록선도의 간략화 과정을 거침으로써 구할 수 있는데 비하여, 신호흐름선도로 표현되는 경우는 소위 메이슨의 이득공식(Mason's Gain Formula)이라 불리는 공식으로부터 직접 구할 수 있다는 점에서 다변수 시스템의 도식적 표현에 편리함을 준다. 더욱이, 신호흐름선도로부터 간단히 상태선도(State Diagram)로 변환할 수 있으며 이로부터 상태방정식을 쉽게 얻을 수도 있다는 장점이 있어서, 상태방정식으로 시스템을 모델링할 때 이용되기도 한다. 그러나 이러한 장점에도 불구하고, 블록선도보다 좀더 엄격한 수학적인 체계를 갖출 것을 요구하는 반면에 시스템요소간의 연결관계는 분명히 보여주지 못한다는 단점이 있다.

3.5.1 신호흐름선도의 정의

신호흐름선도(signal flow graph)는 일련의 선형방정식을 도식적으로 표현하는 것이며,

몇 개의 방향성 가지(branch)를 연결하는 마디(node)들로 구성되어 있다. 신호흐름선도는 특히 피드백 제어시스템에 있어서 유용하며, 그 이유는 피드백 제어이론이 주로 시스템 내의 신호의 흐름과 처리에 관한 것이기 때문이다.

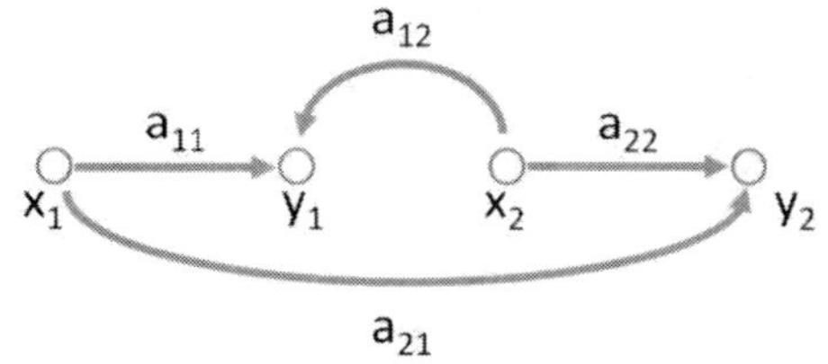

신호흐름선도(signal flow graph)

신호흐름선도에 관한 기초적인 규칙 및 정의는 다음과 같다.

1) 마디는 원으로 표기되고, 시스템의 변수를 나타낸다.
2) 가지는 단방향성의 선분으로 표기되고, 변수와 변수간의 관계를 나타낸다.
3) 입력마디는 나가는(즉, 신호가 시스템으로 들어가는) 가지만을 갖는다.
4) 출력마디는 들어오는(즉, 신호가 시스템에서 나오는) 가지만을 갖는다.
5) 마디의 배열은 입력마디를 왼쪽으로 출력마디를 오른쪽으로 해서 배열된다. 여러 개의 입력마디 또는 출력마디가 있으면, 이들은 상하로 적당히 배치한다.
6) 가지에는 신호의 흐름을 나타내는 화살표를 표기하고, 화살표 옆에 가지이득(Branch Gain)을 기입한다.

신호흐름선도의 기본요소는 가지라는 단방향성의 선분들로서 이것은 블록선도에 있어서 블록과 같이 입력과 출력 사이의 관계를 나타낸다.

지금 입력 X_i, 출력을 X_j라 할 때

$$X_j = a_{ij}X_i \tag{3-5-1}$$

로 표시되고, 여기서 a_{ij}는 전달함수가 된다. 식(3-5-1)의 신호흐름선도는 그림 3-51과 같이 나타내고, 이것이 가장 간단한 신호흐름선도이다.

그림 3-51에서 X_i와 X_j를 마디라 하여 작은 원으로 나타내고, 전달함수 a_{ij}는 방향성을 갖는 가지로 나타낸다.

따라서, N개의 대수방정식으로 표현되는 선형 시스템은

그림 3-51

$$X_j = \sum_{i=1}^{N} a_{ij} X_i, \qquad j = 1, 2, \cdots, N \tag{3-5-2}$$

로 표시된다. 이 식은 N개의 변수 각각에 대하여 타변수 및 자변수의 관계를 표시한 것이다. 또한 마디는 시스템의 관계변수를 표시하고 가지 a_{ij}는 변수 X_i에 대한 변수 X_j의 관계를 표시한 것이다. 가지는 마디 i에서 시작하여 마디 j에서 끝난다.
따라서, 다음과 같이 쓸 수 있다.

$$\text{출력} = \sum(\text{이득})(\text{입력}) \tag{3-5-3}$$

어떤 시스템이 미분방정식으로 표현되는 경우 다음과 같이 나타낸다.

$$X_j(s) = \sum_{i=1}^{N} G_{ij} X_i(s), \qquad j = 1, 2, \cdots, N \tag{3-5-4}$$

질문:

- 신호흐름선도(Signal Flow Graph)
- 메이슨의 이득공식(Mason's Gain Formula)

3.5.2 신호흐름선도의 기본성질

신호흐름선도는 다음의 세 가지 기본성질을 가지고 있다.

1) 신호흐름선도는 선형 시스템에만 적용된다.
2) 신호흐름선도를 도시하는 데 쓰이는 방정식은 결과가 원인의 함수로 표현되는 형태의 대수방정식이어야 한다.
3) 마디는 변수를 나타내는 데 쓰이고 마디는 원인과 결과의 순서로 왼쪽으로부터 차례로 배열된다.

신호흐름선도의 용어에 대해서 그림 3-52의 선도를 가지고 설명하기로 한다.

① 입력마디(source) : 다른 마디에서 신호를 받지 않고 신호를 다른 마디로 보내기만 하는 마디이다. 그림 3-52에서 마디 X_1이다.

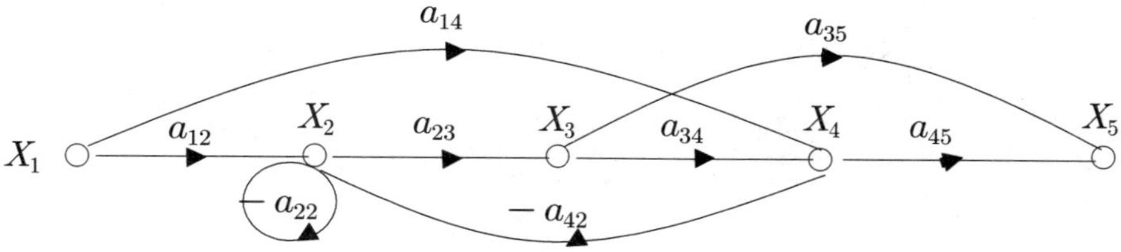

그림 3-52

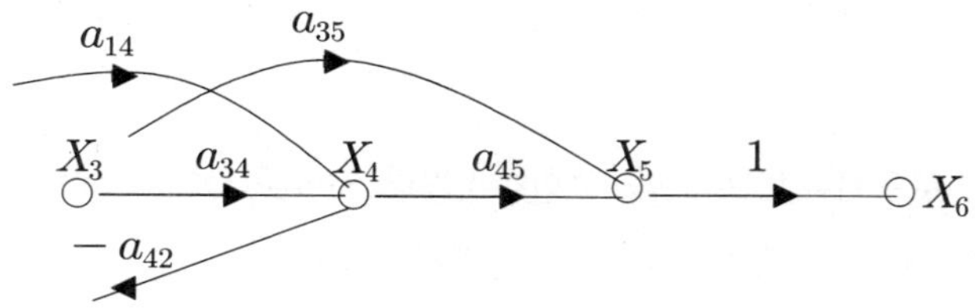

그림 3-53

② 출력마디(sink) : 다른 마디에서 신호를 받기만하고 보내지는 않는 마디이다. 그러나 만약 X_5마디를 출력을 위해 하나 더 갖고자할 때는 그림 3-53과 같이 이득을 1로 이으면 된다.

③ 경로(path) : 같은 마디를 두 번 이상 지나가지 않으면서 화살표 방향을 따라 연속적으로 이어지는 가지이다.

그림 3-52에서

$$X_1 \to X_2 \to X_3 \to X_4 \to X_5, \quad X_1 \to X_4 \to X_5, \quad X_1 \to X_2 \to X_3 \to X_5$$

이다.

④ 전향경로(forward path) : 입력마디에서 시작하여 동일한 마디를 두 번 이상 거치지 않고 출력마디에서 끝나는 경로이다. 그림 3-52에서

$$X_1 \to X_2 \to X_3 \to X_4 \to X_5, \quad X_1 \to X_4 \to X_5, \quad X_1 \to X_4 \to X_2 \to X_3 \to X_5$$

이다.

⑤ 경로이득(path gain) : 전향경로이득, 루프이득 등 경로를 이루는 가지의 모든 이득의 곱을 말한다.

그림 3-52에서

$$X_1 \to X_2 \to X_3 \to X_5$$

에 대한 이득은 $a_{12}a_{23}a_{34}a_{45}$이다.

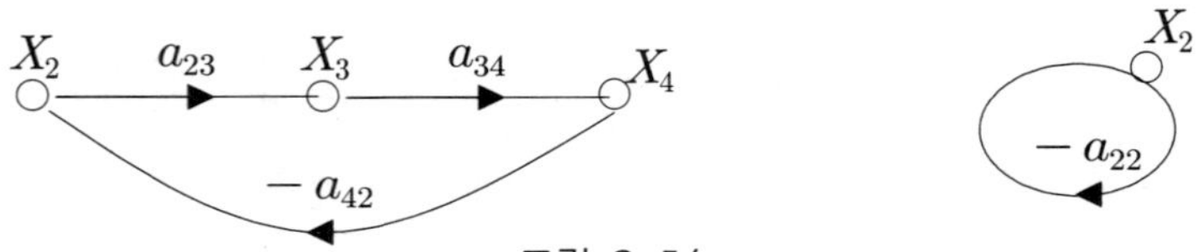

그림 3-54

⑥ 루프(loop) : 어떤 마디에서 시작하여 다시 그 마디에서 끝나는 경로를 말하며, 모든 마디는 두 번 이상 거칠 수 없다. 그림 3-52는 루프를 나타내면 그림 3-54와 같다.

⑦ 루프이득 : 루프의 경로이득을 말한다. 그림 3-54(a)의 루프이득은 $-a_{23}a_{34}a_{42}$이고, 그림 3-54(b)의 루프이득은 $-a_{22}$이다.

3.5.3 신호흐름선도의 대수연산

그림 3-55와 같은 신호흐름선도의 대수방정식은 다음과 같다.

그림 3-55(a)에서

$$X_3 = a_{13}X_1 + a_{23}X_2 \tag{3-5-5}$$

이고, 그림 3-55(b)에서

$$X_2 = a_{12}X_1, \qquad X_3 = a_{23}X_2 \tag{3-5-6}$$

이므로

$$X_3 = a_{23}X_2 = a_{12}a_{23}X_1 \tag{3-5-7}$$

가 되고, 전달함수는 다음과 같다.

$$\frac{X_3}{X_1} = a_{12}a_{23} \tag{3-5-8}$$

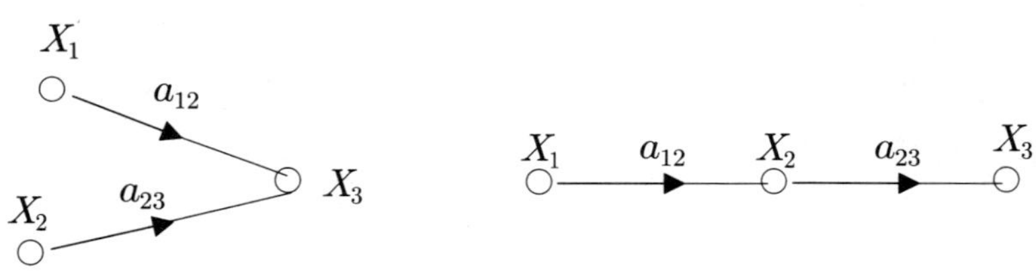

그림 3-55

그림 3-56

그림 3-56(a)에서

$$X_2 = a_{12}X_1, \quad X_2 = b_{12}X_1 \tag{3-5-9}$$

이므로

$$X_2 = a_{12}X_1 + b_{12}X_1 = (a_{12} + b_{12})X_1 \tag{3-5-10}$$

이고, 전달함수는 다음과 같다.

$$\frac{X_2}{X_1} = a_{12} + b_{12} \tag{3-5-11}$$

그림 3-56(b)에서는

$$X_2 = a_{12}X_1 + (-a_{22})X_2, \quad (1 + a_{22})X_2 = a_{12}X_1 \tag{3-5-12}$$

이므로 전달함수는 다음과 같다.

$$\frac{X_2}{X_1} = \frac{a_{12}}{1 + a_{22}} \tag{3-5-13}$$

그림 3-57(a) 선도의 전달함수는 그림 3-57(b)와 같이 선도를 변형하여 구해야 한다. 그림 3-57(b)에서

$$X_1 = X_1' - a_{21}X_2, \; X_2 = a_{12}X_1, \; X_1 = X_1', \; X_2 = X_2' \tag{3-5-14}$$

이므로 이들 식들로부터

$$X_2 = a_{12}X_1 = a_{12}(X_1' - a_{21}X_2) = a_{12}X_1 - a_{12}a_{21}X_2$$

$$(1 + a_{12}a_{21})X_2 = a_{12}X_1 \tag{3-5-15}$$

가 되고, 전달함수는 다음과 같다.

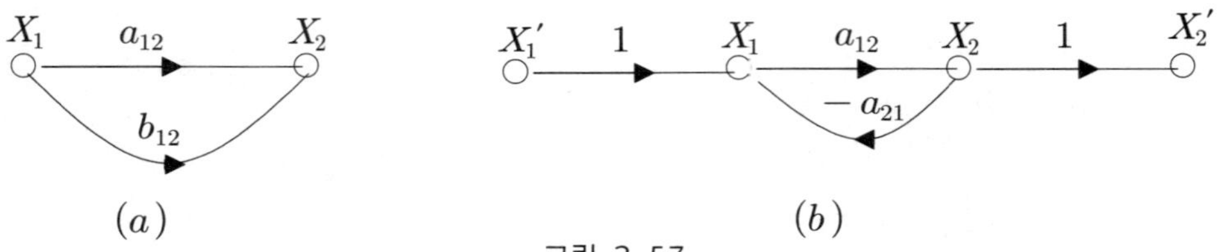

그림 3-57

$$\frac{X_2}{X_1} = \frac{a_{12}}{1 + a_{12}a_{21}} \tag{3-5-16}$$

질문:

- 입력마디(source)
- 출력마디(sink)
- 경로(path)
- 전향경로(forward path)
- 경로이득(path gain)
- 루프(loop)
- 루프이득(loop gain)

신호흐름선도

신호흐름선도의 세 가지 기본성질

- 신호흐름선도는 선형 시스템에만 적용된다.
- 신호흐름선도를 도시하는 데 쓰이는 방정식은 결과가 원인의 함수로 표현되는 형태의 대수방정식이어야 한다.
- 마디는 변수를 나타내는 데 쓰이고 마디는 원인과 결과의 순서로 왼쪽으로부터 차례로 배열된다.

신호흐름선도 용어

- 입력마디(source) : 밖으로 나가는 방향의 가지만을 가지는 마디
- 출력마디(sink) : 들어오는 방향의 가지만을 갖는 마디
- 경로(path) : 동일한 진행방향을 갖는 연결가지의 집합
- 전향경로(forward path) : 입력마디에서 동일한 마디를 두 번 이상 거치지 않고 출력마디까지 도달하는 경로

- 경로이득(path gain) : 경로를 형성하고 있는 가지들의 이득의 곱
- 루프(loop) : 한 마디에서 시작하여 다시 그 마디로 돌아오는 경로를 말하며, 모든 마디는 두 번 이상 거칠 수 없다.
- 루프이득 : 루프의 경로이득

3.5.4 블록선도와 신호흐름선도의 등가변환

선형 피드백 제어시스템의 신호흐름선도는 시스템을 구성하는 요소의 전달함수가 서로 작용하지 않은 경우 시스템의 블록선도로부터 직접 그릴 수 있다.

그림 3-58(a)와 같은 시스템의 블록선도는 그림 3-58(b)와 같이 변수 $R(s)$는 마디로, 블록은 가지로 등가변환 된다.

그림 3-59(a)와 같은 가합점은 그림 3-59(b)와 같이 등가변환 된다.

그림 3-60(a)와 같은 인출점은 그림 3-60(b)와 같이 등가변환 된다.

(a)블록선도 (b)신호흐름선도

그림 3-58

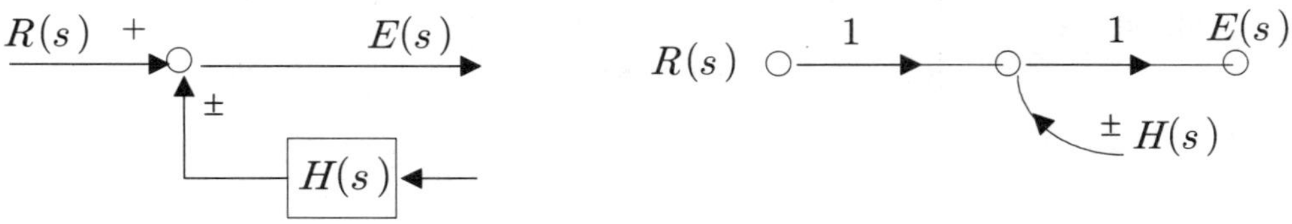

(a) (b)

그림 3-59

(a)블록선도의 인출점 (b)신호흐름선도

그림 3-60

[블록선도와 신호흐름선도의 등가변환의 관계]

구분	블록선도	신호흐름선도
신호	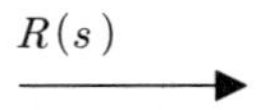	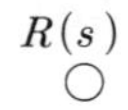
시스템요소	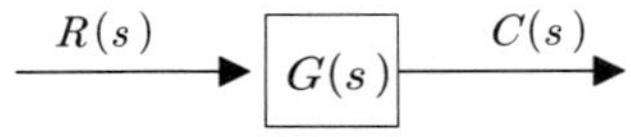	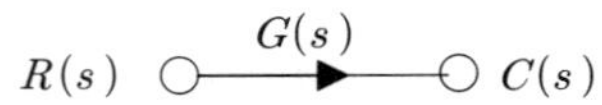
가합점 $C(s) = B(s) \pm B(s)$	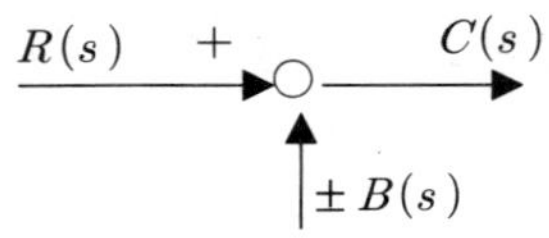	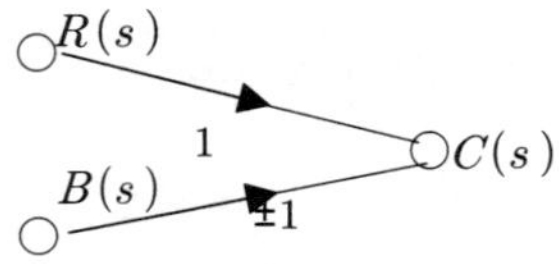
인출점 $R(s) = B(s) = C(s)$	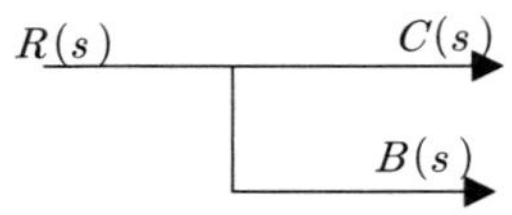	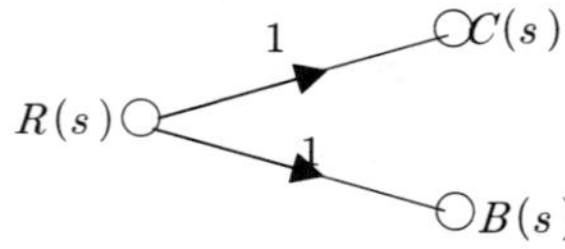
종속접속	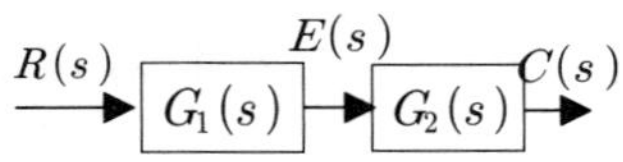	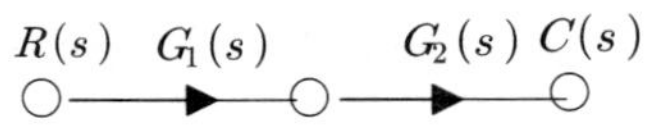
병렬접속	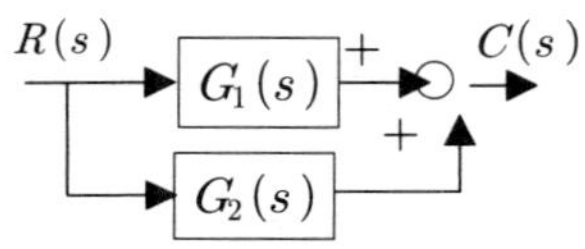	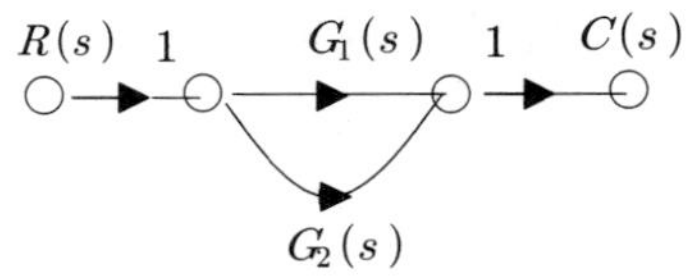
피드백루프	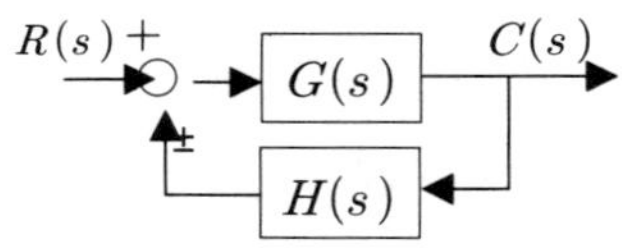	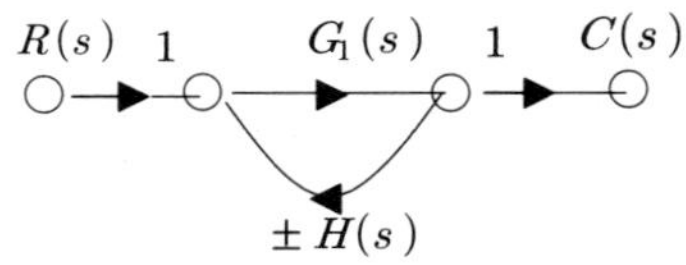

3.5.5 신호흐름선도의 구성

시스템의 신호흐름선도는 다음과 같이 표시되는 시스템의 방정식으로부터 구성된다.

$$
\begin{aligned}
X_1 &= A_{11}X_1 + A_{12}X_2 + \cdots + A_{1n}X_n \\
X_2 &= A_{21}X_2 + A_{22}X_2 + \cdots + A_{2n}X_n \\
\vdots \quad & \quad \vdots \qquad\quad \vdots \qquad\qquad\quad \vdots \\
X_m &= A_{m1}X_2 + A_{m2}X_2 + \cdots + A_{mn}X_n
\end{aligned}
\tag{3-5-16}
$$

1) 만일 X_1이 입력마디이면 X_1에 대한 방정식의 신호흐름선도는 필요 없다.

2) m의 값만큼 왼쪽으로부터 오른쪽으로 마디를 배열한다.

3) 가지 A_{11}, A_{12}, $\cdots$ 등으로 마디를 연결한다.

4) 등가변환에 의하여 간단하게 마디나 루프를 구성한다.

예제 3-21

그림 3-16과 같은 회로망에 대한 신호흐름선도를 구성하라.

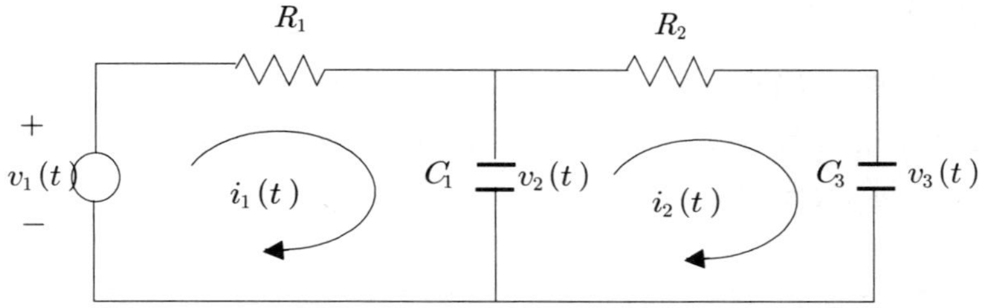

그림 3-61

풀이

그림 3-61의 Laplace 변환회로는 다음과 같다.

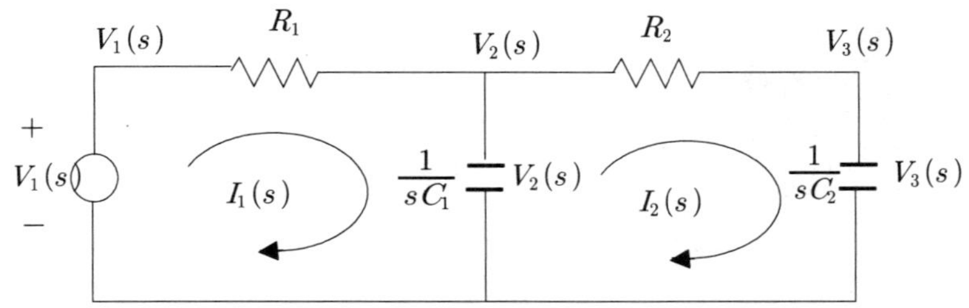

그림 3-62

그림 3-62에서 원인과 결과를 고찰하면 전압 $V_1(s)$에 의하여 전류 $I_1(s)$가 흐르고, 전류 $I_1(s)$에 의하여 전압 $V_2(s)$가 발생하고, 전압 $V_2(s)$에 의하여 전류 $I_2(s)$가 흐르고, 전류 $I_2(s)$에 의하여 전압 $V_3(s)$가 발생하므로 이 순서에 의하여 회로방정식을 작성하면 다음과 같다.

$$I_1(s) = \frac{1}{R_1} V_1(s) - \frac{1}{R_1} V_2(s) \tag{3-5-17}$$

$$V_2(s) = \frac{1}{sC_1} I_1(s) - \frac{1}{sC_1} I_2(s) \tag{3-5-18}$$

$$I_2(s) = \frac{1}{R_2} V_2(s) - \frac{1}{R_2} V_3(s) \tag{3-5-19}$$

$$V_3(s) = \frac{1}{sC_2} I_2(s) \tag{3-5-20}$$

식 (3-5-17)에 의한 신호흐름선도는 그림 3-63(a)와 같고, 식 (3-5-18)에 의한 신호흐름선도는 그림 3-63(b)가 된다. 식 (3-5-19)에 의한 신호흐름선도는 그림 3-63(c)와 같고, 식 (3-5-20)의 흐름선도는 그림 3-63 (d)가 된다.

따라서, 그림 3-62의 신호흐름선도는 그림 3-63에 의해 그림 3-64와 같이 구성된다. 여기서, 그림 3-65와 같이 출력 $V_3(s)$를 나타내기 위하여 단위이득을 적용하여 출력을 나타낸다.

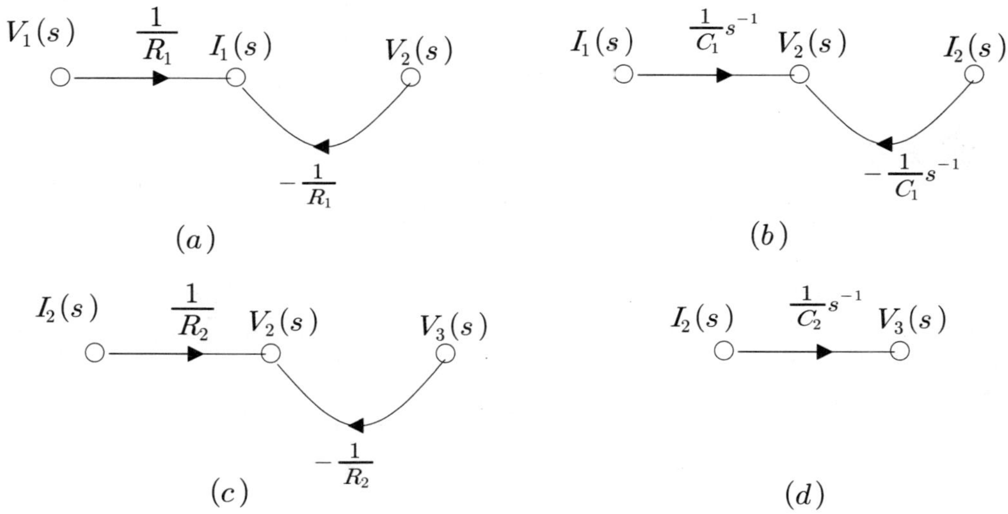

그림 3-63

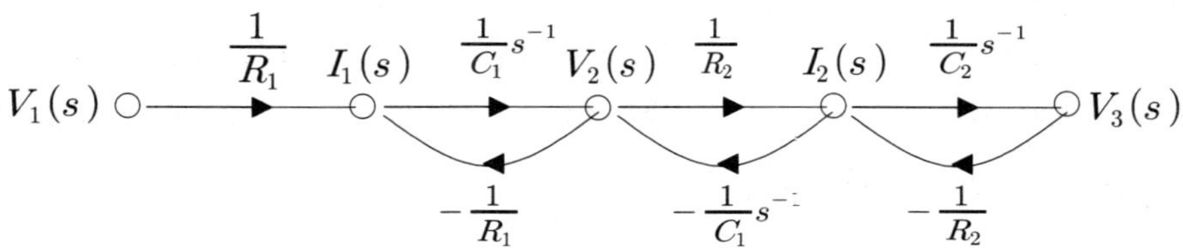

그림 3-64

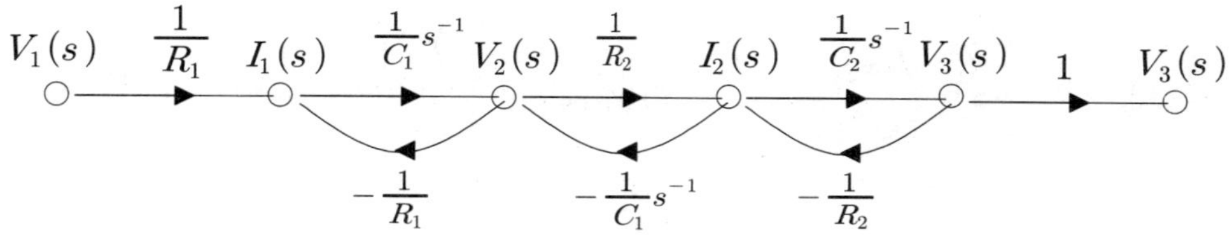

그림 3-65

예제 3-22

그림 3-66의 회로에서 전압 $v_i(t)$를 원인으로 하고, 전압 $v_o(t)$를 결과로 하는 신호흐름선도를 구하라.

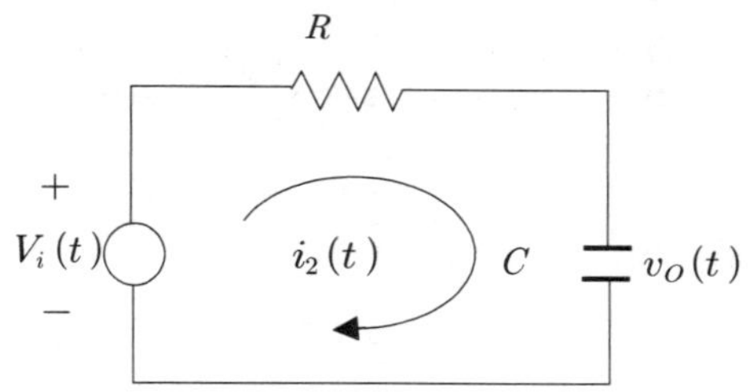

그림 3-66

풀이

회로망의 방정식은

$$i(t) = \frac{1}{R}\{v_i(t) - v_o(t)\}, \qquad v_o(t) = \frac{1}{C}\int i(t)dt \tag{3-5-21}$$

이고, 전달함수는 초기값을 0으로 할 때이므로 방정식 (3-5-21)을 Laplace 변환하면

$$I(s) = \frac{1}{R}V_i(s) - \frac{1}{R_1}V_o(s), \qquad V_0(s) = \frac{1}{sC_2}I(s) \tag{3-5-22}$$

이 방정식으로부터 신호흐름선도를 구성하면 그림 3-67과 같다.

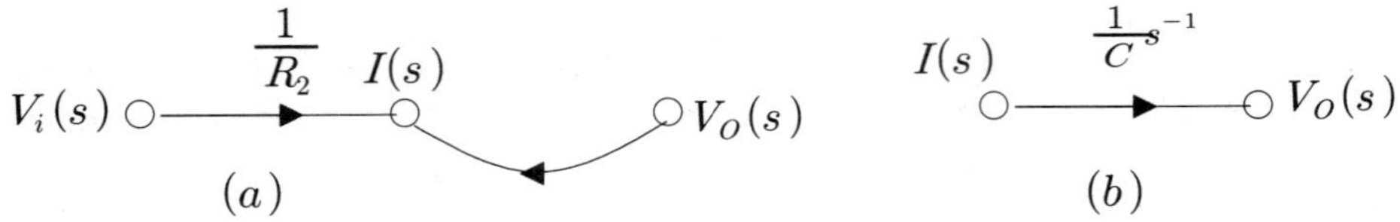

그림 3-67

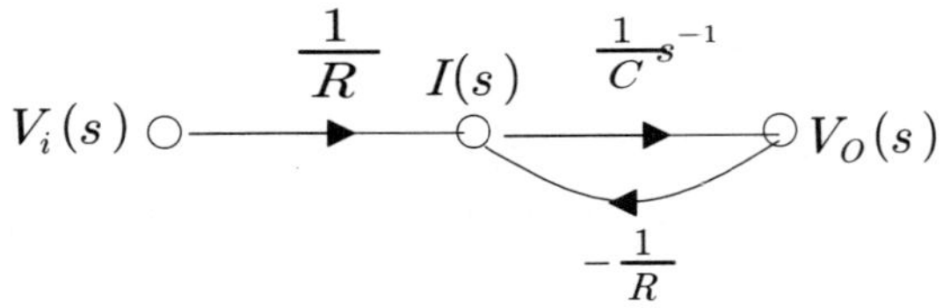

그림 3-68

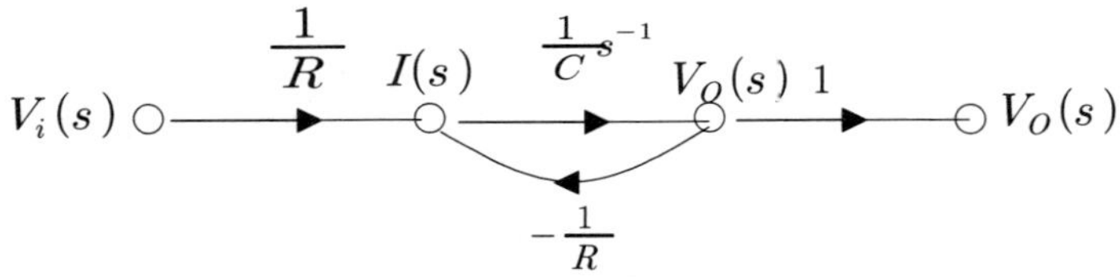

그림 3-69

따라서, 그림 3-66의 신호흐름선도는 그림 3-68과 같이 구성된다.

여기서, 출력 $V_o(s)$를 나타내기 위하여 그림 3-68에서 단위이득을 적용하면 그림 3-69와 같이 된다.

3.5.6 신호흐름선도의 이득공식

신호흐름선도의 이득 또는 전달함수는 신호흐름선도를 간략화하지 않는 상태에서 구할 수 있다. 반면에 이전의 블록선도는 선도를 간략화해야만 전달함수 또는 이득을 구할 수 있었다.

어떤 시스템에서 변수들의 관계를 신호흐름선도로 나타낼 때, 그 시스템의 전달함수를 쉽게 구하기 위하여 입력마디와 출력마디 사이의 관계는 다음과 같이 Mason의 이득공식에 의하여 구할 수 있다.

Mason

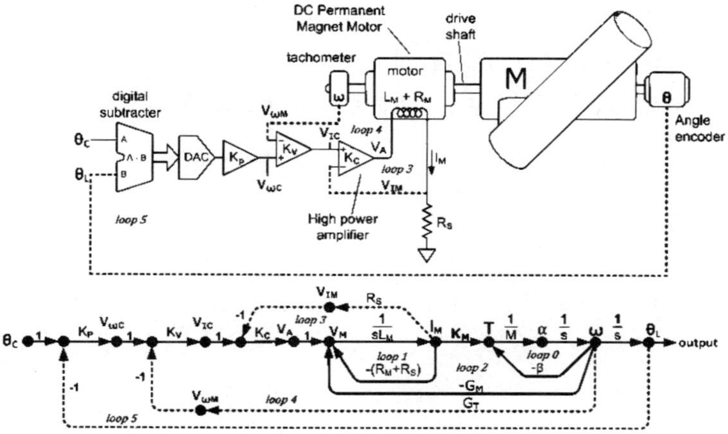

신호흐름선도

$$M = \frac{X_{out}}{X_{\in}} = \frac{1}{\Delta}\sum_{k=1}^{N} P_k \Delta_k$$

$$= \frac{P_1\Delta_1 + P_2\Delta_2 + \cdots}{1 - \sum L_i + \sum L_{ij} - \sum L_{ijk} + \cdots} \qquad (3\text{-}5\text{-}23)$$

X_{in} : 입력마디 변수

X_{out} : 출력마디 변수

N : X_{in}마디에서 X_{out}마디로 가는 전향경로의 총수

P_k : k번째 전향경로의 이득

Δ_k : k번째 전향경로의 마디를 포함하지 않는 루프의 Δ값

$\sum_{k=1}^{N} P_k$와 루프이득이 서로 접하는 것을 제외한 Δ의 값

$$\Delta = 1 - \sum L_i + \sum L_{ij} - \sum L_{ijk} + \cdots \qquad (3\text{-}5\text{-}24)$$

여기서,

$\sum L_i$: 모든 루프(L_1, L_2, L_3, $\cdots$, L_n) 이득의 합

$\sum L_{ij}$: 서로 접하지 않는 2개 루프의 이득의 곱(L_1L_2, L_2L_3, $\cdots$등)의 합

$\sum L_{ijk}$: 서로 접하지 않는 3개 루프의 이득의 곱($L_1L_2L_3$, $L_2L_3L_4$, $L_3L_4L_5$, $\cdots$등)의 합

$\sum L_{ijk....}$: 서로 접하지 않는 N개 루프의 모든 가능한 조합을 원소로 하는 집합에서, 각 원소의 N개 루프의 이득의 곱의 합.

이다. 여기서 "서로 접하지 않는 루프"란 "공통 마디를 갖지 않는 루프"를 말하고, N은 서로 접촉되지 않은 루프의 개수이다. 단, 모든 루프가 공통인 마디를 갖고 있어서 서로 접촉되지 않은 루프가 없는 경우에는 $N=1$로 한다.

풀이

그림 3-70의 신호흐름선도에서 전달함수 X_6/X_1를 구하라.

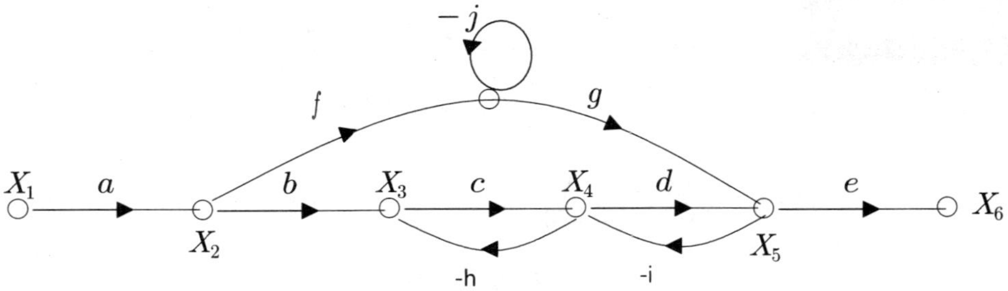

그림 3-70

풀이

전향경로 이득은

$$P_1 = abcde, \qquad P_2 = afge \tag{3-5-25}$$

이고, 루프의 이득은

$$L_1 = -ch, \qquad L_2 = -di, \qquad L_3 = -j$$

이며 루프 L_1과 L_2는 접하므로

$$L_{12} = L_1 L_2 = 0, \qquad L_{123} = L_1 L_2 L_3 = 0$$

이고, 접하지 않은 루프이득은

$$L_{13} = L_1 L_3 = chj, \qquad L_{23} = L_2 L_3 = dij$$

이므로 행렬식 Δ는

$$\begin{aligned} \Delta &= 1 - (L_1 + L_2 + L_3) + L_{13} + L_{23} \\ &= 1 + ch + di + j + chj + dij \end{aligned} \tag{3-5-26}$$

이고, P_1과 접하지 않은 루프는 L_3이므로

$$\Delta_1 = 1 - L_3 = 1 + j \tag{3-5-27}$$

이고, P_2와 접하지 않은 루프는 L_1이므로

$$\Delta_2 = 1 - L_1 = 1 + ch \tag{3-5-28}$$

이다. 따라서 그림 3-70의 전달함수 X_6/X_1은 식 (3-5-25)~ 식 (3-5-28)로부터 다음과 같다.

$$\frac{X_6}{X_1} = \frac{1}{\Delta}\sum_{k=1}^{2} P_k \Delta_k = \frac{P_1\Delta_1 + P_2\Delta_2}{\Delta} = \frac{abcde\,(1+j) + afge\,(1+ch)}{1+ch+di+j+chj+dij}$$

$$= \frac{abcde + abcdej + afge + acefgh}{1+ch+di+j+chj+dij} \tag{3-5-29}$$

예제 3-24

그림 3-71과 같은 제어시스템의 블록선도를 신호흐름선도로 등가변환하고, 블록선도에 의한 전달함수 $C(s)/R(s)$를 구하고, 등가임을 증명하라.

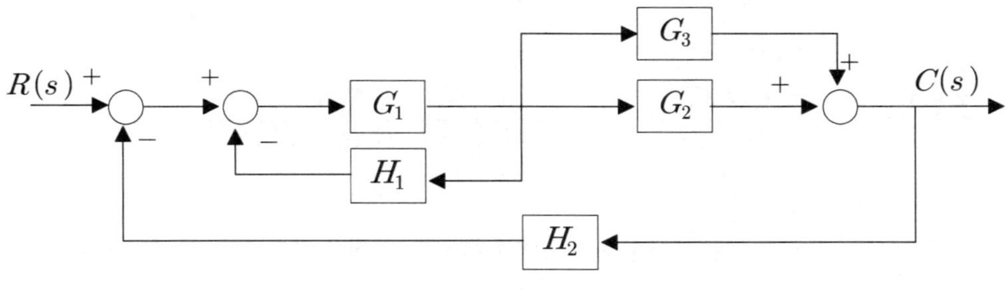

그림 3-71

풀이

우선 먼저 그림 3-71의 블록선도로부터 전달함수 $C(s)/R(s)$를 구한다. 그림 3-71의 블록선도를 그림 3-72와 같이 변수를 설정한다.

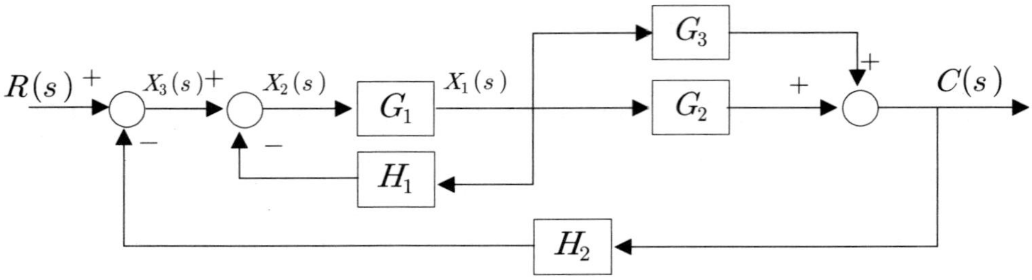

그림 3-72

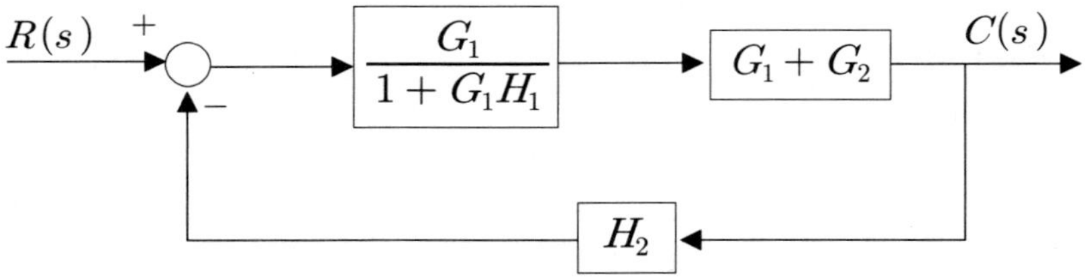

그림 3-73

그림 3-72에서 루프 G_1-H_1과 루프 G_2-G_3의 전달함수는

$$\frac{X_1(s)}{X_3(s)} = \frac{G_1}{1+G_1H_1}, \qquad \frac{C(s)}{X_1(s)} = G_2 + G_3 \tag{3-5-30}$$

이므로 그림 3-73과 같이 등가변환 된다.

따라서, 전달함수 $C(s)/R(s)$는 그림 3-73으로부터 다음과 같다.

$$\frac{C(s)}{R(s)} = \frac{\dfrac{G_1(G_2+G_3)}{1+G_1H_1}}{1+\dfrac{G_1(G_2+G_3)H_2}{1+G_1H_1}} = \frac{G_1G_2 + G_1G_3}{1+G_1H_1+G_1G_2H_2+G_1G_3H_2} \tag{3-5-31}$$

다음은 그림 3-71의 블록선도를 신호흐름선도로 등가변환하기 위해서 그림 3-72를 부분별로 등가변환하면 다음과 같다. 즉, 그림 3-74(a)의 가합점은 그림 3-74(b)와 같이 구성된다.

그림 3-75(a)의 인출점과 가합점은 그림 3-75(b)와 같이 구성된다.

따라서, 구하고자 하는 그림 3-71의 신호흐름선도는 그림 3-74(b)와 그림 3-75(b)로부터 그림 3-76과 같이 구성된다.

그림 3-76으로부터 전달함수 $C(s)/R(s)$는 Mason의 공식을 적용하면 다음과 같이 구해진다.

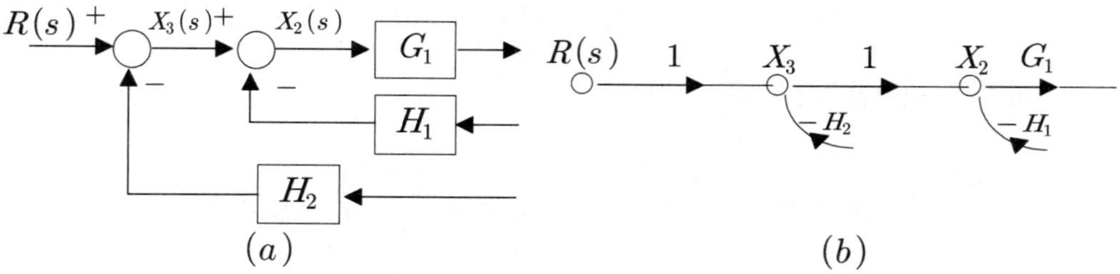

그림 3-74

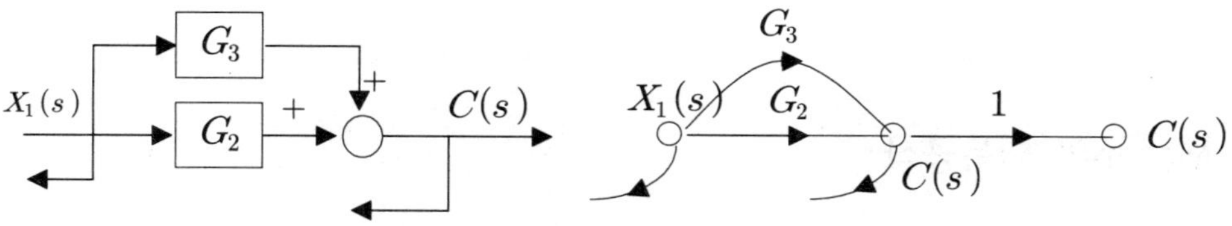

그림 3-75

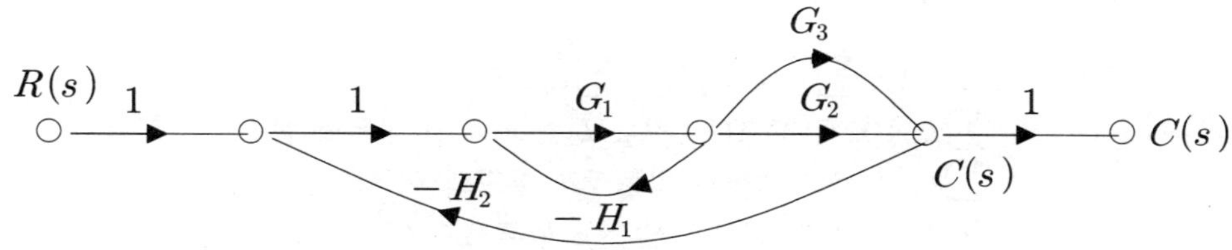

그림 3-76

전방향이득은

$$P_1 = G_1 G_2, \qquad P_2 = G_1 G_3 \tag{3-5-32}$$

루프이득은

$$L_1 = -G_1 H_1, \quad L_2 = -G_1 G_2 H_2, \quad L_3 = -G_1 G_3 H_2$$

이들 루프 L_1, L_2, L_3는 모두 서로 접하고 있으므로

$$L_1 L_2 = L_2 L_3 = L_3 L_1 = 0, \qquad L_1 L_2 L_3 = 0$$

이고 전방향이득 P_1, P_2에도 모두 접하고 있으므로

$$\Delta_1 = 1, \qquad \Delta_2 = 1 \tag{3-5-33}$$

이다. 그리고 행렬 Δ는

$$\Delta = 1-(L_1+L_2+L_3) = 1+G_1H_1+G_1G_2H_2+G_1G_3H_2 \qquad (3\text{-}5\text{-}34)$$

따라서, 전달함수는 다음과 같다.

$$\frac{C(s)}{R(s)} = \frac{1}{\Delta}(P_1\Delta_1+P_2\Delta_2) = \frac{G_1G_2+G_1G_3}{1+G_1H_1+G_1G_2H_2+G_1G_3H_2} \qquad (3\text{-}5\text{-}35)$$

식 (3-5-31)과 식 (3-5-35)는 같으므로 그림 3-76은 그림 3-72의 등가변환된 신호흐름선도이다.

Mason의 이득공식

$$M = \frac{\sum_{k=1}^{N} P_k\Delta_k}{\Delta}$$

$\Delta = 1 - \sum L_i + \sum L_{ij} - \sum L_{ijk} + \cdots$

$\sum L_i$: 모든 루프(L_1, L_2, L_3, ⋯, L_n) 이득의 합

$\sum L_{ij}$: 서로 접하지 않는 2개 루프의 이득의 곱의 합

$\sum L_{ijk}$: 서로 접하지 않는 3개 루프의 이득의 곱의 합

$\sum L_{ijk....}$: 서로 접하지 않는 N개 루프의 이득의 곱의 합

P_k : k번째 전향경로 이득

Δ_k : k번째 전향경로에 접하지 않는 Δ의 값

N : 존재하는 전향경로의 개수

예제 3-25

그림 3-77과 같은 제어시스템의 블록선도를 신호흐름선도로 변환하고 mason의 공식을 이용하여 전달함수 $C(s)/R(s)$를 구하라.

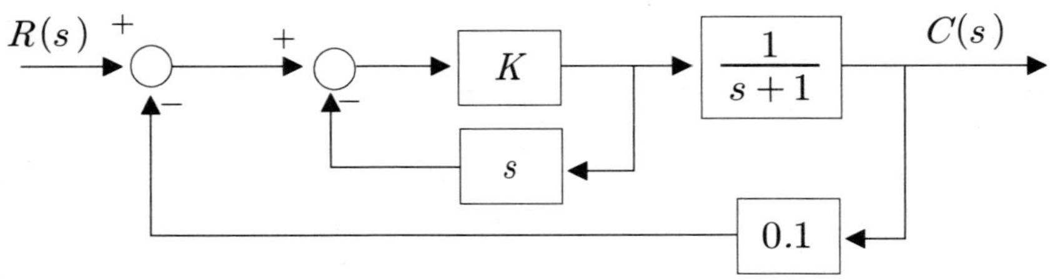

그림 3-77

풀이

전달함수는

$$\frac{C(s)}{R(s)} = \frac{\dfrac{K}{1+Ks}\dfrac{1}{s+1}}{1+\dfrac{0.1K}{1+Ks}\dfrac{1}{s+1}} = \frac{K}{(1+Ks)(s+1)+0.1K}$$

$$= \frac{K}{s^2K+(1+K)s+1+0.1K}$$

예제 3-26

블럭선도를 신호흐름선도로 변환하고 mason의 공식을 이용하여 전달함수를 구하시오.

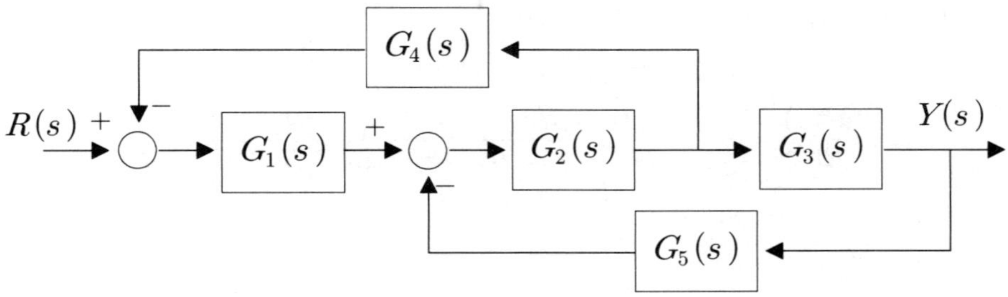

그림 3-78

풀이

$$G(s) = \frac{G_1G_2G_3}{1+G_1G_2G_4+G_2G_3G_5}$$

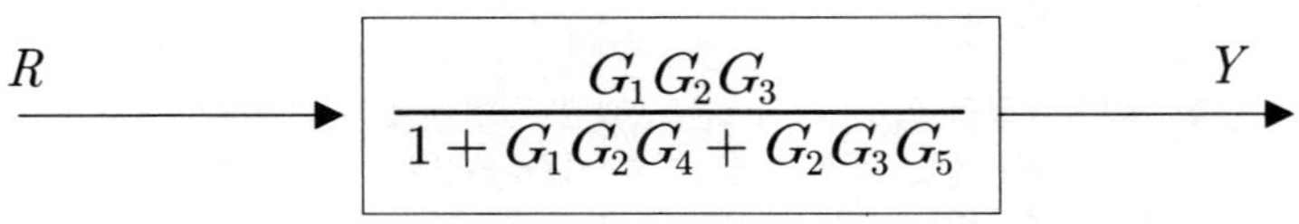

예제 3-27

그림 3-79와 같은 시스템의 블록선도를 신호흐름선도로 변환하고 mason의 공식을 이용하여 전달함수 $C(s)/R(s)$를 구하라.

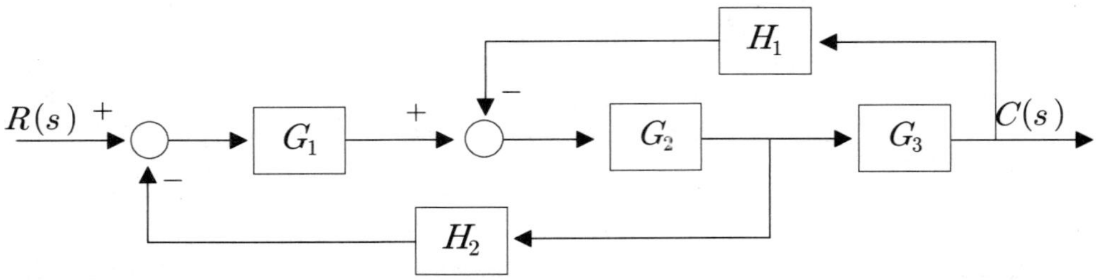

그림 3-79

풀이

그림 3-79의 전달함수는 다음과 같다.

$$\frac{C(s)}{R(s)} = \frac{\dfrac{G_1 G_2 G_3}{1+G_2 G_3 H_1}}{1+\dfrac{G_1 G_2 G_3}{1+G_2 G_3 H_1}\dfrac{H_2}{G_3}} = \frac{G_1 G_2 G_3}{1+G_2 G_3 H_1 + G_1 G_2 H_2}$$

머리전달함수

머리전달함수 HRTF(Head-RelatedTransfer Function)

- 소리가 듣는 사람의 왼쪽에 있을 때, 소리는 사람의 오른쪽 귀보다 왼쪽 귀에 보다 먼저 도달하게 된다. 따라서 오른쪽 귀로 들어오는 소리는 왼쪽 귀로 들어오는 소리보다 시간지연이 발생하게 된다. 또한 사람의 머리의 의해 발생된 "Shadowing" 현상 때문에 오른쪽 귀로 들어오는 신호는 세기가 감쇠된다. 그리고 두 귀로 들어오는 신호 역시 우리의 몸이나, 머리, 그리고 귓바퀴들과 같은 복잡한 필터링 과정을 거치게 되는데, 공간상으로부터 두 귀의 기관까지의 소리의 변화는 정확히 측정될 수 있고, 그것을 측정하는 것이 바로 머리전달함수인 것이다. 보통 사람이나 마네킹의 귀 내부기관으로 소형 마이크로폰을 삽입하여 머리전달함수와 같은 측정기관을 만들 수 있다.

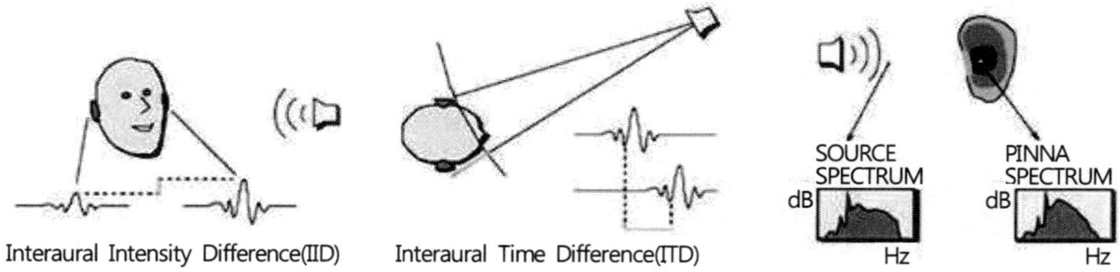

※ 머리전달함수의 분석과 합성

- 각자의 머리전달함수를 측정하는 가장 흔한 방법은 다음과 같다. 먼저, 듣는 사람의 양쪽 귀에 소형 프로브 마이크로폰을 착용하고 그 주변의 스피커를 놓는다. 그리고 스피커로 미리 준비해 놓은 소리가 발생시키고 마이크로폰을 통해 녹음한다. 결과적으로 마이크로폰을 통해 녹음한 신호와 녹음되기 전 발생시킨 신호의 임펄스 반응들과 비교를 하며 머리전달함수의 필터를 찾을 수 있는 것이다. 만약 스피커를 새로운 장소에 설치하면, 위와 같은 과정을 반복해야 하기 때문에, 모든 개개인의 독특한 머리전달함수의 유형을 가진 필터의 구형 맵이 고안되어지기도 하였지만, 머리전달함수가 변화될 수 있기 때문에 포괄적이고 변화할 수 있는 머리 전달함수는 화상 회의나, 게임등과 같은 대중적인 어플리케이션에 적합하고, 개개인의 특성화된 머리전달함수들은 스테레오 어플리케이션에 적합하다.
- 머리전달함수가 고안된 이후, 실시간 DSP 소프트웨어와 하드웨어 알고리즘이 개발되었는데, 개발된 소프트웨어는 필터의 중요한 특징들을 찾아낼 수 있어야 하고 그 특징들을 실시간으로 입력되는 오디오 신호에 적용할 수 있는 역할을 수행 할 수 있어야 한다. 듣는 사람이 스피커에서 들려오는 소리와 컴퓨터로 재생되는 신호, 그리고 머리전달함수의 임펄스 응답을 통해 필터링 된 신호와 구분할 수 있다면 시스템이 정확히 작동하고 있다고 판단할 수 있다.[한국연구재단]

$$\left.\begin{array}{l} S_{hear}(t) = S_{original}(t) * h_{HRTF}(T) \\ S_{Virtualhear}(t) = S_{original}(t) * h_{HRTF}(T) \end{array}\right\} \Rightarrow \quad h_{HRTF}(t) = S_{hear}(t) * S_{original}(t)$$

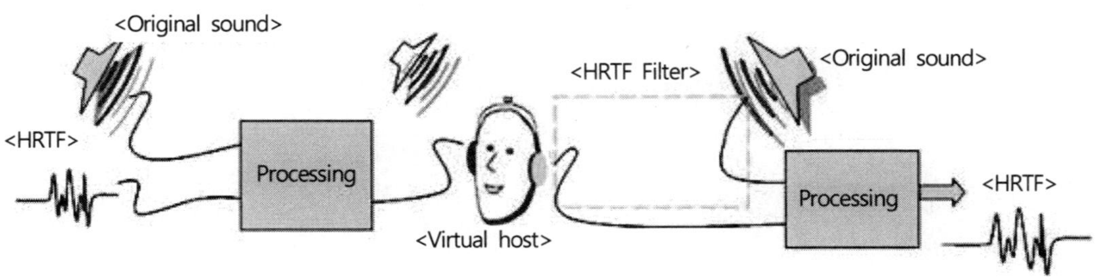

4

CHAPTER

제어시스템 해석

제어공학도가 폐루프 제어시스템의 시간성능을 평가하는 일은 매우 중요한 과제이다. 시스템의 시간 성능을 해석할 경우 시응답에 대한 속도와 정확도에 관련된 의문점에 정량적인 해답을 얻을 수 있다. 예컨대 로봇은 로봇의 팔에 주어진 조립작업을 실행하는데 있어서 신속히 그리고 과진동 없이 응답하는지, 엘리베이터가 신속하면서도 원하는 목적까지 원활하게 접근하는지 등의 과제는 시스템 해석을 통하여 결정한다.

다시 말해서 시스템의 모델에 입력을 인가할 경우 얼마나 만족한 응답을 나타내는가를 결정하는 문제는 시스템의 시간응답해석을 통하여 결정한다.

제어목표를 이루기 위해서 거의 모든 제어시스템에는 궤환(Feedback)을 쓰는데, 이 장에서는 먼저 궤환의 효과에 대해 분석하여 정리하고, 제어시스템을 해석하는 방법을 다룬다.

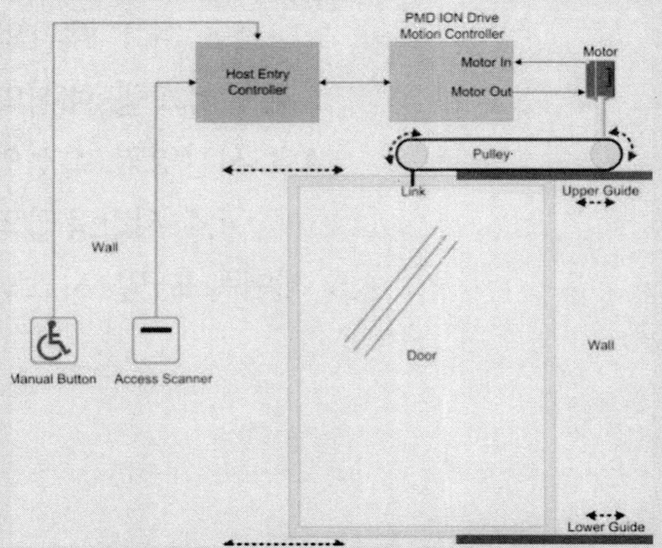

그림 4-1 자동문 제어시스템

4.1 궤환의 효과

4.1.1 궤환제어 시스템

일반적으로 제어시스템의 대상은 제어시스템의 요소를 통하여 입력에 의하여 어떤 지시된 방법으로 출력을 제어하는 것이다.

개루프 제어시스템은 구조가 간단하여 설계하기 용이하고 폐루프 제어시스템에 비하여 경제적이다. 입력과 전체시스템 모델을 정확히 알거나 예측된 출력이 정해진 범위 내에서 변동폭이 작은 제어시스템 설계에 유용하다. 동작중에 파라메타들이 변화하거나 예기치 않은 외란 등의 개입에 의하여 설계당시의 제어성능을 유지 못하는 경우가 있다.

가정용 세탁기, 헤어드라이어, 전기오븐, 진공청소기 등은 개루프 제어시스템의 전형적인 예이다.

제어시스템을 구성하는 가장 전형적인 방법이 궤환제어이며 궤환요소를 사용하면 출력을 검출, 감시할 수 있다. 폐루프 제어시스템은 피드백을 수반하므로 궤환제어(feedback control)시스템이라고도 한다. 이 제어시스템에서는 제어결과가 끊임없이 피드백 되어 희망하는 값과 비교되어 차가 있으면 그것을 감소시키려고 하는 정정 동작이 행해지기 때문에 개루프 제어시스템과는 달리 외적조건이 변화해도 좋은 제어결과를 기대할 수 있다. 이 구조는 개루프 제어시스템에 비하여 융통성이 있는 제어기 설계가 가능하고 출력의 감시 기능이 있으므로 정밀제어 구조에 사용되며 안정도, 감도 및 잡음에 대하여 견실한 제어가 가능하다. 반면 해석 및 설계가 복잡해지며 제어기 가격이 높아진다.

전달함수 $G(s)$로 표시되는 동특성을 갖는 시스템을 대상으로 하여 궤환제어의 효과를 분석하기로 하자.

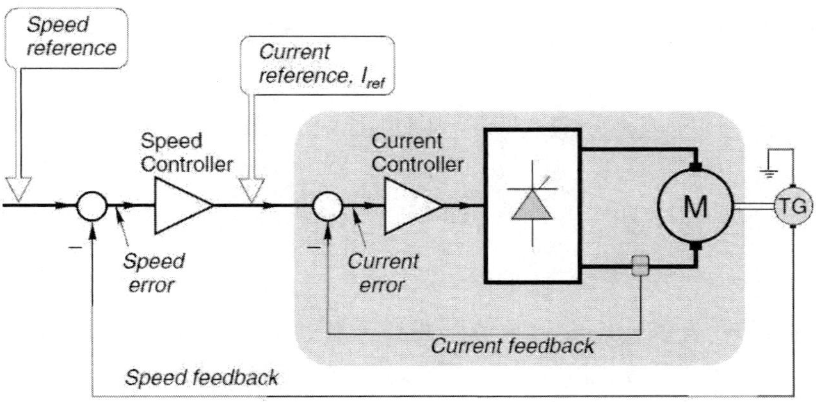

그림 4-2 전류와 속도 궤환 시스템

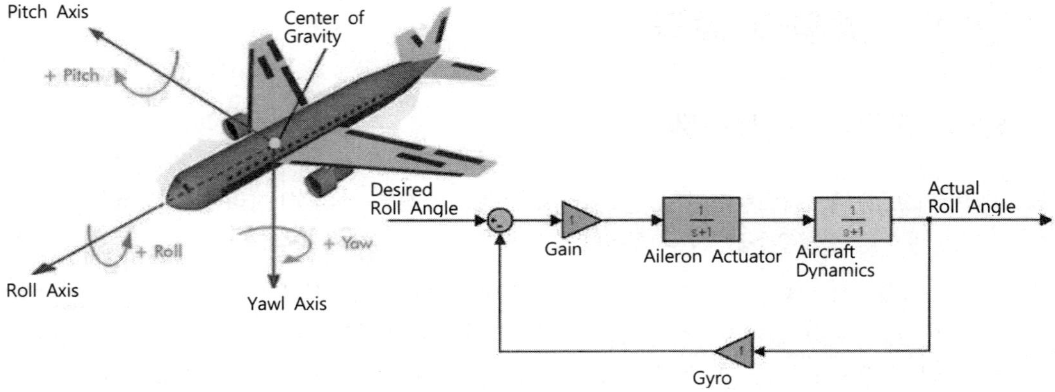

그림 4-3 비행기 자세 제어시스템

궤환 제어시스템의 일반적인 구조는 그림 4-4과 같다. 여기에서 $C(s)$ 와 $G(s)$는 각각 플랜트와 제어기의 전달함수이며, $R(s), E(s), U(s), Y(s) D(s), V(s)$는 각각 기준입력 r, 오차 e, 제어입력 u, 출력 y, 외란 d, 측정잡음 v 의 라플라스 변환함수들이다. 이 궤환 시스템에서 입출력 전달특성을 전달함수를 사용하여 표시하면 다음과 같다.

$$Y(s) = \frac{G(s)C(s)}{1+G(s)C(s)}R(s) + \frac{1}{1+G(s)C(s)}D(s) - \frac{G(s)C(s)}{1+G(s)C(s)}V(s) \quad (4\text{-}1\text{-}1)$$

이 식으로부터 오차 $E(s)$는 다음과 같이 나타낼 수 있다.

$$E(s) = R(s) - Y(s) = \frac{1}{1+G(s)C(s)}[R(s) - D(s)] + \frac{G(s)C(s)}{1+G(s)C(s)}V(s)$$

여기서 $G(s)$는 기본모델이거나 불확실 성분이 포함된 실제모델이 될 수도 있다. 위의 식에서 외란과 잡음이 없다면 출력과 오차는 다음과 같이 나타낼 수 있다.

$$\begin{aligned} Y(s) &= \frac{G(s)C(s)}{1+G(s)C(s)}R(s) \\ E(s) &= \frac{1}{1+G(s)C(s)}R(s) \end{aligned} \quad (4\text{-}1\text{-}2)$$

제어기 설계목표는 시스템을 안정화하면서 출력 $Y(s)$가 기준입력 $R(s)$와 같아지도록 $D(s)$와 $V(s)$의 영향을 줄이는 것이다. 다시 말하면, 외란 $D(s)$나 측정잡음 $V(s)$가 있더라도 제어기 C를 잘 설계해서 오차$E(s) = R(s) - Y(s)$의 값이 0이 되도록 하는 것이다. 그러면 위의 관계식들로부터 궤환의 효과에 대하여 살펴보기로 한다.

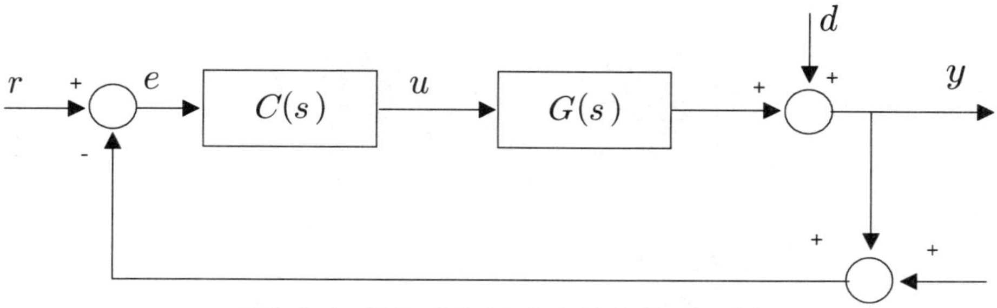

그림 4-4 궤환 제어시스템의 일반적인 구조(a)

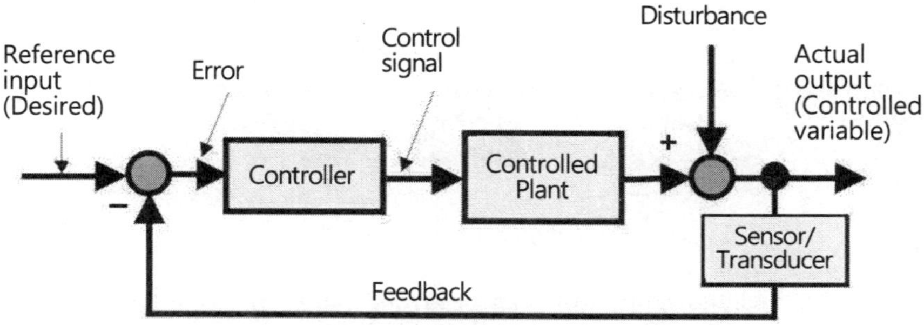

그림 4-5 궤환 제어시스템의 일반적인 구조(b)

강인제어[Robust Control]

- 제어대상과 제어기, 그리고 주변 환경 등으로부터의 알 수 없는 방해에도 불구하고 주어진 임무를 다할 수 있게 하는 것이 robust control이다.
- 좁은 의미로, 적응제어(adaptive control)와 가변구조제어(variable structure control 혹은 sliding mode control로 부르기도 함)가 아주 대표적인 강인제어 방법이지만, 넓은 뜻으로 기존의 비례적분미분제어(PID control)나 궤환선형화제어(feedback linearization control 또은 computed torque control)등에 강인성을 부여하여 역시 robust control이라고 하기도 한다. 논란의 여지는 있지만 퍼지논리제어도 robust control로 볼 수 있는 측면이 있다.
- 예를 들면, 기계나 전자회로 등은 사람만큼 융통성이 있지 않아서 시킨 일 밖에 하지 못하고, 또 시킨 일 중에서도 하도록 의도되어진 범위 내에서만 제대로 하지 그 외에는 동작조차 보장을 못한다.
- 두 발로 서는 로봇이 자세를 유지하는 것을 예로 들어보자. 먼저, 로봇의 자세를 파악하기 위한 여러가지의 센서가 로봇에 부착될 것이고, 이로부터 얻은 정보를 이용해 제어기가 로봇의 각종 관절들에 자세유지명령을 준다. 어느 한쪽으로 기울었다고 하면 그에 해당하는 센서가 이상 신호를 내고, 제어기가 그 정도를 파악하여 적당한 힘으로 필요한 관절을 움직이게 할 것이다.
- 제어기는 로봇의 관절이나 모터 등의 무게에 대한 미리 입력된 정보를 가지고 있으며, 이를 바탕으로 센서 정보로부터 모터에 주는 신호의 양을 계산한다. 그런데, 만일 로봇의 한쪽에 무거운 물체를 매달았다고 하면, 로봇이 기울었다는 정보에 대해 제어기가 예전에 하던 만큼의 교정신호를 내보내도 로봇이 잘 안 움직이게 된다. 그

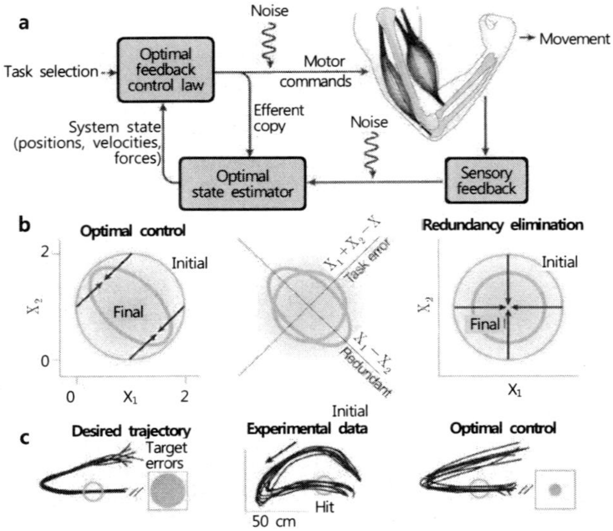

강인제어[Robust Control]

러면, 제어기는 모터로 하여금 좀 더 큰 힘을 내도록 할 것이고, 경우에 따라서는 지나치게 큰 힘을 내도록 하여 로봇이 넘어질 수도 있다. 물론 항상 그런 것은 아니지만, 알 수 없는 외부의 조건 변화에 이와 같이 불안정해질 수 있는 여지를 가지고 있는 것이 기존의 제어방법이다.

- 이러한 일에 대해, 외부 조건이 어떠하게 바뀌더라도 항상 로봇이 바른 자세를 유지하도록 하는 것이 현대제어이론의 robust control이 지향하는 바이다. 그러나 물론 어떠한 제어방법도 '모든 조건에서' 성공적인 제어를 보장할 수 없습니다. 다만, 그 범위가 상당히 넓어지는 것에 만족을 해야 한다.
- 적응제어는 로봇의 동작 초기에 로봇의 각 부분을 이리저리 한번 돌려보는 일을 한다. 이렇게 해서 어느 부분에 뭐가 달라졌구나 하는 정보를 파악하여, 제어방법을 수정한다. 가변구조제어는 로봇의 모든 관절에 강한 힘을 유지하여 어느 방향으로의 기울어짐에 대해서도 즉각적으로 강하게 반응하여 자세를 바로잡는 것이 기본이다.

4.1.2 안정도 개선

안정도란 제어계가 외부입력, 공급전력의 변동, 귀환루프의 파라미터 변화를 받았을 때 얼마나 충실히 구동될 수 있는가를 설명하는 개념이다. 제어시스템 설계목표 가운데 제일의 목표는 안정도이다. 어떤 시스템이든 불안정할 경우에는 출력이 발산하게 되어 다른 제어목표를 수행할 수 없기 때문에 안정도를 이루는 것이 제어의 최우선 목표가 되는 것이다.

어떤 시스템이 유한한 입력이나 외란에 대해 출력의 크기가 항상 유한한 응답을 보이면 그 시스템은 안정하다(Stable)고 말하며, 이 경우에 $t=\infty$일 때 이 시스템은 정상상태 값을 갖는다. 반면에 유한 입력에 대해서도 출력이 일정값 또는 일정 범위 내에 존재하지 않으면 불안정(unstable)하다고 하며, 이 경우 출력은 발산한다. 따라서 실제 시스템은 안정해야하며 그렇지 않으면 제어기 또는 보상기를 사용하여 전체시스템을 안정하도록 해야 한다. 궤환이 없다면 시스템이 어떤 유한 입력에 대해 출력이 무한대가 되는 현상이 일어나서 불안정해질 수도 있다. 궤환이득이 도입되면 이런 출력의 불안정 현상을 막을 수 있다.

식(4-1-1)에서 알 수 있듯이, 궤환을 쓰면 시스템의 극점이 다음과 같은 특성방정식에 의해 결정되므로 극점의 위치를 바꿀 수 있다.

$$1+G(s)C(s)=0$$

따라서 플랜트 전달함수 $G(s)$의 극점이 우평면에 있는 불안정한 경우이거나 허수축 가까이 있어서 상대안정도가 나쁜 경우에도 제어기 전달함수 $C(s)$를 적절히 조절하여 폐로극점이 좌평면 안에 원하는 위치에 오도록 설계하면 안정도를 확보하거나 상대안정도를 개선할 수 있다. 안정도를 확보하거나 상대안정도를 개선하는 것은 제어기 설계에서 제일의 목표인데 궤환 제어기를 쓰면 궤환의 안정도 개선효과에 의해 이러한 목표를 달성할 수 있다.

4.1.3 성능개선

궤환제어기를 사용하면서 적절히 설계하면 시스템 안정도를 개선할 수 있을 뿐만 아니라 성능개선도 함께 이룰 수 있다. 시스템 성능 개선에 대한 항목별로 나타내면 다음과 같다.

(1) 명령추종 성능개선

제어기 설계목표 가운데 하나인 명령추종은 출력이 기준입력을 따라가도록 제어하는 것인데, 개루프 제어시스템의 경우에는 모델링오차나 외란 따위에 의해 이 목표를 이룰 수가 없다. 그러나 궤환을 사용하여 오차가 $E(s)\to 0$ 이 되도록 제어하면 명령추종 성능목표는 이룰 수 있다.

시정수는 시스템이 얼마나 빨리 입력을 추종하는가에 대한 척도이고 일반적으로 시정수의 값이 작은 것이 바람직하다. 궤환을 채용하면 이득과 시정수가 감소되는 현상이 일어난다. 궤환 시스템에서 대상 시스템에 외란과 잡음이 없다면 기준입력과 출력의 차이로 정의되는 오차는 식(4-1-2)로 표시된다. 따라서 명령추종 성능목표를 달성하려면 식(4-1-2)의 우변에서 $\frac{1}{1+G(s)C(s)}R(s) \rightarrow 0$ 이 되도록 제어기 $C(s)$를 설계해야 다음을 만족하여야 한다.

$$||G(s)C(s)|| \gg 1 \tag{4-1-3}$$

여기에서 $\|\cdot\|$는 크기를 나타내는 연산자이다.

명령추종 모터

소형모터의 종류는 크게 구동전압에 따라 AC, DC 및 Stepping 모터로 나눌 수 있으며 각 종류별로 다시 원리, 구조와 기능, 용도에 의해 세분화할 수 있음.

DC모터(Direct Current Motor)

- DC모터는 고정자로 영구 자석을 사용하고, 회전자(전기자)로 코일을 사용하는 모터로, 전기자에 흐르는 전류의 방향을 전환함으로서 자력의 반발, 흡인력으로 회전력을 생성시키는 모터임. 모형자동차, 무선조정용 장난감 등을 비롯하여 여러 방면에서 가장 널리 사용되고 있는 모터로 일반적으로 DC모터는 회전 제어가 쉽고, 제어용 모터로서 아주 우수한 특징을 가지고 있음

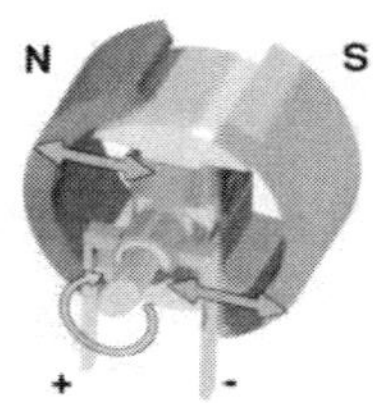

DC모터 구조

- 브러시리스 모터(Brushless Motor) : DC 모터에서 브러시와 정류자(Commutator)를 없애고 전자적인 정류 기구를 설치한 모터로서 가장 큰 장점은 기계적인 노이즈뿐만 아니라 전기적인 노이즈도 발생하지 않는 다는 점이다. 회전하는 마그넷과 구동코일이 설치되어 있고 정류자가 없기 때문에 이것에 대신하는 전자정류 회로가 필요하다. 따라서 회로구성이 복잡하여 보통 전용IC가 사용되고 주로 VTR, FDD, CD 플레이어 등 높은 회전성능, 긴 수명이 요구되는 곳에 사용된다.

AC모터(Alternating Current Motor)

- AC모터는 DC모터의 정류자를 슬립링으로 바꾼 것으로 (+)브러시가 (-)브러시로 되는 모양으로 통전하면 DC모터와 같은 모양의 토크가 발생하여 모터가 회전함. 그러나 AC모터는 정류자가 없어 정지하므로 적당한 시기에 전류 방향을 교류로 바꾸어 주면, 그 주파수에 맞는 회전속도로 계속 돌 수 있으므로 이와 같이 전원 주파수에 동기 시켜 모터를 돌리는 것이 교류모터임

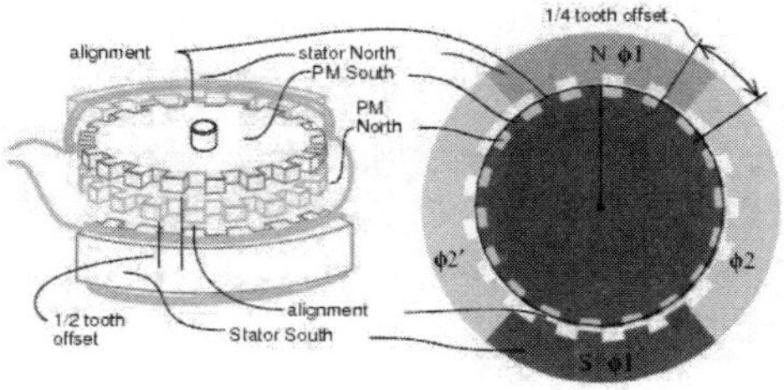

하이브리드 스텝모터

※ 스테핑 모터(Stepping Motor)

- 스텝모터, 펄스 모터 등으로 불리기도 하는 스테핑 모터는 직역하면 보진 전동기로 보진은 한걸음, 한걸음 단계적으로 움직이는 모터의 동적 이미지를 표현한 말임. 스테핑 모터는 크게 스테이터(고정자)와 로터(회전자)의 2개 부분으로 구성되어 있으며, 고정자 극(마주하는 2개의 극이 1개의 상)의 수에 따라 단상(1상)모터, 2상 모터, 3상 모터, 4상 모터, 5상 모터, 6상 모터 등으로 분류할 수 있고, 이 극의 수에 따라 모터의 스텝(step)각 등의 기본 특성이 다양하게 나타남

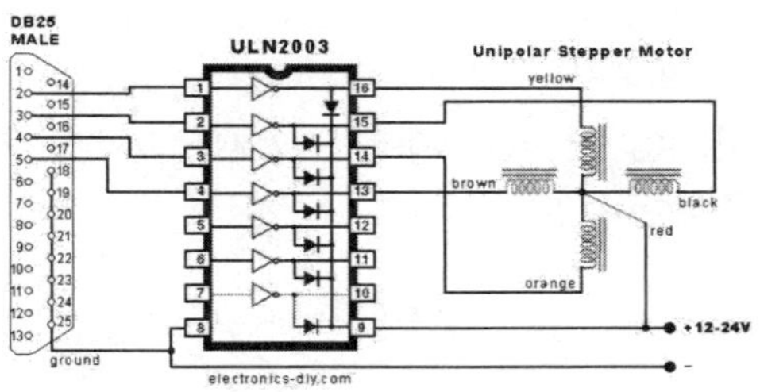

스테핑 모터 구성회로

(2) 외란제거 개선

많은 제어시스템들은 그 시스템이 부정확한 출력을 만들게 하는 외부로부터의 외란신호를 받기 쉽다. 그러므로 시스템은 외란신호에 무뎌야 바람직한데 궤환을 하게 되면 출력에 대한 외란의 효과를 줄이거나 제거 할 수 있다.

외란은 시스템의 외부에서 알 수 없는 시간에 발생하여 출력에 나쁜 영향을 미치는 크기를 알 수 없는 신호이므로 이 외란의 영향을 없애는 것도 제어기 설계의 주요목표 가운데 하나가 된다.

그런데 개로제어시스템에서는 플랜트가 안정하더라도 외란이 들어올 경우에는 출력에 직접적인 영향을 주기 때문에 출력이 기준신호를 크게 벗어나서 명령추종 성능이 나빠지는 현상이 나타난다. 이 경우에도 궤환을 쓰면 외란의 영향을 없애거나 크게 줄여서 명령추종 성능을 유지할 수 있다.

궤환 시스템에서의 입출력 관계식은 식(4-1-1)과 같다. 이 식의 우변에서 출력에 나타나는 외란성분은 $D(s)/[1+G(s)C(s)]$이므로, 외란 $D(s)$의 영향을 제거하기 위해서는 $1/[1+G(s)C(s)]=0$으로 하거나, 또는 $1/[1+G(s)C(s)] \rightarrow 0$이 되도록 제어기 $C(s)$를 설계하면 외란의 영향을 크게 줄일 수 있다.

(3) 잡음축소 개선

안정도를 개선하고 명령추종 성능과 외란제거 목표를 달성하기 위해서는 궤환을 사용해야 한다. 그런데 이 궤환 시스템을 실현하기 위해서는 출력신호를 측정하는 장치가 필수적이다. 그러나 측정장치에는 측정잡음으로부터 생기는 측정오차가 항상 존재하며, 이 측정잡음은 궤환 경로를 통하여 출력에 영향을 미치게 된다. 따라서 궤환 제어시스템에서는 측정잡음의 영향을 축소시키는 것도 제어기의 설계목표로서 고려해야 한다.

궤환 시스템에서의 입출력 관계를 나타내는 식(4-1-4)에서 출력 $Y(s)$에 나타나는 잡음성분은 $V(s) \cdot G(s)C(s)/[1+G(s)C(s)]$ 이므로, 출력에 나타나는 잡음 $V(s)$의 영향을 줄이기 위해서는 $G(s)C(s)/[1+G(s)C(s)] \rightarrow 0$이 되도록 제어기 $C(s)$를 설계해야 한다. 따라서 궤환 제어기 설계에 있어서 잡음축소 목표를 달성하기 위하여 다음을 만족하여야 한다.

$$\| G(s)C(s) \| \ll 1 \tag{4-1-4}$$

4.2 시스템 해석의 분류

주어진 입력신호에 대하여 시스템의 출력을 기술하는 방법에는 일반적으로 시간응답이 이용된다. 따라서 출력신호의 특성은 입력신호의 종류에 따라 다르게 주어진다. 제어시스템을 설계할 때는 시험신호와 같은 몇 가지 기본적인 신호에 대한 응답특성을 체계화함으로써 이들의 특성에 대한 시스템의 응답을 예측 할 수 있어야 한다. 제어시스템에 대한 해석은 시간영역 해석과 주파수 영역 해석으로 분류된다.

시간영역 해석법(Time-domain analysis) :

몇 가지 특정한 꼴의 입력신호에 대하여 대상시스템의 출력신호가 **시간에 따라** 어떻게 변화하는가를 분석하는 방법이다. 이 해석법에서 사용하는 입력신호로는 **단위계단신호**, **순간신호**, 기울기 신호 따위가 있으며, 각 신호에 대하여 시스템의 출력신호가 **과도상태**와 **정상상태**에서 어떻게 나타나는가를 수학적으로 분석하는 것이다. **즉, 시간영역에서 시스템 출력신호의 과도상태와 정상상태 특성을 분석한다.**

주파수영역 해석법(Frequency-domain analysis) :

입력신호의 주파수 변화에 대한 시스템 출력의 주파수응답 특성을 분석한다. 어떤 시스템에 사인파가 입력될 때 입력주파수의 변화에 따라 그 시스템 전달함수의 특성 변화를 분석하는 과정을 주파수영역 해석이라고 한다. 입력주파수 변화에 따른 시스템 특성변화를 주파수응답(Frequency response)이라고 하며, 주파수변화에 대한 전달함수의 크기와 위상변화 특성을 각각 **크기응답(Magnitude response)**과 **위상응답(Phase response)**이라고 한다.

이 주파수응답 특성은 크기와 위상응답을 따로 나타낼 수도 있고 복소평면 위에 한 개의 궤적으로 나타낼 수도 있다. 입력이 사인파가 아니더라도 모든 신호는 푸리에 급수(Fourier series)에 의해 사인파들의 합으로 나타낼 수 있고, 또한 선형시스템에서 입력이 사인파들의 합이면 출력은 각각의 사인파에 대한 응답의 합으로 표시되기 때문에 주파수영역 해석에서는 입력을 사인파로 가정한다.

반도체 장치, 전기회로 또는 통신시스템에서는 사인파와 같은 종류의 신호가 입력으로 사용되는 경우가 많아서 이러한 신호들이 시스템을 통해 변화하는 특성을 해석해야한다. 이 경우에 시스템 내부의 신호들이나 출력은 입력신호의 주파수 특성을 그대로 유지하나, 이득과 위상이 변화한다.

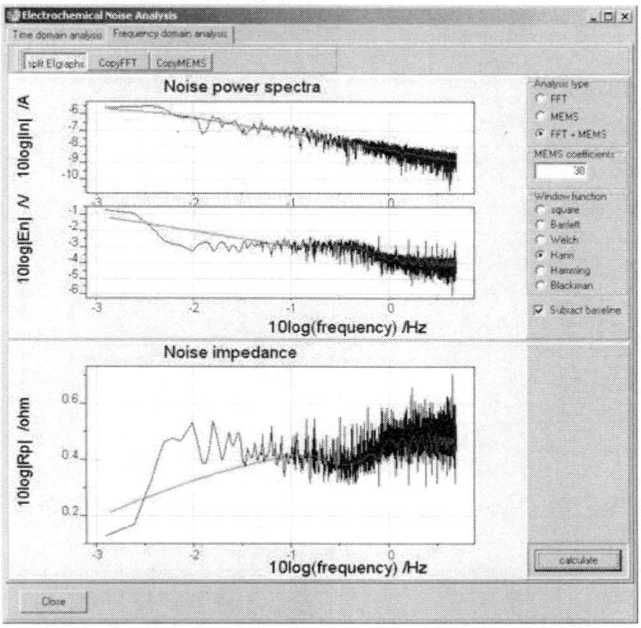

그림 4-6 MEM Frequency analysis: Maximum Entropy

이 주파수응답 특성은 전달함수 $G(s)$에서 s 대신에 $j\omega$ 를 대입한 $G(j\omega)$에 의해 결정된다. 제어시스템의 주파수 응답특성을 나타내는 지표로는 주파수 대역폭, 대역이득, 차단주파수, 공진주파수 따위가 쓰이며, 위상여유와 이득여유로 표시되는 상대안정도를 분석하기도 한다. 주파수응답을 그림표로 나타내는 방법으로는 보드(Bode)선도와 나이키스트(Nyquist) 선도가 있다. 어떤 시스템에 음의 궤환을 쓰면 안정도를 확보하면서 명령추종 성능을 향상시키고, 외란제거, 잡음축소 따위의 특성을 개선시킬 수 있다. 또한 입출력 전달특성에 비선형성이 있을 때 궤환을 쓰면 전달특성을 선형에 가깝도록 개선할 수 있다.

주파수 영역

주파수 영역(Frequency domain)

- 시간 신호(함수)에 포함된 주파수 성분에 따라 진폭, 위상을 보여주는 변환영역/(푸리에 변환 이론)
- 시간 신호는 다양한 주파수를 갖는 정현파들의 급수 합 또는 적분으로 표현 가능

주파수영역 표현

- 주기신호의 주파수영역 표현 : 푸리에급수 전개에 의해 선 스펙트럼으로 표현 가능
- 비주기신호의 주파수영역 표현 : 푸리에변환에 의해 연속 스펙트럼으로 표현 가능
- 주파수영역에서 시스템응답 표현 : 주파수응답 또는 전달함수로 표현 가능

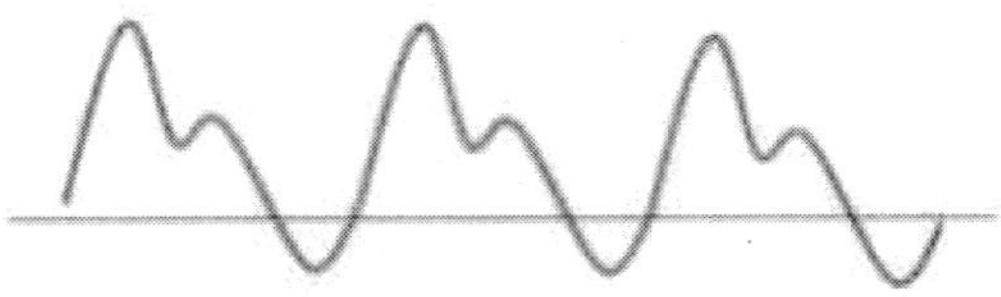

시간영역영역의 선 스펙트럼 표현

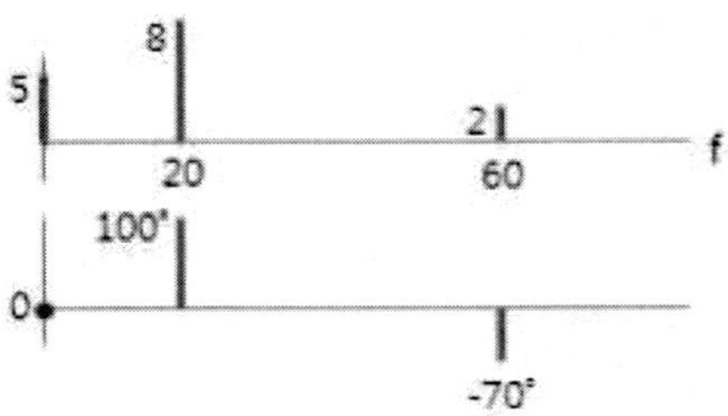

주파수영역의 단측 선 스펙트럼 표현

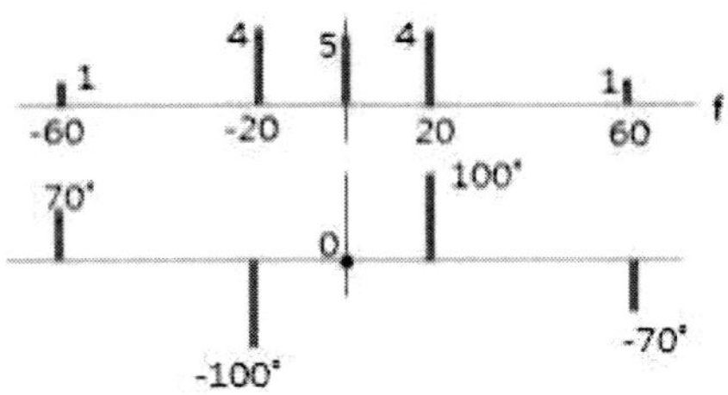

주파수영역의 양측 선 스펙트럼 표현

지진파에 대한 해석

- 고층건물에 지진파가 가해지면 건물은 사람의 눈으로도 확연히 관찰할 수 있을 정도의 흔들림을 나타낸다. 그리고 흔들리는 양상은 외부 지진파의 진동수, 크기 및 지속시간에 따라 달라지지만, 중요한 사실은 건물이 지니고 있는 고유한 움직임, 즉 고유모드(natural mode)의 조합으로 표현된다는 사실이다.
- 따라서 건물의 시간에 따른 흔들림 양상을 두 가지 방법을 이용하여 분석할 수 있는데, 첫 번째는 건물의 각 지점에서의 흔들림 값을 구하여 건물 전체의 흔들림 양상을 표현하는 것이고, 다른 하나는 건물의 고유모드를 우선 구한 다음 지진파에 따른 건물의 흔들림에 기여하는 각 고유모드의 기여도를 계산하여 건물 전체의 흔들림 양상을 표현하는 방법이다.
- 전자를 직접응답해석 그리고 후자를 모드응답해석(modal response analysis)으로 구분하고 있다. 어느 방법을 사용하든지 간에 표현되는 건물의 동적 흔들림에는 차이가 없지만 수치해석(numerical analysis)적인 절차에는 엄연한 차이가 있다. 전자는 행렬형태의 운동방정식에 시간적분(time integration)을 적용하여 각 시점에서 건물의 각 지점에서의 동변위(dynamic displacement)를 계산한다. 반면, 후자에 있어서는 고유모드의 합으로 표현되는 행렬을 운동방정식에 대입하여, 각 고유모드의 기여도 계수(participation coefficient)를 구하는 2차 미분방정식으로 전환하여 각각의 기여도를 계산한다.
- 모드응답해석과 직접응답해석은 건물의 흔들림을 시간영역에서 표현하는 직접 시간응답해석(direct time response analysis)과 주파수 영역에서 표현하는 직접 주파수응답해석(direct frequency response analysis)으로 다시 세분화 된다.

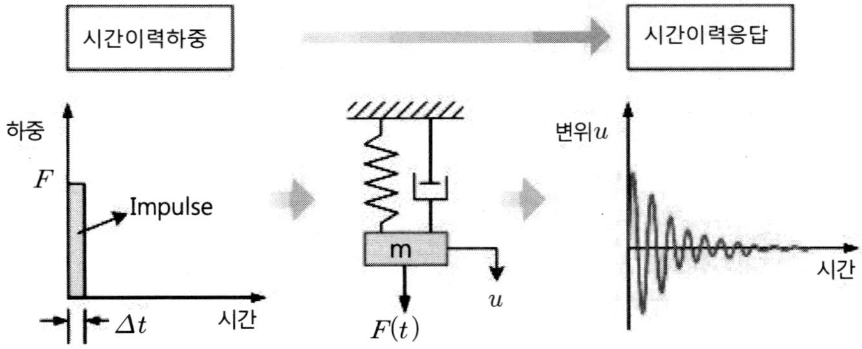

4.3 시간영역 특성의 해석

시간영역 해석법은 몇 가지 특정한 꼴의 입력신호에 대하여 대상시스템의 출력신호가 시간에 따라 어떻게 변화하는가를 분석하는 방법이다. 이 해석법에서 사용하는 입력신호로는 단위 계단신호, 순간신호, 기울기 신호 따위가 있으며, 각 신호에 대하여 시스템의 출력신호가 **과도상태와 정상상태**에서 어떻게 나타나는가를 수학적으로 분석하는 것이다.

대부분의 제어시스템에서 시간은 신호특성을 표현하는 독립변수로 사용된다. 따라서 시간에 상태나 출력 또는 시간응답특성을 해석하는 것은 매우 중요하다. 제어시스템의 성능은 기준입력신호가 시스템에 인가된 후부터의 응답을 시간영역에서 고찰해 봄으로써 알 수 있다.

제어시스템의 시간영역 특성을 나타내는 척도는 다음의 몇가지로 분류 할 수 있다.

1. 시험신호와 시간응답
2. 극과 영점
3. 1차 및 2차 시스템 특성

일반적인 물리계에서는 단위함수, 램프 혹은 펄스형태의 신호 또는 이들의 복합신호를 입력하는 경우가 많다. **이 경우에 시간응답은 상승시간, 초과, 마루시간 따위의 과도상태 특성과 정착시간, 정상상태 오차 따위의 정상상태 응답으로 주어진다.** 전형적으로 과도응답은 안정한 시스템에 대하여 시간에 따라 지수적으로 감소하는 항으로 특성화되는 반

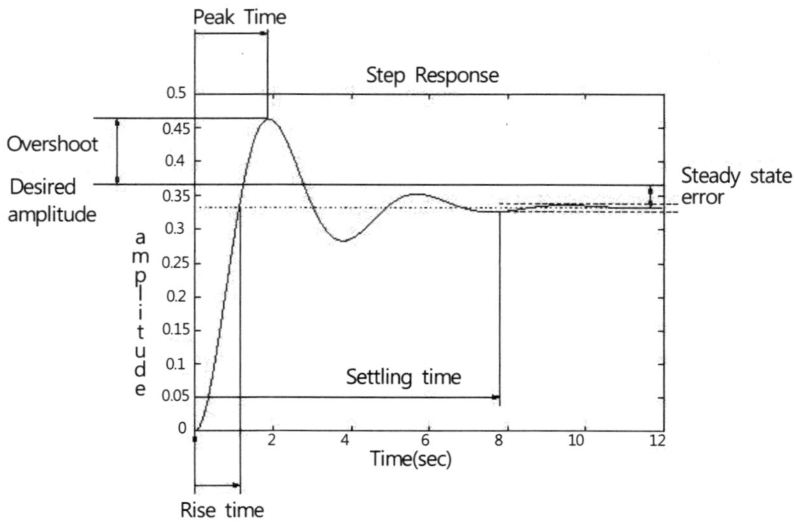

그림 4-7 시스템의 단위계단응답

면에, 정상상태 응답은 시간에 따라 일정값이 되거나 유계되는 항으로 표현된다. 정상상태 편차, 근궤적, 또는 단위계단응답 특성에 대한 지영시간, 상승시간 및 정정시간 등이 시간영역특성을 기술하는 척도로 이용된다.

(1) 시험신호와 시간응답

일반적으로 제어시스템의 입력신호는 간단한 직류신호와 같은 형태는 물론 램프, 펄스 또는 다른 신호들의 복합형태로 주어진다. 입력신호가 다양하기 때문에 제어 파라메타나 출력은 광범위한 특성을 나타낸다. 따라서 모든 입력신호에 대해 각각의 제어 특성을 해석하가나 이들을 토대로 제어기를 설계하는 것은 매우 번잡한 일이다. 그러므로 제어기를 해석 또는 설계할 때 제어시스템의 성능을 검사하거나 예측하는데 필요한 척도를 마련하는 것이 중요하다. 이러한 기본 신호로서

1. 단위임펄스 함수
2. 단위계단 함수
3. 단위램프 함수

등을 사용한다. 이 기본 신호를 사용함으로써 제어시스템의 해석 및 설계의 수학적 체계를 통하여 복잡한 입력신호에 대한 응답특성을 예측할 수 있다.

1) 계단응답법

단위계단함수(unit step function)는 다음과 같이 정의하며, 다음 그림 4-8과 같다.

$$f(t) = u(t) = \begin{cases} 1 & t > 0 \\ 0 & t < 0 \end{cases}$$

시간영역 해석법 가운데 입력신호로서 단위 계단함수를 입력으로 사용하는 것을 계단응답법(Step response method)이라고 부른다. 전달함수가 $G(s)$로 주어진 경우에 계단응답은 다음과 같다.

$G(s)$가 1차나 2차의 간단한 시스템인 경우에는 식(4-3-1)로 부터 계단응답을 쉽게 구할 수 있다. **이 방법은 계단입력이 실제문제에서 기준입력으로 많이 쓰이기 때문에 시간영역 해석법 가운데 가장 많이 쓰인다.**

계단응답의 전형적인 파형은 그림 4-9와 같다. 이 해석법에서는 시간영역 응답특성을 나타내는 성능지표로서 다음과 같은 것들을 정의하여 사용한다.

$$y(t) = \mathcal{L}^{-1}\{G(s)U(s)\} = \mathcal{L}^{-1}\frac{G(s)}{s} \qquad (4\text{-}3\text{-}1)$$

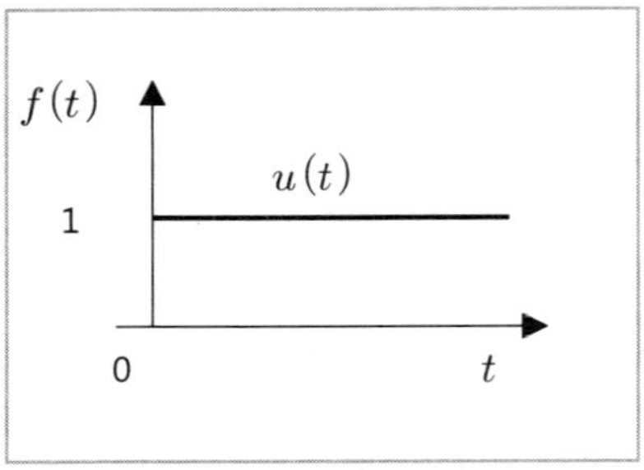

그림 4-8 단위계단함수

- 상승시간(Rise time) t_r : 출력이 정상상태값의 10%에서부터 90%에 도달하는 데에 걸리는 시간.
- 마루시간(Peak time) t_p : 출력이 최대값에 도달하는 시간.
- 지연시간(Delay time) t_d : 계단응답이 최종치의 50%에 도달하는데 걸리는 시간.
- 최대초과(Maximum overshoot) M_p : 과도상태에서 출력의 최대값이 기준입력을 초과할 때 초과정도를 나타내는 지표로서 줄여서 초과라고도 부르기도 한다. 기준입력의 크기가일 때, 초과는 $M_p = y(t_p) - R$ 로 정의하며, 보통 다음과 같은 백분율로 나타낸다.

$$M_p[\%] = \frac{y(t_p) - R}{R} \times 100\%$$

- 정착시간(Settling time) t_J : 출력 변화성분이 정상상태값의 2% 범위 안에 들기 시작하는 시점. 상승시간의 약 4배 정도로 나타난다. 엄밀하게 적용하는 경우에는 1%를 기준으로 정의하기도 하는데, 이 경우에는 상승시간의 약 5배 정도가 된다.
- 정상상태값 Y_J : 정착시간 이후에 출력의 평균값.
- 정상상태오차(Steady-state error) E_J : 기준입력과 출력 정상상태값의 오차 $R - T_s$. 백분율로 나타낼 경우에는 다음과 같이 정의된다.

$$E_s = \frac{R - Y_s}{R} \times 100[\%]$$

그림 4-9는 위와 같이 정의한 시간영역 성능지표를 함께 나타내고 있다. 이 성능지표 가운데 상승시간, 초과, 마루시간 따위는 과도상태 특성이라고 부르며, 정착시간, 정상상태값과, 정상상태오차 따위는 정상상태 특성이라고 부른다. 이 지표들은 대상시스템의 특성을 해석할 때 특성지표로 쓰이며, 제어시스템 설계 시에는 성능목표로 쓰이기도 한다.

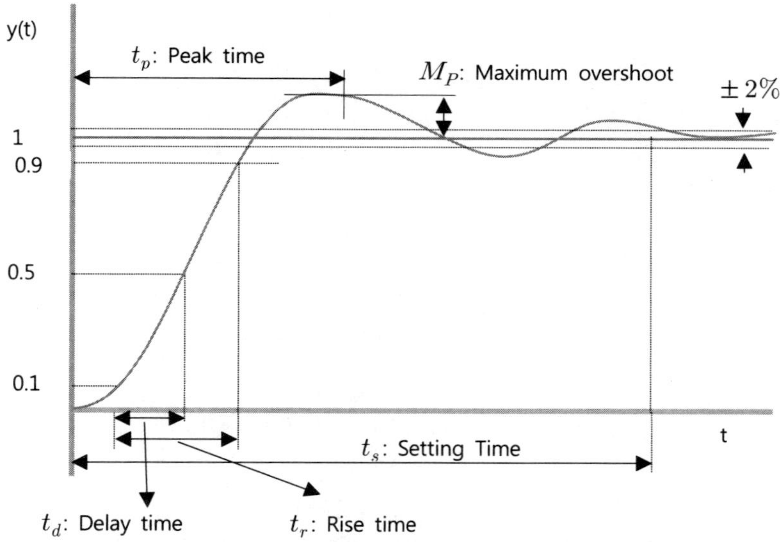

그림 4-9 시간영역 성능지표(계단응답의 전형적인 파형)

대상시스템이 1차나 2차의 전달함수로 표시되는 표준형인 경우에는 위에서 정의한 시간영역 성능지표와 전달함수의 극점이나 시정수와의 관계를 나타내는 공식을 식(4-3-1)로부터 유도할 수 있다. 계단응답법은 대상시스템의 전달함수가 주어진 경우에 적용하는 수학적 해석법이지만, 전달함수를 모르는 경우에도 대상시스템에 계단입력을 넣고서 출력을 측정하는 방식의 측정실험에 의해 구할 수 있다.

2) 순간신호(임펄스) 응답법

선형 시스템 이론에서 가장 중요한 개념은 임펄스 함수이다. 이 함수는 $\delta(t)$로 표시하고, 그림 4-10과 같이 $t=0$을 제외한 구간에서 모두 0이 되며, 이러한 함수를 임펄스 함수(impulse function)라 하고, 정의식은

$$f(t)=\delta(t)=\begin{cases}1 & t=0\\ 0 & t\neq 0\end{cases}$$

이고, Dirac 델타함수(Dirac delta function)라고도 한다. 입력신호로서 순간신호를 사용하는 시간영역 해석법을 순간신호 응답법(Impulse response method)이라고 부른다. 순간신호의 라플라스변환은 1이므로 전달함수가 $G(s)$인 시스템의 순간신호 응답은 다음과 같이 계산할 수 있다.

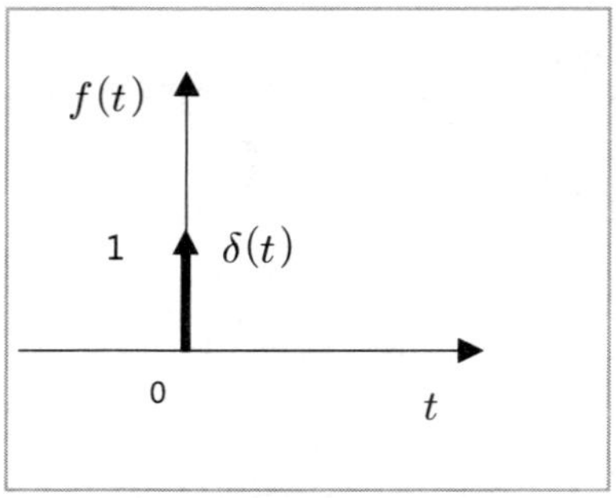

그림 4-10 임펄스 함수

$$y(t) = \mathcal{L}^{-1}\{G(s)U(s)\} = \mathcal{L}^{-1}\{G(s)$$

순간신호 응답의 전형적인 파형은 그림 4-11와 같다. 순간신호 응답을 구하면 이로부터 시스템의 안정도라든지 수렴속도 따위를 해석할 수 있다.

순간신호 응답법에 대해서 한가지 유의할 점은 이 방법은 전달함수가 주어진 경우에만 적용할 수 있다는 것이다. 전달함수를 모르는 경우에는 수학적 연산에 의해 구할 수가 없고 실험에 의해 구해야 하는데, 실제 문제에서는 이러한 순간신호가 존재하지 않거나 만들기가 어려우며, 또한 실제 시스템들은 이런 신호가 입력될 때 제대로 반응하지 않거나 또는 출력응답을 정확히 측정하기가 어렵기 때문에 이 방법은 전달함수를 모르는 경우에는 적용할 수 없는 것이다.

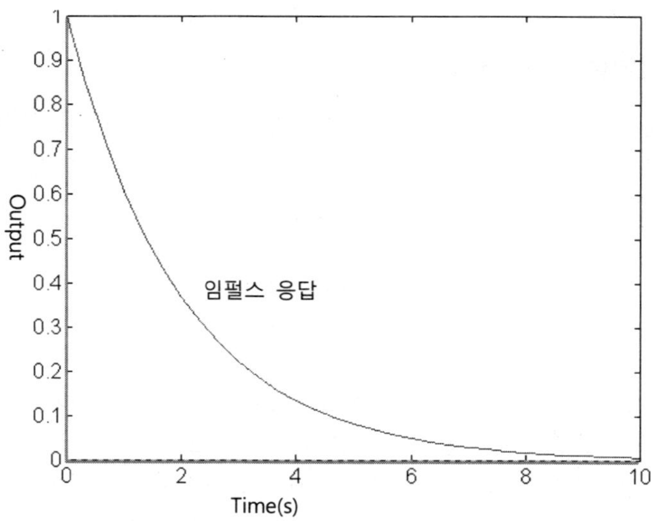

그림 4-11 전형적인 순간신호 응답파형

3) 기울기(램프) 응답법

$L=1[H]$의 인덕터에 단위계단함수의 전압 $v(t)$를 가할 때 인덕터에 흐르는 전류를 $i(t)$라면 $t>0$에 대하여 $v(t)=u(t), i(0)=0$이므로

$$i(t)=\frac{1}{L}\int_{-\infty}^{t} v(t)dt=\int_{0}^{t} u(t)dt=\int_{0}^{t} dt=tu(t)$$

가 얻어지며, 전류는 일정전압이 인가될 때 시간이 경과함에 따라 증가할 것이다. 위식과 같이 표시되는 응답신호를 램프함수(ramp function)라 하며, 이 램프함수는 $r(t)$로 표시하며 $r(t)=tu(t)$이다.

기울기신호를 입력신호로서 사용하는 시간영역 해석법을 기울기 응답법(Ramp response method)이라고 한다. 단위 기울기신호의 라플라스 변환은 $\frac{1}{S^2}$이므로 전달함수가 $G(s)$인 시스템의 기울기 응답은 다음과 같이 구할 수 있다.

$$y(t)=\mathcal{L}^{-1}\{G(s)U(s)\}=\mathcal{L}^{-1}\frac{G(s)}{S^2} \tag{4-3-2}$$

기울기 응답의 전형적인 파형은 그림 4-12과 같다. 기울기 응답의 특성을 나타내는 성능지표로서는 정상상태오차를 사용하는데 이것은 그림 4-12에서와 같이 정상상태에서 기준입력인 기울기 입력과 출력신호와의 차이로 정의된다.

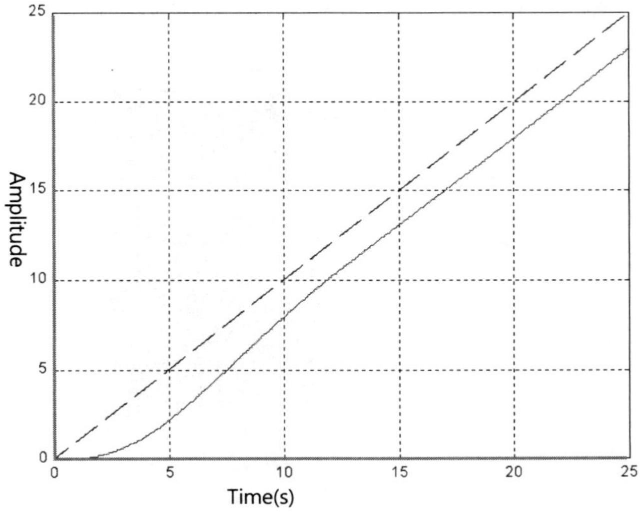

그림 4-12 전형적인 기울기 응답파형

대상시스템이 몇 가지 유형의 전달함수로 표시되는 경우에는 기울기응답에서의 정상상태오차를 간단한 공식에 의해 구할 수 있다. 기울기 응답법은 대상시스템의 전달함수가 주어진 경우에 적용하는 해석법이지만, 전달함수를 모르는 경우에도 대상시스템에 기울기입력을 넣고서 출력을 측정하는 방식의 측정실험에 의해 구할 수 있다.

(2) 극점과 영점

제어시스템의 시간응답은 입력신호와 시스템의 입출력사이의 특성을 나타내는 전달함수의 성질에 의해 결정된다. 입력신호가 유한값이라 할 때 전달함수의 극점과 영점은 시간영역응답 뿐만 아니라 주파수 영역의 응답을 좌우하는 요소이다. 일반적으로 제어시스템은 반드시 안정하게 설계되어야 하므로, 안정도 해석은 제어이론의 가장 기본적인 목적이며 동시에 가장 중요한 수단이기도 하다.

안정도를 평가하는 방법은 여러 가지지만 전달함수 모델에 대해서는 단순히 극점의 위치로써 안정과 불안정을 판단할 수 있다. 안정한 극점은 s-평면의 좌반면에 존재하고, 이 경우에, 유한 입력에 대한 시간응답은 유한하거나 일정값에 수렴한다.

반면에 불안정한 극점은 s-평면의 우반면에 위치하고 시간응답은 유한입력에 대해서도 발산하게 된다. 결국 극점의 위치는 제어시스템의 시간응답특성에 대한 절대안정도를 평가하는 지표로 이용된다.

한편 영점은 안정도에 직접적인 영향은 미치지 않지만 입·출력 사이의 위상 특성을 지배한다. 시스템 전달함수의 영점이 좌반면에 존재하는 시스템을 최소 위상시스템이라하고, 영점이 우반면에 한개라도 존재하는 시스템은 비최소 위상시스템이라 한다.

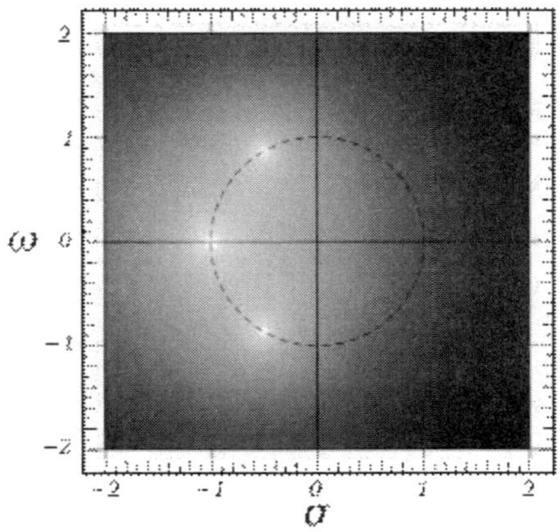

그림 4-13 left half plane: LHP

안정도 해석

- 일반적으로 제어시스템은 반드시 안정하게 설계되어야 하므로, 안정도 해석은 제어 이론의 가장 기본적인 목적이며 동시에 가장 중요한 수단이기도 하다.
- 안정한 극점(stable pole); s평면의 좌반평면(left half plane: LHP)에 존재 경우에, 유한 입력에 대한 시간응답은 유한하거나 일정값에 수렴한다.
- 불안정한 극점; s평면의 우반평면(right half plane: RHP)에 위치하는 경우 시간응답은 유한입력에 대해서도 발산하게 된다.
- 극점의 위치는 제어시스템의 시간응답특성에 대한 절대안정도(absolute stability)를 평가하는 지표로 이용된다.

(3) 1차 및 2차 시스템의 특징

회로 및 제어시스템은 때때로 시스템의 특성을 기술하는 미분방정식의 계수에 따라 분류하는 경우가 있다. 실제 시스템의 특성은 2차 이상의 미분방정식으로 표현되는 것이 일반적이지만, 고계 시스템 일지라도 1차 및 2차 시스템의 특성을 기본으로 해석을 확장한다. 그러므로 기본적인 1차 및 2차 시스템의 특성을 기술하는 지표를 정의함으로써 3차 이상의 시스템 특성을 근사화할 수 있는 것이다. 1차 시스템에서는 시정수(time constant), 2차 시스템에서는 제동비(damping ratio)와 고유주파수 등이 정의된다.

점화코일의 시정수(time constant)

- 점화코일의 시정수 : 코일이 정상전류를 회복하는데 걸리는 시간
- 인덕턴스가 큰 코일은 전류의 상승 속도가 느리나 많은 에너지를 축적하고 있으므로 일단 전류가 흐른 상태에서 전류를 차단 시킬 경우 큰 역 기전력을 발생한다.
- 그러나 전류의 상승 속도가 느릴 경우 고속 시에 충분한 전류가 흐르지 않아 2차 전압이 낮아진다. 이와 같이 전류 상승의 상대적 수치를 나타낸 것을 시정수라 한다. 이는 코일의 성능을 비교하는데 용이하다. 이는 전류의 변화를 방해하는 성질을 가진 인덕턴스(L)과 저항(R)의 비로 나타낸다.
- 엔진의 회전수가 높아지면 1차 코일에 전류가 흐르는 시간이 짧아진다. 즉 Point가 닫혀있는 시간이 짧아진다. 따라서 1차 전류 회복시간이 짧아져 2차 전압이 낮아진다.
- 이를 해결하기 위하여 시정수(L/R) 를 작게 하여야 한다. 시정수를 작게 하기 위해서는 저항을 크게 하고 인덕턴스를 작게 하여야 한다. 그러나 저항을 크게 하기 위해서 코일의 감은 수를 많이 하면 인덕턴스가 커지고, 인덕턴스를 작게 하려고 코일의 감은 수를 작게 하면 저항이 작아지는 문제점을 가지고 있다. 이를 해결하기 위해 외부저항을 둔다.

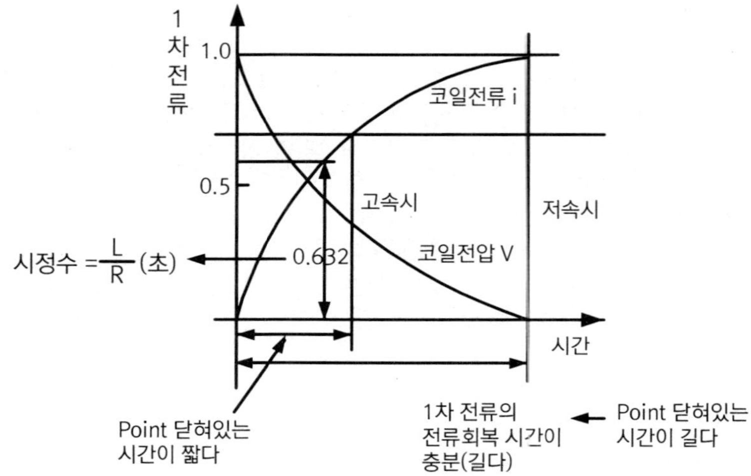

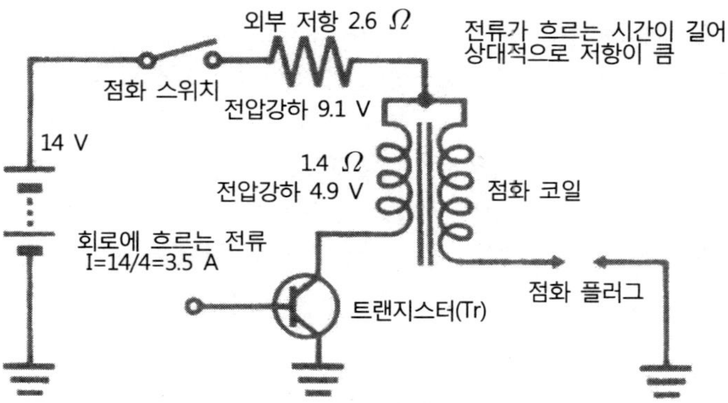

저속시(공전) 점화코일의 작용

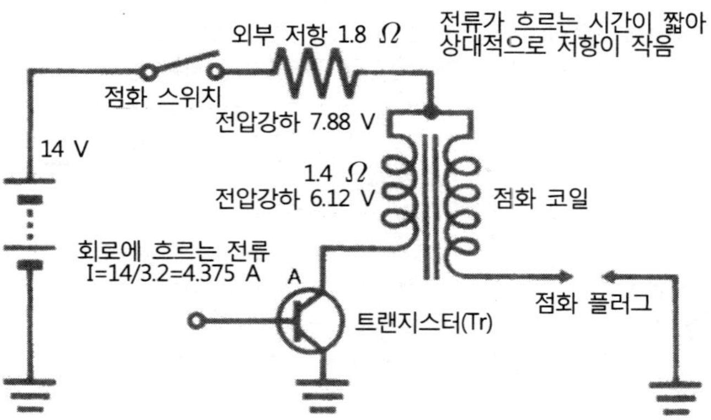

고속시(4000 rpm이상) 점화코일의 작용

(4) 정상상태 편차

입력에 대한 시간응답은 과도응답과 정상상태응답으로 구분된다. 전형적으로, 과도응답특성은 시스템의 모델의 극점의 위치와 크기로서 결정되고, 정상상태응답은 입력신호와 전달함수의 직류이득에 관계한다. 대부분의 제어시스템은 제어목적을 달성하기위하여 주어지는 기준입력과 출력이 정확히 일치한다는 가정하에서 설계된다.

이때 시스템이 안정한 경우에 정상상태에서 기준입력과 출력신호의 편차를 정상상태 편차(또는 정상상태 오차)라 한다. 실제로 내부파라메타의 부정확, 제어기 하드웨어의 결함, 또는 센서의 노이즈 등에 기인하여 정상상태편차를 '0'으로 유지하기는 곤란하다. 그러나 시스템의 구조와 입력신호의 성분에 의한 정상상태 편차를 기술함으로써 제어시스템의 시간영역 특성을 개선하는 척도로 이용할 수 있다. 이 경우에도 몇 가지의 시험신호에 의한 편차상수(error constant)가 정의된다.

시스템 해석법

시간영역 해석법 :

- 주로 단위계단 입력에 대한 계단응답을 분석
- 과도상태 특성 : 상승시간, 초과, 마루시간
- 정상상태 특성 : 정착시간, 정상상태 오차

주파수영역 해석법 :

- 사인(사인)파 입력 주파수 변화에 대한 전달함수의 크기와 위상변화를 분석. $G(j\omega)$에 의해 결정됨.

주파수 응답특성 표시법 :

- 지표 : 주파수 대역폭, 대역이득, 차단주파수, 공진주파수 따위가 쓰이며, 위상여유와 이득여유로 상대안정성을 표시하기도 함.
- 그래프 표시법 : 보데(Bode)선도와 나이키스트(Nyquist) 선도

4.3.1 시간영역 해석

시간응답을 살펴보기 위해 사용하는 기준입력에는 단위계단신호, 순간신호, 기울기신호 등이 있는데, 대부분의 경우에 단위계단신호를 사용한다. 그 까닭은 단위계단신호가 대상시스템에 대한 설정값이 바뀌는 상황을 묘사해주는 신호로서 실제의 제어시스템에서 기

준입력으로 많이 쓰이며, 또한 단위계단응답을 알면 나머지 순간신호응답과 기울기응답은 쉽게 구할 수 있기 때문이다.

시간응답(Time response)은 대상시스템의 성능을 분석하거나 평가하기 위해서 사용된다.

시간응답은 크게 과도응답(Transient response)과 정상상태응답(Steady state response)의 두 가지로 구별된다.

과도응답은 기준입력이 걸린 직후의 시간응답이며, 정상상태응답은 기준입력이 걸린 다음에 충분한 시간이 지난 후의 시간응답을 말한다. 시스템의 특성은 과도응답에 많이 나타나며, 따라서 시간영역 해석이란 주로 과도응답을 살펴보는 것이다.

$y(t)$를 연속치 계통의 시간응답이라면 이 시간응답은 일반적으로 다음과 같이 쓸 수 있다.

$$y(t) = y_t(t) + y_{ss}(t)$$

여기서 $y_t(t)$는 과도응답이고, $y_{ss}(t)$는 정상상태응답을 나타낸다.

정상상태응답은 기준입력과 출력과의 최종적인 오차를 보여주며 정상상태응답 역시 과도응답과 함께 시스템의 중요한 성능지표가 된다. 과도응답은 폐루프 시스템의 극점 영점의 위치와 관련이 있으며, 정상상태 응답은 고리(Loop)전달함수의 성질과 관련이 있다.

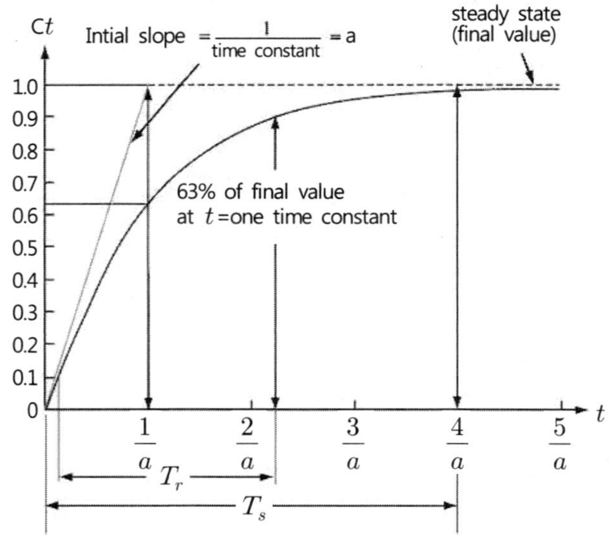

그림 4-14 계단응답의 전형적인 파형

시간영역 해석

※ 제어시스템의 특성을 시간영역에서 해석하는 방법

- 1차 시스템
- 2차 시스템

※ 시간응답 해석에 사용하는 기준입력

- 주로 단위계단신호를 씀.
- 임펄스신호, 경사신호 : 단위계단응답으로부터 쉽게 구할 수 있음.

※ 시간응답(time response)

- 과도응답(transient response) : 기준입력이 걸린 직후의 시간응답
- 정상상태응답(steady-state response) : 기준입력이 걸린 다음에 충분한 시간이 지난 후의 시간응답.
- 시스템의 특성은 과도응답에 많이 나타나며, 따라서 시간영역 해석이란 주로 과도응답을 살펴보는 것이다.

※ 시간영역 해석 : 과도응답과 정상상태응답 분석

- 과도응답 : 폐루프 시스템의 극점·영점의 위치와 관련이 있음.
- 정상상태응답 : 고리(loop)전달함수의 성질과 관련이 있음.

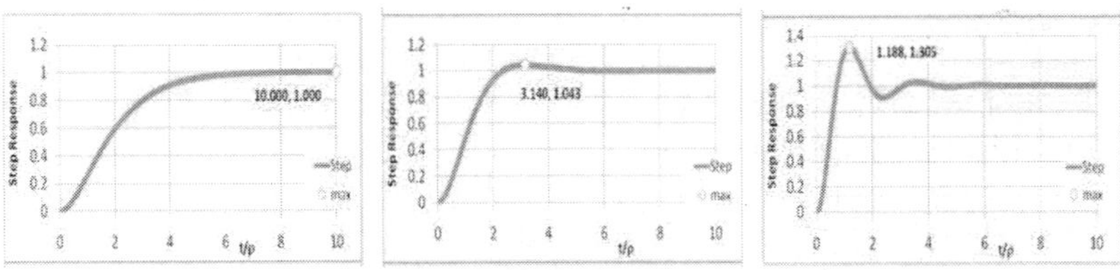

단위계단신호 응답곡선

정상상태 응답

- 시간응답은 과도응답과 정상상태응답으로 구분
- 과도응답특성은 시스템의 모델의 극점의 위치와 크기로서 결정되고, 정상상태응답은 입력신호와 전달함수의 직류이득에 관계
- 시스템이 안정한 경우에 정상상태에서 기준입력과 출력신호의 편차를 정상상태 편차(또는 정상상태 오차)라 한다.
- 실제로 내부파라메타의 부정확, 제어기 하드웨어의 결함, 또는 센서의 노이즈 등에 기인하여 정상상태편차를 '0'으로 유지하기는 곤란하다.

시간영역 해석

시간영역응답 = 과도응답 + 정상상태응답

- 시간영역응답은 과도응답 구간과 정상상태응답 구간으로 나누어서 생각해 볼 수 있으며 각각의 해석내용 또한 상이하다.
- 시스템의 분류상으로 보면 과도응답 구간이 소위 말하는 **동적시스템의 대표적인 응답특성**이라 할 수 있으며 정상상태응답 구간은 일종의 **정적시스템 응답**이라 할 수 있다.
- 정확히 말하자면 정상상태응답은 준정적(Quasi-static) 응답이라고 하는데, 원래시스템은 동적시스템이나 실제 작동구간이 정상상태로 해석해도 무리가 없는 경우에 준정적화 시키면 해석이 단순해진다. (미분방정식 → 대수방정식)

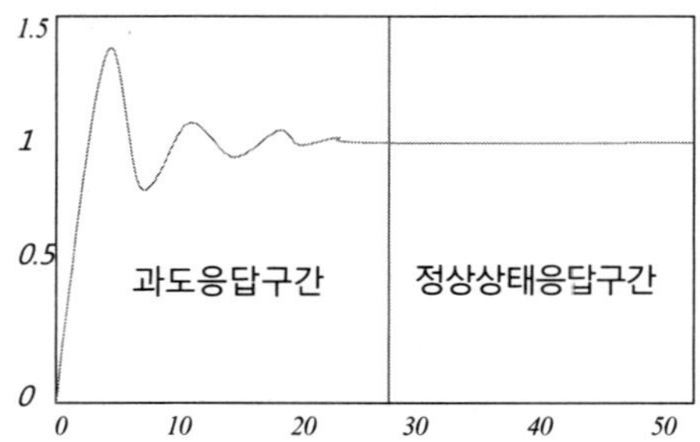

과도응답

▷ 1차 시스템 : 계단응답

- 1차 시스템(τ:시정수, $BW = 1/\tau$)
- $G(s) = \dfrac{1}{\tau s + 1} \rightarrow e^{-t/\tau} = g(t) = y(t)$
- 전달함수에서 다루는 시간영역응답은 모든 초기조건이 0인 Zero State Response 이지만 과도응답은 Zero Input Response와 유사한 특성을 가진다.
- 만일 초기조건 1인 Zero Input Response가 y0라면 상기와 같은 계단입력의 응답은 1 - y0 로 표현이 가능하다.
- 임펄스 응답인 경우에는 초기조건 1인 경우의 Zero Input Response와 임펄스 입력의 Zero State Response와 같음을 알 수 있다.

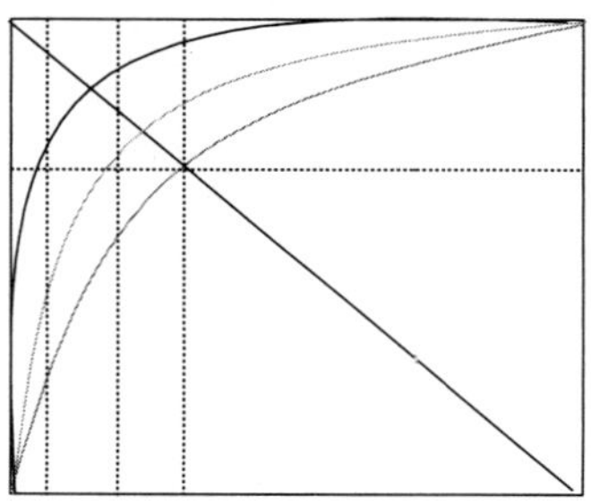

- 상기의 경우를 살펴보면. 시정수가 작을수록 시스템 응답이 빠름을 알 수 있듯이 1차 시스템의 특성을 대변하는 파라미터는 시정수이다.
- 시정수는 실험적으로 구하기가 쉽기 때문에 RL 시스템의 경우, τ = L/R이므로 시정수와 저항을 측정한 후 측정이 비교적 까다로운 인덕턴스 L값을 구할 수도 있다.

▷ 1차 시스템 : Step → Impulse

- 계단응답에서 임펄스응답으로 변형되는 과정을 순차적으로 표현한 것이다.
- 여기서 주의할 것은 임펄스 입력의 크기와 입력시간구간의 곱이 항상 1이 되도록 해야 한다는 것이다.
- 1차 시스템(τ:시정수, $BW = 1/\tau$)

$$G(s) = \frac{1}{s+1} \quad \rightarrow \; e^{-t}$$

- 그래프에서 알 수 있듯이 계단입력이 임펄스입력으로 완전히 바뀌면 시스템 자체의 시간응답 특성인 e^{-t}를 얻을 수 있고 이는 초기조건이 1인 Zero Input Response와 동일함을 알 수 있다.

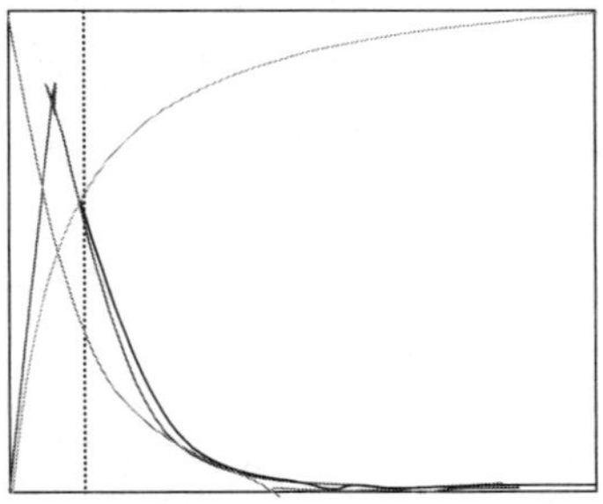

▷ 2차 시스템

$$Y(s) = G(s)U(s) = \frac{\omega_n^2}{s^2 + 2\zeta\omega_n s + \omega_n^2}\frac{1}{s}$$

- 표준형 2차 시스템의 계단응답인 경우, 1차 시스템과 달리 감쇠비 ζ에 따라 다음과 같이 그 응답특성을 달리한다.

  - $\zeta = 0 \rightarrow y(t) = 1 - \cos(\omega_n t)$
  - $0 < \zeta < 1 \rightarrow y(t) = 1 - \frac{e^{-\zeta\omega_n t}}{\sqrt{1-\zeta^2}} cos(\omega_d t - \phi_d)$
  - $\zeta = 1 \rightarrow$ 중근
  - $\zeta > 1 \rightarrow$ 두 실근

- 통상적인 2차 시스템은 2번째 경우인 감쇠비가 0에서 1사이의 값을 갖으며 오버슈트를 용인할 수 없는 제어시스템인 경우 특성방정식의 근이 실근을 갖게 하기도 하나 일반적이라고 볼 수는 없다.
- 2번째 경우의 응답식은 경우에 따라 sin항으로 정리된 경우도 있으나 감쇠비의 존재란 일종의 위상마찰과 같은 것이라고 볼 때, 상기와 같은 표현이 물리적으로 적합하다.

4.4 시간응답의 특성

어떤 시스템에서 시간응답이란 시간함수로 표시되는 입력이 걸릴 때 이에 대한 출력을 뜻한다.

시간응답 중 과도상태 응답은 시스템의 안정성을 유지하는데 매우 중요한 역할을 한다. 과도응답은 특성근(극점)에 의해 지배되며 일반적으로 시스템이 안정하면 정상상태에서 영으로 수렴(convergence)하거나 일정 범위 내에 유계(bounded)되어야한다.

시스템이 안정하게 설치되었다고 가정할 경우에 단위계단응답의 진폭과 지속시간은 제어특성 해석에 중요하다. 따라서 이러한 특성을 나타내는 기준을 정의하면 일반제어시스템의 설계에 유용하게 사용할 수 있다. 그렇지만 단위임펄스 응답이나 정현파 입력신호에 의한 응답에 대한 특성화 지표는 다르게 정의된다.

시간응답은 대상시스템의 전달함수가 $G(s)$로 주어지고 기준입력의 라플라스 변환이 $R(s)$로 주어지는 경우에 출력신호가 $Y(s) = G(s)R(s)$이므로 라플라스 역변환에 의해 다음과 같이 구할 수 있다.

$$y(t) = \mathcal{L}^{-1}\{Y(s)\} = \mathcal{L}^{-1}\{G(s)R(s)\}$$

시간응답을 구할 때 일반적으로 기준입력으로는 순간신호$\delta(t)$, 단위계단신호 $u_s(t)$, 기울기신호 $tu_s(t)$ 따위를 쓰는데, 표에서 알 수 있듯이, 이 기준신호에 대한 라플라스 변환은 다음과 같다.

$$R(s) = \begin{pmatrix} 1, r(t) = \delta(t) \\ \dfrac{1}{s}, r(t) = u_s(t) \\ \dfrac{1}{s^2}, r(t) = tu_s(t) \end{pmatrix}$$

따라서 각각의 기준신호에 대한 시간응답은 다음과 같이 구할 수 있다.

$$y(t)=\begin{pmatrix} \mathcal{L}^{-1}\{G(S)\}, r(t)=\delta(t) \\ \mathcal{L}^{-1}\left\{\dfrac{G(S)}{S}\right\}, r(t)=u_s(t) \\ \mathcal{L}^{-1}\left\{\dfrac{G(S)}{S^2}\right\}, r(t)=tu_s(t) \end{pmatrix} \tag{4-4-1}$$

만일 단위계단신호에 대한 응답이 다음과 같이 $y_s(t)$ 구해진다면,

$$y_s(t)=\mathcal{L}^{-1}\left\{\frac{G(S)}{S}\right\} \tag{4-4-2}$$

식(4-4-1)과 (4-4-2)로부터 다음과 같이 순간신호응답은 단위계단응답을 미분하여 얻을 수 있고, 기울기응답은 단위계단응답을 적분하여 얻을 수 있다.

$$\mathcal{L}^{-1}\{G(S)\}=\mathcal{L}^{-1}\left\{S\frac{G(S)}{S}\right\}=\frac{d}{dt}y_s(t)$$

$$\mathcal{L}^{-1}\left\{\frac{G(s)}{s^2}\right\}=\mathcal{L}^{-1}\left\{\frac{1}{S}\right\}\frac{G(S)}{S}=\int_0^t y_{s(t)} \tag{4-4-3}$$

따라서 많은 경우 시간응답으로는 단위계단응답 특성만을 살펴보게 된다.

성능기준

과도상태 성능기준

- 지연시간(Delay time) t_d : 계단응답이 최종치의 50%에 도달하는데 필요한 시간.
- 상승시간(Rise time) t_r : 출력이 정상 상태값의 10%에서부터 90%에 도달하는데에 걸리는 시간.
- 마루시간(Peak time) t_p : 출력이 최대값에 도달하는 시간.
- 최대초과(Maximum overshoot) : 계단응답 중 최대로 나타나는 값으로 초과(overshoot)치 중 최대치를 나타낸다. 이경우에 백분율 최대초과는 최종치에 대한 최대초과의 백분율로 나타낸다.

$$M_p = \frac{\text{최대초과}}{\text{최종치}}\times 100\ [\%]$$

정상상태 성능기준

- 정착시간(Settling time) t_s : 계단응답이 감소하여 최종치의 특정백분율 이내에 들어가는데 필요한 시간이다. 보통은 출력 변화성분이 정상상태 값(최종치)의 95%에서 105%이내의 시간으로 정의한다.
- 정상상태값(최종치) Y_s : 정착시간 이후에 출력의 평균값.
- 정상상태오차(Steady-state error) E_s :

$$E_s = \frac{\text{기준값} - \text{정상상태값}}{\text{기준값}} \times 100\,[\%]$$

시간응답

- 어떤 시스템에서 시간응답이란 시간함수로 표시되는 입력이 걸릴 때 이에 대한 출력을 뜻한다.
- 시간응답 중 과도상태 응답은 시스템의 안정성을 유지하는데 매우 중요한 역할을 한다. 과도응답은 특성근(극점)에 의해 지배되며 일반적으로 시스템이 안정하면 정상상태에서 영으로 수렴(convergence)하거나 일정 범위 내에 유계(bounded)되어야한다.

시스템의 과도응답은 극점 위치 및 극점과 영점의 상대적인 위치에 따라서 그 형태가 달라진다. 극점이 우반면에 있으면 시스템은 불안정하고, 시간응답은 발산한다. 극점이 좌반면에 있으면 시스템이 안정하고 시간응답은 일정한 값으로 수렴한다. 좌반면의 극점이 원점 및 허수축과 멀수록 정상상태에 도달하는 시간이 빨라진다. 영점이 우반면에 존재하는 경우 하향초과가 발생하며, 영점과 원점과의 거리가 극점과 원점과의 거리보다 클수록 최대초과 및 하향초과의 값이 작아진다.

일반적으로 주어진 플랜트에 영점이 있는 경우, 폐토극점을 원점 및 허수축에서 멀어지게 할수록 정상상태 도달시간은 작아지지만 최대초과 및 하향초과의 값이 커지며, 폐로극점을 원점근처로 이동하면 정상상태 도달시간은 길어지지만 최대초과 및 하향초과의 값은 작아지는 특징을 가진다.

시정수(Time constant)

- $\tau = \dfrac{1}{|\text{특성근}|}$ [sec]
- 시정수란 주로 1차 시스템 모델에 대하여 정의되는 시간특성 용어로 시스템의 특성을 기술하는 척도로 사용
- 경우에 따라 1차 시스템의 시정수는 초기치에 대하여 63% 감소되는 시간(초기치의 37%가 되는 시간) 또는 최종치의 63%에 도달하는 시간으로 정의하기도 한다. 입력이 0이고 초기치가 유한값인 경우와 초기치가 0이고 입력이 계단함수인 경우에만 사용가능
- 일반적으로 시정수 정의에 의하면 시정수의 개수는 시스템의 차수, 즉 특성 근의 차수와 일치한다.
- 2차 시스템은 특성근이 2개 존재하므로 시정수 또한 2개 존재한다. 이 시정수 2개 중 큰 것이 시스템의 시간응답에 직접적인 영향을 준다. 이 값이 크면 클수록 과도응답이 긴 시간동안 지속되고 따라서 정상시간 역시 길어진다. 즉, 시스템의 응답 특성이 늦어진다.
- 반면에 작은 시정수는 응답을 빠르게 하기 때문에 시간응답 특성을 개선 할 수 있다. 일반적으로 2차 시스템이 공액 복소근을 가지면 위와 같은 시정수 개념으로 시스템의 시간응답 특성을 설명하기 곤란해진다. 물론 3차 시스템도 마찬가지이다. 그러므로 시정수는 보편적으로 1차 시스템의 제어 특성을 기술하는데 사용한다고 생각하면 된다.
- 2차 시스템의 특성은 시정수 개념과는 다른 제동비(damping ratio) 와 고유주파수(natural frequency)라는 지표를 사용하여 기술하는 것이 일반적이다.

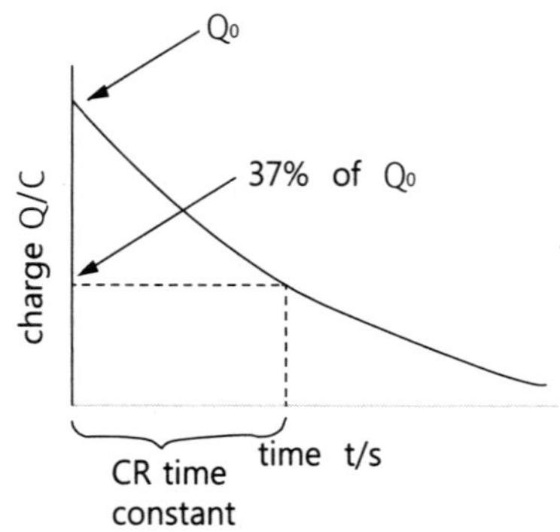

CR time constant
(콘덴서 방전시정수)

4.5 제어목표 및 시스템 설계

제어란 어떤 플랜트나 공정의 출력신호나 제어대상 변수가 원하는 응답을 갖도록 입력신호를 적절히 조절해 주는 행위이다. 이러한 제어동작을 수행하는 장치인 제어기를 설계할 때에는 먼저 제어대상 시스템의 모델을 구하고 원하는 제어목표가 무엇인가를 정해야 한다. 그리고 이 제어목표를 달성하기 위해 제어기를 설계하는 과정과 적용시험을 거쳐서 제어시스템을 구성한다. 이러한 제어목표와 제어시스템 설계과정에 대한 개념을 살펴보기로 한다.

4.5.1 제어목표

제어목표란 대상 시스템에서 제어기를 써서 달성하려는 특성을 말한다. 그러므로 제어목표는 대상 플랜트에 따라 다르며, 플랜트의 특성을 고려하여 적절한 목표를 설정해야 한다. 따라서 플랜트에 따라 여러 가지로 다양한 목표가 있을 수 있는데 주로 사용하는 목표들은 1) 안정도 : 제어목표 가운데 첫 번째 목표는 안정도이다. 2) 성능 : 제어대상 변수가 기준입력을 잘 따라가야 한다. 명령추종 성능이라고도 부른다. 3) 외란제거 : 시스템 외부로부터 외란이 들어오더라도 출력에 미치는 영향이 미리 차단되거나 빨리 제거되어 명령추종 성능이 만족되어야 한다. 4) 잡음억제 : 측정잡음이 있어도 출력에 미치는 영향이 억제되고 명령추종 성능이 만족되어야 한다. 5) 견실성 : 실제 플랜트와 모델 사이에 오차가 있거나 또는 플랜트 계수가 변화하더라도 안정도와 명령추종 성능이 만족되어야 한다. 6) 실시간 구현성 : 제어기를 구현할 때 구조가 간단하고 제어신호의 계산시간이 적게 걸려서 실시간 처리를 할 수 있어야 한다. 이 목표는 응답속도가 빠른 플랜트에 제어기를 디지털 시스템으로 구현할 때 고려된다.

그림 4-15 인공위성 발사 경로

위의 항목들은 제어목표를 정성적으로 설명한 것이며, 실제 제어시스템 설계에서는 정량적인 지표로서 구체적인 목표를 설정한다. 특히, 명령추종 성능은 정량적인 지표로 나타내야 하는데, 이 정량적 지표로서 앞에서 다룬 시간영역 특성계수나 주파수대역 특성계수들을 활용한다. 예를 들면, 명령추종 성능목표로서 "상승시간 몇 초 이내, 초과 몇 % 이하, 정상상태 오차 몇 % 이하"라든지, "대역폭 몇 [rad/sec], 이득여유 몇 [dB], 위상여유 몇[°] " 따위의 정량적인 표현으로 나타낸다.

제어대상 시스템의 모델은 시스템 특성의 근사적 표현이기 때문에 실제시스템과 모델 사이에는 항상 오차가 존재한다. 따라서 시스템의 실제특성은 기본특성을 나타내는 기준 모델과 이 모델에 표현되지 않은 불확실성의 합으로 생각할 수 있다. 이 경우 기준모델의 수식은 알 수 있으며 불확실성에 대해서는 크기의 한계만 안다고 간주할 수 있다. 제어목표 가운데 견실성은 이러한 불확실성이 있더라도 안정도나 성능이 유지되는 성질을 말하는데, 제어목표는 이러한 견실성을 포함하는가의 여부에 따라 다음과 같이 세분화할 수 있다:

1) 안정도 2) 성능 3) 견실안정도 4) 견실성능 5) 외란제거 및 잡음축소 6) 견실안정도 및 견실성능

위의 제어목표 가운데 6)의 견실안정도 및 견실성능 목표가 가장 일반적이지만 그만큼 제어기를 설계하기가 어렵다. 따라서 대부분의 경우에는 1)～5)를 제어목표로 삼는다. 그 중에서도 1)의 안정도를 유지하는 것이 가장 중요하고, 다음으로 중요한 목표가 2)의 명령추종 성능이며, 3)의 견실안정도가 성립하는 것도 중요하다. 보통 학사과정에서는 주로 단일입출력(SISO, Single Input/Single Output) 시스템에 대하여 1)～3)의 제어목표를 달성하는 제어기 설계문제를 다룬다.

단입출력 시스템에서는 제어목표 가운데 추종성능을 검토하기 위하여 시간영역에서 최대초과, 상승시간, 정상상태 오차, 정착시간 등과 같은 성능명세를 사용한다. 추종성능을 주파수 영역에서 나타낼 수도 있는데, 대역폭, 공진최대값 등과 같은 성능명세를 사용한다.

단입출력 시스템에서 견실안정도에 대한 지표로는 주파수영역 설계지수인 이득여유와 위상여유를 사용한다. 이 지표는 견실안정도에 대한 정확한 지표라고는 할 수 없으나, 두 지표를 함께 써서 견실안정도를 간단히 나타낼 수 있기 때문에 많이 사용된다.

위와 같은 제어목표를 달성하기 위해서는 제어대상 변수를 측정하여 입력단에 되먹여서 기준입력과 출력의 차인 추종오차를 구한 다음, 이 오차가 최소화되도록 제어기를 설계하는 궤환방식을 기본적으로 사용하게 된다. 위에서 제시한 제어목표를 달성하기 위한 제어기 설계지침을 정리하면 다음과 같다.

	구 분	특 징
1	안정도	· 기준모델에서 제어기를 사용할 때 전체시스템이 안정되어야 한다.
		· 기준모델 $G(s)$에 대한 폐로전달함수 $\dfrac{G(s)C(s)}{1+G(s)C(s)}$ 가 안정하도록 제어기 $C(s)$를 선택해야 한다.
2	성능	· 기준모델에서 제어기를 사용할 때 출력과 기준입력 사이의 추종오차가 작아야 한다. 이 목표를 명령추종 성능목표라고도 부른다.
		· 기준모델 $G(s)$에 대한 추종오차 $\dfrac{1}{1+G(s)C(s)}R(s)$가 작도록 $C(s)$를 선택해야 한다.
3	견실 안정도	· 기준모델에 불확실성이 있더라도 안정도가 성립해야 한다.
		· 기준모델 $G(s)$에 불확실성을 나타내는 성분 $G\Delta(s)$가 추가되어 실제 플랜트의 전달함수가 $G_T(s)=G(s)+G_\Delta(s)$ 인 경우에도 폐로전달함수 $\dfrac{G_T(s)C(s)}{1+G_T(s)C(s)}$ 가 안정하도록 $C(s)$를 선택해야 한다.
4	견실 성능	· 기준모델에 불확실성이 있더라도 명령추종 성능을 만족해야 한다.
		· 기준모델 $G(s)$에 불확실성분이 있더라도, 즉 $G_T(s)=G(s)+G_\Delta(s)$의 경우에도 추종오차 $\dfrac{1}{1+G_T(s)C(s)}R(s)$ 가 작도록 $C(s)$를 선택해야 한다.
5	외란제거 및 잡음축소	· 기준모델에 외란이 있거나 잡음이 있더라도 명령추종 성능을 만족해야 한다.
		· 기준모델에서 추종오차 중에 외란성분인 $\dfrac{1}{1+G(s)C(s)}D(s)$와 잡음성분인 $\dfrac{G(s)C(s)}{1+G(s)C(s)}V(s)$ 가 작도록 $C(s)$를 설계해야 한다.
6	견실안정도 및 견실성능	· 기준모델에 불확실성이 있고 외란과 잡음이 있을 때에도 시스템이 안정하고 추종오차가 작아야 한다.
		· 기준모델에 불확실 성분이 있고, 시스템에 외란과 잡음이 있을 때에도 안정도를 유지하고 추종오차가 작도록 $C(s)$가 설계되어야 한다. 이 목표를 이루기 위해서는 추종오차 · $\dfrac{1}{1+G_T(s)C(s)}[R(s)-D(s)]+\dfrac{G_T(s)C(s)}{1+G_T(s)C(s)}V(s)$ 의 값이 작으면서 폐로전달함수 $\dfrac{G_T(s)C(s)}{1+G_T(s)C(s)}$ 가 안정하도록 $C(s)$를 설계해야 한다.

4.5.2 제어시스템 설계과정

모델링 과정을 통해 제어대상 시스템의 모델이 유도되고 제어목표가 설정되면 제어기를 설계하는 과정에 들어가게 된다. 제어시스템의 일반적인 설계과정은 흐름도를 써서 나타낼 수 있다. 흐름도로 표시되는 제어시스템 설계과정을 단계별로 설명하면 다음과 같다.

1) 시스템 특성파악 : 제어하고자 하는 대상시스템에 대해 먼저 상세히 검토를 한다. 즉 시스템의 성질을 분석하여 특성을 파악하고, 그 시스템을 제어하기 위해 입력과 출력에 해당하는 변수를 결정한다. 입력과 출력을 결정할 때에는 그것을 각각 구현할 수 있는 장치, 즉 제어기와 구동기 및 감지기를 함께 고려하여야 한다.

2) 모델유도 : 대상시스템에 대해 알아낸 특성을 근거로 이것을 잘 나타낼 수 있는 수학적모델을 결정한 다음, 이 모델을 해석하고 성질들을 규명한다. 그리고 이렇게 구한 모델이 실제 대상시스템을 표현하기에 적합한가를 검토하며, 만일 적합하지 않으면 모델을 다시 한다.

3) 문제설정 : 제어목표를 정하고 이 목표에 맞추어 성능명세를 결정함으로써 제어문제를 설정한다.

4) 제어기 설계 : 어떠한 제어기법을 사용할 것인지를 결정하고, 결정한 제어기법의 설계절차에 따라 제어목표를 달성할 수 있도록 제어기의 계수들을 조정하고 제어알고리즘을 설계한다.

5) 성능분석 모의실험 : 설계된 제어 알고리즘을 대상시스템 모델에 적용하는 모의실험을 통해 성능을 분석한다. 성능해석 결과가 만족스럽지 못하면 단계 4)의 과정으로 되돌아가 제어기를 다시 설계한다.

6) 제어기 구현 : 모의실험을 통한 성능해석 결과가 만족스러우면 필요한 하드웨어 및 소프트웨어를 선정하여 제어기를 구현한다.

7) 적용시험 : 구현한 제어기를 실제 시스템에 연결하여 성능을 시험한다. 결과가 만족스럽지 못하면 앞의 단계 6), 4), 또는 2)의 과정으로 되돌아가 그 이후의 과정을 반복한다.

5

CHAPTER

시간영역 안정도

제어시스템 설계목표 가운데 제일의 목표는 안정도이다. 어떤 시스템이든 불안정할 경우에는 출력이 발산하게 되어 다른 제어목표를 수행할 수 없기 때문에 안정도를 이루는 것이 제어의 최우선 목표가 되는 것이다. 이 장에서는 이러한 안정도의 정의와 조건 및 이를 판별하는 방법을 다루며, 안정도와 시스템 극점 영점과의 관계를 정리한다. 그리고 제어기 이득이 바뀜에 따라 이동하는 극점의 위치를 그림으로 나타내는 기법과 이것을 제어기 설계에 활용하는 방법을 다룬다.

5.1 개요

5.1.1 안정도

어떤 시스템에 크기가 유한한 입력을 가했을 때, 시간이 많이 지나도 시스템의 출력이 유한한 값이면 그 시스템은 안정하다(Stable)고 한다. 그러나 출력이 무한한 값이 되거나 일정한 값에 수렴하지 않고 진동하면 그 시스템은 불안정(unstable)하다고 한다. 따라서 실제 시스템은 안정해야하며 그렇지 않으면 제어기 또는 보상기를 사용하여 전체시스템을 안정하도록 해야 한다.

이와 같이 모든 유한한 입력에 대해 유한한 응답을 갖는 시스템의 성질을 안정도(Stability)라고 부른다.

선형시불변 시스템에서 안정도에 대한 필요충분조건은 전달함수의 모든 극점들이 s 평면의 좌반면에 놓여 있는 것이다. 만일 어느 한 극점이라도 평면의 허수축을 포함하는 우반면에 있으면 시스템은 불안정하여 출력이 발산하게 된다.

시스템이 안정하지 않으면 출력이 발산하기 때문에 제어시스템 설계를 할 때에 안정도는 제어기 설계의 제1목표가 된다. 시스템이 안정화되면 잡음이 있거나 계수에 변화가 있더라도 제어대상량이 원하는 값으로 따라가는 견실한 경향을 나타낸다. 그러나 시스템이 안정하더라도 극점과 영점의 위치에 따라 출력응답 성능이 서로 다르기 때문에 성능목표를 만족하도록 제어기를 잘 설계해야 한다.

극점의 위치와 시간영역 특성명세와의 상관관계는 선형 시불변 1차나 2차 시스템에서 표준형의 경우에 대해서는 간단한 공식으로 나타낼 수 있다. 그러나 일반적인 경우에는 관계가 복잡하게 얽혀 있기 때문에 공식으로 나타내기는 어려우며, 모의실험을 통해 성능을 확인해야 한다.

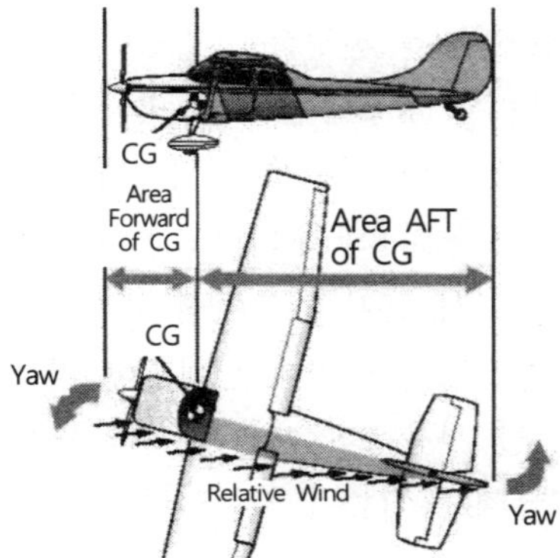

그림 5-1 수직 안정도

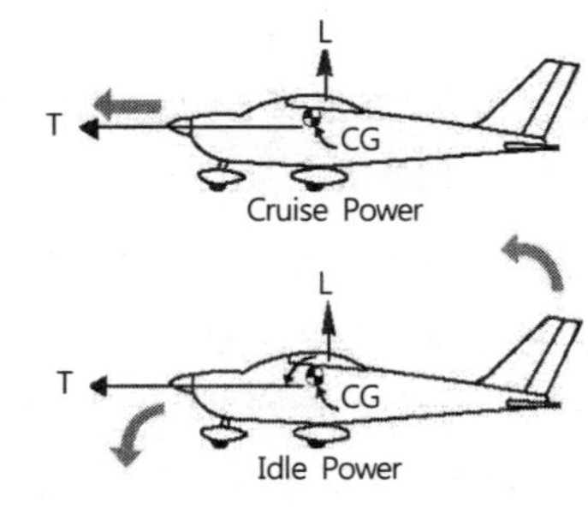

그림 5-2 파워 안정도

5.1.2 안정도 해석방법

해석과 설계목적으로 사용되는 제어시스템의 **안정도는 절대안정도(absolute stability)와 상대안정도(relative stability)로 분류할 수 있다.** 절대안정도는 그 시스템이 안정한가 불안정한가를 나타내는 조건만을 제시하는 것으로 안정 또는 불안정이 대답이 된다. 일단 제어시스템이 안정하다고 하면 그것이 어느정도 안정한가를 결정하는 것이 필요하며 이 안정도의 정도가 상대안정도이다.

절대안정도는 다음과 같은 방법에 의해 판정할 수 있다.

1. s-평면의 극점의 위치
2. Routh-Hurwitz 판별법
3. Nyquist 선도

일반적으로 시스템의 극점의 부호가 (-)이면 이 시스템은 안정하다. 따라서 극점의 값을 알 수 있는 경우에는 s 평면의 극점의 위치를 파악함으로써 안정도를 판별할 수 있는 것이다. 특성근을 쉽게 계산할 수 없는 경우에는 Routh- Hurwitz 판별법으로 근의 부호를 결정하기도 한다. 이 해석법은 출력궤환과 같은 제어기 설계법에도 이용될 수 있다.

상대안정도를 해석하는 방법은 다음과 같다.

1. s-평면의 극점의 위치
2. 근궤적법
3. Bode 선도

s-평면상의 극점위치는 절대안정도 뿐만 아니라 상대적인 극의 크기에 따라 상대안정도를 평가할 수 있다. 근궤적은 시간영역의 설계법의 하나로 제어기 파라메타의 선정에 따라 변하는 특성근의 궤적을 그려서 안정한 제어변수를 선정하는 방법이다. **Bode 선도와 Nyquist 선도는 주파수 영역의 해석법이다.** Bode 선도는 주파수 변화에 따른 이득과 위상변화를 나타내며 Nyquist 선도는 이득과 위상을 한 평면에 나타낸다. 상대안정도를 나타내는 지표로는 이득여유(gain margin)와 위상여유(phase margin)을 사용한다.

안정도를 판별하는 방법으로는 특성방정식을 풀어서 극점을 구하여 조사하는 직접적인 방법과, 우반면 극점의 존재여부만을 조사하는 간접적인 방법이 있다. 이 가운데 직접적인 방법은 대수방정식을 풀어야하기 때문에 숫자를 사용하여 계산하는 경우에는 2차이하의 저차 시스템에만 적용할 수 있다. 그러나 최근에는 컴퓨터 꾸러미를 이용하여 고차방정식의 근을 쉽게 구할 수 있기 때문에 이 방법도 많이 쓰이고 있다.

간접적인 안정도 판별법으로는 **Routh-Hurwitz 안정도 판별법**과 **Nyquist 안정도 판별법**이 있다. 이 두 방법은 모두 선형시불변 시스템에 적용할 수 있는 것으로서,

Harry Nyquist

E.J. Routh

Johann Elert Bode

Routh-Hurwitz 안정도 판별법은 간단한 연산을 사용하여 구성되는 표를 써서 특성방정식의 근 가운데 불안정한 근의 개수를 찾아내며, 나이키스트 안정도 판별법은 개로 시스템에 대한 나이키스트 선도를 그려서 이 그래프로부터 폐로시스템의 안정도를 판별하는 방법이다.

제어기 이득이 바뀜에 따라 변화하는 폐로극점의 위치변화를 평면에 그림표로 나타낸 것을 근궤적(Root locus)이라고 한다. 근궤적은 간단한 저차시스템의 경우에는 숫자를 사용하여 계산하여 작성할 수 있지만 시스템이 복잡해지면 숫자를 사용하여 계산하기는 어렵다. 그러나 컴퓨터 꾸러미를 활용하면 상당히 복잡한 시스템의 경우에도 근궤적을 쉽게 작성할 수 있다.

근궤적을 활용하면 극점이 어떤 원하는 영역에 놓이도록 제어이득을 조정하면서 제어기를 설계할 수 있다. 이와 같이 극점의 위치를 원하는 자리에 배치시키는 방식으로 제어기를 설계하는 기법을 극배치법(Pole placement method)이라고 한다.

안정도

	절대안정도	상대안정도
시간영역 해석	· Routh-Hurwitz 판별법	· 근궤적법
주파수영역 해석	· Nyquist 선도	· Bode 선도

종 류	설 명	판 별 법	비 고
절대안정도	· 특성 방정식의 근을 모두 구하는 대신 다음 조건에 따라 쉽게 우반부에 있는 특성근의 수를 알 수 있음	· Routh-Hurwitz 판별법 · Nyquist 선도	· 안정 또는, 불안정만 판단할 수 있다.
상대안정도	· 절대 안정한 상태에서 각 근들간에 real part와 damping ratio에 따라 얼마나 안정한 지를 알 수 있음	· 근궤적법 · 보드 선도 · 니콜스 선도	· 얼마나 안정한지, 얼마나 불안정한지를 평가 할 수 있다.

	· 시간영역 : Maximum overshoot 와 damping ratio 에 관계 · 주파수영역 : peak resonance에 관계		

- 절대안정도 : 시스템의 안정 및 불안정 여부를 절대적으로 판정
- 상대안정도 : 어느정도 안정한가 즉 안정도의 정도를 나타냄

구분		
간접적 판별법	· Routh-Hurwitz 판별법	· 간단한 연산을 사용하여 구성되는 표를 써서 특성방정식의 근 가운데 불안정한 근의 개수를 찾아낸다.
	· Nyquist 선도	· 나이키스트 선도를 그려서 이 그래프로부터 폐로시스템의 안정도를 판별하는 방법 · 시스템의 안정도의 정도를 제시하며, 필요한 때에는 시스템의 안정도를 개선할 수 있는 방법을 제시한다.
직접적 판별법	· 근궤적법	· 시스템의 어떤 한 계수 값의 변화에 따른 폐로시스템의 특성방정식의 근의 위치를 그림으로 나타냄으로써 시스템의 안정성과 성능을 함께 조사한다.
	· Bode 선도	· 루프전달함수 $G(j\omega)H(j\omega)$의 크기를 dB로, $G(j\omega)H(j\omega)$의 위상을 각도로 모든 주파수 ω에 대하여 그린 도표이다. 이 폐루프 계통의 안정도는 이 도표의 특성을 조사해서 결정 할 수 있다.

- 직접안정도 : 해의 위치를 직접 구하여 안정도 판정
- 간접안정도 : 해를 직접 구하지는 않고 안정도 여부 판정

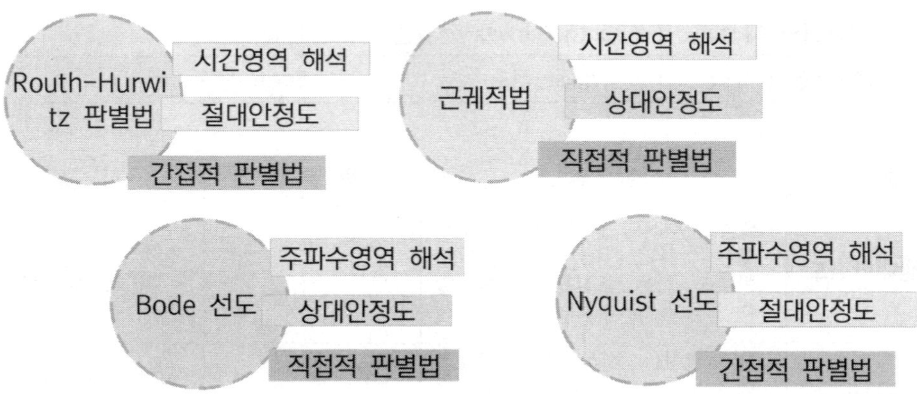

그림 5-3 안정도 판별법의 종류 및 특성

시스템의 해석이나 설계를 목적으로 안정도는 절대안정(absolute stability)과 불안정 상태에서 대해서만 관련된다. 안정한 시스템이 얼마나 안정한가 하는 것은 상대 안정도로 측정한다. 즉, 과도응답에 대하여 사용된 오버슈트와 감쇠비 같은 평가함수들은 시간영역 내에서 선형 시불변 시스템의 상대 안정도를 평가하는 데 사용된다.

시스템의 안정도란 시스템의 입력, 초기값 또는 시스템 매개변수의 작은 변화에 따라 시스템 출력이 크게 변하지 않는 것을 의미한다.

시스템이 안정하다고 하는 것은 다음의 두 조건이 만족되는 경우를 말한다.

첫째, 시스템이 유한한 입력에 대해서 유한한 출력을 얻는다.
둘째, 입력이 없는 경우 초기값에 관계없이 출력이 0이 된다.

그러나 시스템이 불안정하다는 것은 유한한 입력에 대해 유한하지 않은 출력을 얻는다는 것을 말한다.

예로써 자동차에 20 ml에 해당하는 휘발유를 주유했을 때 20 km를 이동했다고 가정하면 40 ml를 주유하면 이에 비례하는 거리의 이동이 가능해야 안정한 시스템이라고 간주할 수 있다. 그러나 시간의 변화에 따라 움직일 수 있는 거리가 변화한다든지 혹은 구동되지 않는다면 이 시스템은 불안정한 시스템으로 취급하게 된다.

일반적으로 s-평면상에 극의 위치에 따라 다음과 같은 성질을 갖는다.

1. 모든 극점이 s-평면의 좌반면에 존재할 때 이 시스템은 안정
2. 1개의 극점이라도 s-평면의 우반면에 존재하면 시스템은 불안정
3. 단순한 공액허수근이 존재하면 이 시스템은 임계안정

안정도(Stability) :

안정도(Stability) :

- 어떤 시스템이 유한한 입력이나 외란에 대해 출력의 크기가 항상 유한한 응답을 보이면 그 시스템은 안정하다(Stable)고 말하며, 이와 같이 모든 유한한 입력에 대해 유한한 응답을 갖는 시스템의 성질을 안정도(Stability)라고 부른다.

※ 안정도 필요충분조건

- 시스템의 과도성능 중 중요한 특성 중 하나가 안정성이다.
- 시스템이 안정하고 한정된 과도응답을 보여야 한다.
- 궤환제어 시스템의 안정성은 시스템 전달함수 특정방정식의 근 위치와 관계 있다
- 근을 결정할 필요없이, 단지 특성방정식의 다항식 계수들만 사용하여 시스템의 안정성을 결정하는 방법을 다룬다.
- 바람직한 동역학 시스템의 극점은 s-평면의 좌반부에 위치하여야 한다.

절대 안정도

- 안정도에는 크게 절대안정도와 상대안정도가 있다.
- 기본적으로 폐루프 제어시스템은 절대안정도가 만족되어야만 의미가 있으나 통상은 절대안정도에 대한 고려를 생략하는데 이는 우리가 다루는 기지의 시스템 대부분이 절대적으로 안정한 시스템에 대해서 출발하기 때문이다.

※ 1차 조건 : 절대안정도

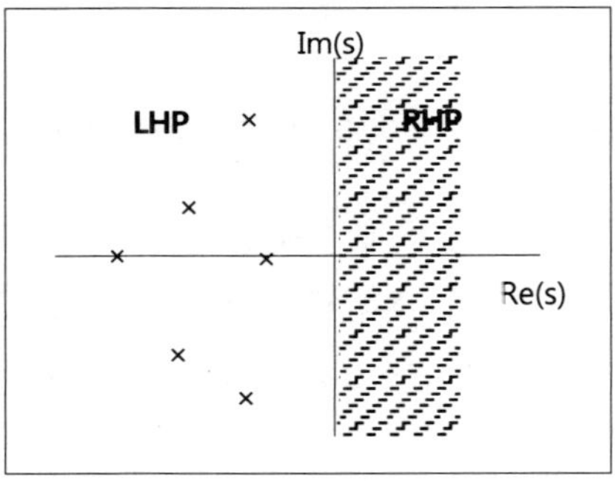

- 절대안정도는 s-평면상에서 모든 극점이 좌반평면에 위치해 있을 때를 말한다.

상대 안정도

※ 2차 조건 : 상대안정도

- 상대안정도는 그림에서 보는 바와 같이 기본적으로 LHP(좌반평면)에 위치하기 때문에 절대안정도는 만족한 상태이며 시간응답사양을 통해 상대적으로 더 안정한 영역을 표시한 것이다.
- 시간영역사양은 시간영역해석에서 다룬다.

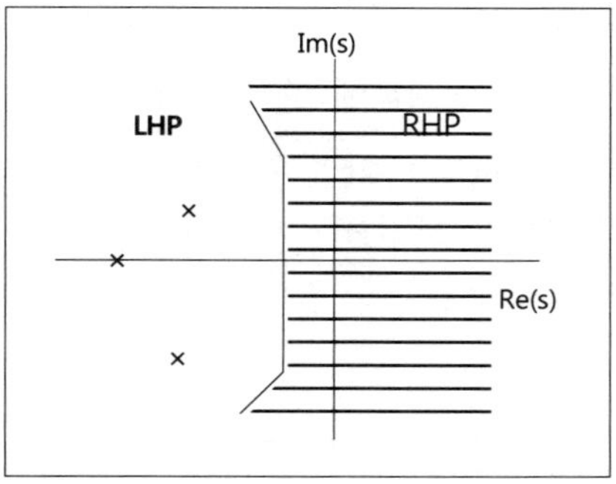

5.2 Routh-Hurwitz 안정도 판별법

s평면에 극점의 위치를 나타내어 시스템의 안정도를 판별하는 방법은 시스템 특성방정식의 근이 알려진 경우에만 가능하다. 특성근을 계산하기 위해서는 특성방정식을 인수분해 하거나 또는 컴퓨터 프로그램을 사용하기도 한다. 그러나 인수분해가 쉽게 되지 않거나 대수방정식의 근을 구하는 프로그램이 없는 경우 특성방정식의 근을 구하지 않고도 시스템의 안정도를 판별할 수 있는 방법이 다양하게 모색되어 왔으며, 그 중 하나의 방법이 다음에 소개되는 Routh- Hurwitz 안정도 판별법이다. 특성방정식을 풀지 않고서도 간단한 연산에 의해 불안정한 극점의 개수를 알아냄으로써 안정도를 판별할 수 있는 간접적인 방법이 있는데 이 방법이 Routh-Hurwitz 안정도 판별법이다.

Routh-Hurwitz 판별법은 시스템의 특성다항식을 인수분해를 하여 정확한 근의 위치를 구하는 대신에, 단지 얼마나 많은 근이 복소 s-평면의 우반평면 또는 허수축상에 존재하는가에 대한 정보를 얻을 수 있는 편리한 알고리즘이다. 이 정보로부터 시스템의 안정, 불안정, 임계안정 여부를 알 수 있다.

Maxwell이 처음으로 동적 시스템의 안정도에 관한 문제를 고찰하기 시작하였으며, 1800년 말에 A. Hurwitz와 E.J. Routh는 각각 특정방정식에서 계수의 크기와 부호로부터 선형 시스템의 안정도를 판별하는 필요충분조건을 제시하였다. 이 방법은 단일루프 또는 다중루프 시스템은 물론 단일 입출력 또는 다중 입출력 시스템에도 적용할 수 있다.

선형시불변 시스템의 경우에 시스템이 안정하기 위한 필요충분조건은 시스템 전달함수의 모든 극점이 s복소평면의 좌반면에 있는 것이다. Routh-Hurwitz 안정도 판별법은 특성방정식의 불안정 극점의 개수를 알아낼 수 있는 방법으로서, 안정도의 필요충분조건에 의해 불안정 극점의 개수가 0이냐 아니냐에 따라서 안정도를 판별할 수 있다.

Routh-Hurwitz 판별법에서 제시하는 따라 다음과 같은 특성방정식에서 모든 근이 복소평면상에서 왼쪽에 있을 필요충분 조건을 구해보기로 한다.

단일 입출력 선형 시스템의 전달함수가

$$\frac{C(s)}{R(s)} = \frac{b_0 s^m + b_1 s^{m-1} + b_2 s^{m-2} + \cdots + b_{m-1} s + b_m}{a_0 s^n + a_1 s^{n-1} + a_2 s^{n-2} + \cdots + a_{n-1} s + a_n} \tag{5-2-1}$$

일 때 시스템이 안정하기 위해서는 식(5-2-1)로 주어지는 시스템에서 특성방정식은

$$a_0 s^n + a_1 s^{n-1} + a_2 s^{n-2} + \cdots + a_{n-1} s + a_n = 0 \tag{5-2-2}$$

이고 여기서 모든 계수가 실수일 때 양인 실수부를 갖는 근이 존재하지 않으려면 다음의 조건이 성립되는 것이 필요하고 충분하다.

1. 모든 계수의 부호가 같다.
2. 어떤 항의 계수도 0이 아니다.
3. Routh 표에서 제1열의 모든 값의 부호가 변하지 않는다.

안정도

안정 조건 :

- 다항식의 모든 계수 $(a_0, a_1, a_2, \cdots, a_{n-1}, a_n)$가 동일한 부호를 가져야 한다.
- 계수의 어느 하나도 없어서는 안 된다. 즉, 모든 항의 계수가 존재하여야 한다.

Routh-Hurwitz 안정도 판별법 :

- 특성방정식의 근을 구하지 않고도 시스템의 안정도를 판별할 수 있는 방법
- 시스템의 특성다항식을 인수분해를 하여 정확한 근의 위치를 구하는 대신에, 단지 얼마나 많은 근이 복소 s-평면의 우반평면 또는 허수축 상에 존재하는가에 대한 정보를 얻을 수 있는 편리한 알고리즘

s^n	:	a_0	a_2	a_4	a_6	$\cdots$
s^{n-1}	:	a_1	a_3	a_5	a_7	$\cdots$
s^{n-2}	:	b_1	b_2	b_3	b_4	$\cdots$
s^{n-3}	:	c_1	c_2	c_3	c_4	$\cdots$
$\vdots$	$\vdots$	$\vdots$				
s^2	:	e_1	e_2			
s^1	:	f_1				
s^0	:	g_1				

Routh 배열

- 이 정보로부터 시스템의 안정, 불안정, 임계안정 여부를 알 수 있다.
- 선형시불변 시스템의 경우에 시스템이 안정하기 위한 필요충분조건은 시스템 전달함수의 모든 극점이 s복소평면의 좌반면에 있는 것이다.
- Routh-Hurwitz 안정도 판별법은 특성방정식의 불안정 극점의 개수를 알아낼 수 있는 방법으로서, 안정도의 필요충분조건에 의해 불안정 극점의 개수가 0이냐 아니냐에 따라서 안정도를 판별할 수 있다.

5.2.1 Hurwitz 행렬식

식(5-2-2)의 모든 근이 s평면의 좌반면 내에 존재할 필요충분조건은 다음과 같이 표현되는 Hurwitz 행렬식 $D_k(k=1,2,\cdots,n)$가 모두 양(+)이 되어야 한다.

특성방정식 (5-2-2)의 Hurwitz 행렬식은 다음과 같이 나타낸다.

$$D_1 = a_1,\ D_2 = \begin{vmatrix} a_1 & a_3 \\ a_0 & a_2 \end{vmatrix},\ D_3 = \begin{vmatrix} a_1 & a_3 & a_5 \\ a_0 & a_2 & a_4 \\ 0 & a_1 & a_3 \end{vmatrix}, \cdots$$

$$\cdots,\ D_n = \begin{vmatrix} a_1 & a_3 & a_5 & \cdots & a_{2n-1} \\ a_0 & a_2 & a_4 & \cdots & a_{2n-2} \\ 0 & a_1 & a_3 & \cdots & a_{2n-3} \\ 0 & a_0 & a_2 & \cdots & a_{2n-4} \\ 0 & 0 & a_1 & \cdots & a_{2n-5} \\ \vdots & \vdots & \vdots & & \vdots \\ 0 & 0 & 0 & \cdots & a_n \end{vmatrix} \tag{5-2-3}$$

5.2.2 Routh 배열

특성방정식의 모든 차수의 계수가 양수이면 시스템은 안정하다. 그러나 이 사실은 필요조건일 뿐 충분조건은 아니다. 어떤 계수가 영이거나 또는 음수라면 특성방정식의 근 중에는 허수축상 또는 우반부에 존재하는 것이 있고 따라서 시스템은 불안정하다. 우반부에 있는 근의 수를 구하기 위하여, Routh- Hurwitz 판별법은 Hurwitz행렬식과 다음에 기술하는 Routh 배열을 가지고 계산할 필요가 있다.

Routh-Hurwitz 판별법에 의한 시스템의 안정도는 특정방정식 (5-2-2)를 6차 시스템의 다항식

$$a_0s^6 + a_1s^5 + a_2s^4 + a_3s^3 + a_4s^{2+}a_5s^{1+}a_6s^0 = 0 \tag{5-2-4}$$

으로 할 때 다음의 두 가지 단계에 의하여 쉽게 판별할 수 있다.

1. 첫 번째 단계는 식(5-2-4)의 계수를 다음과 같이 2개의 행으로 배열하는 것이다.

$$\begin{array}{c|cccc} s^6 & a_0 & a_2 & a_4 & a_6 \\ s^5 & a_1 & a_3 & a_5 & 0 \end{array} \tag{5-2-5}$$

2. 두 번째 단계는 식(5-2-5)의 배열에서 아래와 같은 연산에 의하여 다음과 같이 행들을 배열하는 것이다.

$$\begin{array}{c|cccc}
s^6 & a_0 & a_2 & a_4 & a_6 \\
s^5 & a_1 & a_3 & a_5 & 0 \\
s^4 & \begin{array}{l} A = \dfrac{-\begin{vmatrix} a_0 & a_1 \\ a_2 & a_3 \end{vmatrix}}{a_1} \\ \quad = \dfrac{a_1 a_2 - a_0 a_3}{a_1} \end{array} & B = \dfrac{a_1 a_4 - a_0 a_5}{a_1} & a_6 = \dfrac{a_1 a_6 - a_0 \times 0}{a_1} & 0 \\
s^3 & C = \dfrac{A a_3 - a_1 B}{A} & D = \dfrac{A a_5 - a_1 a_6}{A} & 0 = \dfrac{A \times 0 - a_1 \times 0}{A} & 0 \\
s^2 & E = \dfrac{AB - AD}{C} & a_6 = \dfrac{C a_6 - A \times 0}{C} & 0 = \dfrac{C \times 0 - A \times 0}{C} & 0 \\
s^1 & F = \dfrac{ED - C a_6}{E} & 0 & 0 & 0 \\
s^0 & a_6 = \dfrac{F a_6 - E \times 0}{F} & 0 & 0 & 0
\end{array}$$

이 배열을 Routh 배열이라 한다. 일단 Routh 배열이 완성되면, 제1열에 나열되는 수의 부호를 검사함으로써 다음의 결과를 얻는다.

제1열의 모든 요소$(a_0, a_1, A, C, E, F, a_6)$가 동일 부호라면 특정방정식 (5-2-4)의 근은 모두 s평면의 좌반면에 내에 존재한다. 제1열의 요소에 부호변화가 있으면 부호변화의 수만큼 특정방정식의 근이 s평면의 우반면 내에 존재한다. 따라서 제1열의 요소가 부호변화가 없을 때는 특성방정식의 근이 모두 s평면의 좌반면에만 존재하므로 시스템은 안정하다. 그리고 제 1열의 요소가 부호변화가 있을 때는 특성방정식의 근이 부호변화의 수만큼 s평면상의 우반면에 존재하므로 시스템은 불안정하게 된다.

Routh-Hurwitz 판별법을 적용하여 시스템의 안정도를 판별하는 예를 고찰해 보자.

안정도 판단기준

- routh 배열의 첫 렬(column)에서 계수들의 부호가 바뀌는 횟수는 양의 실수부분을 갖는 근의 개수(불안정한 근의 수 = 우반면에 위치하는 근의 수)와 같다. (안정하기 위해서는 근의 부호변동이 없어야함)

Example: $s^5 + 3s^4 - 2s^3 + 6s^2 + s - 3 = 0$

s^5	1	-2	1
s^4	3	6	-3
s^3	$\dfrac{-6-6}{3} = -4$	$\dfrac{3-(-3)}{3} = 2$	
s^2	$\dfrac{-24-6}{-4} = -3.5$	$\dfrac{12-0}{-4} = -3$	
s^1	$\dfrac{15-12}{7.5} = 0.4$		
s^0	$\dfrac{0.4(-3)}{0.4} = -3$		

예제에 대한 Routh 배열 구성하기

예제 5-1

다음 특성방정식을 갖는 제어시스템을 Routh-Hurwitz 안정도 판별법을 사용하여 안정여부를 판별하시오.

$$s^4 + 4s^3 + 18s^2 + 16s + 5 = 0 \tag{5-2-6}$$

풀이

식(5-2-6)의 Routh 배열은 다음과 같다.

s^4	1	18	5
s^3	4	16	0
s^2	$\dfrac{-(1\times16-4\times18)}{4} = 14$	$\dfrac{4\times5-1\times0}{4} = 5$	0
s^1	$\dfrac{14\times16-4\times5}{14} = 16$	$\dfrac{14\times0-4\times0}{14} = 0$	0
s^0	$\dfrac{16\times5-14\times0}{16} = 5$	0	0

이 배열의 제 1열의 요소는 모두 양(+)이므로 특정방정식의 근은 모두 s평면의 좌반면에 존재하게 되며, 이 시스템은 안정하게 된다.

예제 5-2

다음 특성방정식을 갖는 제어시스템을 Routh-Hurwitz 안정도 판별법을 사용하여 안정여부를 판별하시오.

$$3s^4+10s^3+5s^2+s+2=0 \tag{5-2-7}$$

풀이

식 (5-2-7)의 Routh 배열은 다음과 같다.

s^4	3	5	2
s^3	10	1	0
s^2	A	B	0
s^1	C	0	0
s^0	D	0	0

여기서,

$$A=\frac{5\times 10-3\times 1}{10}=4.7 \qquad B=\frac{2\times 10-3\times 0}{10}=2$$

$$C=\frac{4.7\times 1-10\times 2}{4.7}=-3.25 \qquad D=\frac{2(-3.25)-4.7\times 0}{-3.25}=2$$

이 배열에서 총 2회의 부호변동이 있었으므로 우반면에 양(+)의 실수인 2개의 근이 존재한다. 즉, 특정방정식의 근이 s평면의 우반면내에 2개가 존재하므로 시스템은 불안정하게 된다.

예제 5-3

다음의 특성방정식에서 불안정 극점의 개수를 구하라.

$$s^3 + s^2 + 2s + 24 = 0$$

풀이

주어진 특성방정식에 대한 Routh-Hurwitz표는 다음과 같다:

s^3	1	2	0
s^2	1	24	0
s^1	−22	0	0
s^0	2	0	0

이 표의 첫째 열을 보면 부호변화가 두 번 나타난다. 이것은 특성방정식의 근 가운데 두 개가 우반면에 존재함을 뜻하며, 따라서 이 특성방정식에는 불안정 극점이 두 개 있다.

예제 5-4

그림과 같은 제어시스템을 Routh-Hurwitz 안정도 판별법을 사용하여 안정여부를 판별하시오.

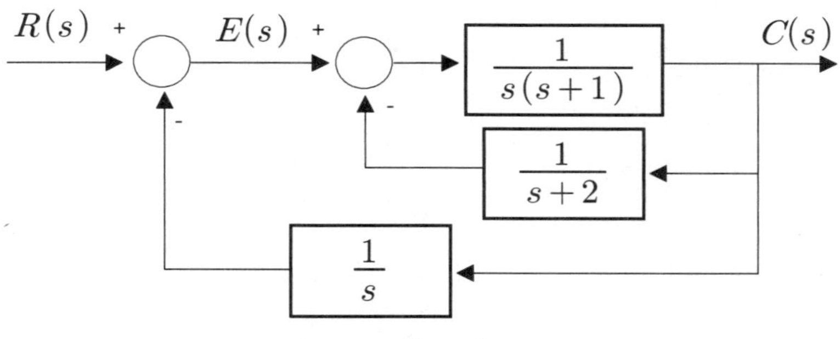

그림 5-4

풀이

입력을 $E(s)$로 하는 그림 5-4의 전달함수는 다음과 같이 구해진다.

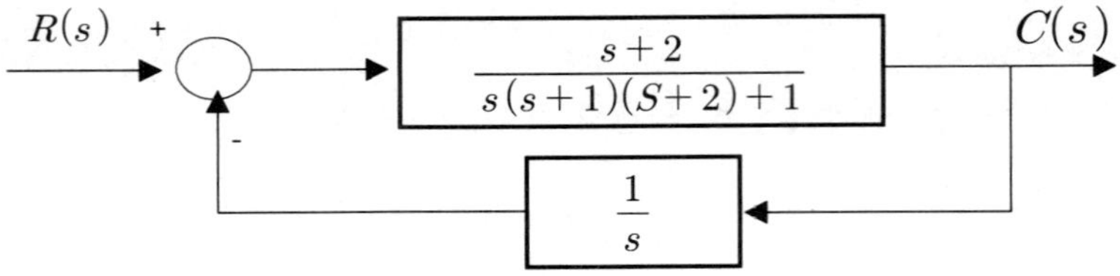

그림 5-5

$$\frac{C(s)}{E(s)}=\frac{\dfrac{1}{s+(s+1)}}{1+\dfrac{s+2}{s(s+1)(s+2)+1\dfrac{1}{s}}}=\frac{s+2}{s(s+1)(s+2)+1} \tag{5-2-8}$$

가 되고, 등가블록선도는 그림 5-5와 같고, 구하고자 하는 전달함수는

$$\frac{C(s)}{R(s)}=\frac{\dfrac{s+2}{s(s+1)(s+2)+1}}{1+\dfrac{s+2}{s(s+1)(s+2)+1}\dfrac{1}{s}}=\frac{s+2}{s^4+3s^3+2s^2+2s+s} \tag{5-2-9}$$

따라서, 특성방정식은

$$s^4+3s^3+2s^2+2s+s=0 \tag{5-2-10}$$

이므로 Routh 배열은 다음과 같이 구해진다.

s^4	1	2	1
s^3	3	2	0
s^2	A	B	0
s^1	C	0	0
s^0	2	0	0

여기서,

$$A=\frac{2\times3-1\times2}{3}=\frac{4}{3}, \qquad B=1, \qquad C=\frac{2\times\dfrac{4}{3}-3\times1}{\dfrac{4}{3}}=-\frac{1}{4}$$

제 1열의 부호변화는 2번이므로 특성방정식의 근이 s평면의 우반면 내에 2개가 존재하므로 시스템은 불안정하게 된다.

예제 5-5

그림 5-6과 같은 제어시스템에서 Routh-Hurwitz 판별법을 적용하여 이 시스템이 안정하기 위한 K의 범위를 구하시오.

풀이

$$\frac{C(s)}{R(s)} = \frac{\dfrac{K}{s(s+1)(s+2)}}{1+\dfrac{K}{s(s+1)(s+2)}} = \frac{K}{s(s+1)(s+2)+K} \tag{5-2-11}$$

이므로 특정방정식은

$$s(s+1)(s+2)+K = s^3+3s^2+2s+K = 0 \tag{5-2-12}$$

이다. 식 (5-12)의 Routh 배열은

$$\begin{array}{c|cc} s^3 & 1 & 2 \\ s^2 & 3 & K \\ s^1 & \dfrac{6-K}{3} & 0 \\ s^0 & K & \end{array}$$

이고, 이 배열에서 제 1열의 부호변화가 없어야 시스템은 안정하므로 안정조건은 다음과 같다.

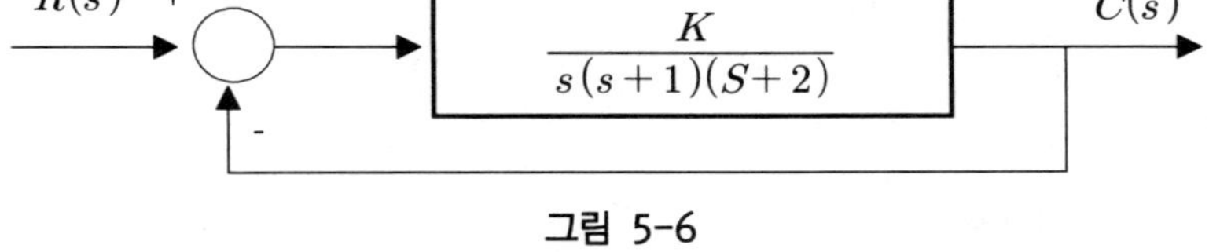

그림 5-6

$$\frac{6-K}{3} > 0,\ K > 0 \tag{5-2-13}$$

따라서, K의 범위는 $0 < K < 6$ 이어야 한다.

5.2.3 특수한 경우

앞의 예제에서 고찰했든 방정식은 Routh의 배열작성에 별 어려움 없이 수행할 수 있게 구성되었다. 방정식의 계수에 따라 Routh-Hurwitz 판별법을 적용하는 과정에서 다음과 같은 특별한 경우를 살펴보자.

특수경우 1

- Routh 배열에서 임의의 행 중 첫 번째 요소가 0이고 다른 요소는 0이 아니다.
- zero를 미소의 양수의 ε(≒0)로 대치하고 배열을 작성한다. 첫 열의 0은 경계(Neutral / border line stability)를 의미한다.

첫 번째 경우 한 행의 첫 번째 요소에서 영이 나타나면 다음행의 요소는 모두 무한대가 될 것이다. 그래서 Routh 배열의 작성은 계속할 수 없다. 이러한 경우를 해결하기 위하여 임의의 매우 작은 정(+)의 수인 ε으로 제1열에 있는 영의 요소를 대치한 다음 Routh 배열을 계속 작성한다.

경우 1에 대하여 예를 들어 고찰하기로 한다.

예제 5-6

제어 시스템의 특정방정식이 다음과 같을 때 Rcuth-Hurwitz 안정도 판별법을 사용하여 안정여부를 판별하시오.

$$s^4 + s^3 + 2s^2 + 2s + 5 = 0 \tag{5-2-14}$$

풀이

식 (5-2-14)의 Routh 배열은

s^4	1	2	5
s^3	1	2	0
s^2	0	5	0

이므로 더 이상 배열을 계속할 수 없다. 여기서 3행의 첫 번째 요소가 0이 되었다. 이것을 해결하는 방법을 기술하려면 다음 세 가지가 있다.

- 방법 (1) : 0인 요소를 작은 수 ε으로 대치하고 배열을 계속한다. 그리고 ε을 0으로 근사 시키면 결과를 얻는다.
- 방법 (2) : 주어진 시스템의 특성방정식에$(s+\alpha)$를 곱한다. α는 양의 수로서 부가적인 음의 근을 도입해준다. 식 (5-14)에서는 $(s+1)$을 곱하고 새로운 다항식의 Routh 배열을 만든다.
- 방법 (3) : 주어진 시스템의 특성방정식에서 $s=1/x$로 대치하고 새로운 특정방정식을 만들고 Routh 배열을 만든다.

s^4	1	2	5
s^3	1	2	0
s^2	ε	5	0
s^1	$\frac{2\epsilon-5}{\epsilon}$	0	0
s^0	5	0	0

이 Routh 배열에서 극한 ε → 0을 취하면

$$\lim_{\epsilon-0}\frac{2\epsilon-5}{\epsilon}<0 \qquad (5\text{-}2\text{-}15)$$

로서 음(-)이 되므로 제 1열의 부호변화는 s^2행과 s^1행 사이에서 한 번 변하고, s^1행과 s^0행 사이에서 한 번 변하므로 특성방정식의 근이 s 평면의 우반면에 2개가 존재하게 되어 이 시스템은 불안정하다.

② 방법 (2)를 적용하기 위하여 식 (5-2-14)에 (s+1)을 곱하면 새로운 특성방정식은

$$(s+1)(s^4+s^3+2s^2+2s+5)=s^5+2s^4+3s^3+4s^2+7s+5=0 \qquad (5\text{-}2\text{-}16)$$

이고, Routh 배열은 다음과 같다.

s^5	1	3	7
s^4	2	4	5
s^3	1	4.5	0
s^2	−5	5	0
s^1	6.5	0	0
s^0	5	0	0

이 배열에서 제 1열의 요소의 부호변화가 두 번 있으므로 이 시스템은 불안정이다.

③ 방법 (3)을 적용하기 위하여 식 (5-2-14)에서 $s = 1/x$로 대치하면

$$\frac{1}{x^4}+\frac{1}{x^3}+\frac{2}{x^2}+\frac{2}{x}+5=0 \tag{5-2-17}$$

이고 새로운 특성방정식은 다음과 같다.

$$5x^4+2x^3+2x^2+x+1=0 \tag{5-2-18}$$

이 방정식의 (5-2-18)의 Routh 배열은 다음과 같다.

s^4	5	2	1
s^3	2	1	0
s^2	−0.5	1	0
s^1	5	0	0
s^0	1	0	0

이 배열에서 제 1열 요소의 부호변화가 두 번 있으므로 이 시스템은 불안정이다. 다음 사실에 유의해야한다. 즉 위에서 기술된 ε방법은 만약 그 방정식이 순 허근을 가진다면 정확한 결과를 주지 않는다.

특수경우 2

- Routh 배열의 한행에 있는 요소가 모두 영이다
  - 해당 방정식은 최소한 크기가 같고, 반대부호를 갖는 한 쌍의 실근을 갖는다.
  - 해당 방정식은 한 쌍 이상의 허근을 갖는다.
  - 해당 방정식은 s평면의 원점에 대하여 대칭을 형성하는 한 쌍의 복소 공액근을 갖는다.

두 번째 특별한 경우에 있어, Routh 배열의 작성이 끝나기 전에 Routh 배열의 한 행에서 모든 요소가 영일 때, 그것은 다음조건의 하나 또는 그 이상이 있다는 것을 나타낸다.

전체 0의 행을 갖는 경우 보조방정식 $A(s)=0$을 사용하여 해결할 수 있다. 보조 방정식은 Routh 배열에서 0의 행 바로 위의 행의 계수로부터 구성된다. 보조방정식은 단지 s의 멱수를 나타내는 항상 짝수 다항식이다. 0의 행이 나타날 때 Routh 배열을 계속하기 위하여 다음 단계를 행한다.

1) 0의 행의 바로 앞선 행으로부터 그 계수를 사용하여 보조방정식 $A(s)=0$를 구성한다.
2) s에 관하여 보조방정식의 미분을 취한다.
3) 0의 행을 $dA(s)/ds$의 계수로 대치한다.
4) 0의 행과 대치하여 새로이 구성된 계수행으로 Routh 배열을 계속한다.
5) 같은 방법으로 Routh의 배열의 첫 번째 열에서의 계수의 부호를 해석한다.

경우 2에 대하여 예를 들어 고찰하기로 한다.

예제 5-7

제어 시스템의 특정방정식이 다음과 같을 때 Routh-Hurwitz 안정도 판별법을 사용하여 시스템의 안정성을 판별하시오.

$$(s^2-4)(s+1)(s+8)=s^4+9s^3+4s^2-36s-32=0 \qquad (5\text{-}2\text{-}19)$$

풀이

이 특정방정식 (5-2-19)의 Routh 배열

s^4	1	4	-32
s^3	9	-36	0
s^2	8	-32	0
s^1	0	0	0

은 배열이 끝나기 전에 s^1의 행의 요소가 모두 0이므로, s^2행의 계수를 사용하여 보조 방정식을 다음과 같이 구성한다.

$$A(s) = 8s^2 - 32 = 0,\ A(s) = s^2 - 4 = 0 \tag{5-2-20}$$

이 보조방정식을 s에 대하여 미분하면

$$\frac{dA(s)}{ds} = \frac{d}{ds}(s^2 - 4) = 2s \tag{5-2-21}$$

이고 이 계수를 s^1행의 제 1 열의 요소로 대치하여 배열을 만들면 다음과 같다.

s^4	1	4	-32	
s^3	9	-36	0	
s^2	8	-32	0	→ 보조방정식 $A(s) = 8s^2 - 32 = 0$
s^1	16	0	0	← $\dfrac{dA(s)}{ds} = 16s$
s^0	-32	0	0	

제 1 열의 요소의 부호변화가 한 번 있으므로 이 시스템은 불안정하게 된다.

예제 5-8

제어 시스템의 특정방정식이 다음과 같을 때 Routh-Hurwitz 안정도 판별법을 사용하여 시스템의 안정성을 판별하시오.

$$(s^2 + 4)(s + 1) = s^3 + s^2 + 4s + 4 = 0 \tag{5-2-22}$$

일 때 시스템의 안정성을 판별하라.

풀이

식 (5-2-22)의 Routh 배열

$$\begin{array}{c|ccc} s^3 & 1 & 4 & 0 \\ s^2 & 1 & 4 & 0 \\ s^1 & 0 & 0 & 0 \end{array}$$

은 배열이 끝나기 전에 s^1 행의 요소가 모두 0이 되는 것은 식(5-2-22)에서 (s^2+4)의 근 $s=\pm j2$ 때문이다.

위의 배열에서 s^2해의 수들로부터 다음과 같은 보조방정식을 얻을 수 있다.

$$A(s)=s^2+4=0 \tag{5-2-23}$$

이 보조방정식을 s에 대하여 미분하면

$$\frac{dA(s)}{ds}=\frac{d}{ds}(s^2+4)=2s \tag{5-2-24}$$

가 되고 이 계수를 s^1행의 첫 번째 요소 0 대신 대치하여 배열을 만들면 다음과 같다.

$$\begin{array}{c|cc} s^3 & 1 & 4 \\ s^2 & 1 & 4 \\ s^1 & 2 & 0 \\ s^0 & 4 & 0 \end{array}
\quad
\begin{array}{l} \\ \rightarrow \text{보조방정식 } A(s)=s^2+4=0 \\ \leftarrow \dfrac{dA(s)}{ds}=2s \\ \\ \end{array}$$

이 배열에서 제 1 열의 요소의 부호변화가 없으므로 시스템은 안정하게 된다.

예제 5-9

제어 시스템의 특정방정식이 다음과 같을 때 Routh-Hurwitz 안정도 판별법을 사용하여 시스템의 안정성을 판별하시오.

$$(s^2-4)(s^2+1)(s^2+s+1)=s^6+s^5-2s^4-3s^3-7s^2-4s-4=0 \tag{5-2-25}$$

풀이

식 (5-2-25)의 Routh 배열은

s^6	1	-2	-7	-4
s^5	1	-3	-4	0
s^4	1	-3	-4	0
s^3	0	0	0	0

이 되며 배열이 끝나기 전에 s^3 행의 요소가 모두 0이 되는 것은 식 (5-2-25)에서 $(s^2-4)(s^2+1)$의 근은 $s=\pm 2, \pm j$ 때문이다.
위의 배열에서 s4 행의 계수들로부터 다음의 보조방정식을 얻는다.

$$A(s)=s^4-3s^3-4=0 \tag{5-2-26}$$

이 보조방정식을 s에 대하여 미분하면

$$\frac{dA(s)}{ds}=\frac{d}{ds}(s^4-3s^2-4)=4s^3-6s=0 \tag{5-2-27}$$

가 되고 이 계수들을 s^3행의 요소로 대치하여 Routh 배열을 만들면 다음과 같다.

s^6	1	-2	-7	-4
s^5	1	-3	-4	0
s^4	1	-3	-4	→ 보조방정식 $A(s)=s^4-3s^2-4=0$
s^3	4	-6	0	← $\dfrac{dA(s)}{ds}=4s^3-6s=0$
s^2	-1.5	-4	0	
s^1	-16.7	0	0	
s^0	-4	0	0	

이 배열에서 제 1 열의 부호변화가 한 번 있으므로 이 시스템은 불안정하게 된다.

안정도 조건

Feedback 제어계의 안정과 불안정.

- 시스템의 과도성능 중 중요한 특성 중 하나는 안정성이다.
- 시스템이 안정하고 한정된 과도응답을 보여야 함
- 궤환제어 시스템의 안정성은 시스템 전달함수 특정방정식의 근 위치와 관계 있다
- 근을 결정할 필요없이, 단지 특성방정식의 다항식 계수들만 사용하여 시스템의 안정성을 결정하는 방법을 다룬다.
- 바람직한 동역학 시스템의 극점은 s 평면의 좌반부에 위치하여야 함

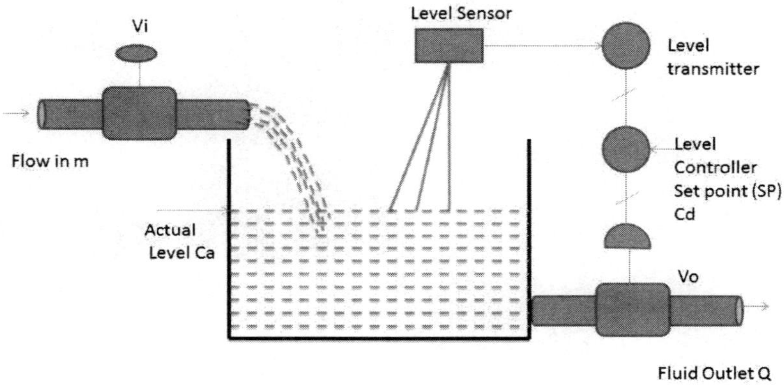

레벨 제어시스템

R-H 안정도 판별

Routh - Hurwitz 안정판별

- R-H행렬 array의 첫 column에서 계수들의 부호가 바뀌는 횟수는 양의 실수부분을 갖는 근의 개수(불안정한 근의 수)와 같다.
- 모든 계수는 같은 부호이고, 0이 되는 것이 있어서도 안 된다.
- 특성방정식의 계수로써 다음과 같은 수열을 만들어 그의 제1렬이 모두 동일 부호일 것.

Routh - Hurwitz 안정판별 특수 경우 :

- 특수경우 1 : Routh 배열에서 임의의 행 중 첫 번째 요소가 0이고 다른 요소는 0이 아닌 경우 (미소 양의 $\varepsilon \fallingdotseq 0$ 사용)

  - zero를 미소의 양수의 ϵ (≒0)로 대치하고 배열을 작성한다. 첫렬의 0은 경계 (Neutral / boder line stability)를 의미한다.

- 특수경우 2 : Routh 배열의 한 행에 있는 요소가 모두 영인 경우 (보조 방정식 사용)

- 0의 행의 바로 앞선 행으로부터 그 계수를 사용하여 보조방정식 $A(s)=0$ 를 구성하고, s에 관하여 보조방정식의 미분을 취하여 0의 행을 $dA(s)/ds$ 의 계수로 대치한다.
- 그 방정식은 최소한 크기가 같고, 반대부호를 갖는 한 쌍의 실근을 갖는다.
- 그 방정식은 한 쌍 이상의 허근을 갖는다.
- 그 방정식은 s평면의 원점에 대하여 대칭을 형성하는 한 쌍의 복소 공액근을 갖는다.

Edward J Routh Adolf Hurwitz

5.3 근궤적법

s 평면에서 특성방정식 근의 위치를 알 수 있다면, 시스템의 과도응답 특성을 구할 수 있다. 그러나 특성방정식은 인수분해가 쉽지 않고 또한 고차방정식으로 주어지는 것이 보통이다. 근궤적법(Root Locus method)은 1948년에 Evans에 의하여 고안된 특성방정식 근의 위치를 도해적인 방법으로 구하는 기법이다. 이는 이득이나 또는 시정수와 같은 시스템의 특정한 한 개의 파라미터가 연속적으로 영에서 무한대까지의 값을 취할 때, 이에 따른 s-평면상에서 근의 위치의 이동경로를 효과적으로 그리는 방법이다.

앞 절에서 기술한 Routh-Hurwitz 안정도 판별법은 절대안정도의 판별에는 만족스러운 방법이지만 상대안정도를 판별하기에는 부적당하다. **근궤적법은 시스템의 절대안정도 뿐만 아니라 시스템의 과도응답을 설명하는 하나의 척도인 상대안정도에 대한 정보도 얻을 수 있다.**

이 방법은 직접 특성방정식을 풀지 않고 매개변수가 변화함에 따라 s 평면상에 근의 궤적을 그리는 도해적인 방법이다.

$$s^n + a_1 s^{n-1} + \cdots + a_{n-1}s + a_n + K(s^m + b_1 s^{m-1} + \cdots + b_{n-1}s + b_n = 0 \quad (5\text{-}3\text{-}1)$$

여기서, K는 $-\infty$에서 $+\infty$ 사이를 변화하는 실수이고, 계수 $a_1, a_2, \cdots, a_n, b_1, b_2, \cdots, b_m$ 은 K가 $-\infty$에서 $+\infty$까지 변화할 때 식 (5-3-1)의 근들에 대한 궤적을 일반적으로 근궤적으로 정의한다.

근궤적법

- 근궤적법(Root Locus method)은 시스템의 절대안정도 뿐만 아니라 시스템의 과도응답을 설명하는 하나의 척도인 상대안정도에 대한 정보도 얻을 수 있다.
- 이 방법은 직접 특성방정식을 풀지 않고 매개변수가 변화함에 따라 s 평면상에 근의 궤적을 그리는 도해적인 방법이다.

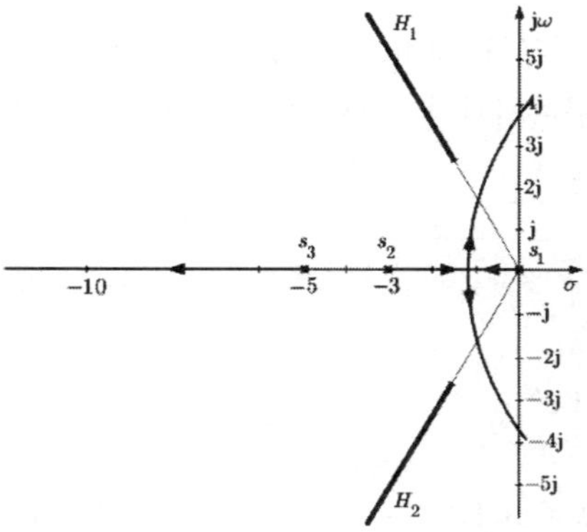

Root Locus method 1

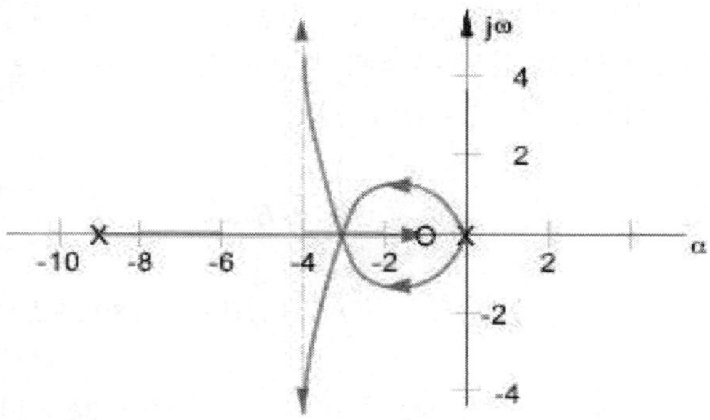

Root Locus method 2

5.3.1 궤적의 기본 조건

단일 폐루프 제어 시스템의 전달함수는 일반적으로 다음과 같이 표현한다.

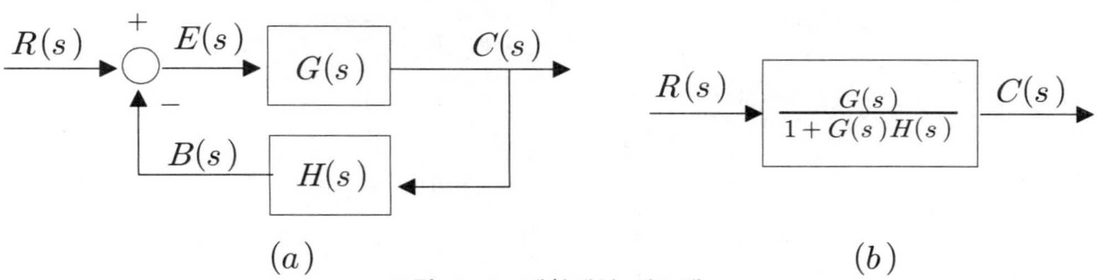

그림 5-7 궤환제어 시스템

$$\frac{C(s)}{R(s)}=\frac{G(s)}{1+G(s)H(s)} \tag{5-3-2}$$

여기서 특성방정식은

$$1+G(s)H(s)=0 \tag{5-3-3}$$

이다. 여기서 $G(s)H(s)$는 폐루프 제어 시스템의 루프전달함수이며

$$G(s)H(s)=-1 \tag{5-3-4}$$

로 놓을 수 있다.

특성방정식 (5-3-3)을 만족하는 s는 식 (5-3-4)을 만족할 것이므로 이후 근궤적에서는 루프전달함수 식 (5-3-4)을 이용한다. 식 (5-3-4)을 만족시키기 위해서는 s가 복소수이므로 다음 조건이 성립해야 한다.

$$|\ G(s)H(s)\ |\ =-1 \tag{5-3-5}$$

$$/G(s)H(s)=180°+k\times 360°$$

$$=\pm\pi(2k+1),\ k=0,1,2,\cdots \tag{5-3-6}$$

시스템의 루프전달함수 $G(s)H(s)$는 대부분 다음과 같이 분수식으로 표시된다.

$$\frac{G(s)}{H(s)}=\frac{K(s+z1)(s+z_2)\cdots(s+z_m)}{(s+p_1)(s+p_2)\cdots(s+p_n)} \tag{5-3-7}$$

이 식에 조건식 (5-3-5)와 식 (5-3-6)을 적용시키면

$$|\ G(s)H(s)\ |\ =\frac{K\,|\ s+z_1\ |\ |\ s+z_2\ |\ \cdots\ |\ s+z_m\ |}{|\ s+p_1\ |\ |\ s+p_2\ |\ \cdots\ |\ s+p_n\ |}$$

$$=\frac{K\prod_{i=1}^{m}|\ s+z_1\ |}{\prod_{j=1}^{n}|\ s+p_j\ |}=1 \tag{5-3-8}$$

$$/G(s)H(s)=/s+z_1+/s+z_{2+}\cdots-/s+p_1-/s+p_{2-}\cdots$$

$$= \sum_{i=1}^{m} /s + z_i - \sum_{j=1}^{n} /s + p_j$$

$$= \pm \pi(2k+1),\ k = 0, 1, 2, \cdots \tag{5-3-9}$$

가 된다. 또한 식 (5-3-8)로 부터 근궤적상의 점 s1에서의 루프이득 K의 값은 다음 식으로 구할 수 있다.

$$K = \frac{\prod_{j=1}^{n} | s_1 + p_j |}{\prod_{i=1}^{m} | s_1 + z_i |} \tag{5-3-10}$$

주요내용

- 전달함수 : $\frac{C(s)}{R(s)} = \frac{G(s)}{1 + G(s)H(s)}$
- 특성방정식 : $1 + G(s)H(s) = 0$
- 루프전달함수 : $G(s)H(s)$

예제 5-10

제어 시스템의 루프전달함수가

$$G(s)H(s) = \frac{K(s+1)}{s(s^2 + 2s + 2)} \tag{5-3-11}$$

일 때 근궤적상의 $s = -2 + j$점에서의 루프이득 K의 값을 구하라.

풀이

조건식 (5-3-5)로 부터 식 (5-3-11)은

$$\left| \frac{K(s+1)}{s(s^2 + 2s + 2)} \right| = 1 \tag{5-3-12}$$

이며, 식 (5-3-10)에 의하여 다음과 같이 된다.

$$K = \left| \frac{s(s^2+2s+2)}{s+1} \right|_{s=-2+j}$$

$$= \left| \frac{(-2+j)(1-j2)}{(-1+j)} \right| = \frac{\sqrt{2^2+1}\,\sqrt{1+2^2}}{\sqrt{1+1}} = 3.54$$

5.3.2 근궤적의 작성법

위에서 기술한 사항들로부터 근궤적을 작성하려면 다음이 몇 가지 정리들을 알아야하므로 정리에 따른 예를 들면서 고찰하기로 한다.

(1) 근궤적의 출발점

[정리 1] **근궤적상의 K=0인 점들은 루프전달함수 $G(s)H(s)$의 극점**

근궤적은 $G(s)H(s)$의 극점으로부터 출발한다. 근궤적은 출발점에 대응하는 K의 값이 0이므로 출발점에서는 식 (5-3-8)로부터

$$|G(s)H(s)| = \left. \frac{\prod_{i=1}^{m} |s+z_i|}{\prod_{j=1}^{n} |s+p_j|} = \frac{1}{K} \right|_{K=0} = \infty \qquad (5\text{-}3\text{-}13)$$

이 된다. 따라서, 근궤적상의 점 s는 루프전달함수 $G(s)H(s)$의 극점에 수렴한다. 즉, s는 $-P_j\,(j=1,2,\cdots,n)$에 접근한다.

예제 5-11

제어 시스템의 루프전달함수가 $G(s)H(s) = \dfrac{K(s+1)}{s(s+2)(s+3)}$ 일 때 근궤적의 출발점인 극점을 구하시오.

풀이

근궤적의 출발점은 특성방정식에서 $K=0$인 값으로서

$$1 + G(s)H(s) = 0$$

$1 + \dfrac{K(s+1)}{s(s+2)(s+3)} = 0$ 에서 K의 값을 구하면 다음과 같다.

$$K = \frac{-s(s+2)(s+3)}{(s+1)}$$

위식에서 $K=0$이 되는 점은 분자가 0인 경우로써 $s = 0, -2, -3$이다.

즉, 근궤적은 $s = 0, -2, -3$에서 출발하며 이는 루프전달함수의 극점이다.

---

(2) 근궤적의 도착점

[정리 2] 근궤적상의 K=±∞일 때의 점은 루프전달함수 $G(s)H(s)$의 영점

근궤적은 $G(s)H(s)$의 영점에 도착한다. K가 ±∞에 접근할 때 식 (5-3-8)로부터

$$|G(s)H(s)| = \frac{\prod_{i=1}^{m}|s+z_i|}{\prod_{j=1}^{n}|s+p_j|} = \frac{1}{K}\Bigg|_{K=0} = 0 \qquad (5\text{-}3\text{-}14)$$

이 된다. 따라서, 도착점의 s는 루프전달함수 $G(s)H(s)$의 영점에 수렴하여야 한다. 즉, s는 $-z_j\,(i=1,2,\cdots,m)$에 접근한다.

예제 5-12

제어 시스템의 루프전달함수가 $G(s)H(s) = \dfrac{K(s+1)}{s(s+2)(s+3)}$일 때 근궤적의 도착점인 영점을 구하시오.

풀이

근궤적의 도착점은 특성방정식에서 $K=\pm\infty$인 값으로서

$$1 + G(s)H(s) = 0$$

$1 + \dfrac{K(s+1)}{s(s+2)(s+3)} = 0$ 에서 K의 값을 구하면 다음과 같다.

$$K = \frac{-s(s+2)(s+3)}{(s+1)}$$

위식에서 $K=\pm\infty$이 되는 점은 분모가 0인 경으로써 $s = -1$이다.
즉, 근궤적은 $s = -1$으로 도착한다.

---

(3) 근궤적의 개수

[정리 3] 루프전달함수 식(5-3-7)의 근궤적 개수는 m과 n 중에서 큰 수와 같다.

근궤적은 식 (5-3-7)로 표시되는 루프전달함수 $G(s)H(s)$의 극점에서 출발하여 영점에 도착되므로 근궤적의 개수는 m 과 n 중에서 큰 수와 일치하다.

예제 5-13

제어 시스템의 특정방정식이

$$s(s+5)(s+6) + K(s+2)(s+3) = 0 \tag{5-3-15}$$

일 때 근궤적을 작성하라.

풀이

특성방정식 (5-3-15)에서

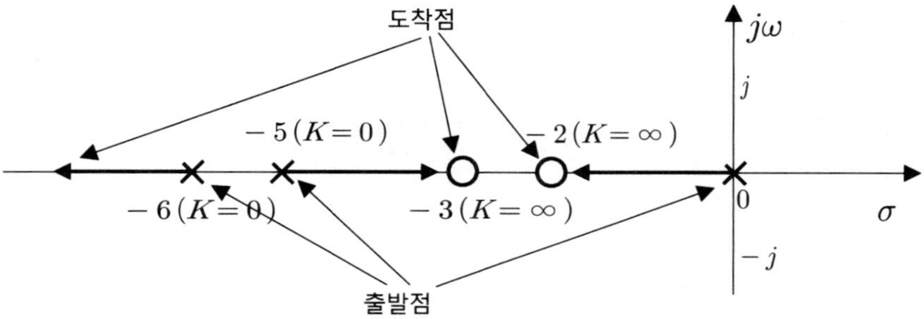

그림 5-8 식(5-44)의 근궤적

$$1+G(s)H(s)=1+\frac{K(s+2)(s+3)}{s(s+5)(s+6)}=0 \tag{5-3-16}$$

이므로 루프전달함수 $G(s)H(s)$는

$$G(s)H(s)=\frac{K(s+2)(s+3)}{s(s+5)(s+6)} \tag{5-3-17}$$

이다. 이 식 (5-3-17)에서 극점이 3개이므로 근궤적은 3개이고, $K=0$일 때 극점 $s=0,\ -5,\ -6$에서 시작한다. 또한 K는 ∞로 접근함에 따라 근궤적은 $G(s)H(s)$의 영점으로 접근한다. 즉, $K=\infty$일 때 2개의 근궤적은 영점 $s=-2,\ -3$으로 가고, 나머지 1개는 $-\infty$로 간다. 따라서, 시스템의 근궤적은 그림 5-8와 같다.

예제 5-14

제어 시스템의 루프전달함수가 $G(s)H(s)=\dfrac{K(s+1)}{s(s+2)(s+3)}$일 때 근궤적 개수는 몇 개인가.

풀이

루프전달함수의 극점은 $s=0,\ -2,\ -3$ 그리고 영점은 $s=-1$이다. 즉, $m=3,\ n=1$ 이므로 근궤적의 개수는 3개이다.

(4) 근궤적의 대칭성

[정리 4] s 평면상의 근궤적은 실수축에 대해서 대칭

특성방정식의 근은 실근이거나 공액복소근이므로 루프전달함수 $G(s)H(s)$의 근궤적은 s 평면에서 실수축에 대해서 대칭이다.

(5) 근궤적의 점근선

[정리 5] $K \geq 0$일 때 $n-m$ 개의 근궤적은 무한대로 가며, 다음의 각을 갖는 점근선을 따라간다.

$$\theta_k = \frac{(2k+1)\pi}{n-m},\ k = 0,1,2,\cdots,n-m-1 \tag{5-3-18}$$

$K \leq 0$인 근궤적에 대한 점근선의 각은 다음과 같다.

$$\theta_k = \frac{2k\pi}{n-m},\ k = 0,1,2,\ \cdots,\ n-m-1 \tag{5-3-19}$$

무한대의 점에서 $G(s)H(s)$의 극점과 영점은 전부 같은 위상 θ_k로 볼수 있으므로

$$\angle G(s)H(s) = (n-m)\theta_k \tag{5-3-20}$$

가 되고, 식 (5-3-9)으로부터 식 (5-3-18)를 얻는다. 따라서 $(n-m)$개의 근궤적의 식(5-3-18)로 주어지는 각을 가지는 점근선을 따라 무한대로 간다.

예제 5-15

제어 시스템의 루프전달함수가 $G(s)H(s) = \dfrac{K(s+1)}{s(s+2)(s+3)}$일 때 3개의 점근선이 실수축과 이루는 각도는 각각 얼마인가.

풀이

점근선이 실수축과 이루는 각도는 다음식을 이용한다.

$$\theta_k = \frac{(2k+1)\pi}{n-m},\ k=0,1,2,\cdots,n-m-1$$

여기서 극점과 영점의 개수 $n=3, m=1$ 이므로 이를 대입하면 $k=n-m-1=3-1-1=1$까지 이므로 즉 $k=0,1$에 해당한다.

$$\theta_0 = \frac{(2\times 0+1)180^\circ}{3-1} = 90^\circ$$

$$\theta_1 = \frac{(2\times 1+1)180^\circ}{3-1} = 270^\circ$$

---

(6) 점근선의 교차점

[정리 6] 점근선은 실수축 상에서만 교차하고 그 수는 $(n-m)$개 실수축 상에서의 점근선의 교차점은 다음 식으로 구해진다.

$$\sigma_k = \frac{\sum G(s)H(s)\text{의 극점} - \sum G(s)H(s)\text{의 영점}}{n-m} \qquad (5\text{-}3\text{-}21)$$

예제 5-16

제어 시스템의 루프전달함수가 $G(s)H(s) = \dfrac{K(s+1)}{s(s+2)(s+3)}$ 일 때 3개의 점근선이 실수축과 교차하는 점은 어디인가.

풀이

점근선이 실수축과 교차하는 점은 다음 식을 이용한다.

$$\sigma_k = \frac{\sum G(s)H(s)\text{의 극점} - \sum G(s)H(s)\text{의 영점}}{n-m}$$

$$\sigma_k = \frac{(0-2-3)-(-1)}{3-1} = \frac{-4}{2} = -2$$

즉, 3개의 점근선은 실수축 -2에서 각각 90°, 270°의 점근각을 이루며 서로 교차한다.

---

(7) 근궤적의 출발각과 도착각

[정리 7] 루프전달함수 $G(s)H(s)$의 근궤적에서 임의의 극점에서의 출발각은

$$\Phi_p = \pm(2k+1)\pi + \theta_p,\ k = 0, 1, 2, \cdots \tag{5-3-22}$$

이다. 여기서θ_p는 임의의 극점에서 다른 극점 또는 영점과 이루는 각을 합한 것이다.

$$\Phi_p = 180° + (\sum\text{영점과 이루는 각} - \sum\text{극점과 이루는 각})$$

또한 $G(s)H(s)$의 임의의 영점으로의 도달각은

$$\Phi_z = \pm(2k+1)\pi - \theta_z,\ k = 0, 1, 2, \cdots \tag{5-3-23}$$

이다. 여기서, θ_z는 임의의 영점에서 다른 $G(s)H(s)$의 극점 또는 영점과 이루는 각을 합한 것이다.

루프전달함수 $G(s)H(s)$의 실수 극점에서의 출발각과 실수 영점으로의 도달각은 항상 0° 가 아니면 180° 가 된다.

그림 5-9와 같은 극점과 영점을 갖는 시스템의 s 평면상에서 극점 s_p로부터 출발하는 근궤적의 각은 그림 5-9 (b)와 같이 이 점 s_p에서 다른 극점 및 영점에 의한 각의 합은

$$\theta_p = \theta_{z1} - (\theta_{p1} + \theta_{p2} + \theta_{p3}) \tag{5-3-24}$$

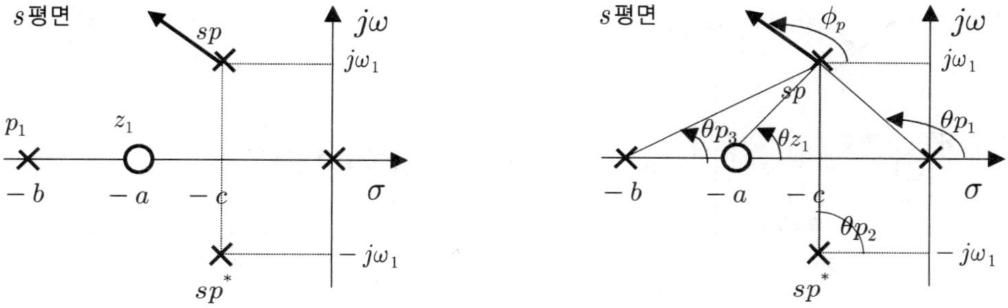

그림 5-9 근궤적의 출발각

이 된다. 극점 s_p에 의한 출발각 Φ_p는 식 (5-3-9)의 조건으로부터 다음과 같다.

$$\Phi_p - \theta_p = (2k+1)\pi,\ k = 0,1,2,\cdots \tag{5-3-25}$$

예제 5-17

제어 시스템의 루프전달함수가

$$G(s)H(s) = \frac{K(s+2)}{(s+3)(s^2+2s+2)} \tag{5-3-26}$$

이다. 근궤적의 출발각을 구하라.

풀이

식 (5-3-29)의 극점은

$$(s+3)(s^2+2s+2) = (s+3)(s+1+j)(s+1-j) = 0$$

으로부터

$$s_1 = -1+j,\ s_2 = -1-j,\ s_3 = -3$$

이므로, 극점 $s_1 = -1+j$에서 출발하는 근궤적의 출발각 Φ_{p1}은 그림 5-10(a)로부터 다음과 같이 구해진다.

$$\theta_{z1} = \tan^{-1} = 45°, \quad \theta_{p1} = 90°, \quad \theta_{p2} = \tan^{-1}\frac{1}{2} = 26.6°$$

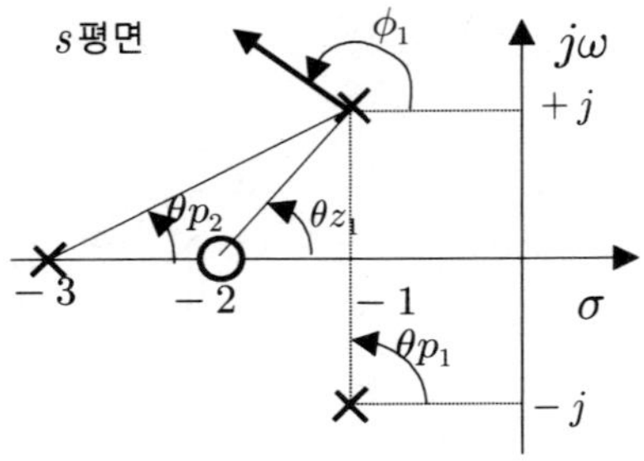

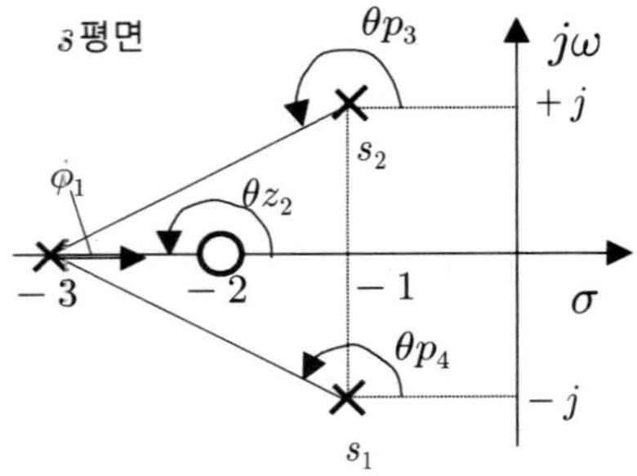

그림 5-10 극점 $s_1 = -1 + j$에서 출발하는 각

$$\theta_1 = \theta_{z1} - (\theta_{p1} + \theta_{p2}) = 45° - (90° + 26.6°) = -71.6°$$

$$\Phi_1 = 180° + \theta_1 = 180° - 71.6° = 108.4°$$

극점 $s_2 = -1 - j$에서의 출발각은 극점 $s_1 = -1 + j$에서의 출발각에 대칭으로 한다. 극점 $s_3 = -3$에서의 출발각 Φ_{p2}는 그림 5-10(b)로부터 다음과 같이 구해진다.

$$\theta_{z2} = 180°,\ \theta_{p3} = 180 + \tan^{-1}\frac{1}{2} = 26.6°$$

$$\theta_{p4} = 90 + \tan^{-1}\frac{2}{1} = 153.4°$$

$$\theta_2 = \theta_{z2} - (\theta_{p3} + \theta_{p4}) = 180° - 206.6° - 153.4° = -180°$$

$$\Phi_1 = 180° - 180° = 0°$$

예제 5-18

제어 시스템의 루프전달함수가 $G(s)H(s) = \dfrac{K(s+1)}{s(s+2)(s+3)}$일 때 근궤적의 출발각을 구하시오.

풀이

근궤적에서 임의의 극점에서의 출발각은

$$\Phi_p = \pm(2k+1)\pi + \theta_p,\ k = 0,1,2,\cdots$$

$$\Phi_p = 180^\circ + \theta_p$$

$$\Phi_p = 180^\circ + (\sum 영점과\ 이루는\ 각 - \sum 극점과\ 이루는\ 각)$$

여기서 극점 $s=0$을 $p1$이라고 할때 하나의 영점과 두 개의 나머지 극점에서 볼 때 $p1$이 놓여있는 각도는 각각 $0^\circ, 0^\circ, 0^\circ$에 위치한다.

$$\Phi_{p1} = 180^\circ + (0^\circ - (0^\circ + 0^\circ)) = 180^\circ$$

극점 $s=-2,-3$을 각각 $p2$, $p3$라고 할때 각각의 출발각은 다음과 같이 구해진다.

$$\Phi_{p2} = 180^\circ + (180^\circ - (180^\circ + 0^\circ)) = 180^\circ$$

$$\Phi_{p3} = 180^\circ + (180^\circ - (180^\circ + 180^\circ)) = 0^\circ$$

---

(8) 근궤적의 허수축과 교차점

[정리 8] 근궤적은 K의 변화에 따라 허수축과 교차할 때 s평면의 우반면에 들어가는 순간은 시스템의 안정성이 파괴되는 임계점에 상당한다.

근궤적이 허수축과 만나는 점에 대응하는 K와 ω의 값은 Routh-Hurwitz판별법으로부터 구할 수 있으며, 다음의 예를 들어 고찰하기로 한다.

예제 5-19

제어 시스템의 루프전달함수가

$$G(s)H(s) = \frac{K}{s(s+1)(s+4)} \tag{5-3-27}$$

일 때 이 시스템의 근궤적의 허수축과 만나는 점에 대응하는 K와 ω의 값을 구하라.

풀이

이 시스템의 특성방정식은

$$s^3+5s^2+4s+K=0 \tag{5-3-28}$$

이므로 Routh 배열은

$$\begin{array}{c|cc} s^3 & 1 & 4 \\ s^2 & 5 & K \\ s^1 & \dfrac{20-K}{5} & 0 \\ s^0 & K & 0 \end{array} \quad \leftarrow \text{ 보조방정식 } 5s^2+K=0 \text{ (}s^2\text{ 행)}$$

이다. 이 시스템은

$$\frac{20-K}{5}=0, \quad K=20$$

일 때 임계안정도를 가지며, 근궤적은 허수축과 교차한다. 보조방정식은

$$5s^2+K=5s^2+20=0 \tag{5-3-29}$$

$$s=\pm j2,\ w=\pm 2$$

따라서, 이득 K의 값이 20일 때 허수축과 만나는 점은 $s=\pm j2$, 즉 $w=\pm 2$이다.

예제 5-20

제어 시스템의 루프전달함수가 $G(s)H(s)=\dfrac{K(s+1)}{s(s+2)(s+3)}$ 일 때 근궤적의 허수축과 만나는 점에 대응하는 K와 ω의 값을 구하라.

풀이

이 시스템의 특성방정식은

$$s(s+2)(s+3)+K(s+1)=0$$

$$s^3 + 5s^2 + 6s + Ks + K = 0$$

이므로 Routh 배열은

$$\begin{array}{c|cc} s^3 & 1 & 6+K \\ s^2 & 5 & K \\ s^1 & \dfrac{4K+30}{5} & 0 \\ s^0 & \mathrm{K} & 0 \end{array} \quad \leftarrow \text{ 보조방정식 } 5s^2+K=0 \text{ (}s^2\text{ 행)}$$

이다. 이 시스템은

$$\frac{4K+30}{5} = 0,\ K = \frac{-30}{4}$$

일 때 임계안정도를 가지며, K의 값을 보조방정식에 대입하면

$$5s^2 + K = 5s^2 + \frac{-30}{4} = 0$$

$$s = \pm 1.5$$

따라서, 이 특성방정식에 대한 근궤적은 허수축과 교차하지는 않는다.

---

(9) 근궤적의 이탈점(Breakaway point)

[정리 9] 시스템의 특성방정식

$$1 + KG_1(s)H_1(s) = 0 \tag{5-3-30}$$

과 이득

$$K = \frac{-1}{G_1(s)H_1(s)} \tag{5-3-31}$$

에서 근궤적상의 이탈점은 다음 식을 만족해야 한다.

$$\frac{dG_1(s)H_1(s)}{ds} = 0 \text{ 또는 } \frac{dK}{ds} = 0 \tag{5-3-32}$$

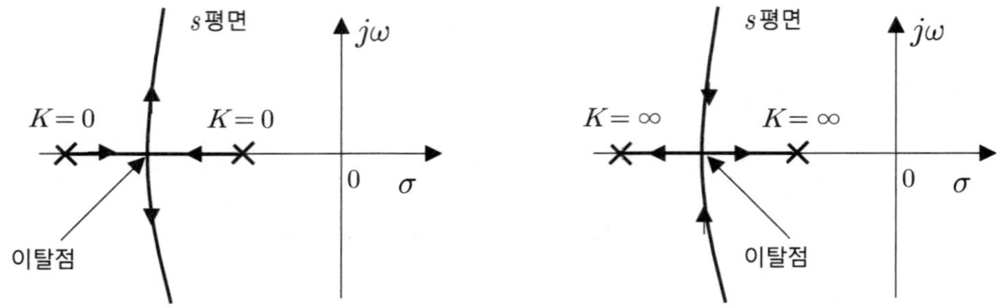

그림 5-11 실수축상에 근궤적의 이탈점

일반적으로 식 (5-3-32)의 해에 대하여 다음과 같은 결론을 얻는다.

① 식 (5-3-32)의 모든 실수해는 근궤적의 이탈점이다.

② 식 (5-3-32)의 공액복소수해는 식 (5-2-1)를 만족하는 경우에 한하여 근궤적의 이탈점이 된다.

그림 5-11은 s평면 실수축상에서 근궤적의 이탈점을 나타낸 것이다. 이탈점은 근궤적의 공액 대칭성에 실수이거나 복소공액쌍들이어야 한다.

예제 5-21

제어 시스템의 특성방정식이

$$s(s+4)(s^2+4s+20)+K=0 \tag{5-3-33}$$

일 때 s평면상에서 근궤적의 이탈점을 구하라.

풀이

주어진 특성방정식으로부터

$$1+KG_1(s)H_1(s)=1+K\frac{1}{s(s+4)(s^2+4s+20)} \tag{5-3-34}$$

가 되므로 루프 전달함수 $G_1(s)H_1(s)$는

$$G_1(s)H_1(s)=\frac{1}{s(s+4)(s^2+4s+20)} \tag{5-3-35}$$

이다. 근궤적의 이탈점은

$$\frac{dG_1(s)H_1(s)}{ds} = -\frac{4s^3+24s^2+72s+80}{[s(s+4)(s^2+4s+20)]^2} = 0 \qquad (5\text{-}3\text{-}36)$$

로부터

$$4s^3+24s^2+72s+80=0,\ s^3+6s^2+18s+20=0 \qquad (5\text{-}3\text{-}37)$$

의해는 $s=-2$, $s=-2\pm j2.45$이다.

예제 5-22

제어 시스템의 루프전달함수가 $G(s)H(s)=\dfrac{K(s+1)}{s(s+2)(s+3)}$일 때 근궤적의 이탈점을 구하라.

풀이

근궤적의 이탈점은 $\dfrac{dK}{ds}=0$인 경우이며 여기서 $K=\dfrac{s(s+2)(s+3)}{(s+1)}$이다. 분수에 대한 미분의 경우 다음의 성질을 이용한다.

$$(AB)' = A'B + AB' \quad \text{혹은} \quad \left(\frac{B}{A}\right)' = \frac{B'A - BA'}{A^2}$$

$$\frac{dK}{ds} = \frac{2s^3+8s^2+10s+6}{(s+1)^2} = 0$$

$$2s^3+8s^2+10s+6=0$$

위식의 해에 의하여 근궤적의 이탈점이 구해진다.

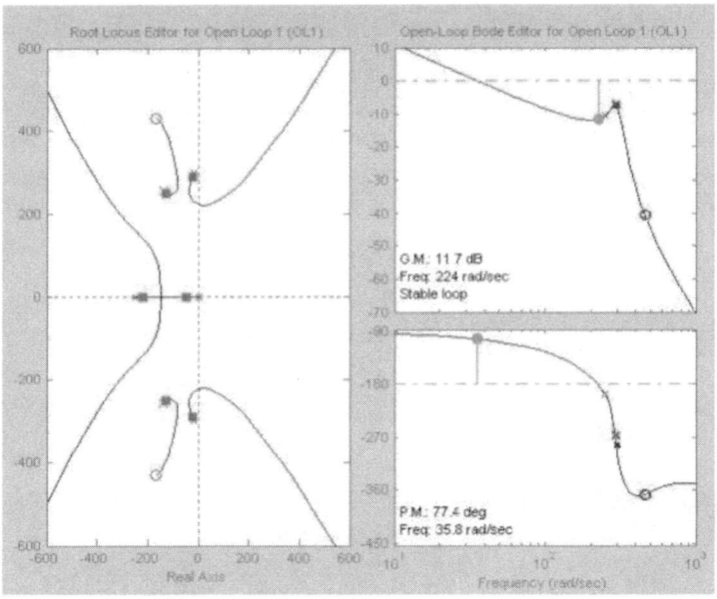

그림 5-12 근궤적법으로 도해한 예

근궤적 작성법

(1) 제어 시스템의 루프전달함수 $G(s)H(s)$를 구한다.

(2) 근궤적에서 $K=0$이 되는 점인 $G(s)H(s)$의 극점들을 구한다.

(3) 근궤적에서 $K=\pm\infty$ 되는 점인 $G(s)H(s)$의 영점들을 구한다.

(4) 근궤적의 수는 루프전달함수 $G(s)H(s)$의 차수와 같다.

(5) 시스템의 근궤적은 s 평면상의 실수축에 대하여 대칭이다.

(6) 점근선의 각도 : $K \geqq 0$일 때 근궤적은 다음의 각을 가지는 직선에 접근한다.

$$\theta_k = \frac{(2k+1)\pi}{n-m},\ k=0,1,2,\cdots,n-m-1 \tag{5-3-38}$$

(7) 점근선의 교차점 : 점근선의 교차는 단지 실수축상에만 있으면 교차점은 다음과 같이 주어진다.

$$\sigma_k = \frac{\sum G(s)H(s)\text{의 극점} - \sum G(s)H(s)\text{의 영점}}{n-m} \tag{5-3-39}$$

$$\sum G(s)H(s)\text{의 극점} : \text{루프전달함수의 모든 극점의 합}$$

$$\sum G(s)H(s)\text{의 영점} : \text{루프전달함수의 모든 영점의 합}$$

(8) 근궤적의 출발점 : 근궤적에서 출발하며, 출발각은 다음가 같이 주어진다.

$$\Phi_p = (2k+1)\pi + \theta_p \tag{5-3-40}$$

$$\Phi_p = 180 + (\sum\text{영점과 이루는 각} - \sum\text{극점과 이루는 각})$$

단 θ_p는 이 극점에서 다른 극점과 또는 영점과 이루는 각을 합한 것이다.

(9) 근궤적의 허수축과 교차하는 점의 K와 w의 값은 다음과 같이 구해진다. 즉, 특성방정식

$$1 + G(s)H(s) = 1 + KG_1(s)H_1(s) = 0 \tag{5-3-41}$$

로부터 Routh 배열을 구성한다. Routh배열에서 제 1 열의 모든 요소의 부호가, 변하지 않는 조건에서 K의 값을 구한다. 또한 Routh 배열에서 보조방정식을 설정하고, 이 보조방정식에서 K의 값을 대입하여, w의 값을 구한다.

(10) 근궤적의 이탈점 : 근궤적상의 이탈점은

$$\frac{dK}{ds} = 0 \text{ 또는 } \frac{dG_1(s)H_1(s)}{ds} = 0 \tag{5-3-42}$$

의 해인 근을 구함으로써 얻어진다.

예제 5-23

그림 5-13와 같은 페루프 제어 시스템의 근궤적을 도시하고, K값의 변화에 따른 시스템의 안정성을 고찰하라.

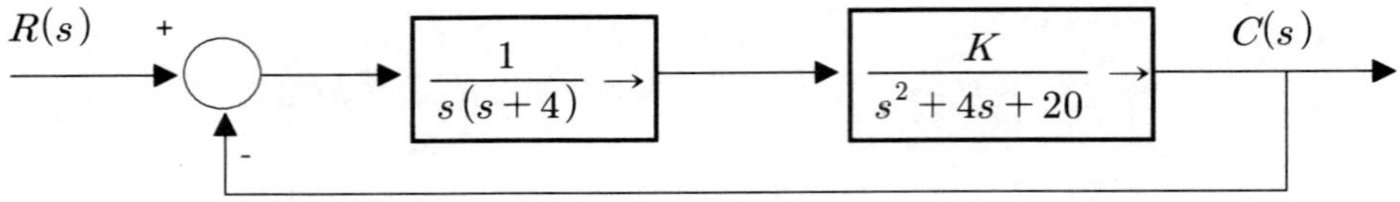

그림 5-13

⚜ 풀이

주어진 시스템의 루프전달함수는 피드백 요소가 1이므로

$$G(s)H(s) = \frac{K}{s(s+4)(s^2+4s+20)} \tag{5-3-43}$$

① 근궤적상에서 $K=0$인 점들은 $s_3=0,\ s_4=-4,\ s_1=-2+j4,\ s_2=-2-j4$ 이며, 이 점들은 $G(s)H(s)$의 극점이다.

② 근궤적상에서 $K=\infty$인 점들은 $G(s)H(s)$의 영점이 없으므로 4개의 극점에서 출발한 근궤적은 모두 무한대로 접근한다.

③ 실수축상의 근궤적은 $-4 \le s \le 0$에 존재한다.

④ 점근선이 실수축과 교차하는 점은 식 (5-3-39)에 의하여

$$\sigma_k = \frac{0-4-2+j4-2-j4}{4-0} = -2 \tag{5-3-44}$$

⑤ 4개의 점근선이 실수축과 이루는 각은 $n-m-1=4-0-1=3$이므로

$$\theta_k = \frac{(2k+1)180^\circ}{4-0},\ k=0,1,2,3 \tag{5-3-45}$$

로부터

$$k=0 \text{ 일 때 } \theta_0 = \frac{180^\circ}{4} = 45^\circ$$

$$k=1 \text{ 일 때 } \theta_1 = \frac{(2\times1+1)180^\circ}{4} = 135^\circ$$

$$k=2 \text{ 일 때 } \theta_2 = \frac{(2\times2+1)180^\circ}{4} = \frac{5\times180^\circ}{4} = 225^\circ$$

$$k=3 \text{ 일 때 } \theta_3 = \frac{(2\times3+1)180^\circ}{4} = \frac{7\times180^\circ}{4} = 315^\circ$$

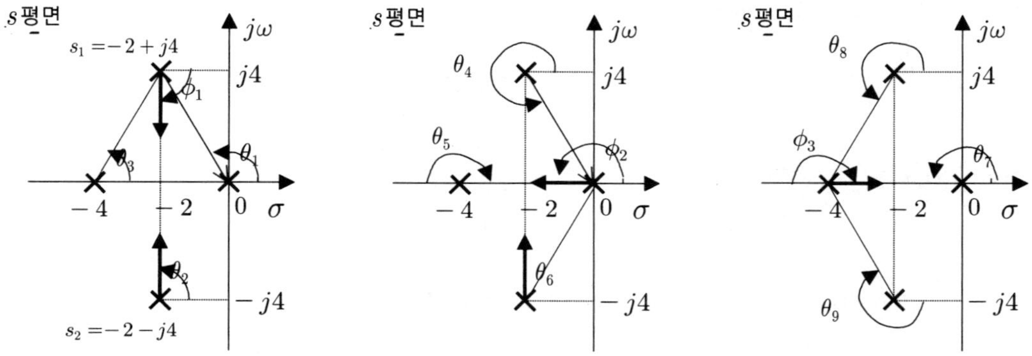

그림 5-14

⑥ 극점 $s_1=-2+j4$에서 출발하는 근궤적의 출발각 Φ_1은 그림 5-14 (a)로부터 다음과 같이 구해진다.

$$\theta_1=90^\circ+\tan^{-1}\frac{1}{2}=116.6^\circ,\ \theta_2=90^\circ,\ \theta_3=\tan^{-1}\frac{4}{2}=63.4^\circ$$

$$\Phi_1=180^\circ+\theta_p=180^\circ+(-\theta_1-\theta_2-\theta_3)=-90^\circ \qquad (5\text{-}3\text{-}46)$$

극점 $s_2=-2=-j4$에서 출발각은 $s_1=-2+j4$의 대칭으로 한다.

극점 $s_3=0$에서 출발하는 근궤적의 출발각 Φ_1는 그림 5-14 (b)로부터

$$\theta_4=270^\circ+\tan^{-1}\frac{2}{4}=296.6^\circ,\quad \theta_5=0^\circ$$

$$\theta_6=\tan^{-1}\frac{4}{2}=63.4^\circ$$

$$\phi_2=180^\circ-(\phi_4+\phi_5+\phi_6)=180^\circ-(296.6^\circ+0^\circ+63.4^\circ)=-180^\circ$$

극점 $s_4=-4$에서 출발하는 근궤적의 출발각 ϕ_3은 다음과 같다.

$$\phi_7=180^\circ,\ \phi_8=180+\tan^{-1}\frac{4}{2}=243.4^\circ,\ \phi_9=-243.4^\circ$$

$$\phi_3=180^\circ-(\phi_7+\phi_8+\phi_9)=180^\circ-(180^\circ+243.4^\circ-243.4^\circ)=0^\circ$$

⑦ 주어진 시스템에서 특성방정식은

$$1+KG_1(s)H_1(s)=1+K\frac{1}{s(s+4)(s^2+4s+10)}=0 \qquad (5\text{-}3\text{-}47)$$

이므로, s에 관하여 미분을 취하면

$$\frac{dK}{ds} = \frac{d}{ds}\left[s(s+4)(s^2+4s+10)\right] = 0 \tag{5-3-48}$$

또는

$$s^3 + 6s^2 + 18s + 20 = (s+2)(s^2+4s+10) = 0 \tag{5-3-49}$$

가 되며, 이 식의 해는 $s = -2$, $s = -2 \pm j2.45$이다.

따라서, 이탈점은 그림 5-15과 같이 실수축상의 점 $s = -2$와 허수축상의 점 $s = -2 \pm j2.45$와 $s = -2 - j2.45$이다.

실수축상에서 근궤적이 이탈하는 점의 K의 값은 주어진 특성방정식에 이탈점 $s = -2$를 대입하면 얻을 수 있다. 즉 다음과 같다.

$$K = \left|-s(s+4)(s^2+4s+10)\right|_{s=-2} = 24 \tag{5-3-50}$$

⑧ 주어진 시스템의 특성방정식은 식 (5-3-47)로부터

$$s^4 + 8s^3 + 36s^2 + 80s + K = 0 \tag{5-3-51}$$

이므로 Routh 배열은

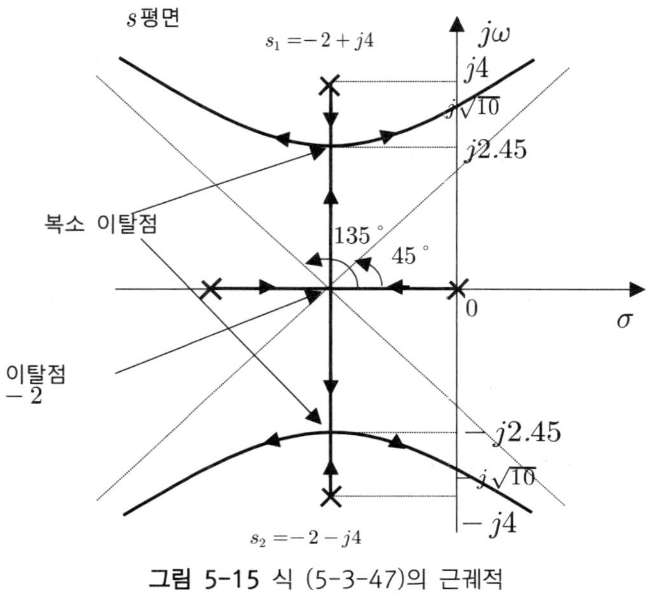

그림 5-15 식 (5-3-47)의 근궤적

s^4	1	36	K
s^3	8	80	0
s^2	26	K	0
s^1	$\dfrac{2080-8K}{26}$	0	
s^0	K	0	

이다. 이 배열의 제 1열 요소의 부호가 변화하지 않기 위한 조건은

$$\frac{2080-8K}{26} > 0,\ K > 0 \tag{5-3-52}$$

이므로 K값이 $0 < K < 260$ 범위일 때 시스템의 근은 s평면의 좌반면 내에 존재하므로 시스템은 안정해진다.

근궤적이 허수축과 교차하는 K의 값은

$$\frac{2080-8K}{26} = 0, \qquad K = 260$$

일 때이므로 $K = 260$이 된다.

근궤적이 허수축과 교차하는 ω의 값은 Routh 배열의 보조방정식

$$26s^2 + K = 26s^2 + 360 = 0 \tag{5-3-53}$$

의 해이므로 $s = \pm j\sqrt{10}$ 으로서 $\omega = \pm\sqrt{10}$ 이다.

지금까지 얻어진 결과를 종합하면 그림 5-15과 같은 근궤적을 얻는다.

예제 5-24

단위 피드백 제어 시스템의 루프전달함수는

$$G(s)H(s) = \frac{K}{s(s+1)(s+5)} \tag{5-3-54}$$

이다. 시스템의 근궤적을 작성하라.

풀이

식 (5-3-54)에서 영점은 없고, 극점은 $s=0,-1,-5$이다.

① 근궤적상에서 $K=0$인 점들은 극점인 $s=0,-1,-5$이다.

② 근궤적상에서 $K=\infty$인 점들은 영점이 없으므로 3개의 극점에서 출발한 근궤적은 모두 무한대로 접근한다.

③ 실수축상의 근궤적은 $-1 \leqq s \leqq 0$, $-\infty = s \leqq -5$에 존재한다.

④ 점근선이 실수축과 교차하는 점은 없고, 극점이 $s=0,-1,-5$ 이고, $n-m=3-0=3$이므로 식 (5-3-21)에 의하여 다음과 같다.

$$\sigma_k = \frac{0-1-5}{3-0} = 2 \tag{5-3-55}$$

⑤ 무한대로 접근하는 3개의 근궤적은 무한대로 접근하므로 출발각은 180° 이므, $s=0$에서 출발하는 근궤적은 $s=-1$로 접근하므로 출발각은 180° 이고, $s=-1$에서 출발하는 근궤적은 $s=0$으로 접근하므로 출발각은 0° 이다.

$$\theta_k = \frac{(2k+1)180°}{3-0}, \quad k=0,1,2 \tag{5-3-56}$$

$$\theta_0 = 60°, \theta_1 = 180°, \theta_2 = 270°$$

⑥ 극점 $s=-5$에서 출발하는 근궤적은 무한대로 접근하므로 출발각은 180° 이며, $s=0$에서 출발하는 근궤적은 $s=-1$로 접근하므로 출발가은 180° 이고, $s=-1$에서 출발하는 근궤적은 $s=0$으로 접근하므로 출발각은 0° 이다.

⑦ 근궤적의 탈점은 다음과 같이 구해진다. 주어진 시스템의 특성방정식은 식 (5-3-54)에 의하여

$$1+G(s)H(s) = 1+\frac{K}{s(s+1)(s+5)} = 0$$

$$s^3+6s^2+5s+K=0 \tag{5-3-57}$$

이고

$$\frac{dK}{ds} = -(3s^2+12s+5) = 0 \tag{5-3-58}$$

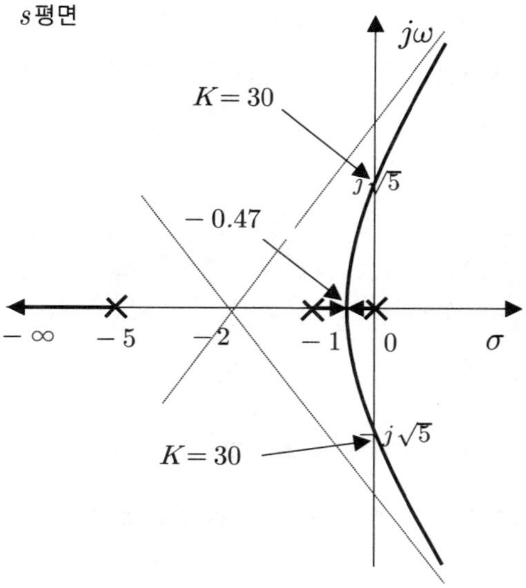

그림 5-16

에서 이 식의 해는 $s = -0.47,\ -3.52$이며, 근궤적은 $-1 \leqq s \leqq 0$에 존재하므로 근궤적의 이탈점은 $s = -0.47$이다.

⑧ 근궤적이 허수축과 교차하는 점은 특성방정식 (5-3-57)에서 Routh 배열은

$$\begin{array}{c|cc} s^3 & 1 & 5 \\ s^2 & 6 & K \\ s^1 & \dfrac{30-K}{6} & 0 \\ s^0 & K & 0 \end{array} \quad \leftarrow \text{보조방정식 } 6s^2 + K = 0 \ (s^2 \text{ 행})$$

이고, 제 1 열 요소의 부호가 변화하지 않는 조건은

$$\frac{30-K}{6} > 0,\ K > 0 \tag{5-3-59}$$

이며, 시스템이 안정하기 위한 K의 범위는 식 (5-3-59)으로부터 $0 < K < 30$이다.

근궤적이 허수축과 교차할 때의 K의 값은 $(30 - K)/6=0$일 때 $K = 30$이 된다.

근궤적이 허수축과 교차하는 ω의 값은 Routh 배열의 보조방정식

$$6s^2 + K = 6s^2 + 30 = 0 \tag{5-3-60}$$

의 해이므로 $s=\pm j\sqrt{5}$ 로부터 $\omega=\pm\sqrt{5}$ 이다.

지금까지 얻어진 결과로부터 식 (5-3-54)의 근궤적은 그림 5-16와 같다.

예제 5-25

제어 시스템의 특성방정식은 다음과 같다.

$$s(s+3)(s^2+2s+2)+K=0 \tag{5-3-61}$$

이 시스템이 근궤적을 도시하고, K값의 변화에 따른 시스템의 안정성을 고찰하라.

풀이

주어진 특성방정식으로부터

$$1+G(s)H(s)=1+\frac{K}{s(s+3)(s^2+2s+2)}=0 \tag{5-3-62}$$

이고 루프전달함수 $G(s)H(s)$는 다음과 같다.

$$G(s)H(s)=\frac{K}{s(s+3)(s^2+2s+2)} \tag{5-3-63}$$

① 근궤적상에서 $K=0$이 되는 점들은 $G(s)H(s)$의 극점이며, 다음과 같다.

$$s=0,\ s=-3,\ s=-1+j,\ -1-j$$

② $K=\infty$일 때의 점은 $G(s)H(s)$의 영점이며, 식 (5-3-63)으로부터 영점은 없으므로 4개의 극점에서 출발한 근궤적은 모두 두한대로 접근한다.

③ 실수축상의 근궤적은 $-3\leq s\leq 0$에 존재한다.

④ 점근선이 실수축과 교차하는 점은 식 (5-3-39)으로부터 다음과 같다.

$$\sigma_k=\frac{0-3-1+j-1-j}{4}=-1.25 \tag{5-3-64}$$

⑤ 4개의 점근선이 실수축과 이루는 각은 식 (5-3-38)로부터

$$\theta_k = \frac{(2k+1)180°}{4} = 45, 135, 225, 315, \qquad k = 0, 1, 2, 3 \tag{5-3-65}$$

⑥ 근궤적상에서 근궤적의 이탈점은 주어진 특성방정식 (5-3-61)로부터

$$\frac{dK}{ds} = \frac{d}{ds}\left[s(s+3)(s^2+2s+2)\right] = 4s^3 + 15s^2 + 16s + 6 = 0 \tag{5-3-66}$$

가 되고, 이 식의 해는 $s = -2.3$, $s = -0.725 \pm j0.365$이다. 실수축상의 근궤적은 $-3 \leqq s \leqq 0$에 존재하므로 이탈점은 $s = -2.3$이 된다. 그리고 이탈하는 각도는 $\pm 90°$가 된다. 또한 근궤적이 이탈하는 점의 K값은 주어진 특성방정식에 $s = -2.3$을 대입하면

$$K = \left| s(s+3)(s^2+2s+2) \right|_{s=-2.3} = 4.33 \tag{5-3-67}$$

⑦ 4개의 극점에서 출발하는 근궤적의 출발각은 실수근과 복소근 두 가지로 나누어 구해야 한다.

실수근이 극점 $s = 0$, $s = -3$에서 출발하는 근궤적의 출발각은 각각 $180°$와 $0°$이며 복소근인 극점 $s = -1 + j$, $s = -1 - j$에서 출발하는 근궤적의 출발각은 그림 5-17으로부터 식 (5-3-40)에 의하여 다음과 같다.

$$\theta_{p1} = \tan^{-1} = 45°, \quad \theta_{p2} = 90°, \quad \theta_{p3} = \tan^{-1}\frac{1}{2} = 26.6°$$

$$\Phi_p = (2k+1)180° + \theta_p = 180° + (-\theta_{p1} - \theta_{p2} - \theta_{p3}) = -76.6°, +76.6° \tag{5-3-68}$$

⑧ 주어진 특성방정식은

$$s(s+3)(s^2+2s+2) + K = s^4 + 5s^3 + 8s^2 + 6s + K = 0 \tag{5-3-69}$$

이므로 Routh 배열은

s^4	1	8	K	
s^3	5	6	0	
s^2	$34/5$	K	0	→보조방정식 $\frac{34}{5}s^2 + K = 0$
s^1	$\frac{204-25K}{34}$	0	0	
s^0	K	0	0	

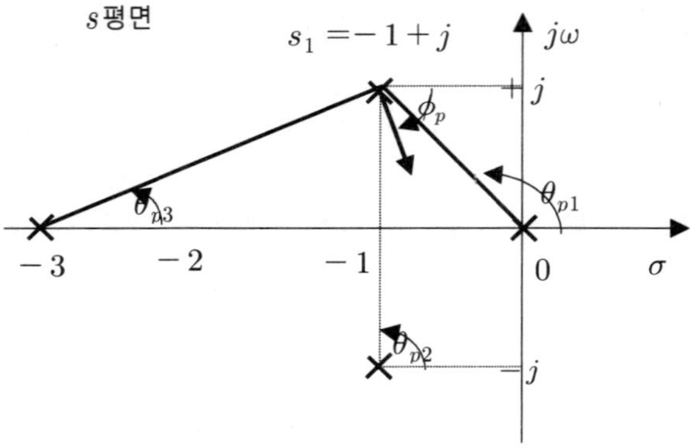

그림 5-17 $s_1 = -1 + j$에서의 출발각

이다. 이 배열의 제 1열 요소의 부호가 변화하지 않는 조건은

$$\frac{204 - 25K}{34} > 0, \ K > 0 \qquad (5\text{-}3\text{-}70)$$

이므로 시스템이 안정하기 위한 K의 범위는 $0 < K < 8.16$이다. 근궤적이 허수축과 교차하는 K의 값은 식 (5-3-70)로부터

$$\frac{204 - 25K}{34} = 0, \ K = 8.16 \qquad (5\text{-}3\text{-}71)$$

근궤적이 허수축과 교차하는 ω의 값은 Routh 배열의 보조방정식

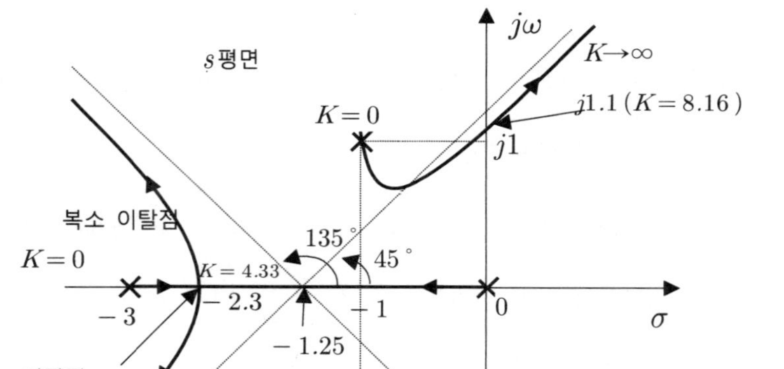

그림 5-18 식(5-3-61)의 근궤적

$$\frac{34}{5}s^2 + K = \frac{34}{5}s^2 + 8.16 = 0 \tag{5-3-72}$$

를 풀면 $s = \pm j1.1$이므로 $\omega = \pm 1.1$이다.

지금까지 얻어진 결과에 의하여 그림 5-18와 같은 근궤적을 얻는다.

예제 5-26

그림 5-19와 같은 시스템에서 폐루프 극점이 $s = -1 \pm j\sqrt{3}$에 있기 위한 이득 K와 속도 피드백의 계수 b의 값을 구하고, 이 시스템의 근궤적을 작성하라.

풀이

$$\frac{C(s)}{R(s)} = \frac{K}{s(s+1) + K(1+bs)} \tag{5-3-73}$$

이고, 특성방정식은

$$s^2 + (1+Kb)s + K = 0 \tag{5-3-74}$$

이므로 폐루프의 극점, 즉 특성방정식의 근은

$$s_1,\ s_2 = -\frac{1}{2}(1+Kb) \pm \frac{1}{2}\sqrt{(1+Kb)^2 - 4K} \tag{5-3-75}$$

주어진 극점이 $s = -1 \pm j\sqrt{3}$이므로 식 (5-3-75)로부터

$$-\frac{1}{2}(1+Kb) = -1,\ 1+Kb = 2 \tag{5-3-76}$$

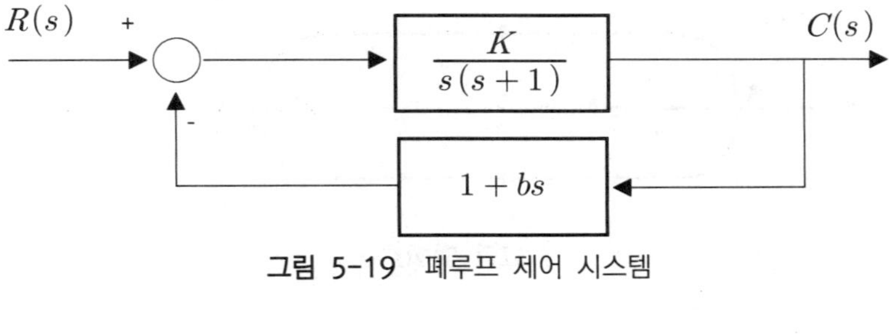

그림 5-19 폐루프 제어 시스템

$$\pm\frac{1}{2}\sqrt{(1+Kb)^2-4K}=\pm\sqrt{3},\ (1+Kb)^2-4K=12 \qquad (5\text{-}3\text{-}77)$$

이고, 식 (5-3-76)과 식 (5-3-77)에 의하여 $K=4,\ b=0.25$이다.
따라서, 특성방정식은

$$s^2+s+K(0.25s+1)=s^2+(1+0.25K)s+K=0 \qquad (5\text{-}3\text{-}78)$$

가 된다. 루프전달함수는

$$G(s)H(s)=\frac{K(1+0.25s)}{s(s+1)} \qquad (5\text{-}3\text{-}79)$$

이고, 영점은 $s=-4$에, 극점은 $s=0,\ s=-1$에 존재한다.
식 (5-3-78)로부터 Routh 배열은 다음과 같다.

s^2	1	K
s^1	$1+0.25K$	0
s^0	K	0

$K0$의 조건으로부터 첫 번째 열의 부호가 변화하지 않으므로 허수축과의 교차는 없다. 이탈점은 식 (5-3-79)으로부터 다음과 같이 구해진다.

$$\frac{dK}{ds}=\frac{d}{ds}\frac{s(s+1)}{1+0.25s}=\frac{0.25s^2+2s+1}{(1+0.25s)^2}=0 \qquad (5\text{-}3\text{-}80)$$

$$0.25s^2+2s+1=0 \qquad (5\text{-}3\text{-}81)$$

의 해가 이탈점이며 $s=-0.54$ 및 $s=-7.46$이다.

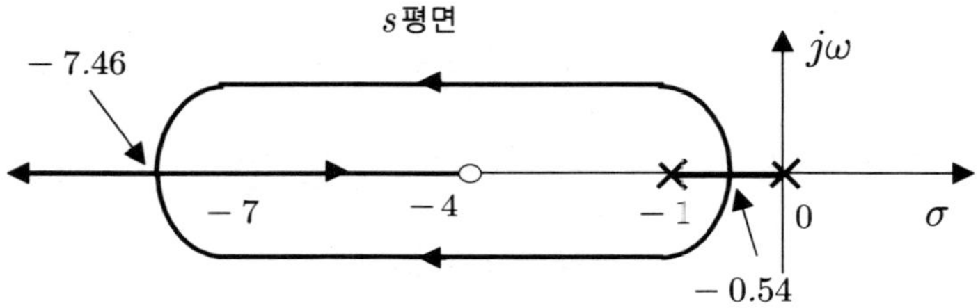

그림 5-20

근궤적의 형태는 영점이 $s=-4$, 극점이 $s=0$, $s=-1$이므로 $s=0$과 $s=-1$에서 출발한 근궤적은 $0 \leqq s \leqq -1$에서 이탈한점 2개의 근궤적은 $-\infty = s \leqq -4$에 도달하여 1개는 영점 $s=-4$에 접근하고, 또 1개는 무한대로 접근하므로 식 (5-3-79)의 근궤적은 그림 5-20과 같이 된다.

예제 5-27

피드백 제어 시스템의 루프전달함수가

$$G(s)H(s) = \frac{K(s+5)}{s(s+2)(s+4)} \tag{5-3-82}$$

일 때 근궤적을 작성하라.

풀이

식 (5-3-82)로부터 영점은 $s=-5$,극점은 $s=0, -2, -4$이므로 근궤적의 수는 3개이다. 점근선의 교차점과 점근선의 각은

$$\sigma_k = \frac{0-2-4-(-5)}{3-1} = -\frac{1}{2} \tag{5-3-83}$$

$$\theta_k = \frac{(2k+1)180°}{3-1}, \ k=0,1 \tag{5-3-84}$$

$$\theta_0 = 90°, \quad \theta_1 = 270°$$

식 (5-3-82)로부터 특성방정식은

$$1 + \frac{K(s+5)}{s(s+2)(s+4)} = 0 \tag{5-3-85}$$

$$s(s+2)(s+4) + K(s+5) = (s^3 + 6s^2 + (K+8)s + 5K = 0 \tag{5-3-86}$$

Routh 배열은 다음과 같다.

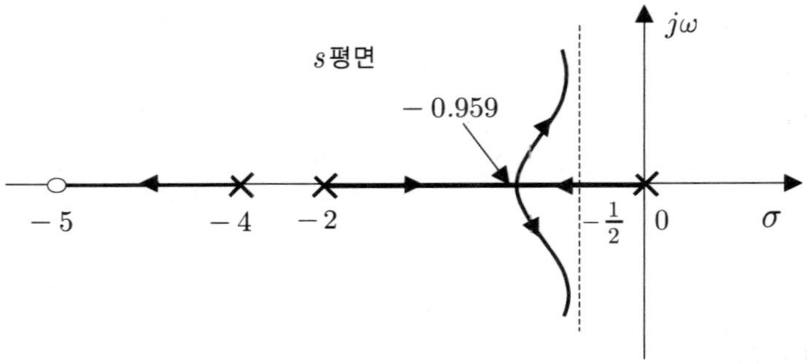

그림 5-21

s^3	1	$K+8$	
s^2	6	$5K$	→보조방정식 $6s^2+5K=0$
s^1	$\dfrac{K-48}{6}$	0	
s^0	$5K$	0	

배열에서 $5K>0$인 조건으로부터 근궤적은 허수축과 교차하지 않는다. 이탈점은 식 (5-3-82)에 의하여

$$\frac{dK}{ds}=\frac{d}{ds}\frac{s(s+2)(s+4)}{s+5}=\frac{-(2s^3+21s^2+60s+40)}{(s+5)^2}=0 \quad (5\text{-}3\text{-}87)$$

$$2s^3+21s^2+60s+40=(s+0.959)(s+3.388)(s+6.153)=0 \quad (5\text{-}3\text{-}88)$$

이 식의 해는 $s=-0.959, -3.388, -6.153$이며, 실수축상에서 근궤적은 $0 \leqq s \leqq -2, -4 \leqq s \leqq -5$에 존재하므로 이탈점은 $s=-0.959$가 된다. 따라서 식 (5-3-82)의 근궤적은 그림 5-21과 같다.

예제 5-28

제어 시스템의 루프전달함수가 $G(s)H(s)=\dfrac{K(s+1)}{s(s+2)(s+3)}$일 때 근궤적을 구하시오.

풀이

① 근궤적의 출발점은 특성방정식에서 $K=0$인 값으로서

$$1 + G(s)H(s) = 0$$

$$1 + \frac{K(s+1)}{s(s+2)(s+3)} = 0$$ 에서 K의 값을 구하면 다음과 같다.

$$K = \frac{-s(s+2)(s+3)}{(s+1)}$$

위식에서 $K=0$이 되는 점은 분자가 0인 경우로써 $s = 0, -2, -3$이다.
즉, 근궤적은 $s = 0, -2, -3$에서 출발하며 이는 루프전달함수의 극점이다.

② 근궤적의 도착점은 특성방정식에서 $K=\pm\infty$인 값으로서

$$1 + G(s)H(s) = 0$$

$$1 + \frac{K(s+1)}{s(s+2)(s+3)} = 0$$ 에서 K의 값을 구하면 다음과 같다.

$$K = \frac{-s(s+2)(s+3)}{(s+1)}$$

위식에서 $K=\pm\infty$이 되는 점은 분모가 0인 경우로써 $s = -1$이다.
즉, 근궤적은 $s = -1$으로 도착한다.

③ 루프전달함수의 극점은 $s = 0, -2, -3$ 그리고 영점은 $s = -1$이다. 즉, $m=3, n=1$ 이므로 근궤적의 개수는 3개이다.

④ 점근선이 실수축과 이루는 각도는 다음식을 이용한다.

$$\theta_k = \frac{(2k+1)\pi}{n-m},\ k=0,1,2,\cdots,n-m-1$$

여기서 극점과 영점의 개수 $n=3, m=1$ 이므로 이를 대입하면
$k=n-m-1=3-1-1=1$까지 이므로 즉 $k=0,1$에 해당한다.

$$\theta_0 = \frac{(2\times 0+1)180^{\circ}}{3-1} = 90^{\circ}$$

$$\theta_1 = \frac{(2 \times 1 + 1)180°}{3-1} = 270°$$

⑤ 점근선이 실수축과 교차하는점은 다음식을 이용한다.

$$\sigma_k = \frac{\sum G(s)H(s)\text{의 극점} - \sum G(s)H(s)\text{의 영점}}{n-m}$$

$$\sigma_k = \frac{(0-2-3)-(-1)}{3-1} = \frac{-4}{2} = -2$$

즉, 3개의 점근선은 실수축 -2에서 각각 90°, 270°의 점근각을 이루며 서로 교차한다.

⑥ 근궤적에서 임의의 극점에서의 출발각은

$$\Phi_p = \pm(2k+1)\pi + \theta_p,\ k = 0, 1, 2, \cdots$$

$$\Phi_p = 180° + \theta_p$$

$$\Phi_p = 180° + (\sum \text{영점과 이루는 각} - \sum \text{극점과 이루는 각})$$

여기서 극점 $s=0$을 $p1$이라고 할때 하나의 영점과 두 개의 나머지 극점에서 볼 때 $p1$이 놓여있는 각도는 각각 0°, 0°, 0°에 위치한다.

$$\Phi_{p1} = 180° + (0° - (0° + 0°) = 180°$$

극점 $s=-2, -3$을 각각$p2, p3$라고 할때 각각의 출발각은 다음과 같이 구해진다.

$$\Phi_{p2} = 180° + (180° - (180° + 0°) = 180°$$

$$\Phi_{p3} = 180° + (180° G - (180° + 180°) = 0°$$

⑦ 근궤적의 허수축과 만나는 점은 Routh 배열을 이용한다. 이 시스템의 특성방정식은

$$s(s+2)(s+3) + K(s+1) = 0$$

$$s^3 + 5s^2 + 6s + Ks + K = 0$$

이므로 Routh 배열은

s^3	1	$6+K$
s^2	5	K ← 보조방정식 $5s^2+K=0$
s^1	$\frac{4K+30}{5}$	0
s^0	K	0

이다. 이 시스템은

$$\frac{4K+30}{5}=0, \quad K=\frac{-30}{4}$$

일 때 임계안정도를 가지며, K의 값을 보조방정식에 대입하면

$$5s^2+K=5s^2+\frac{-30}{4}=0$$

$$s=\pm 1.5$$

따라서, 이 특성방정식에 대한 근궤적은 허수축과 교차하지는 않는다.

⑧ 근궤적의 이탈점은 $\frac{dK}{ds}=0$인 경우이며 여기서 $K=\frac{s(s+2)(s+3)}{(s+1)}$이다. 분수에 대한 미분의 경우 다음의 성질을 이용한다.

$$(AB)' = A'B+AB' \text{ 혹은 } \left(\frac{B}{A}\right)=\frac{B'A-BA'}{A^2}$$

$$\frac{dK}{ds}=\frac{2s^3+8s^2+10s+6}{(s+1)^2}=0$$

$$2s^3+8s^2+10s+6=0$$

위식의 해에 의하여 근궤적의 이탈점이 구해진다.

[$1+KG(s)H(s)=0$인 근궤적의 성질]

구 분	비 고
1. 출발점	• 근궤적상의 K=0인 점들은 루프전달함수 $G(s)H(s)$의 극점이다.
2. 도착점	• 근궤적상의 K=±∞일 때의 점은 루프전달함수 $G(s)H(s)$의 영점이다.
3. 궤적의 개수	• 루프전달함수 식 (5-3-7)의 근궤적 개수는m과n 중에서 큰 수와 같다.
4. 점근선	• $K \geqq 0$일 때 $n-m$ 개의 근궤적은 무한대로 가며, 다음의 각을 갖는 점근선을 따라간다. $\theta_k = \dfrac{(2k+1)\pi}{n-m},\ k=0,1,2,\cdots,n-m-1$
5. 점근선의 교차점	• 점근선은 실수축상에서만 교차하고 그 수는 $(n-m)$개다. 실수축상에서의 점근선은 교차점은 다음 식으로 구해진다. $\sigma_k = \dfrac{\sum G(s)H(s)\text{의 극점} - \sum G(s)H(s)\text{의 영점}}{n-m}$
6. 출발각과 도착각	• 루프전달함수 $G(s)H(s)$의 근궤적에서 임의의 극점에서의 출발각은 $\Phi_p = \pm(2k+1)\pi + \theta_p,\ k=0,1,2,\cdots$ 이다. • 여기서θ_p는 임의의 극점에서 다른 극점 또는 영점과 이루는 각을 합한 것이다. • 또한 $G(s)H(s)$의 임의의 영점으로의 도달각은 $\Phi_z = \pm(2k+1)\pi - \theta_z,\ k=0,1,2,\cdots$ 이다. • 여기서, θ_z는 임의의 영점에서 다른 $G(s)H(s)$의 극점 또는 영점과 이루는 각을 합한 것이다.
7. 허수축과 교차점	• 근궤적은 K의 변화에 따라 허수축과 교차할 때 s평면의 우반면에 들어가는 순간은 시스템의 안정성이 파괴되는 임계점에 상당한다.
8. 근궤적의 이탈점	• 시스템의 특성방정식 $1+KG_1(s)H_1(s)=0$ 과 이득 $K=\dfrac{-1}{G_1(s)H_1(s)}$ 에서 근궤적상의 이탈점은 다음 식을 만족해야 한다. $\dfrac{dG_1(s)H_1(s)}{ds}=0$ 또는 $\dfrac{dK}{ds}=0$

6

CHAPTER

주파수영역 안정도

시스템이 안정하지 않으면 출력이 발산하기 때문에 제어시스템 설계를 할 때에 안정도는 제어기 설계의 제1목표가 된다. 시스템이 안정화되면 잡음이 있거나 계수에 변화가 있더라도 제어 대상량이 원하는 값으로 따라가는 견실한 경향을 나타낸다. 그러나 시스템이 안정하더라도 극점과 영점의 위치에 따라 출력응답 성능이 서로 다르기 때문에 성능목표를 만족하도록 제어기를 잘 설계해야 한다.

6.1 개요

극점의 위치와 시간영역 특성명세와의 상관관계는 선형 시불변 1차나 2차 시스템에서 표준형의 경우에 대해서는 간단한 공식으로 나타낼 수 있다. 그러나 일반적인 경우에는 관계가 복잡하게 얽혀 있기 때문에 공식으로 나타내기는 어려우며, 모의실험을 통해 성능을 확인해야 한다.

안정도를 판별하는 방법으로는 특성방정식을 풀어서 극점을 구하여 조사하는 직접적인 방법과, 우반면 극점의 존재여부만을 조사하는 간접적인 방법이 있다. 이 가운데 직접적인 방법은 대수방정식을 풀어야하기 때문에 수식을 대입하여 계산할 경우에는 2차 이하의 저차 시스템에만 적용할 수 있다. 그러나 최근에는 컴퓨터 활용 프로그램을 이용하여 고차방정식의 근을 쉽게 구할 수 있기 때문에 이 방법도 많이 쓰이고 있다.

간접적인 안정도 판별법으로는 Routh-Hurwitz 안정도 판별법과 Nyquist 안정도 판별법이 있다.

이 두 방법은 모두 선형시불변 시스템에 적용할 수 있는 것으로서 Nyquist 안정도 판별법은 개로 시스템에 대한 Nyquist 선도를 그려서 이 그래프로부터 폐로 시스템의 안정도를 판별하는 방법이다.

제어기 이득이 바뀜에 따라 변화하는 폐로극점의 위치변화를 평면에 그림표로 나타낸 것을 근궤적(Root locus)이라고 한다. 근궤적은 간단한 저차시스템의 경우에는 숫자를 사용하여 계산으로도 처리하여 작성할 수 있지만 시스템이 복잡해지면 숫자를 사용하여 계산으로 처리하기는 어렵다. 그러나 컴퓨터 활용 프로그램을 활용하면 상당히 복잡한 시스템의 경우에도 근궤적을 쉽게 작성할 수 있다.

근궤적을 활용하면 극점이 어떤 원하는 영역에 놓이도록 제어이득을 조정하면서 제어기를 설계할 수 있다. 이와 같이 극점의 위치를 원하는 자리에 배치시키는 방식으로 제어기를 설계하는 기법을 극배치법(Pole placement method)이라고 한다.

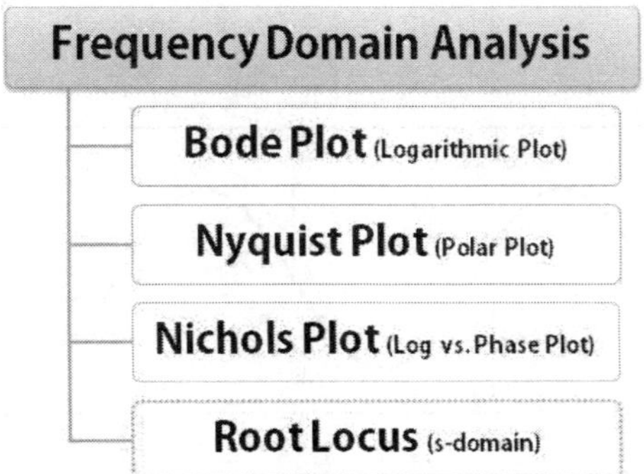

그림 6-1 주파수 영역의 해석방법

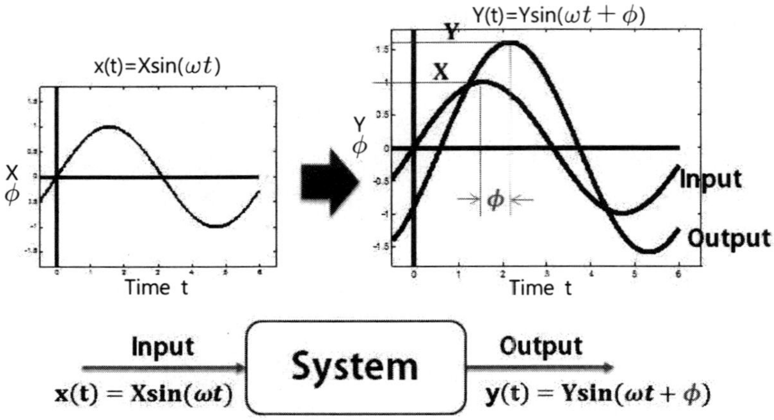

그림 6-2 주파수 영역의 입출력 파형

주파수 영역에서의 해석방법에는 Bode, Nyquist, Nichols로 3가지 종류가 있다. 경우에 따라서는 Bode, Nyquist, Nichols와 근궤적(Roots Locus)은 성질이 조금 다르지만 크게 주파수 영역에서의 해석방법으로 묶을 수도 있다.

근궤적(Roots Locus)은 s를 $s=실수+j허수부=\ \sigma+j\omega$ 인 실수부와 허수부를 모두 가지는 s로 가정하는 반면 Bode, Nyquist, Nichols의 경우 s가 순수한 허수(imaginary number)로만 이루어진 $s=j\omega$ 라고 가정한다. 여기에서 ω는 주파수를 나타낸다. 근궤적법을 제외한 주파수 영역에서의 해석방법의 가장 큰 특징은 입력신호로 사인파나 코사인파와 같은 정현파를 사용한다는 것이다.

즉 주파수 영역에서의 해석방법은 입력 신호가 사인파이고 이 사인파의 주파수 ω를 변화시키면서 시스템이 어떻게 반응하는지 보겠다는 것이다. 다시 말해 시스템이 안정하면 BIBO(Bounded Input Bounded Output)이므로 Bounded input(sin이나 cos)을 주어서 Bounded output이 어떻게 나오는지 분석한다.

Frequency

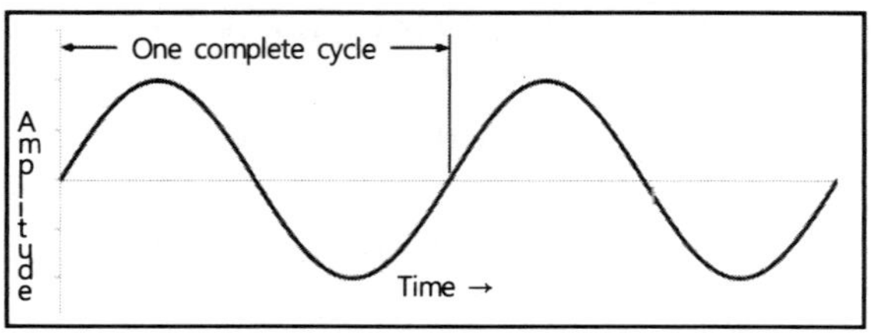

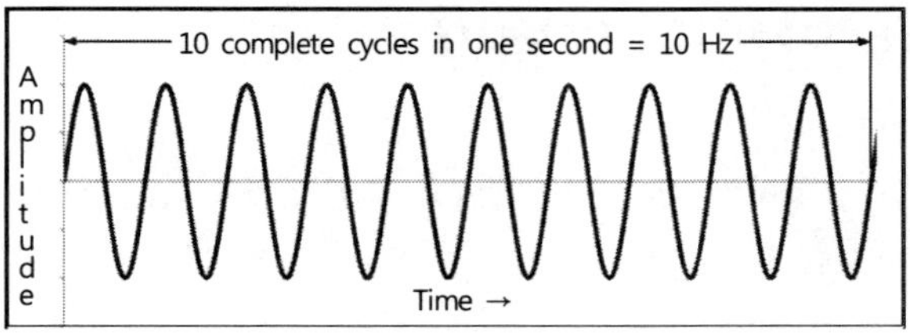

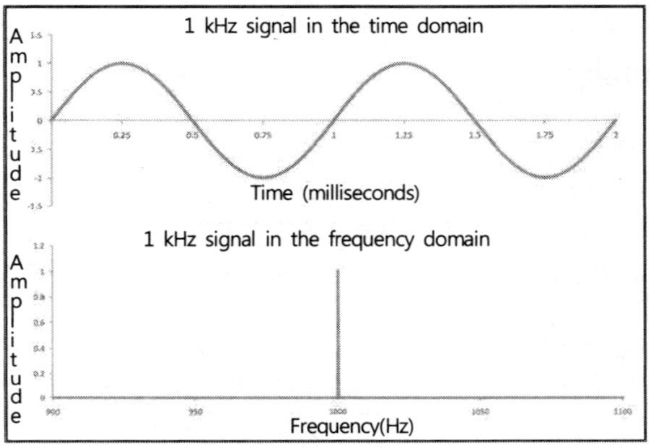

안정도(Stability)

안정도

- 어떤 시스템이 유한한 입력이나 외란에 대해 출력의 크기가 항상 유한한 응답을 보이면 그 시스템은 안정하다(Stable)고 말하며, 이와 같이 모든 유한한 입력에 대해 유한한 응답을 갖는 시스템의 성질을 안정도(Stability)라고 부른다.

  ① Nyquist 안정도 판별법 : 이 방법은 루프전달함수의 Nyquist 도표의 특성을 관찰함으로써 s평면의 우반면에 있는 폐루프 전달함수의 극점과 영점의 수의 차이에 관한 정보를 주는 반도표적 방법이다.

  ② Bode 선도법 : 이 선도는 루프전달함수 $G(j\omega)H(j\omega)$의 크기를 dB로, $G(j\omega)H(j\omega)$의 위상을 각도로 모든 주파수 ω에 대하여 그린 도표이다. 이 폐루프 계통의 안정도는 이 도표의 특성을 조사해서 결정 할 수 있다.

안정도 필요충분조건

- 시스템의 과도성능 중 중요한 특성 중 하나가 안정성이다.
- 시스템이 안정하고 한정된 과도응답을 보여야 한다.
- 궤환제어 시스템의 안정성은 시스템 전달함수 특정방정식의 근 위치와 관계있다.
- 근을 결정할 필요 없이, 단지 특성방정식의 다항식 계수들만 사용하여 시스템의 안정성을 결정하는 방법을 다룬다.
- 바람직한 동역학 시스템의 극점은 s-평면의 좌반부에 위치하여야 한다.

6.2 Nyquist 안정도 판별법

시스템의 안정도를 결정하는 두 가지 방법을 다루었다. Nyquist 판별법은 준도식적 방법이며, 루프전달함수 $G(s)H(s)$의 주파수영역의 성질을 검토하여 폐루프 시스템의 안정성을 판정한다.

Nyquist 판별법 특징

- Nyquist 판별법은 Routh-Hurwitz 판별법과 마찬가지로 절대안정도를 제공한다.
- Nyquist 판별법은 시스템의 안정도의 정도를 제시하며, 필요한 때에는 시스템의 안정도를 개선할 수 있는 방법을 제시한다.
- $G(jw)H(jw)$의 주파수영역은 폐루프 시스템의 주파수영역 특성에 대한 정보를 제공한다.
- · Nyquist선도는 Routh-Hurwitz 판별법에서 다룰 수 없고 근궤적법으로 해석하기 어려운 순수시간 지연을 갖는 시스템에 적용할 수 있다.

6.2.1 안정도 문제

시스템의 안정성 여부는 우반평면에 존재하는 특성방정식의 근에 따라 결정됨은 알고 있다. s평면상에서 근들의 위치를 결정하는 Nyquist 판별법을 사용한다. Nyquist 판별법은 근궤적법과는 달리 특성방정식의 근의 정확한 위치를 주지는 않는다. 단일입력 단일출력 시스템의 전달함수가 다음과 같다.

$$M(s) = \frac{C(s)}{R(s)} = \frac{G(s)}{1 + G(s)H(s)} \tag{6-2-1}$$

이 시스템에서 특성방정식은 다음식과 같이 표현한다.

$$\Delta(s) = 1 + G(s)H(s) = 1 + F(s) = 0 \tag{6-2-2}$$

Nyquist 판별법을 고찰하기 위하여 전달함수들의 극점과 영점의 관계를 요약하면 다음과 같다.

① 폐루프 전달함수 $M(s)$의 극점은 특성방정식 $\Delta(s)$의 근과 같다.

② 특성방정식 $\Delta(s)$의 극점과 루프전달함수 $G(s)H(s)$의 극점은 같다.

6.2.2 안정조건

루프전달함수 $G(s)H(s)$를 갖는 폐루프 시스템에 대하여 두 종류의 안정성을 정의 할 수 있다.

① 루프전달함수 $G(s)H(s)$의 극점들이 모두 s평면의 좌반면에 존재할 때 이런 시스템을 폐루프 안정이라 한다.

② 폐루프 전달함수 $M(s)$의 극점 또는 특성방정식 $\Delta(s)$의 근들이 모두 s평면의 좌반면에 존재할 때 이런 시스템을 폐루프 안정 또는 간단히 안정하다고 말한다.

6.2.3 일주와 포위

그림 6-3(a)에서 점 A는 폐경로 내부에 있으므로 폐경로 Γ로 일주(encircled)되고, 점 B는 폐경로 외부에 있으므로 폐경로 Γ로 일주되지 않았다고 한다. 그리고 점 A는 Γ에 의하여 반시계방향으로 일주되었다고 말한다.

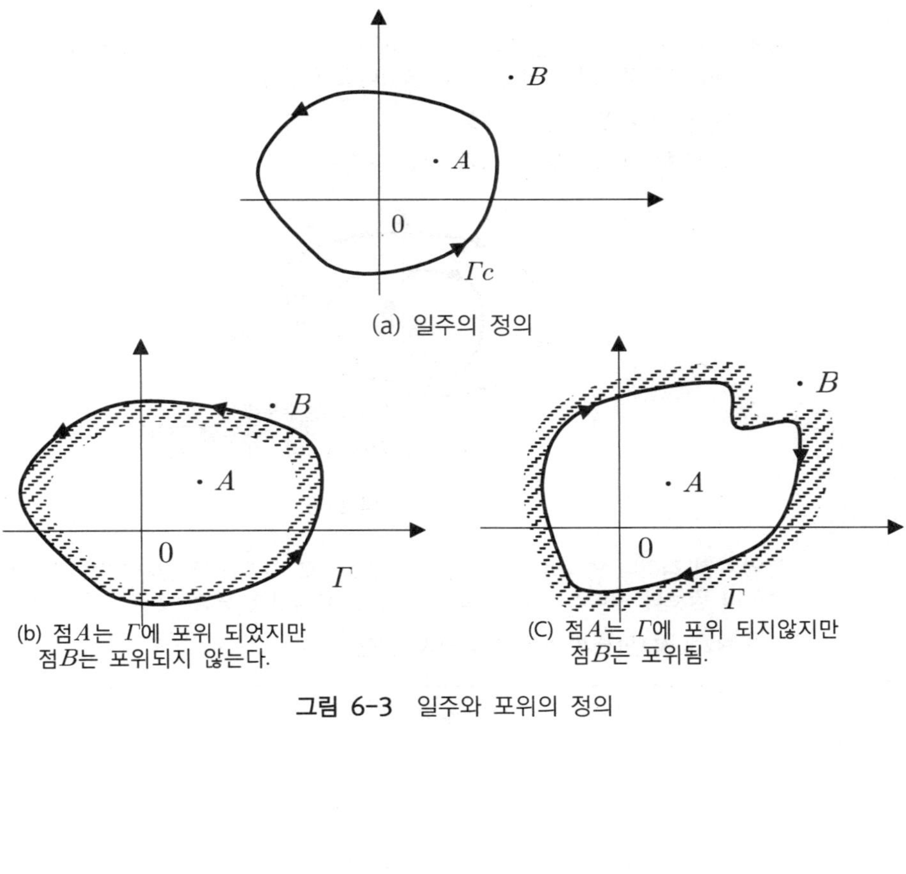

(a) 일주의 정의

(b) 점A는 Γ에 포위 되었지만 점B는 포위되지 않는다.

(C) 점A는 Γ에 포위 되지않지만 점B는 포위됨.

그림 6-3 일주와 포위의 정의

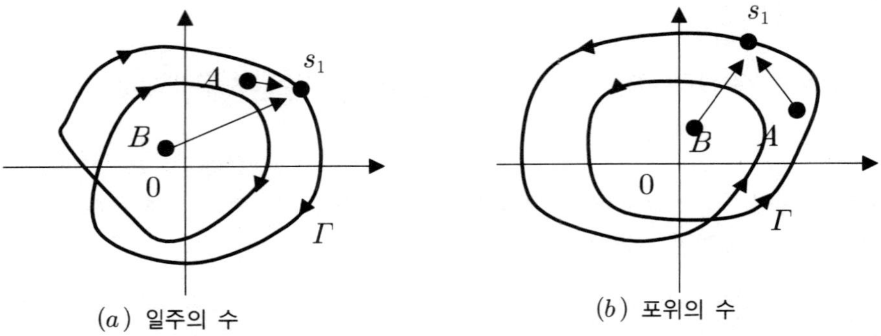

그림 6-4 일주와 포위의 수

그림 6-3(b), (c)와 같이 경로가 정해진 방향으로 움직일 때, 그 경로의 왼쪽에 있는 점이나 영역을 그 폐경로에 의하여 포위(enclosed)되었다고 말한다. 그림 6-3(b)의 점의 A는 Γ에 포위되지만 점 B는 포위되지 않았다고 한다. 그림 6-3(c)는 그림 6-3(a)의 반대의 경우이다.

일주

- **일주** : 복소평면상에서 한 점이나 영역이 한 폐경로의 내부에서 찾게 되면 그 점이나 영역은 그 폐경로에 의하여 일주되었다고 말한다.
  - Nyquist 판별법에서 사용
  - 반시계방향 : +횟수, 시계방향 : -횟수

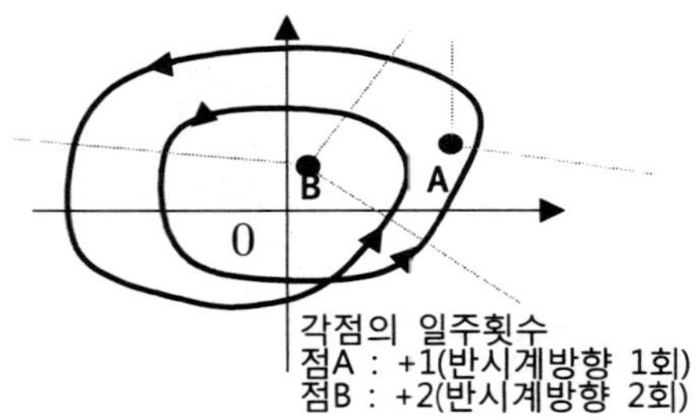

그림 6-5

- **포위** : 한 점이나 영역이 폐경로가 어떤 방향으로 진행할 때 반시계방향으로 일주되었거나 경로의 왼쪽에 놓여 있을 때 이들은 폐곡선에 포위되었다고 말한다.
  - Nyquist 판별법에서 사용하지 않음

그림 6-5와 같이 점 A가 폐경로에 의하여 일주되었거나 포위될 때 일주한 수 또는 포위된 수를 N으로 나타낸다. N의 값은 점 A로부터 폐경로 Γ사의 임의의 점 s_1에 벡터를 그려서 이 s_1이 다시 출발점으로 되돌아올 때까지 지정된 방향으로 경로를 따라 돌림으로써 결정된다. 이 벡터가 그리는 총회전수가 N이다. 그림 6-5(a)는 경로 Γ가 시계방향으로 점 A를 한번 일주하고 점 B를 두 번 일주하는 것을 나타낸 것이다. 그림 6-5(b)는 경로 Γ가 반드시 시계방향으로 점 A를 한 번 포위하고 점 B를 두 번 포위하는 것을 나타낸 것이다.

6.2.4 편각의 원리

Nyquist 안정도 판별법은 루프전달함수의 주파수응답인 $G(jw)H(jw)$와 s평면의 우반면에 존재하는 특성방정식 $\Delta(s)$의 영점과 극점의 수와의 관계를 고찰함으로써 안정도를 판별하는 방법이다.

여기서는 주파수영역에서의 안정도 해석에 있어 기초가 되는 기본개념인 편각의 원리를 고찰하기로 한다.

그림 6-6(a)와 같이 s평면에서 임의로 택한 경로를 Γ_s라 하자. 경로 Γ_s가 특성방정식 $\Delta(s)$의 어떤 극점도 지나지 않는다면 $\Delta(s)$로 사상된 선도 Γ_Δ는 그림 6-6(b)와 같이 역시 하나의 선도가 된다.

경로 Γ_s가 한 점 s_1에서 출발해서 점 s_2와 s_3을 통과하여 임의로 선택한 방향(여기서는 반시계방향으로 선회하여 그림 6-6(a)에서와 같이 Γ_s의 모든 점을 지나서 s_1으로 되돌아오면, 이에 대응하는 $\Delta(s)$ 평면의 선도 Γ_Δ는 S_1에 대응하는 $\Delta(s_1)$으로부터 시작해서 s_2 및 s_3에 각각 대응하는 $\Delta(s_2)$와 $\Delta(s_3)$를 지나갈 것이다. 그리고 결국에는 출발점 $\Delta(s_1)$으로 되돌아온다. 선도 Γ_Δ의 선회방향은 시계방향이나 또는 반시계방향이

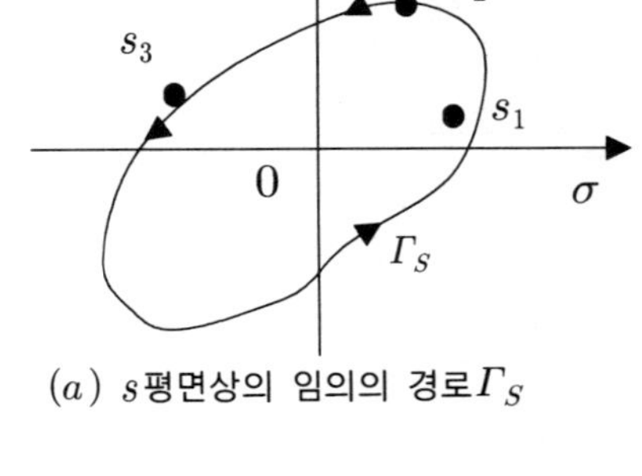

(a) s평면상의 임의의 경로Γ_S

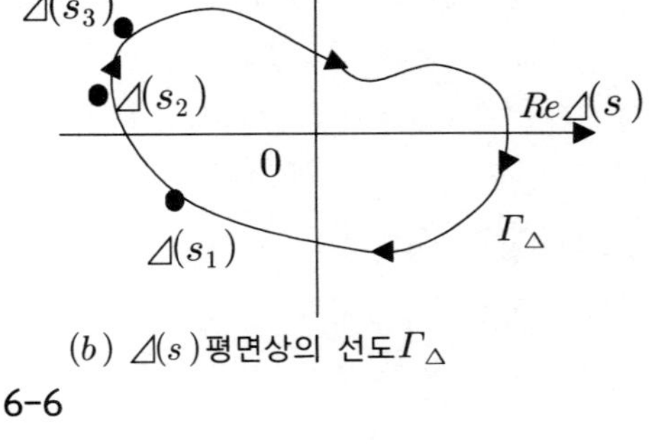

(b) $\Delta(s)$평면상의 선도Γ_Δ

그림 6-6

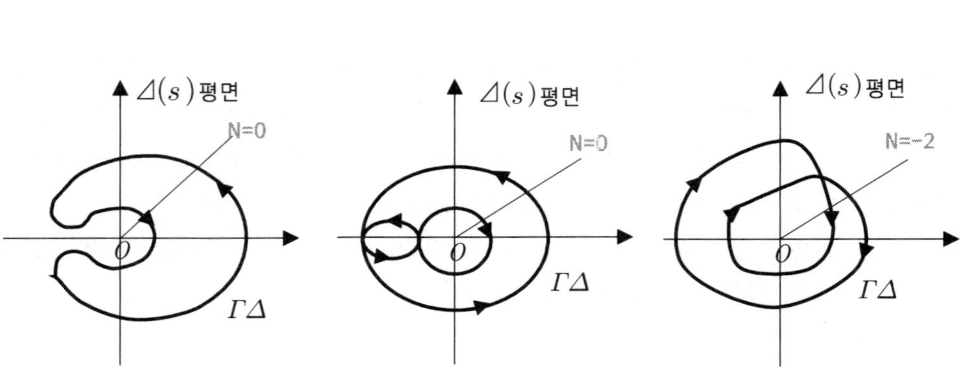

(a) $Z = P$ **(b)** $Z = P$ **(c)** $Z < P$

그림 6-7

될 수 있다. 즉, 특성방정식 $\Delta(s)$에 따라 선도 Γ_Δ의 방향은 경로 Γ_s의 방향과 동일하든가 반대 방향이 된다.

선도 Γ_Δ가 $\Delta(s)$ 평면의 원점을 N번 일주할 때

$$N = Z - P$$

선도 Γ_Δ가 방향이 반시계방향을 N번 일주하면 N의 양의 수이고, 시계방향으로 N번 일주하면 N은 음의 수이다. 여기서,

N : $\Delta(s)$ 평면에서 특성방정식 $\Delta(s)$의 선도 Γ_Δ가 원점을 일주하는 횟수
Z : s평면에서 경로 Γ_s가 특성방정식 $\Delta(s)$의 영점을 일주하는 횟수
P : s평면에서 경로 Γ_s가 특성방정식 $\Delta(s)$의 극점을 일주하는 횟수

선도 Γ_Δ가 $\Delta(s)$ 평면의 원점을 N번 일주할 때

▶ $N = Z - P$

- 반시계방향 일주 : 양
- 시계방향 일주 : 음

N : $\Delta(s)$ 평면에서 특성방정식 $\Delta(s)$의 선도 Γ_Δ가 원점을 일주하는 횟수
Z : s평면에서 경로 Γ_s가 특성방정식 $\Delta(s)$의 영점을 일주하는 횟수
P : s평면에서 경로 Γ_s가 특성방정식 $\Delta(s)$의 극점을 일주하는 횟수

▶ $N_0 = Z_0 - P_0$

N_0: 루프전달함수 $G(s)H(s)$의 **Nyquist** 선도가 $G(s)H(s)$평면의 원점을 일주한 수

Z_0: s평면의 우반면에 있는 **루프전달함수** $G(s)H(s)$의 영점의 수

P_0: s평면의 우반면에 있는 **루프전달함수** $G(s)H(s)$의 극점의 수

▶ $N_{-1} = Z_{-1} - P_{-1}$

N_{-1} : 루프전달함수의 **Nyquist** 선도가 $G(s)H(s)$평면의 점 $(-1, j0)$을 일주한 수

Z_{-1} : s평면의 우반면에 있는 **특성방정식**의 영점의 수

P_{-1} : s평면의 우반면에 있는 **특성방정식**의 극점의 수

$N_0 = Z_0 - P_0$로부터 P_0가 결정되며, $P_{-1} = P_0$이므로 $Z_{-1} = 0$이기 위한 N_{-1}가 결정됨

N_{-1} 횟수만큼 회전하기 위한 K의 값이 결정됨

편각의 원리를 이해하기 위하여 예를 들어 고찰하기로 한다.

예제 6-1

단순한 적분기로 되어 있는 피드백 제어 시스템의 루프전달함수가

$$G(s)H(s) = \frac{K}{s} \qquad (6\text{-}2\text{-}3)$$

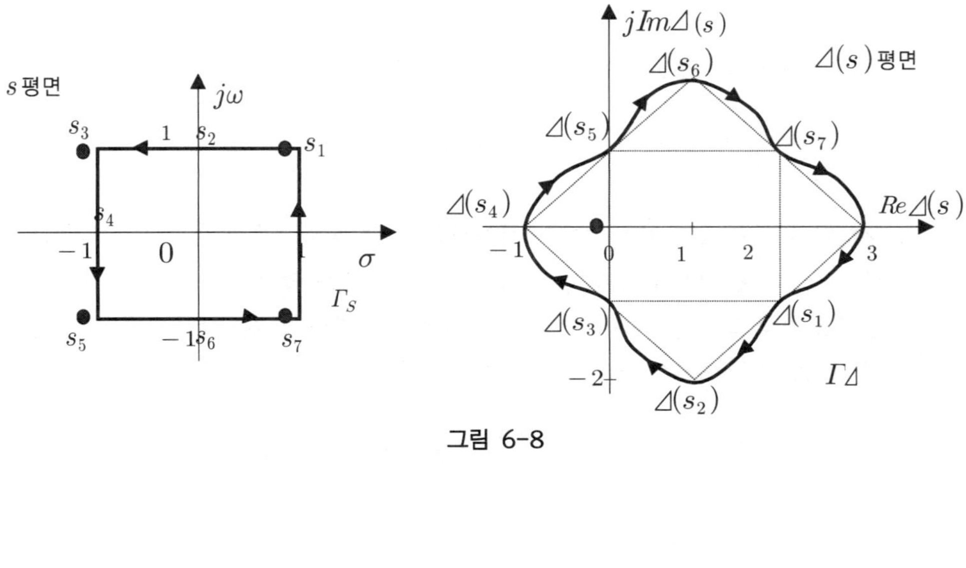

그림 6-8

일 때, 피드백 제어 시스템의 특성방정식은

$$\Delta(s)=1+G(s)H(s)=1+\frac{K}{s} \tag{6-2-4}$$

가 된다. 다음에 네 가지 형태인 s평면상의 경로 Γ_s를 $\Delta(s)$ 평면상에 각각 사상시켜라. 단, 적분기 이득 K를 2로 한다.**(임의의 경로가 주어진 경우에 선도 그리기 단, Nyquist 경로 및 Nyquist 선도는 아님)**

⚜ 풀이

① 그림 6-8(a)의 경로 Γ_s를 식 (6-2-4)의 특성방정식$\Delta(s)$에 사상시키면 다음을 얻는다.

$$s_1=1+j \quad : \quad \Delta(s_1)=1+\frac{2}{1+j}=2-j$$

$$s_2=j \quad : \quad \Delta(s_2)=1+\frac{2}{j}=1-j2$$

$$s_3=-1+j : \quad \Delta(s_3)=1+\frac{2}{-1+j}=-j$$

$$s_4=-1 \quad : \quad \Delta(s_4)=1+\frac{2}{-1}=-1$$

$$s_5=-1-j : \quad \Delta(s_5)=1+\frac{2}{-1-j}=j$$

$$s_6=-j \quad : \quad \Delta(s_6)=1+\frac{2}{-j}=1+j2$$

$$s_7=1-j \quad : \quad \Delta(s_7)=1+\frac{2}{1-j}=2+j$$

$$s_8=1 \quad : \quad \Delta(s_8)=1+\frac{2}{1}=3$$

구해진 값들을 $\Delta(s)$ 평면에 사상시키면 그림 6-8(b)와 같은 선도 Γ_Δ를 얻는다. 그림 6-8(a)의 경로 Γ_s는 원점에 있는 극점을 일주하고 있으나 -2에 있는 영점을 일주하지 않는다. 또한 그림 6-8(a)의 경로 Γ_s는 반시계방향이지만 그림 6-8(b)의 선도 Γ_Δ는 시계방향으로 원점을 일주하고 있다.

② 그림 6-9(a)와 같이 원점의 극점과 -2인 점의 영점을 일주시키는 경로 Γ_s를

식 (6-2-4)에 사상시키면 다음을 얻는다.

$$s_1 = 1+j \quad : \quad \Delta(s_1) = 1 + \frac{2}{1+j} = 2 - j$$

$$s_2 = j \quad : \quad \Delta(s_2) = 1 + \frac{2}{j} = 1 - j2$$

$$s_3 = -3+j : \quad \Delta(s_3) = 1 + \frac{2}{-3+j} = \frac{2}{5} - j\frac{1}{5}$$

$$s_4 = -3 \quad : \quad \Delta(s_4) = 1 + \frac{1}{-3} = \frac{2}{3}$$

$$s_5 = -3-j : \quad \Delta(s_5) = 1 + \frac{2}{-3-j} = \frac{2}{5} + j\frac{1}{5}$$

$$s_6 = -j \quad : \quad \Delta(s_6) = 1 + \frac{2}{-j} = 1 + j2$$

$$s_7 = 1-j \quad : \quad \Delta(s_7) = 1 + \frac{2}{1-j} = 2 + j$$

$$s_8 = 1 \quad : \quad \Delta(s_8) = 1 + \frac{2}{1} = 3$$

구해진 값들로부터 $\Delta(s)$평면의 선도 Γ_Δ는 그림 6-9(b)와 같이 방향은 시계방향으로서 원점을 일주하지 않는다.

③ 그림 6-10(a)와 같이 -2의 영점을 일주하고 원점의 극점은 일주하지 않는 경로 Γ_s를 식 (6-2-4)에 사상시키면 다음을 얻는다.

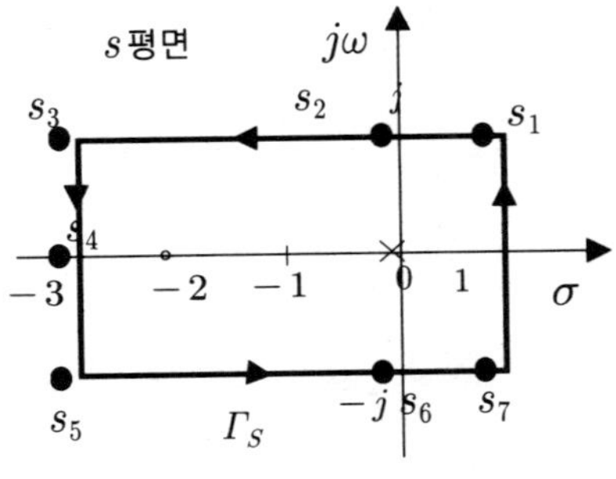

(a)

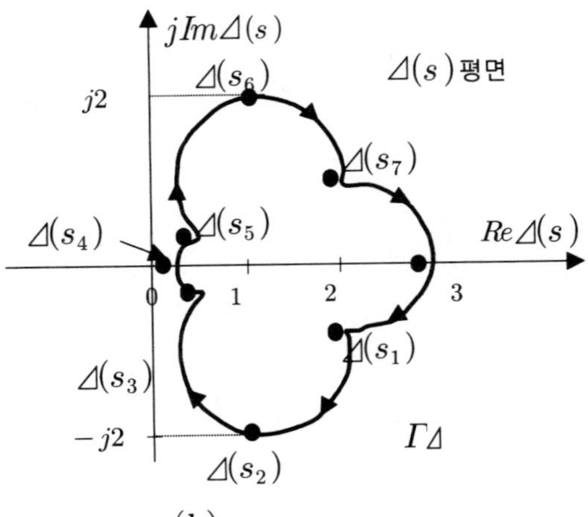

(b)

그림 6-9

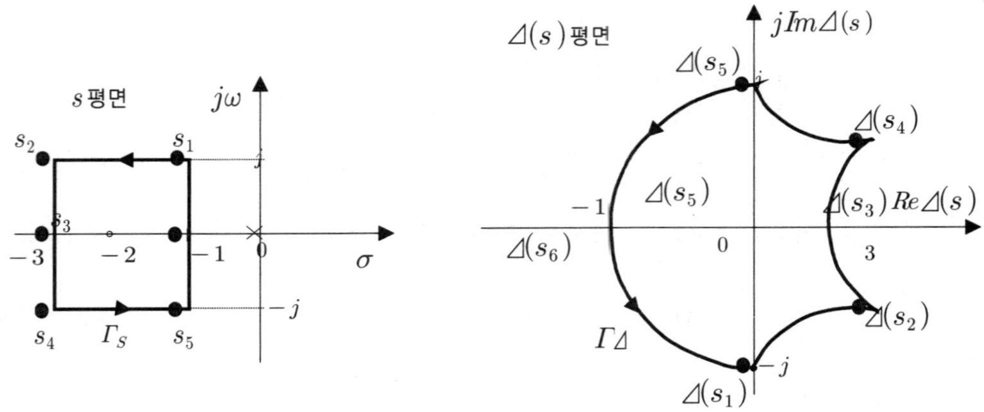

(a) (b)

그림 6-10

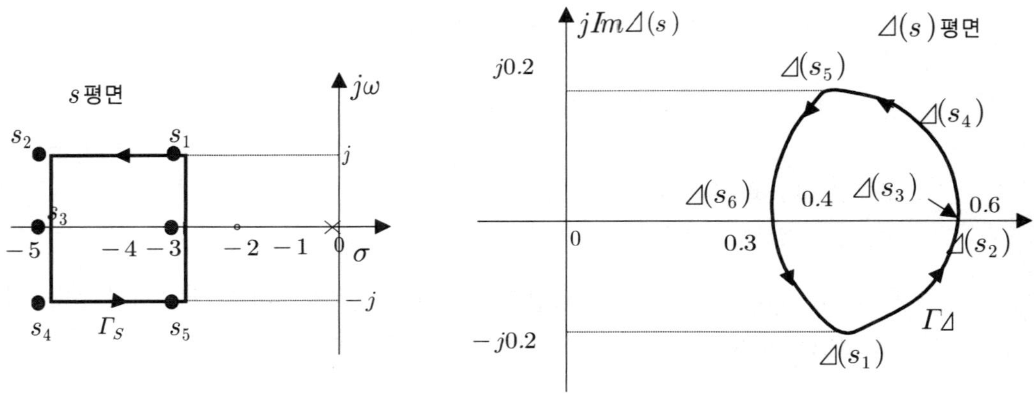

(a) (b)

그림 6-11

$$s_1 = -1 + j \quad : \quad \Delta(s_1) = 1 + \frac{2}{-1+j} = -j$$

$$s_2 = -3 + j \quad : \quad \Delta(s_2) = 1 + \frac{2}{-3+j} = \frac{2}{5} - j\frac{1}{5}$$

$$s_3 = -3 \quad : \quad \Delta(s_3) = 1 + \frac{2}{-3} = \frac{1}{3}$$

$$s_4 = -3 - j \quad : \quad \Delta(s_3) = 1 + \frac{2}{-3-j} = \frac{2}{5} + j\frac{1}{5}$$

$$s_5 = -1 - j \quad : \quad \Delta(s_5) = 1 + \frac{2}{-1-j} = j$$

$$s_6 = 1 \quad : \quad \Delta(s_6) = 1 + \frac{2}{-1} = -1$$

구해진 값들로부터 $\Delta(s)$평면의 선도 Γ_Δ는 그림 6-10(b)와 같고, 반시계방향으로 원점을 일주하고 있다.

④ 그림 6-11(a)와 같이 영점과 극점을 일주하지 않는 경로 Γ_s를 식 (6-2-4)에 사상시키면 다음을 얻는다.

$$s_1 = -3 + j \quad : \quad \Delta(s_1) = 1 + \frac{2}{-3+j} = \frac{2}{5} - J\frac{1}{5}$$

$$s_2 = -5 + j \quad : \quad \Delta(s_2) = 1 + \frac{2}{-5+j} = \frac{8}{13} - j\frac{1}{13}$$

$$s_3 = -5 \quad : \quad \Delta(s_3) = 1 + \frac{2}{-5} = \frac{3}{5}$$

$$s_4 = -6 - j \quad : \quad \Delta(s_3) = 1 + \frac{2}{-6-j} = \frac{8}{13} + j\frac{1}{13}$$

$$s_5 = -3 - j \quad : \quad \Delta(s_5) = 1 + \frac{2}{-3-j} = \frac{2}{5} + j\frac{1}{5}$$

$$s_6 = -3 \quad : \quad \Delta(s_6) = 1 + \frac{2}{-3} = \frac{1}{3}$$

구해진 값들로부터 $\Delta(s)$평면의 선도 Γ_Δ는 그림 6-11(b)와 같고, 반시계방향으로 원점을 일주하지 않는다.

이제 지금까지의 결과를 종합하면 다음과 같다.

① s평면상의 경로 Γ_s가 반시계방향으로 특성방정식 $\Delta(s)$의 극점을 일주할 때 이에 대응하는 $\Delta(s)$ 평면상의 선도 Γ_Δ가 시계방향으로 원점을 일주한다.

② s평면상의 경로 Γ_s가 반시계방향으로 특성방정식 $\Delta(s)$의 영점과 극점을 모두 일주할 때, 이에 대응하는 $\Delta(s)$ 평면상의 선도 Γ_Δ는 시계방향으로 원점을 일주하지 않는다.

③ s평면상의 경로 Γ_s가 반시계방향으로 특성방정식 $\Delta(s)$의 영점을 일주할 때 이에 대응하는 $\Delta(s)$ 평면상의 선도 Γ_Δ는 경로 Γ_s와 같은 반시계방향으로 원점을 일주한다.

편각의 원리는 s평면의 경로 Γ_s가 특성방정식 $\Delta(s)$의 영점과 극점을 일주하는 것과, 이에 대응하는 $\Delta(s)$ 평면의 선도 Γ_Δ가 원점을 일주하는 것과의 관계를 공학적 입장에서 기술하면 다음과 같다.

특성방정식 $\Delta(s)$의 경로 Γ_s가 다음의 조건

① 경로 Γ_s는 반시계방향이다.

② 경로 Γ_s가 s평면에서 특성방정식 $\Delta(s)$의 Z개의 영점과 P개의 극점을 일주한다.

③ 경로 Γ_s가 s평면에서 특성방정식 $\Delta(s)$의 어떤 극점이나 영점을 일주하지 않는다면 $\Delta(s)$ 평면의 선도 Γ_Δ는 다음을 만족한다.

선도 Γ_Δ가 $\Delta(s)$ 평면의 원점을 N번 일주할 때

$$N = Z - P \tag{6-2-5}$$

선도 Γ_Δ가 방향이 반시계방향을 N번 일주하면 N의 양의 수이고, 시계방향으로 N번 일주하면 N은 음의 수이다. 여기서,

N : $\Delta(s)$ 평면에서 특성방정식 $\Delta(s)$의 선도 Γ_Δ가 원점을 일주하는 횟수이다.

Z : s평면에서 경로 Γ_s가 특성방정식 $\Delta(s)$의 영점을 일주하는 횟수이다.

P : s평면에서 경로 Γ_s가 특성방정식 $\Delta(s)$의 극점을 일주하는 횟수이다.

일반적으로 N은 $Z < P$일 때 양이 되고, $Z = P$일 때 0이며, $Z > P$일 때 음이 된다. 이 세가지 경우는 다음과 같다.

① $N > 0(Z > P)$: s평면에서 경로 Γ_s가 어떤 지정된 방향으로 특성방정식 $\Delta(s)$의 극점보다 영점을 더 많이 일주한다면 $\Delta(s)$ 평면에서 선도 Γ_Δ는 경로 Γ_s와 같은 방향으로 원점을 $Z-P$만큼의 수를 일주하며, N은 양의 정수가 된다.

② $N = 0(Z = P)$: s평면에서 경로 Γ_s가 지정된 방향으로 특성방정식 $\Delta(s)$의 극점과 영점을 하나도 일주하지 않거나 동일한 수의 극점과 영점을 일주한다면 $\Delta(s)$ 평면에서 선도 Γ_Δ는 원점을 일주하지 않으며 N은 0이 된다.

③ $N < 0(Z < P)$: s평면에서 경로 Γ_s가 어떤 지정된 방향으로 특성방정식 $\Delta(s)$의 영점보다 극점을 더 많이 일주한다면 $\Delta(s)$ 평면에서 선도 Γ_Δ는 경로 Γ_s의 반대방향으로 원점을 $P-Z$ 만큼의 수를 일주하며, N은 음의 정수가 된다.

그림 6-12는 s평면의 경로 Γ_s의 방향을 반시계방향으로 할 때 이 경로 Γ_s에 의해서 사상된 $\Delta(s)$ 평면의 선도 Γ_Δ이며, N,을 결정하는 방법을 나타낸 것이다. 표 6-1은 식 (6-2-5)에 의하여 s평면의 경로 Γ_s의 방향과 $\Delta(s)$ 평면의 선도 Γ_Δ의 방형의 관계를 표시한 것이다.

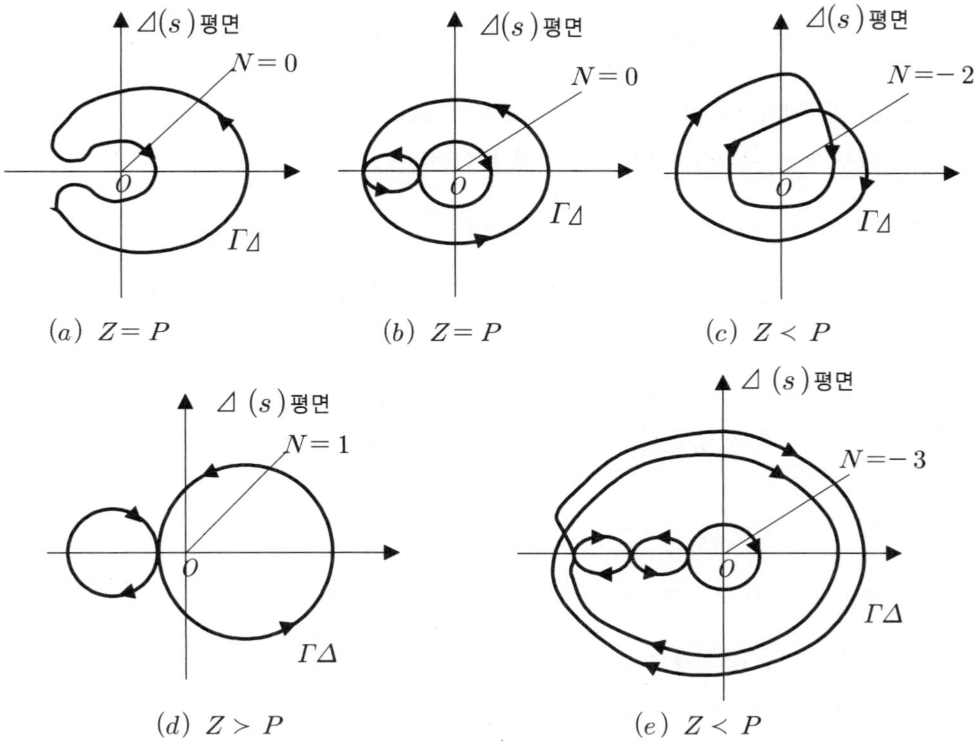

그림 6-12

[표 6-1] 경로 Γ_s의 방향과 선도 Γ_Δ의 방형의 관계

$N=Z-P$	s평면에서의 경로 Γ_s의 방향	$\Delta(s)$ 평면에서의 선도 Γ_Δ의 방형
$N>0$	시계방향	시계방향
	반시계방향	반시계방향
$N<0$	반시계방향	시계방향
	시계방향	반시계방향
$N=0$	시계방향	시계방향
	반시계방향	반시계방향

앞에서 고찰한 예제 6-9를 편각의 원리에 비교하면 다음의 사실을 알 수 있다.

① 그림 6-8(a)의 경로 Γ_s는 특성방정식 $\Delta(s)$의 영점을 일주하지 않았고, 극점 1개의 일주하였는데 그 방향은 반시계방향이다. 따라서, 편각이 원리에 의해서

$$N = 0 - 1 = -1$$

이므로 그림 6-8(b)의 선도 Γ_Δ는 원점을 시계방향으로 한 번 일주한다.

② 그림 6-9(a)의 경로 Γ_s는 특성방정식 $\Delta(s)$의 하나의 극점과 하나의 영점을 일주한다. 따라서, 편각의 원리에 의해서

$$N = 1 - 1 = 0$$

이므로 그림 6-9(b)의 선도 Γ_Δ는 원점을 일주하지 않으며 시계방향이다.

③ 그림 6-10(a)의 경로 Γ_s는 특성방정식 $\Delta(s)$의 1개의 영점을 일주하지만 극점은 일주하지 않는다. 따라서, 편각의 원리에 의해서

$$N = 1 - 0 = 1$$

이므로 그림 6-10(b)의 선도 Γ_Δ는 원점을 반시계방향으로 한 번 일주한다.

④ 그림 6-11(a)의 경로 Γ_s는 특성방정식 $\Delta(s)$의 극점과 영점을 일주하지 않으므로 편각의 원리에 의해서

$$N = 0 - 0 = 0$$

이므로 그림 6-11(b)의 선도 Γ_Δ는 원점으로 일주하지 않으며 반시계방향이다.

6.2.5 G(s)H(s)의 Nyquist 경로

시스템이 안정하기 위해서는 특성방정식 $\Delta(s)$이 모든 근과 영점들이 s평면의 좌반면에 존재해야 한다. 특성방정식의 근이 s평면의 우반면에 존재하면 이것은 시스템의 불안정을 의미한다.

Nyquist는 이와 같은 사실과 편각의 원리를 적용하여 s평면의 우반면 전체를 둘러싸는 경로를 구성하여 특성방정식의 극점과 영점들 중에서 우반면에 존재 여부를 검사함으

로써 시스템의 안정도를 판별할 수 있는 방법을 제안하였다. 이러한 방법을 Nyquist 안정도 판별법이라 하고, 경로 Γ_s를 Nyquist 경로라 한다.

s평면에서 $\Delta(s)$ 평면으로 사상하는 대신에 $G(s)H(s)$ 평면으로 사상하는 문제를 고찰하기로 하자.

개루프 전달함수가 $G(s)$이고 피드백 전달함수가 $H(s)$인 시스템의 특성방정식

$$\Delta(s) = 1 + G(s)H(s) = 0 \tag{6-2-6}$$

에서 $G(s)$와 $H(s)$를 각각

$$G(s) = \frac{N_1(s)}{D_1(s)}, \quad H(s) = \frac{N_2(s)}{D_2(s)} \tag{6-2-7}$$

로 나타내면 식 (6-2-6)은

$$\Delta(s) = \frac{D_1(s)D_2(s) + N_1(s)N_2(s)}{D_1(s)D_2(s)} = 0 \tag{6-2-8}$$

이고 , 루프전달함수는

$$G(s)H(s) = \frac{N_1(s)N_2(s)}{D_1(s)D_2(s)} \tag{6-2-9}$$

이므로 특성방정식 $\Delta(s)$의 극점은 루프전달함수 $G(s)H(s)$의 극점과 같음을 알 수 있다.

따라서, $\Delta(s)$ 평면에서 원점의 일주관계를 $G(s)H(s)$ 평면에서 임계점 $(-1, j0)$에 대응시키면 된다. 즉,

$$\Delta(s) = 1 + G(s)H(s) = 0 \tag{6-2-10}$$

으로부터 $\Delta(s)$의 원점은

$$G(s)H(s) = -1 + j0$$

이기 때문이다. 실제로 루프전달함수 $G(s)H(s)$를 알고 있으므로 다음의 두 규칙이 유용하게 사용될 수 있다.

① Nyquist 경로 Γ_s는 루프전달함수 $G(s)H(s)$의 어떤 극점도 관통해 지나가지 않도록 한다.

② 특성방정식 $\Delta(s)$의 극점위치와 수는 $G(s)H(s)$의 극점을 알면 결정되므로 s평면상의 우반면에 존재하는 특성방정식 $\Delta(s)$의 극점의 수 P는 s평면상의 우반면에 존재하는 $G(s)H(s)$의 극점의 수와 같다.

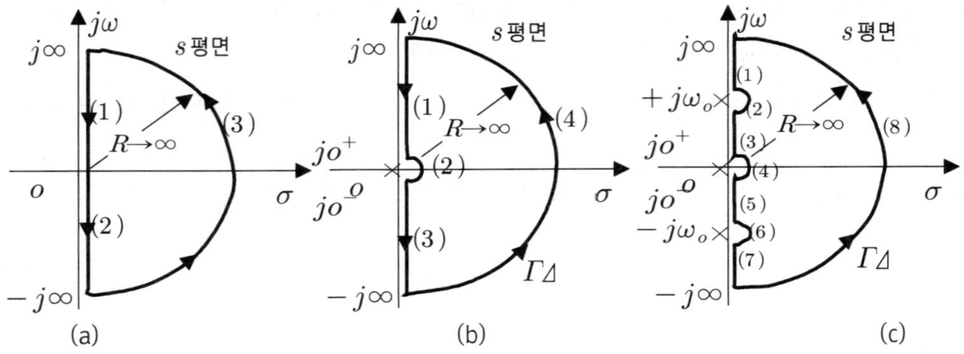

그림 6-13 $G(s)H(s)$의 Nyquist 경로

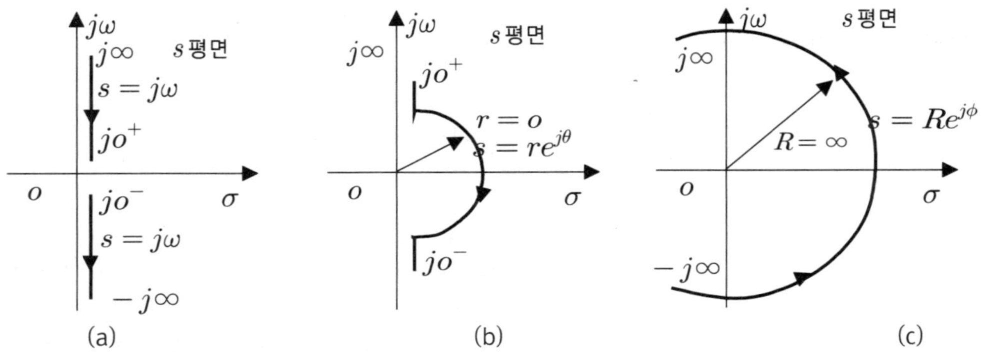

그림 6-14 $G(s)H(s)$의 Nyquist 경로

그림 6-13은 루프전달함수 $G(s)H(s)$의 Nyquist 경로로서 그림 6-13(a)는 $G(s)H(s)$의 극점이 허수축이나 원점에 없는 경우이며, 그림 6-13(b)는 $G(s)H(s)$의 극점이 원점에 존재하는 경우이고, 그림 6-13(c)는 $G(s)H(s)$의 극점이 허수축과 원점에 존재하는 경우를 나타낸 것이다.

$G(s)H(s)$의 Nyquist 경로 Γ_s를 $G(s)H(s)$ 평면어 사상시키기 위하여 그림 6-13의 Nyquist 경로를 그림 6-14과 같이 세 부분으로 분류하여 표시한다.

첫 번째는 그림 6-14(a)와 같이 허수축 상에 존재하는 극점을 제외한 부분의 경로로서 다음과 같이 나타낸다.

$$s = jw,\ 0^{+} \leqq w \leqq \infty,\ -\infty \leqq w \leqq 0^{-} \tag{6-2-11}$$

두 번째는 경로 Γ_s는 원점에 존재하는 극점을 통과하지 않도록 구성된 작은 반원이며, 이 작은 반원은 극한에서 0에 접근하는 반원으로서 확대하여 나타내면 그림 6-14(b)와 같고, 무한소의 반지름을 r로 하여 다음과 같이 나타낸다.

$$s = re^{j\theta}, \quad 90^{\circ} \leq \theta \leq -90^{\circ} \tag{6-2-12}$$

세 번째는 s평면의 우반면에 무한원점까지 포함시키기 위하여 반지름 무한대로 하는 반원으로서 그림 6-14(c)와 같이 나타내고, 무한대의 반지름을 R로 하여 다음과 같이 나타낸다.

$$s = Re^{j\phi}, \quad 90^{\circ} \leq \phi \leq -90^{\circ} \tag{6-2-13}$$

6.2.6 G(s)H(s)의 Nyquist선도

s평면에서 $\Delta(s)$ 평면으로 사상하는 대신에 $G(s)H(s)$ 평면으로 사상시키려면 식 (6-120)의 N, Z 및 P를 다음과 같이 두 가지로 정의할 필요가 있다.

- N_0 : 루프전달함수 $G(s)H(s)$의 Nyquist 선도가 $G(s)H(s)$ 평면의 원점을 일주한 수이다.
- Z_0 : Nyquist 경로에 의해서 일주되는 루프전달함수 $G(s)H(s)$의 영점의 수 또는 s평면의 우반면에 있는 루프전달함수 $G(s)H(s)$의 영점의 수이다.
- P_0 : Nyquist 경로에 의해서 일주되는 루프전달함수 $G(s)H(s)$의 극점의 수 또는 s평면의 우반면에 있는 루프전달함수 $G(s)H(s)$의 극점의 수이다.
- N_{-1} : 루프전달함수 $G(s)H(s)$의 Nyquist 선도가 $G(s)H(s)$ 평면의 점$(-1, j0)$을 일주한 수이다.
- Z_{-1} : Nyquist 경로에 의해서 일주되는 특성방정식 $G(s)H(s)$의 영점의 수 또는 s평면의 우반면에 있는 특성방정식의 영점의 수이다.
- P_{-1} : Nyquist 경로에 의해서 일주되는 특성방정식 $G(s)H(s)$의 극점의 수 또는 s평면의 우반면에 있는 특성방정식의 극점의 수이다.

위의 정의에 대하여 다음의 성질을 얻는다.

루프전달함수 $G(s)H(s)$와 특성방정식 $\Delta(s)$는 항상 같은 극점을 가지므로 $P_0 = P_{-1}$이다. 또한 폐루프 안정도는 $Z_{-1} = 0$이어야 한다.

지금까지 기술한 안정도에 대해서 편각의 원리를 적용시키는 과정을 요약하면 다음과 같다.

① 피드백 제어 시스템의 Nyquist 경로 Γ_s는 루프전달함수 $G(s)H(s)$의 극점에 의하여 정의된다.

② Nyquist 경로 Γ_s를 $G(s)H(s)$ 평면에 사상시킴으로써 루프전달함수 $G(s)H(s)$의 Nyquist 선도를 정의한다.

③ 구성된 Nyquist 선도에서 N_0와 N_{-1}의 값을 원점과 점$(-1, j0)$의 성질을 조사하여 구한다.

④ Nyquist 선도에 의하여 N_0와 N_{-1}이 결정되고, Z_0값을 알고 있다면

$$N_0 = Z_0 - P_0 \tag{6-2-14}$$

로부터 P_0가 결정되며, Z_{-1}은 $P_{-1} = P_0$이므로

$$N_{-1} = Z_{-1} - P_{-1},\ \ Z_{-1} = N_{-1} + P_{-1} \tag{6-2-15}$$

에 의해서 결정된다.

⑤ 안정된 폐루프 시스템은 $Z_{-1} = 0$이어야 하므로 식 (6-2-15)은 $N_{-1} = P_{-1}$이 되어야 한다.

⑥ 일반적으로 루프전달함수 $G(s)H(s)$가 s평면의 우반면에 극점을 갖지 않을 경우

$$P_0 = P_{-1} = 0, \quad N_{-1} = Z_1 \tag{6-2-16}$$

이므로 Nyquist 경로 전체에 대응하는 Nyquist 선도를 구성할 필요가 없다.

⑦ $N_{-1}0$이 경우는 루프전달함수 $G(s)H(s)$의 Nyquist 선도는 반시계방향으로만 점 $(-1, j0)$을 일주하는 것을 의미한다.

⑧ 반시계방향의 일주는 포위와 같으므로 임계점 $(-1, j0)$이 루프전달함수 $G(s)H(s)$ $G(s)H(s)$의 Nyquist 선도에 의해서 포위되는지를 조사함으로써 폐루프 안정도를 결정한다.

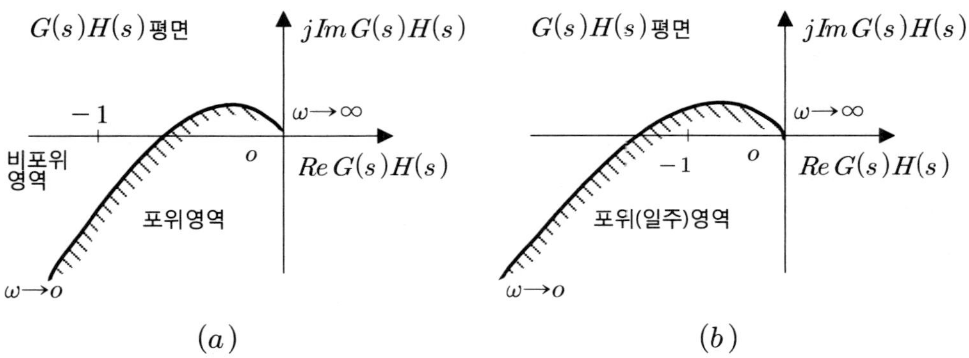

그림 6-15

⑨ $N_{-1}=0$인 경우는 루프전달함수 $G(s)H(s)$의 Nyquist 선도 전체를 그릴 필요없이 $s=+j\infty$에서 $s=0$에 대응하는 선도만 필요하다.

⑩ $P_{-1}=0$인 경우는 s평면의 우반면에 극점이 없고, 폐루프 시스템이 안정하기 위해서는 $N_{-1}=Z_{-1}=0$가 되어야 하므로 루프전달함수 $G(s)H(s)$의 Nyquist 선도는 임계점 $(-1, j0)$을 포위해서는 안된다.

그림 6-15은 s평면의 경로 Γ_s의 $s=+j\infty$에서 $s=0$에 대응하는 Nyquist 선도로서 그림 6-15(a)는 임계점 $(-1, j0)$가 일주 또는 포위되지 않은 경우이고, 그림 6-15(b)는 임계점 $(-1, j0)$가 일주 또는 포위되는 경우를 나타낸 것이다.

Nyquist 선도 구성법

1. s **평면상**에 루프전달함수 $G(s)H(s)$의 극점에 의하여 **Nyquist 경로** Γ_s를 정의한다.
   - Nyquist 경로는 루프전달함수의 극점과 영점을 포함하지 않으면서 s평면의 허수축을 기준으로 우반면을 둘러 싸는 큰 원이다.
   - Nyquist 경로는 세 부분으로 분류하여 표시한다.
   1) 허수축 상에 존재하는 극점을 제외한 부분의 경로

      $s=jw,\ 0^+ \leq w \leq \infty,\ -\infty \leq w \leq 0^-$

      일반적으로 $w=+\infty, 1, +0, -0, -1, -\infty$ 대입

   2) 경로 Γ_s는 원점에 존재하는 극점을 통과하지 않도록 구성된 작은 반원

      $s=re^{j\theta},\ \ 90^\circ \leq \theta \leq -90^\circ\ (r\to 0)$

   3) s평면의 우반면에 무한원점까지 포함시키기 위하여 반지름 무한대로 하는 반원

      $s=Re^{j\phi},\ \ 90^\circ \leq \phi \leq -90^\circ\ (R\to\infty)$

2. Nyquist 경로 Γ_s를 $G(s)H(s)$ 평면에 사상시킴으로써 루프전달함수 $G(s)H(s)$의 Nyquist 선도를 구성한다.
   - Nyquist 경로상의 점들을 $G(s)H(s)$에 대입하여 나오는 점들을 연결하면 Nyquist 선도가 구성된다.

3. 구성된 Nyquist 선도에서 N_0와 N_{-1}의 값을 원점과 점$(-1, j0)$의 성질을 조사하여 구한다.

4. Nyquist 선도에 의하여 N_0와 N_{-1}이 결정되고, Z_0값을 알고 있다면

$N_0 = Z_0 - P_0$로 부터 P_0가 결정되며, Z_{-1}은 $P_{-1} = P_0$이므로
$N_{-1} = Z_{-1} - P_{-1}$

5. 안정된 폐루프 시스템은 $Z_{-1} = 0$이어야 하므로 $N_{-1} = P_{-1}$이 되도록 K 값을 선정한다.

∴ 폐루프가 안정하려면 루프전달함수 도면은 S평면 우반면에 존재하는 루프전달함수의 극점수와 같은 횟수로 $(-1, j0)$점을 둘러싸야하며, 둘러쌀 때 방향은 Nyquist 경로의 반대방향이 되어야 한다.

예제 6-2

제어 시스템의 루프전달함수가 다음과 같이 주어질 때 Nyquist 선도를 작성하고, 시스템의 안정도를 판별하시오.

① $G(s)H(s) = \dfrac{K}{s+1}$ ② $G(s)H(s) = \dfrac{K}{s(s+1)}$

③ $G(s)H(s) = \dfrac{K(s-1)}{s(s+1)}$ ④ $G(s)H(s) = \dfrac{10K(s+2)}{s^2(s+3)+10}$

⑤ $G(s)H(s) = \dfrac{K}{s(1+\tau_1 s)(1+\tau_2 s)}$

풀이

① 주어진 루프전달함수

$$G(s)H(s) = \frac{K}{s+1} \qquad (6\text{-}2\text{-}17)$$

은 s평면이 허수축과 원점에 극점이 존재하지 않으므로 Nyquist 경로는 그림 6-13(a)와 같다. 여기서, 경로 (1)과 (2)에 대한 Nyquist 선도는 식 (6-2-17)에 대하여 $s = j\infty$에서 $s = -j\infty$ 까지의 경로를 $G(s)H(s)$ 평면에 사상시키면 다음과 같다.

$$G(s)H(s)\Big| = \frac{K}{s+1}\Big|_{s=j\infty} = \frac{K}{1+j\infty} = \frac{Kj\infty}{j\infty\, j\infty} = \frac{j\infty}{-\infty^2} = \frac{j1}{-\infty} = -j0 = j0^-$$

$$G(s)H(s)\Big| = \frac{K}{s+1}\Big|_{s=j} = \frac{K}{1+j} = \frac{K(1-j)}{(1+j)(1-j)} = \frac{K(1-j)}{2} = \frac{K}{2} - j\frac{K}{2}$$

$$G(s)H(s)\Big| = \frac{K}{s+1}\Big|_{s=0} = K$$

$$G(s)H(s)\Big| = \frac{K}{s+1}\Big|_{s=-j} = \frac{K}{1-j} = \frac{K}{2} + j\frac{K}{2}$$

$$G(s)H(s)\Big| = \frac{K}{s+1}\Big|_{s=-j\infty} = \frac{K}{1-j\infty} = \frac{K}{-j\infty} = j0^+$$

구해진 값들로부터 경로 (1), (2)에 대한 Nyquist 선도는 그림 6-16(a)와 같이 나타낸다. 그림 6-16(a)의 Nyquist 경로부분 (3)에 대한 Nyquist 선도는 식 (6-2-13)로부터

$$s = \lim_{R\to\infty} Re^{j\phi} \tag{6-2-18}$$

를 식 (6-2-17)에 적용하면

$$G(s)H(s)|_{s=Re^{j\phi}} = \frac{K}{Re^{j\phi}+1} \cong \frac{K}{Re^{j\phi}} = 0e^{-j\phi} \tag{6-2-19}$$

가 된다. 경로 (3)$-90°$ 에서 $+90°$ 반시계방향으로 180°회전할 때 이에 대응하는 Nyquist 선도는 그림 6-17(b)와 같이 원점에 반지름이 0이고, $+90°$ 에서 $-90°$ 까지 시계방향으로 180° 회전하는 반원이 된다. 따라서, 식 (6-2-17)에 대한 Nyquist 선도는 그림 6-17(a)와 (b)를 합성하면 그림 6-11(c)와 같이 된다.

일반적으로 식 (6-2-17)의 형태로 주어진 루프전달함수의 Nyquist 선도는 그림 6-17(d)와 같은 형태로 나타낸다.

루프전달함수가 식 (6-2-17)의 형태로 주어지는 시스템의 안정도판별은 다음과 같다. 그림 6-17(d)에서 Nyquist 선도가 K의 값에 따라 임계점 $(-1, j0)$의일주 여부가 결정된다.

만약에 K가 -1보다 크다면 선도가 $(-1, j0)$을 일주하지 않지만 -1보다 작을 시에는 반시계방향으로 일주한다. 그래서 이 시스템은 K가 -1보다 클경우에 한하여 안정하다고 판정한다.

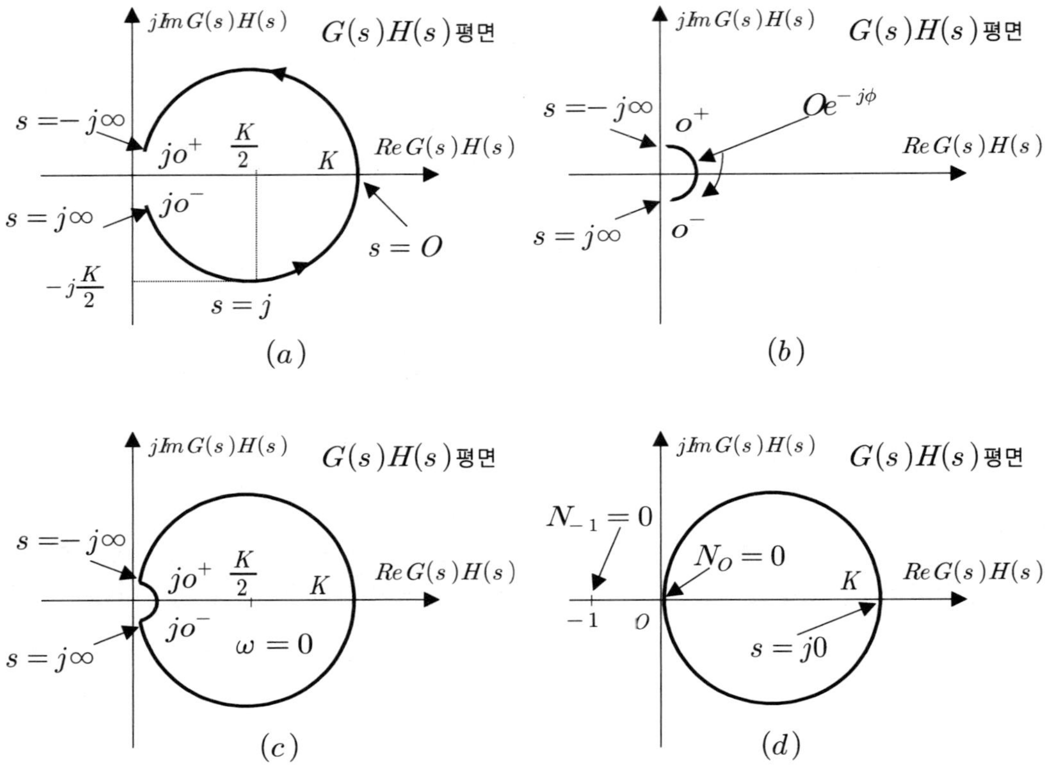

그림 6-16 식(6-2-17)의 Nyquist 선도

② 주어진 루프전달함수

$$G(s)H(s) = \frac{K}{s(s+1)} \tag{6-2-20}$$

은 s평면의 원점에 극점이 존재하므로 Nyquist 경로는 그림 6-18(b)와 같다. 그림 6-18(b)의 Nyquist 경로에서 부분 (1)에 대한 Nyquist 선도는

$$s = j\infty : \ G(s)H(s)|_{s=j\infty} = \frac{K}{j\infty(1+j\infty)} = \frac{K}{-\infty^2} = -0$$

$$s = +j0 : \ G(s)H(s)|_{s=+j0} = \frac{K}{j0(1+j0)} = -j\frac{K}{0(1+j0)} = -j\infty$$

로부터 그림 6-18(a)에서 3 상한의 Nyquist 선도가 된다. 그리고 그림 6-18(b)의 Nyquist 경로 (3)에 대한 Nyquist 선도는 그림 6-18(a)의 Nyquist 선도 (1)에 대한 대칭인 선도 (3)이 된다. Nyquist 경로부분 (2)에 대한 Nyquist 선도는 다음과 같이 구해진다. 그림 6-18(b)의 반원을 나타내는 식 (6-2-12)을

$$s = \lim_{r \to 0} re^{j\theta} \tag{6-2-21}$$

로 하여 식 (6-2-20)에 대입하면

$$G(s)H(s)|_{s=re^{j\theta}} = \frac{K}{re^{j\theta}(re^{j\theta}+1)} \cong \frac{K}{re^{j\theta}} = \infty e^{-j\theta} \tag{6-2-22}$$

이다. 식 (6-2-21)로 나타내는 Nyquist 경로 (2)는 $+jo^+$에서 $-jo^-$로 이동하고, θ는 $90°$에서 $-90°$로 변환하므로 시계방향으로 $180°$회전한다. 이에 대응하는 Nyquist 선도는 식 (6-2-14)으로부터 그림 6-18(b)와 같이 반지름을 무한대로 하고, 위상은 반시계방향인 $-90°$에서 $90°$로 변화한다.

Nyquist 경로 (4)에 대한 Nyquist 선도는 다음과 같이 구해진다.

그림 6-18(c)로 표시되는 Nyquist 경로는 식 (6-2-13)인

$$s = \lim_{R \to 0} Re^{j\theta} \tag{6-2-23}$$

를 식 (6-2-20)에 적용하면 Nyquist 경로가

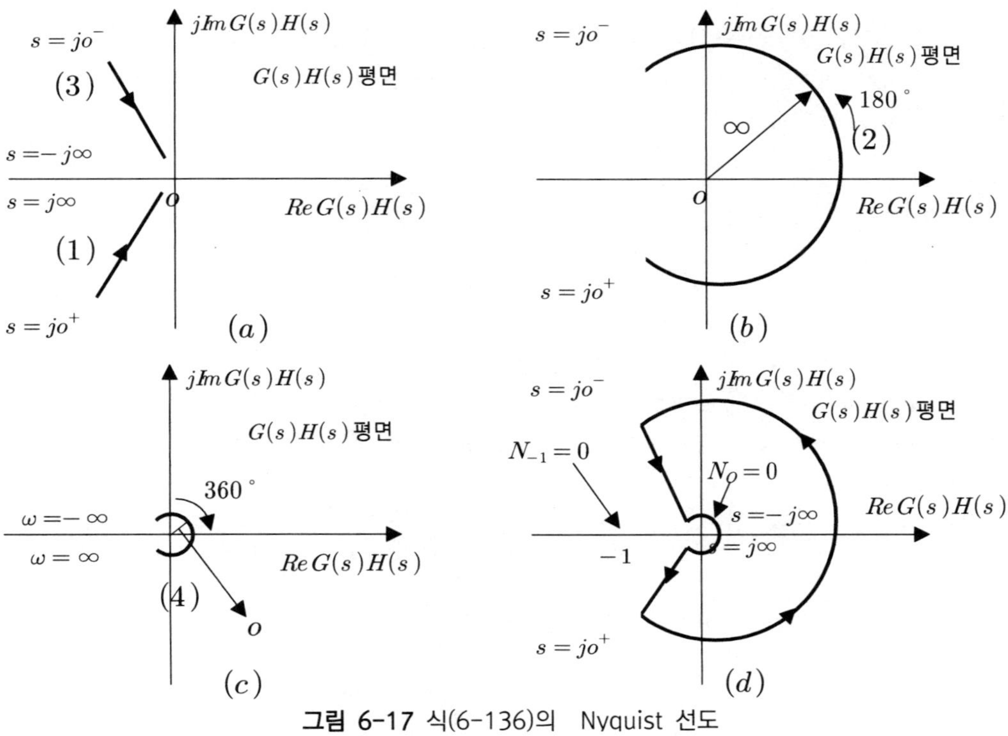

그림 6-17 식(6-136)의 Nyquist 선도

$$G(s)H(s)|_{s=Re^{j\phi}} = \frac{K}{Re^{j\phi}(Re^{j\phi}+1)} \cong \frac{K}{R^2 e^{j2\phi}} = 0e^{-j2\phi} \qquad (6\text{-}2\text{-}24)$$

를 얻는다. 이것은 그림 6-18(c)의 Nyquist 경로가 $-90°$에서 $+90°$로 반시계방향으로 180°회전할 때 이에 대응하는 에서 Nyquist 선도는 그림 6-18(c)와 같이 시계방향으로 360°회전하는 무한소의 크기를 갖는 원임을 의미한다.

따라서, 루프전달함수가 식 (6-2-20)인 시스템의 Nyquist 선도는 그림 6-17(a), (b) 및 (c)를 합성하면 그림 6-17(d)와 같다.

루프전달함수 $G(s)H(s)$를 식 (6-2-20)을 하는 시스템의 안정도는 다음과 같이 판별한다.

식 (6-2-20)에서 우반면에 영점이 존재하지 않으므로 $Z_0 = 0$, 그림 6-17(d)에서

$$N_0 = 0,\ N_{-1} = 0,\ P_0 = Z_0 - N_0 = 0 - 0 = 0$$

이고, $P_0 = P_{-1} = 0$이므로

$$Z_{-1} = N_{-1} + P_{-1} = 0$$

이 되어 시스템은 안정하게 된다. 그리고 K의 모든 양의 값에 대하여 Nyquist 선도가 임계점 $(-1, j0)$을 일주 또는 포위하자 않으므로 시스템은 모든 K에 대해서 안정하게 된다.

③ 주어진 루프전달함수

$$G(s)H(s) = \frac{K(s-1)}{s(s+1)} \qquad (6\text{-}2\text{-}25)$$

은 s평면의 원점에 극점이 존재하므로 Nyquist 경로는 그림 6-13(b)와 같다.

Nyquist 경로 (1), (3)에 대한 Nyquist 선도는 다음과 같이 구해진다. 먼저 경로 (1)에 대하여 $s = jw$를 식 (6-2-25)에 대입하면

$$G(s)H(s)|_{s=jw} = \frac{K(jw-1)}{jw(jw+1)} = \frac{2Kw}{w(w^2+1)} + j\frac{K(1-w^2)}{w(w^2+1)} \qquad (6\text{-}2\text{-}26)$$

가 되며, Nyquist 선도가 실수축을 교차하는 점은 식 (6-2-26)의 허수부를 0으로 하면

$$\mathrm{Im}[G(jw)H(jw)] = \frac{K(1-w^2)}{w(w^2+1)} = 0 \tag{6-2-27}$$

으로부터 $1-w^2=0$, $w=\pm 1$이고, $w=\pm 1$일 때 식 (6-2-26)는

$$G(jw)H(jw)|_{w=\pm 1} = \left.\frac{2Kw}{w(w^2+1)}\right|_{w=\pm 1} = K \tag{6-2-28}$$

이므로 $w=\infty$에서 $w=1$을 거쳐 $w=0$까지의 Nyquist 선도는 그림 6-18(a)와 같이 나타나고, Nyquist 경로 (3)에 대한 Nyquist 선도는 경로 (1)의 Nyquist 선도에 대칭이 된다.

Nyquist 경로 (2)에 대한 Nyquist 선도는 그림 6-13(b)로 표시되는 식 (6-2-12)을 식 (6-2-25)에 적용하면

$$G(s)H(s)|_{s=re^{j\theta}} = \frac{K(re^{j\theta}-1)}{re^{j\theta}(re^{j\theta}+1)} \cong \frac{K}{re^{j\theta}} = -\infty e^{-j\theta} \tag{6-2-29}$$

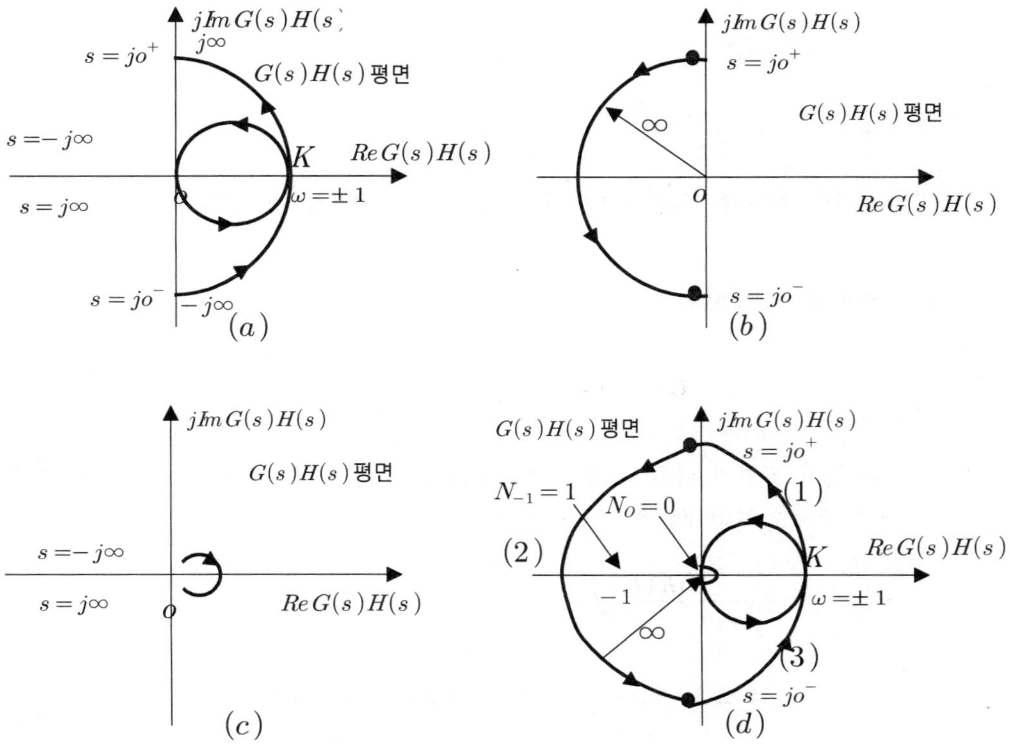

그림 6-18 식(6-141)의 Nyquist 선도

이므로 경로 (2)에 대한 Nyquist 선도는 그림 6-19(b)와 같이 $G(s)H(s)$ 평면의 좌반면에 크기가 무한대이고 $-90°$까지 반시계방향으로 180° 회전한다.

Nyquist 경로 (4)에 대한 Nyquist 선도는 그림 6-19(c)로 표시되는 식 (6-2-13)를 식 (6-2-25)에 적용하면

$$G(s)H(s)|_{s=Re^{j\phi}} = \frac{K(Re^{j\phi}-1)}{Re^{j\phi}(Re^{j\phi}+1)} \cong \frac{K}{Re^{j\phi}} = 0e^{-j\phi} \tag{6-2-30}$$

가 되므로 경로 (4)에 대응하는 Nyquist 선도는 그림 6-18(c)와 같이 크기가 0이고 시계방향으로 180° 회전한다.

따라서, 루프전달함수가 식 (6-2-25)인 시스템의 Nyquist 선도는 그림 6-19(a), (b) 및 (c)를 합성하면 그림 6-19(d)와 같다. 루프전달함수가 식 (6-2-25)로 하는 시스템의 안정도는 다음과 같이 판별된다.

식 (6-2-25)에서 s평면의 우반면에 영점이 1개가 존재하므로 $Z_0=1$, 그림 6-19(b)에서

$$N_0=1,\ N_{-1}=,\ P_0=Z_0-N_0=1-1=0$$

이므로

$Z_{-1}=N_{-1}+P_{-1}=1+0=1$ 이 된다.

따라서, 이 시스템은 불안정하며 또한 K의 값을 변화시켜도 안정화될 수 없다.

④ 주어진 루프전달함수

$$G(s)H(s) = \frac{10K(s+2)}{s^2(s+3)+10} \tag{6-2-31}$$

는 허수축과 원점에 극점이 없으므로 Nyquist 경로는 그림 6-13(a)와 같다. 경로 (1)에 대응하는 Nyquist 선도는 $s=jw$를 식 (6-2-31)에 적용하면

$$G(s)H(s)|_{s} = jw\frac{10K(2+jw)}{(10-3w^2)^2-jw^3}$$

$$= \frac{10\{2(10-3w^2)-w^4\}}{(10-3w^2)^2+w^6} + j\frac{10K\{w(10-3w^2)+2w^3\}}{(10-3w^2)^2+w^6} \tag{6-2-32}$$

Nyquist 경로 (1)에 대한 Nyquist 선도가 $G(s)H(s)$ 평면의 실수축과 교차하는 점 은 식 (6-2-32)의 허수부를 0으로 하면

$$\text{Im}[G(jw)H(jw)] = \frac{10K\{w(10-3w^2)+2w^3\}}{(10-3w^2)^2+w^6} = 0 \qquad (6\text{-}2\text{-}33)$$

여기서,

$$10K[w(10-3w^2)+2w^3] = 0 \qquad (6\text{-}2\text{-}34)$$

이므로 $w=0$, $w=\pm\sqrt{10}$ 이며, 실수축과의 교차점은 식 (6-2-32)의 실수부로부터

$$G(jw)H(jw)|_{w=0} = \frac{10K\{2(10-0)-0\}}{(10-0)^2+0} = 2K \qquad (6\text{-}2\text{-}35)$$

$$G(jw)H(jw)|_{w=\pm\sqrt{10}} = \frac{10K[2\{10-3(\pm\sqrt{10})^2\}-(\pm\sqrt{10})^4]}{\{10-3(\pm\sqrt{10})^2\}+(\pm\sqrt{10})^6} = -K \qquad (6\text{-}2\text{-}36)$$

Nyquist 경로 (1)에 대한 Nyquist 선도가 $G(s)H(s)$ 평면의 허수축과 교차하는 점 은 식 (6-2-32)의 실수부를 0으로 하면

$$\text{Re}[G(jw)H(jw)] = \frac{10K\{2(10-3w^2)-w^4\}}{(10-3w^2)^2+w^6} = 0 \qquad (6\text{-}2\text{-}37)$$

여기서,

$$10K[2(10-3w^2)-w^4] = 0 \qquad (6\text{-}2\text{-}38)$$

이므로, $w=\pm 1.54$이고 허수축과 교차점은 식 (6-2-32)로부터

$$G(jw)H(jw)|_{w=\pm 1.54} = j\frac{10\sqrt{2}K}{3} = j4.71K \qquad (6\text{-}2\text{-}39)$$

따라서, $w=\infty$에서 $w=\sqrt{10}$ 및 $w=1.54$를 거쳐서 $w=0$까지의 Nyquist 선도는 그림 6-18(a)와 같이 나타나고, Nyquist 경로 (2)에 대응하는 Nyquist 선도는 Nyquist 경로 (1)에 대응하는 Nyquist 선도에 대칭이다.

Nyquist 경로 (3)에 대응하는 Nyquist 선도는 그림 6-18(c)로 표시되는 식 (6-2-23)

$$s = \lim_{R\to\infty} e^{j\phi} \qquad (6\text{-}2\text{-}40)$$

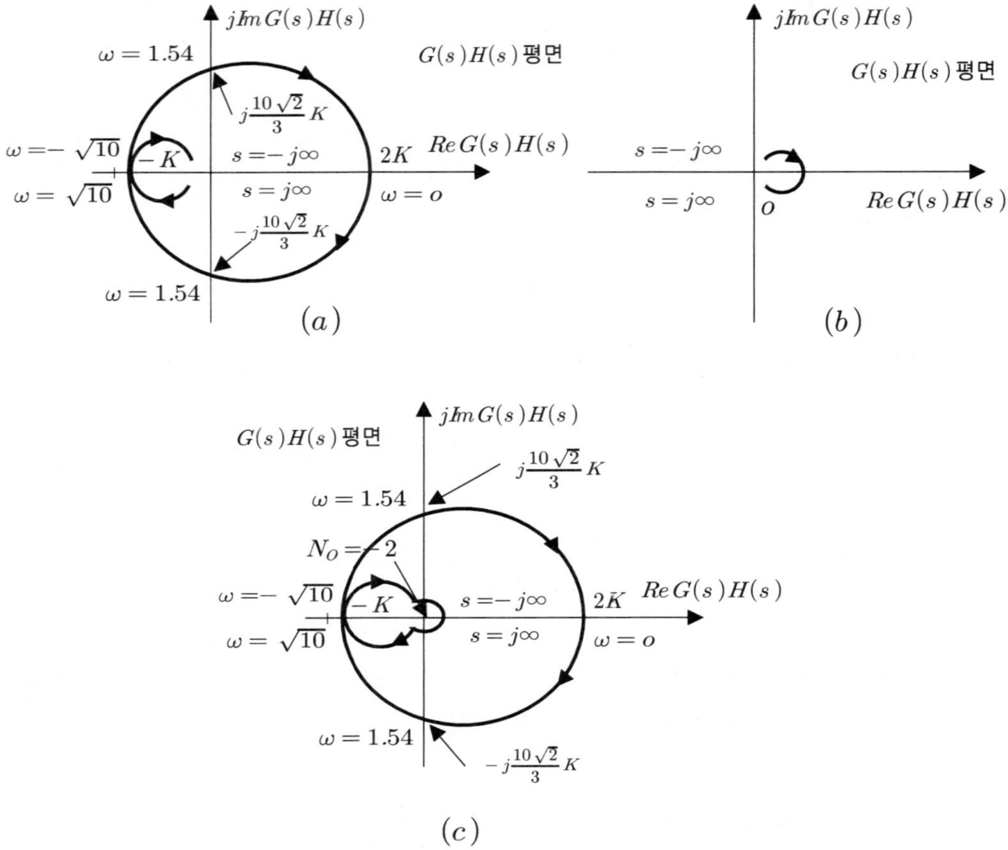

그림 6-19 식(6-147)의 Nyquist 선도

를 식 (6-2-31)에 적용하면

$$G(s)H(s)\Big|_{s=Re^{j\phi}} = \left.\frac{10K\left(1+\dfrac{2}{s}\right)}{s^2\left(1+\dfrac{3}{s}\right)+\dfrac{10}{s}}\right|_{s=Re^{j\phi}} \cong \frac{10K}{R^2e^{j2\phi}} = 0e^{-j2\phi} \qquad (6\text{-}2\text{-}41)$$

이므로 Nyquist 경로 (3)은 $-90°$까지 반시계방향으로 180°회전할 때 이에 대응하는 Nyquist 선도는 그림 6-19(b)와 같이 크기가 0이고, $+180°$에서 $-180°$까지 시계방향으로 360°회전하는 무한소원임을 의미한다.

따라서, 루프전달함수 식 (6-2-31)을 갖는 시스템의 Nyquist 선도는 그림 6-19(a)와 (b)를 합성하면 그림 6-19(c)와 같이 구해진다.

루프전달함수 식 (6-2-31)을 갖는 시스템의안정도판별은 다음과 같다.

식 (6-2-31)은 s평면의 우반면에 영점이 존재하지 않으므로 $Z_0 = 0$이고, 그림 6-19(c)의 Nyquist 선도는 시계방향으로 원점을 두 번 일주하므로 $N_0 = -2$이고

$$P_0 = P_{-1} = Z_0 - N_0 = 0 - (-2) = 2$$

이다. 주어진 시스템이 안정하려면 $Z_{-1} = 0$이어야 한다. 식 (6-2-15)로부터

$$N_{-1} = Z_{-1} - P_{-1} = 0 - 2 = -2$$

이므로 이것은 Nyquist 선도가 임계점 $(-1, j0)$이 $-K$의 오른쪽에 있어야 하기 때문에 시스템이 안정하려면 $K1$이 되어야 한다.

⑤ 주어진 루프전달함수

$$G(s)H(s) = \frac{K}{s(1+\tau_1 s)(1+\tau_2 s)} \qquad (6\text{-}2\text{-}42)$$

의 Nyquist 선도에 의한 시스템의 안정도판별은 다음과 같이 고찰할 수 있다. 루프전달함수가

$$G(s)H(s) = \frac{K}{s(1+\tau_1 s)} \qquad (6\text{-}2\text{-}43)$$

의 형태로 주어질 때 Nyquist 선도는 그림 6-18(d)와 같은 형태가 된다. 식 (6-2-31)로 주어지는 루프전달함수에 극점 $(1+\tau_2 s)$를 첨가하면 $w = \infty$에서 Nyquist 선도는 시계방향으로 90°만큼 회전시킨다. 식 (6-2-42)로 주어지는 전달함수의 Nyquist 선도t는 그림 6-20과 같이 된다. 여기서, 그림 6-20(a)는 Nyquist 선도가 임계점 $(-1, j0)$을 일주하지 않도록 이득 K를 충분히 작게 하여 시스템이 안정함을 나타낸 것이고, 반면에 그림 6-20 (b)는 이득 K의 값이 크면 임계점 $(-1, j0)$을 두 번 일주하여 시스템이 불안정함을 나타낸 것이다.

루프전달함수가 식 (6-2-42)로 주어지는 시스템이 안정하기 위한 이득 K의 범위는 Nyquist 선도가 $G(S)H(s)$ 평면의 실수축과 교차하는 점을 구하여 고찰한다. 즉,

$$G(jw)H(jw) = \frac{K}{jw(1+jw\tau_1)(1+jw\tau_2)} = \frac{-K(\tau_1+\tau_2)}{(1-w^2\tau_1\tau_2)^2 + w^2(\tau_1+\tau_2)^2}$$

$$+ j\frac{K(w^2\tau_1\tau_2 - 1)}{w\{(1-w^2\tau_1\tau_2)^2 + w^2(\tau_1+\tau_2)^2\}} \qquad (6\text{-}2\text{-}44)$$

에서 허수부를 0으로 하면

$$\mathrm{Im}\,G(s)H(s) = \frac{K(w^2\tau_1\tau_2 - 1)}{w\{(1 - w^2\tau_1\tau_2)^2 - w^2(\tau_1 + \tau_2)^2\}} - 0 \tag{6-2-45}$$

으로부터 $K(w^2\tau_1\tau_2 - 1) = 0$이므로 $w^2 = 1/\tau_1\tau_2$이다. 실수축의 교차점은 식 (6-2-43)에 $w^2 = 1/\tau_1\tau_2$을 대입하면

$$G(jw)H(jw) = \frac{-K(\tau_1 + \tau_2)}{(1 - w^2\tau_1\tau_2)^2 + w^2(\tau_1 + \tau_2)^2}\Bigg|_{w^2 = 1/\tau_1\tau_2} = \frac{-K\tau_1\tau_2}{\tau_1 + \tau_2} \tag{6-2-46}$$

을 얻는다. 시스템이 안정하기 위해서는 Nyquist 선도가 실수축과 교차하는 점이 임계점 $(-1, j0)$보다 우측에 있어야 하므로

$$\frac{-K\tau_1\tau_2}{\tau_1 + \tau_2} - 1 \tag{6-2-47}$$

로부터 이득 K의 범위는

$$o < K < \frac{\tau_1 + \tau_2}{\tau_1\tau_2} \tag{6-2-48}$$

가 되어야 한다.

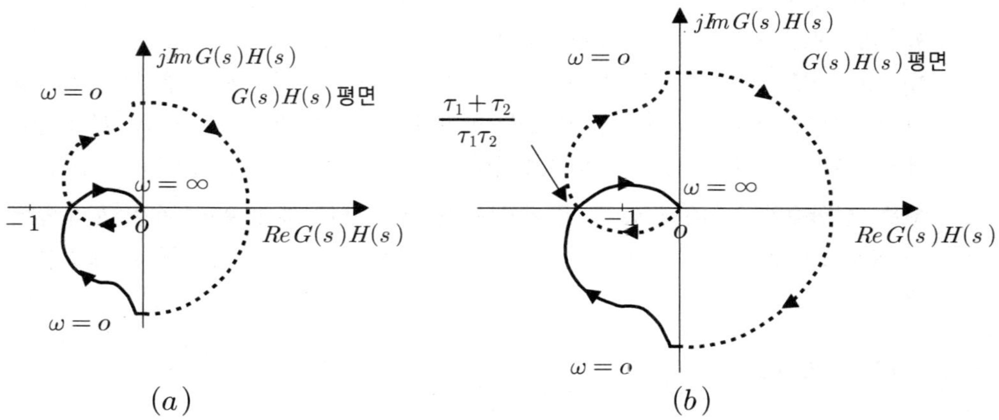

그림 6-20 식(6-158)의 Nyquist 선도

6.2.7 조건부 안정

대부분의 제어 시스템은 저 이득에서는 안정하지만 이득이 점차 증가하여 어느 값 이상으로 되면 불안정상태로 바뀐다는 것을 고찰하였다. 고 이득에서 불안정한 시스템이 이득을 낮추면 안정상태로 되었다가 이득을 더 낮추면 또다시 불안정하게 되는 형태의 제어 시스템이 있다. 즉 루프이득 K의 어느 범위에서만 시스템이 안정하고 이 범위를 벗어나면 시스템은 불안정하게 되는 경우이다.

제어 시스템의 루프전달함수가

$$G(s)H(s) = \frac{K(1+\tau_3 s)(1+\tau_4 s)}{s(1+\tau_1 s)(1+\tau_2 s)(1+\tau_5 s)(1+\tau_6 s)} \qquad (6\text{-}2\text{-}49)$$

일 때 이 시스템의 Nyquist 선도는 그림 6-21과 같다. 여기서, $K=900$, $\tau_1=2.5$, $\tau_2=1.43$, $\tau_3=0.4$, $\tau_4=0.2$, $\tau_5=0.02$ 및 $\tau_6=0.0066$ 일 때이며 시스템은 안정한 경우이다.

그러나 이득 K의 값을 변화시키거나, 또는 시정수 τ중 어느 하나를 변화시켜 Nyquist 선도가 임계점$(-1, j0)$을 일주하는지 안하는지를 고찰하여 보자.

그림 6-22는 K의 값을 변화시킴에 따라 Nyquist 선도가 임계점 $(-1, j0)$을 일주하는 과정이 달라지는 것을 나타낸 것이다.

그림 6-22(a)는 $K=K_1$인 경우로서 Nyquist 선도가 임계점 $(-1, j0)$를 일주하므로 시스템은 불안정한다.

그림 6-22(b)는 $K=K_2$인 경우로서 Nyquist 선도가 임계점 $(-1, j0)$를 일주하지 않으므로 시스템은 안정한다.

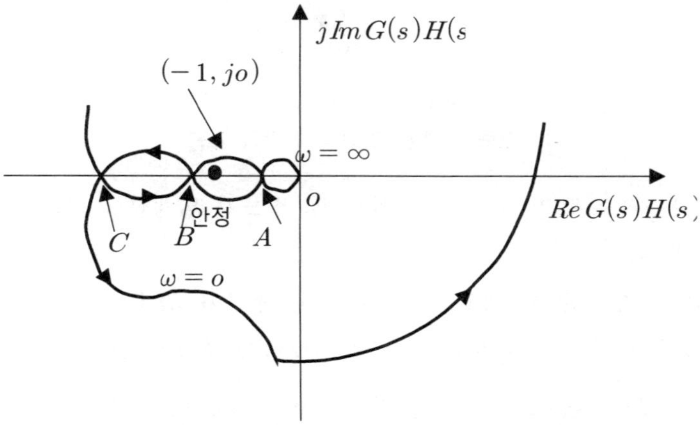

그림 6-21 식(6-2-49)의 Nyquist 선도

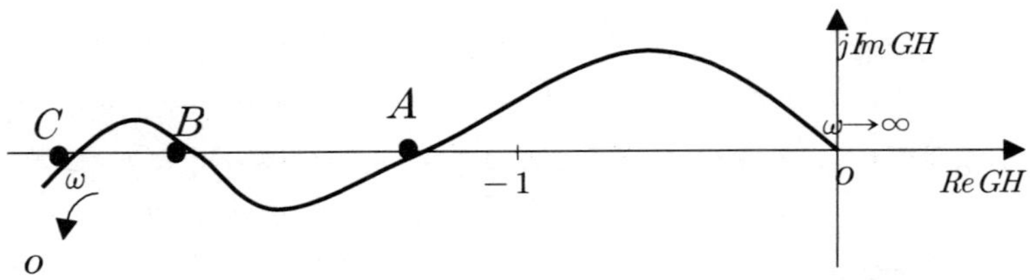

(a) 불안정

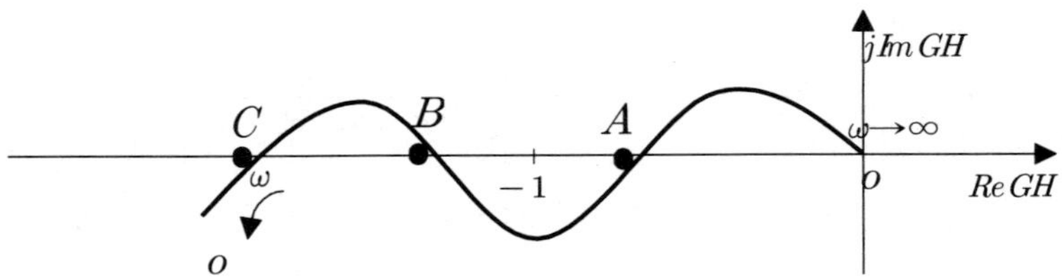

(b) 안 정

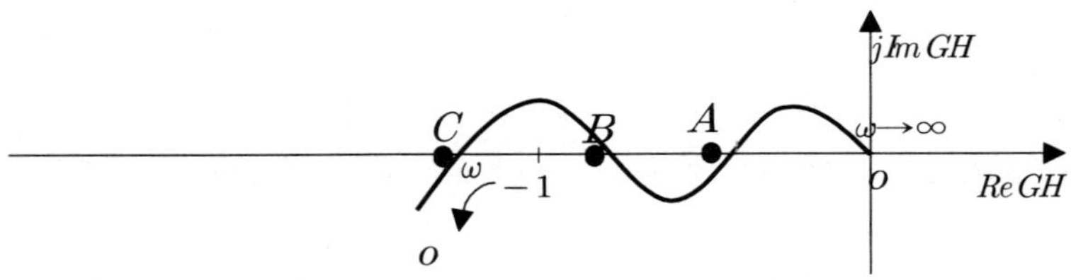

(c) 불안정

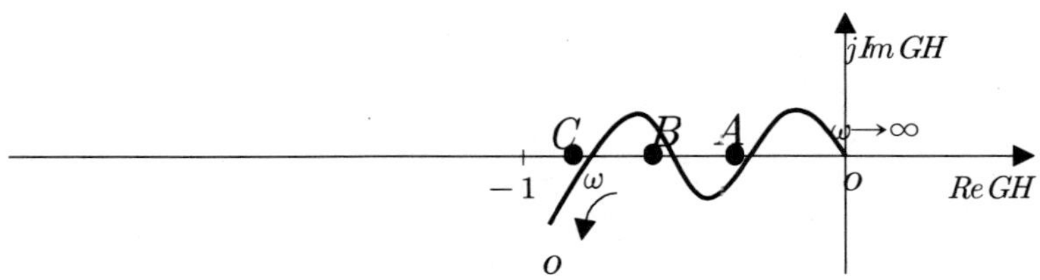

(d) 안 정

그림 6-22 조건부 안정의 개념

그림 6-22(c)는 $K=K_3$인 경우로서 Nyquist 선도가 임계점 $(-1, j0)$를 일주하므로 시스템은 불안정한다.

그림 6-22(d)는 $K=K_4$인 경우로서 Nyquist 선도가 임계점 $(-1, j0)$를 일주하지 않으므로 시스템은 안정한다. 여기서, 이득 K는 K_1, K_2, K_3, K_4이다.

이와 같이 시스템이 불안정하게 되는 경우는 이득 K뿐만 아니라 시정수 τ가 변화해도 일어난다. 이와 같은 특성을 나타내는 시스템을 조건부 안정 시스템이라 한다.

Nyquist 선도

1. 특성방정식이 주어진 경우 루프전달함수를 구한다.

   - $G(s)H(s)=\dfrac{K(s-1)}{s(s+1)}$

2. $G(s)H(s)$의 영점과 극점을 포함하지 않으면서 우반평면을 다 둘러싸는 Nyquist 경로를 설정한다.

   - s평면의 원점에 극점이 존재하므로 이를 포함하지 않는 경로 설정

3. Nyquist 경로상의 모든 점을 $G(s)H(s)$(루프전달함수)에 대입하여 이로부터 Nyquist 선도를 구한다.

   - $s=j\infty, s=j1, s=j0^{+}, s=re^{j\theta}, s=j0^{-}, s=-j1, s=-j\infty, s=Re^{j\theta}$ 을 각각 대입한다.
   - $G(s)H(s)|_{s=jw}=\dfrac{K(jw-1)}{jw(jw+1)}=\dfrac{2Kw}{w(w^2+1)}+j\dfrac{K(1-w^2)}{w(w^2+1)}$
   - $G(jw)H(jw)|_{w=\pm 1}=\left.\dfrac{2Kw}{w(w^2+1)}\right|_{w=\pm 1}=K$
   - $G(s)H(s)|_{s=re^{j\theta}}=\dfrac{K(re^{j\theta}-1)}{re^{j\theta}(re^{j\theta}+1)}\cong\dfrac{K}{re^{j\theta}}=-\infty e^{-j\theta}$
   - $G(s)H(s)|_{s=Re^{j\phi}}=\dfrac{K(Re^{j\phi}-1)}{Re^{j\phi}(Re^{j\phi}+1)}\cong\dfrac{K}{Re^{j\phi}}=0e^{-j\phi}$

4. 편각의 원리에 적용하여 $(-1,\ j_0)$을 일주해야 할 횟수(N_{-1})를 구하고 그 횟수를 충족하기 위한 K를 정한다.

   - 편각의 원리 : $N_0=Z_0-P_0$, $N_{-1}=Z_{-1}-P_{-1}$
   - 안정하기 위한 핵심은 특성방정식의 근중에서 우반평면에 존재하는 영점의 갯수(Z_{-1})가 "0"개 이어야한다.
   - $P_0=P_{-1}$이므로 $G(s)H(s)$로부터 P_{-1}은 쉽게 알 수 있고 $N_{-1}=Z_{-1}-P_{-1}$에서 $Z_{-1}=0$ 될려면 $(-1, j_0)$을 일주해야할 횟수(N_{-1})를 구할 수 있다.

Nyquist 안정도 판별법(point)

안정도 판별법의 구분(특징)

판별법	특 징
Routh-Hurwitz	· **특성방정식을 이용하여 우반면에 근의 존재 여부 판단** · 개루프 시스템이기에(궤환 없음) 특성방정식의 근이 한개라도 우반면에 존재하면 불안정 · 근중 하나라도 우반면에 존재하지 않아야 안정
근궤적	· **루프전달함수의 근의 궤적을 그려서 k의 변화에 따라 극점에서 출발하여 영점으로 도달** · 근궤적이 우반면으로 넘어가나 안넘어가나 판단하여 안정도 여부 결정
Nyquist선도	· **루프전달함수의 경로 및 선도 도해** · 편각의 원리를 이용하여 특성방정식의 영점이 우반면에 존재하지 않기(Z-1=0)위해서는 루프전달함수의 nyquist선도가 (-1, J0)을 몇 번 일주해야하는지 결정 · 일주하기 위한 K의 값 결정

일주와 포위

- 일주(encircled): 점 A는 폐경로 내부에 있으므로 폐경로 Γ로 일주(encircled)되고
- 포위(enclosed): 경로가 정해진 방향으로 움직일 때, 그 경로의 왼쪽에 있는 점이나 영역을 그 폐경로에 의하여 포위(enclosed)되었다고 말한다.

  - 예) 복잡한 폐경로 그리고 몇 번 어느 방향으로 일주하나?(N=?)

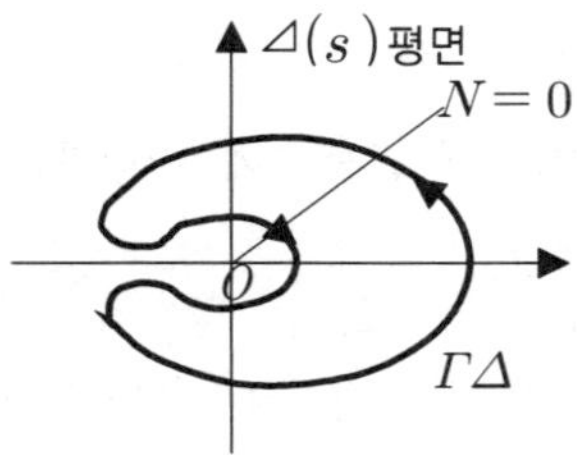

(a) $Z=P$

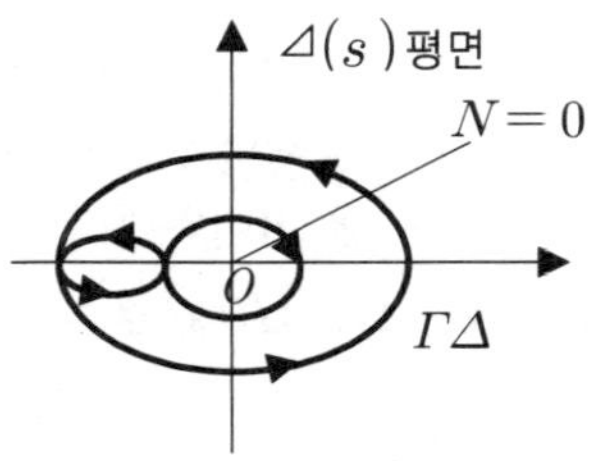

(b) $Z=P$

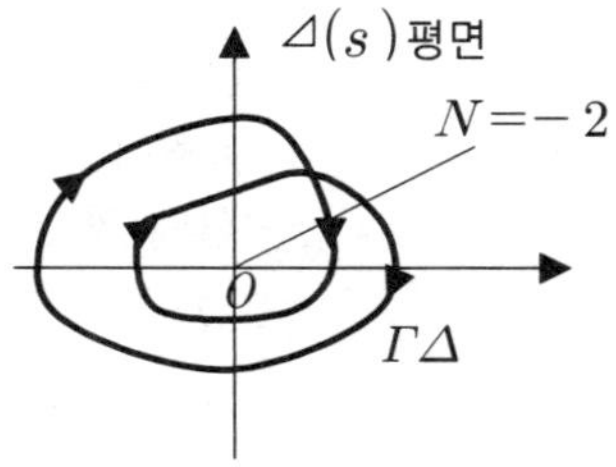

(c) $Z<P$

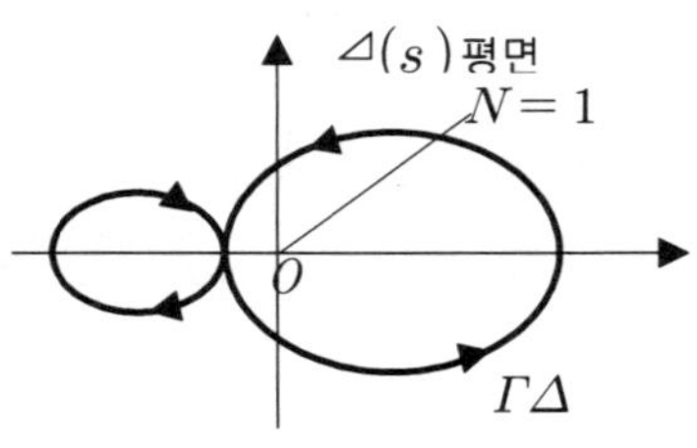

(d) $Z>P$

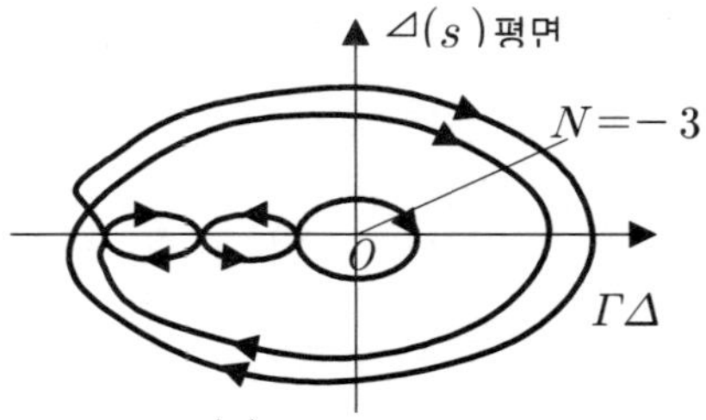

(e) $Z<P$

경로와 선도

- $G(s)H(s) = \dfrac{K}{s}$ 일때 각각의 경로에 대하여 루프전달함수($G(S)H(S)$) 평면, 특성방정식 $\Delta(s)$ 평면에 각각 사상 시켜라($K=2$일때)
    - 경로 달리주고(루프전달함수 달리주고) → 루프전달함수평면에 사상 → 특성방정식평면에 사상
    - Nyquist경로 달리주고 → 루프전달함수평면에 사상(nyquist선도)

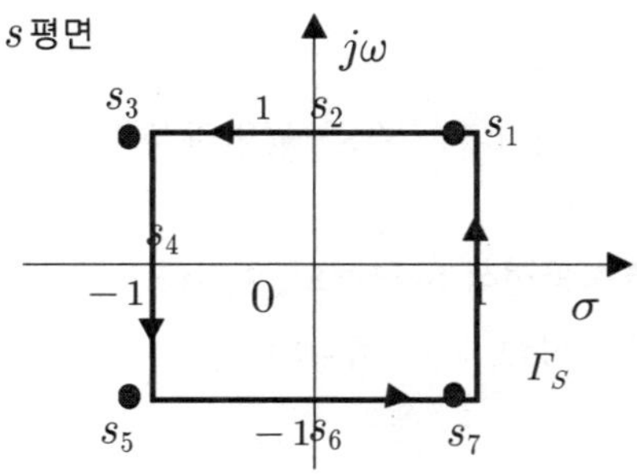

자동제어(구) 254pp-예제5-9 참조

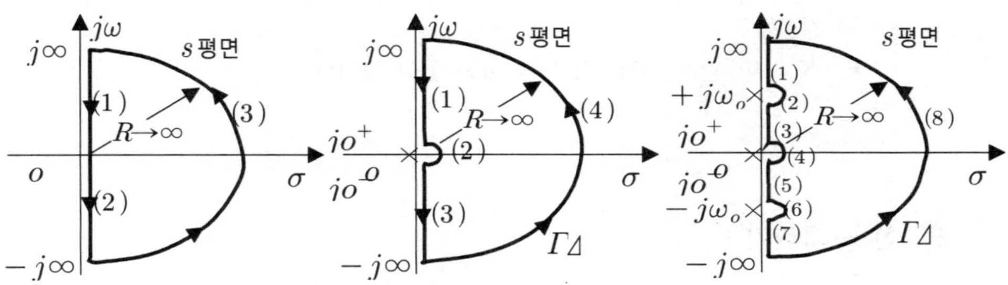

$G(s)H(s)$의 Nyquist 경로

편각의 원리

선도 Γ_Δ가 $\Delta(s)$ 평면의 원점을 N번 일주할 때

$$N = Z - P$$

- 반시계방향 일주 : 양
- 시계방향 일주 : 음

$$N = Z - P$$

N : $\Delta(s)$ 평면에서 특성방정식 $\Delta(s)$의 선도 Γ_Δ가 원점을 일주하는 횟수
Z : s평면에서 경로 Γ_s가 특성방정식 $\Delta(s)$의 영점을 일주하는 횟수
P : s평면에서 경로 Γ_s가 특성방정식 $\Delta(s)$의 극점을 일주하는 횟수

N_0 : 루프전달함수 $G(s)H(s)$의 Nyquist 선도가 $G(s)H(s)$ 평면의 원점을 일주한 수
Z_0 : s평면의 우반면에 있는 루프전달함수 $G(s)H(s)$의 영점의 수
P_0 : s평면의 우반면에 있는 루프전달함수 $G(s)H(s)$의 극점의 수

N_{-1} : 루프전달함수의 Nyquist 선도가 $G(s)H(s)$ 평면의 점$(-1, j0)$을 일주한 수

Z_{-1} : s평면의 우반면에 있는 특성방정식의 영점의 수이다.

P_{-1} : s평면의 우반면에 있는 특성방정식의 극점의 수

- $N_0 = Z_0 - P_0$로부터 P_0가 결정되며, $P_{-1} = P_0$이므로 Z_{-1}=0 이기위한 N_{-1}가 결정됨
- N_{-1}횟수만큼 회전하기 위한 K의 값이 결정됨

선도 그리기

1) 루프전달함수($G(s)H(s)$) 준다
2) 루프전달함수로부터 Nyquist 경로(Γ_s)그린다
   - $G(s)H(s)$의 영점과 극점을 포함하지 않으면서 우반면을 다 둘러싸는 원
   - 경로상의 모든 점을 $G(s)H(s)$에 대입

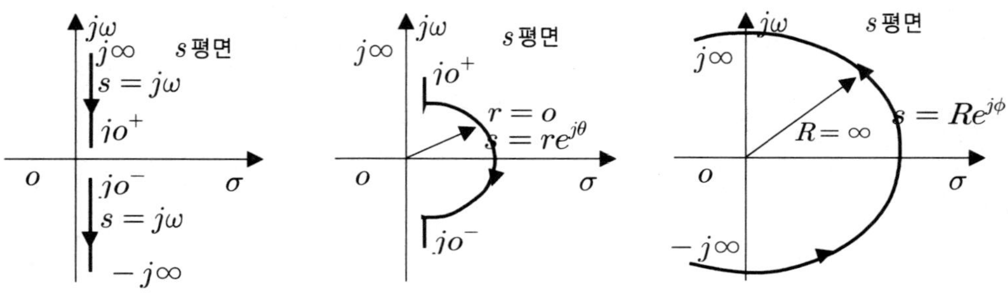

① 허수축 상에 존재하는 극점을 제외한 부분의 경로

$s = jw,\ 0^{+} \leqq w \leqq \infty,\ -\infty \leqq w \leqq 0^{-}$

일반적으로 $w = +\infty, 1, +0, -0, -1, -\infty$ 대입

② 경로 Γ_s는 원점에 존재하는 극점을 통과하지 않도록 구성된 작은 반원

$s = re^{j\theta},\quad 90^{\circ} \leqq \theta \leqq -90^{\circ}\ (r \to 0)$

③ s평면의 우반면에 무한원점까지 포함: 반지름 무한대로 하는 반원

$s = Re^{j\phi},\quad 90^{\circ} \leqq \phi \leqq -90^{\circ}\ (R \to \infty)$

- 경로상의 모든점을 $G(s)H(s)$에 대입하는 법
  분모에 있는 허수를 없애자(분모/자에 분모와 같은 허수 곱하자)
  $j\infty + 1$과 유사 경우 상수 1은 무시한다.

3) Nyquist 경로상의 점들을 $G(s)H(s)$에 대입하여 나오는 점들을 연결
   - Nyquist 선도가 구성된다.

4) $N_0 = Z_0 - P_0$로부터 P_0가 결정되며, Z_{-1}은 $P_{-1} = P_0$이므로 $N_{-1} = Z_{-1} - P_{-1}$

5) 안정된 폐루프 시스템은 $Z_{-1} = 0$이어야 하므로 $N_{-1} = P_{-1}$이 되도록 K 값을 선정

   - 폐루프가 안정하려면 루프전달함수 도면은 S평면 우반면에 존재하는 루프전달함수의 극점수와 같은 횟수로 $(-1, j0)$점을 둘러싸야하며 둘러쌀 때 방향은 Nyquist 경로의 반대방향이 되어야 한다.

6.3 보드 선도법

보드선도(Bode diagram)는 1942년 H.W.Bode에 의해 개발된 기법으로서 주파수응답을 크기응답과 위상응답으로 분리하여 두개의 그림표로써 나타낸다. 두 개의 응답선도에서 가로축은 모두 주파수에 대한 대수눈금을 쓰며, 세로축은 크기응답에서는 크기를 데시벨 [dB]로 나타내는 대수눈금을, 위상응답에서는 위상각을 각도단위 [∘]로 나타내는 선형눈금을 쓴다.

보드선도에서는 크기응답에 데시벨 표현법을 쓰기 때문에 전달함수가 각각 $G_1(j\omega)$, $G_2(j\omega)$인 두 시스템이 직렬 연결된 경우의 전체 전달함수 $G(j\omega)=G_1(j\omega)G_2(j\omega)$의 크기응답은 다음에서 알 수 있듯이 각 시스템의 크기응답을 더한 것과 같다.

$$G_{dB} = 20\log|G(j\omega)| \;=\; 20\log|G_1(j\omega)G_2(j\omega)|$$

$$= 20\log|G_1(j\omega)| + 20\log|G_{2(j}\omega)| \;=\; G_{1dB} + G_{2dB}$$

또한, 직렬연결 시스템의 위상응답도 선형시스템의 일반적인 성질로부터 다음과 같이 각 시스템의 위상응답의 합과 같다.

$$\angle G(j\omega) = \angle G_1(j\omega)G_2(j\omega) = \angle G_1(j\omega) + \angle G_2(j\omega)$$

따라서 직렬연결 시스템의 보드선도는 각 시스템의 보드선도를 더한 것과 같다. 보드선도를 써서 주파수응답을 나타낼 때의 장점은 다음과 같이 요약할 수 있다.

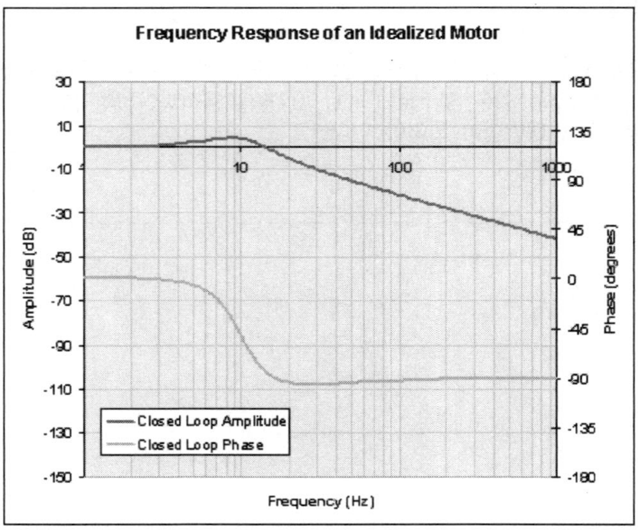

그림 6-23 보드선도(Bode diagram)

핵심내용

보드선도(Bode diagram) :

- 1942년 보드(H.W. Bode)에 의해 개발된 기법. 주파수응답을 크기응답과 위상응답으로 분리하여 두 개의 그림표로써 나타낸다. 가로축은 주파수에 대한 대수눈금을 쓰며, 세로축은 크기응답에서는 크기를 데시벨 [dB]로 나타내는 대수눈금을, 위상응답에서는 위상각을 각도단위 [∘]로 나타내는 선형눈금을 쓴다.

보드선도의 장점 :

- 직렬연결된 시스템들의 보드선도는 각 부시스템의 보드선도를 더하는 꼴로 구해지기 때문에 주파수응답을 나타내기 쉬우며, 간단한 시스템에 대해서는 숫자를 사용하여 계산으로 계산하여 손으로 그릴 수도 있다.
- 대수눈금을 써서 주파수를 나타내기 때문에 아주 넓은 주파수범위에 걸쳐서 주파수 응답을 나타낼 수 있다.
- 주파수영역에서 제어시스템을 설계하면 설계변수에 오차가 있더라도 제어시스템의 성능이 웬만큼 보장되기 때문에 시간영역에서 설계하는 것에 비해 상당히 견실한 시스템을 구성할 수 있다.
- 보드선도는 개 루-프 전달함수의 주파수응답을 나타낸 것이지만 이로부터 폐루프 시스템의 주파수응답 특성을 알아낼 수 있다.

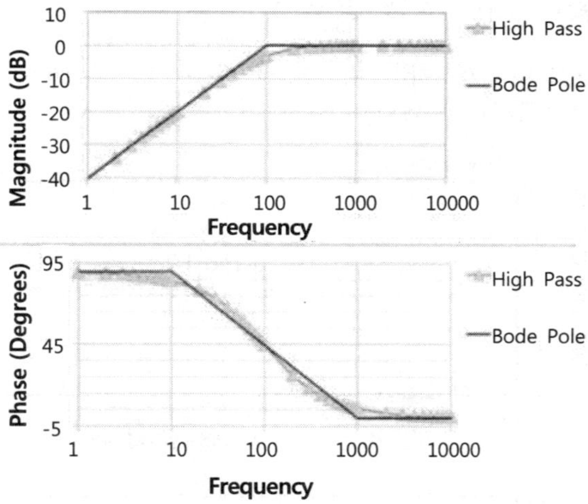

나이키스트선도는 다음과 같은 결점이 있다.

- 주파수가 양(+)으로 나타나지 않는다.
- 루프 이득이 클 때 전체 벡터 궤적을 그리기 때문에 그래프의 스케일을 축소시키면 점(−1, 0)이 원점에 가까워져 점(−1, 0) 근처의 벡터 궤적을 정밀하게 도해할 수 없다. 이 결점을 제거한 것이 보드선도이다. 이것은 벡터 궤적을 크기-주파수 특성과 위상-주파수 특성으로 분류하여 주파수와 크기의 눈금을 대수로 한 것이다.
  - 보드선도는 나이키스트선도의 다른 표현이기 때문에 보드선도에서 안정성을 판별할 수 있다.

- 즉, 개루프 상태에서 안정적인 시스템이 부귀환 후에도 안정적으로 되기 위한 필요충분조건은, 루프 크기가 0dB로 되는 주파수에서 루프 크기의 위상이 ±180°이내로 모아지는 것이라 할 수 있다.

- 그러면 보드선도를 그리는 방법에 대해 알아보기로 한다. 우선 간단한 기본적인 인수에 대한 보드선도를 작성하고, 이 인수들로 구성되는 전달함수에 대한 보드선도 작성법을 정리한다.

6.3.1 보드선도 작성법

보드선도의 성질에 의하면, 어떤 인수들의 곱의 꼴로 이루어지는 전달함수에 대한 보드선도는 각 인수들의 보드선도들의 합으로 구할 수 있다. 따라서 기본적인 인수들의 보드선도를 알면 이로부터 일반적인 전달함수의 보드선도를 작성할 수 있다. 전달함수의 기본적인 인수로는 `상수항', `1차 인수', `2차 인수' 따위가 있으므로 이 인수들에 대한 보드선도를 구해보기로 한다.

1) 상수항 $G(j\omega)=K$의 경우 :

크기는 $20\log|K|$[dB], 위상은 $K0$일 때 0[◦], $K<0$일 때 180[◦]이므로 보드선도는 그림 6-24과 같다.

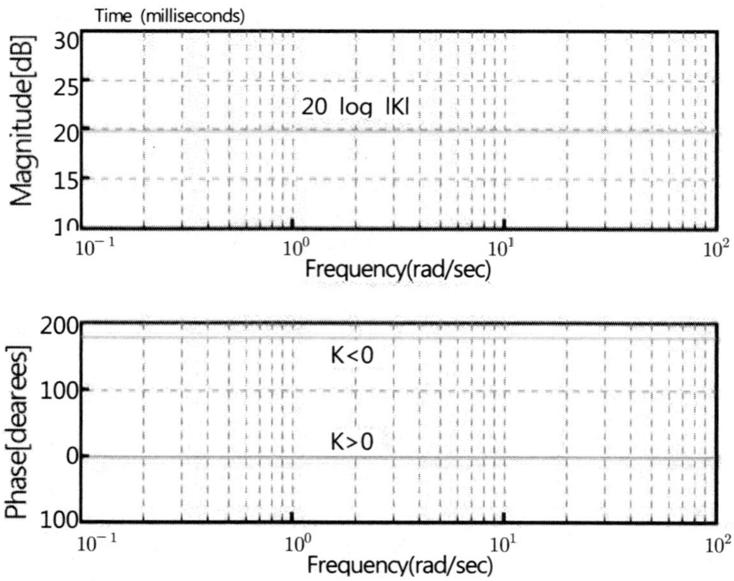

그림 6-24 상수 인수의 보드선도

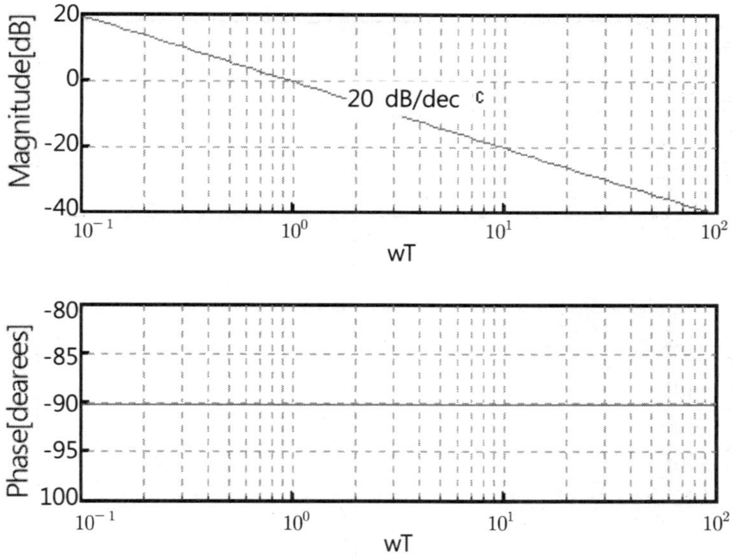

그림 6-25 1차 인수의 보드선도 : G(jω) = 1/(jωT)

2) 1차 인수 $G(j\omega)=1/(j\omega T)$의 경우 :

크기는 $G_{dB}=-20\log\omega T$[dB]이므로, 주파수 ω가 10배씩 증가할 때 -20[dB]의 비율로 감소하며, $\omega T=1$일 때 $G_{dB}=0$[dB]을 알 수 있다. 그리고 $G(j\omega)=-j/(\omega T)$이므로 위상은 $\phi(\omega)=-90[\circ]$이다. 따라서 이 경우에 보드선도는 그림 6-25와 같다.

$G(j\omega)=j\omega T$의 경우에는 크기가 $G_{dB}=20\log\omega T$[dB]이므로 주파수 ω가 10배가 될 때마다 20[dB]의 비율로 증가하며, 위상은 $\phi(\omega)=90[\circ]$이므로, 대응하는 보드선도는 그림 6-25를 가로축에 대해 대칭 이동한 것과 같다.

3) 1차 인수 $G(j\omega)=1/(j\omega T+1)$의 경우 :

전달함수의 크기는 $G_{dB}=-20\log\sqrt{\omega^2T^2+1}=-10\log(\omega^2T^2+1)$[dB]이므로, $\omega T=1$일 때 $G_{dB}=-3$[dB]이고, $\omega T\le 0.1$일 때 $G_{dB}\approx 0$[dB]이며, 따라서 차단주파수와 대역폭은 $\omega_c=\omega_B=1/T$, 대역이득은 $G_B=0$[dB]이다. $\omega T\ge 10$일 때에는 $G_{dB}\approx-20\log\omega T$[dB]로 근사화 되어 주파수 w가 10배가 될 때마다 -20[dB]의 비율로 감소한다. 위상은 $\phi(\omega)=-\tan^{-1}\omega T$이므로, 차단주파수에서 $\phi(\omega_c)=-45[\circ]$이고, $\omega T\le 0.1$일 때 $\phi(\omega)\approx 0[\circ]$, $\omega T\ge 10$일 때 $\phi(\omega)\approx-90[\circ]$로 근사화된다. 따라서 1차 인수에 대한 보드선도는 그림 6-26과 같다.

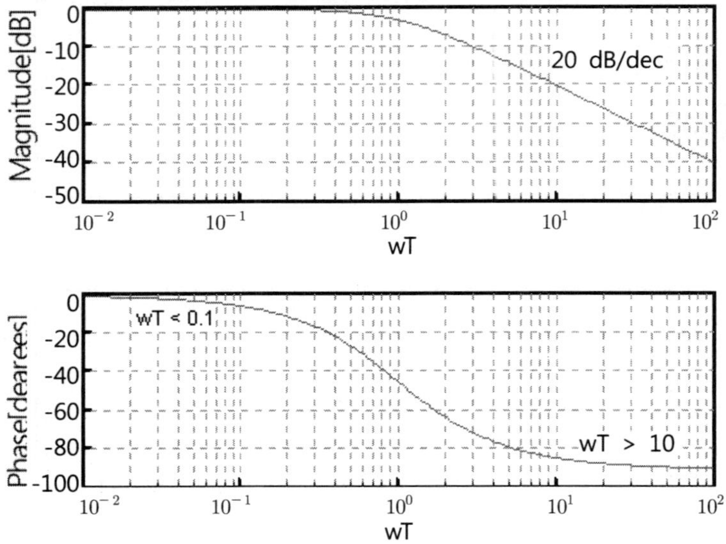

그림 6-26 1차인수의 보드선도 : $G(j\omega)=1/(j\omega T+1)$

$G(j\omega)=j\omega T+1$ 의 경우에는 $j\omega T+1=1/\dfrac{1}{j\omega T+1}$ 이므로 이 경우의 보드선도는 그림 6-26을 가로축에 대해 대칭이동 시키면 구해진다.

4) 2차 인수 $G(j\omega)=1/[(j\omega/\omega_n)^2+2\zeta(j\omega/\omega_n)+1]$의 경우 :

이 경우의 크기를 구하면 $|G(j\omega)|=1/\sqrt{[1-(\omega/\omega_n)^2]^2+[2\zeta(\omega/\omega_n)]^2}$ 이고 $|G(j\omega)|$의 분모를 최소로 만드는 주파수에서 공진이 나타나므로 공진주파수와 공진최대값을 구하면 다음과 같다.

$$\omega_r \;=\; \omega n\sqrt{1-2\zeta^2} \quad 0 \le \zeta \le 0.707$$

$$M_r \;=\; |G(j\omega r)| \;=\; \frac{1}{2\zeta\sqrt{1-\zeta^2}} \qquad (6\text{-}3\text{-}1)$$

따라서 2차 시스템에서는 감쇠비가 $\zeta<0.707$ 인 경우에 공진이 생기며 감쇠비 ζ 가 작을수록 공진주파수는 고유진동수ω_n 에 수렴하며 공진최대값 M_r 의 크기는 더 커진다. 그리고 이득이$1/\sqrt{2}$ 이 되는 차단주파수와 대역폭을 구하면 다음과 같다.

$$\omega_c \;=\; \omega_B \;=\; \omega_n\left(1-2\zeta^2+\sqrt{4\zeta^4-4\zeta^2+2}\,\right)^{1/2} \qquad (6\text{-}3\text{-}2)$$

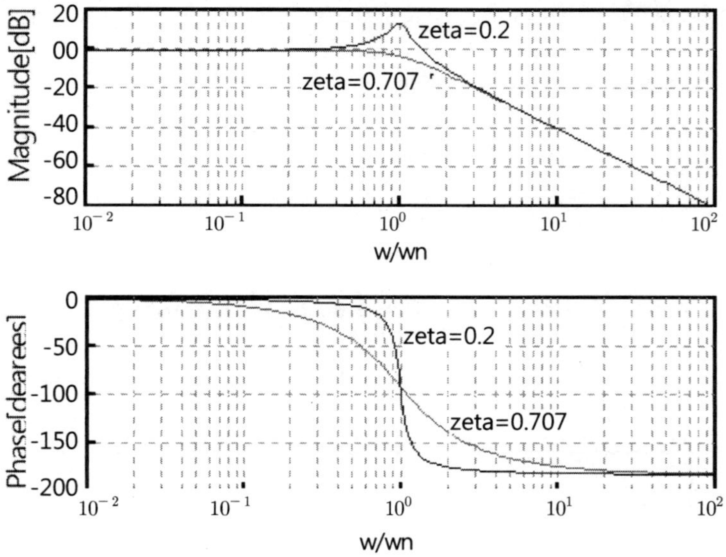

그림 6-27 2차인수의 보드선도 : $G(j\omega)=1/[(j\omega/\omega_n)^2+2\zeta(j\omega/\omega_n)+1]$

위상은 $\phi(\omega)=-\tan^{-1}\dfrac{2\zeta\omega/\omega_n}{1-(\omega/\omega_n)^2}$ 이므로 $\omega=\omega_n$일 때 $\phi(\omega)=-90[\circ]$이고, $\omega=0.1\omega_n$일 때$\phi(\omega)\approx 0$, $\omega=10\omega_n$일 때$\phi(\omega)\approx-180[\circ]$가 된다. 따라서 2차 인수에 대한 보드선도는 그림 6-27와 같다

$G(j\omega)=(j\omega/\omega_n)^2+2\zeta(j\omega/\omega_n)+1$의 경우에 대한 보드선도는 그림 6-27를 가로축에 대해 대칭이동 시킨 것과 같다.

모든 전달함수는 위에서 살펴본 기본인수들의 곱의 꼴로 분해할 수 있으므로 일반 전달함수의 보드선도는 기본인수들의 보드선도를 이용하면 쉽게 구할 수 있다. 이 방법을 써서 몇 가지 예제를 풀어보기로 한다.

예제 6-3-1

다음 전달함수의 보드선도를 구하라.

$$G(s) = \frac{20}{s(s+10)}$$

풀이

먼저 $G(j\omega)$를 기본형으로 나타내기 위해 분자·분모를10으로 나눈다.

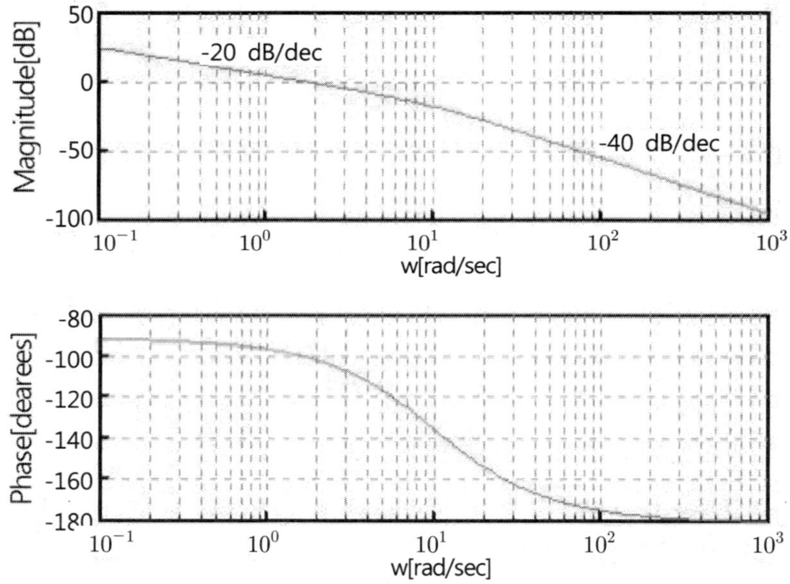

그림 6-28

$$G(j\omega) = \frac{2}{j\omega\,(j\omega/10+1)}$$

$G(j\omega)$는 상수항 2와 두 개의 1차인수 $1/(j\omega)$,$1/(j\omega/10+1)$로 분해할 수 있으므로, $G(j\omega)$의 보드선도는 이들 3개항의 보드선도를 더함으로써 구할 수 있다. 따라서 구하려는 보드선도는 그림 6-28와 같다.

예제 6-3-2

다음 전달함수의 보드선도를 구하라.

$$G(s) = \frac{20}{s(s^2+0.8s+4)}$$

풀이

먼저 $G(j\omega)$를 기본형으로 나타내기 위해 분자·분모를 4로 나눈다.

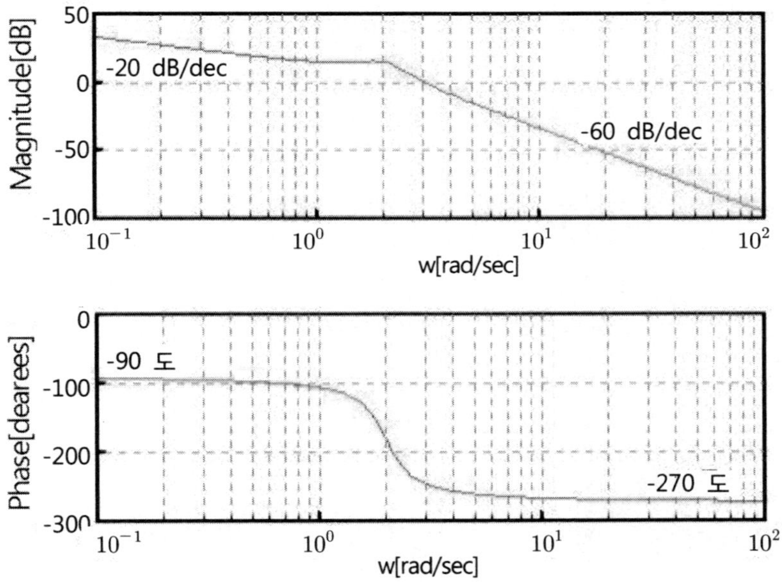

그림 6-29

$$G(j\omega) = \frac{5}{j\omega\,[(j\omega/2)^2 + 2\times 0.2(j\omega/2)+1]}$$

$G(j\omega)$는 상수항 5와 1차인수 $1/(j\omega)$, 그리고 고유진동수 $\omega_n = 2$, 감쇠비 $\zeta = 0.2$인 2차인수 $1/[(j\omega/2)^2 + 2\times 0.2(j\omega/2)+1]$로 분해할 수 있으므로, $G(j\omega)$의 보드선도는 이들 3개항의 보드선도를 더함으로써 구할 수 있다. 따라서 구하려는 보드선도는 그림 6-29과 같다.

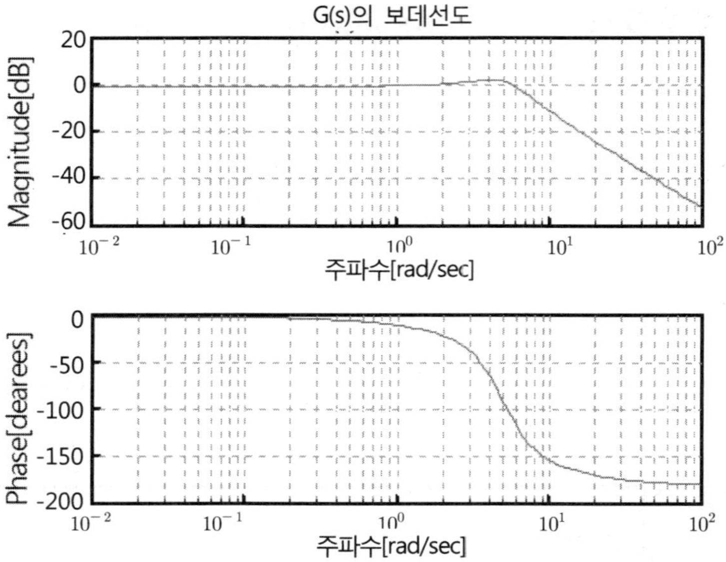

그림 6-30

이 절에서 다룬 보드선도 작성법은 숫자를 사용하여 계산으로 처리할 수 있는 방법이며, 복잡하지 않은 시스템의 경우에는 이 방법을 써서 손으로도 쉽게 그릴 수 있다. 그러나 시스템이 복잡한 경우에는 이 방법은 적용하기가 번거로울 뿐만 아니라, 전달함수의 극점이나 영점이 서로 가까이 있는 경우에는 계산오차가 커지기 때문에 정확한 그림을 얻을 수 없다. 따라서 이 경우에는 컴퓨터를 활용하는 것이 좋다.

예제 6-3-3

다음과 같은 전달함수를 갖는 시스템의 보드선도를 구하라.

$$G(s) = \frac{25}{s^2 + 4s + 25}$$

풀이

보드선도의 특성

- 보드선도에서의 크기는 dB로 표현
- 여러 응답 특성간의 곱과 나누기는 보드 선도에서는 각각의 합과 차로 됨

- 전달함수를 구성하는 각 pole, zero에 대한 간단한 주파수 응답곡선을 단순히 중첩시키는 것만으로 전체의 응답특성을 구할 수 있음.
- 점근선에 의한 근사적 표현만으로 충분한 경우가 많음

※ 보드선도를 이용한 상대 안정도 판별법

- 개루프 시스템의 이득 G(s)H(s)에서 주파수를 증가시켜 가며 가로축(주파수) 세로축(위상, 크기)에서 판별
- **이득 여유**(Gain margin : GM) : 위상이 −180도가 되는 주파수(위상교차 주파수)에서 불안정하게 될 때까지(즉 이득이 1보다 커질 때 까지) 이득이 몇 배나 증가될 수 있는가 하는 지표.
- **위상여유**(Phase margin : PM) : 이득이 1인 주파수(이득교차 주파수)에서 불안정해지기까지(즉 위상이 −180도를 넘기까지) 위상각의 여유가 얼마나 있는가 하는 정도.
- **안정 조건** : 이득 곡선이 0(dB)과 교차하는 주파수에서의 위상차가 −180도 보다 크고 위상 곡선이 −180도인 점에서의 이득 값이 음의 값이면 안정하다.

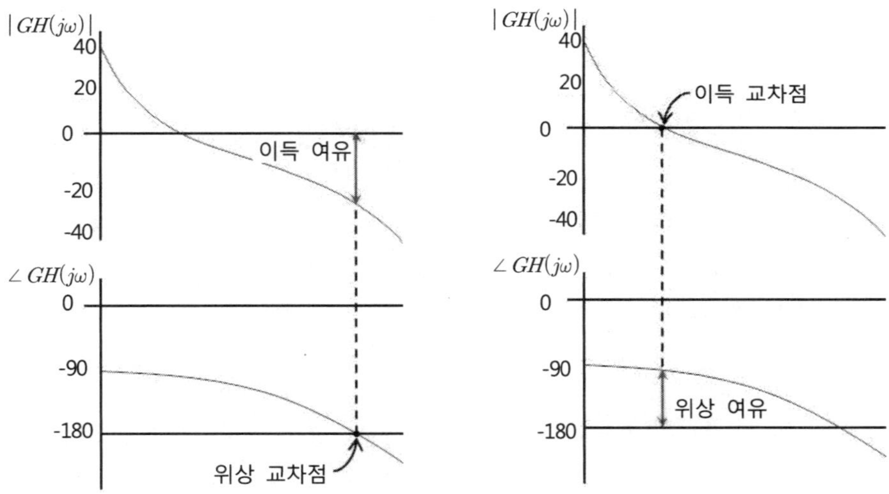

7

CHAPTER

상태공간 해석

선형시스템 이론은 물리시스템의 동특성을 수학적인 모델로 표현하고 이를 토대로 특성을 해석하거나 제어기를 설계하는 것이다. 일반적으로 시스템 특성은 미분방정식으로 기술되지만 제어공학에서는 미분방정식을 직접 처리하는 경우보다 **전달함수 표현과 상태변수 표현을 주로 사용한다.**

7.1 개요

7.1.1 상태공간 해석

전달함수는 시스템의 입력과 출력사이의 관계를 기술하는 가장 간단한 해석방법의 하나로 현재까지 제어공학자들이 즐겨 사용한다. 다양한 해석기법과 간단한 안정도 이론 및 풍부한 도식적 표현법 등이 제시되어 있으므로 선형 시불변시스템의 특성을 손쉽게 다룰 수 있다. 다만, 초기조건에 의한 특성이 무시되고 있으며 비선형, 시변 시스템에 대한 적용이 곤란하다.

한편, **상태공간 해석법은 선형 및 비선형, 시변 및 시불변시스템과 단일변수 및 다변수 시스템에 대하여 통일된 방식의 모델이 사용가능하다.** 행렬이론을 사용하기 때문에 시스템의 특성을 기술하는 수학적 수단이 간단해지고, 칼만필터(kalman filter), 상태궤환, 관측기 등 제어기 설계기법이 다양하게 제공될 뿐 아니라 최적제어(optimal control), 적응제어(adaptive control)등의 풍부한 제어기법을 적용할 수 있다. 그러나 대부분 수식적 모델의 연산이 복잡해지므로 시스템의 특성이나 시간응답 등을 구하기 위해 수치해석, 컴퓨터프로그램을 사용할 수 있어야한다.

상태공간 표현

- 컴퓨터를 통하여 시스템 계산을 할 경우 선형대수를 이용하며, 이러한 점을 고려할 경우 우리가 구하자고 하는 시스템은 행렬식으로 표현하는 것이 필요
- 대표적인 표현방법은 1) Electric System과 2) Mechanical System이 있다.
- 두 System 별로 전개하는 노하우는 다르다. 기본적으로 놓고 들어가는 식의 형태는

  미분항 = 미분하지 않은 항으로 $\dot{X} = AX + B$로 전개하면 된다.

Mechanical System

- 거리를 미분하면 속도이고 속도를 미분하면 가속도가 나오기 때문에 식을 전개할 때에 좌측엔 속도의 미분과 거리의 미분을 두고 우측엔 속도와 거리를 둔다.

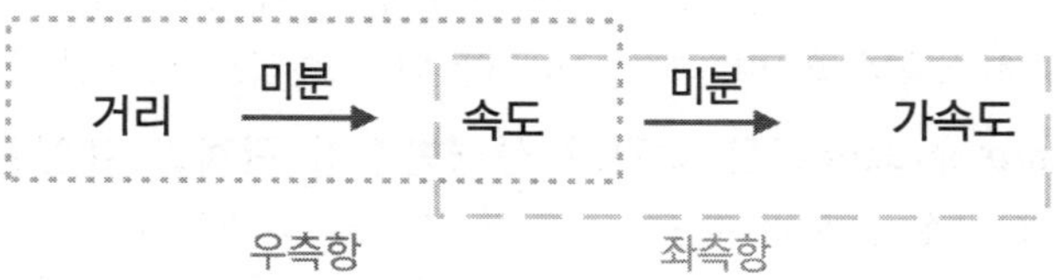

- $\begin{bmatrix} \dot{x}_1 \\ \dot{x}_2 \end{bmatrix} = A \begin{bmatrix} x_1 \\ x_2 \end{bmatrix} + B$ 의 형태로 식이 전개된다. 이렇게 더 미분인 항을 좌측에 두고 미분 항이 아닌 것을 우측 항에 두어서 전개한다.

※ Electrical System

- RLC가 나오며 문제가 되는 요소는 L과 C이다. 두 가지 구성원들의 전압과 전류 관계를 살펴보자.
- Capacitor의 전압과 전류 관계는 $C\dfrac{dV_c}{dt} = I_c$
- Inductor의 전압과 전류 관계는 $V_L = L\dfrac{dI_L}{dt}$
- Mechanical System에서 알아보았듯이 미분항은 좌측으로 미분하지 않은 항은 우측으로 놓는다. 그렇기 때문에 $\dfrac{dV_c}{dt}$와 $\dfrac{dI_L}{dt}$ 를 좌측에 놓고 V_c와 I_c을 우측에 놓는다.

7.1.2 상태변수와 상태방정식

상태변수는 시스템의 과거, 현재 그리고 미래조건을 나타내는 척도로 이용된다. 실제로 제어이론은 입력과 출력신호사이에 주어진 수식모델을 토대로 전개된다. 일반적으로 물리 시스템의 특성은 미분방정식으로 표현된다. 이러한 미분방정식은 제어시스템을 설계하기 위한 지표들을 특성화하기 곤란하기 때문에 이 모델을 직접 해석하거나 해석된 결과를 응용하는 경우는 드물다. 따라서 입출력사이의 관계를 전달함수로 표현함으로써 극점과 영점, 시간응답, 주파수응답 등의 외형적인 특성을 해석한다. 경우에 따라 입력신호를 적절히 구성하여 시스템의 모든 부분의 특성을 조절하거나 임의로 변화시킨 변수들이 시스템 출력에 직접영향을 줄 수 있는 제어기 설계문제를 다루어야 할 때가 있다. 미분방정식이나 전달함수로 표현된 모델을 사용하는 경우는 이러한 구체적인 특성을 해석하기 곤란하거나 아주 불가능할 수도 있다. 그렇지만 상태변수 벡터로 기술된 상태방정식을 사용하면 다루는 제어 시스템의 외부특성 뿐 아니라 내부 특성도 나타낼 수 있다.

상태방정식(state equation)은 입력과 상태변수의 관계로 표현된다. 이 경우에 상태변수는 시스템의 특성을 나타내는 독립적인 변수를 의미한다. 일반적으로 상태변수는 초기에서의 조건과 그 이후의 입력이 지정된 경우에 그 시스템의 미래동작을 완전히 예측할 수 있는 변수로 정의되며, 일정한 수, 곳선, 방정식 또는 추상적인 값으로 선택할 수 있다. 따라서 입출력관계를 기술하는 미분방정식이나 전달함수가 동일한 경우에는 여러 가지 방법으로 독립된 상태변수를 정의할 수 있으며, 결국 동일시스템에 대해서도 상태방정식 모델을 설계자에 의해 임의로 구성할 수 있다.

동적 시스템에서 시스템의 상태를 나타내는 상태변수는 시스템의 현재 상태와 입력신호를 알고 있을 때 시스템의 미래 동작을 결정하는 변수이다.

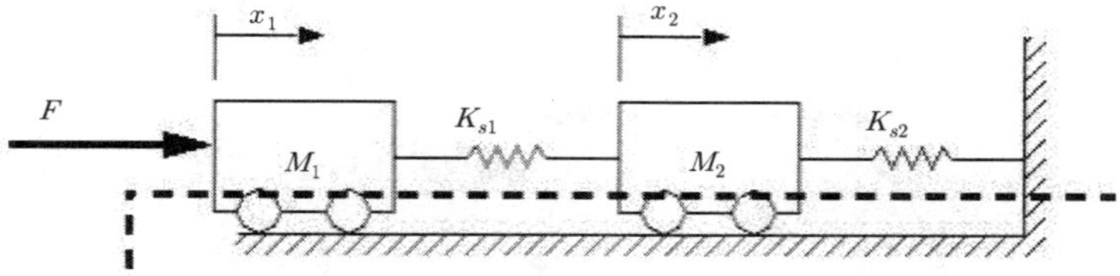

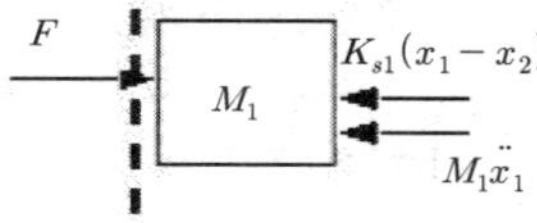

$$\overset{+}{\rightarrow} \sum F_x = F - K_{s1}(x_1 - x_2) = M_1\ddot{x}_1$$

$$M_1\ddot{x}_1 + K_{s1}x_1 - K_{s1}x_2 = F$$

$$\dot{x}_1 = v_1 \qquad (1)$$

$$M_1\dot{v}_1 + K_{s1}x_1 - K_{s1}x_2 = F$$

$$\dot{v}_1 = \frac{F}{M_1} - \frac{K_{s1}}{M_1}x_1 + \frac{K_{s1}}{M_1}x_2 \qquad (2)$$

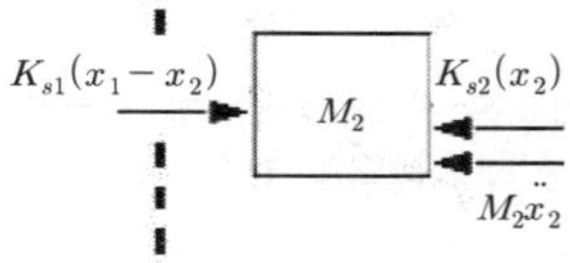

$$\overset{+}{\rightarrow} \sum F_x = K_{s1}(x_1 - x_2) - K_{s2}(x_2) = M_2\ddot{x}_2$$

$$M_2\ddot{x}_2 + (K_{s1} + K_{s2})x_2 - K_{s1}x_1 = 0$$

$$x_2 = v_2 \qquad (3)$$

$$M_2\dot{v}_2 + (K_{s1} + K_{s2})x_2 - K_{s1}x_1 = 0$$

$$\dot{v}_2 = \frac{K_{s1}}{M_2}x_1 - \left(\frac{K_{s1} + K_{s2}}{M_2}\right)x_2 \qquad (4)$$

The state equations can now be combined in a matrix form

$$\frac{d}{dt}\begin{bmatrix} x_1 \\ v_1 \\ x_2 \\ v_2 \end{bmatrix} = \begin{bmatrix} 0 & 1 & 0 & 0 \\ \frac{-K_{s1}}{M_1} & 0 & \frac{K_{s1}}{M_1} & 0 \\ 0 & 0 & 0 & 1 \\ \frac{K_{s1}}{M_2} & 0 & \frac{-K_{s1} - K_{s2}}{M_2} & 0 \end{bmatrix} \begin{bmatrix} x_1 \\ v_1 \\ x_2 \\ v_2 \end{bmatrix} + \begin{bmatrix} 0 \\ \frac{F}{M_1} \\ 0 \\ 0 \end{bmatrix}$$

그림 7-1 상태변수 표현 예

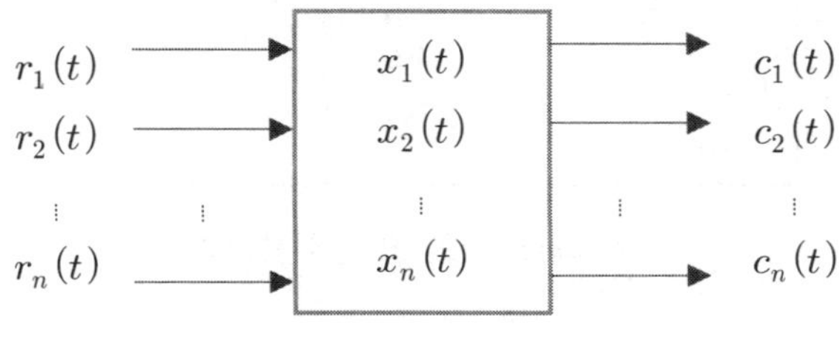

그림 7-2 제어시스템

상태방정식의 유도

상태란? = 저장요소

- 동적시스템의 상태는 $t = t_o$에서 변수를 알고 $t \geq t_o$의 입력을 알면, $t \geq t_o$에서의 시스템의 거동을 완벽하게 결정할 수 있을 때 이러한 변수들의 최소집합을 말한다.
- 시스템의 출력은 상태 값의 조합으로 표현할 수 있으며 상태의 종류에는 이산상태와 연속상태가 있을 수 있다.여기에서는 연속상태만을 고려한다.

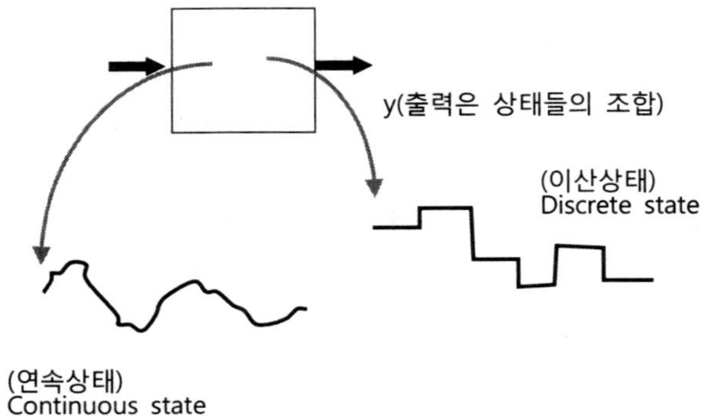

- 참고로 동적시스템의 상태를 결정하는 변수를 상태변수라 하고 상태변수들을 독립변수로 하여 공간(Space)을 구성한 것을 상태공간이라 한다.
- 우리가 흔히 3차원공간이라고 말할 때, x, y, z의 3개의 독립변수로 구성되듯이 4차원이상이 되면 기하학적인 형상으로는 상상할 수 없지만 N개의 상호 수직(orthogonal)인 상태변수 x1, x2, …, xn 으로 이루어진 공간이라 생각하면 된다.

아래 그림 7-3과 같은 회로시스템을 가정하자. 이 시스템에 대하여 (1)미분방정식과 전달함수에 의한 해석법 (2)상태변수를 정의하고 상태공간모델을 해석하는 방법을 소개한다. 여기서 $v(t)$는 입력 $v_c(t)$를 출력이라 한다. C의 초기전압은 '0'이라 가정한다.

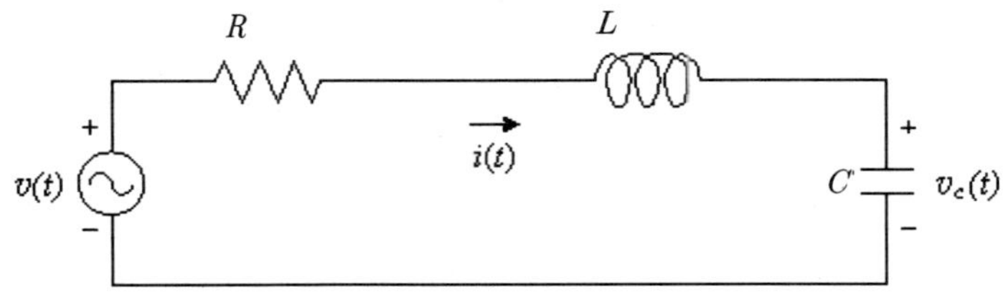

그림 7-3 RLC 직렬회로

(1) 미분방정식과 전달함수

그림 7-3에 키르히호프 전압법칙을 적용하면 전류를 구하기 위한 회로 방정식은

$$Ri(t)+L\frac{di(t)}{dt}+\frac{1}{C}\int i(t)dt=v(t) \tag{7-1-1}$$

$$v_c(t)=\frac{1}{C}\int i(t)dt \tag{7-1-2}$$

이식으로부터 다음관계를 얻는다.

$$i=C\frac{dv_o(t)}{dt}, \qquad \frac{di(t)}{dt}=C\frac{d^2v_o(t)}{dt^2} \tag{7-1-3}$$

식(7-1-1)을 식(7-1-3)에 대입하면 입출력관계를 포함하는 다음의 미분방정식을 얻을 수 있다.

$$LC\frac{d^2v_o(t)}{dt^2}+RC\frac{dv_o(t)}{dt}+v_o(t)=v(t) \tag{7-1-4}$$

식(7-1-4)는 그림 7-3 회로의 입출력관계를 나타내는 수식모델이다. 이때, 입력에 의한 출력이나 특성근 등은 이식으로부터 구해진다. 앞에서는 이러한 미분방정식 대신에 전달함수를 정의하여 특성해석을 이용하였다. 전달함수는 식(7-1-4)를 라플라스 변환하거나 또는 회로를 라플라스 변환회로로 고쳐 직접구할 수 있다. 즉,

$$\frac{V_c(s)}{V(s)}=\frac{1}{LCs^2+RCs+1} \tag{7-1-5}$$

그림 7-3에 키르히호프 전압법칙을 적용하면 전류를 구하기 위한 회로 방정식은

$$Ri(t)+L\frac{di(t)}{dt}+\frac{1}{C}\int i(t)dt=v(t) \tag{7-1-6}$$

$$v_c(t)=\frac{1}{C}\int i(t)dt \tag{7-1-7}$$

이며, 식에서 초기값을 0으로 하여 Laplace 변환하면

$$\left(Ls+R+\frac{1}{Cs}\right)I(s)=V(s), \qquad I(s)=Cs\,V_c(s) \tag{7-1-8}$$

$$\left(Ls + R + \frac{1}{Cs}\right)Cs\,V_c(s) = V(s) \tag{7-1-9}$$

이므로 전달함수 $V_c(s)/V(s)$는 다음과 같이 구해진다.

$$\frac{V_c(s)}{V(s)} = \frac{1}{\left(Ls + R + \frac{1}{Cs}\right)Cs} = \frac{1}{LCs^2 + RCs + 1} \tag{7-1-10}$$

(2) 상태공간 모델(1)

이 회로시스템의 동특성은 미분방정식 식(7-1-4)를 직접 처리하여 구하기는 매우 번잡하고 식(7-1-5)의 전달함수를 이용하면 간단하지만 그 사용대상이 제한되어 있다. 이제 (1)에서와 같은 수식모델 대신에 다름 형태의 모델에 관하여 간단히 고찰 해 보자.

$$\frac{di(t)}{dt} = -\frac{R}{L}i(t) - \frac{1}{L}v_o(t) + \frac{1}{L}v(t) \tag{7-1-11}$$

$$\frac{dv_o(t)}{dt} = \frac{1}{C}i(t) \tag{7-1-12}$$

이 식들에 대하여 $i(t) = x_1(t)$, $v_o(t) = x_2(t)$라 놓고 $v(t) = r(t)$, $v_o(t) = c(t)$라 하면 이 식들을 행렬형태로 표현하면

$$\begin{bmatrix} \dot{x}_1 \\ \dot{x}_2 \end{bmatrix} = \begin{bmatrix} -\frac{R}{L} & -\frac{1}{L} \\ \frac{1}{C} & 0 \end{bmatrix} \begin{bmatrix} x_1 \\ x_2 \end{bmatrix} + \begin{bmatrix} \frac{1}{L} \\ 0 \end{bmatrix} r \tag{7-1-13}$$

$$c = [0\ 1]\begin{bmatrix} x_1 \\ x_2 \end{bmatrix} \tag{7-1-14}$$

여기서 $x_1(t)$및 $x_2(t)$는 상태변수이다. 식(7-1-13) 상태방정식, 식(7-1-14)를 출력방정식이라 하고 이 두개의 식을 동적방정식(dynamic equation) 또는 상태공간 모델(state space model)이라한다. 일반적으로 식(7-1-13)과 (7-1-14)를 상태방정식이라 하기도 한다.

상태공간방정식과 전달함수

전달함수와 상태공간방정식 간의 전환에 대해 살펴보겠다.

상태공간방정식 $\xrightarrow{\text{유 일}}$ 전달함수

- $\dot{x} = Ax + Bu \xrightarrow{\text{LT}} (sI - A)X(s) = BU(s)$
- $y = Cx + Du \xrightarrow{\text{LT}}$
  $Y(s) = CX(s) + DU(s) = [C(sI - A)^{-1}B + D]U(s)$

$$\frac{Y(s)}{U(s)} = C(sI - A)B + D$$

전달함수 $\xrightarrow{\text{다 양}}$ 상태공간방정식

- 가제어 표준형(Controllable canonical form)
- 가관측 표준형(Observable canonical form)
- 기타
- 상태공간방정식을 전달함수로 전환하는 것은 단순히 라플라스 변환을 통해 입출력 관계를 구하면 해결됨과 동시에 유일한 표현 값을 가진다.
- 반면, 전달함수를 상태공간방정식으로 표현하는 방식은 상태변수를 어떻게 정하느냐에 따라 다양한 표현 방식을 가질 수 있음에 유의한다.
- 그러므로, 상기와 같은 목적(가제어성, 가관측성 해석)을 위한 일정한 표준형을 만들어 전환하는 방식이 몇 가지 마련되어 있다.

고전제어

- 복소영역 전달함수 해석
- 최적설계 불가능(Trial & error 도해법)
- SISO 입/출력관계만 표현
- 고전제어는 전달함수로 표현된 모델에 기반한 SISO 시스템을 복소영역(s)에서 해석하는 방식으로써 제어기를 설계할 때, 매 번의 해석 결과에 따라 시행착오법을 통해 적절한 결과를 도출한다. 도해적인 도움으로 복잡한 수학적 처리 과정이 적고 표준화된(PID 제어기) 유형으로부터 간단한 게인 튜닝으로 비선형 시스템까지 어느 정도 안정성을 갖기 때문에 아직도 현장에서 많이 사용되는 방식이다.

(3) 상태공간 모델(2)

이제 동일한 시스템의 식(7-1-1)에 전하량 $q=\int_0^t idt$관계를 이용하면

$$L\frac{d^2q}{dt^2}+R\frac{dq}{dt}+\frac{1}{C}q=v(t) \tag{7-1-15}$$

상태변수를 $q=z_1$ 및 $\dot{q}=z_2$로 선택하면 $\dot{z}_1$은

$$\dot{z}_1=z_2 \tag{7-1-16}$$

또한 $z_2=\dot{q}$를 미분하면 $\dot{z}_2=\ddot{q}$로 식(7-1-15)에 의해

$$\dot{z}_2=-\frac{1}{LC}z_1-\frac{R}{L}z_2+\frac{1}{L}v(t) \tag{7-1-17}$$

이 경우에 출력방정식은 식(7-2)로부터

$$v_o(t)=\frac{1}{C}z_1 \tag{7-1-18}$$

따라서 식(7-1-16)~(7-1-18)에 상태방정식과 출력방정식은 다음과 같은 행렬꼴로 표현된다.

$$\begin{bmatrix}\dot{z}_1\\ \dot{z}_2\end{bmatrix}=\begin{bmatrix}0 & 1\\ -\frac{1}{LC} & -\frac{R}{L}\end{bmatrix}\begin{bmatrix}z_1\\ z_2\end{bmatrix}+\begin{bmatrix}0\\ L\end{bmatrix}v(t) \tag{7-1-19}$$

$$v_o(t)=\begin{bmatrix}\frac{1}{C} & 0\end{bmatrix}\begin{bmatrix}z_2\\ z_2\end{bmatrix} \tag{7-1-20}$$

앞에서의 (2) 및 (3)과정에서 얻은 상태공간 모델은 상태변수를 다르게 선택하므로써 그 형태가 다르게 나타난다. 그러나 전달함수, 특성근 등 전달함수모델에서의 시스템특성은 그대로 유지된다. 다만, 선택된 상태의 시간특성이 각기 다르며 또한 제어기의 설계조건 등이 다를 수 있다.

주요내용

1) 미분방정식으로 표현되는 시스템들은 모두 상태공간에서 표현되며, 전달함수로 표현할 수 없는 시변시스템이나 비선형시스템도 상태공간에서는 상태방정식으로 나타낼 수 있다.

2) 상태공간에서의 해석 및 설계방법은 고전적인 주파수영역 해석 및 설계기법에 비해 다음과 같은 장점이 있다.
   - 다입력 다출력 시스템의 해석 및 설계가 용이하다.
   - 컴퓨터를 사용한 제어기 설계가 용이하다.
3) 주파수 영역에서의 제어기 설계방법은 다입력 다출력 시스템에 적용하기 어려우며 컴퓨터로 구현하기 쉽지 않다. 상태공간에서의 해석 및 설계는 이러한 장점이 있는 반면에 정확한 시스템 모델이 필요하다는 단점을 가지고 있다. 즉 주파수 영역에서의 제어기설계 방법에 비하여 모델링 오차에 대한 영향이 크게 나타날 수 있다.
4) 많은 상태공간의 제어기 해석이나 설계기법은 모델에 사용된 계수들을 사용하여 이루어진다.
5) 일반적으로 단일입력 단일출력(줄여서, 단입출력) 시스템의 해석 및 제어기 설계에는 주파수 영역의 설계기법이 많이 사용되며, 다입력 다출력(줄여서, 다입출력) 시스템의 경우에는 제어기 설계는 상태공간에서 이루어진다.

7.2 상태공간 표현 및 해석법

입력변수의 수가 p 출력변수의 수가 q인 n차 연립 미분방정식으로 표현되는 선형시불변 시스템은 다음과 같이 상태변수가 n개인 상태방정식으로 나타낼 수 있다.

$$\begin{aligned} \dot{x}(t) &= Ax(t) + Bu(t) \\ y(t) &= Cx(t) + Du(t) \end{aligned} \qquad (7\text{-}2\text{-}1)$$

여기서 $x(t) \in R^n, u(t) \in R^p, y(t) \in R^q$는 각각 상태변수, 입력변수, 출력변수의 열벡터이고 $A \in R^{n \times n}, B \in R^{n \times p}, C \in R^{p \times n}, D \in R^{q \times p}$는 상수행렬이다. 그리고 R^i는 i차원 벡터, $R^{i \times j}$는 $i \times j$ 행렬들의 집합을 나타낸다. 식(7-2-1)의 상태방정식으로 표시되는 시스템을 블록선도로 나타내면 그림 7-4와 같다.

식(7-2-1)은 다입력과 다출력의 경우도 표현하는 일반적인 상태공간 모델인데, 학부과정에서는 단입출력 시스템만을 다루므로 이 책에서는 입출력의 개수가 모두 하나인 즉, $p = q = 1$인 시스템만을 다루기로 한다. 따라서 식(7-2-1)의 상태공간 모델에서 계수행렬 B, C, D는 각각 $n \times 1$, $1 \times n$, 1×1 행렬로 한정하기로 한다.

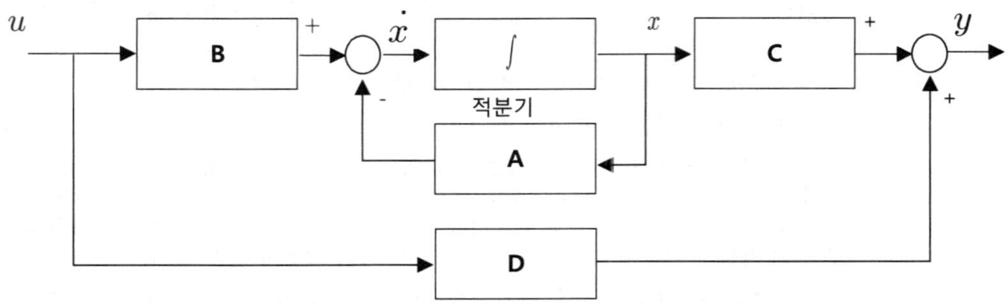

그림 7-4 상태공간 선형 시불변시스템의 블록선도

상태공간 방정식

상태공간 표현

- 상태공간 표현은 미분방정식(Differential Equation)을 상태공간방정식(State Space Equation)으로 바꾸기 위한 표현 방식이다.

N차 미분방정식 1개 ⟶ 1차 미분방정식 N개

- 1개의 N차 미분방정식을 N개의 1차 미분방정식으로 바꾸고 이를 벡터-행렬형태로 정리한 것이 상태공간방정식이다.
- 특수한 예로 2차 상태공간 표현이 안정성 해석에서 주로 거론되는 위상평면(Phase Plane)해석임을 상기하면 좋을 것이다.

특징

- 시변 및 비선형 동적시스템의 표현
- 초기조건 고려, 입출력외의 내부상태 관찰
- 현대선형제어 이론에 적합(MIMO시스템)
- 컴퓨터를 이용한 해석 용이

① 비선형시스템도 표현할 수 있다는 것이지 해석이 쉽다는 것은 아님에 유의

② 상태의 정의를 살펴보면 t_o에서의 상태(초기조건)을 줄 수 있을 뿐만아니라 각 상태에 대해서 알 수 있으므로 초기조건이 0이고 입/출력 관계만 알 수 있는 전달함수보다 다양정보를 추출.활용 할 수 있다.

③ 전달함수는 냐내(단일입력 단일출력)에 적합한 모델임에 비해 상태공간 방정식은 MIMO(다입력 다출력)시스템에 응용하기 용이하다.

④ 위의 상태공간 표현에서와 같이 N개의 1차 결과, N차원의 상태미분항을 한번의 적분으로 상태를 구할 수 있으므로 영산이 간단하다. 단지, 출력벡터처리를 위해 컴퓨터를 이용하면 보다 쉽게 계산할 수 있다는 점이다.

상태공간 표현식

- $x' = f(x,u,t) \rightarrow x' = Ax + Bu$ [상태방정식]
- $y = g(x,u,t) \rightarrow y = Cx + Du$ [출력방정식]

A : state matrix
B : input matrix
C : output matrix
D : direct transmission matrix

x : state vector
u : input vector
y : output vector

- 상기의 상태공간방정식은 선형 시불변 시스템일 경우에 A, B, C, D 4개의 상수행렬로 표현됨을 나타낸다.
- 만약, 선형시변(Linear Time-Varying) 시스템이면 A(t), B(t), C(t), D(t)와 같이 각 행렬이 시간에 대한 함수로 표현된다.
- 그러므로, 선형시스템에 대한 상태공간표현은 항상 A, B, C, D로 표현됨을 기억해야 하며 반대로 A, B, C, D 행렬로 표현된 것은 원래 선형시스템이거나 비선형시스템을 선형화 한 것임에 유의해야 한다.

상태공간 표현식 분석

- $\dot{x} = Ax + Bu$: 시스템 동특성
- $y = Cx$: 관찰자 정의
- $y = Du$: 시스템 정특성
- 상태공간방정식의 첫번째 식인 x' =Ax + Bu는 시스템 자체의 동특성을 표현한 것으로써 상태변수를 어떻게 잡느냐에 따라 A와 B의 값이 달라지는 반면, y = Cx는 앞에서 언급했듯이 상태(x)의 조합(C)으로 출력(y)이 정해진다.
- y = Cx에서 C값은 우리가 어떤 값을 보고자 하는 가에 따라 다르게 표현될 뿐이다.
- 예를 들면, 상태 x = [x1 x2 x3]' 의 3차원 벡터라고 가정할 때, x1을 결과로 보고 싶으면 C = [1 0 0]이 되고 2x1+x3를 결과로 보고 싶으면 C = [2 0 1]이 된다. 왜냐하면 y = Cx = [2 0 1][x1 x2 x3]' = 2 x1 + x3가 되기 때문이다.
- $y = Cx + Du$에서 $y = Du$부분을 살펴보면 입력이 직접 출력으로 표현됨을 알 수 있다.
- 이 때 D를 Direct transmission 행렬이라고 하며 그 동안 살펴보았듯이 정적시스템의 대표적인 표현 방식이다.
- 그러므로, 순수한 동적시스템은 $D = 0$로 되어 있음에 유의해야 한다. 교재 중 일부에서는 처음부터 D행렬이 없는 상태에서 모든 해석을 하는 이유도 이런 연유에 근거한다.

순수 동적시스템 $\xrightarrow{D=0}$ A,B,C행렬로 구성

7.2.1 등가시스템

식(7-2-1)의 상태방정식으로 나타낸 시스템의 전달함수 $G(s)$는 다음과 같이 구해진다.

$$G(s) = C(sI-A)^{-1}B+D \tag{7-2-2}$$

상태공간 모델 (7-2-1)이 주어지면 식(7-2-2)에 의해 전달함수 $G(s)$는 유일하게 결정된다. 그러나 주어진 전달함수에 대해서 상태공간 모델들은 여러 개가 있을 수 있는데, 이러한 상태공간 모델들 사이에 어떤 관계가 있는지 살펴보기로 한다.

P를 임의의 비특이 상수행렬이라고 하자. 식(7-2-1)의 상태공간 모델에서 상태$x(t)$ 대신에 행렬 P를 써서 새로운 변수$z(t)=Px(t)$를 정의하면, $x(t)=P^{-1}z(t)$이므로 $z(t)$를 미분하면 다음의 결과를 얻는다.

$$\begin{aligned}\dot{z}(t) &= \frac{d}{dt}(Px) = P\dot{x} \\ &= P[Ax(t)+Bu(t)] = PAx(t)+PBu(t) \\ &= PAP^{-1}z(t)+PBu(t)\end{aligned}$$

그리고 출력$y(t)$는 $z(t)$를 써서 다음과 같이 나타낼 수 있다.

$$\begin{aligned}y(t) &= Cx(t)+Du(t) \\ &= CP^{-1}z(t)+Du(t)\end{aligned}$$

위의 두 식을 정리하면 다음과 같다.

$$\begin{aligned}\dot{z}(t) &= A_z z(t)+B_z u(t) \\ y(t) &= C_z z(t)+D_z u(t)\end{aligned} \tag{7-2-3}$$

여기서 계수행렬A_z, B_z, C_z, D_z는 다음과 같다.

$$\begin{aligned}A_z &= PAP^{-1}, \quad B_z = PB \\ C_z &= CP^{-1}, \quad D_z = D\end{aligned} \tag{7-2-4}$$

식(7-2-3)은 새 변수 $z(t)$에 관한 상태방정식과 출력방정식으로 입력 $u(t)$와 출력 $y(t)$로 구성되는 시스템을 나타내고 있다. 따라서 식(7-2-3)은 새 변수 $z(t)$를 상태변수로 하는 새로운 상태공간 모델이 된다.

식(7-2-3)의 상태공간 모델에 대한 전달함수 $G(s)$를 구해보면

$$\begin{aligned} G_z(s) &= C_z(sI - A_z)^{-1}B_z + D_z \\ &= CP^{-1}(sI - PAP^{-1})^{-1}PB + D \\ &= C(sI - A)^{-1}B + D \\ &= G(s) \end{aligned} \tag{7-2-5}$$

$G(s)$는 상태공간 모델 (7-2-1)의 전달함수인 $G(s)$와 같다. 즉, 두 개의 상태공간 모델이 똑같은 전달함수를 갖는다는 것을 알 수 있다. 식(7-2-1)과 (7-2-3)처럼 같은 전달함수를 갖는 서로 다른 상태공간들을 등가시스템(Equivalent system)이라고 부른다. 이 등가시스템을 이루는 두 상태공간 모델의 계수행렬들 사이에는 식(7-2-4)와 같은 관계가 이루어진다. 그런데 식(7-2-4)에서 P는 비특이 상수행렬이면 어느 것이나 쓸 수 있으므로, 어떤 상태공간 모델과 등가시스템을 이루는 상태공간 모델은 수없이 많다. 즉, 하나의 전달함수에 대응하는 상태공간 모델은 수없이 많이 존재하는 것이다.

이와 같이 등가시스템을 이루는 수많은 상태공간 모델 가운데 어느 것을 쓰더라도 제어시스템 해석이나 설계결과에는 차이가 없다. 그러나 비특이행렬 P를 잘 선택하면 처리하기 쉬운 꼴의 계수행렬을 갖는 상태공간 모델을 구할 수 있기 때문에, 실제로는 상태공간 모델 가운데 몇 가지 표준형들이 주로 많이 쓰이고 있다.

7.2.2 제어표준형 및 관측표준형

앞에서 살펴본 바와 같이, 전달함수가 주어지는 경우에 대응하는 상태공간 모델은 수없이 많이 존재한다. 이 상태공간 모델 가운데 어느 것을 쓰더라도 제어시스템 해석이나 설계 결과에는 차이가 없지만, 처리과정이 쉽고 어려운 차이는 있다. 따라서 등가시스템을 이루는 상태공간 모델 가운데 표현과정과 후속 처리과정이 다른 모델에 비해 쉬운 몇 가지 표준형 모델들이 주로 많이 쓰이는데, 대표적인 예가 제어표준형과 관측표준형이다.

(1) 제어표준형

전달함수 $G(s)$로 표시되는 선형 시불변시스템에서

$$G(s) = \frac{b(s)}{a(s)} = \frac{b_0 s^n + b_1 s^{n-1} + \ldots + b_n}{s^n + a_1 s^{n-1} + \ldots + a_n} \tag{7-2-6}$$

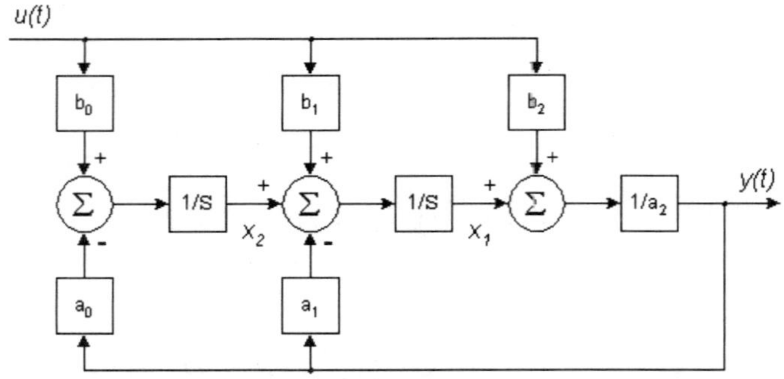

그림 7-5 제어표준형(Control Canonical form)

제어표준형(control canonical form)은 다음과 같이 주어진다.

$$\dot{x}(t) = A_c\chi(t) + B_c u(t) \qquad (7\text{-}2\text{-}7)$$

$$y(t) = C_c\chi(t) + D_c u(t)$$

여기에서 계수행렬 A_c, B_c, C_c, D_c는 다음과 같다.

$$A_c = \begin{bmatrix} -a_1 & -a_2 & \dots & -a_n \\ 1 & 0 & \dots & 0 \\ 0 & 1 & \dots & 0 \\ \vdots & \vdots & \ddots & \vdots \\ 0 & 0 & \dots 1 & 0 \end{bmatrix}, \quad B_c = \begin{bmatrix} 1 \\ 0 \\ \vdots \\ 0 \end{bmatrix}$$

$$C_c = [b_1\, b_2 \dots b_n] \quad , \quad D_c = [b_0] \qquad (7\text{-}2\text{-}8)$$

예제 7-1

다음의 전달함수로부터 제어표준형 상태공간 모델을 구하라.

$$G(s) = \frac{s+1}{2s^2+3s+4}$$

풀이

제어표준형을 구하기 위해서는 $G(s)$의 분모다항식 최고차항 계수를 1로 만들어야 하므로 다음과 같이 $G(s)$의 분자분모를 2로 나누어야 한다.

$$G(s) = \frac{0.5s + 0.5}{s^2 + 1.5s + 2}$$

이렇게 계수가 조정된 전달함수에 식(7-2-8)을 적용하면 제어표준형 상태공간 모델은 다음과 같이 구해진다.

$$\dot{x}(t) = \begin{bmatrix} -1.5 & -2 \\ 1 & 0 \end{bmatrix} x(t) + \begin{bmatrix} 1 \\ 0 \end{bmatrix} u(t)$$
$$y(t) = [\,0.5 \;\; 0.5\,]\, x(t).$$

이 상태공간 모델에서 확인을 위해 전달함수를 구해보면

$$\begin{aligned} C(sI-A)^{-1}B &= [0.5 \;\; 0.5]\left(sI - \begin{bmatrix} -1.5 & -2 \\ 1 & 0 \end{bmatrix}\right)^{-1} \begin{bmatrix} 1 \\ 0 \end{bmatrix} \\ &= 0.5\frac{s+1}{s^2 + 1.5s + 2} \end{aligned}$$

$G(s)$와 일치함을 알 수 있다.

식(7-2-7)의 시스템이 제어표준형과 등가시스템이라면 계수행렬들 사이에는 대응관계가 성립한다. 따라서 $A_c = PAP^{-1}$의 관계를 이루어주는 적당한 비특이 행렬 P가 존재하며, 다음의 관계가 성립한다.

$$A_c P = PA \tag{7-2-9}$$

여기에서 비특이 행렬 P의 행으로 이루어지는 행벡터들을 각각 $P_1, P_2, \ldots, P_n$이라고 하면,

$$P = \begin{bmatrix} P_1 \\ P_2 \\ \vdots \\ P_n \end{bmatrix} \tag{7-2-10}$$

식(7-2-9)는 다음과 같이 나타낼 수 있다.

$$\begin{bmatrix} -a_1 & -a_2 & \dots & -a_n \\ 1 & 0 & \dots & 0 \\ 0 & 1 & \dots & 0 \\ \vdots & \vdots & \ddots & \vdots \\ 0 & 0 & \dots\ 1 & 0 \end{bmatrix} \begin{bmatrix} P_1 \\ P_2 \\ \vdots \\ P_n \end{bmatrix} = \begin{bmatrix} P_1A \\ P_2A \\ \vdots \\ P_nA \end{bmatrix}$$

이 식을 아래쪽부터 풀어쓰면 다음과 같으므로,

$$\begin{aligned} P_{n-1} &= P_nA \\ P_{n-2} &= P_{n-1}A = P_nA^2 \\ &\vdots \\ P_1 &= P_2A = \cdots = P_nA^{n-1} \end{aligned} \qquad (7\text{-}2\text{-}11)$$

행벡터 P_n만 결정하면 나머지 행벡터들은 식(7-2-11)로부터 모두 구할 수 있다. 여기에서 행벡터 P_n을 구하기 위해 식(7-2-4)의 둘째 등식인 등가시스템 입력행렬들 사이의 관계식을 이용한다.

$$B_c = PB \qquad (7\text{-}2\text{-}12)$$

식(7-2-12)에 (7-2-10)을 대입하면 다음의 관계식을 얻는다.

$$\begin{bmatrix} P_1B \\ P_2B \\ \vdots \\ P_nB \end{bmatrix} = \begin{bmatrix} 1 \\ 0 \\ \vdots \\ 0 \end{bmatrix} \qquad (7\text{-}2\text{-}13)$$

식(7-2-11)과 (7-2-13)을 이용하면 다음이 얻어진다.

$$P_nB = 0$$

$$P_{n-1}B = P_nAB = 0$$

$$P_1B = P_2B = \dots = P_nA^{n-1}B = 1$$

이것을 정리하면 P_n은 다음의 관계를 만족한다.

$$P_n\ [B\, AB\ \dots\ A^{n-1}B\ ] = [0\ 0\ \dots\ 1]$$

$$P_nW_c = [0\ 0\ \dots\ 1] \qquad (7\text{-}2\text{-}14)$$

여기서 계수행렬 W_c는 다음과 같이 정의되며 제어가능성 행렬(Controllability matrix)이라고 불린다.

$$W_c = [\ BAB\ \ ...\ \ A^{n-1}B] \tag{7-2-15}$$

식(7-2-14)는 P_n에 관한 선형 연립방정식이며 이 식을 풀면 P_n을 결정할 수 있다. 식(7-2-14)에서 W_c가 비특이인 경우, 즉 역행렬이 있는 경우에 P_n은 다음과 같이 유일한 해를 갖는다.

$$P_n = [\ 0\ 0\ \ ...\ \ 1]\ W_c^{-1} \tag{7-2-16}$$

식(7-2-15)로 정의되는 제어가능성 행렬 W_c가 역행렬을 갖는 경우에 식(7-2-16)으로 P_n을 결정하고, 이것을 식(7-2-11)에 대입하여 행벡터 P_i들을 정함으로써 임의의 상태공간 모델을 제어표준형으로 만드는 식(7-2-10)과 같은 비특이 변환행렬 P를 구할 수 있다. 변환행렬 P가 구해지면 식(7-1-4)를 써서 제어표준형 모델의 계수행렬들을 계산할 수 있다.

예제 7-2

어떤 시스템의 상태공간 모델이 다음과 같을 때

$$\dot{x}(t) = \begin{bmatrix} -2 & 1 \\ 5 & -3 \end{bmatrix} \chi(t) + \begin{bmatrix} 1 \\ 2 \end{bmatrix} u(t)$$

$$y(t) = [-1\ \ -2\ ]\ x(t)$$

이 모델을 제어표준형으로 나타내라.

풀이

제어가능성 행렬 W_c는 식(7-2-15)에 의해 다음과 같이 구해지며 비특이이다.

$$W_c = [BAB] = \begin{bmatrix} 1 & 0 \\ 2 & -1 \end{bmatrix}$$

따라서 행벡터 P_2와 P_1은 식(7-2-16)과 (7-2-11)로부터 구할 수 있으며

$$P_2 = [0\ \ 1]\, W_c^{-1} = [0\ \ 1]\begin{bmatrix} 1 & 0 \\ 2 & -1 \end{bmatrix} = [2\ \ -1]$$

$$P_1 = P_2 A = [-9\ \ 5]$$

따라서 P는 다음과 같이 주어진다.

$$P = \begin{bmatrix} -9 & 5 \\ 2 & -1 \end{bmatrix}$$

따라서 A_c, B_c, C_c, D_c는 다음과 같이 주어진다.

$$A_c = PAP^{-1} = \begin{bmatrix} -5 & -1 \\ 1 & 0 \end{bmatrix},\quad B_c = PB = \begin{bmatrix} 1 \\ 0 \end{bmatrix}$$

$$C_c = CP^{-1} = [-5\ \ -23],\quad D_c = 0$$

이 계수행렬들은 식(7-2-8)의 제어표준형 상태공간 모델의 꼴을 갖고 있다.

어떤 상태공간 모델에서 제어가능성 행렬 W_c가 비특이인 것은 그 모델을 제어표준형 상태공간 모델로 변환하는 비특이 변환행렬 P가 존재하기 위한 필요충분조건이 된다. 이처럼 어떤 상태공간 모델에서 제어가능성 행렬 W_c가 역행렬을 갖는 경우에 그 상태공간 모델은 제어가능(Controllable)하다고 부른다.

주요내용

- 어떤 상태공간 모델에서 제어가능성 행렬 W_c가 비특이인 것은 그 모델을 제어표준형 상태공간 모델로 변환하는 비특이 변환행렬 P가 존재하기 위한 필요충분조건이 된다. 이처럼 어떤 상태공간 모델에서 제어가능성 행렬 W_c가 역행렬을 갖는 경우에 그 상태공간 모델은 제어가능(Controllable)하다고 부른다.
- 대표적인 예가 제어표준형과 관측표준형이다.
- 제어표준형 : 전달함수 $G(s)$로 표시되는 선형 시불변시스템에서

$$G(s) = \frac{b(s)}{a(s)} = \frac{b_0 s^n + b_1 s^{n-1} + \ldots + b_n}{s^n + a_1 s^{n-1} + \ldots + a_n}$$

- 어떤 상태공간 모델에서 제어가능성 행렬 W_c가 비특이인 것은 그 모델을 제어표준형 상태공간 모델로 변환하는 비특이 변환행렬P가 존재하기 위한 필요충분조건이 된다. 이처럼 어떤 상태공간 모델에서 제어가능성 행렬 W_c가 역행렬을 갖는 경우에 그 상태공간 모델은 제어가능(Controllable)하다고 부른다.
- 대표적인 예가 제어표준형과 관측표준형이다.

  - 제어표준형 : 전달함수$G(s)$로 표시되는 선형 시불변시스템에서

$$G(s) = \frac{b(s)}{a(s)} = \frac{b_0 s^n + b_1 s^{n-1} + \ldots + b_n}{s^n + a_1 s^{n-1} + \ldots + a_n}$$

  - 제어표준형(control canonical form)은 다음과 같이 주어진다.

$$\dot{x}(t) = A_c x(t) + B_c u(t)$$

$$y(t) = C_c x(t) + D_c u(t)$$

$$A_c = \begin{bmatrix} -a_1 & -a_2 & \ldots & & -a_n \\ 1 & 0 & \ldots & & 0 \\ 0 & 1 & \ldots & & 0 \\ \vdots & \vdots & \ddots & & \vdots \\ 0 & 0 & \ldots & 1 & 0 \end{bmatrix}, \quad B_c = \begin{bmatrix} 1 \\ 0 \\ \vdots \\ 0 \end{bmatrix}$$

$$C_c = [b_1\, b_2 \ldots b_n], \qquad D_c = [b_0]$$

◇---◇

(2) 관측표준형

식(7-2-6)의 전달함수$G(s)$에 대한 관측표준형(Observer canonical form)은 다음과 같다.

$$\begin{aligned} \dot{x}(t) &= A_0 x(t) + B_0 u(t) \\ y(t) &= C_0 x(t) + D_0 u(t) \end{aligned} \tag{7-2-17}$$

여기서 계수행렬A_o, B_o, C_o, D_o는 다음과 같다.

$$A_0 = \begin{bmatrix} -a_1 & 1 & \ldots & 0 \\ -a_2 & 0 & \ldots & 0 \\ \vdots & \vdots & \ddots & \vdots \\ -a_n & 0 & \ldots 0 & 0 \end{bmatrix}, \quad B_0 = \begin{bmatrix} b_1 \\ b_2 \\ \vdots \\ b_n \end{bmatrix}$$

$$C_0 = [1\,0\ldots 0\ ], \qquad D_0 = b_0 \tag{7-2-18}$$

식(7-2-28)의 제어표준형 상태공간 모델의 계수행렬들과 비교하면 다음과 같은 관계가 있음을 알 수 있다.

$$\begin{aligned} A_0 &= A_c^T \\ B_0 &= C_c^T \\ C_0 &= B_c^T \\ D_0 &= D_c \end{aligned} \tag{7-2-19}$$

예제 7-3

예제7-1과 같은 전달함수에 대해서

$$G(s) = \frac{s+1}{2s^2+3s+4}$$

대응하는 관측표준형 상태공간 모델을 구하라.

풀이

분모다항식의 최고차항 계수를 1로 만들면 $G(s)$는 다음과 같이 주어진다.

$$G(s) = \frac{0.5s+0.5}{s^2+1.5s+2}$$

따라서 구하는 관측표준형 상태공간 모델은 다음과 같다.

$$\dot{x}(t) = \begin{bmatrix} -1.5 & 1 \\ -2 & 0 \end{bmatrix} x(t) + \begin{bmatrix} 0.5 \\ 0.5 \end{bmatrix} u(t)$$

$$y(t) = [1 \quad 0]\, x(t).$$

이 상태공간 모델에서 전달함수를 구해보면 $G(s)$와 일치함을 알 수 있다.

$$[1\ 0]\left(sI-\begin{bmatrix}-1.5 & 1\\ -2 & 0\end{bmatrix}\right)^{-1}\begin{bmatrix}0.5\\0.5\end{bmatrix} = 0.5\frac{s+1}{s^2+1.5s+2}$$

제어표준형의 경우와 마찬가지로 대상시스템이 상태공간 모델로 주어진 경우에는 적당한 비특이행렬을 써서 관측표준형 등가시스템으로 바꿀 수 있다. 이때 사용되는 비특이행렬 P_o는 식(7-2-19)의 관계식과 제어표준형에 대한 결과들을 이용하여 구할 수 있다.

식(7-2-1)의 대상시스템이 식(7-2-17)의 관측표준형과 등가시스템이라면 식(7-2-4)의 첫째 등식에 해당하는 $A_o = P_o A P_o^{-1}$의 관계를 만족시키는 비특이행렬 P_o가 존재해야 한다.

$$P_o^{-1}A_0 = AP_o^{-1} \tag{7-2-20}$$

또한, 식(7-2-4)의 셋째 등식도 만족시켜야 한다.

$$C_0 = CP_o^{-1} \tag{7-2-21}$$

식(7-2-20)과 (7-2-21)의 양변을 전치시키면 다음과 같다.

$$\begin{aligned} A_0^T(P_o^T) &= (P_o^T)A^T \\ C_c^T &= (P_o^T)C^T \end{aligned} \tag{7-2-22}$$

여기에서 두 표준형 상태공간 모델 사이에 $A_o^T = A_c$, $C_o^T = B_c$의 관계가 성립하므로, 식(7-2-22)를 식(7-2-9), (7-2-12)와 비교하면 다음과 같은 대응관계가 있음을 알 수 있다.

$$\begin{aligned} A^T &<\!-\!\!> A \\ C^T &<\!-\!\!> B \\ (P_0^T)^{-1} &<\!-\!\!> P \end{aligned} \tag{7-2-23}$$

즉 A, B 대신에 A^T, C^T를 사용하여 제어표준형 변환행렬 P를 구하고 $P_o = (P^{-1})^T$의 관계를 써서 관측표준형을 위한 변환행렬 P_o를 구하면 된다. 그리고 이 행렬 P_o

를 식(7-2-4)에 적용하면 관측표준형 상태공간 모델의 계수행렬들을 결정할 수 있다.

위에서 살펴본 관측표준형 상태공간 모델을 유도하는 과정에서 제어가능성 행렬 W_c에 대응하는 행렬을 관측가능성 행렬(Observer ability matrix)이라고 하며 다음과 같이 정의한다.

$$W_0^T \ ? \ [C^T \ A^T C^T \ \ \ldots \ \ (A^T)^{n-1} C^T] \qquad (7\text{-}2\text{-}24)$$

제어표준형 상태공간 모델의 경우에 대응하는 성질로서, 어떤 상태공간 모델의 관측가능성 행렬 W_o가 역행렬을 갖는 것은 그 상태공간 모델을 관측표준형으로 만드는 비특이변환 행렬 P_o가 존재하기 위한 필요충분조건이 된다. 이처럼 어떤 상태공간 모델에서 관측가능성 행렬 W_o가 역행렬을 갖는 경우 주어진 상태공간 모델은 관측가능(Observable)하다고 부른다.

예제 7-4

예제 7-2에서 다룬 다음의 상태공간 모델을 관측표준형으로 변환하라.

$$\dot{x}(t) = \begin{bmatrix} -2 & 1 \\ 5 & -3 \end{bmatrix} \chi(t) + \begin{bmatrix} 1 \\ 2 \end{bmatrix} u(t)$$

$$y(t) = [-1 \ \ -2\ ]\chi(t)$$

풀이

A^T와 C^T를 사용하여 제어표준형을 위한 변환행렬 P를 먼저 구한다. 주어진 모델에서 관측가능성 행렬 W_o^T는 다음과 같다.

$$W_o^T = [\, C^T \ A^T C^T \,] = \begin{bmatrix} -1 & -8 \\ -2 & 5 \end{bmatrix}$$

행벡터 P_2와 P_1은 다음과 같이 구한다.

$$P_2 = [0 \ \ 1](W_o^T)^{-1} = [-0.0952 \ 0.0476\,]$$

$$P_1 = P_2 A^T = [0.2381 - 0.6190\,]$$

따라서 P는 다음과 같이 구해진다.

$$P = \begin{bmatrix} 0.2381 & -0.6190 \\ -0.0952 & 0.0476 \end{bmatrix}$$

식(7-2-23)으로부터 관측표준형을 위한 변환행렬 P_o는 다음과 같이 구한다.

$$P_o = (P^{-1})^T = \begin{bmatrix} -1 & -2 \\ -13 & -5 \end{bmatrix}$$

따라서 A_o, B_o, C_o, D_o는 식(7-2-4)로부터 다음과 같이 구한다.

$$A_o = P_o A P_o^{-1} = \begin{bmatrix} -5 & 1 \\ -1 & 0 \end{bmatrix}, \quad B_o = P_o B = \begin{bmatrix} -5 \\ -23 \end{bmatrix}$$

$$C_o = C P_o^{-1} = [1 \;\; 0], \qquad D_o = 0$$

이것은 식(7-2-18)과 같은 관측표준형 계수행렬의 꼴을 갖고 있음을 확인할 수 있다.

관측표준형

- 관측표준형(Observer canonical form)은 다음과 같다.

$$\dot{x}(t) = A_o x(t) + B_o u(t)$$

$$y(t) = C_o x(t) + D_o u(t)$$

- 여기서 계수행렬A_o, B_o, C_o, D_o는 다음과 같다.

$$A_o = \begin{bmatrix} -a_1 & 1 & \dots & 0 \\ -a_2 & 0 & \dots & 0 \\ \vdots & \vdots & \ddots & \vdots \\ & & & 1 \\ -a_n & 0 & \dots & 0 \;\; 0 \end{bmatrix}, \quad B_o = \begin{bmatrix} b_1 \\ b_2 \\ \vdots \\ b_n \end{bmatrix}$$

$$C_c = [1\,0 \dots 0], \qquad D_c = b_0$$

- 관측표준형 상태공간 모델을 유도하는 과정에서 제어가능성 행렬 W_c 에 대응하는 행렬을 관측가능성 행렬(Observability matrix)이라고 하며 다음과 같이 정의한다.

$$W_o^T := \left[C^T A^T C^T \ldots (A^T)^{n-1} C^T \right].$$

- 제어표준형 상태공간 모델의 경우에 대응하는 성질로서, 어떤 상태공간 모델의 관측가능성 행렬 W_o 가 역행렬을 갖는 것은 그 상태공간 모델을 관측표준형으로 만드는 비특이변환 행렬 P_o가 존재하기 위한 필요충분조건이 된다.
- 이처럼 어떤 상태공간 모델에서 관측가능성 행렬 W_o 가 역행렬을 갖는 경우 주어진 상태공간 모델은 관측가능(Observable)하다고 부른다.

$$X_o(k+1) = \begin{bmatrix} -a_1 & 1 & 0 \\ -a_2 & 0 & 1 \\ -a_3 & 0 & 0 \end{bmatrix} X_o(k) + \begin{bmatrix} b_1 & -b_0 & a_1 \\ b_2 & -b_0 & a_2 \\ b_2 & -b_0 & a_3 \end{bmatrix} u(k)$$

$$y(k) = [1\ 0\ 0]\, X_o(k) + [b_0]\, u(k)$$

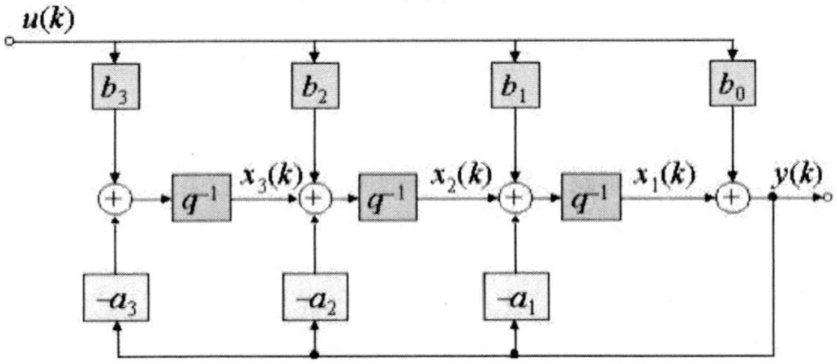

Observer canonical form

주요내용

- 상태공간 모델로부터 계수행렬을 써서 극점과 영점을 직접 계산할 수 있다. $\det(pI - A) = 0$은 상태공간 모델에서 극점을 결정하는 특성방정식(Characteristic equation)이다. $p_i,\ i = 1, \ldots, n$ 가 극점이라면 다음과 같이 이 특성방정식을 만족시켜야 한다.

$$\det(pI - A) = 0$$

- 극점p_i는 행렬$(p_i I - A)$가 특이행렬(Singular matrix)이 되도록 만드는 값들로서 대수학에서는 이러한 값들을 고유값(Eigen value)이라고 부른다. 따라서 상태공간 모델 식(7-2-1)의 극점은 시스템 행렬A의 고유값과 같다.

주요내용

- 식(7-2-1)의 상태공간모델에서 상태$x(t)$는 초기조건$x(0)$와 입력$u(t)$가 주어지는 경우, 선형미분방정식의 해로 나타낼 수 있으며, 출력$y(t)$는$x(t)$와$u(t)$의 선형결합으로 구할 수 있다. 초기조건$x(0)$가 주어지는 경우 식(7-2-1)의 선형 미분방정식의 해$x(t)$는 다음과 같이 구해진다.

$$x(t) = e^{At}x(0) + \int_0^t e^{A(t-\tau)}Bu(\tau)d\tau$$

- 행렬지수함수e^{At}는 다음과 같이 정의된다.

$$e^{At} := I + At + \frac{(At)^2}{2!} + \cdots + \frac{(At)^k}{k!} + \cdots$$

- 이 함수는 다음과 같은 성질을 갖는다.

$$\frac{d}{dt}e^{At} = Ae^{At}$$

- 임의의 입력신호$u(t)$에 대한 시간응답$y(t)$

$$y(t) = Ce^{At}x(0) + \int_0^t Ce^{A(t-\tau)}Bu(\tau)d\tau + Du(t)$$

주요내용

- 상태공간 모델에서 입력을$u(t) = 0$으로 놓고 다음과 같이 입력이 없는 선형시불변 시스템을 다룬다.

$$\dot{x}(t) = Ax(t)$$

- 상태방정식 시스템이 안정하다는 것은 상태변수$x(t)$의 값이 시간이 흐르면서0으로 수렴한다는 것을 뜻한다.

- 다음의 성질을 만족하는 경우 안정하다.

$$\lim_{t \to 0} x(t) = 0$$

7.3 상태궤환 제어기 설계

상태공간에서의 제어기 설계방식은 어떤 변수를 되먹이는가에 따라 두 가지로 나뉜다. 하나는 상태변수를 되먹이는 상태궤환(State feedback) 방식이고 다른 하나는 출력을 되먹이는 출력궤환(Output feedback) 방식이다. 대상시스템에서 상태변수를 모두 측정할 수 있는 경우에는 상태궤환 방식만을 사용하여 제어기를 구성할 수도 있다. 그러나, 대부분의 경우에 상태변수를 직접 측정하기는 어렵기 때문에 실제로는 출력궤환 제어기를 더 많이 사용한다. 이 출력궤환 제어기는 측정된 출력으로부터 상태변수를 관측하고 이 관측된 상태를 상태궤환 제어기에 연결하여 구성하게 된다. 이러한 상태공간에서의 제어기 설계법은 주파수 영역에서의 고전제어기 설계기법에 비하여 다소 복잡해 보일 수 있으나, 컴퓨터를 사용할 경우 각 단계에서의 제어기 설계가 간단히 이루어지기 때문에 전체적인 제어기 설계과정은 주파수 영역 설계방법보다 단순하다. 또한 제어기 설계과정 모두를 컴퓨터 프로그램으로 구현할 수 있다는 장점이 있다.

주요내용

- **상태되먹임(State feedback) 방식:** 상태변수를 되먹이 함. : 대상시스템에서 상태변수를 모두 측정할 수 있는 경우에는 상태되먹임 방식만을 사용하여 제어기를 구성할 수도 있다.

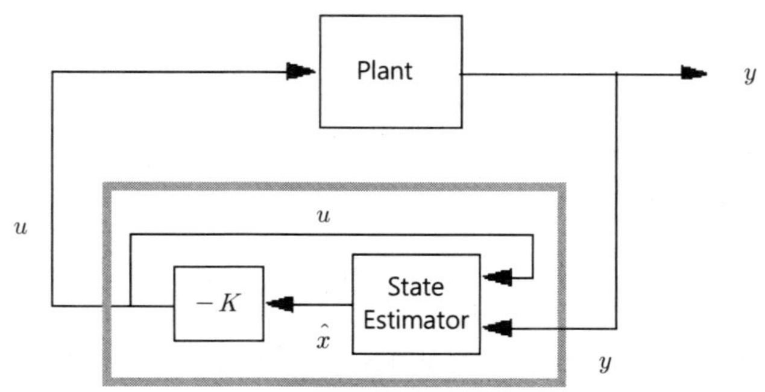

Regulator

- **출력되먹임(Output feedback) 방식**: 출력을 되먹이 함.: 대부분의 경우에 상태변수를 직접 측정하기는 어렵기 때문에 실제로는 출력되먹임 제어기를 더 많이 사용한다. 이 출력되먹임 제어기는 측정된 출력으로부터 상태변수를 관측하고 이 관측된 상태를 상태되먹임 제어기에 연결하여 구성하게 된다.

◇---◇

7.3.1 제어가능성(Controllability)

시스템의 제어가능성은 다음과 같이 정의된다.

제어가능(controllable)

- 입력이 $u(t)$ 인 시스템의 상태변수 $x(t)$ 가 $t = t_0$ 에서 어떠한 값을 갖더라도 $t_1 > t_0$ 인 임의의 유한시간 t_1 내에 상태변수 값을 0으로 만드는 제어입력 $u(t)$ 가 항상 존재하면 이 시스템을 제어가능(controllable)하다고 부른다.
- 최종시간 t_1 은 임의의 유한한 시간으로 주어지며, 이 유한시간 안에 임의의 유한한 초기상태 $x(t_0)$ 에 있는 상태변수의 최종값을 $x(t_1) = 0$ 으로 만드는 제어입력 $u(t)$, $t_0 \leqq t \leqq t_1$ 가 존재하는 성질이 제어가능성이다. □

◇---◇

제어가능성을 그림으로 표현하면 그림 7-6과 같다. 이 그림에서 보듯이, 최종시간 t_1 은 임의의 유한한 시간으로 주어지며, 이 유한시간 안에 임의의 유한한 초기상태 $x(t_0)$ 에 있는 상태변수의 최종값을 $x(t_1) = 0$ 으로 만드는 제어입력 $u(t)$, $t_0 \leqq t \leqq t_1$ 가 존재하는 성질이 제어가능성이다. 이와 같이 제어가능성은 상태 $x(t)$ 를 임의의 초기상태에서 임의의 유한시간 안에 0으로 보내는 제어입력의 존재성으로 정의되지만, 제어가능한 시스템에서는 임의의 초기상태에서 유한시간 안에 임의의 상태로 보내는 제어입력도 항상 존재하게 된다. 여기서 제어입력 $u(t)$ 는 유일하지는 않으며, 최종상태를 0으로 만드는 입력은 모두 해당된다.

애커만의 공식을 써서 제어이득을 결정하려면 제어가능성 행렬 W_c 의 역행렬이 반드시 존재해야 한다. 즉, W_c 의 역행렬이 존재하면 폐로시스템의 극점을 원하는 어떠한 값으로도 만들 수 있는 제어기를 항상 구할 수 있다.

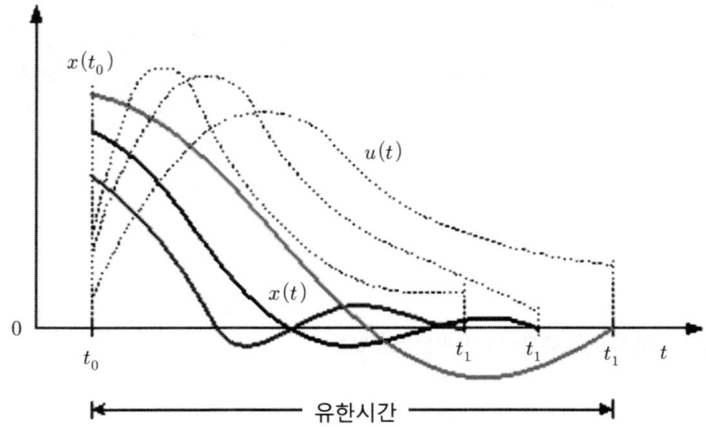

그림 7-6 제어가능성의 개념

그러나, 행렬 W_c의 역행렬이 존재하지 않으면 어떠한 방법을 사용해도 폐로극점을 원하는 값으로 만드는 제어기가 없을 수 있다. 그런데 시스템의 극점을 우리가 원하는 임의의 값으로 만드는 제어기가 존재한다는 조건은 상태변수를 임의의 유한시간 안에 0으로 만드는 제어입력이 존재한다는 조건과 등가라는 것을 알 수 있다. 따라서 선형시불변 상태공간모델에서 제어가능성에 대한 필요충분조건은 행렬 W_c의 역행렬이 존재하는 것이다. 이런 까닭에 행렬 W_c를 제어가능성 행렬이라고 부르는 것이다.

예제 7-5

다음 시스템의 제어가능성을 판별하라.

$$\dot{\chi}(t) = \begin{bmatrix} -1 & 0 \\ 0 & -3 \end{bmatrix} \chi(t) + \begin{bmatrix} 1 \\ 0 \end{bmatrix} u(t)$$

풀이

제어가능성 행렬 W_c는 다음과 같이 구해지는데

$$W_c = \begin{bmatrix} 1 & 0 \\ 1 & 0 \end{bmatrix}$$

이 행렬은 특이행렬로서 역행렬이 존재하지 않는다. 따라서 대상시스템은 제어 불가능하다.

식(7-2-15)의 제어가능성 행렬은 제어가능성의 판별뿐만 아니라 상태궤환 제어기 설계과정에서 이득행렬 계산에도 필수적으로 쓰인다. 그런데 이 행렬의 계산은 저차시스템에서는 필산으로 할 수 있지만 고차시스템에서는 쉽지 않은 작업이다.

상태궤환 제어기는 상태변수를 직접 측정할 수 있는 경우에 적용할 수 있는 기법이다. 만일 상태변수를 측정할 수 없는 경우에는 측정신호로부터 상태변수를 관측해내야 한다. 상태관측기는 출력신호와 입력신호로부터 상태$x(t)$에 가까운 신호$\hat{x}(t)$를 만들어내는 시스템으로서 $t \to \infty$ 일 때$\hat{x}(t) \to x(t)$가 되는 성질을 갖는다. 상태관측기로부터 발생하는 관측신호$\hat{x}$는 실제상태x와 똑같지는 않지만 빠른 시간 안에 실제상태에 수렴하도록 구성한다.

7.3.2 관측가능성 (observability)

시스템의 관측가능성은 입출력변수로부터 상태변수를 알아낼 수 있는 가능성을 말하는 것으로서 구체적으로는 다음과 같이 정의된다.

관측가능(Observable)

- 식(7-2-1)의 상태공간 모델에서 초기시점 t_0부터 임의의 유한시점 $t_1\, t_0$ 까지의 입력신호 $u_{[t_0,t_1]}$와 출력신호 $y_{[t_0,\ t_1]}$가 주어질 때, 이로부터 초기상태값 $x(t_0)$를 유일하게 결정할 수 있으면, 대상시스템은 관측가능(Observable)하다고 부른다.

관측가능성의 개념을 그림으로 나타내면 그림 7-7와 같다. 이 그림을 보면 관측가능성은 입출력변수의 궤적과 초기상태가 1:1로 대응을 이루는 성질로서 입출력궤적이 다르면 초기상태도 달라지는 것을 뜻한다. 관측가능성은 초기상태를 관측할 수 있는가의 가능성을 정의한 것이지만, 초기상태가 관측되면 전체구간의 상태 $x(t)$가 유일하게 결정되므로, 관측가능성은 입출력변수로부터 상태변수를 결정할 수 있는 가능성을 말하는 것이다.

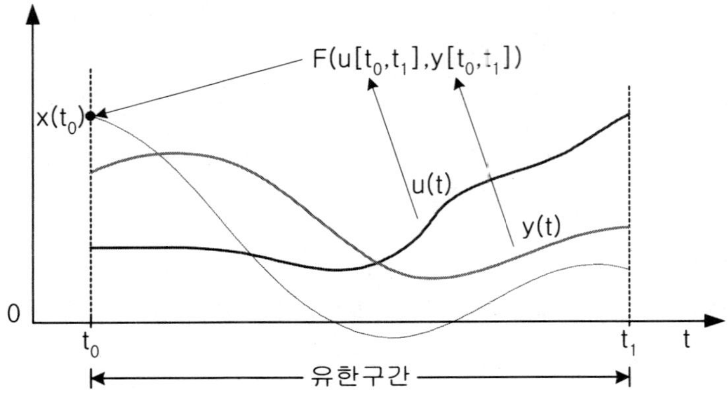

그림 7-7 관측가능성의 개념

애커만의 공식을 써서 관측기 이득행렬을 계산하려면 W_0의 역행렬이 반드시 존재해야 한다. W_0의 역행렬이 존재하면 관측기 이득행렬 L을 구해서 $t \to \infty$ 일 때 $\hat{x}(t) \to x(t)$의 성질을 갖는 상태관측기를 구성할 수 있다. 그러나 W_0의 역행렬이 존재하지 않는 경우에는 상태관측기를 구성할 수 없다. 여기에서 상태관측기를 구성할 수 있다는 것은 결국 시스템이 관측가능성을 갖는다는 것과 서로 등가이다. 따라서 선형시불변 상태공간 시스템의 관측가능성에 대한 필요충분조건은 W_0의 역행렬이 존재하는 것이다. 이런 까닭에 행렬 W_0를 관측가능성 행렬이라고 부르는 것이다.

7.4 출력궤환 제어기 설계

대상시스템에서 상태변수를 직접 측정할 수 있는 경우에는 상태궤환 방식만을 사용하여 제어기를 구성할 수 있다. 그러나 대부분의 경우에 상태변수를 직접 측정하기는 어렵기 때문에 상태궤환 제어기를 실제시스템에 적용할 수 있는 경우는 많지 않다. 따라서 실제문제에 적용하기 위해서는 상태변수가 아니라 출력을 궤환시키는 방식으로 제어기를 구성해야 한다. 즉, PID제어기나 앞섬/뒤짐 보상기에서와 같이 출력궤환 제어기를 사용해야 한다.

상태공간 모델에서 출력궤환 제어기는 앞 절에서 익힌 상태관측기와 상태궤환 제어기를 결합하면 쉽게 구성할 수 있다. 즉, 측정된 출력으로부터 상태관측기를 써서 상태를 관측하고 이 관측된 상태를 상태궤환 제어기에 연결하면 출력궤환 제어기가 구성되는 것

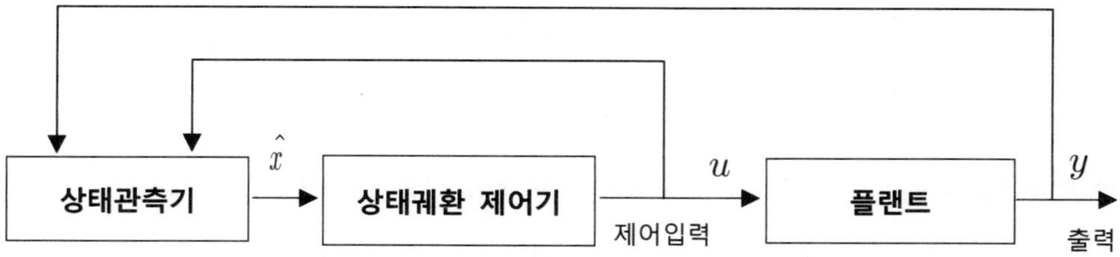

그림 7-8 상태공간에서 출력 궤환 제어시스템의 구성

이다. 이러한 방식으로 구성하는 출력궤환 제어기의 구조는 그림 7-8과 같다. 따라서 이 제어기는 두 단계로 나누어 설계된다. 먼저 출력신호로부터 상태변수를 관측하는 상태관측기를 설계하며, 다음에 원하는 폐로극점을 갖는 상태궤환 제어기를 설계하고 이 제어기에 상태관측기로부터 관측된 상태변수를 적용하는 것이다. 이러한 출력궤환 제어기는 전체 폐로시스템을 안정하게 만든다는 것을 보일 수 있다. 그러면 이러한 출력궤환 제어기의 설계법과 안정성에 대해 살펴보기로 한다.

식(7-4-1)의 상태관측기를 다음과 같이 변형한다.

$$\hat{x}(t) = (A-LC)\hat{x}(t)+Bu(t)+L[y(t)-Du(t)] \qquad (7\text{-}4\text{-}1)$$

상태궤환 제어기에 실제상태 $x(t)$ 대신에 관측값 $\hat{x}(t)$를 써서 다음과 같이 제어입력을 구성하면

$$u(t) = -K\hat{x}(t) \qquad (7\text{-}4\text{-}2)$$

출력궤환 제어기는 다음과 같이 나타낼 수 있다.

$$\begin{aligned} \hat{x}(t) &= (A-LC-BK+LDK)\hat{x}(t)+Ly(t) \qquad (7\text{-}4\text{-}3) \\ u(t) &= -K\hat{x}(t) \end{aligned}$$

식(7-4-3)에서 보듯이 출력궤환 제어기는 입력이 y이고 출력이u,상태가 $\hat{x}$인 상태공간 모델로 표시된다. 식(7-4-3)의 출력궤환 제어기를 식(7-2-1)에 적용하여 이루어지는 전체 폐로시스템의 식은 다음과 같다.

$$\begin{aligned} \dot{x}(t) &= Ax(t)-BK\hat{x}(t) \\ \hat{x}(t) &= (A-LC-BK+LDK)\hat{x}(t)+L[Cx(t)-DK\hat{x}(t)] \qquad (7\text{-}4\text{-}4) \\ &= LCx(t)+(A-LC-BK)\hat{x}(t) \end{aligned}$$

이것을 다음과 같이 정리한다.

$$\dot{x}(t) = (A - BK)x(t) - BK[\hat{x}(t) - x(t)]$$

$$\dot{\hat{x}}(t) - \dot{x}(t) = (A - LC)[\hat{x}(t) - x(t)]$$

상태관측오차 $e(t) = \hat{x}(t) - x(t)$를 써서 나타내면 다음의 관계식을 얻게 된다.

$$\begin{bmatrix} \dot{x}(t) \\ \dot{e}(t) \end{bmatrix} = \begin{bmatrix} A - BK & -BK \\ 0 & A - LC \end{bmatrix} \begin{bmatrix} x(t) \\ e(t) \end{bmatrix} \tag{7-4-5}$$

식(7-4-5)로부터 출력궤환 시스템의 극점은 다음의 특성방정식을 만족함을 알 수 있다.

$$\begin{aligned} \det\begin{bmatrix} A - BK & -BK \\ 0 & A - LC \end{bmatrix} &= 0 \\ \det[sI - (A - BK)]\det[sI - (A - LC)] &= 0 \end{aligned} \tag{7-4-6}$$

이 특성방정식을 보면, 출력궤환 시스템의 극점은 상태궤환 시스템의 극점과 상태관측기의 극점으로 이루어지는 것을 알 수 있다. 따라서 이 극점들을 모두 좌반면에 있도록 잡으면, 출력궤환 시스템의 모든 극점들도 좌반면에 있으며 식(7-4-4)나 (7-4-5)의 폐로 시스템은 안정하다. 즉, $t = \infty$ 일 때 $x(t) = 0$이며, 따라서 $\hat{x}(t) = 0$이고 폐로시스템은 안정하다.

상태공간 모델로 표현되는 대상시스템 (7-2-1)이 제어가능성과 관측가능성을 가지는 경우에는 전체시스템의 폐로극점을 원하는 위치로 보내는 출력궤환 제어기를 항상 구할 수 있다. 이 제어기는 상태궤환 제어기와 상태관측기를 따로 설계하여 결합함으로써 구성할 수 있다. 단, 상태관측기는 실제상태에 빨리 수렴해야 하므로, 관측기의 극점은 상태궤환 제어기 설계과정에서 설정하는 폐로극점들보다 2배에서 5배정도 허수축으로부터 더 떨어져 있도록 설정해야 한다. 이와 같이 극점을 선정하는 경우 폐로시스템의 주극점은 상태궤환 제어기의 극점이 된다. 따라서 폐로시스템의 응답특성은 상태궤환 제어기를 사용했을 때 얻어지는 응답특성과 거의 비슷해진다. 그러나 이러한 극점 선택법으로는 원하는 성능목표를 만족시키기 어려운 시스템도 있을 수 있다.

스케이트보드 로봇 제어기 설계

$$\ddot{\theta} = \frac{1}{Den}[\{-2\beta LMR - 2\beta J_\psi - 2(f_w + \beta)L^2M\}\dot{\theta} + \{2\beta LMR + 2\beta J_\psi + 2\beta L^2M\}\psi$$

$$+ \{-Rgl^2M^2 + 2J_m gLMn^2\}\psi + \{aLMR + aJ_\psi + aL^{2M}\}(v_\tau + v_\iota)]$$

$$\ddot{\psi} = \frac{1}{Den} - \left\{-4J_W\beta - 4R^2m\beta + 4\beta J_m n^2 - 2MR^2\beta - 2\beta LMRn\right\}\dot{\theta}$$
$$- \left\{4J_W\beta + 4R^2m\beta + 2MR^2\beta + 2\beta LMR\right\}\dot{\psi} \tag{1}$$
$$+ \left\{LgM^2R^2 + 2LgmMR^2 + 2J_m n^2 LgM + 2J_w LgM\right\}\psi$$

$$Den = 2J_\psi J_w + 2J_w L^2 M + J_\psi MR^2 + 2J_m J_\psi n^2 + 4J_m J_w n^2 + 2J_\psi R^2 m - L^2M^2R^2$$
$$+ 2J_m L^2 Mn^2 + 2J_m MR^2 n^2 + 2L^2MR^2m + 4J_m R^2 mn^2 + 4J_m LMRn^2 \tag{2}$$

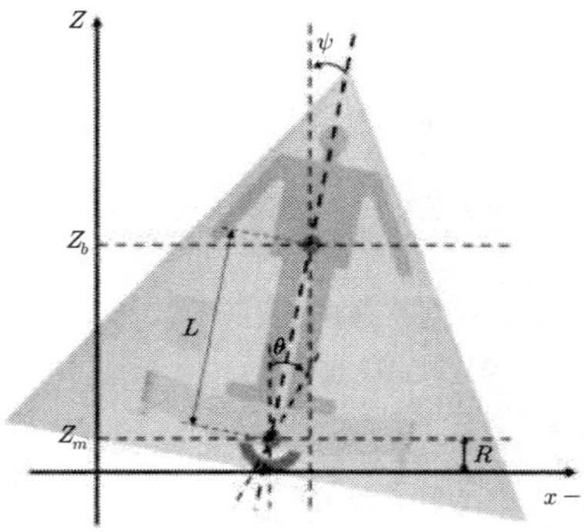

xy평면에서 바라 본 스케이트보드 로봇

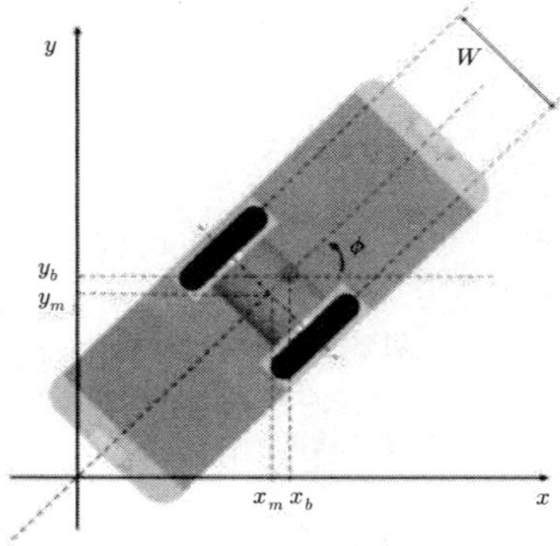

바닥방향에서 바라 본 스케이트보드 로봇

- 일반적으로 선형제어기 설계기법에서 가장 많이 알려진 것 중 하나인 LQR(Linear Quadrature Regulator) 제어기법을 사용하여 제어기를 설계하기 위해 식 (1)에서 상태를 으로 보고 상태방정식으로 표현하면

$$\dot{x} = Ax + Bu$$

$$A = \frac{1}{den}\begin{bmatrix} 0 & Den \\ \left\{LgM^2R^2 + 2LgmMR^2 + 2J_m n^2 LgM + 2J_w LgM\right\} & -\left\{4J_w\beta + 4R^2m\beta + 2MR^2\beta + 2\beta LMR\right\} \end{bmatrix}$$

$$B = \begin{bmatrix} 0 \\ -\left\{2J_w\alpha + 2R^2m\alpha + MR^2\alpha + LMR\alpha\right\}/Den \end{bmatrix}$$

- 식 (3)을 이용해 MATLAB의 LQR 툴박스(tool box)를 사용하여 코드 1의 파라미터를 적용하면 제어 이득 값을 구할 수 있게 된다[참고/www.ntrexlab.co.kr].

미래의 자동제어기술

- 제어시스템분야는 전기, 전자, 기계, 컴퓨터 등의 결합을 통하여 시스템을 제어하고 자동화하는 산업분야로서, 향후 산업이 고도화될수록 인간의 편의성과 안락에 대한 욕구가 증가되기 때문에 역할이 매우 중요하다 할 수 있다. 특히, 사람의 역할을 대신하기 위해 등장한 로봇의 출현으로 공장 자동화 및 무인화가 가능한 현 시점에서 이와 관련된 제어시스템분야의 중요성은 더욱 확대되고 있다.
- 산업혁명 이래 문명발달사는 안락함과 인간적인 삶을 추구하는 방향으로 전개되어 왔으며 이러한 관점에서 볼 때 현대 산업사회의 추이가 설비의 자동화에 집중될 것으로 예상되므로, 제어시스템공학 기술은 그 수요가 더욱 증대될 전망이다.
- 최근 정부에서는 국가미래발전을 위해 향후 10년간 집중 육성할 10대 신성장 동력산업을 선정하였는데, 정부에서 선정한 10대 산업 중 지능형 로봇, 지능형 홈 네트워크, 미래형 자동차, 차세대 반도체 등 4개 분야가 제어계측과 직접 연관 되는 분야이다.

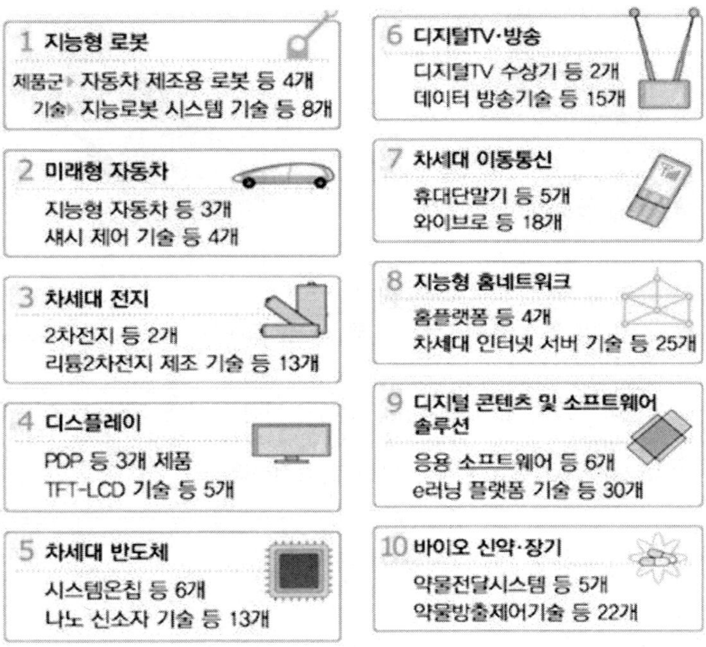

부록

라플라스 변환표

SI 유도단위

자동제어 용어

[라플라스 변환표]

함수이름	시간함수 $f(t),\ t \geqq 0$	변환함수 $F(s)$
단위계단함수	$u_s(t)$	$\frac{1}{s}$
계단함수	K(상수)	$\frac{1}{s}K$
단위계단 지연함수	$u(t-t_0)$	$\frac{1}{s}e^{-t_o s}$
단위램프(경사)함수	t	$\frac{1}{s^2}$
램프함수	t^n	$\frac{n!}{s^{n+1}}$
지수함수	e^{at}	$\frac{1}{s-a}$
램프가중 지수함수	te^{-at}	$\frac{1}{(s+a)^2}$
	$t^n e^{-at}$	$\frac{n!}{(s+a)^{n+1}}$
삼각함수	$\sin\omega t$	$\frac{s}{s^2+\omega^2}$
	$\cos\omega t$	$\frac{s}{s^2+\omega^2}$
지수가중 삼각함수	$e^{-at}\sin\omega t$	$\frac{\omega}{(s+a)^2+\omega^2}$
	$e^{-at}\cos\omega t$	$\frac{s+a}{(s+a)^2+\omega^2}$
램프가중 삼각함수	$tsin\omega t$	$\frac{2\omega s}{(s^2+\omega^2)^2}$
	$tcos\omega t$	$\frac{s^2-\omega^2}{(s^2+\omega^2)^2}$
단위임펄스(델타)함수	$\delta(t)$	1
단위임펄스 지연함수	$\delta(t-t_0)$	$e^{-t_o s}$

성 질	관 련 식
선형성	$\mathcal{L}\{af(t)+bg(t)\}=aF(s)+bG(s)$
미분	$\mathcal{L}\left\{\frac{d}{dt}f(t)\right\}=sF(s)-f(0)$
	$\mathcal{L}\left\{\frac{d^n}{dt^n}f(t)\right\}=s^nF(s)-\sum_{k=1}^{n}s^{n-k}f^{(k-1)}(0)$
적분	$\mathcal{L}\left\{\int_0^t f(\tau)d\tau\right\}=\frac{1}{s}F(s)$
중합적분	$\mathcal{L}\left\{\int_0^t f(t-\tau)g(\tau)d\tau\right\}=F(s)G(s)$
지수가중	$\mathcal{L}\{e^{at}f(t)\}=F(s-a)$
시간지연	$\mathcal{L}\{f(t-d)\}=e^{-ds}F(s)$
복소미분	$\mathcal{L}\{tf(t)\}=-\frac{d}{ds}F(s)$
	$\mathcal{L}\{t^nf(t)\}=(-1)^n\frac{d^n}{ds^n}F(s)$
초기값 정리	$f(0^+)=\lim_{s\to\infty}sF(s)$
최종값 정리	$\lim_{t\to\infty}f(t)=\lim_{s\to 0}sF(s)$

[신호들의 Laplace변환]

$f(t)$	$F(S)$	$f(t)$	$F(S)$
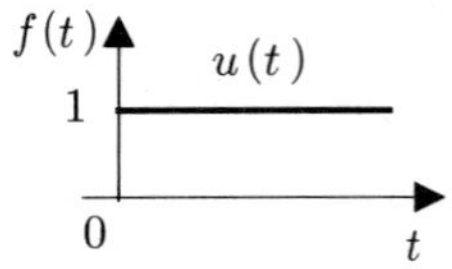 $u(t)$	$\frac{1}{S}$	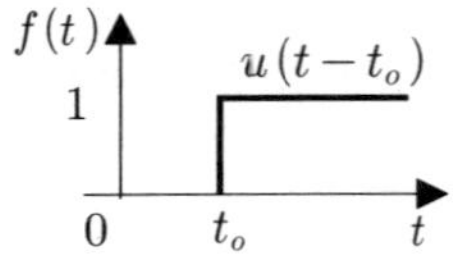 $u(t-t_o)$	$\frac{1}{s}e^{-t_0 s}$
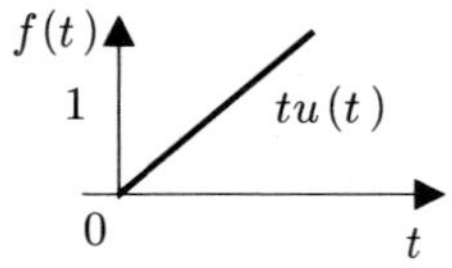 $tu(t)$	$\frac{1}{S^2}$	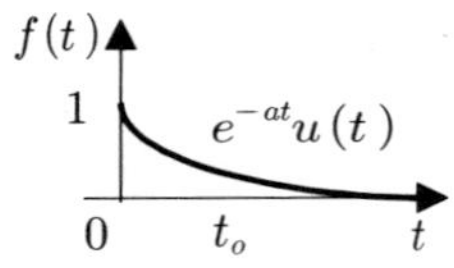 $e^{-at}u(t)$	$\frac{1}{s+a}$
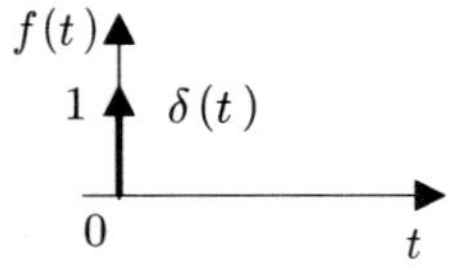 $\delta(t)$	1	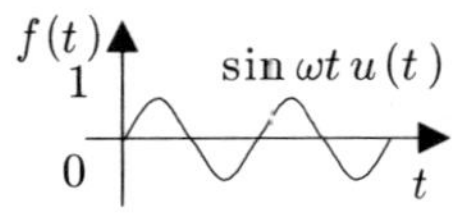 $\sin \omega t\, u(t)$	$\frac{\omega}{s^2+\omega^2}$
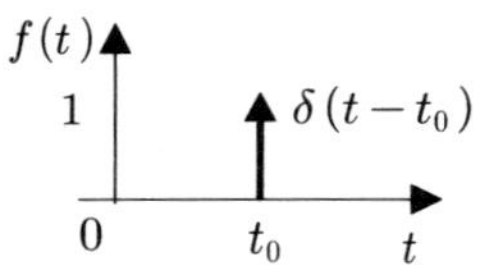 $\delta(t-t_0)$	$e^{-t_0 s}$	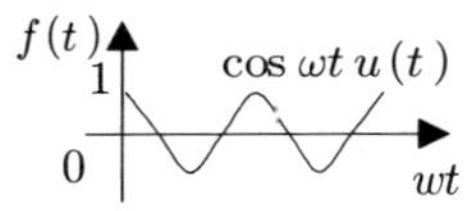 $\cos \omega t\, u(t)$	$\frac{s}{s^2+\omega^2}$
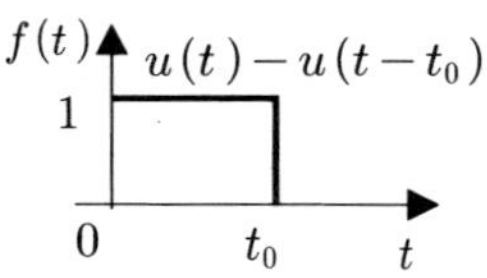 $u(t)-u(t-t_0)$	$\frac{1-e^{-t_0 s}}{s}$	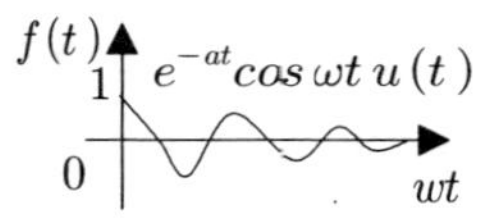 $e^{-at}\cos \omega t\, u(t)$	$\frac{s+a}{(s+a)^2+\omega^2}$
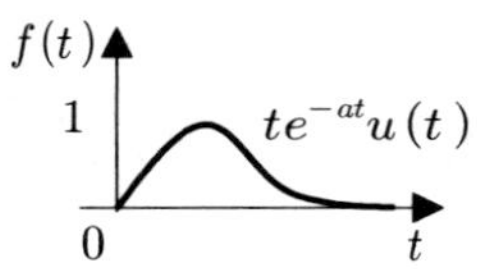 $te^{-at}u(t)$	$\frac{1}{(s+a)^2}$	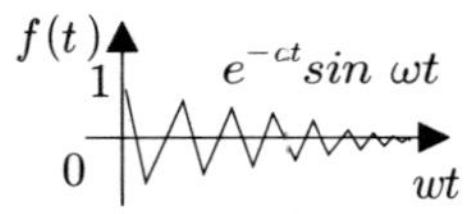 $e^{-ct}\sin\ \omega t$	$\frac{\omega}{(s+a)^2+\omega^2}$

[블록선도 변형법]

변형 전	변형 후
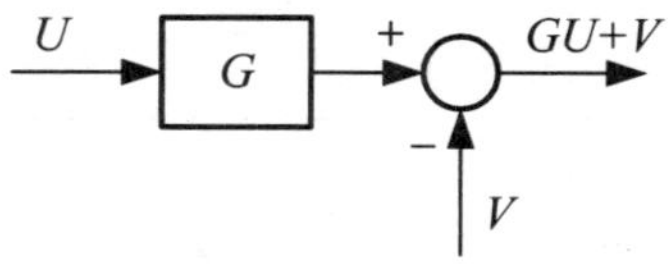	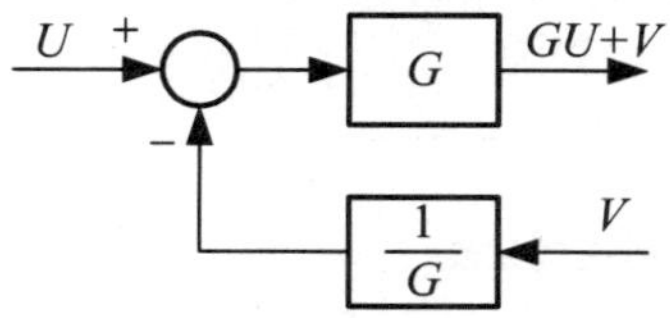
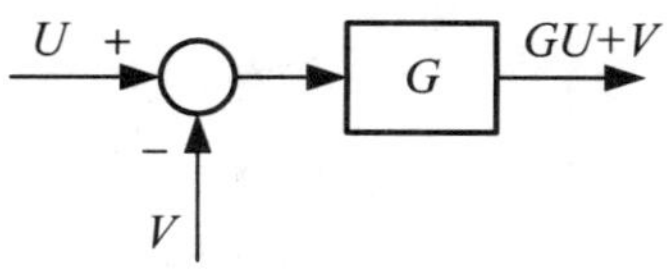	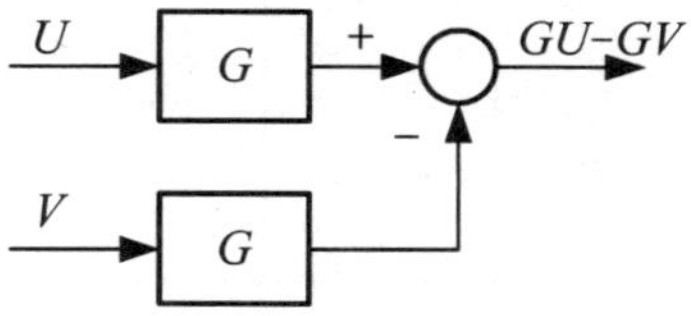
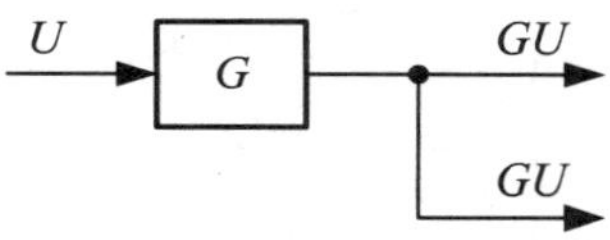	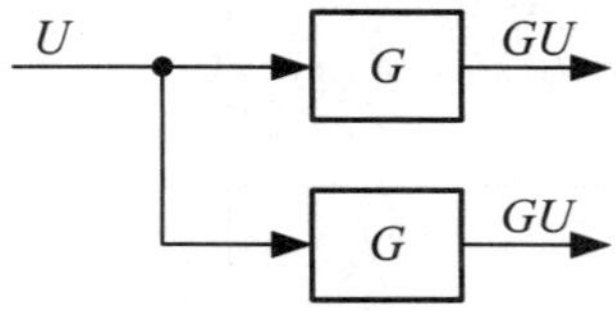
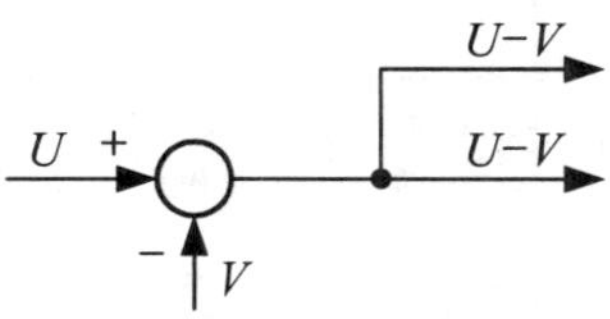	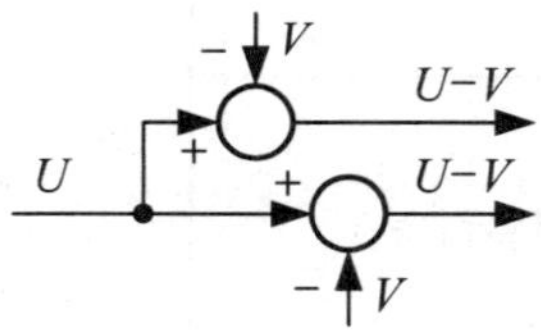

[블록선도와 신호흐름선도의 등가변환의 관계]

구분	블록선도	신호흐름선도
신호	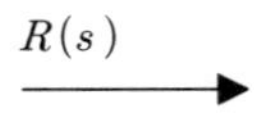	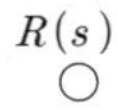
시스템요소	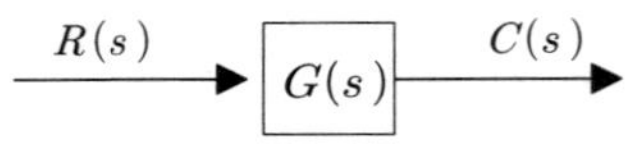	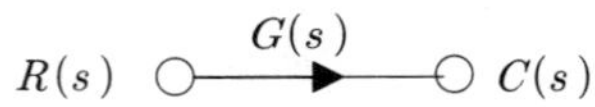
가합점 $C(s) = B(s) \pm B(s)$	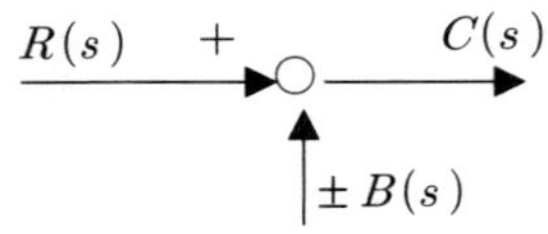	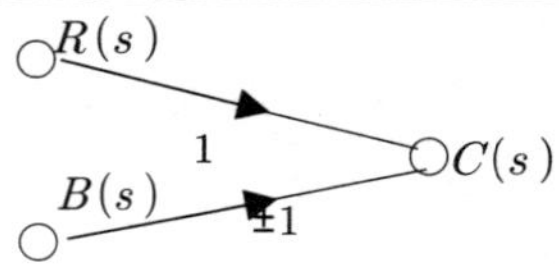
인출점 $R(s) = B(s) = C(s)$	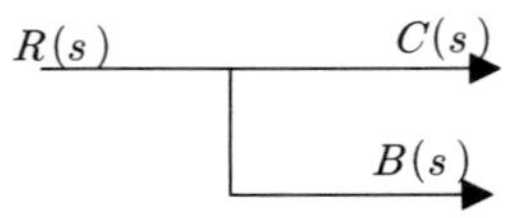	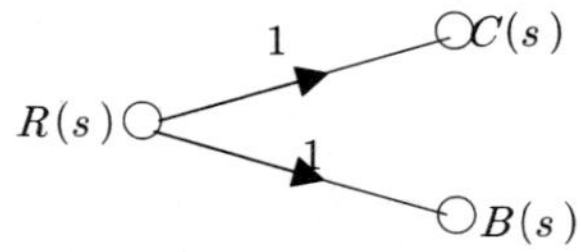
종속접속	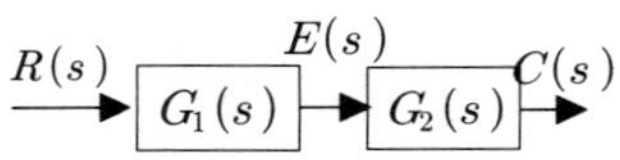	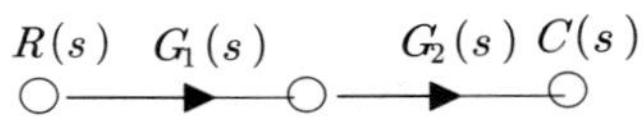
병렬접속	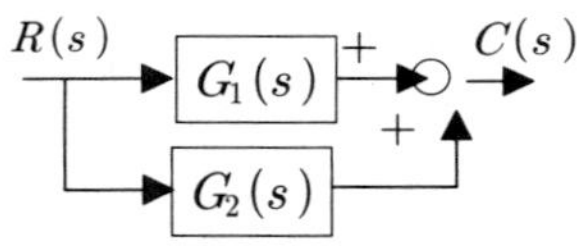	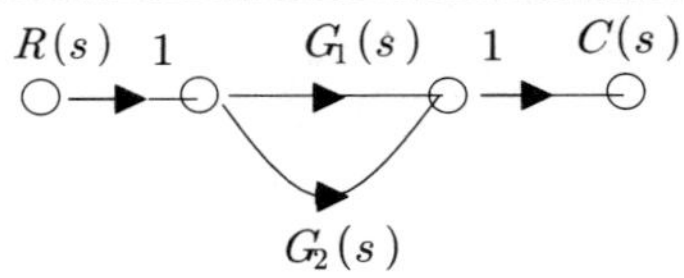
피드백루프	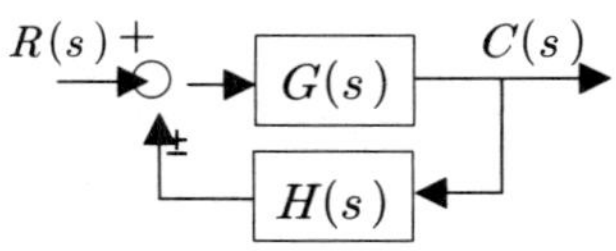	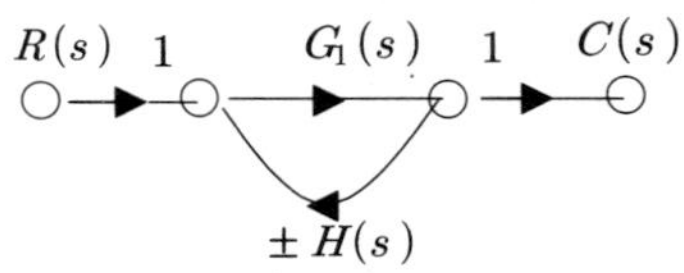

[SI 유도단위]

기본량	명칭	기호
길 이	미 터	m
질 량	킬로그램	kg
시 간	초	s
전 류	암페어	A
열역학적 온도	켈 빈	K
물질량	몰	mol
광 도	칸델라	cd
넓이	제곱미터	m^2
부피	세제곱미터	m^3
속력, 속도	미터 매 초	m/s
가속도	미터 매 초 제곱	m/s^2
파동수	역 미터	m^{-1}
밀도, 질량밀도	킬로그램 매 세제곱미터	kg/m^3
비(比) 부피	세제곱미터 매 킬로그램	m^3/kg
전류밀도	암페어 매 제곱미터	A/m^2
자기장의 세기	암페어 매 미터	A/m
(물질량의) 농도	몰 매 세제곱미터	mol/m^3
광휘도	칸델라 매 제곱미터	cd/m^3
굴절률	하나 (숫자)	1(가)
평면각	라디안	rad
입체각	스테라디안	sr
주파수	헤르츠	Hz
힘	뉴턴	N
압력, 응력	파스칼	Pa
에너지, 일, 열량	줄	J
일률, 전력	와트	W
전하량, 전기량	쿨롱	C
전위차, 기전력	볼트	V
전기용량	패럿	F
전기저항	옴	Ω
전기전도도	지멘스	S
자기선속	웨버	Wb
자기선속밀도	테슬라	T

기본량	명칭	기호
인덕턴스	헨리	H
섭씨온도	섭씨도	$^\circ C$
광선속	루멘	lm
조명도	럭스	lx
(방사능핵종의) 방사능	베크렐	Bq
흡수선량, 비(부여)에너지	그레이	Gy
촉매활성도	캐탈	kat
점성도	파스칼 초	$Pa \cdot s$
힘의 모멘트	뉴턴 미터	$N \cdot m$
표면장력	뉴턴 매 미터	N/m
각속도	라디안 매 초	rad/s
각가속도	라디안 매 초 제곱	rad/s^2
열속밀도, 복사조도	와트 매 제곱미터	W/m
열용량, 엔트로피	줄 매 켈빈	J/K
비열용량, 비엔트로피	줄 매 킬로그램 켈빈	$J/(kg \cdot K)$
비에너지	줄 매 킬로그램	J/kg
열전도도	와트 매 미터 켈빈	$W/(m \cdot K)$
에너지 밀도	줄 매 세제곱미터	J/m^3
전기장의 세기	볼트 매 미터	V/m
전하밀도	쿨롱 매 세제곱미터	C/m^3
전기선속밀도	쿨롱 매 제곱미터	C/m^2
유전율	패럿 매 미터	F/m
투자율	헨리 매 미터	H/m
몰에너지	줄 매 몰	J/mol
몰엔트로피, 몰열용량	줄 매 몰 켈빈	$J/(mol)$
(X선,γ선의) 조사선량	쿨롱 매 킬로그램	C/kg
흡수선량률	그레이 매 초	Gy/s
복사도	와트 매 스테라디안	W/sr
복사휘도	와트 매 제곱미터 스테라디안	$W/(m^2sr)$

[자동제어 용어]

영문용어	제안 국어용어
Acoustic Compliance	음향 컴플라이언스
Acoustic Screen	음향막
A/D Converter	A/D 변환기
Absorption Coefficient	흡수 계수,흡음 계수
Absorption	흡수
Absorptivity	흡수율,흡음율
AC(Alternating Current)	교류
Accelerometer	가속도계
Acoustic Capacitor	음향콘덴서
Acoustic Characteristic impedence	음향 특성 임피던스
Acoustic Coupler	음향 연결기
Acoustic Energy Density	음향에너지
Acoustic Filter	음향 여파기
Acoustic Impedance (Z)	음향 임피던스
Acoustic Leak	음향 누수
Acoustic Power	음향 파워
Acoustic Resistance	음향저항(音響抵抗)
Acoustics	음향학
Actuator	액추에이터
Admittance	어드미턴스
Air Film	공기 막
Air-borne Sound	공기음(空氣音)
Aliasing	엘리어싱
All Pass Function	무한대역 통과 함수
Ambient Pressure	대기압
Ambient Static Pressure	대기 정압
Amplification Factor	증폭계수(Q 지수)
Amplifier	증폭기(앰플리파이어)
Amplitude	진폭
Amplitude Demodulation	진폭복조(振幅復調)
Amplitude Density Curve	진폭밀도 선도
Amplitude Modulation	진폭 변조(振幅變調)
Analyzer	분석기
Anechoic Chamber	무향실
Anechoic Room	무향실
Anechoic Termination	무반사 끝단

영문용어	제안 국어용어
Angular Momentum	각운동량
Animated Mode Shape	활동 모우드 형상
Annoyance	시달림
Anti-Aliasing Filter	엘리어싱 방지 여파기
Antinode Point	반절점(反節点)
Antiresonance	상쇄 공진(상쇄 공명)
Anti-Vibration Mounting	무진등 설치대
Argand Diagram Plot	아르간 선도
Articulation Index (AI)	명료지표 (明瞭指標)
Attenuation	감쇠(減衰)
Autocorrelation Function	자기 상관 함수
Auto-spectral Function	자기스펙트럼밀도함수
B. F. O.	비트 주파수 진동자
Back Plate	뒷판
Background Noise	주변잡음
Baffle	배플
Balancing Quality	밸런싱 정도
Band-Limited White Noise	제한대역백색잡음
Bandwidth	대역폭 (帶域幅)
Beat Frequency	맥놀이 주파수
Beats	맥놀이
Bending Wave	굽힘파
Bias Error	편향오차(편기오차)
Blade-passage Frequency	날개 통과 주파수
Bode Plot	보데 선도(線圖)
Boundary Condition	경계조건
Breathing Sphere	호흡구(呼吸求)
Bridge Circuit	브리지 회로(回路)
Bridge Completion Resistors	브리지 완성 저항
Bridge Excitation	브리지 가진 (브리지 입력)
Bridge Unbalance	브리지 비평형
Bulk Modulus	체적탄성 계수
Cable Capacitance	도선 축전량
Calibration	보정(補正)
Campbell Diagram	캠벨선도
Cancelling	상쇄 간섭
Capacitive Probe	축전형 탐촉자

영문용어	제안 국어용어
Capacitive Strain Gauges	축전형 스트레인 게이지
Capacitive Unsymmetry	콘덴사 비 대칭
Capacitor shunt	축전기 분류(分流)
Capillary tube	모세관
Carrier Frequency	반송 주파수
Cascade Plot	직렬선도
Cathode Follower	캐소드 폴로워
Causal Signal	인과 신호
Causality	인 과 성
Center Frequency	중심 주파수
Cepstrum(Power/Complex)	셉스트럼,캡스트럼(파워 / 복소)
Characteristic Frequency	특성 주파수
Characteristic Phase Lag	특성 위상 지연
Charge Amplifier	전하 증폭기
Charge Attenuator	전하 감쇠기
Charge Preamplifier	전하 전치 증폭기
Charge Sensitivity	전하 감도
Chirp Excitation	급속 주기함수 가진
Close Resonance	인접 공진
CNEL;Community Noise	지역소음 등가 레벨
Cocktail Party Effect	칵테일 파티 효과
Coherence	기여도
Compact Source	간결음원
Complex Frequency	복소 주파수
Complex Intensity	복소 인텐시티
Condenser Microphone	콘덴서 마이크로폰
Conditioning Amplifier	감도 조정 증폭기
Convolution	승적,대합
Correlation (Function)	상관 (함수)
Coulomb Friction	쿨롱 마찰
Creeping Wave	포복파
Crest Factor	융기인자 (隆起)
Critical Damping Ratio	임계 감쇠비
Critical Frequency	임계 주파수
Critical speed	위험속도
Cross Talk	크로스 토크,누화(漏話)
Cut off Frequency	차단 주파수

영문용어	제안 국어용어
D/A Converter	D/A 변환기
Damped Natural Frequency	감쇠 고유 진동수
Damping	감쇠
Damping Coefficient	감쇠 계수
Damping Factor	감쇠치
Day-night noise level	주야 소음 레벨
dB	데시벨
dBA(A-weighted decibel)	A-청감보정 데시벨
Decade	데케이드
Deconvolution	역승적
Detector	감지기
Deterministic Signal	결정적 신호
Diffraction	회절
Diffuse field	확산음장
Digital Filtering	이산여파(濾波)
Digital Recording	이산 기록
Digital Signal Processing	이산 신호 처리
Digital Signal Processor	이산 신호 처리기
Digital/Analog	이산 / 연속
Dipole	쌍극
Directivity	지향성
Directivity Index	지향성 지수
Discrete Fourier Transform (DFT)	이산 푸리에 변환
Discrete/Continuous System	이산계/ 연속계
Dispersion	분산(分散)
Dispersion Curve	분산곡선(分散曲線)
Displacement	변위
Distortion	왜곡,뒤틀림
Doppler Effect	도플러 효과
Dynamic Compliance	동력학적 순응성
Dynamic Range	동력학적 적용범위
Dynamic Stiffness	동적 강성
Dynamic Vibration Absorber	동적 진동 흡수체
Dynamometer	동력측정기
Echo	반향(에코우)
Eigenfrequency	고유주파수
Eigenvalue Problem	고유치 문제

영문용어	제안 국어용어
Elastic Modulus	탄성계수
Elasticity	탄성
Electroacoustics	전자 음향학
Enclosure	폐공간
Encoder	엔코더
Energy spectral Density(ESD)	에너지스펙트럼 밀도
Ensemble	앙상블
Envelope	포괄(包括)
Equalizer	평형장치(平衡裝置)
Evanescent Wave	감쇠파
Ewicker Method	에위커 방법
Excitation	가진
Exciter	가진기
Expansion Chamber	확장관
Expected Value	기대값
Far Field	원거리 음장(먼 음장)
Fast Fourier Transform(FFT)	고속 푸리에 변환
FFT Analyzer	FFT 분석기
Filter	여파기
Flanking transmission	측면투과
Flat-top Window	윗 깎음 창문 함수
Flexural Wave	굴곡파
Floating Floor	뜬바닥
Fluid Elasticity	유체탄성
Flutter	플러터
Flutter echo	플러터 에코우
Force Transducer	힘변환기
Forced Vibration	강제 진동
Fourier Analysis	푸리에 해석
Free Field	자유 음장
Free Vibration	자유 진동
Free-Space Green Function	자유공간 그린 (Green)함수
Fresnel number	프레넬수
Fundamental mode	기본모드
Fundamental sound	기본음
Generalized Mass / Stiffness	일반화된 질량/강성
Ground Loop Noise	접지회로 잡음

영문용어	제안 국어용어
Group Velocity	군속도(떼속도)
Hamming Window	해밍 창문함수
Hann Window	한 창문함수
Harmonic Excitation	조화 가진
Harmonics	조화음, 배음,배주파수
Hearing loss	청력손실
Helmholtz Equation	헬름홀쯔 식
Helmholtz Resonator	헬름홀쯔 공명기
Hemi-anechoic room	반무향식
Hilbert Transform	힐버트 변환
Hissing	쉿소리
Hooke's Law	후크의 법칙
Horn	혼(나팔)
Huygen's Principle	호이겐 원리
Hydrophone	수중음향탐촉자
IL	삽입 손실
Image Source	가상 음원
Impact	충격
Impact Hammer	충격망치
Impact Noise	충격음
Impedance matching	임피던스 정합
Impedance mismatching	임피던스 부정합
Impedance tube	임피던스 관
Impulse	충격
Impulse Response	충격 응답
Impulsive Noise	충격음
Inertance	이너턴스
Infrasound	저주파음
Insertion Loss	삽입 손실
Instantaneous Frequency	순간 진동수
Instantaneous Phase	순간위상
Instantaneous sound intensity	순간 음향 인텐시티
Intelligibility	음성 이해도(인식도)
Intensity	인텐시티
Intensity Probe	인텐시티 탐촉자
Interference	간섭
Interferometer	간섭계

영문용어	제안 국어용어
Intimacy	친밀도
Inverse Fourier Transform	역푸리에 변환
Inverse Square Law	역제곱 법칙
ISO standard	ISO 표준
Jet Noise	제트 소음
Jump phenomenon	도약현상
Kaiser-Bessel Window	카이저-베셀 창문함수
Kinetic Energy	운동에너지
Kirchhoff-Helmholtz	키르히로프-헬름홀쯔
Laplace Transform	라플라스 변환
Ldn	Ldn
Leakage	누수
Leq(Equivalent Noise Level)	등가소음도
Level	레벨
Level Recorder	레벨 레코더
Lifter	파여기
Line Source	선음원
Linear System	선형계
Lined Duct	흡음덕트
Line-drive Accelerometer	선로 구동 가속도계
Line-drive Amplifier	선로 구동 증폭기
Live Room	생음실
Lobe(Main, Side)	엽(주엽,부엽)
Logarithmic Decrement Ratio	대수 감쇠율
Longitudinal Wave	종파
Loss factor	손실인자
Loudness	음의 크기(소리 크기)
Mach cone	마하 추
Machine Diagnostics	기계 진단
Magnification Factor	증폭도, 증폭인자
Manometer	마노미터, 액주 압력계
Masking Effect	차폐 효과(매스킹 효과)
Mass Law	질량 법칙
Mean free path	평균 자유 경로
Measurement	측정
Mechanical Filter	기계식 여파기(기계식 필터)
Mechanical Impedance	기계적 임피던스

영문용어	제안 국어용어
mel(단위)	멜
Membrane	박막, 막
Microphone	마이크로폰,음향 탐침자
Microphone sensitivity	음향탐촉자 감도
Minimum Phase System	최소 위상계
Mobility	모빌리티,이동성,기동성
Modal Analysis	모우드 해석
Modal Assurance Criteria	모우드 상관계수
Modal circle	모우드 원
Modal Damping	모달 감쇠
Modal Density	모우드 밀도
Modal Domain	모달 영역
Modal Properties	모달 성질
Modal Testing	모우드 실험
Mode	모우드
Mode shape	모우드 형상
Modulation	변조
Mono pole	단극
Muffler	소음기
Multiplexer	멀티플랙서
N wave(Sonic Boom)	N 파형
Negative damping	음의 감쇠
NAH	근접음향 홀로그래피
Natural Frequency	고유 진동수
NC(Noise Criteria)	NC
Near Field	근접 음장
Negative Frequency	음의 주파수
NEL(Noise Exposure Level)	소음 노출 정도
Neper	감쇠 상수
NIPTS	영구적 청력손상
NITTS	일시적 청력손상
Noise Reduction	소음저감량
Noise	소음
Noise criteria	(암)소음 기준(騷音 基準)
Noise Dose Meter	소음 노출도 측정기
Noise Exposure	소음 노출
Noise Instruction	소음 침해

영문용어	제안 국어용어
Noise Pollution Level	소음공해레벨
Noisiness	시끄러움
Non dispersive Propagation	비분산 전파(非分散傳播)
Non-Stationary	비정상(非定常)
Normalization	정규화
Noy	노이
NR	NR
Nyquist Frequency	나이키스트 주파수
Nyquist Plot	나이키스트 선도
Octave	옥타브
Octave Band Analysis	옥타브 대역 분석
Off-Resonant Mode	비공진 모우드
Omnidirectivity	전 방향성,무지향성
Oscillator	진동자
Oscilloscope	오실로스코프
Overlapping	겹침
Overload	과부하
Overtone	상음
Parseval's Theorem	파서발의 원리
Particle Velocity	입자 속도
Peak	피크
Peak Amplitude Method	피크 진폭 방법
Peak-to-Peak	피크 - 피크
Perceived Noise Level : PNL	감각 소음레벨
Period	주기
Permanent Threshold Shift	영구적 난청
Phase	위상
Phase Correction	위상보정
Phase Meter	위상계
Phase Response	위상 응답
Phase Unwrapping	위상 연속화
Phase Velocity	위상 속도
Phasor	페이서
Phon	폰
Piecewise-linear	편적선형
Piezoelectric Accelerometer	압전형 가속도계
Piezoelectric Effect	압전 효과

영문용어	제안 국어용어
Piezoelectric Microphone	압전형 음향탐촉자
Piezoresistive Transducer	압전저항형 변환기
Pink Noise	분홍 잡음
Pistonphone	(피스톤 폰)표준음 발생기
Pitch	음조
Plane Wave	평면파
Point Impedance	점 임피던스
Point Source	점음원
Polarization	분극화
Polarization Voltage	분극 전압
Pole	극
Position Potentiometer	변위 전위차계
Potential Energy	위치 에너지
Potentiometer	포텐셔미터 또는 전위차계
Power Amplifier	전력 증폭기
Power Spectral Density:PSD	파워 스펙트럴 밀도
Power Spectrum	파워 스펙트럼
Power Supply	전원 공급기
Preamplifier	전치증폭기
Presbycusis	노인성 난청
Pressure	압력
Pressure Release Surface	압력 면제 평면
Pressure Response Microphone	압력 응답 마이크로폰
Pressure Transducer	압력 변환기
Principal Coordinate	주좌표
Principal Mode	주모우드
Principal Resonance	주 공진
Probability Density Function	확률 밀도 함수
Probe	탐침자
Propagating Wave	진행파
Proportional Damping	비례 감쇠
Protection Grid	보호망
Protection Plate	보호판
Proximity Probe	근접 탐침자
Psedo-intensity	의사 인텐시티
Pseudo Random	의사 랜덤
Psychoacoustics	심리 음향학

영문용어	제안 국어용어
Pulsating Sphere	맥동구
Pulse	펄스
Pure tone	순음
Quadrupole	4극
Quantization	양자화
Radiation	방사
Radiation Efficiency	방사 효율
Radiation Impedance	방사 임피던스
Radius of Gyration	관성 반지름
Random	랜덤
Random Error	랜덤 오차
Random Incidence Corrector	랜덤 입사 교정기
Random Signal	랜덤 신호
Random Incidence Microphone	무지향 입사 마이크로폰
Rankine-Hugeniot Relation	랭컨과 휴즈니어츠의 관계
Ray	음선
Ray Acoustics	경로음향학
Rayleigh's Principle	레일라이의 원리
Rayleigh Distribution	레일라이 분포
Rayleigh Wave	레일라이파 (자유표면파)
Ray-Path	음선 경로
Real-time Analysis	실시간 해석
Receptance	리셉 턴스
Reciprocity	상반성
Reciprocity Calibration Method	상반성 교정 방법
Rectangular Window	사각 창문 함수
Rectified Average	절대 평균
Rectifier	정류기
Recursive Digital Filter	회귀 이산 여파기
Reference Sound Source	기준 음원
Reference(Power, Pressure)	기준값
Reflection	반사
Reflection Coefficient	반사계수
Refraction	굴절
Resistance	저항
Resistance / Reactance	저항/유도저항
Resolution	분해능

영문용어	제안 국어용어
Resonance	공진
Resonance Bandwidth	공진 대역
Resonance Frequency	공진 주파수
Resonator	공명기
Response	응답
Reverberant Field	잔향 음장
Reverberant Room	잔향실
Reverberation Time	잔향 시간
Ringing	반지공진현상
RMS	실효치
Room Acoustics	실내 음향학
Room Constant	룸 상수
Room Mode	실내 모드
Sabine's Formular(Equation)	새빈 공식
Sabine (Unit)	새빈
Sabine Absorptivity	새빈의 흡음계수
Sampling	샘플링
Sandwitch Structure	샌드위치 구조
Sawtooth wave	톱니파
Scanning	주사
Scattering	산란
SDOF	일 자유도계
SEA(Statistical Energy Analysis)	통계적 에너지 해석법
Self-exited vibration	자려진동
Sensitivity	감도
Sensor	센서
Shadow Zone	그림자 영역
Shaker	가진기
Shear Wave	전단파
Signal	신호
Signal Generator	신호 발생기
Signal Processing	신호 처리
Signal-to-Noise Ratio	신호대 잡음비
Silencer	소음기
Simple Source	단순음원
Snell's Law	스넬의 법칙
Sommerfeld Radiation Condition	음향4

영문용어	제안 국어용어
SONAR	소나,수중음파탐지기
Sone	소운
Sound Field	음장
Sound Level Calibrator	음압레벨 보정기
Sound Level Meter	소음 지시계
Sound Pressure	음압
Sound Pressure Level	음압 레벨
Sound Reduction Index	음의 감소지수
Sound Speed	음속
Source	음원
Source Strength	음원 강도
Spatial Average	공간 평균
Spectrum	스펙트럼
Speech Interference Level(SIL)	대화 간섭 레벨
Spherical Coordinate	구형좌표
Spherical Wave	구면파
Spring	용수철(스프링)
Stability	안정성
Standard Deviation	표준 편차
Standing Wave	정재파(定在波)
Standing Wave apparatus	정재파 장치(정상파 장치)
Standing Wave Ratio	정재파비
State Variables	상태변수
State-space	상태 공간
Static Pressure Equlization	정압 일치
Stationary	정상적(正常的)
Statistical Analysis	통계 분석
Steady State	정상 상태
Stevens Method	스티븐스 방법
Stiffness	강성(剛性)
Strain	변형률
Stress	응력
Structure Borne Sound	구조음
Sub sonic	아음속
Subharmonic	분수조화(分數調和)
Sweep	소인(掃引)
Sweep rate	스위프률

영문용어	제안 국어용어
Synchro	동기장치
Tachometer	회전 속도계
Tension	인장(引張),장력(張力)
Thin-film	박막(薄膜)
Timbre	음색 (소리맵시)
Time Delay	시간 지연
Time Domain	시간 영역
Time Window	시간창문함수
TNI:Traffic Noise Index	교통 소음 지수
Tone-Correction	음질(음색) 보정
Torque Transducer	회전력 변환기, 회전력 측정기
Tracking Filter	추적 여파기
Transducer	변환기
Transfer function	전달 함수
Transformer	변압기
Transient Analysis	과도 해석
Transient Response	과도응답
Transient value	과도치(過渡値)
Transmissibility	전달률
Transmission	투과
Transmission Coefficient	전달 계수
Transmission Loss	투과 손실
Transverse Vibration	가로 진동
Transverse Wave	횡파
Triboelectric Noise	마찰 전기 잡음
Trigger	트리거 동기자(動機者)
Turbulence Screen	난류 스크린
Two Microphone Method	두개의 음향탐촉자기법
Ultrasonic wave	초음파
Unbalance	불균형 편심량
Undamped natural frequency	비감쇠 고유진동수
Unsteady State	비정상상태
Variance	분산(分散)
Vibration	진동,떨림
Vibration Exciter	진동 가진기
Vibration Level	진동 레벨
Voltage Amplifier	전압 증폭기

영문용어	제안 국어용어
Voltage Sensitivity	전압감도
Warbled Tone	진음(震 音)
Wave	파동
Wave equation	파동 방정식
Wave Form	파형
Wave guide	도파관
Wave length	파장
Wave number	파수
Weighting(A, B,...)	가중치
White Noise	백색 잡음
Wind Screen	방풍망
Zero	영점
Zero Padding	제로 연장

참고문헌

[1] 김창석 외, "자동제어", 문운당, 2012.
[2] 양해원, 강향수, 최순철, 윤석무, 한홍석, "제어시스템 공학", 복두출판사, 1995.
[3] 김상진, 이건영, 정헌상, 최용훈, "현대 자동제어", 북스힐, 2003.
[4] 박종국, 김원규, 정용욱, 정광손,"최신제어 시스템", 희중당, 2000.
[5] 조선휘, 이장무,"기구학", 희중당, 1996.
[6] 김성덕, "제어시스템 해석", 복두출판사, 2001.
[7] 권욱현, 권오규, "자동제어공학," 청문각, 2003.
[8] 권욱현, 이교일, 권오규, 홍금식, 이준화, "두 대의 PC를 이용한 자동제어 실험실습", 청문각, 1999.
[9] 한성현, "최신제어공학", 인터비전, 2004.
[10] 박종국, 장성환, 안태천, 이상재, 김현기, "자동제어", 형설출판사, 1996.
[11] 양해원, 김동한, 박종국, "KUO의 자동제어", 퍼스트북, 2010.
[12] 박정규, 진상호, "C언어로 배우는 알기쉬운 자동제어", 복두출판사, 2014.
[13] 김상진, 송병근, 오세준, "최신 자동제어", 북스힐, 2012.
[14] Astrom, K.J. and T. Hagglund, "Automatic Tuning of PID Controllers", Instrument Society of America, 1988.
[15] Dorf, R.C., "Modern Control Systems", 7th ed., Reading, MA: Addison-Wesley Publishing Co., 1998.
[16] Franklin, G.F., J.D. Powell and A. Emami-Naeini, "Feedback Control of Dynamic Systems", 3rd ed., Addison-Wesley Publishing Co., 1994.
[17] Kailath, T., "Linear Systems," Englewood Cliffs, New Jersey: Prentice Hall, Inc., 1980.
[18] Kuo, B.C., "Automatic Control Systems," 6th ed., Englewood Cliffs, New Jersey, Prentice Hall, Inc., 1997.
[19] Ogata, K., "Modern Control Engineering," 3rd ed., Englewood Cliffs, New Jersey: Prentice Hall, Inc., 1997.

찾아보기

ㅊ

ㅋ

ㅍ

ㅎ

제어시스템 공학

2014년 8월 15일 초판 인쇄

2014년 8월 20일 인쇄 발행

저 자 정용욱・정구섭

발 행 인 송기수

발 행 처 도서출판 GS인터비전

편 집 처 도서출판 GS인터비전

인 쇄 처 대일문예사

등록번호 제 313-2011-120 호

I S B N 979-11-5576-037-6(93560)

주 소 서울 마포구 토종로 222 한국출판협동조합 B동207호

전 화 02-976-7898, 02-3272-7898.

팩 스 02-6468-7898

홈페이지 gsintervision.co.kr

E-Mail gsinter7@gmail.com

정 가 27,000원